高职高专土建专业"互联网+"创新规划教材

建筑施工技术

主　编◎陆艳侠
副主编◎宁培淋　张　静　米　力
　　　　雷金钢　闫振林　胡劲德
参　编◎耿晓华　沈新福　刘　杰
　　　　广联达科技股份有限公司工程教育事业部
主　审◎张　瑜

内 容 简 介

本书根据高职高专课程教学的基本要求,以现行的国家和行业标准、法规等为依据,理论知识以实用为主、以必需和够用为度,通过任务驱动,基于工程顺序,将"建筑施工技术"课程的内容分解为 13 个学习情境,65 项工作任务。

全书系统讲述了建筑施工技术,包括土方工程施工、地基与基础工程施工、脚手架工程施工及垂直运输设备、砌筑工程施工、混凝土主体结构——模板工程施工、混凝土主体结构——钢筋工程施工、混凝土主体结构——混凝土工程施工、预应力混凝土工程施工、结构安装工程施工、建筑防水工程施工、建筑装饰工程施工、高层建筑施工及数字化施工等内容。

本书可作为高等职业技术学院、高等专科学校、成人高等学校等建筑工程类专业的教材,也可作为相关工程技术人员的参考用书。

图书在版编目(CIP)数据

建筑施工技术/陆艳侠主编. ——2 版. ——北京:北京大学出版社,2024.4
高职高专土建专业"互联网+"创新规划教材
ISBN 978-7-301-34872-7

Ⅰ.①建… Ⅱ.①陆… Ⅲ.①建筑施工–高等职业教育–教材 Ⅳ.①TU74

中国国家版本馆 CIP 数据核字(2024)第 045499 号

书　　名	建筑施工技术(第二版) JIANZHU SHIGONG JISHU(DI-ER BAN)
著作责任者	陆艳侠　主编
策划编辑	赵思儒　杨星璐
责任编辑	赵思儒
数字编辑	蒙俞材
标准书号	ISBN 978-7-301-34872-7
出版发行	北京大学出版社
地　　址	北京市海淀区成府路 205 号　100871
网　　址	http://www.pup.cn　新浪微博:@北京大学出版社
电子邮箱	编辑部 pup6@pup.cn　总编室 zpup@pup.cn
电　　话	邮购部 010-62752015　发行部 010-62750672　编辑部 010-62750667
印刷者	河北滦县鑫华书刊印刷厂
经销者	新华书店
	889 毫米×1194 毫米　16 开本　26.5 印张　649 千字 2018 年 1 月第 1 版 2024 年 4 月第 2 版　2024 年 4 月第 1 次印刷(总第 7 次印刷)
定　　价	69.00 元

未经许可,不得以任何方式复制或抄袭本书之部分或全部内容。
版权所有,侵权必究
举报电话:010-62752024　电子邮箱:fd@pup.cn
图书如有印装质量问题,请与出版部联系,电话:010-62756370

第二版前言 Preface

"建筑施工技术"是建筑工程技术专业的一门核心课程,对学生职业能力的培养和职业素质的形成起着至关重要的作用;学好该门课程,可为毕业后从事施工员、监理员等职业打下坚实的基础。

本书根据高等学校土建类学科指定的课程教学标准、人才培养方案等要求,以国家现行的行业规范、规程和标准为依据编写。全书以施工流程为主线,以施工员、监理员等职业岗位能力的培养为导向,分为13个学习情境。学习情境注重实训操作,增加了能力训练、施工案例分析、施工安全技术、安全文明施工、质量验收规范等内容,以强化对学生实际能力的培养,突出教学的应用性和实践性。本书建议安排70~90学时进行教学。

本书全面贯彻党的二十大精神,将立德树人的育人要求有效地融入教材编写当中。结合建筑工程技术专业和"建筑施工技术"课程特点,特别是建筑工程建设中需要具备的以人为本、责任担当、工匠精神等,在教材中以"应用案例""知识链接"等形式展开。同时,在知识内容编写中,着眼未来发展,把握战略性新兴产业发展机遇和产业升级方向,引导学生为我国建设制造强国、质量强国、交通强国、网络强国、数字中国而努力。

针对"建筑施工技术"课程的特点,为了使学生更加直观地认识和了解建筑施工工艺流程,同时也方便教师教学讲解,本书在相关知识点旁,以二维码的形式链接了编者积累整理的视频、图片、动画、规范、案例等资源,学生可以通过扫描二维码来阅读更多的学习资料。

本书由六安职业技术学院陆艳侠任主编,六安职业技术学院张静、广东交通职业技术学院宁培淋、鄂尔多斯职业学院米力、重庆工程职业学院雷金钢、河南财政税务高等专科学校闫振林和六安职业技术学院胡劲德任副主编,山西工程技术学院耿晓华、柳州铁道职业技术学院沈新福、山东工业职业学院刘杰和广联达科技股份有限公司工程教育事业部参编。安徽省振非建设工程监理有限公司高级工程师张瑜任主审。本书具体编写分工如下:学习情境1、学习情境8由雷金钢编写,学习情境2由张静编写,学习情境3、学习情境4、学习情境10由闫振林编写,学习情境5、学习情境12由陆艳侠、耿晓华和沈新福共同编写,学习情境6、学习情境7由米力编写,学习情境9由宁培淋编写,学习情境11由胡劲德编写,学习情境13由广联达科技股份有限公司工程教育事业部编写,全书数字资源的整理和编写工作由刘杰负责。

特别感谢广联达科技股份有限公司工程教育事业部提供数字建筑相关素材。

在本书的编写过程中引用了大量的专业文献和资料,未能一一注明出处,在此对资料的提供者深表谢意。限于编者经验和水平,书中难免有不妥之处,恳请广大读者批评指正。

编 者
2024 年 1 月

目录

学习情境 1 土方工程施工 ... 001
- 工作任务 1.1 土的基本知识 ... 002
- 工作任务 1.2 土方工程量计算 ... 006
- 工作任务 1.3 土方开挖及支撑 ... 016
- 工作任务 1.4 人工降低地下水位 ... 021
- 工作任务 1.5 土方工程机械化施工 ... 034
- 工作任务 1.6 土方的回填与压实 ... 041
- 工作任务 1.7 质量验收规范与安全技术 ... 045
- 习题 ... 048

学习情境 2 地基与基础工程施工 ... 051
- 工作任务 2.1 软土地基加固处理施工 ... 052
- 工作任务 2.2 浅基础工程施工 ... 058
- 工作任务 2.3 预制桩施工 ... 063
- 工作任务 2.4 灌注桩施工 ... 070
- 工作任务 2.5 质量验收规范与安全技术 ... 077
- 习题 ... 081

学习情境 3 脚手架工程及垂直运输设备 ... 083
- 工作任务 3.1 脚手架的作用和分类 ... 084
- 工作任务 3.2 单、双排扣件式钢管脚手架施工 ... 085
- 工作任务 3.3 悬挑脚手架施工 ... 093
- 工作任务 3.4 其他脚手架施工 ... 098
- 工作任务 3.5 垂直运输设备 ... 105
- 工作任务 3.6 质量验收规范与安全技术 ... 109
- 习题 ... 114

学习情境 4 砌筑工程施工 ... 116
- 工作任务 4.1 砌筑工程基础知识 ... 117
- 工作任务 4.2 混凝土小型空心砌块施工 ... 122
- 工作任务 4.3 框架填充墙的施工 ... 125
- 工作任务 4.4 砖混结构中构造柱的施工 ... 131
- 工作任务 4.5 砖砌体的施工 ... 133
- 工作任务 4.6 质量验收规范与安全技术 ... 136
- 习题 ... 137

学习情境 5 混凝土主体结构——模板工程施工 ... 139
- 工作任务 5.1 木模板施工 ... 140
- 工作任务 5.2 定型组合钢模板施工 ... 146
- 工作任务 5.3 模板设计 ... 153
- 工作任务 5.4 质量验收规范与安全技术 ... 156
- 习题 ... 160

学习情境 6 混凝土主体结构——钢筋工程施工 ... 162
- 工作任务 6.1 钢筋的分类与进场验收 ... 164
- 工作任务 6.2 钢筋的连接 ... 167
- 工作任务 6.3 钢筋加工与安装 ... 179
- 工作任务 6.4 钢筋配料与代换 ... 183
- 工作任务 6.5 质量验收规范与安全技术 ... 198
- 习题 ... 203

学习情境 7 混凝土主体结构——混凝土工程施工 ... 206
- 工作任务 7.1 混凝土施工 ... 207
- 工作任务 7.2 大体积混凝土的施工 ... 220
- 工作任务 7.3 混凝土的质量缺陷与防治 ... 223

工作任务 7.4	质量验收规范与安全技术 …… 226
习题 …… 230	

学习情境 8　预应力混凝土工程施工 …… 232

工作任务 8.1　预应力混凝土基础知识 …… 233
工作任务 8.2　预应力混凝土工程施工方法 …… 249
工作任务 8.3　无黏结预应力混凝土施工 …… 262
工作任务 8.4　质量验收规范与安全技术 …… 267
习题 …… 274

学习情境 9　结构安装工程施工 …… 276

工作任务 9.1　结构安装工程基础知识 …… 277
工作任务 9.2　混凝土结构建筑的安装 …… 285
工作任务 9.3　质量验收规范与安全技术 …… 295
习题 …… 298

学习情境 10　建筑防水工程施工 …… 302

工作任务 10.1　防水工程基础知识 …… 303
工作任务 10.2　屋面防水工程施工 …… 306
工作任务 10.3　地下防水工程施工 …… 314
工作任务 10.4　厕浴间及建筑外墙防水施工 …… 326
工作任务 10.5　质量验收规范与安全技术 …… 333
习题 …… 335

学习情境 11　建筑装饰工程施工 …… 337

工作任务 11.1　建筑装饰工程基础知识 …… 338
工作任务 11.2　抹灰工程施工 …… 340
工作任务 11.3　墙柱面饰面工程施工 …… 347
工作任务 11.4　楼地面工程施工 …… 353
工作任务 11.5　门窗工程施工 …… 357
工作任务 11.6　吊顶工程施工 …… 362
工作任务 11.7　质量验收规范与安全技术 …… 365
习题 …… 368

学习情境 12　高层建筑施工 …… 370

工作任务 12.1　高层建筑基础知识 …… 371
工作任务 12.2　高层建筑运输设备与脚手架 …… 373
工作任务 12.3　高层建筑基础施工 …… 375
工作任务 12.4　高层建筑模板工程施工 …… 385
工作任务 12.5　泵送混凝土施工 …… 394
工作任务 12.6　质量验收规范与安全技术 …… 396
习题 …… 399

学习情境 13　数字化施工 …… 401

任务 13.1　数字化施工概述 …… 402
任务 13.2　数字化施工关键技术简介 …… 405
任务 13.3　数字化施工应用实践 …… 409
习题 …… 416

参考文献 …… 417

学习情境 1　土方工程施工

思维导图

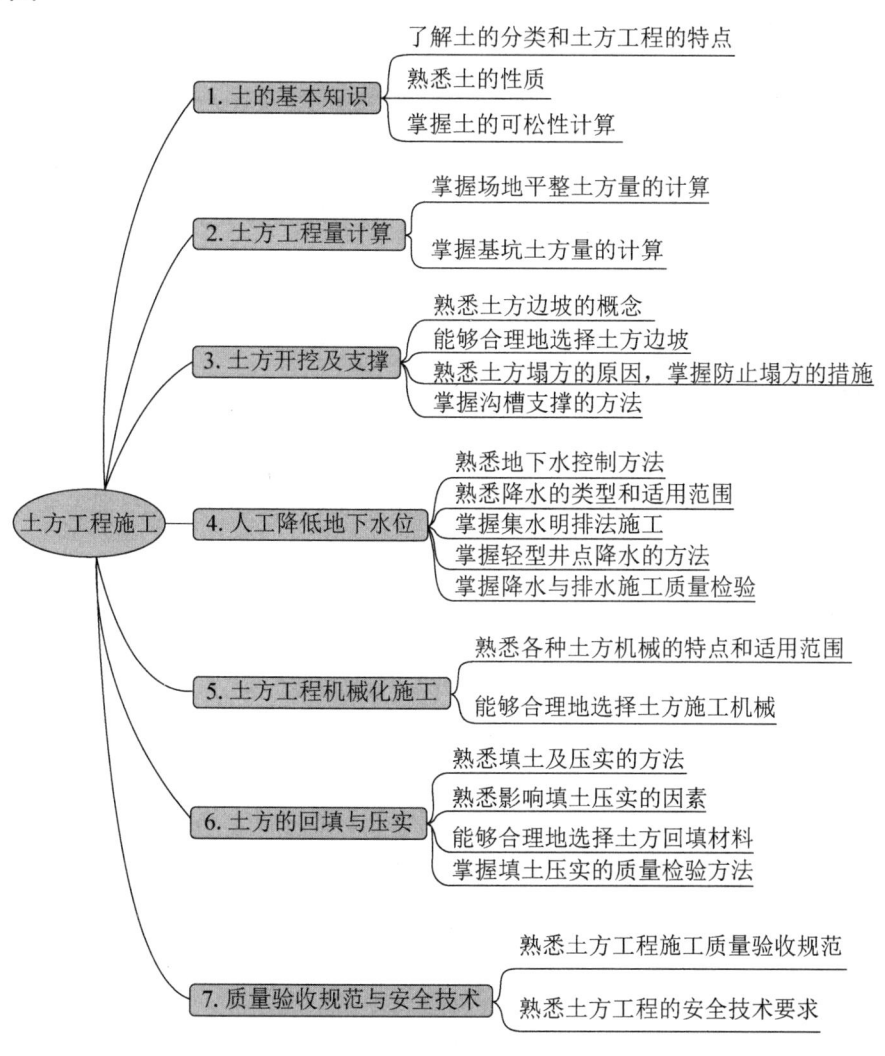

引例

某建筑公司承揽了某住宅小区部分项目的施工任务。施工人员进行基础回填作业时，一部分区域基坑填方出现橡皮土，从而造成建筑物不均匀沉降，出现开裂；另一部分区域回填的土方集中，致使该工程南侧的保护墙受侧压力的作用，呈一字形倒塌（倒塌段长35m、高2.3m、厚0.24m），将保护墙前负责治理工作的2名民工砸伤致死。经事故调查，在基础回填作业中，施工人员未认真执行施工方案，砌筑的墙体未达到一定强度就进行回填作业。在技术方面，未针对实际状况制定对墙体砌筑宽度较小的部位进行稳固的技术措施，造成墙体自稳性较差。在施工中，现场管理人员对这一现象又未能及时发现，监督检查不力。

请思考：①哪些类型的土可作为回填材料？②土方工程施工如何做好支撑及降排水？

工作任务1.1 土的基本知识

1.1.1 土的工程分类

土的种类繁多，因而分类方法众多，其工程性质直接影响开挖方案、施工方法、劳动量消耗、施工工期和工程费用。作为建筑物地基的土石可分为岩石、碎石土、砂土、粉土、黏性土和特殊土（如淤泥、泥炭、人工填土）。

在土方工程中为了施工需要，根据土开挖的难易程度，将其分为松软土、普通土、坚土、砂砾坚土、软石、次坚石、坚石、特坚石共八类土，详见表1-1。

表1-1 土的工程分类及现场鉴别方法

土的分类	土的名称	可松性系数 K_s	可松性系数 K_s'	开挖方法及工具
一类土（松软土）	砂土，粉土，冲积砂土层，种植土，泥炭（淤泥）	1.08～1.17	1.01～1.04	用锹、锄头挖掘
二类土（普通土）	粉质黏土，潮湿的黄土，夹有碎石、卵石的砂，种植土，填筑土及砂土	1.14～1.28	1.02～1.05	用锹、锄头挖掘，少许用镐翻松
三类土（坚土）	软、中等密实黏土，重粉质黏土，粗砾石，干黄土及含碎石、卵石的黄土、粉质黏土，压实的填筑土	1.24～1.30	1.04～1.07	主要用镐，少许用锹、锄头，部分用撬棍
四类土（砂砾坚土）	重黏土及含碎石、卵石的黏土，粗卵石，密实的黄土，天然级配砂石，软泥灰岩及蛋白石	1.26～1.37	1.06～1.09	主要用镐、撬棍挖掘，部分用楔子及大锤
五类土（软石）	硬石炭纪黏土，中等密实的页岩、泥灰岩、白垩土，胶结不紧的砾岩，软的石灰岩	1.30～1.45	1.10～1.20	用镐或撬棍、大锤挖掘，部分用爆破方法

续表

土的分类	土的名称	可松性系数 K_s	可松性系数 K_s'	开挖方法及工具
六类土（次坚石）	泥岩，砂岩，砾岩，坚实的页岩，泥灰岩，密实的石灰岩，风化花岗岩，片麻岩	1.30~1.45	1.10~1.20	用爆破方法开挖，部分用风镐
七类土（坚石）	大理岩，辉绿岩，玢岩，粗、中粒花岗岩，坚实的白云岩，砂岩，砾岩，片麻岩，石灰岩，有风化痕迹的安山岩、玄武岩	1.30~1.45	1.10~1.20	用爆破方法开挖
八类土（特坚石）	安山岩、玄武岩、花岗片麻岩、坚实的细粒花岗岩、闪长岩、石英岩、辉长岩、辉绿岩、玢岩、角闪岩	1.45~1.50	1.20~1.30	用爆破方法开挖

注：K_s 为最初可松性系数，K_s' 为最后可松性系数。

1.1.2 土方工程的内容

土方工程包括一切土（或石）的挖掘、填筑和运输等过程，以及排水、降水和土壁支撑等准备和辅助工程。在建筑工程中，根据施工对象、目标和要求不同，最常见的土方工程有场地平整、基坑（槽）开挖、地坪填土、路基填筑及基坑回填土等。

土方工程施工具有以下特点：

（1）工程量大，涉及面广；
（2）施工工期长，施工条件复杂，受当地地质、水文、气候等影响大；
（3）人力施工效率低，劳动强度大；
（4）各方面不确定因素多。

土方工程按设计顺利施工，不但能提高土方施工的劳动生产率，而且可为其他工程的施工创造有利条件，对加快建设速度有很大意义。

1.1.3 土的工程性质

与土方工程密切联系的土的主要工程性质，包括土的质量密度可松性、含水率、渗透性等。

1. 土的质量密度

土的质量密度分天然密度和干密度。

土在天然状态下单位体积的质量，称为土的天然密度（单位 g/cm³）。一般黏性土的天然密度约为 1.8~2.0g/cm³，砂土的天然密度约为 1.6~2.0g/cm³。土的天然密度 ρ 按下式计算。

$$\rho = \frac{m}{V} \tag{1-1}$$

式中 m——土的总质量；
  V——土的天然体积。

单位体积内土的固体颗粒质量与总体积的比值，称为土的干密度，用 ρ_d 表示。土的干密度越大，表示土越密实。工程上常把土的干密度作为评定土体密实程度的标准，以控制

基坑底压实及填土工程的压实质量，其计算公式为

$$\rho_d = \frac{m_s}{V} \tag{1-2}$$

式中　m_s——土的固体颗粒的质量（105℃，烘干3~4h）；
　　　V——土的总体积。

2. 土的可松性

天然状态下的土经过开挖后，其体积因松散而增加，以后虽经回填压实，但仍不能恢复最初的体积，土的这种性质称为可松性。在进行土方的平衡调配、计算填方所需挖方体积、确定基坑（槽）开挖时的留弃土量以及计算运土机具数量时，应考虑土的可松性，因为土方工程是以自然状态下的土体积计算的，否则回填会有余土或产生场地标高与设计标高不符的后果。土的可松性程度一般以可松性系数表示。

$$最初可松性系数 K_s = \frac{土经开挖后的松散体积 V_2}{土在天然状态下的体积 V_1} \tag{1-3}$$

$$最终可松性系数 K'_s = \frac{土经回填压实后的体积 V_3}{土在天然状态下的体积 V_1} \tag{1-4}$$

土的可松性系数是挖填土方时，计算土方机械生产率、回填土方量、运输机具数量、进行场地平面竖向规划设计、土方平衡调配等的重要参数。

土的可松性与土质有关，根据土的工程分类，相应的可松性系数可参考表1-2。

表 1-2　各种土的可松性系数参考数值

土的类别	体积增加百分比/（%）		可松性系数	
	最初	最终	K_s	K'_s
一类（种植土除外）	8~17	1~2.5	1.08~1.17	1.01~1.03
一类（植物性土、泥炭）	20~30	3~4	1.20~1.30	1.03~1.04
二类	14~28	1.5~5	1.14~1.28	1.02~1.05
三类	24~30	4~7	1.24~1.30	1.04~1.07
四类（泥灰岩、蛋白石除外）	26~32	6~9	1.26~1.32	1.06~1.09
四类（泥灰岩、蛋白石）	33~37	11~15	1.33~1.37	1.11~1.15
五~七类	30~45	10~20	1.30~1.45	1.10~1.20
八类	45~50	20~30	1.45~1.50	1.20~1.30

✓ 应用案例 1-1

【案例概况】

某基坑底长60m，宽25m，深5m，四边放坡，边坡坡度1:0.5。已知K_s=1.20，K'_s=1.05。试求：

（1）试计算土方开挖工程量；
（2）若混凝土基础和地下室占有体积为3000m³，则应预留多少松土回填？

【案例解析】

解:(1)基坑上表面放坡宽度为 5×0.5 = 2.5(m),基坑上表面长为 60+(5×0.5)×2=65(m),宽度为 25+ (5×0.5)×2= 30(m);基坑中截面放坡宽度为 2.5×0.5 = 1.25(m),基坑中截面长为 60+ (2.5×0.5)×2=62.5(m),宽度为 25+ (2.5×0.5)×2=27.5(m);土方开挖工程量 $V_1=H(A+4A_0+A_2)/6=5×(65×30+4×62.5×27.5+60×25)/6 ≈ 8604.17(m^3)$。

(2)需要回填的夯实土体 $V_2 =V_1-3000=5604.17 (m^3)$

需要回填的松土 $V_3=V_2/K_s'×K_s=5604.17/ 1.05×1.2 ≈ 6404.77 (m^3)$

3. 土的含水率

土的含水率 w 是指土中所含水的质量与固体颗粒质量之比,以百分率表示,即

$$w=\frac{m_w}{m_s}×100\% \tag{1-5}$$

式中 m_w——土中水的质量;

m_s——土中固体颗粒的质量。

土的含水率随气候条件、雨雪和地下水的影响而变化,它对土方边坡的稳定性、填方密实度、土方施工方法的选择等有重要的影响,可采用含水率测定仪(图1.1)测定。

4. 土的渗透性

土体被水透过的性质称为土的渗透性,也叫作土的透水性。土的渗透性主要取决于土体的孔隙特征和水力坡度,不同的土渗透性不同,可采用土壤渗透试验仪(图1.2)测定。

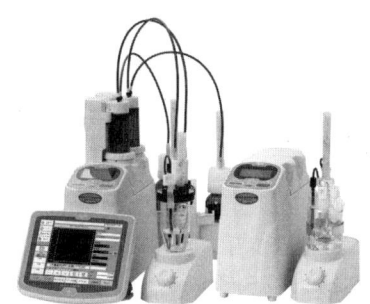

图1.1　含水率测定仪

图1.2　土壤渗透试验仪

土体孔隙中的自由水在重力作用下会发生流动,当基坑(槽)开挖至地下水位以下,地下水会不断流入基坑(槽),当由水力梯度产生的动水压力超过土粒之间的联结力时,则会产生管涌或流砂。同样,地下水在渗流流动中会受到土颗粒的阻力,其大小与土的渗透性及地下水渗流的路程长短有关。根据达西定律,水在土中的渗流速度(v)与水力梯度(i)之间呈线性比例关系,即

$$v=ki \tag{1-6}$$

式中 k——土的渗透系数。

土的渗透系数同土的颗粒大小、级配、密度等有关,是选择人工降水方法的依据,也是分层填土时确定相邻两层结合面形式的依据,渗透系数 k 值将直接影响降水方案的选择和涌水量计算的准确性,其参考数值见表1-3。

表 1-3 土的渗透系数表　　　　　　　　　　　　单位：m/d

土的名称	渗透系数 k	土的名称	渗透系数 k
黏土	<0.005	中砂	5.00~20.00
亚黏土	0.005~0.10	均质中砂	35~50
轻亚黏土	0.10~0.25	粗砂	20~50
黄土	0.25~0.50	圆砾石	50~100
粉砂	0.50~1.00	卵石	100~500
细砂	1.00~5.00		

能力训练

【任务实施】

采集施工现场各类土样，试验测定土的干密度、土的可松性。

【技能训练】

组织学生查看施工现场工程地质状况，结合地勘报告，让学生理论联系实际，熟悉各类土的性质及正确识别土方工程。

工作任务 1.2　土方工程量计算

1.2.1 场地平整

1. 场地平整概述

场地平整是将施工现场平整成设计所要求的平面。场地平整内容包括：确定场地设计标高（一般均在设计文件上规定），计算挖、填土方工程量，确定土方平衡调配方案，选择土方机械，拟订施工方案。

2. 场地设计标高确定

场地设计标高 H_0 是进行场地平整和土方量计算的依据，也是总图规划和竖向设计的依据。合理确定场地的设计标高，对减少土石方量、加快工程进度等都有重要的意义。

1）初步计算场地设计标高

初步计算场地设计标高按场地内挖填平衡以降低运输费用为原则来确定设计标高，即场地内挖方总量等于填方总量。

将场地划分为边长 $a=(10~40)$m 的正方形方格网，通常以 20m 居多。用实测法或利用原地形图的等高线进行内插而得到各网格角点的标高，如图 1.3 所示。

从工程经济效益的角度说，合理的设计标高应该使得场地内的土方在场地平整前和平整后相等而达到挖方和填方的平衡，即

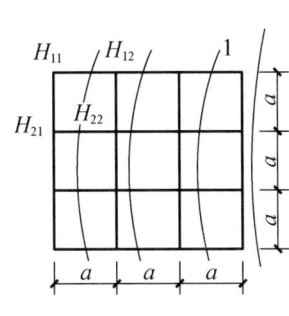 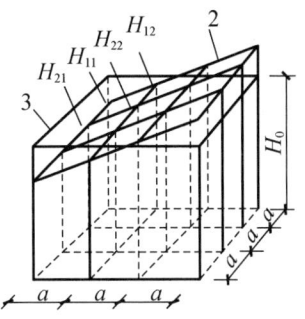

(a) 场地方格网　　　　　　(b) 设计标高

1—等高线；2—自然地面；3—设计平面；H_{11}、H_{12}、H_{21}、H_{22}—任一方格的四个角点的标高。

图 1.3　场地设计标高计算示意图

$$H_0 Na^2 = \sum_1^N \left(a^2 \frac{H_{11}+H_{12}+H_{21}+H_{22}}{4} \right)$$

$$H_0 = \frac{1}{4N} \sum_1^N \left(\frac{H_{11}+H_{12}+H_{21}+H_{22}}{4} \right)$$

式中　H_0——所计算场地的设计标高（m）；
　　　a——方格边长（m）；
　　　N——方格数；
　　　H_{11}，H_{12}，H_{21}，H_{22}——任一方格四个角点的标高。

由图 1.3 可见，相邻方格具有公共的角点标高，在一个方格网中，某些角点系四个相邻方格的公共角点，因而其标高需加四次，某些角点系三个相邻方格的公共角点，因而其标高需加三次；而某些角点标高仅需加两次，方格网四角的角点标高仅需加一次。因此以上公式可以改写成下列形式。

$$H_0 Na^2 = \sum \left(a^2 \frac{H_1+H_2+H_3+H_4}{4} \right) \tag{1-7}$$

$$H_0 = \frac{1}{4N} \left(\sum H_1 + 2\sum H_2 + 3\sum H_3 + 4\sum H_4 \right) \tag{1-8}$$

式中　H_1——仅为一个方格所有的角点标高（m）；
　　　H_2——两个方格共有的角点标高（m）；
　　　H_3——三个方格共有的角点标高（m）；
　　　H_4——四个方格共有的角点标高（m）。

其余符号含义同前。

按式（1-8）获得的标高为仅考虑挖填相等的水平面场地情形，即调整后的设计标高是一个水平面的标高。而实际施工中要根据泄水坡度的要求（单坡泄水或双坡泄水）来计算出场地内各方格网角点实际的设计标高，如图 1.4 所示。因此，应根据泄水要求，计算出实际施工时所采取的设计标高。

以 H_0 作为场地中心的标高，则双坡泄水场地内任意点的设计标高（单坡泄水与此类似）为

$$H_i' = H_0 \pm l_x i_x \pm l_y i_y \tag{1-9}$$

式中 H'_i——考虑泄水坡度的角点设计标高；
l_x——该点距 y—y 轴的距离；
l_y——该点距 x—x 轴的距离；
i_x，i_y——场地分别在 x、y 方向的泄水坡度。

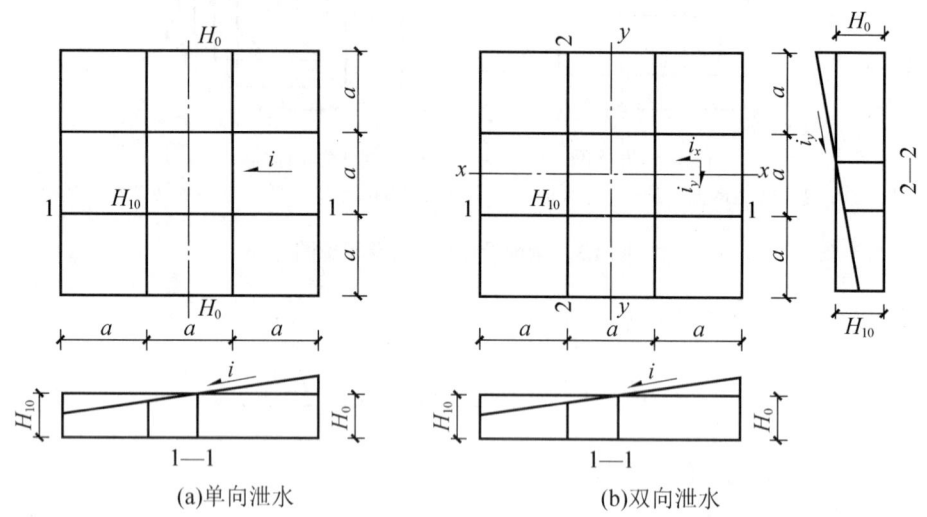

图 1.4　场地的泄水坡度

然后可按下式计算各角点的施工高度 h_i。

$$h_i = H'_i - H_i \tag{1-10}$$

式中 H_i——i 角点的原地形标高。

若 h_i 为正值，则该点为填方；若 h_i 为负值，则该点为挖方。

当进行大型场区竖向规划设计时，要把天然地面改造成我们所需要的设计平面，应当考虑以下因素：①与已有建筑物的标高相适应，满足生产工艺和运输的要求；②尽量利用地形，以减少挖填土方的数量；③场地内的挖方、填方尽量平衡且土方量最小，以便降低土方施工费用；④场地内要有一定的泄水坡度，能满足排水要求；⑤考虑最高洪水位的要求；⑥满足市政道路与规划的要求。

2）设计标高的调整

根据上述公式算出的设计标高乃一理论值，实际上还需要考虑以下因素对其进行调整：①土的可松性；②设计标高以下各种填方工程用土量（如场区上填筑路堤而影响设计标高使其降低），或设计标高以上的各种挖方工程量（如开挖河道、水池等影响设计标高使其提高）；③边坡填挖土方量不等；④部分挖方就近弃土于场外，或部分填方就近从场外取土等因素。考虑这些因素所引起的挖填土方量的变化后，适当提高或降低设计标高。

上述②、③、④三项可根据具体情况计算后加以调整，而①项则应按下述方法计算：如图 1.5 所示，设 Δh 为因考虑土的可松性而引起的设计标高的增加值，则总挖方体积应减少 $F_W \Delta h$，即

$$V'_W = V_W - F_W \Delta h \tag{1-11}$$

式中 V'_W——设计标高调整后的总挖方体积；

V_W——设计标高调整前的总挖方体积；

F_W——设计标高调整前的挖方区总面积。

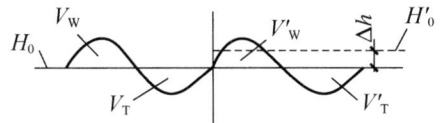

图 1.5 设计标高的调整计算示意图

设计标高调整后，总填方体积变为

$$V'_T = V'_W K'_s = (V_W - F_W \Delta h) K'_s \qquad (1\text{-}12)$$

式中 V'_T——设计标高调整后的总填方体积；

K'_s——土的最终可松性系数。

此时，填方区的标高也与挖方区的标高一样提高 Δh，该值为

$$\Delta h = \frac{V'_T - V_T}{F_T} = \frac{(V_W - F_W \Delta h) K'_s - V_T}{F_T} \qquad (1\text{-}13)$$

式中 V_T——调整前的总填方体积；

F_T——调整前的填方区总面积。

移项并简化得

$$\Delta h = \frac{V_W (K'_s - 1)}{F_T + F_W K'_s} \qquad (1\text{-}14)$$

故考虑土的可松性后，场区的设计标高经调整后应改为

$$H'_0 = H_0 + \Delta h \qquad (1\text{-}15)$$

1.2.2 土方工程量的计算

计算土方工程量之前，通常应根据施工图基础底部标高或构造层做法确定场地平整图。土方工程量的计算方法分手工计算法和电脑计算法，手工计算法分为方格网法和横断面法等，电脑计算法有南方测绘 CASS 和飞时达土方、广联达、天正土石方等软件。本章主要介绍手工计算法。

1. 方格网法

大面积场地平整的土方量，通常采用方格网法计算，即根据方格网角点的自然地面标高和实际采用的设计标高，算出相应的角点填挖高度（施工高度），然后计算每一方格的土方量，并计算出场地边坡的土方量。这样便可求得整个场地的填、挖土方总量。具体步骤如下。

1) 划分方格网

根据已有的地形图（一般用 1∶500 的地形图），将欲计算的场地划分为若干方格网，尽量与测量的纵横坐标网对应，方格一般采用 20m×20m 或 40m×40m，利用水准仪或全站仪确定各方格网角点高程，按前述挖填平衡确定设计标高。将相应设计标高和自然标高分别标注在方格点的右下角和左下角，将各角点的施工高度（挖或填）填在方格网的右上角，挖方标为"−"，填方标为"+"，如图 1.6 所示。各方格角点的施工高度按下式计算。

$$h_n = H_n - H \tag{1-16}$$

式中 h_n——角点施工高度,即填挖高度,以"+"为填,"-"为挖;

H_n——角点的实际标高(当无泄水坡度时,即为场地的实际标高);

H——角点的自然地面标高。

2)计算零点位置并确定零线

在一个方格网内同时有填方或挖方时,要先算出方格网边的零点(即不挖不填的点)位置,并标注于方格网上,连接零点即得填方区与挖方区的分界线(即零线),它是填方区与挖方区的分界线,如图 1.7 所示。零点的位置按下式计算。

$$x_1 = \frac{h_1}{h_1 + h_2}a, \quad x_2 = \frac{h_2}{h_1 + h_2}a \tag{1-17}$$

式中 x_1、x_2——角点至零点的水平距离(m);

h_1、h_2——相邻两角点的施工高度(m),均用绝对值;

a——方格网的边长(m)。

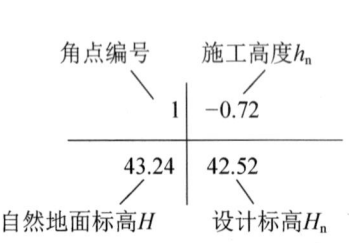

图 1.6 土方方格网图例

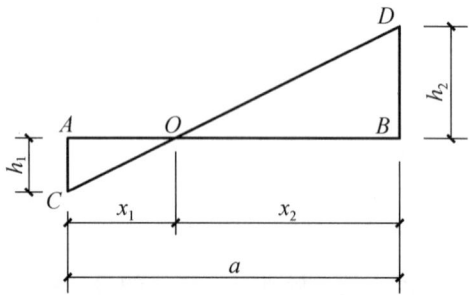

图 1.7 零点计算示意图

在实际工作中,为省略计算,常采用图解法直接求出零点,如图 1.8 所示,用尺在各角上标出相应比例并相连,与方格相交处即为零点位置。此法较为简便,同时可避免计算或查表出错。

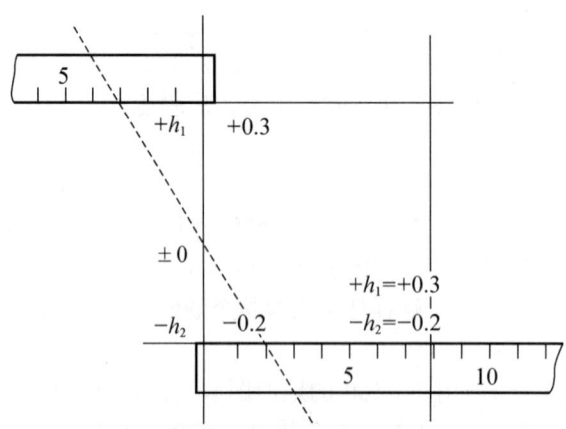

图 1.8 用图解法确定零点

3)计算场地填挖土方量

场地填挖土方量计算,可采用四棱柱体法或三角棱柱体法。

（1）四棱柱体法。用四棱柱体法计算时，根据方格角点的施工高度可分为三种类型。

① 方格四个角点全部为填（或挖），如图1.9（a）所示，其土方量为

$$V = \frac{a^2}{4}(h_1 + h_2 + h_3 + h_4) \tag{1-18}$$

式中　V——挖方或填方体积（m³）；

　　　$h_1 \sim h_4$——方格四个角点的施工高度（m），均取绝对值。

② 方格的相邻两个角点为挖，另两个角点为填，如图1.9（b）所示，则两种土方量为

$$V_{挖} = V_{1,2} = \frac{a^2}{4}\left(\frac{h_1^2}{h_1 + h_4} + \frac{h_2^2}{h_2 + h_3}\right) \tag{1-19}$$

$$V_{填} = V_{3,4} = \frac{a^2}{4}\left(\frac{h_3^2}{h_2 + h_3} + \frac{h_4^2}{h_1 + h_4}\right) \tag{1-20}$$

③ 方格的三个角点为挖，另一个角点为填（或相反），如图1.9（c）所示，则可得

$$V_{填} = V_4 = \frac{a^2}{6} \cdot \frac{h_4^3}{(h_1 + h_4)(h_3 + h_4)} \tag{1-21}$$

$$V_{挖} = V_{1,2,3} = \frac{a^2}{6}(2h_1 + h_2 + 2h_3 - h_4) + V_{填} \tag{1-22}$$

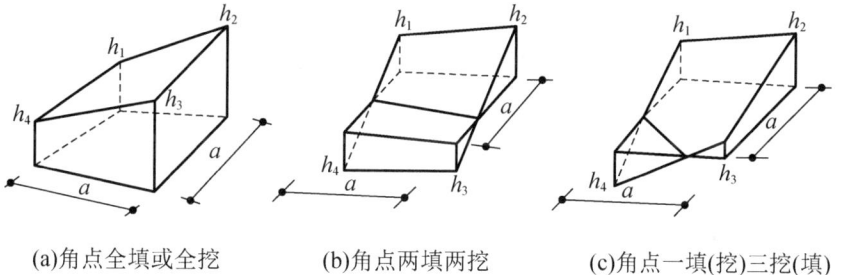

(a)角点全填或全挖　　　(b)角点两填两挖　　　(c)角点一填(挖)三挖(填)

图 1.9　土方工程量计算的四棱柱体法

使用以上各式时，注意 h_1、h_2、h_3、h_4 系按顺时针连续排列。其中第二种类型 h_1、h_2 同号，h_3、h_4 同号；第三种类型 h_1、h_2、h_3 同号，h_4 为异号。

通常采用方格网底面积图形，按表1-4所列公式计算每个方格内的挖方或填方量。

表 1-4　方格网土方工程量计算公式

项目	图示	计算公式
一点填方或挖方（三角形）		$V = \frac{1}{2}bc\frac{\sum h}{3} = \frac{bch_3}{6}$ 当 $b = c = a$ 时，$V = \frac{a^2 h_3}{6}$

续表

项目	图示	计算公式
两点填方或挖方（梯形）		$V_+ = \dfrac{b+c}{2}a\dfrac{\sum h}{4} = \dfrac{a}{8}(b+c)(h_1+h_3)$ $V_- = \dfrac{d+e}{2}a\dfrac{\sum h}{4} = \dfrac{a}{8}(d+e)(h_2+h_4)$
三点填方或挖方（五角形）		$V = \left(a^2 - \dfrac{bc}{2}\right)\dfrac{\sum h}{5}$ $= \left(a^2 - \dfrac{bc}{2}\right)\dfrac{h_1+h_2+h_4}{5}$
四点填方或挖方（正方形）		$V = \dfrac{a^2}{4}\sum h = \dfrac{a^2}{4}(h_1+h_2+h_3+h_4)$

注：① a 为方格网的边长（m）；b、c、d、e 为零点到一角的边长（m）；h_1、h_2、h_3、h_4 为方格网四角点的施工高程（m），用绝对值代入；Σh 为挖方或填方施工高程的总和（m），用绝对值代入；V 为挖方或填方体积（m³）。

② 本表公式是按各计算图形底面积乘以平均施工高程而得出的。

（2）三角棱柱体法。用三角棱柱体法计算场地土方量，是将每一方格顺地形的等高线沿对角线划分为两个三角形，然后分别计算每个三角棱柱（锥）体的土方量。

① 当三角形为全挖或全填时，如图 1.10（a）所示，土方量为

$$V = \frac{1}{6}a^2(h_1+h_2+h_3) \tag{1-23}$$

② 当三角形有挖有填时，如图 1.10（b）所示，其零线将三角形分为两部分，一个是底面为三角形的锥体，另一个是底面为四边形的楔体，相应土方量分别为

$$V_锥 = \frac{a^2}{6} \cdot \frac{h_3^3}{(h_1+h_3)(h_2+h_3)} \tag{1-24}$$

$$V_楔 = \frac{a^2}{6} \cdot \left[\frac{h_3^3}{(h_1+h_3)(h_2+h_3)} - h_3 + h_2 + h_1\right] \tag{1-25}$$

计算场地土方量的公式不同，计算结果精度也不相同。当地形平坦时，采用四棱柱体法并将方格划分得大些可以减少计算工作量；当地形起伏变化较大时，应将方格划分得小一些或采用三角棱柱体法计算，以使结果更准确。

将挖方区（或填方区）所有方格计算的土方量汇总，即得到该场地挖方和填方的总土方量。

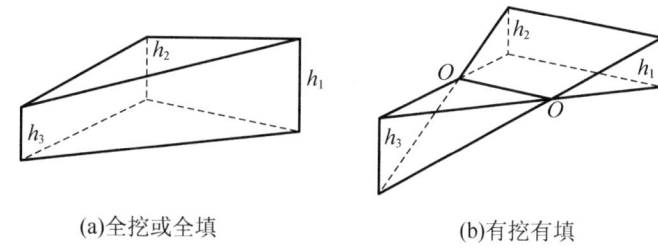

(a)全挖或全填　　　　　　(b)有挖有填

图1.10　三角棱柱体法计算图式

2. 基坑（槽）及路堤的土方量计算

（1）基坑土方量可按立体几何中的棱柱体（由两个平行的平面作为底的一种多面体）的体积公式计算，如图1.11所示。

$$V = \frac{H}{6}(A_1 + 4A_0 + A_2) \qquad (1\text{-}26)$$

式中　H——基坑深度（m）；

　　　A_1, A_2——基坑上、下两底面积（m²）；

　　　A_0——基坑中截面面积（m²）。

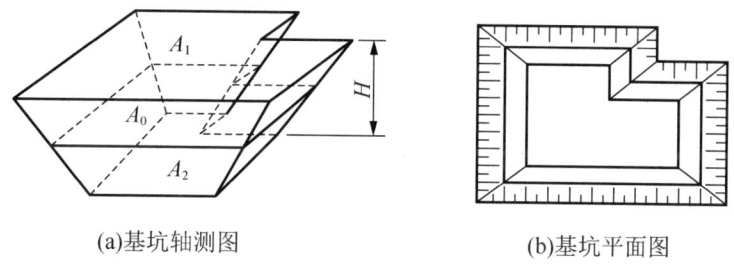

(a)基坑轴测图　　　　　　(b)基坑平面图

图1.11　基坑土方量计算示意图

（2）基槽和路堤的土方量可以沿长度方向分段后同理计算，如图1.12所示。

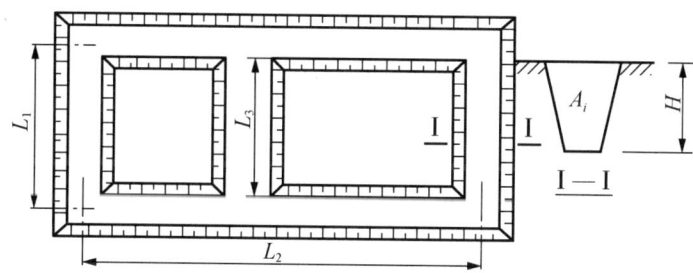

图1.12　基槽土方量计算示意图

$$V_1 = \frac{L_1}{6}(A_1 + 4A_0 + A_2) \qquad (1\text{-}27)$$

式中　V_1——第一段的土方量（m³）；

　　　L_1——第一段的长度（m）。

由此得出总土方量为

$$V = V_1 + V_2 + \cdots + V_n \tag{1-28}$$

式中 $V_1, V_2, \cdots, V_n$——各个分段的土方量（m³）。

 应用案例 1-2

【案例概况】

某工业厂房场地平整，部分方格网如图 1.13 所示，方格网边长为 20m×20m，场地排水坡度为 $i_x = i_y = 2\%$。试计算挖填总土方量。

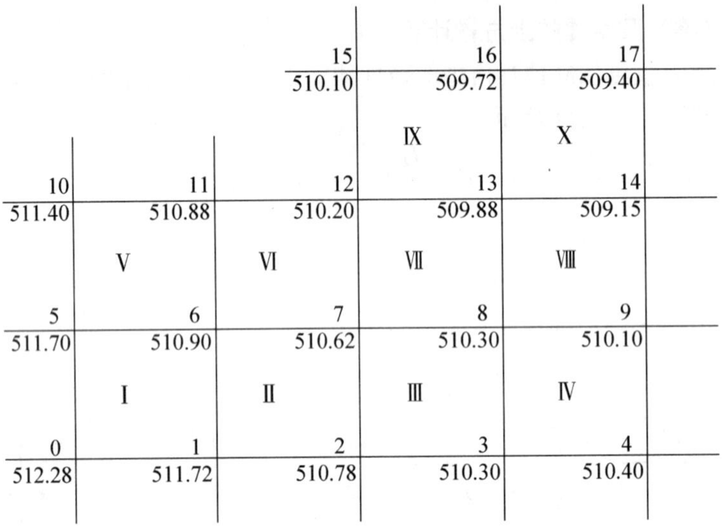

```
    15         16         17
    510.10     509.72     509.40
              Ⅸ          Ⅹ
10         11         12         13         14
511.40     510.88     510.20     509.88     509.15
    Ⅴ          Ⅵ          Ⅶ          Ⅷ
5          6          7          8          9
511.70     510.90     510.62     510.30     510.10
    Ⅰ          Ⅱ          Ⅲ          Ⅳ
0          1          2          3          4
512.28     511.72     510.78     510.30     510.40
```

图 1.13 场地方格网

【案例解析】

（1）确定场地设计标高。根据已有自然地面的设计标高，按式（1-8）可初步确定场地的设计标高为

$$\begin{aligned}
H_0 &= \frac{1}{4N}\left(\sum H_1 + 2\sum H_2 + 3\sum H_3 + 4\sum H_4\right) \\
&= \frac{(510.10 + 509.40 + 511.40 + 512.28 + 510.40)}{4 \times 10} + \\
&\quad \frac{2 \times (509.72 + 510.88 + 511.70 + 510.78 + 510.30 + 510.10 + 509.15 + 511.72)}{4 \times 10} + \\
&\quad \frac{3 \times 510.20}{4 \times 10} + \frac{4 \times (509.88 + 510.30 + 510.62 + 510.90)}{4 \times 10} \\
&= \frac{20419.68}{40} = 510.492 \text{(m)}
\end{aligned}$$

（2）考虑泄水坡度，根据式（1-9）计算各角点的标高，过程从略。

（3）根据式（1-10）计算出各角点施工高度，过程从略。

（4）计算零点位置。由图 1.14 可以看到 3～4、3～8、7～8、7～12、11～12 五条方格边两端角点的施工高度符号不同，表明此方格边上有零点存在。由式（1-17）计算得

$3 \sim 4 \quad x_1 = \dfrac{0.008}{0.008 + 0.292} \times 20 \approx 0.533(\text{m})$

$3 \sim 8 \quad x_1 = \dfrac{0.392}{0.008 + 0.392} \times 20 = 19.6(\text{m})$

$7 \sim 8 \quad x_1 = \dfrac{0.328}{0.328 + 0.392} \times 20 \approx 9.11(\text{m})$

$7 \sim 12 \quad x_1 = \dfrac{0.492}{0.492 + 0.328} \times 20 = 12(\text{m})$

$11 \sim 12 \quad x_1 = \dfrac{0.492}{0.588 + 0.492} \times 20 \approx 9.11(\text{m})$

将各零点标注于图1.14上，并将零点连接起来。

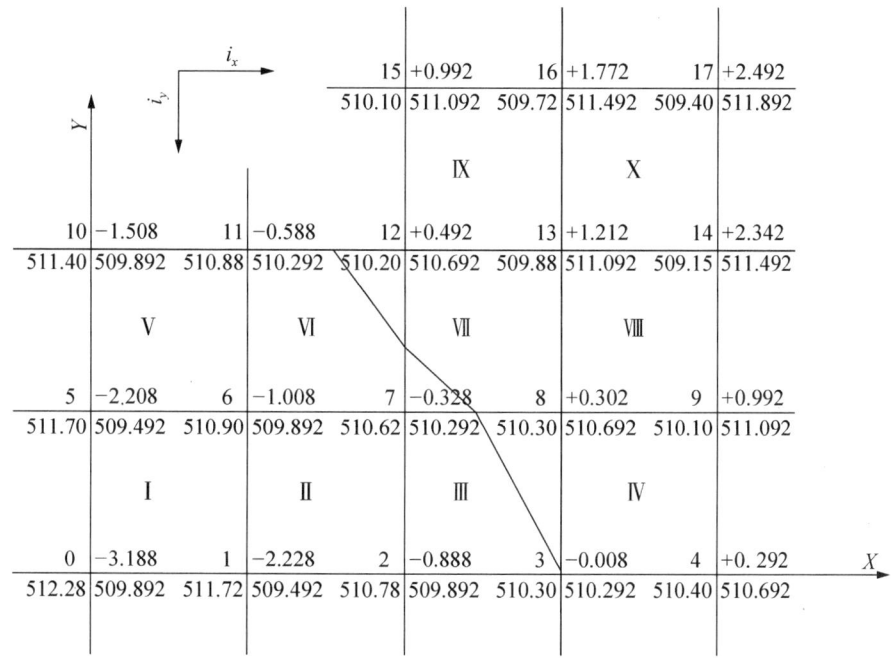

图1.14 场地方格网（已标注）

（5）计算土方量。

方格Ⅰ为全挖的正方形，其土方量为

$$V_- = \dfrac{20^2}{4} \times (2.208 + 1.008 + 3.118 + 2.288) = 869.2(\text{m}^3)$$

方格Ⅱ为全挖的正方形，其土方量为 $V_- = 445.2(\text{m}^3)$。

方格Ⅲ底面为三角形和五边形，其土方量根据式（1-21）、式（1-22）可求得：

三角形土方量为

$$V_+ = \dfrac{400}{6} \times \dfrac{0.392^3}{(0.328 + 0.392)(0.392 + 0.008)} \approx 13.944(\text{m}^3)$$

五边形土方量为

$$V_- = 13.944 - \frac{400}{6} \times (0.392 - 0.008 - 0.328) \approx 10.211(\text{m}^3)$$

方格Ⅳ情况同上，其中三角形土方量 $V_- = 0.0003\text{m}^3$，五边形土方量 $V_+ = 45.067\text{m}^3$。

方格Ⅴ为全挖的正方形，其土方量为 $V_- = 531.2\text{m}^3$。

方格Ⅵ底面为三角形和五边形，其中三角形土方量为 $V_+ = 8.965\text{m}^3$，五边形土方量为 $V_- = 37.232\text{m}^3$。

方格Ⅶ底面为三角形和五边形，其中三角形土方量为 $V_- = 3.985\text{m}^3$，五边形土方量为 $V_+ = 41.051\text{m}^3$。

方格Ⅷ为全填的正方形，其土方量为 $V_+ = 446.8\text{m}^3$。

方格Ⅸ为全填的正方形，其土方量为 $V_+ = 446.8\text{m}^3$。

方格Ⅹ为全填的正方形，其土方量为 $V_+ = 781.8\text{m}^3$。

（6）汇总全部土方工程量。全部挖方量及填方量分别为

$\sum V_- = 862.9 + 445.2 + 10.211 + 0.0003 + 531.2 + 37.232 + 3.985 \approx 1897.03(\text{m}^3)$

$\sum V_+ = 13.944 + 45.067 + 8.965 + 41.051 + 493.8 + 446.8 + 781.8 \approx 1831.43(\text{m}^3)$

飞时达土方计算软件

能力训练

【任务实施】

计算某新建工程项目土石方工程量。

【技能训练】

（1）通过对土石方工程量的计算，让学生理论联系实际，熟悉工程项目土方工程量的计算过程，并书写计算书。

（2）自学并利用南方测绘 CASS 软件上机操作计算土方工程量，掌握挖方区、填方区土方量的计算方法，并结合工程造价定额、清单计量牢固掌握知识点。

工作任务1.3 土方开挖及支撑

1.3.1 基坑开挖

1. 土方边坡

合理选择基坑、沟槽、路基、堤坝的断面和留设土方边坡，是减少土方量的有效措施。边坡坡度（常简称边坡）的表示方法如图1.15（a）所示，是以土方挖方深度 h 与放坡宽度 b 之比表示，即

$$i = \frac{h}{b} = \frac{1}{b/h} = \frac{1}{m} \tag{1-29}$$

式中 m ——边坡坡度系数，$m = b/h$。

土方边坡的大小主要与土质、开挖深度、开挖方法、边坡留置时间的长短、边坡附近的各种荷载状况及排水情况有关,其取值既要保证土体稳定和施工安全,又要节省土方。在山坡整体稳定的情况下,地质条件良好、土质较均匀、使用时间在一年以上、高度在10m以内的临时性挖方边坡应按表1-5规定;挖方中有不同的土层或深度超过10m时,其边坡可做成折线形或台阶形,以减少土方量,如图1.15(b)(c)所示。

表1-5 使用时间较长、高10m以内的临时性挖方边坡坡度

土的类别		边坡坡度
砂土(不包括细砂、粉砂)		1:(1.25~1.50)
一般黏性土	坚硬	1:(0.75~1.10)
	硬塑	1:(1.00~1.15)
碎石类土	充填坚硬、硬塑黏性土	1:(0.50~1.00)
	充填砂土	1:(1.00~1.50)

注:① 使用时间较长的临时性挖方,是指使用时间超过一年的临时道路、临时工程的挖方。
② 挖方经过不同类别的土(岩)层或深度超过10m时,其边坡可做成折线形或台阶形。
③ 当有成熟经验时,可不受本表限制。

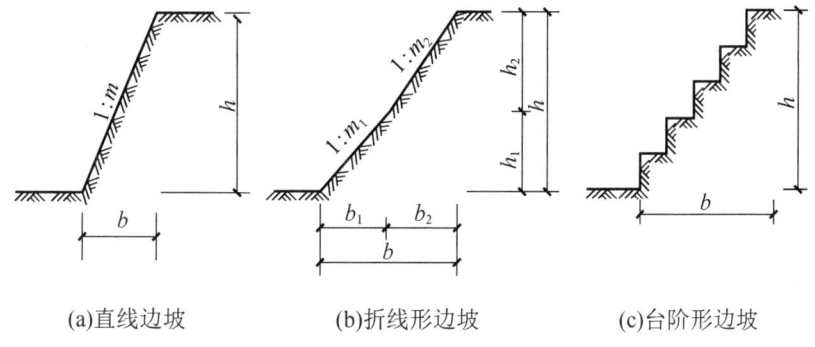

(a)直线边坡   (b)折线形边坡   (c)台阶形边坡

图1.15 土方边坡

当地质条件良好、土质均匀且地下水位低于基坑、沟槽底面标高时,挖方深度在5m以内、不加支撑的边坡留设应符合表1-6的规定。

对于使用时间在一年以上的临时性填方边坡坡度,当填方高度在10m以内时可采用1:1.5;高度超过10m时可做成折线形,上部采用1:1.5,下部采用1:1.75。

至于永久性挖方或填方边坡,均应按设计要求施工。

表1-6 深度在5m内的基坑(槽)、管沟边坡的最陡坡度(不加支撑)

土的种类	边坡坡度(高:宽)		
	坡顶无荷载	坡顶有静载	坡顶有动载
中密的砂土	1:1.00	1:1.25	1:1.50
中密的碎石类土(充填物为砂土)	1:0.75	1:1.00	1:1.25
硬塑的粉土	1:0.67	1:0.75	1:1.00
中密的碎石类土(充填物为黏性土)	1:0.50	1:0.67	1:0.75

续表

土的种类	边坡坡度（高：宽）		
	坡顶无荷载	坡顶有静载	坡顶有动载
硬塑的粉质黏土、黏土	1∶0.33	1∶0.50	1∶0.67
老黄土	1∶0.10	1∶0.25	1∶0.33
软土（经井点降水后）	1∶1.00	—	—

注：① 静载指堆土或材料等，动载指机械挖土或汽车运输作业等；静载或动载应距挖方边缘 0.8m 以外，堆土或材料高度不宜超过 1.5m。
② 当有成熟经验时，可不受本表限制。

2．土方边坡的稳定

基坑（槽）开挖过程中，基坑土体的稳定主要是依靠土体内颗粒间存在的内摩擦力和内聚力来保持平衡的。一旦土体失去平衡，就会塌方，这不仅会造成人身安全事故，同时也会影响工期，甚至还会危及附近的建筑物。

1）造成塌方的主要原因

（1）边坡过陡，使土体本身稳定性不够，尤其是在土质差、开挖深度大的坑槽中，常引起塌方。

（2）雨水、地下水渗入基坑，使土体泡软、重力增大及抗剪能力降低，是造成塌方的主要原因。

（3）基坑（槽）边缘附近大量堆土，或停放机具、材料，或由于动荷载的作用，使土体产生的剪应力超过土体的抗剪强度。

（4）土方开挖顺序、方法未遵守"开槽支撑、先撑后挖；分层开挖、严禁超挖"的原则。

2）防治塌方的措施

（1）为了防止塌方，保证施工安全，在基坑（槽）开挖深度超过一定限度时，土壁应做成有斜率的边坡，或者加以临时支撑以保持土壁的稳定。

（2）设置支撑。为了缩小施工面、减少土方，或受场地限制不能放坡时，可设置土壁支撑。

（3）基坑（槽）或管沟挖好后，应及时进行基础工程或地下结构工程施工。

1.3.2 土壁支撑

当开挖基坑（槽）的土体含水率大而不稳定、基坑较深、受到周围场地限制又需用较陡的边坡，或直立开挖土质较差的边坡时，应采用临时性支撑加固，基坑（槽）每边的宽度应比基础宽 15~20cm，便于设置支撑加固结构。挖土时，土壁要求平直，挖好一层，做一层支撑，挡土板要紧贴土面，并用小木桩或横撑木顶住挡板。当开挖宽度较大的基坑，在局部地段无法放坡，或下部土方受到基坑尺寸限制不能放较大坡度时，应在下部坡脚采取加固措施，如采用短桩与横隔板支撑，或砌砖、毛石，或用编织袋、草袋装土堆砌临时矮挡土墙以保护坡脚。一般沟槽的支撑方法见表 1-7，一般基坑的支撑方法见表 1-8。深基坑的支撑方法见学习情境 12。

支护结构施工流程

表 1-7 一般沟槽的支撑方法

支撑方式	简图	支撑方法及使用条件
间断式水平支撑		两侧挡土板水平放置，用工具或木横撑借木楔顶紧，挖一层土，支顶一层。该方法适用于能保持直立壁的干土或天然湿度的黏土，地下水很少，深度在 2m 以内
断续式水平支撑		挡土板水平放置，中间留出间隔，并在两侧同时对称竖立枋木，再用工具或木横撑上下顶紧。该方法适用于能保持直立壁的干土或天然湿度的黏土，地下水很少，深度在 3m 以内
连续式水平支撑		挡土板水平连续放置，不留间隙，然后两侧同时对称竖立枋木，上下各顶一根撑木，端头加木楔顶紧。该方法适用于较松散的干土或天然湿度的黏性土，地下水很少，深度 3~5m
连续或间断式垂直支撑		挡土板垂直放置，连续或留适当间隙，然后每侧上下各水平顶一根枋木，再用横撑顶紧。该方法适用于土质较松散或湿度很高的土，地下水较少，深度不限
水平垂直混合支撑		沟槽上部设连续或水平支撑，下部设连续或垂直支撑。该方法适用于沟槽深度较大，下部有含水土层的情况

表 1-8　一般基坑的支撑方法

支撑方式	简图	支撑方法及使用条件
斜柱支撑	挡板、柱桩、斜撑、短桩、回填土	水平挡土板钉在柱桩内侧，柱桩外侧用斜撑支顶，斜撑底端支在木桩上，在挡土板内侧回填土。该方法适用于开挖面积较大、深度不大的基坑或使用机械挖土
锚拉支撑	锚桩、挡板、柱桩、拉杆、回填土	水平挡土板支在柱桩的内侧，柱桩一端打入土中，另一端用拉杆与锚桩拉紧，在挡土板内侧回填土。该方法适用于开挖面积较大、深度不大的基坑或使用机械挖土
短柱横隔支撑	横隔板、短桩、回填土	打入小短木桩，部分打入土中，部分露出地面，钉上水平挡土板，在背面填土。该方法适用于开挖宽度大的基坑，以及当部分地段下部放坡不够时使用
临时挡土墙支撑	装上砂草袋或干砌、浆砌毛石	沿坡脚用砖、石叠砌或用草袋装土砂堆砌，使坡脚保持稳定。该方法适用于开挖宽度大的基坑，以及当部分地段下部放坡不够时使用

 能力训练

【任务实施】

编制某土方工程开挖及支撑施工组织设计。

【技能训练】

通过施工组织设计的编制，深入掌握土方开挖、土方支撑的施工工艺及施工特点，为将来从事施工管理打下坚实的基础。

工作任务 1.4 人工降低地下水位

为保证土方工程的施工能在土体较干燥的工作条件下顺利进行,必须做好施工现场的排水工作,包括排除地面水以及地下水。

本节重点介绍人工降低地下水位。人工降低地下水位的方法一般分为重力降水(集水井、明渠降水)和强制降水(井点降水)。

1.4.1 地下水控制方法选择

在软土地区基坑开挖深度超过 3m 时,一般就要用井点降水。当开挖深度浅时,也可边开挖边用排水沟和集水井进行集水明排。地下水控制方法有多种,其适用条件大致见表 1-9 所列,应根据土层情况、降水深度、周围环境、支护结构种类等综合考虑后进行优选。当因降水而危及基坑及周边环境安全时,宜采用截水或回灌方法。

表 1-9 地下水控制方法适用条件

方法名称		土类	渗透系数/(m/d)	降水深度/m	水文地质特征
集水明排		填土、粉土、黏性土、砂土	7~20.0	<5	上层滞水或水量不大的潜水
降水	真空井点		0.1~20.0	单级<6 多级<20	
	喷射井点		0.1~20.0	<20	
	管井	粉土、砂土、碎石土、可熔岩、破碎带	1.0~200.0	>5	含水丰富的潜水、承压水、裂隙水
截水		黏性土、粉土、砂土、碎石土、岩溶土	不限	不限	—
回灌		填土、粉土、砂土、碎石土	0.1~200.0	不限	—

当基坑底为隔水层且层底作用有承压水时,应进行坑底突涌验算,必要时可采取水平封底隔渗或钻孔减压措施,保证坑底土层稳定;否则一旦发生突涌,将给施工带来极大的麻烦。

1.4.2 集水明排法

集水井降水施工流程

当基坑开挖深度不很大,基坑涌水量不大时,集水明排法是应用最广泛且最简单、经济的方法,如图 1.16 所示。

在基坑四角或每隔 30~40m 设置集水井,排水沟与集水井应设置在基础轮廓线以外,距边线距离不少于 0.4m,沟边缘离开边坡坡脚应不小于 0.3m。排水沟沿基坑底四周设置,底宽应不小于 300mm,排水明沟的底面应比挖土面低 0.3～0.4m，沟底应至少比沟底面低 0.5m，并随基坑的挖深而加深，以保持水流畅通。

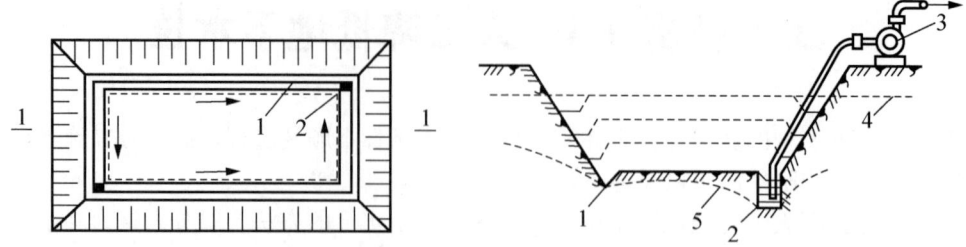

1—排水沟；2—集水井；3—抽水泵；4—地下水位线；5—降水后的地下水位线。

图 1.16　普通明沟与集水井排水方法

明沟、集水井排水，视水量多少连续或间断抽水，直至基础施工完毕、回填土为止。

1.4.3　降水

在含水丰富的土层中开挖大面积基坑时，集水明排法难以排干大量的地下涌水，当遇粉细砂层时，还会出现严重的翻浆、冒泥、涌砂现象，不仅基坑无法挖深，还可能造成大量水土流失、边坡失稳、地面塌陷，严重者会危及邻近建筑物的安全。遇有此种情况时，应采用井点降水的人工降水方法。

> **特别提示**
>
> 井点降水法就是在基坑开挖前，预先在基坑四周埋设一定数量的滤水管（井），利用抽水设备从中抽水，使地下水位降到坑底以下；在基坑开挖过程中仍不断抽水，使所挖的土始终保持干燥状态，从根本上防止流砂发生，改善了工作条件。但降水前，应考虑在降水影响范围内的已有建筑物和构筑物可能产生附加沉降、位移而引起开裂、倾斜和倒塌，或引起地面塌陷，必要时应事先采取有效的防护措施。

人工降低地下水位的方法有轻型井点、喷射井点、电渗井点、管井井点及深井泵井点等。

1. 对人工降低地下水位方法的一般要求

（1）基坑降水宜编制降水施工组织设计，其主要内容为：井点降水方法；井点管长度、构造和数量；降水设备的型号和数量；井点系统布置图；井孔施工方法及设备；质量和安全技术措施；降水对周围环境影响的估计及预防措施；等等。

（2）降水设备的管道、部件和附件等，在组装前必须经过检查和清洗。滤管在运输、装卸和堆放时应防止损坏滤网。

（3）孔应垂直，孔径上下一致。井点管应居于井孔中心，滤管不得紧靠井孔壁或插入淤泥中。

（4）井孔采用湿法施工时，冲孔所需的水流压力见表 1-10。在填灌砂滤料前应把孔内泥浆稀释，待含泥量小于 5%时才可灌砂。砂滤料填灌高度应符合各种井点的要求。

表 1-10 冲孔所需的水流压力

土的名称	冲水压力/kPa	土的名称	冲水压力/kPa
松散的细砂	250~450	中等密实的黏土	600~750
软质黏土、软质粉土	250~500	砾石土	850~900
密实的腐殖土	500	塑性粗砂	850~1150
原状的细砂	500	密实黏土、密实粉土质	750~1250
松散中砂	450~550	中等颗粒的砾石	1000~1250
黄土	600~650	硬黏土	1250~1500
原状的中粒砂	600~700	原状粗砾	1350~1500

(5) 井点管安装完毕应进行试抽,全面检查管路接头、出水状况和机械运转情况。一般刚开始出水混浊,经一定时间后出水应逐渐变清,对长期出水混浊的井点应予以停闭或更换。

(6) 降水施工完毕,根据结构施工情况和土方回填进度,陆续关闭和逐根拔出井点管。土中所留孔洞应立即用砂土填实。

(7) 若基坑坑底进行压密注浆加固,要待注浆初凝后再进行降水施工。

2. 轻型井点

轻型井点就是沿基坑的四周将许多直径较细的井点管埋入地下蓄水层内,井点管的上端通过弯联管与总管相连,利用抽水设备将地下水从井点管内不断抽出,可将原有地下水位降至坑底以下。

此种方法适用于土壤的渗透系数 $K=(0.1\sim50)$ m/d 的土层中。降水深度为:单级轻型井点 3~6m,多级轻型井点 6~12m。

(1) 轻型井点设备:主要包括井点管(下端为滤管)、集水总管、弯联管及抽水设备。

井点管用直径 38~55mm 的钢管,长 6~9m,下端配有滤管和一个锥形的铸铁塞头,其构造如图 1.17 所示。滤管长 1.0~1.5m,管壁上钻有 $\phi(2\sim18)$ mm 呈梅花形排列的滤孔;管壁外包两层滤网,内层为 30~50 孔/cm^2 的黄铜丝或尼龙丝布的细滤网,外层为 3~10 孔/cm^2 的粗滤网或棕皮。为避免滤孔淤塞,在管壁与滤网间用塑料管或梯形铅丝绕成螺旋状隔开,滤网外面再绕一层粗铁丝保护网。

集水总管一般用 $\phi(75\sim100)$ mm 的钢管分节连接,每节长 4m,其上装有与井点管连接的短接头,间距为 0.8~1.6m。总管应有 2.5‰~5‰的坡度坡向泵房。总管与井管用 90°弯头或塑料管连接。

抽水设备常用的有真空泵、射流泵和隔膜泵井点设备。

(2) 轻型井点布置:应根据基坑平面形状及尺寸、基坑的深度、土质、地下水位及流向、降水深度要求等确定。

① 平面布置。当基坑或沟槽宽度小于 6m 且降水深度不超过 5m 时,一般可采用单排线状井点,布置在地下水流的上游一侧,两端延伸长度一般以不小于坑槽宽度为宜,如图 1.18 所示;反之,当宽度大于 6m,或土质不良、渗透系数较大时,则宜采用双排线状井点,如图 1.19 所示,位于地下水流上游一排井点管的间距应小些,下游一排井点管的间距可大些。当现场基坑面积较大时,应采用环状井点,如图 1.20 所示。有时也可布置为 U 形,井点管不封闭的一段应在地下水的下游方向,以利挖土机械和运输车辆出入基坑。

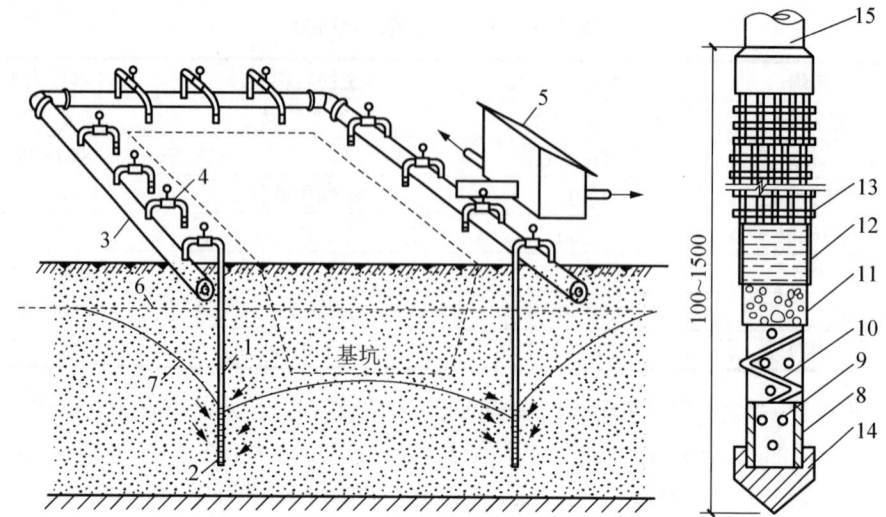

1—井点管；2—滤管；3—集水总管；4—弯联管；5—水泵房；
6—原地下水位线；7—降低后地下水位线；8—钢管；9—管壁上小孔；10—缠绕的铁丝；
11—细滤网；12—粗滤网；13—粗铁丝保护网；14—铸铁头；15—井点管。

图 1.17　轻型井点降水法全貌及滤管构造（单位：mm）

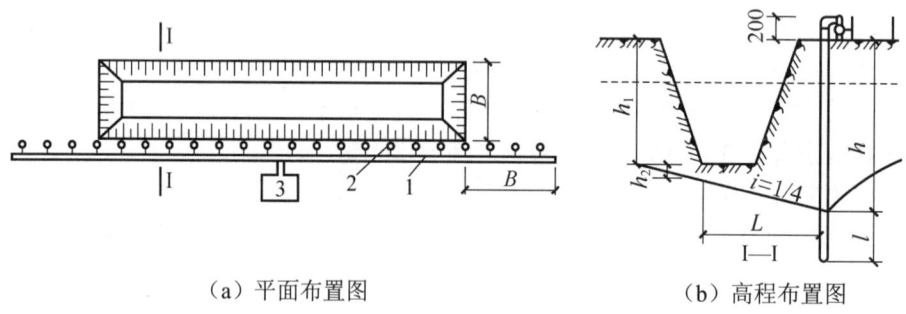

（a）平面布置图　　　　　　　　（b）高程布置图

1—总管；2—井点管；3—抽水设备。

图 1.18　单排线状井点布置（单位：mm）

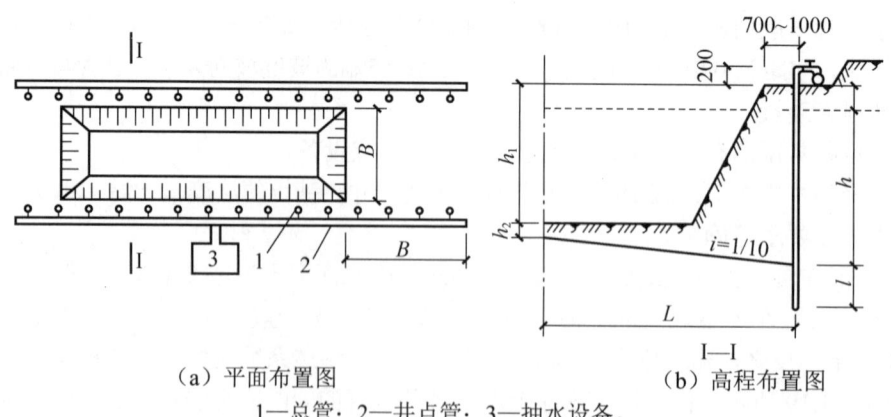

（a）平面布置图　　　　　　　　（b）高程布置图

1—总管；2—井点管；3—抽水设备。

图 1.19　双排线状井点布置（单位：mm）

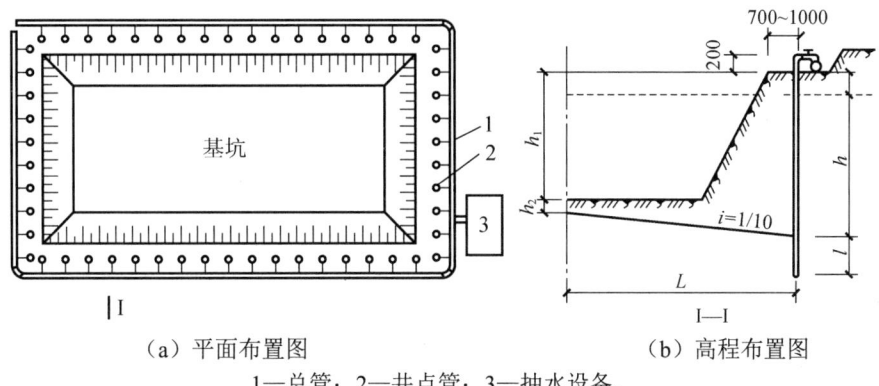

(a) 平面布置图　　　　　　　　　　　　(b) 高程布置图
1—总管；2—井点管；3—抽水设备。

图1.20　环状井点布置（单位：mm）

井点管距离基坑壁不应小于0.7~1.0m，以防局部发生漏气。井点管间距应根据土质、降水深度、工程性质等按计算或经验确定，一般采用0.8~1.6m，靠近河流处与总管四角部位，井点应适当加密。

② 高程布置。轻型井点的降水深度，从理论上讲可达10.3m，但由于管路系统的水头损失，其实际降水深度一般以不超过6m为宜。井点管埋置深度H（不包括滤管）可按下式计算（图1.18）。

$$H \geqslant h_1 + h_2 + iL \tag{1-30}$$

式中　h_1——井点管埋设面至坑底面的距离（m）；
　　　h_2——降低后的地下水位至基坑中心底面的距离，一般为0.5~1m；
　　　i——水力坡度，环状井点为1/10，单排井点为1/4；
　　　L——井点管至基坑中心的水平距离（m）。

当H值小于降水深度6m时，可用一级井点；当H值稍大于6m时，如降低井点管的埋置面后可满足降水深度要求，仍可采用一级井点。当一级轻型井点达不到降水深度要求时，可根据土质情况，先用其他方法降水（如集水坑降水），然后将总管安装在原有地下水位线以下，以增加降水深度；或采用二级轻型井点，如图1.21所示，即挖去第一级井点所疏干的土，然后再在底部装设第二级井点管。

此外，在确定井点管埋置深度时，还要考虑井点管露出地面0.2~0.3m，滤管必须埋在透水层内。

(3) 轻型井点的计算：必须建立在可靠资料的基础上，如施工现场地形图、水文地质勘察资料、基坑的设计资料等。

轻型井点计算，包括涌水量计算、井点管数量与间距的确定等。井点系统的涌水量按水井理论计算。根据地下水有无压力，水井分为承压井和无压井。根据井底是否到达不透水层，水井又分为完整井与非完整井。因此，水井的类型大致分为下列四种：①无压完整井，即地下水上部为透水层，水井布置在具有潜水自由面的含水层中时（地下水为无压水），井底到达不透水层[图1.22(a)]；②无压非完整井，即地下水上部为透水层，水井布置在具有潜水自由面的含水层中时（地下水为无压水），井底未到达不透水层[图1.22(b)]；③承压完整井，即地下水面承受不透水性土层的压力（布置在承压含水层中时），井底到达不透水层[图1.22(c)]；④承压非完整井，即地下水面承受不透水性土层的压力（布置在承压含水层中时），井底未到达不透水层[图1.22(d)]。

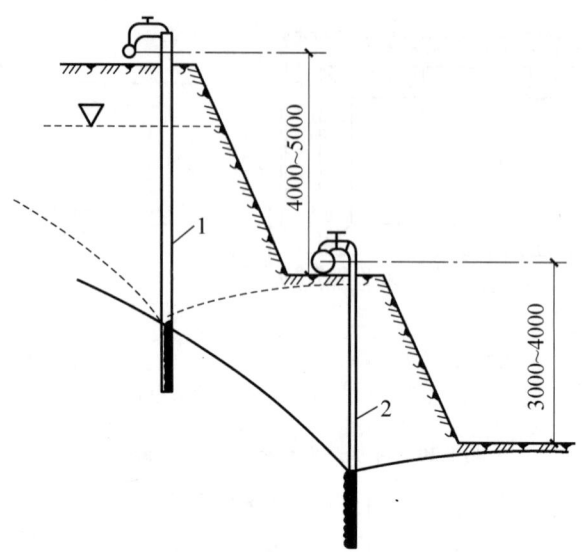

1—第一级井点管；2—第二级井点管。

图 1.21　二级轻型井点（单位：mm）

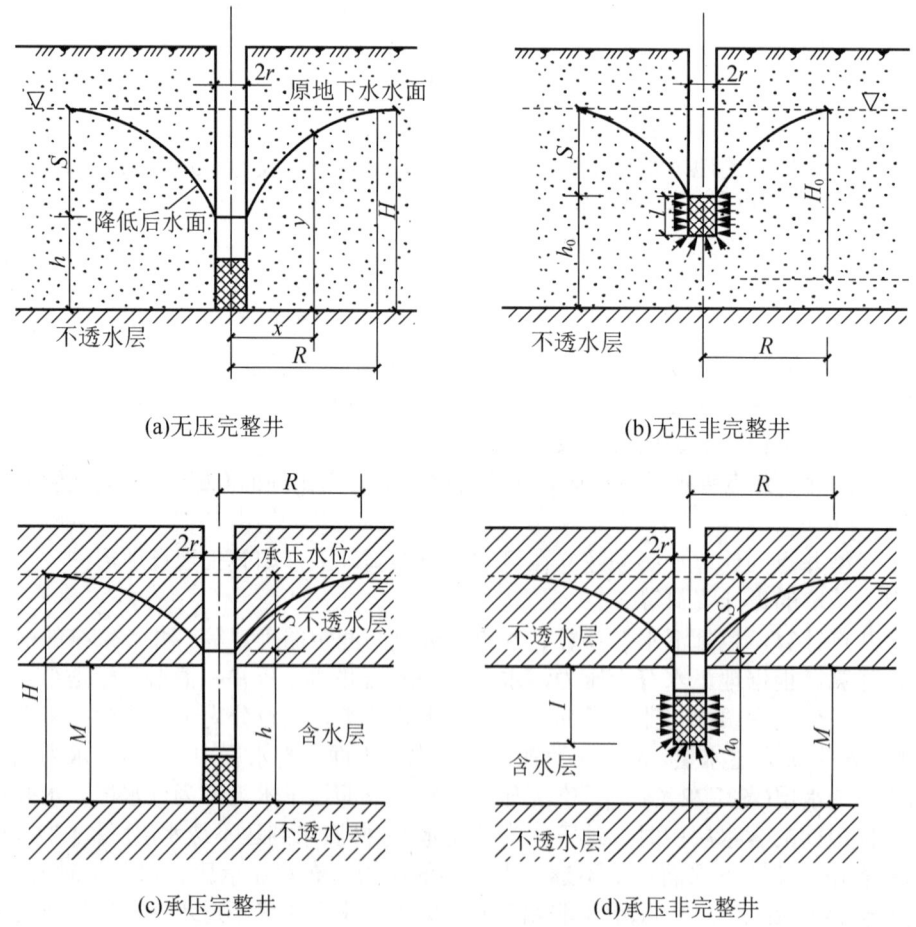

(a) 无压完整井　　　　　　　　(b) 无压非完整井

(c) 承压完整井　　　　　　　　(d) 承压非完整井

图 1.22　水井的分类

① 井点系统的涌水量计算。各类水井类型不同，其涌水量计算的方法也不相同。根据达西直线渗透定律，对于无压完整井的环状井点系统，涌水量计算公式为

$$Q = 1.366K \frac{(2H-S)S}{\lg R - \lg x_0} \tag{1-31}$$

式中　Q——井点系统的涌水量（m^3/d）；

　　　K——土壤的渗透系数（m/d）；

　　　H——含水层厚度（m）；

　　　S——降水深度（m）；

　　　R——抽水影响半径（m），$R = 1.95S\sqrt{HK}$；

　　　x_0——环状井点系统的假想圆半径（m），$x_0 = \sqrt{\dfrac{F_0}{\pi}}$；

　　　F_0——环状井点系统包围的面积（m^2）。

应用式（1-31）计算涌水量时，需事先确定 x_0、R、K 的数据。目前计算轻型井点所用计算公式均有一定的适用条件，如矩形基坑的长宽比大于 5 或基坑宽度大于 2 倍的抽水影响半径时就不能直接利用现有公式进行计算，此时需将基坑分成几小块，使其符合公式的计算条件，然后分别计算每小块的涌水量，再相加即为总涌水量。因此对矩形基坑，当其长宽比不大于 5 时，可将不规则的平面形状简化成一个假想半径为 x_0 的圆井来进行计算。

抽水影响半径是指井点系统抽水后地下水位降落曲线稳定时的影响半径。降落曲线稳定的时间视土壤的性质而定，一般为 1～5d。

渗透系数 k 值确定是否准确，将直接影响降水效果，因此最好是在施工现场通过扬水试验确定。

在实际工程中往往会遇到无压非完整井的井点系统，这时地下水不仅从井的侧面流入，还从井底渗入，因此涌水量要比完整井大。为了简化计算，仍可采用无压完整井的环状井点系统涌水量计算公式，此时仅将式中 H 换成有效深度 H_0，可查表 1-11。当算得的 H_0 大于实际含水层的厚度 H 时，则仍取 H 值，视为无压完整井。

表 1-11　有效深度 H_0 值

$S'/(S'+l)$	0.2	0.3	0.5	0.8
H_0	$1.3(S'+l)$	$1.5(S'+l)$	$1.7(S'+l)$	$1.85(S'+l)$

注：① S' 为井点管中水位降落值，l 为滤管长度。
　　② 当计算的 $S'/(S'+l)$ 处于两档之间时，可采用插值法计算。

对于承压完整环状井点，涌水量计算公式则为

$$Q = 2.73k \frac{MS}{\lg R - \lg x_0} \tag{1-32}$$

式中　M——承压含水层的厚度（m）。

② 井点系统的出水量计算。如果要确定井管数量，先要确定单根井管的出水量。单根井管的最大出水量为

$$q = 65\pi dl \sqrt[3]{k} \tag{1-33}$$

式中　d ——滤管直径（m）；
　　　l ——滤管长度（m）；
　　　k ——渗透系数（m/d）。

据此可得井点管最少数量为

$$n = 1.1 \frac{Q}{q} \qquad (1\text{-}34)$$

据此可得井点管最大间距为

$$D = \frac{L_1}{n} \qquad (1\text{-}35)$$

式中　Q ——井点系统的涌水量（m^3/d）；
　　　q ——单根井点管的最大出水量（m^3/d）；
　　　L_1 ——计算总管的总长度。

求出的井点管间距应大于 $15d$，小于 2m，并应与总管接头的间距（0.8m、1.2m、1.6m 等）相吻合。

抽水设备选择：一般多采用真空泵井点设备，真空泵的型号有 V5 或 V6 型。采用 V5 型时，总管长度不大于 100m，井点管数量约 80 根；采用 V6 型时，总管长度不大于 120m，井点管数量约 100 根。

水泵一般也配套固定型号，但使用时还应验算水泵的流量是否大于井点系统的涌水量（应大出 10%~20% 的数值），以及水泵的扬程是否能克服集水箱中的真空吸力，以免抽不出水。

轻型井点的安装程序，是按设计布置方案先排放总管，再埋设井点管，然后用弯联管把井点管与总管连接，最后安装抽水设备。井点管的埋设可以利用冲水管冲孔，或钻孔后将井点管沉入，也可以用带套管的水冲法及振动水冲法下沉埋设。

（4）井点管的埋设与使用：①埋设方法有水冲法、钻孔法和振动水冲法三种，埋设时井点管与孔壁间、底部用粗砂填实以利滤水，孔的顶部用黏土填塞严密，以防漏气；②使用时在土方开挖之前 2~5d 开泵降水，应连续抽水，以防止堵塞滤管。

认真做好井点管的埋设和孔壁与井点管之间砂滤层的填灌，是保证井点系统顺利抽水、降低地下水位的关键，为此应注意：冲孔过程中，孔洞必须保持垂直，孔径一般为 300mm，孔径上下要一致，冲孔深度要比滤管深 0.5m 左右，以保证井点管周围及滤管底部有足够的滤层；砂滤层宜选用粗砂，以免堵塞管的网眼；砂滤层灌好后，距地面下 0.5~1m 的深度内应用黏土封口捣实，防止漏气。

井点管的埋设

井点管埋设完毕后，即可接通总管和抽水设备进行试抽水，检查有无漏水、漏气现象，以及出水是否正常。

轻型井点施工

轻型井点使用时，应保证连续不断抽水，若时抽时停，滤网易于堵塞；中途停抽，地下水回升，也会引起边坡塌方等事故。正常的出水规律是"先大后小，先浑后清"。

真空泵的真空度是判断井点系统运转是否良好的尺度，必须经常观测。造成真空度不够的原因较多，但通常是由于管路系统漏气，应及时检查，采取措施。井点管淤塞，一般可用听管内水流声响，手扶管壁有振动感，夏、冬季手摸管子有夏冷、冬暖感等简便方法来检查。当发现淤塞井点管太多，严重影响降水效果时，应将井点管逐根用高压水进行反冲洗，或拔出重埋。

井点降水时，尚应对附近的建筑物进行沉降观测，如发现沉陷过大，应及时采取防护措施。

应用案例 1-3

【案例概况】

某工程设备基础施工基坑底宽 10m、长 15m、深 4.1m，边坡坡度为 1∶0.5，如图 1.23 所示。经地质钻探查明，在靠近天然地面处有厚 0.5m 的黏土层，此土层下面为厚 7.4m 的极细砂层，再下面又是不透水的黏土层，现决定用一套轻型井点设备进行人工降低地下水位，然后开挖土方，试对该井点系统进行设计。

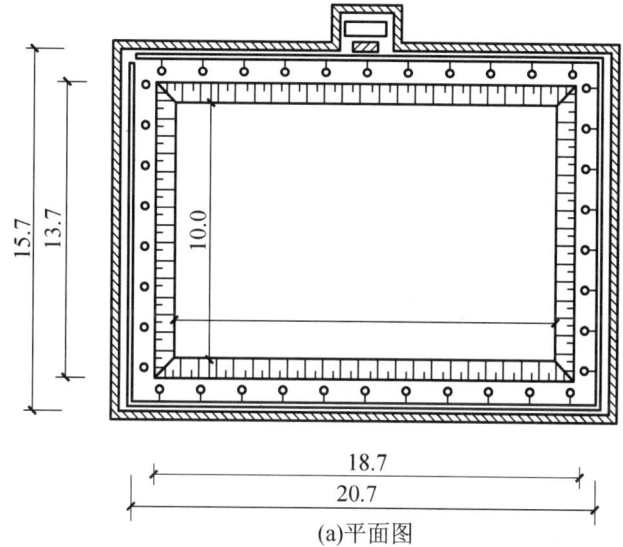

(a) 平面图

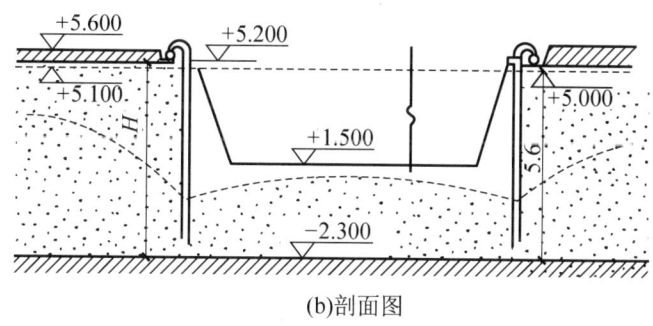

(b) 剖面图

图 1.23 某工程基坑（单位：m）

【案例解析】

（1）井点系统布置：该基坑底面积为 10×15（m²），放坡后，上口（+5.20m 处）面积为 13.7×18.7（m²），考虑井管距基坑边缘 1m，则井管所围成的平面积为 15.7×20.7（m²），由于其长宽比小于5,故按一个环状井点布置。基坑中心降水深度 S=5.00-1.50+0.50=4.00(m),故用一级井点即可。

表层为黏土,为使总管接近地下水位,可挖去 0.4m,在+5.20m 标高处布置井点系统。取井管外露 0.2m,则 6m 长的标准井管埋入土中为 5.8m;而要求埋深 $H=H_1+h+iL$=(5.20-1.50)+0.50+(1/10)×15.7/2=4.985(m),小于实际埋深 5.8m,故高层布置符合要求。

(2)有效抽水影响深度 H_0:取滤管长 l=1.2m,井点管中水位降落 S'=5.6m,则求得 H_0=1.85×(5.6+1.2)=12.6(m),但实际含水层厚度 H=7.4-0.1=7.3(m),故取 7.3m,按无压完整井计算涌水量。

通过扬水试验求得 k = 30m/d,已知井点管所围成的面积 F =15.7×20.7(m^2),则基坑的假想半径为

$$x_0 = \sqrt{\frac{F}{\pi}} = \sqrt{\frac{15.7 \times 20.7}{3.14}} \approx 10.17 \text{ (m)}$$

抽水影响半径为

$$R = 1.95 \times 4 \times \sqrt{7.3 \times 30} \approx 115.43 \text{ (m)}$$

(3)计算总涌水量。

$$Q = 1.366 \times 30 \times \frac{(2 \times 7.3 - 4) \times 4}{\lg 115 - \lg 10.17} \approx 1649.5 \text{ (m}^3\text{/d)}$$

(4)计算井管数量:取井点管直径为 38mm,则单根出水量为

$$q = 65\pi \times 0.038 \times 1.2 \times 30^{1/3} \approx 28.9 \text{ (m}^3\text{/d)}$$

井点管的计算数量为

$$n = 1.1 \times 1649.5 \div 28.9 \approx 62.8 \text{ (根),取 63 根}$$

井点管的平均间距为

$$D = (15.7 + 20.7) \times 2 \div 63 \approx 1.15 \text{ (m)}$$

取 D=1.2m。

故实际布置为 72.8/1.2 + 1≈61.7(根),取 62 根。

(5)抽水设备选用:抽水设备所带动的总管长度为 74.4m,所以选一台 M5 型干式真空泵(或井点管总数为 62 根,选一台 QJD-90 型射流泵),所需最低真空度为

$$h_k = 10 \times (6 + 1.2) = 72 \text{ (kPa)}$$

水泵所需流量为

$$Q_1 = 1.1Q = 1.1 \times 1649.5 \approx 1814.46 \text{ (m}^3\text{/d)}$$

水泵的吸水扬程为

$$H_s \geq 6.0 + 1.2 = 7.2 \text{ (m)}$$

根据 Q_1 和 H_s,可查表(如《建筑施工手册》)来确定离心泵型号。

3. 喷射井点

喷射井点适用于开挖深度较深、降水深度大于 8m、土渗透系数为 3~50m/d 的砂土,或渗透系数为 0.1~3m/d 的粉砂、淤泥质土、粉质黏土。

4. 管井井点

管井井点适用于渗透系数较大、地下水丰富的土层、砂层的基坑中施工降水。管井井

点设备简单、排水量大、易于维护、经济实用，但管井属于重力排水范畴，吸程高度受到一定限制，要求渗透系数较大（1～200m/d）。

5．深井井点

深井井点降水具有排水量大、降水深（>15m），井距大、对平面布置的干扰小，不受土层限制，井点制作、降水设备及操作工艺、维护均较简单，施工速度快以及井点管可以整根拔出重复使用等优点；但一次性投资大，成孔质量要求严格。深井井点适用于渗透系数较大（10～250m/d）、土质为砂类土、地下水丰富、降水深、面积大、时间长的情况，降水深可达50m以内。

6．电渗井点

电渗井点适用于渗透系数很小的饱和黏性土、淤泥或淤泥质土中的施工降水。

7．防止或减少降水影响周围环境的技术措施

在降水过程中，由于会随水流带出部分细微土粒，再加上降水后土体的含水率降低，使土壤产生固结，因而会引起周围地面的沉降，在建筑物密集地区进行降水施工，长时间降水会引起过大的地面沉降，从而带来较严重的后果，在软土地区曾发生过不少事故例子。井点降水必然会形成降水漏斗，从而导致周围土壤固结并引起地面沉陷。

为防止或减少降水对周围环境的影响，避免产生过大的地面沉降，可采取下列技术措施。

1）采用回灌技术

降水对周围环境的影响，是由于土壤内地下水流失造成的，回灌技术即在降水井点和要保护的建（构）筑物之间打设一排井点，在降水井点抽水的同时，通过回灌井点向土层内灌入一定数量的水（即降水井点抽出的水），形成一道隔水帷幕，从而阻止或减少回灌井点外侧被保护的建（构）筑物地下的地下水流失，使地下水位基本保持不变，这样就不会因降水使地基自重应力增加而引起地面沉降。

回灌井点可采用一般真空井点降水的设备和技术，仅增加回灌水箱、闸阀和水表等少量设备，一般施工单位皆易掌握。采用回灌井点时，回灌井点与降水井点的距离不宜小于6m。回灌井点的间距应根据降水井点的间距和被保护建（构）筑物的平面位置确定。回灌井点宜进入稳定降水曲面下1m，且位于渗透性较好的土层中。回灌井点滤管的长度应大于降水井点滤管的长度。回灌水量可通过水位观测孔中水位变化进行控制和调节，通过回灌，不宜超过原水位标高。回灌水箱的高度可根据灌入水量决定。回灌水宜用清水。实际施工时应协调控制降水井点与回灌井点。

许多工程实例证明，用回灌井点回灌水能产生与降水井点相反的地下水降落漏斗，能有效地阻止被保护建（构）筑物下的地下水流失，防止产生有害的地面沉降。但回灌水量要适当，过小无效，过大则会从边坡或钢板桩缝隙流入基坑。

2）采用砂沟、砂井回灌

在降水井点与被保护建（构）筑物之间设置砂井作为回灌井，沿砂井布置一道砂沟，将降水井点抽出的水适时、适量排入砂沟，再经砂井回灌到地下，实践证明也能收到良好的效果。

回灌砂井的灌砂量，应取井孔体积的95%，填料宜采用含泥量不大于3%、不均匀系

数为 3～5 的纯净中粗砂。

3）使降水速度减缓

在砂质粉土中降水影响范围可达 80m 以上，降水曲线较平缓，为此可将井点管加长，减缓降水速度，防止产生过大的沉降。也可在井点系统降水过程中调小离心泵阀，减缓抽水速度。还可在邻近被保护建（构）筑物一侧将井点管间距加大，需要时甚至暂停抽水。

为防止抽水过程中将细微土粒带出，可根据土的粒径选择滤网。另外，确保井点管周围砂滤层的厚度和施工质量，也能有效防止降水引起的地面沉降。

知识链接

某项目施工环境保护措施

一、防止施工噪声污染

1. 土建施工作业的噪声可能超过施工现场的噪声限值时，在开工前应向建设行政主管部门和环保部门申报，核准后方能施工。

2. 合理安排施工工序，严禁在中午和夜间进行产生噪声的建筑施工作业（中午 12 时至下午 2 时，晚上 10 时至第二天早上 7 时）。由于施工中不能中断的技术原因和其特殊情况，确需中午或夜间连续施工作业的，在向建设行政主管部门和环保部门申请，取得相应的施工许可证后方可施工，并采用降噪声机具及积极的控制噪声的措施。

3. 所有机具投入使用前必须进行检修，检修合格后方可进场，严禁机械带病工作。

二、防止空气污染

1. 施工现场场地经常洒水和浇水，减少粉尘污染。

2. 禁止在施工现场焚烧废旧材料及会产生有毒、有害和有恶臭气味的物质。

3. 装卸有粉尘的材料时，应洒水湿润和在仓库内进行。

4. 零星水泥采用专库室内存放，卸运时要采取有效措施，减少扬尘。

5. 严禁向施工场地抛掷垃圾，所有垃圾应装袋运走。在装运建筑物材料、土石方、建筑垃圾及工程渣土的车辆，派专人负责清扫附近道路及冲洗，保证施工运输途中不污染道路和环境。

三、防止水污染

1. 办公区、生活区及施工区设置排水明沟，场地及道路放坡，使整体流水至水沟，然后排入指定位置。

2. 现场存放的各种油料，要进行防渗漏处理，储存和使用都要采取措施，防止污染。

3. 在生活用水及施工作业时，要节约用水，随手关紧水龙头。

四、建筑垃圾

1. 建筑垃圾在指定的场所分类堆放，并及时运出工地，垃圾清运出场必须到批准的场所倾倒，不得乱倒乱卸。

2. 施工现场必须做到工完场清，减少建筑垃圾的产生。

五、夜间施工措施

1. 合理安排施工工序，将施工噪声较大的工序安排到白天工作时间进行，如楼层混凝土的浇筑、模板的支设、砂浆的生产等。在夜间尽量少安排施工作业，以减少噪声产生。

对小体积混凝土的施工,尽量争取在早上开始浇筑,当晚10时前施工完毕。

2. 在施工场地外围进行噪声监测,对于一些产生噪声大的施工机械,应采取有效的措施以减少噪声,如金属和模板加工场地发电机等均搭设工棚以屏蔽噪声。

3. 注意夜间照明灯光的投射,在施工区内进行作业封闭,不得直射附近道路或建筑物,尽量降低光污染,减少施工对附近居民的影响。

4. 若必须进行夜间作业,应按规定手续办理。

党的二十大报告中指出,要深入推进环境污染防治。坚持精准治污、科学治污、依法治污,持续深入打好蓝天、碧水、净土保卫战。加强污染物协同控制,基本消除重污染天气。统筹水资源、水环境、水生态治理,推动重要江河湖库生态保护治理,基本消除城市黑臭水体。加强土壤污染源头防控,开展新污染物治理。提升环境基础设施建设水平,推进城乡人居环境整治。在施工过程中要严格做好环境保护工作,坚持以人民为中心,创建和谐美好的生活环境。

1.4.4 降水与排水施工质量检验标准

按照《建筑地基基础工程施工质量验收标准》(GB 50202—2018)的规定,降水与排水施工质量检验标准见表1-12。

表1-12 降水与排水施工质量检验标准

序号	检查项目		允许值或允许偏差		检查方法
			单位	数值	
1	排水沟坡度		‰	1~2	目测:坑内不积水,沟内排水畅通
2	井管(点)垂直度		%	1	插管时目测
3	井管(点)间距(与设计相比)		mm	≤150	钢尺量
4	井管(点)插入深度(与设计相比)		mm	≤200	水准仪
5	过滤砂砾料填灌(与设计值相比)		%	≤5	检查回填料用量
6	井点真空度	轻型井点	kPa	>60	真空度表
		喷射井点		>93	
7	电渗井点阴阳极距离	轻型井点	mm	80~100	钢尺量
		喷射井点		120~150	

✓ 能力训练

【任务实施】

编制轻型井点降水方案。

【技能训练】

通过施工方案的编制,熟悉和掌握施工中降排水具体技术要点,为设计及理论联系实际铺好基石。

工作任务 1.5 土方工程机械化施工

1.5.1 土方机械的选择

由于土方工程面广量大,应尽量采用现代化机械施工,以减轻繁重的体力劳动,提高生产效率,加快施工进度。

土方机械化施工常用机械有推土机、铲运机、挖土机（包括正铲挖土机、反铲挖土机、拉铲挖土机、抓铲挖土机等）、装载机等,一般常用土方机械的选择可参考表 1-13。

表 1-13 常用土方机械的选择

名称	机械特性	作业特点及辅助机械	适用范围
推土机	构造简单,操作灵活,运转方便,所需工作面小,可挖土、运土,易于转移,行驶速度快,应用广泛	(1) 作业特点：①推平；②运距 100m 内的堆土(效率最高为 60m)；③开挖浅基坑；④推送松散的硬土、岩石；⑤回填、压实；⑥配合铲运机助铲；⑦牵引；⑧下坡坡度最大 35°,横坡最大为 10°,几台同时作业,前后距离应大于 8m。 (2) 辅助机械：土方挖后运出需配备装土、运土设备；推挖三、四类土,应用松土机预先翻松	(1) 推一至四类土； (2) 找平表面,场地平整； (3) 短距离移挖筑填,回填基坑(槽)、管沟并压实； (4) 开挖深度不大于 1.5m 的基坑(槽)； (5) 堆筑高度 1.5m 以内的路基、堤坝； (6) 拖羊足碾； (7) 配合挖土机从事集中土方、清理场地、修路开道等施工作业
铲运机	操作简单灵活,不受地形限制,不需特设道路,准备工作简单,能独立工作,不需其他机械配合,能完成铲土、运土、卸土、填筑、压实等工序,行驶速度快,易于转移；需用劳力少,动力少,生产效率高	(1) 作业特点：①大面积整平；②开挖大型基坑、沟渠；③运距 800m 以内的挖运土(效率最高为 200~350m)；④填筑路基、堤坝；⑤回填压实土方；⑥坡度控制在 20°以内。 (2) 辅助机械：开挖坚土时需用推土机助铲,开挖三、四类土时宜先用松土机预先翻松 20~40cm；自行式铲运机用轮胎行驶,适合于长距离作业,但开挖亦须用助铲	(1) 开挖含水率 27%以下的一至四类土； (2) 大面积场地平整、压实； (3) 开挖大型基坑(槽)、管沟,填筑路基等,但不适于砾石层、冻土地带及沼泽地区使用
正铲挖土机	装车轻便灵活,回转速度快,移位方便；能挖掘坚硬土层,易控制开挖尺寸,工作效率高	(1) 作业特点：①开挖停机面以上土方；②工作面应在 1.5m 以上；③开挖高度超过挖土机挖掘高度时,可采取分层开挖；④装车外运。 (2) 辅助机械：土方外运应配备自卸汽车,工作面应有推土机配合平土、集中土方,进行联合作业	(1) 开挖含水率不大于 27%的一至四类土和经爆破后的岩石与冻土碎块； (2) 大型场地整平土方； (3) 工作面狭小且较深的大型管沟和基槽路堑； (4) 独立基坑； (5) 边坡开挖

续表

名称	机械特性	作业特点及辅助机械	适用范围
反铲挖土机	操作灵活,挖土、卸土均在地面作业,不用开运输道	(1) 作业特点:①开挖地面以下深度不大的土方;②最大挖土深度4~6m,经济合理深度为1.5~3m;③可装车和两边甩土、堆放;④较大、较深基坑可用多层接力挖土。 (2) 辅助机械:土方外运应配备自卸汽车,工作面应有推土机配合推到附近堆放	(1) 开挖含水率大的一至三类的砂土或黏土; (2) 管沟和基槽; (3) 独立基坑; (4) 边坡开挖
拉铲挖土机	可挖深坑,挖掘半径及卸载半径大,操纵灵活性较差	(1) 作业特点:①开挖停机面以下土方;②可装车和甩土;③开挖截面误差较大;④可将土甩在基坑(槽)两边较远处堆放。 (2) 辅助机械:土方外运需配备自卸汽车、推土机,创造施工条件	(1) 挖掘一至三类土,开挖较深、较大的基坑(槽)、管沟; (2) 大量外借土方; (3) 填筑路基、堤坝; (4) 挖掘河床; (5) 不排水挖取水中泥土
抓铲挖土机	钢绳牵拉灵活性较差,工效不高,不能挖掘坚硬土;可以装在简易机械上工作,使用方便	(1) 作业特点:①开挖直井或沉井土方;②可装车或甩土;③排水不良也能开挖;④吊杆倾斜角度应在45°以上,距边坡应不小于2m。 (2) 辅助机械:土方外运时,按运距配备自卸汽车	(1) 土质比较松软,施工面较狭窄的深基坑、基槽; (2) 水中挖取土、清理河床; (3) 桥基、桩孔挖土; (4) 装卸散装材料
装载机	操作灵活,回转移位方便、快速;可装载土方和散料,行驶速度快	(1) 作业特点:①开挖停机面以上土方;②轮胎式只能装松散土方,履带式可装较实土方;③松散材料装车;④吊运重物,用于铺设管道。 (2) 辅助机械:土方外运需配备自卸汽车,作业面需经常用推土机平整并推松土方	(1) 外运多余土方; (2) 履带式改换挖斗时,可用于开挖; (3) 装卸土方和散料; (4) 松散土的表面剥离; (5) 地面平整、场地清理及回填土等工作; (6) 拔除树根

一般深度不大的大面积基坑开挖,宜采用推土机或装载机推土、装土,用自卸汽车运土;对长度和宽度均较大的大面积土方一次开挖,可用铲运机进行铲土、运土、卸土、填筑作业;对面积较深的基础多采用 0.5m³ 或 1.0m³ 斗容量的液压正铲挖土机,上层土方也可用铲运机或推土机进行;如操作面狭窄且有地下水、土体湿度大,可采用液压反铲挖土机挖土,自卸汽车运土;在地下水中挖土,可用拉铲,效率较高;对地下水位较深,采取不排水方案时,也可分层用不同机械开挖,先用正铲挖土机挖地下水位以上土方,再用拉铲或反铲挖土机挖地下水位以下土方,用自卸汽车将土方运出。

土方工程施工机械的选择对于工程的成功和顺利至关重要。在选择施工机械时,需要考虑多种因素,如工程规模、施工条件、预算等。

1.5.2 常用土方工程机械施工

1. 推土机施工

1) 推土机的适用范围

推土机按铲刀的操纵机构不同,可分为索式推土机和液压式推土机两种。索式推土机的铲刀系借其本身自重切入土中,因此在硬土中切土深度较小;液压式推土机使铲刀强制切入土中,故切土深度较大,此外还可调整铲刀的切土角度,灵活性大,是目前常用的一种推土机,如图 1.24 所示。

推土机的特点是:操纵灵活,运转方便,所需工作面较小,行驶速度快,易于转移,能爬 30°左右的缓坡,因此应用较广。

推土机多用于挖土深度不大的场地平整,铲除腐殖土并运送到附近的弃土区;开挖深度不大于 1.5m 的基坑;回填基坑和沟槽;堆筑高度在 1.5m 以内的路基、堤坝;平整其他机械卸置的土堆;推送松散的硬土、岩石和冻土;配合铲运机进行助铲;配合挖土机施工,为挖土机清理余土和创造工作面。此外在推土机后面可安装松土装置,也可拖挂羊足碾进行土方压实工作,并且将铲刀卸下后,还能牵引其他无动力的土方施工机械,如拖式铲运机、松土机、羊足碾等,进行土方其他作业过程的施工。推土机的运距宜在 100m 以内,当推运距离为 40～60m 时,最能发挥其工作效能。

　(a)土方推送　　　　(b)移挖作填　　　　(c)水中清渣　　　　(d)平整场地

图 1.24　推土机的工作范围

2)提高推土机生产率的方法

为了提高推土机的生产率,常用的施工方法如下(图 1.25)。

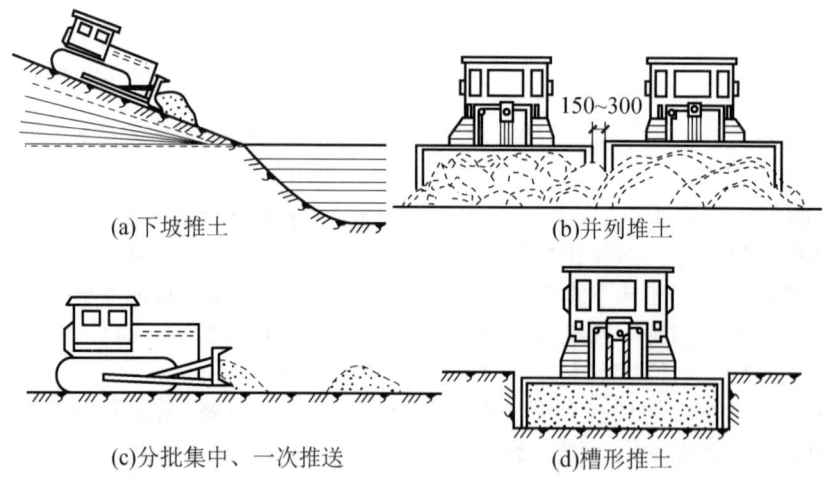

图 1.25　提高推土机生产率的方法(单位:mm)

(1)下坡推土。推土机顺地面坡势沿下坡方向推土,借助机械往下的重力作用,可增大铲刀切土深度和运土数量,提高推土机能力和缩短推土时间,一般可提高生产率 30%～40%。但推土坡度应在 15°以内,以免后退时爬坡困难。下坡推土也可与其他推土方法结合使用。

（2）并列推土。对于大面积的施工区，可用 2~3 台推土机并列推土。推土时两铲刀相距 15~30cm；倒车时，分别按先后次序退回。这样可以减少土的散失而增大推土量，能提高生产率 15%~30%。但平均运距不宜超过 50~75m，也不宜小于 20m；且推土机数量不宜超过 3 台，否则倒车不便，行驶不一致，反而影响生产率。

（3）分批集中、一次推送。当运距较远而土质又比较坚硬时，由于切土的深度不大，宜采用多次铲土，可将土先堆积在一处，然后集中推送到卸土区，分批集中、一次推送，以便在铲刀前保持满载，有效地利用推土机的功率，缩短运土时间。但堆积距离不宜大于 30m，堆土高度以 2m 内为宜。

（4）槽形推土。当运距远，挖土层较厚时，利用前次推土的槽形推土，可大大减少土壤散失，从而增大推土量。推土机重复在一条作业线上切土和推土，使地面逐渐形成一条浅槽，在槽中推运土可减少土的散失，可增加 10%~30% 的推运土量。槽的深度以 1m 左右为宜，土埂宽约 50cm。当推出多条槽后，再将土埂推入槽中运出。

2．铲运机施工

铲运机按行走方式，分为自行式铲运机（行驶和工作都靠本身的动力设备，不需要其他机械的牵引和操纵）和拖式铲运机（由拖拉机牵引，工作时靠拖拉机上的卷扬机或油泵进行操纵）两种，如图 1.26 所示。

（a）自行式铲运机

（b）拖式铲运机

图 1.26 铲运机的种类

1）铲运机的适用范围

铲运机的特点是：能独立完成铲土、运土、卸土、填筑、压实等工作；对行驶道路要求较低，行驶速度快，操纵灵活，运转方便，生产率高。它适用于大面积场地平整，开挖大型基坑、沟槽以及填筑路基、堤坝等工程。铲运机可铲含水率不大于 27% 的松土和普通土，但不适于在砾石层、冻土地带和沼泽区工作。当铲运较坚硬的土壤时，宜先用松土机把土翻松 0.2~4m，以减少机械磨损，提高生产率。

2）铲运机的运行路线

（1）环形路线。对于地形起伏不大，而施工地段又较短（50~100m）和填方不高（0.1~1.5m）的路堤、基坑及场地平整工程，宜采用图 1.27（a）所示的环形路线；当填、挖交替，且相互之间的距离又不大时，则可采用图 1.27（b）所示的环形路线。这样，可进行多次铲土和卸土，从而减少铲运机转弯次数，提高工作效率。

采用环形路线时，铲运机应每隔一定时间按顺、逆时针的方向交换行驶，以免长期沿一侧转弯，导致机件的单侧磨损。

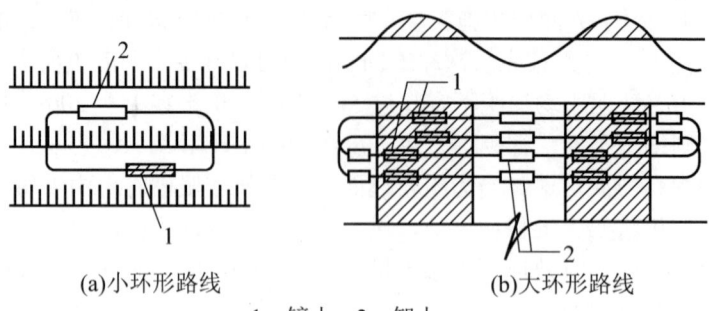

(a)小环形路线　　　　　(b)大环形路线

1—铲土；2—卸土。

图 1.27　环形路线

（2）"8"字形路线。在地形起伏较大，施工地段狭长的情况下，宜采用"8"字形路线，如图 1.28 所示。因采用这种运行路线，铲运机在上下坡时是斜向行驶，所以坡度平缓；一个循环中两次转弯方向不同，故机械磨损均匀；一个循环完成两次铲土和卸土，减少了转弯次数及空车行驶距离，从而可缩短运行时间，提高生产率。

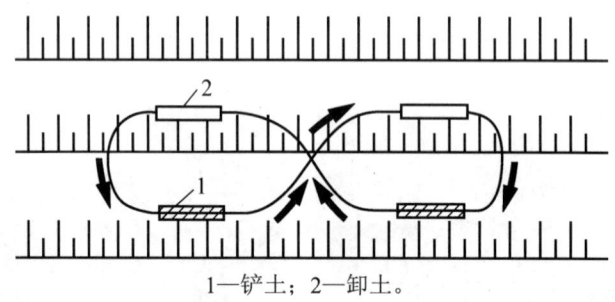

1—铲土；2—卸土。

图 1.28　"8"字形路线

3. 单斗挖土机施工

单斗挖土机在土方工程施工中应用最为广泛。按其工作装置不同，可分为正铲挖土机、反铲挖土机、抓铲挖土机和拉铲挖土机，如图 1.29 所示；按其行走装置，可分为履带式挖土机和轮胎式挖土机两类。其传动方式有机械传动和液压传动，由于液压传动具有很大优越性，因此应用较为普遍。

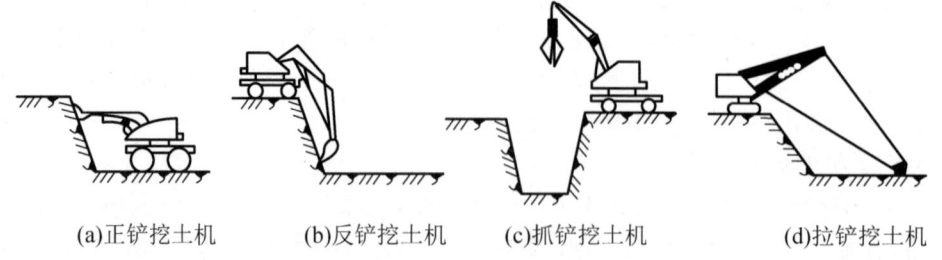

(a)正铲挖土机　　(b)反铲挖土机　　(c)抓铲挖土机　　(d)拉铲挖土机

图 1.29　单斗挖土机工作装置的类型

1）正铲挖土机

正铲挖土机因一般只用于开挖停机面以上的土壤，所以只适宜在土质较好、无地下水的地区工作。

正铲挖土机的特点是：前进向上，强制切土。其挖掘力大，生产率高，适用于开挖含水率不大于27%的一至四类土，且与自卸汽车配合可完成整个挖掘运输作业；可以挖掘大型干燥基坑和土丘等。

根据挖土机与运输工具的相对位置不同，正铲挖土和卸土的方式有以下两种。

（1）正向挖土、后方卸土[图1.30（a）]。即挖土机向前进方向挖土，运输车辆停在挖土机后面装土，挖土机和运输车辆在同一工作面上。采用这种方式挖土工作面较大，汽车不易靠近挖土机，往往是倒车开到挖土机后面装车。卸土时铲臂的回转角度大，一般在180°左右，生产率低，故一般很少采用。只有在基坑宽度较小、开挖深度较大的情况下，才采用这种方式。

（2）正向挖土、侧向卸土[图1.30（b）]。即挖土机向前进方向挖土，运输车辆停在侧面卸土（可停在停机面上或高于停机面）。采用这种开挖方法，卸土时铲臂的回转角度一般小于90°，可避免汽车倒车和转弯较多的缺点，行驶方便，生产率高，因而应用较多。

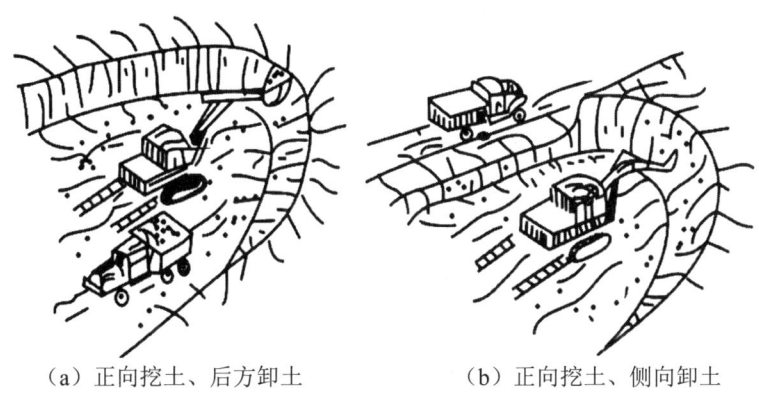

(a) 正向挖土、后方卸土　　　(b) 正向挖土、侧向卸土

图1.30　正铲挖土和卸土方式

2）反铲挖土机

（1）反铲挖土机的挖土特点：后退向下，强制切土。其挖掘力比正铲小，能开挖停机面以下的一至三类土，不需设置进出口通道。反铲挖土机适用于挖掘深度不大于4m的基坑、基槽、管沟，也适用于湿土、含水率较大的及地下水位以下的土壤开挖，尤其适用于开挖独立柱基以及泥泞的或地下水位较高的土壤。

（2）反铲挖土机的开挖方式。反铲挖土机的开挖方式有沟端开挖和沟侧开挖两种。

① 沟端开挖（图1.31）：即挖土机在基槽一端挖土，开行方向与基槽开挖方向一致。其优点是挖土方便，挖的深度和宽度较大。当开挖大面积的基坑时，可采用分段开挖方法。

② 沟侧开挖（图1.32）：即挖土机在沟槽一侧挖土，由于挖土机移动方向与挖土方向相垂直，所以稳定性较差，而且挖的深度和宽度均较小。但当土方可就近堆在沟旁时，此法能弃土于距沟较远的地方。

3）拉铲挖土机

拉铲挖土机的特点是：后退向下，自重切土。拉铲挖土机由于拉铲支杆较长，铲斗在自重作用下落至地面时，借助自身的机械能可使斗齿切入土中，故开挖的深度和宽度均较大。能开挖停机面以下的一、二类土，特别适用于含水率大的水下松软土和普通土的挖掘。拉铲挖土机适用于开挖大型基坑及进行水下挖土、填筑路基、修筑堤坝等。

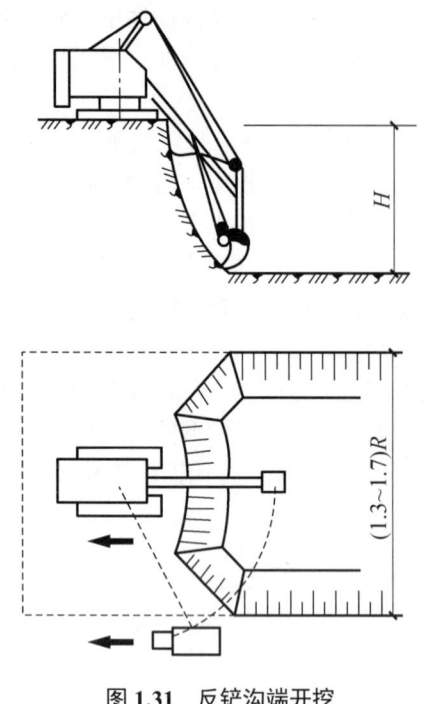
图1.31 反铲沟端开挖

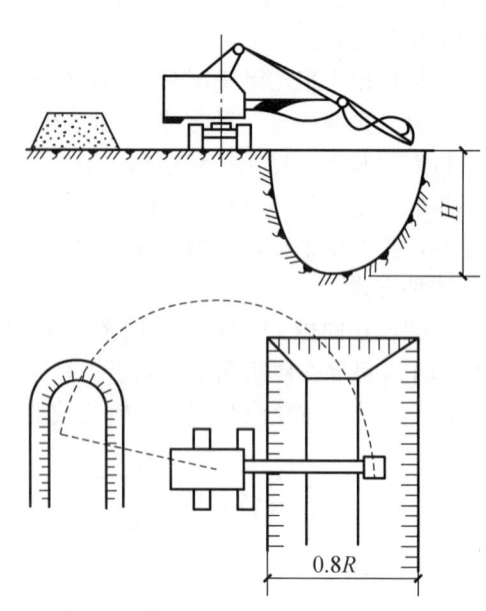
图1.32 反铲沟侧开挖

拉铲挖土机的开挖方式和反铲一样，有沟侧开挖和沟端开挖两种[图1.33（a）、(b)]。但这两种开挖方法都有边坡留土较多的缺点，需要大量人工清理。当挖土宽度较小且要求沟壁整齐时，可采用三角形挖土法[图1.33（c）]，即挖土机的停机点相互交错地位于基坑边坡的下沿线上，每停一点在平面上挖去一个三角形的土壤。这种方法可使边坡余土大大减少，而且由于挖、卸土时回转角度较小，所以生产率也较高。

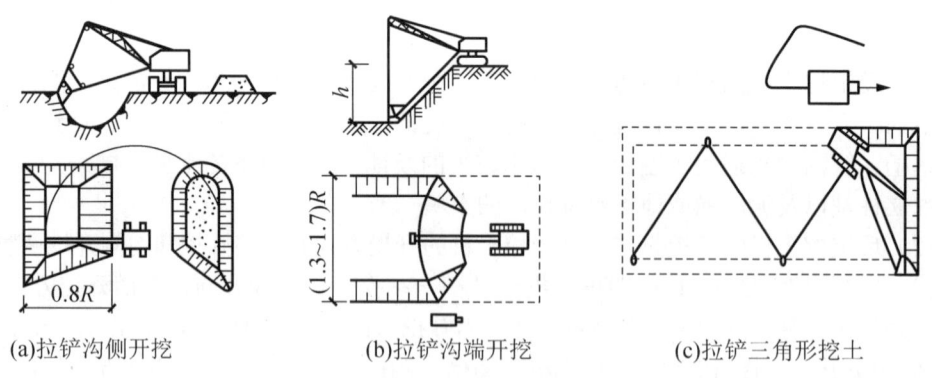

(a)拉铲沟侧开挖　　(b)拉铲沟端开挖　　(c)拉铲三角形挖土

图1.33 拉铲开挖方式

4）抓铲挖土机

抓铲挖土机一般由正、反铲液压挖土机去掉铲斗换上抓斗改装而成，如图1.34所示，或由履带式起重机改装。其挖土特点是：直上直下，自重切土。其挖掘力较小，只能开挖停机面以下一、二类土，适用于挖窄而深的基坑、疏通旧有渠道以及挖取水中淤泥等，或用于装卸碎石、矿渣等松散材料。可用以挖掘独立柱基的基坑和沉井以及用于其他的挖方工程，最适宜于进行水中挖土。

4. 土方工程综合机械化施工

土方工程综合机械化施工，就是以土方工程中某一施工过程为主导，按其工程量大小、土质条件及工期要求，适量选择完成该施工过程的土方机械；并以此为依据，合理地配备完成其他辅助过程的机械，做到各施工过程均实现机械化。主导机械与辅助机械所配备的数量及生产率，应尽可能协调一致，以充分发挥施工机械的效能。

能力训练

【任务实施】

利用寒暑假时间安排学生到土石方施工单位实习，并撰写实习报告。

【技能训练】

通过实习让学生熟悉常见的施工机械的工作性能和作业条件，便于将来从事施工管理，能够对设备进行合理的调度。

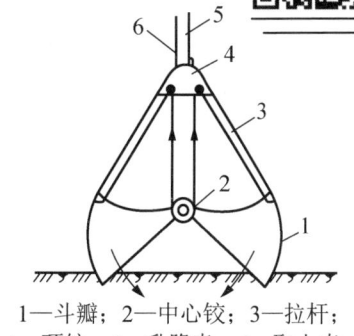

1—斗瓣；2—中心铰；3—拉杆；
4—顶铰；5—升降索；6—取土索。

图 1.34 抓铲土斗工作示意图

工作任务 1.6　土方的回填与压实

1.6.1　土料的选用与填筑要求

1. 土料的选用

选择填方土料应符合设计要求，保证填方的强度和稳定性，如无设计要求，应符合以下规定。

（1）碎石类土、砂土（使用细、粉砂时应取得设计单位同意）和爆破石渣（粒径不大于每层铺土厚的 2/3），可用作表层以下的填料。

（2）含水率符合压实要求的黏性土，可用作各层填料。

（3）碎块草皮和有机质含量大于 8%的土，仅用于无压实要求的填方工程。

（4）淤泥和淤泥质土一般不能用作填料，但在软土或沼泽地区，经过处理其含水率符合压实要求后，可用于填方中的次要部位。

（5）含盐量符合规定的盐渍土，一般可以使用，但填料中不得含有盐晶、盐块或含盐植物的根茎。

（6）碎石类土或爆破石渣用作填料时，其最大粒径不得超过每层铺填厚度的 2/3（当使用振动辗时，不得超过每层铺填厚度的 3/4）。铺填时，大块料不应集中，且不得填在分段接头处或填方与山坡连接处。填方内有打桩或其他特殊工程时，块（漂）石填料的最大粒径不应超过设计要求。

（7）含有大量有机物的土壤、石膏或水溶性硫酸盐含量大于 2%的土壤，冻结或液化状态的泥炭、黏土或粉状砂质黏土等，一般不作填土之用。

2．填筑要求

填方前，应根据工程特点、填料种类、设计压实系数、施工条件等合理选择压实机具，并确定填料含水率控制范围、铺土厚度和压实遍数等参数。对于重要的填方工程或采用新型压实机具时，上述参数应通过填土压实试验确定。

填土施工应接近水平状态，并分层填土、压实和测定压实后土的干密度，检验其压实系数和压实范围符合设计要求后，才能填筑上层。填土应尽量采用同类土填筑。当采用不同填料分层填筑时，上层宜填筑透水性较小的填料，下层宜填筑透水性较大的填料，填方基土表面应做成适当的排水坡度，边坡不得用透水性较小的填料封闭。因施工条件限制，上层必须填筑透水性较大的填料时，应将下层透水性较小的土层表面做成适当的排水坡度或设置盲沟。

此外，还应注意的是：分段填筑时，每层接缝处应做成斜坡形，碾迹重叠 0.5～1.0m。上下层错缝距离不应小于 1m。回填基坑和管沟时，应从四周或两侧均匀地分层进行，以防基础和管道在土压力作用下产生偏移或变形。

1.6.2 填土及压（夯）实方法

填土压实方法主要有三种：碾压法、夯实法和振动法。

在平整场地等大面积填土工程中多采用碾压法，小面积的填土工程多用夯实法或振动法。

1）碾压法

碾压法（图 1.35）是用沿着表面滚动的鼓筒或轮子的压力压实土壤。碾压法主要用于大面积的填土，如场地平整、大型车间的室内填土等工程。平滚碾适用于碾压黏性和非黏性土；羊足碾只能用来压实黏性土；气胎碾对土壤碾压较为均匀，故其填土质量较好。

按碾轮质量，平滚碾又分为轻型（5t 以下）、中型（8t 以下）和重型（10t）三种。轻型平滚碾压实土层的厚度不大，但土层上部可变得较密实，当用轻型平滚碾初碾后，再用重型平滚碾碾压就会取得较好的效果。如直接用重型平滚碾碾压松土则形成强烈的起伏现象，其碾压效果较差。

2）夯实法

夯实法（图 1.36）是利用夯锤自由下落的冲击力来夯实土壤，主要用于小面积的回填土，分人工夯实和机械夯实两种。人工夯实所用的工具有木夯、石夯等，而常用的夯实机械有夯锤、内燃夯土机（由挖土机或起重机改装而成）、蛙式打夯机等。其中蛙式打夯机轻巧灵活、构造简单，在小型土方工程中应用最广。内燃夯土机和夯锤多用于地基加固。

夯实法的优点是可以夯实较厚的土层。采用重型夯土机（如 1t 以上的重锤）时，其夯实厚度可达 1～1.5m。但对木夯、石硪或蛙式打夯机等夯土工具，其夯实厚度则较小，一般均在 200mm 以内。

3）振动法

振动法（图 1.37）是将重锤放在土层的表面或内部，借助于振动设备使重锤振动，土壤颗粒即发生相对位移而达到紧密状态。此法用于振实非黏性土效果较好。

近年来，又将碾压和振动结合而设计制造出振动平碾、振动凸块碾等新型压实机械。

图 1.35　碾压法　　　　　图 1.36　夯实法　　　　　图 1.37　振动法

1.6.3　影响填土压实的主要因素

1. 压实功

压实功是指填土压实过程中压实机械所做的功。填土压实后的密度与压实功有一定的关系。当土的含水率一定，在开始压实时，土的密度急剧增加，待到接近土的最大密度时，压实功虽然增加许多，但土的密度仍变化甚小。实际施工中，对于砂土只需碾压或夯击 2～3 遍，对亚砂土只需碾压或夯击 3～4 遍，对亚黏土或黏土只需碾压或夯击 5～6 遍。

2. 最佳含水率

在同一压实功的作用下，填土的含水率对压实质量有直接的影响。由于土颗粒之间存在水膜，有较大的黏滞阻力，不易压实；而当土具有适当含水率之后，水起了润滑的作用，土颗粒之间的摩阻力减小，从而易于压实。土在最佳含水率的条件下，使用同样的压实功进行压实，所得到的密度最大。

各种土的最优含水率和最大密实度参考数值见表 1-14。黏性土料施工含水率与最优含水率之差可控制在 -4%～+2% 范围内（使用振动碾时，可控制在 -6%～+2% 范围内）。

表 1-14　土的最优含水率和最大干密度参考表

项次	土的种类	变动范围		项次	土的种类	变动范围	
		最优含水率（质量比）	最大干密度 /(t/m³)			最优含水率（质量比）	最大干密度 /(t/m³)
1	砂土	8%～12%	1.80～1.88	3	粉质黏土	12%～15%	1.85～1.95
2	黏土	19%～23%	1.58～1.70	4	粉土	16%～22%	1.61～1.80

注：① 表中土的最大干密度应以现场实际达到的数字为准。
　　② 一般性的回填，可不做此项测定。

土料含水率一般以手握成团，落地开花为适宜。当土过湿时，应予翻松晾干或风干、换土回填，也可掺入同类干土或吸水性涂料等，如图 1.38 所示。当土料过干时，应预先洒水润湿，以保证填土在压实过程中处于最佳含水率状态，或采取增加压实遍数及使用大功率压实机械等措施。在气候干燥时，须加速挖土、运土、平土和碾压过程，以减少土的水分散失。当填料为碎石类土（充填物为砂土）时，碾压前应充分洒水湿透，以提高压实效果。

3．铺土厚度和压实遍数

铺土在压实机械的作用下，土中的应力随深度增加而逐渐减小，其压实作用也随土层深度的增加而逐渐减小，如图1.39所示。超过一定深度后，虽经压实机械反复碾压，但土的密实度也增加很小，甚至没有变化。各种压实机械的压实影响深度与土的性质和含水率等因素有关。

图1.38　回填土翻晒

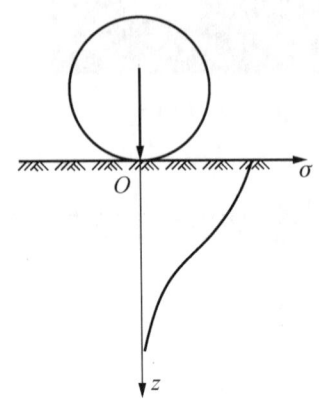

图1.39　压实作用随深度的变化

回填方每层铺土厚度应根据土质、压实功及压实的密度要求等确定，并应小于压实机械压土时的压实影响深度。

填土的最佳厚度，就是既要在压实度方面符合要求，又要尽可能地耗费最少的单位机械功，并且还要使压实机械能发挥最高生产率的那种厚度，一般应进行现场碾（夯）压试验确定。表1-15所列为压实机械和工具每层铺土厚度与所需的碾压（夯实）遍数的数值，如无试验依据，可参考应用。

表1-15　压实机械和工具每层铺土厚度与所需的碾压（夯实）遍数的数值

压实机具	分层厚度/mm	每层压实遍数
平碾	250～300	6～8
振动压实机	250～350	3～4
柴油打夯机	200～250	3～4
人工打夯	不大于200	3～4

1.6.4　填土压实的质量检查

填土施工过程中，应检查排水措施、每层填筑厚度、含水率控制情况和压实程度。填土必须具有一定的密实度，以避免建筑物的不均匀沉降。

对密实度有要求的填方，在夯实或压实之后，要对每层回填土的质量进行检验，一般采用环刀法（或灌砂法）取样测定土的干密度，求出土的密实度，或用小轻便触探仪直接通过锤击数来检验干密度和密实度，符合设计要求后，才能填筑上层。基坑和室内填土，每层按 100～500m² 取样一组且每层均不少于一组，取样部位在每层压实后的下半部。用灌砂法取样应为每层压实后的全部深度。填土压实后的干密度应有 90% 以上符合设计要求，其余 10% 的最低值与设计值之差，不得大于 0.08 t/m³ 且不应集中。填方施工结束后应检查标高、边坡坡度、压实程度等，填土工程质量检验标准参见表 1-16。

表 1-16 填土工程质量检验标准表　　　　　　　　　　单位：mm

序号	类别	项目	允许偏差或允许值					检验方法
			柱基基坑基槽	场地平整		管沟	地(路)面基层	
				人工	机械			
1	主控项目	标高	-50	±30	±50	-50	-50	水准仪
2		分层压实系数	设计要求					按规定方法
3	一般项目	回填土料	设计要求					取样检查或直观鉴别
4		分层厚度及含水率	设计要求					水准仪及抽样检查
5		表面平整度	20	20	30	20	20	用靠尺或水准仪

✓ 能力训练

【任务实施】

对某商住楼土石方高回填施工进行查勘。

【技能训练】

通过对高回填土石方施工工艺的查勘和讲解，使学生熟悉土方回填及压实的施工工艺，了解高回填区土方的相关施工技术。

工作任务 1.7　质量验收规范与安全技术

1.7.1　质量验收规范

《建筑地基基础工程施工质量验收标准》（GB 50202—2018）必须与《建筑工程施工质量验收统一标准》（GB 50300—2013）配合使用。施工质量验收内容包括：①进场验收；②检验批；③见证取样检测；④交接检验；⑤主控项目；⑥一般项目；⑦观感质量；⑧强制性条文。

1. 一般规定

（1）在土石方工程开挖施工前，应完成支护结构，地面排水、地下水控制、基坑及周边环境监测、施工条件验收和应急预案准备等工作的验收，合格后方可进行土石方开挖。

（2）在土石方工程开挖施工中，应定期测量和校核设计平面位置、边坡坡率和水平标高。平面控制桩和水准控制点应采取可靠措施加以保护，并应定期检查和复测。土石方不应堆在基坑影响范围内。

(3) 土石方开挖的顺序方法必须与设计工况和施工方案相一致,并应遵循"开槽支撑,先撑后挖,分层开挖,严禁超挖"的原则。

(4) 平整后的场地表面坡率应符合设计要求,设计无要求时,沿排水沟方向的坡率不应小于2‰,平整后的场地表面应逐点检查。土石方工程的标高检查点为每100m² 取1点,且不应少于10点;土石方工程的平面几何尺寸(长度、宽度等)应全数检查;土石方工程的边坡为每20m取1点,且每边不应少于1点。土石方工程的表面平整度检查点为每100m² 取1点,且不应少于10点。

2. 土方开挖

(1) 土方开挖前应检查土体结构质量、定位放线、排水和降低地下水位系数,合理安排土方运输车的行走路线及弃土场。

(2) 施工过程中应检查平面位置、水平标高、边坡坡度、压实度、排水系统、地下水位系统、预留土墩、分层开挖厚度、支护结构的变形,并随时观测周围的环境变化。

(3) 施工结束后应检查平面几何尺寸、水平标高、边坡坡率、表面平整度和基底土性。

(4) 临时性挖方的边坡值应符合表1-17的规定。

表1-17 临时性挖方的边坡值

土的类别		边坡值(高:宽)
砂土(不包括细砂、粉砂)		1:1.25~1:1.50
一般性黏土	硬	1:0.75~1:1.00
	硬、塑	1:1.00~1:1.25
	软	1:1.50 或更缓
碎石类土	充填坚硬、硬塑黏性土	1:0.50~1:1.00
	充填砂土	1:1.00~1:1.50

注:① 设计有要求时,应符合设计标准。
② 如采取降水或其他加固措施,可不受本表限制,但应计算复核。
③ 一次开挖深度,软土不应超过4m,硬土不应超过8m。

土方开挖工程的质量检验标准应符合表1-18的规定。

表1-18 土方开挖工程的质量检验标准 单位:mm

序号	类别	项目	允许偏差或允许值					检验方法
			柱基基坑基槽	挖方场地平整		管沟	地(路)面基层	
				人工	机械			
1	主控项目	标高	-50	±30	±50	-50	-50	水准测量
2		长度、宽度(由设计中心线向两边量)	+200 -50	+300 -100	+500 -150	+100	设计要求	全站仪,用钢尺量
3		边坡	设计要求					目测法或用坡度尺检查
1	一般项目	表面平整度	±20	±20	±50	±20	20	用2m靠尺
2		基底土性	设计要求					目测法或土样分析

注:地(路)面基层的偏差只适用于直接在挖、填方上做地(路)面的基层。

3. 土方回填

（1）土方回填前应清除基底的垃圾、树根等杂物，抽除坑穴积水、淤泥，验收基底标高。如在耕植土或松土上填方，则应在基底压实后再进行。

（2）对填方土料应按设计要求验收后方可填入。

（3）填方施工过程中，应检查排水措施、每层填筑厚度、含水率控制、压实程度。填筑厚度及压实遍数应根据土质、压实系数及所用机具确定，如无试验依据，可参考表 1-15。

（4）填方施工结束后，应检查标高、边坡坡度、压实程度等，检验标准应符合表 1-16 的规定。

1.7.2 土方工程的安全技术

1. 土石方开挖

1）无内支撑的基坑开挖

（1）放坡开挖，采用土钉、复合土钉墙支护，采用水泥土重力式围护墙，采用锚杆支护的基坑开挖施工，应符合相关规定。

（2）放坡开挖基坑的坡顶和坡脚应设置截水明沟、集水井。

2）有内支撑的基坑开挖

（1）基坑开挖应按先撑后挖、限时、对称、分层、分区等方法确定开挖顺序，严禁超挖，应减小基坑无支撑暴露开挖时间和空间。混凝土支撑，应在达到设计要求的强度后进行下层土方开挖；钢支撑应在质量验收并按设计要求施加预应力后，进行下层土方开挖。

（2）挖土机械不应停留在水平支撑上方进行挖土作业，当在支撑上部行走时，应在支撑上方回填不少于 300mm 厚的土层，并应采取铺设路基箱等措施。

（3）立柱桩周边 300mm 土层及塔式起重机基础下钢格构柱周边 300mm 土层应采用人工挖除，格构柱内土方宜采用人工清除。

（4）采用逆作法、盖挖法进行暗挖施工，应符合相关规定。

2. 地下水及地表水

1）排水与降水

（1）排水沟和集水井宜布置于地下结构外侧，距坡脚不宜小于 0.5m。单级放坡基坑的降水井宜设置在坡顶，多级放坡基坑的降水井宜设置于坡顶、放坡平台。

（2）排水沟、集水井设计应符合下列规定。

① 排水沟深度、宽度、坡度应根据基坑涌水量计算确定，排水沟底宽不宜小于 300mm。

② 集水井大小和数量应根据基坑涌水量和渗漏水量、积水水量确定，且直径（或宽度）不宜小于 0.6m，底面应比排水沟沟底深 0.5m，间距不宜大于 30m。集水井井壁应有防护结构，并应设置碎石滤水层、泵端纱网。

③ 当基坑开挖深度超过地下水位后，排水沟与集水井的深度应随开挖深度加深，并应及时将集水井中的水排出基坑。

（3）当降水管井采用钻、冲孔法施工时，应符合下列规定。

① 应采取措施，防止机具突然倾倒或钻具下落，造成人员伤亡或设备损坏。

② 施工前应先查明井位附近地下构筑物及地下电缆、水、煤气管道的情况，并应采取

相应防护措施。

③ 钻机转动部分应有安全防护装置。

④ 在架空输电线附近施工,应按安全操作规程的有关规定进行,钻架与高压线之间应有可靠的安全距离。

⑤ 夜间施工应有足够的照明设备,对钻机操作台、传动及转盘等危险部位和主要通道不应留有黑影。

2)回灌

(1)宜根据场地地质条件和降深控制要求,按表 1-19 选择回灌方法。

表 1-19 地下水回灌方法

条件 回灌方法	土质类别	渗透系数/(m/d)	回灌方式
管井	填土、粉土、砂土、碎石土、裂隙基岩	0.1~20	异层回灌
砂井	砂土、碎石土	—	异层回灌
砂沟	砂土、碎石土	—	同层回灌
大口井	填土、粉土、砂土、碎石土	—	异层回灌
渗坑	砂土、碎石土	—	同层回灌

(2)应根据降水布置、出水量、现场条件建立回灌系统,回灌点应布置在被保护建筑与降水井之间,并应通过现场试验确定回灌量和回灌工艺。

(3)回灌注水量应保持稳定,在贮水箱进出口处应设置滤网,回灌水的水头高度可根据回灌水量进行调整,严禁超灌引起湿陷事故。

(4)回灌砂井中的砂宜选用不均匀系数为 3~5 的纯净中粗砂,含泥量不宜大于 3%,灌砂量不小于井孔体积的 95%。

(5)回灌水水质不得低于原地下水水质标准,回灌不应造成区域性地下水质污染。

(6)回灌管路产生堵塞时,应根据产生堵塞的原因,采取连续反冲洗方法、间歇停泵反冲洗与压力灌水相结合的方法进行处理。

习 题

一、单选题

1. 作为检验填土压实质量控制指标的是( )。
   A. 土的干密度　　B. 土的压实度　　C. 土的压缩比　　D. 土的可松性

2. 土的含水率是指土中的( )。
   A. 水与湿土的质量之比的百分数　　B. 水与干土的质量之比的百分数
   C. 水重与孔隙体积之比的百分数　　D. 水与干土的体积之比的百分数

3. 某土方工程挖方量为 1000m³,已知该土的 K_s=1.25、K_s'=1.05,实际需运走的土方量是( )。
   A. 800m³　　B. 962m³　　C. 1250m³　　D. 1050m³

学习情境 1 土方工程施工

4．土的天然含水率反映了土的干湿程度，按（　　）计算。
   A．$W=m/V$　　B．$W=m_w/m_s\times100\%$　C．$n=V_v/V\times100\%$　D．$K=V_3/V_1$
5．在场地平整的方格网上，各方格角点的施工高度为该角点的（　　）。
   A．自然地面标高与设计标高的差值　　B．挖方高度与设计标高的差值
   C．设计标高与自然地面标高的差值　　D．自然地面标高与填方高度的差值
6．某轻型井点采用环状布置，井管埋设面距基坑底的垂直距离为 4m，井点管至基坑中心线的水平距离为 10m，则井点管的埋设深度（不包括滤管长）至少应为（　　）。
   A．5m　　B．5.5m　　C．6m　　D．6.5m
7．按土钉墙支护的构造要求，其面层喷射混凝土的厚度及强度等级至少应为（　　）。
   A．50mm，C10　　B．50mm，C15　　C．80mm，C20　　D．100mm，C25
8．某基坑深度大、土质差、地下水位高，宜采用（　　）作为土壁支护。
   A．横撑式支撑　　B．H 形钢桩　　C．混凝土护坡桩　　D．地下连续墙
9．某场地平整工程，运距为 100～400m，土质为松软土和普通土，地形起伏坡度为 15°以内，适宜使用的机械为（　　）。
   A．正铲挖土机配合自卸汽车　　B．铲运机
   C．推土机　　D．装载机
10．在基坑（槽）的土方开挖时，不正确的说法是（　　）。
   A．当边坡陡、基坑深、地质条件不好时，应采取加固措施
   B．当土质较差时，应采用"分层开挖，先挖后撑"的开挖原则
   C．应采取措施，防止扰动地基土
   D．在地下水位以下的土，应经降水后再开挖

二、填空题

1．工程中，按照土的_____分类，可将土划分为_____类_____级。
2．基坑边坡的坡度是以 1∶m 来表示，其中_____称为坡度系数。
3．土经开挖后的松散体积与原自然状态下的体积之比，称为_____。
4．轻型井点管插入井孔后，需填灌粗砂或砾石滤水层，上部用黏土封口，其封口的作用是_____。
5．降低地下水位的方法一般可分为_____、_____两大类；每一级轻型井点的降水深度，一般不超过_____m。
6．在压实功相同的条件下，当土的含水率处于最佳范围内时，能使填土获得_____。
7．填土的压实系数是指土的_____与土的_____之比。
8．铲运机工作的开行路线常采用_____和_____两种。
9．反铲挖土机的开挖方式有_____开挖和_____开挖两种，其中_____开挖的挖土深度和宽度较大。
10．机械开挖基坑时，基底以上应预留 200～300mm 厚土层由人工清底，以避免_____。

三、简答题

1．什么是土的可松性？
2．土的最佳含水率是什么？

3. 什么是边坡坡度？
4. 简述什么是集水明排法。
5. 解释土的压实功。

四、案例题

1. 某基坑底平面尺寸如图 1.40 所示，坑深 5.5m，四边均按 1∶0.4 的坡度放坡，土的可松性系数 $K_s=1.30$，$K_s'=1.12$，坑深范围内箱形基础的体积为 2000m³。试求基坑开挖的土方量和需预留回填土的松散体积。

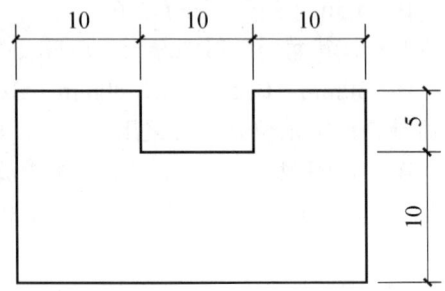

图 1.40　基坑底平面图（单位：m）

2. 某建筑场地方格网布置图如图 1.41 所示，方格边长为 20m×20m，$x—x$、$y—y$ 方向上泄水坡度分别为 2‰和 3‰。由于土建设计、生产工艺设计和最高洪水位等方面均无特殊要求，试根据挖填平衡原则（不考虑可松性）确定场地中心设计标高，并根据 $x—x$、$y—y$ 方向上泄水坡度推算各角点的设计标高。

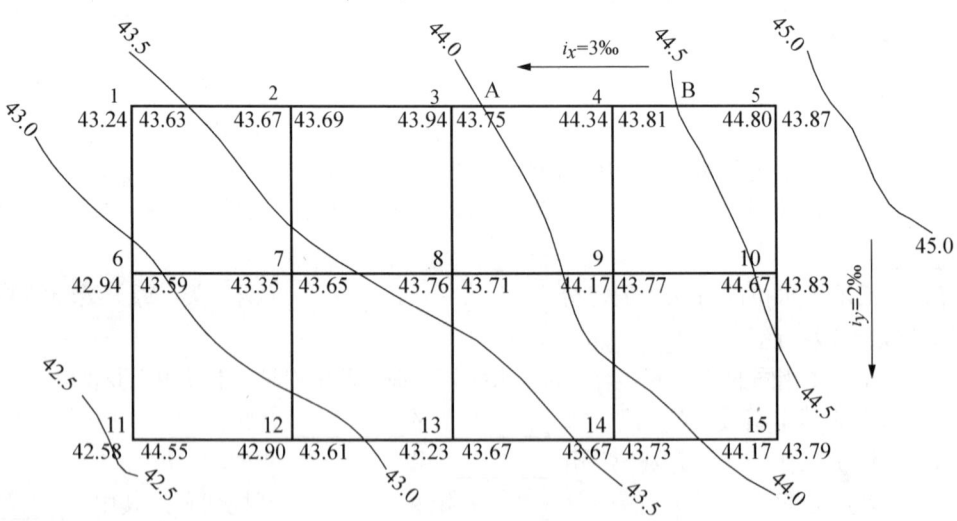

图 1.41　某建筑场地方格网布置图

3. 某工程地下室，基坑底的平面尺寸为 40m×16m，底面标高 −7m（地面标高为 ±0.000）。已知地下水位面为 −3m，土层渗透系数 $k=15m/d$，−15m 以下为不透水层，基坑边坡需为 1∶0.5。拟用射流泵轻型井点降水，其井管长度为不锈钢垫片 6m，滤管长度待定，管径为 38mm；总管直径 100mm，每节长 4m，与井点管接口的间距为 1m。试进行降水设计。

学习情境 2　地基与基础工程施工

思维导图

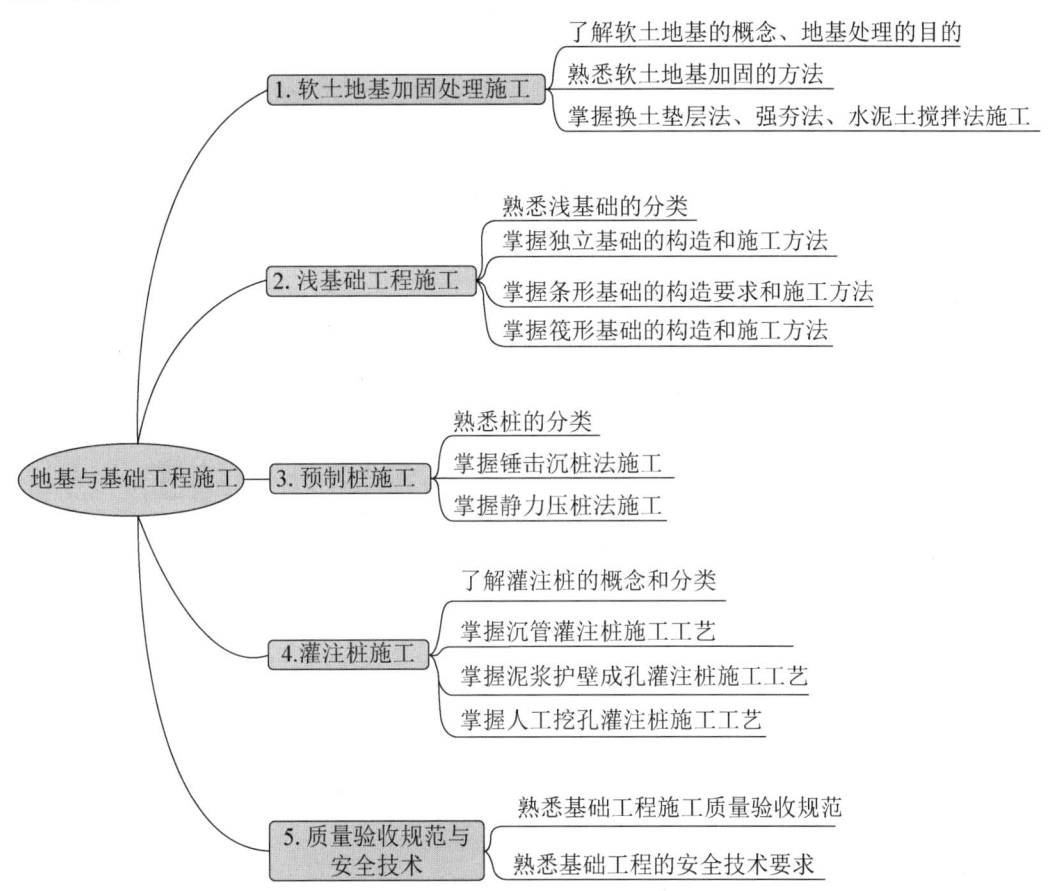

建筑施工技术（第二版）

引例

2009 年 6 月 27 日 5 时 30 分左右，上海市闵行区莲花南路、罗阳路在建的"莲花河畔景苑"商品房小区工地内，发生一幢 13 层楼房向南整体倾倒事故（图 2.1），造成一名工人逃生不及被压致死。事后经调查，房屋倾倒的主要原因为：紧贴该楼北侧在短期内堆土过高，与此同时紧临大楼南侧的地下车库基坑正在开挖，大楼南北两侧的压力差使土体产生水平位移，过大的水平力超过了桩基的抗侧能力，导致房屋倾倒。

图 2.1　楼房倾倒事故现场

请思考：①怎么考虑地基土侧压力对基础的影响？②地基基础施工中，如何预防此类事故的发生？

工作任务 2.1　软土地基加固处理施工

2.1.1　软土地基概述

软土地基是指主要由淤泥、淤泥质土、冲填土、杂填土或其他高压缩性土层以及湿陷性黄土、盐渍土、红黏土等特殊土层构成的地基。这类土压缩性高、强度低，如果不做处理，直接用作建筑物的地基，是不能满足地基承载力和变形的基本要求的。

地基处理方法，有换土垫层法、深层挤密法、化学加固法等。本节介绍目前常用的几种地基处理方法：换土垫层法、强夯法、水泥土搅拌法。

知识链接 2-1

地基与基础的重要性

比萨斜塔

随着我国经济持续快速增长，城市化建设发展的步伐加快，基础工程的比重逐渐增大，特别是深基坑工程越来越多，施工的条件与环境越来越复杂，工程难度越来越大，工程事故发生的概率也就越来越高。不少工程事故究其原因，主要有基坑设计失误、地下水处理不当、支撑锚固结构失稳、施工方法错误、工程检测和管理不当、相邻施工影响、盲目降低造价等。

地基和基础处于地面以下，属于隐蔽工程，一旦出现事故，轻则上部结构开裂、倾斜，重则导致建筑物倒塌，而且进行补强修复、加固处理极其困难。

> **特别提示**
>
> 地基处理的目的如下。
> （1）改善剪切特性——增加地基承载力。
> （2）改善压缩特性——减少地基沉降量。
> （3）改善透水特性。
> （4）改善动力特性。
> （5）改善特殊土的不良地基特性。

2.1.2 换土垫层法施工

1．概述

换土垫层法是指将基础底面以下一定范围内的软弱土层挖去，然后以质地坚硬、强度较高、性能稳定、具有抗腐蚀性的灰土、砂石、粉质黏土、粉煤灰、矿渣等材料分层充填，并分层压实。

2．灰土垫层施工

1）材料要求

土料：采用就地挖掘的黏性土及塑性指数大于 14 的粉土。土内不得含有松软杂质和耕植土。土料应过筛，其颗粒不应大于 15mm。严禁采用冻土、膨胀土、盐渍土等活动性较强的土料。

石灰：采用Ⅲ级以上新鲜的块灰，含氧化钙、氧化镁越高越好。使用前 1～2d 消解并过筛，其颗粒不得大于 5mm，且不应夹有未熟化的生石灰块粒及其他杂质，也不得含有过多水分。

灰土的配合比采用体积比，除设计有特殊要求外，一般为 2∶8 或 3∶7。基础垫层灰土必须过标准斗，严格控制配合比。拌和时必须均匀一致，至少翻拌两次，拌和好的灰土颜色应一致。

2）施工要点

灰土垫层施工流程见图 2.2，其具体施工要点如下。

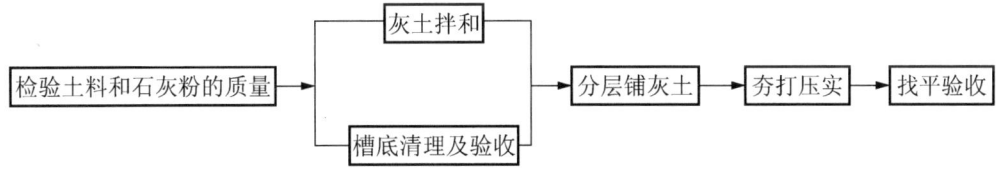

图 2.2 灰土垫层施工流程

（1）对基槽（坑）应先验槽。消除松土，并打两遍底夯，要求平整干净。如有积水、淤泥应晾干。局部有软弱土层或孔洞，应及时挖除后用灰土分层回填夯实。

（2）土应分层摊铺并夯实。灰土每层最大虚铺厚度，可根据不同夯实机具选用。每层灰土的夯压遍数，应根据设计要求的灰土干密度在现场试验确定，一般不少于三遍。人工打夯应一夯压半夯，夯夯相接，行行相接，纵横交叉。

（3）灰土回填每层夯（压）实后，应根据规范规定进行质量检验。达到设计要求时，才能进行上一层灰土的摊铺。当日铺填夯压，入槽（坑）灰土不得隔日夯打。夯实后的灰土 3d 内不得受水浸泡，并及时进行基础施工与基坑回填，或在灰土表面做临时性覆盖，避免日晒雨淋。

（4）灰土分段施工时，不得在墙角、柱基及承重窗间墙下接缝，上下两层的接缝距离不得小于 500mm，接缝处应夯压密实，并做成直槎。

（5）对基础、基础墙或地下防水层、保护层以及从基础墙伸出的各种管线，均应妥善保护，防止回填灰土时碰撞或损坏。

（6）灰土最上一层完成后，应拉线或用靠尺检查标高和平整度，超高处用铁锹铲平，低洼处应及时补打灰土。

（7）施工时应注意妥善保护定位桩、轴线桩，防止碰撞位移，并应经常复测。

3）质量检验

（1）每一层铺筑完毕后，应进行质量检验，并认真填写分层检测记录。当某一填层不合乎质量要求时，应立即采取补救措施，进行整改。检验方法主要有贯入测定法和环刀取样法两种。

（2）检测的布置原则：当采用贯入仪或钢筋检验垫层的质量时，检验点的间距应小于 4m；当取样检验垫层的质量时，大基坑每 50～100m^2 不应少于一个检验点，基槽每 10～20m^2 不应少于一个点，每个单独柱基不应少于一个点。

（3）灰土土料、石灰或水泥（当水泥替代灰土中的石灰时）等材料的质量及配合比应符合设计要求，灰土应搅拌均匀。

（4）施工过程中应检查虚铺厚度、分段施工时上下两层的搭接长度、夯实加水量、夯实遍数、压实系数。检验必须分层进行。应在每层的压实系数符合设计要求后铺垫上层土。

（5）施工结束后，应检查灰土地基的承载力。

3．砂和砂石垫层施工

1）材料要求

砂和砂石垫层系采用砂或砂砾石（碎石）混合物，经分层夯实，作为地基的持力层，以提高基础下部地基强度，并通过垫层的压力扩散作用降低地基的压应力、减少变形量，如图 2.3 所示。

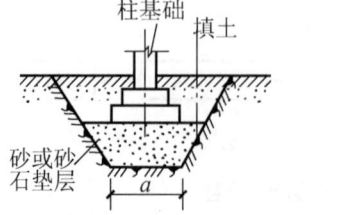
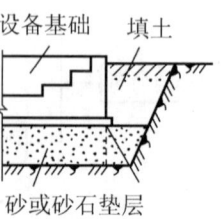

图 2.3　砂和砂石垫层

砂、石宜用颗粒级配良好、质地坚硬的中砂、粗砂、砾砂、卵石或碎石、石屑，也可用细砂，但宜同时掺入一定数量的卵石或碎石。人工级配的砂石垫层，应将砂石拌和均匀。砂砾中石子含量应在50%以内，石子最大粒径不宜大于50mm。砂、石子中均不得含有草根、垃圾等杂物，含泥量不应超过5%；用作排水垫层时，含泥量不得超过3%。

2）施工要点

砂和砂石垫层施工流程如图2.4所示。

图 2.4　砂和砂石垫层施工流程

具体施工要点如下。

（1）铺设垫层时，严禁扰动垫层下卧层及侧壁的软弱土层，防止被践踏、受冻或受浸泡，降低其强度。当垫层下有厚度较小的淤泥或淤泥质土层，在碾压荷载下抛石能挤入该层底面时，可采取挤淤处理。先在软弱土面上堆填块石、片石等，然后将其压入以置换和挤出软弱土，再做垫层。砂和砂石地基底面宜铺设在同一标高上。

（2）应分层铺筑砂石，铺筑砂石的每层厚度一般为150～200mm，不宜超过300mm，亦不宜小于100mm。分层厚度可用样桩控制。视不同条件，可选用夯实或压实的方法。大面积的砂石垫层，铺筑厚度可达350mm，宜采用6～10t的压路机碾压。砂和砂石垫层的压实，可采用平振法、插振法、水撼法、夯实法、碾压法。

（3）砂垫层每层夯实后的密实度应达到中密标准，即孔隙比不应大于0.65，干密度不小于1.60g/cm^3。测定方法为采用容积不小于200cm^{3}的环刀取样。如系砂石垫层，则在砂石垫层中设纯砂检验点，在同样条件下用环刀取样鉴定。现场简易测定方法是：将直径20mm、长1250mm的平头钢筋举离砂面700mm自由下落，插入深度不大于根据该砂的控制干密度测定的深度为合格。

（4）分段施工时，接槎处应做成斜坡，每层接槎处的水平距离应错开0.5～1.0m，并应充分压（夯）实。

（5）铺筑的砂石应级配均匀。如发现砂窝或石子成堆现象，应将该处砂子或石子挖出，分别填入级配好的砂石。同时，铺筑级配砂石在夯实碾压前，应根据其干湿程度和气候条件适当地洒水，以保持砂石的最佳含水率，一般为8%～12%。

（6）夯实或碾压的遍数，由现场试验确定。用木夯或蛙式打夯机时，应保持落距为400～500mm，要求一夯压半夯，行行相接，全面夯实，一般不少于三遍。采用压路机往复碾压时，一般不少于四遍，其轮距搭接不小于500mm；边缘和转角处，应用人工或蛙式打夯机补夯密实。

（7）当采用水撼法或插振法施工时，以振捣棒振幅半径的1.75倍为间距（一般为400～500mm）插入振捣，依次振实，以不再冒气泡为准，直至完成。同时应采取措施做到有控制地注水和排水。

3）质量检验

（1）砂石的质量、配合比应符合设计要求，砂石应搅拌均匀。施工过程中必须检查虚铺厚度。分段施工时必须检查搭接部位的加水量、压实遍数和压实系数。

（2）垫层施工质量检验必须分层进行。应在每层的压实系数符合设计要求后铺填上层土。

（3）采用环刀法检验垫层的施工质量时，取样点应位于每层厚度的2/3深度处。当采用贯入仪或动力触探检验垫层的施工质量时，每分层检验点的间距应小于4m。

（4）竣工验收采用载荷试验检验垫层承载力时，每个单体工程不宜少于三点；对于大型工程，则应按单体工程的数量或工程的面积确定检验点数。

（5）砂和砂石地基的质量验收标准应符合表2-1的规定。

表 2-1 砂及砂石地基质量检验标准

序号	类别	检查项目	允许偏差或允许值	检查方法
1	主控项目	地基承载力	设计要求	按规定方法
2		配合比	设计要求	检查拌和时的体积比或质量比
3		压实系数	设计要求	现场实测
1	一般项目	砂石料有机质含量/（%）	≤5	筛分法
2		砂石料含泥量/（%）	≤5	水洗法
3		石料粒径/mm	≤100	筛分法
4		含水率（与最优含水率比较）/（%）	±2	烘干法
5		分层厚度（与设计要求比较）/mm	±50	水准仪

2.1.3 强夯法施工

1. 概述

强夯法是用起重机械吊起重8~30t的夯锤，从6~30m高处自由落下，以强大的冲击能量夯击地基土，使土中出现冲击波和冲击应力，迫使土层孔隙压缩，土体局部液化，在夯击点周围产生裂隙，形成良好的排水通道，孔隙水和气体逸出，使土粒重新排列，经时效压密达到固结，从而提高地基承载力、降低其压缩性的一种有效的地基加固方法。强夯法在国内外应用十分广泛，是目前最常用和最经济的深层地基处理方法之一。

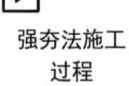

强夯法施工过程

2. 适用范围

强夯法适用于处理碎石土、砂土、低饱和度的粉土与黏性土、湿陷性黄土、素填土和杂填土等地基，也可用于防止粉土、粉砂的液化，以及高饱和度的粉土与软塑、流塑的黏性土等地基上对变形控制要求不严的工程。

3. 施工要点

（1）强夯法施工前，应进行地基勘察和试夯。

（2）强夯前应平整场地，周围挖好排水沟，按夯点布置测量放线、确定夯位。

（3）强夯施工必须按试验确定的技术参数进行。一般以各个夯击点的夯击数为施工控制值，也可采用试夯后确定的下沉量控制。

（4）每夯击一遍后，应测量场地平均下沉量，然后用土将夯坑填平，方可进行下一遍夯击。

（5）强夯施工最好在干旱季节进行，如遇雨天施工，夯击坑内或夯击过的场地有积水时，必须及时排除。

（6）强夯施工时应对每一夯实点的夯击能量、夯击次数和每次下沉量等做好详细的现场记录。

4. 质量检验

强夯地基应检查施工记录及各项技术参数,并应在夯击过的场地选点进行检验。一般可采用标准贯入、静力触探或轻便触探等方法,符合试验确定的指标时为合格。

检查数量对每个建筑物的地基不少于三处,检测深度和位置按设计要求确定。

2.1.4 水泥土搅拌法施工

1. 概述

水泥土搅拌法是以水泥作为固化剂的主剂,通过特制的搅拌机械边钻边往软土中喷射浆液或雾状粉体,在地基深处将软土和固化剂(浆液或粉体)强制搅拌,使喷入软土中的固化剂与软土充分拌和在一起,利用固化剂和软土之间产生的一系列物理化学反应,形成抗压强度比天然土强度高得多并具有整体性、水稳定性和一定强度的水泥加固土桩柱体,由若干根这类加固土桩柱体和桩间土构成复合地基,从而达到提高地基承载力和增大变形模量的目的。

2. 适用范围

水泥土搅拌法适用于处理淤泥、淤泥质土、粉土和含水率较高且地基承载力不大于120kPa的黏性土等地基。当用于处理泥炭土或具有侵蚀性地下水的情况时,宜通过试验确定其适用性,冬季施工时应注意低温影响。

3. 施工要点

水泥土搅拌桩施工流程如图2.5所示。

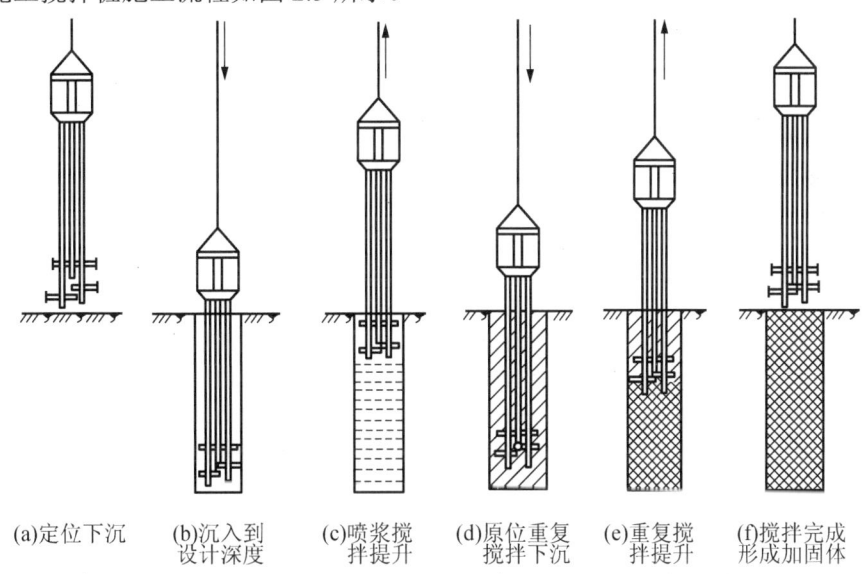

图2.5 水泥土搅拌桩施工流程

施工要点如下。

(1) 场地应先进行平整并清除桩位处地面及地下一切障碍物,场地低洼处应用黏性土或砂土回填夯实。

(2) 施工前应确定搅拌机械的灰浆泵输送量、灰浆输送管到达搅拌机喷浆口的时间和起吊设备提升速度等施工工艺参数,并根据设计要求通过试验确定水泥土搅拌桩配合比。

（3）施工时先将搅拌机用钢丝绳吊挂在起重机架上，用输浆胶管将贮料罐、砂浆泵与搅拌机接通，开动电动机，搅拌机叶片相向而转，借设备自重以 0.3～0.5m/min 的速度沉至搅拌桩设计深度，再以 0.38～0.75m/min 的速度提升搅拌机，与此同时开动砂浆泵，将砂浆从搅拌中心管不断压入土内，通过搅拌叶片将水泥浆或水泥砂浆与深层处的软土搅拌，边搅拌边提升至地面孔口或设计桩顶标高，即完成一次搅拌过程。用相同方法再次重复搅拌下沉和重复搅拌喷浆提升，即完成一根桩的柱状加固。止水帷幕墙施工时，如此呈"8"字状一根接一根地搭接施工，严格按设计要求确保桩的搭接尺寸要求，形成地下连续加固体，当水泥硬化后加固桩体的强度也上升，达到地下止水帷幕的效果。

（4）施工时应严格按配合比掺加固化剂，并采取防离析措施，下沉及提升时均应确保起重机架的平整和导向架的垂直度，成桩时要控制搅拌机的提升速度和次数，使其过程连续均匀，以控制注浆量，保证搅拌均匀，同时泵送必须连续。

（5）搅拌机预下沉时一般不宜冲水，当遇到较硬土层下沉太慢时可适量冲水，应充分考虑冲水对成桩的质量影响。

（6）每台配套设备每天工作完成后，应用水清洗贮料罐、砂浆泵、搅拌机及相应管道，以备次日再用。

4．质量检验

水泥土搅拌桩质量检验应按现行规范标准进行，部分要点如下。

（1）所使用的水泥浆应过筛，制备好的浆液不得离析，泵送必须连续。

（2）施工前应检查水泥及外加剂的质量，检查桩位及搅拌机工作性能，检查各种计量设备的完好度（主要是水泥及水计量装置）。

（3）施工过程中应检查机头提升速度、水泥浆或水泥砂浆注入量、水泥土搅拌桩的深度及标高。

（4）施工完成后应检查桩体强度和桩体直径，用于地下止水帷幕墙体和边坡支护的水泥土搅拌桩其工作时应达到 28d 强度。

（5）对不合格的桩应根据其位置、数量等具体情况，分别采取补桩或加强临桩等相应措施。

 能力训练

【任务实施】

阅读强夯法地基处理施工方案。

【技能训练】

通过阅读强夯法施工方案并组织实施，能进行质量和安全控制，能收集、填写相关工程资料并归档。

工作任务 2.2　浅基础工程施工

2.2.1　浅基础概述

一般房屋的基础，若土质较好、埋置深度不大（$d \leqslant 5m$），采用一般方法与设备施工的基础称为浅基础，如独立基础、条形基础、筏板基础、箱形基础及壳体基础等；如果建筑物荷载较大或下部土层较软弱，需要将基础埋置于较深处（$d>5m$）的正常土层上，并需采用特殊的施工方法和机械设备施工的基础，称为深基础。

知识链接 2-2

基础埋置深度

基础埋置深度是指从基础底面至天然地面的垂直距离，简称埋深，如图 2.6 所示。埋深大于或等于 5m 或埋深大于或等于基础宽度的 4 倍的基础称为深基础，埋深为 0.5～5m 或埋深小于基础宽度的 4 倍的基础称为浅基础。基础埋深不得浅于 0.5m。

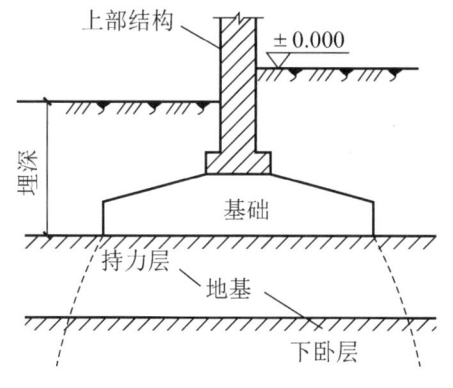

基础的埋置深度

图 2.6 基础埋置深度

特别提示

浅基础分类

（1）按基础材料分类，有砖基础、毛石基础、灰土基础、三合土基础、混凝土基础、钢筋混凝土基础。

（2）按构造分类，有独立基础、条形基础、十字交叉基础、筏形基础、箱形基础。

（3）按受力性能分类，有刚性基础和柔性基础。刚性基础是指用受压极限强度比较大，而受弯、受拉极限强度较小的材料建造的基础，如砖、石、灰土基础等；柔性基础是指用钢筋混凝土建造的基础，此类基础抗弯、抗拉的能力都很大。

2.2.2 独立基础施工

1. 钢筋混凝土独立基础构造要求

当建筑物上部采用框架结构或排架结构承重，且柱距较大、地基条件较好时，常采用独立基础，也称单独基础。

钢筋混凝土独立基础是柱基础的主要形式，有台阶形基础、锥形基础和杯形基础三种形式，如图 2.7 所示。

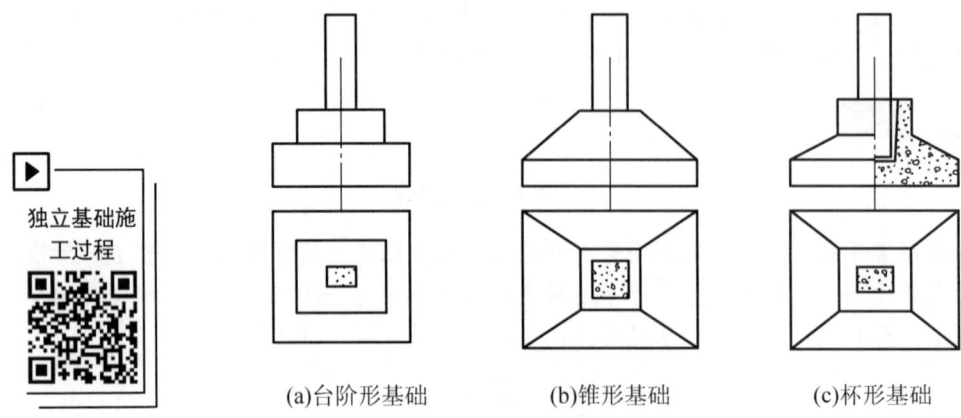

图 2.7　柱下钢筋混凝土独立基础

其中锥形基础和台阶形基础两种形式为现浇钢筋混凝土独立基础，构造要求如图 2.8 所示。

现浇钢筋混凝土独立基础构造要求：锥形基础的边缘高度不宜小于 200mm，其顶部为安装柱模板，应每边沿柱边放大 50mm，如图 2.8（a）所示。台阶形基础每阶高度为 300～500mm，当基础高度大于 350mm 而不超出 900mm 时，台阶形基础分为两级；当基础高度大于 900mm 时，台阶形基础则分为三级，如图 2.8（b）所示。

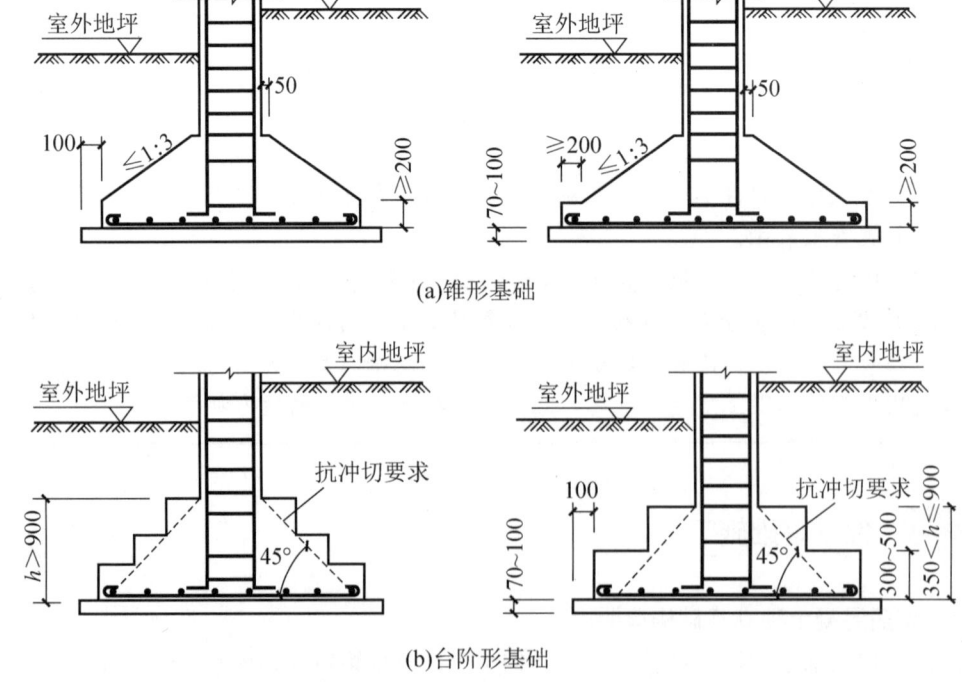

图 2.8　现浇钢筋混凝土独立基础构造要求（单位：mm）

现浇钢筋混凝土独立基础的受力钢筋应双向布置。基础与柱一般不同时浇筑,在基础内预留插筋,其直径和根数与柱内纵筋相同。当基础边长大于或等于 3m 时,基础底面处的受力筋可缩短 10%,并间隔错开放置。

2．施工要点

施工工艺流程如下：浇筑前准备→混凝土浇筑→混凝土振捣→混凝土养护→模板拆除。

施工要点如下。

（1）台阶形基础施工时,可按台阶分层一次浇筑完毕,不允许留设施工缝。顺序是先边角后中间,务必使混凝土充满模板。

（2）浇筑台阶形柱基时,为防止垂直交角处可能出现吊脚现象,可在第一级混凝土捣固下沉 2～3cm 后暂不填平,继续浇筑第二级。

（3）如条件许可,宜采用柱基流水作业方式,即先浇一排第一级混凝土,再转回依次浇第二级。

（4）浇筑柱下基础时,要特别注意连接钢筋的位置,防止移位和倾斜,发现偏差应及时纠正。

2.2.3 条形基础施工

1．构造要求

（1）基础垫层的厚度不宜小于 70mm,混凝土强度等级应为 C20。

（2）基础底板混凝土强度等级不宜低于 C25。

（3）当钢筋混凝土底板的厚度不小于 200mm 时,底板应做成平板。

（4）基础底板的受力钢筋直径不宜小于 10mm,间距不宜大于 200mm,也不宜小于 100mm。

条形基础施工

（5）基础底板的分布钢筋直径不宜小于 8mm,间距不宜大于 300mm。

（6）基础底板内每延米的分布钢筋截面面积应小于受力钢筋面积的 1/10。

（7）底板钢筋保护层厚度,当有垫层时为 40mm,当无垫层时为 70mm。

（8）当条形基础底板的宽度大于或等于 2.5m 时,受力钢筋的长度可取基础宽度的 0.9 倍,并应交错布置。

2．施工要点

施工工艺流程如下：浇筑前准备→混凝土浇筑→混凝土振捣→混凝土养护→模板拆除。

施工要点如下。

（1）浇筑前,应根据混凝土基础顶面的标高在两侧木模上弹出标高线。

（2）清除垫层上浮土、杂物、木屑等,排出积水；检查垫块设置是否正确、板缝是否漏浆、模板支撑是否牢固,木模板浇筑前可先浇水润湿。

（3）浇筑时,应根据基础深度分段分层连续浇筑,一般不留施工缝。各段、层间应相互衔接,每段间浇筑长度控制在 2～3m 距离,做到逐层逐段成阶梯形推进。

2.2.4 筏形基础施工

当地基软弱上部荷载很大,采用十字形基础仍不能满足承载力要求,或两相邻基础的距离很小或重叠时,基础底面形成整片基础,称为筏形基础,工地常称其为满堂基础。按板的形式不同,又分为板式基础和梁板式基础,梁板式基础的梁可在平板的上侧,也可在平板的下侧,如图2.9所示。

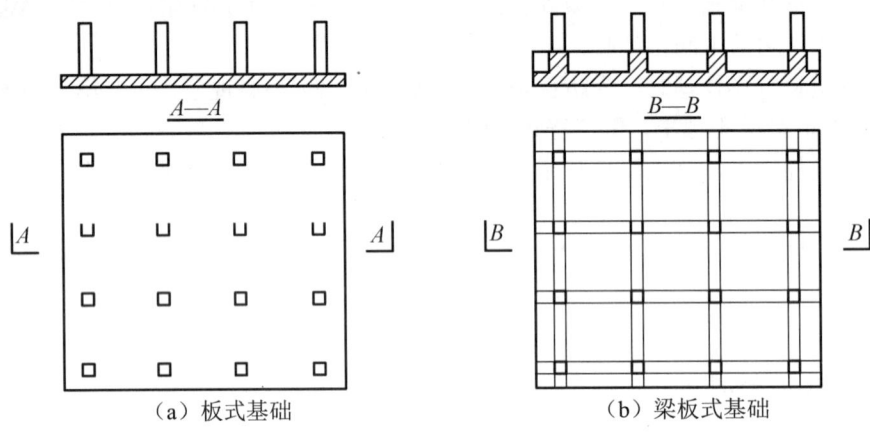

图 2.9　钢筋混凝土筏形基础

1. 材料与构造要求

(1)筏形基础的混凝土强度等级不应低于C30。当有地下室时,应采用防水混凝土。

(2)平板式筏形基础的板厚应满足受冲切承载力的要求,同时要满足抗渗要求。板厚除按强度验算控制外,还要求筏形基础有较强的整体刚度。一般筏形基础的筏板厚度按地面上楼层数估算,每层约需板厚50~80mm。

(3)墙体:采用筏形基础的地下室,应沿地下室四周布置钢筋混凝土外墙,外墙厚度不应小于250mm,内墙厚度不应小于200mm。墙体截面应满足承载力要求,还应满足变形、抗裂及防渗要求。墙体内应设置双面钢筋,竖向和水平钢筋的直径不应小于12mm,间距不应大于300mm。

(4)施工缝:筏板与地下室外墙的连接缝、地下室外墙沿高度的水平接缝应严格按施工缝要求采取措施,必要时设通长止水带。

(5)柱、梁连接:柱、剪力墙与肋梁交接处的构造处理应满足图2.10的要求。

当交叉基础梁的宽度小于柱截面的边长时,其构造见图2.10(a);单向基础梁与柱的连接,可按图2.10(b)、(c)采用;基础梁与剪力墙的连接,可按图2.10(d)采用。

2. 施工工艺流程

清理基坑→浇筑混凝土垫层→基础放线→基础底板钢筋、地梁钢筋、框架柱墙插筋绑扎→支设基础模板→地梁吊模支设→隐蔽工程验收→混凝土浇筑、振捣、找平→混凝土养护→拆除模板。

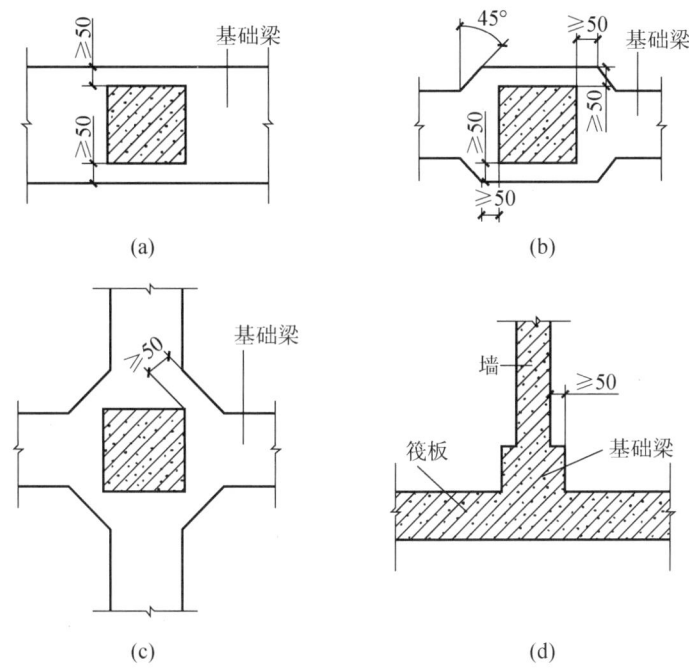

图 2.10 柱与肋梁交界处构造（单位：mm）

能力训练

【任务实施】

阅读某独立或条形基础工程施工方案。

【技能训练】

（1）通过阅读独立或条形基础施工方案并组织实施，进行质量和安全控制；学会收集、填写相关工程资料并归档。

（2）上机完成独立基础、条形基础虚拟仿真实训。

工作任务 2.3　预制桩施工

2.3.1　桩的分类

当天然地基土质量不良，无法满足建筑物对地基变形和强度要求时，可采用桩基础。桩基础是一种常用的深基础形式，由桩和桩顶组成。

1. 按荷载传递的方式分类

1）摩擦桩

摩擦桩可以穿过软弱的较厚土层，桩端达不到坚硬土层或岩层上，桩顶的荷载主要靠桩身与土层之间的摩擦力来支承，如图 2.11（a）、（b）所示，桩尖处土层反力很小，可以忽略不计，也称为纯摩擦桩。

2）端承桩

端承桩也称柱桩。这种桩穿过上部软弱土层，直接将荷载传至坚硬土层或岩层上，如图2.11（c）、（d）所示。桩与桩周土层间的摩阻力甚微，工程上可忽略不计。

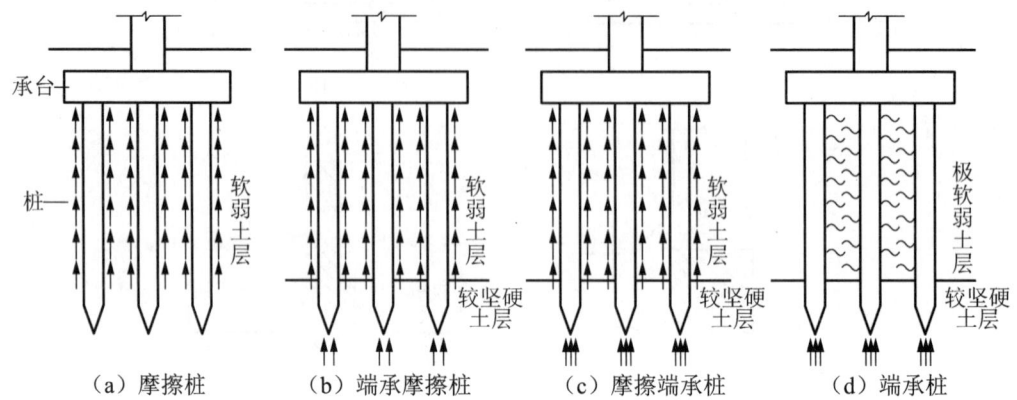

图2.11 摩擦桩和端承桩

2．按施工方法分类

根据施工方法不同，可将桩分为预制桩和灌注桩两大类。预制桩是在构件预制厂或施工现场制作施工时，施工时用沉桩设备将其沉入土中。灌注桩是在施工现场的桩位上用机械或人工成孔，然后在孔内放入钢筋、灌注混凝土而成。本节主要介绍预制桩，灌注桩将在下一节介绍。

知识链接 2-3

深基础与桩基础

当浅层地基无法满足建筑物对地基承载力和变形的要求，且不宜采用地基处理等措施时，可以使用坚实土层或岩层作为地基持力层，采用深基础施工方案。常见的深基础主要有桩基础、沉井基础、墩基础和地下连续墙等，其中以桩基础的历史最为悠久，应用最为广泛。

桩基础的作用是将上部结构的荷载，通过较弱地层传至深部较坚硬的、压缩性小的土层或岩层。桩基础由一根或数根单桩（也称基桩）和连接于桩顶的承台两个部分组成，如图2.12所示。在平面上桩可排列成一排或几排，桩顶由承台连接。桩基础的修筑方法是：先将桩设置于地基中，然后在桩顶处浇筑承台，将若干根桩连接成一个整体，构成桩基础。最后在上面修建上部结构，如房屋建筑中的柱、墙或桥梁中的墩、台等。

桩基础适用范围较广，通常下列情况可考虑采用桩基础：

（1）当地基软弱、地下水位高且建筑物荷载大，采用天然地基承载力不足时；

（2）当地基承载力满足要求，但采用天然地基沉降量过大，或当建筑物沉降要求较严格，建筑等级较高时；

（3）高层或高耸建筑物需采用桩基，可防止在水平力作用下发生倾覆；

（4）建筑物内、外有大量堆载会造成地基过量变形而产生不均匀沉降，或为防止对邻近建筑物产生相互影响的新建筑物；

（5）设有大吨位的重级工作制吊车的重型单层工业厂房；

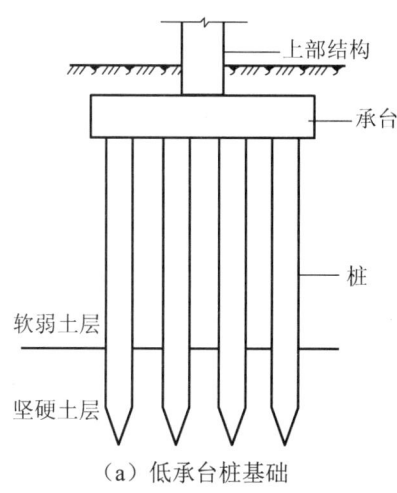 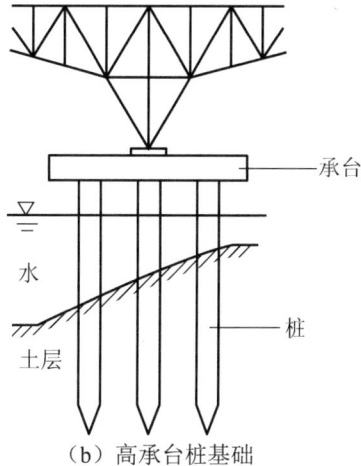

（a）低承台桩基础　　　　　（b）高承台桩基础

图 2.12　桩基础的组成

（6）对地基沉降及沉降速率有严格要求的精密设备基础；
（7）当地震区、建筑物场地的地基土中有液化土层时；
（8）当浅土层中软弱层较厚或为杂填土，或局部有暗浜、溶洞、古河道、古井等不良地质现象时。

2.3.2　预制桩施工前准备

1．材料准备

预制钢筋混凝土桩分实心桩和空心管桩两种。混凝土实心方桩截面边长通常为 200～550mm，长 7～25m，可在现场预制或在工厂制作成单根桩或多节桩。混凝土空心管桩外径一般为 300～550mm，每节长度为 4～12m，管壁厚为 80～100mm，在工厂内采用离心法制成，与实心桩相比可大大减轻桩的自重。

2．编制整个分部工程施工组织设计或施工方案

打桩前，宜向城市管理、供水、供电、煤气、电信、房管等有关单位提出要求，认真处理高空、地上和地下的障碍物。然后对现场周围（一般为 10m 以内）的建筑物、地下管线等做全面检查，必须予以加固或采取隔振措施或拆除，以免打桩中由于振动的影响可能引起其倒塌等。打桩场地必须平整、坚实，必要时宜铺设道路，经压路机碾压密实，场地四周应挖排水沟以利排水。

在打桩现场附近设水准点，其位置应不受打桩影响，数量不得少于两个，用以抄平场地和检查桩的入土深度。要根据建筑物的轴线控制桩定出桩基础的每个桩位，可用小木桩标记。正式打桩之前，应对桩基的轴线和桩位复查一次，以免因小木桩挪动、丢失而影响施工。桩位放线允许偏差为 20mm。

检查打桩机设备及起重工具，铺设水电管网，进行设备架立组装和试打桩。在桩架上设置标尺或在桩的侧面画上标尺，以便能观测桩身入土深度。施工前应做数量不少于两根桩的打桩工艺试验，用以了解桩的沉入时间、最终沉入度、持力层的强度、桩的承载力，以及施工过程中可能出现的各种问题、反常情况等，以便检验所选的打桩设备和施工工艺是否符合设计要求。

3. 打桩机械设备及选用

打桩所用的机械设备,主要由桩锤、桩架及动力装置三部分组成。桩锤是对桩施加冲击力,将桩打入土中的机具;桩架的主要作用是支持桩身和桩锤,并在打入过程中引导桩的方向不偏移;动力装置一般包括启动桩锤用的动力设施,具体取决于所选桩锤,如采用蒸汽锤时需配蒸汽锅炉、卷扬机等。

1)桩锤

(1)选择桩锤类型:常用的桩锤有落锤、柴油桩锤、单动汽锤、双动汽锤、振动桩锤、液压锤等。

(2)选择桩锤质量:桩锤类型决定后,还必须合理选用桩锤质量。施工中宜选择重锤低击。桩锤过重,所需动力设备也大,不经济;桩锤过轻,必将加大落距,锤击功很大部分被桩身吸收,桩不易打入,使锤击次数过多,且桩容易被打坏;此外桩锤质量过大,将使桩顶锤击应力过大,造成混凝土破碎。因此应选择稍重的锤,用重锤低击和重锤快击的方法效果较好。桩锤质量一般根据地质条件、桩型、桩的密集程度、单桩竖向承载力及现有施工条件等选择。

2)桩架

桩架的形式有多种,常用的通用桩架有两种基本形式:一种是沿轨道行驶的多功能桩架,另一种是安装在履带底盘上的履带式桩架。

多功能桩架由立柱、斜撑、回转工作台、底盘及传动机构组成,如图2.13所示。这种桩架机动性和适应性很大,在水平方向可做360°回转,立柱可前后倾斜,可适应各种预制桩及灌注桩施工。其缺点是机构庞大,组装拆迁较麻烦。

履带式桩架以履带式起重机为底盘,增加立柱与斜撑用以打桩,如图2.14所示。此种桩架性能灵活,移动方便,可适应各种预制桩及灌注桩施工。

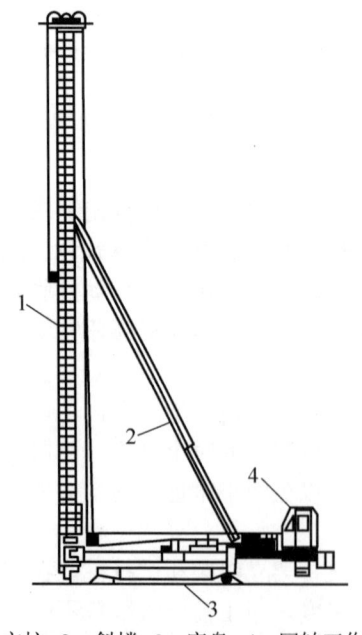

1—立柱;2—斜撑;3—底盘;4—回转工作台。

图 2.13 多功能桩架

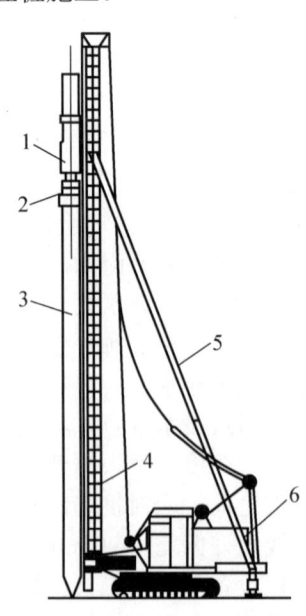

1—桩锤;2—桩帽;3—桩;4—立柱;5—斜撑;6—车体。

图 2.14 履带式桩架

2.3.3 锤击沉桩法施工

1. 打桩顺序

打桩顺序是否合理,直接影响打桩速度、打桩工程质量及周围环境。当桩距小于 4 倍桩的边长或桩径时,打桩顺序尤为重要。打桩前应根据桩的密集程度、桩的规格、长短和桩架移动方便来正确选择打桩顺序。打桩一般有逐排打、自边缘向中央打、自中央向边缘打和分段打四种顺序,如图 2.15 所示。

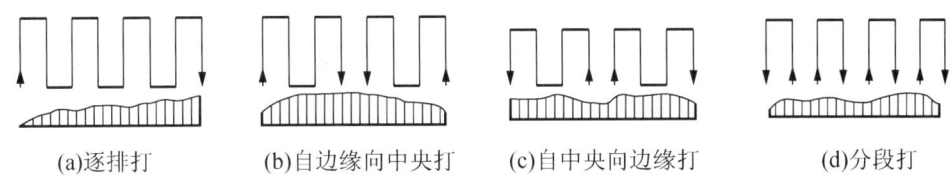

(a)逐排打　　(b)自边缘向中央打　　(c)自中央向边缘打　　(d)分段打

图 2.15　打桩顺序与土体挤密情况

当桩不太密集,桩的中心距大于或等于 4 倍桩的直径时,可采取逐排打桩和自边缘向中间打桩的顺序。逐排打桩时,桩架单向移动,桩的就位与起吊均很方便,故打桩效率较高。但当桩较密集时,逐排打桩会使土体向一个方向挤压,导致土体挤压不均匀,后面的桩不容易打入,最终会引起建筑物的不均匀沉降。自边缘向中间打桩,当桩较密集时,中间部分土体挤压较密实,桩难以打入,而且在打中间桩时,外侧的桩可能因挤压而浮起。因此这两种打设方法适用于桩不太密集时施工。

当桩较密集,即桩的中心距小于 4 倍桩的直径时,一般情况下应采用自中央向边缘打和分段打的方式。按这两种打桩方式打桩时,土体由中央向两侧或向四周均匀挤压,易于保证施工质量。

当桩的规格、埋深、长度不同,且桩较密集时,宜先大后小、先深后浅、先长后短打设,这样可避免后施工的桩对先施工的桩产生挤压而发生桩位偏斜。当一侧毗邻建筑物时,应由毗邻建筑物处向另一方向打设。

2. 打桩施工

1)吊桩就位

打桩机就位后,将桩锤和桩帽吊起,然后吊桩并送至导杆内,垂直对准桩位,在桩的自重和锤重的压力下,缓缓送下插入土中,桩插入时的垂直度偏差不得超过 0.5%。桩插入土后即可固定桩帽和桩锤,使桩、桩帽、桩锤在同一铅垂线上,确保桩能垂直下沉。在桩锤和桩帽之间应加弹性衬垫,如硬木、麻袋、草垫等;桩帽和桩顶周围四边应有 5~10mm 的间隙,以防损伤桩顶。

2)打桩

打桩开始时,应选较小的桩锤落距,一般为 0.5~0.8m,以保证桩能正常沉入土中。待桩入土一定深度(1~2m),桩尖不易产生偏移时,再按要求的落距锤击。打桩时宜用重锤低击。用落锤或单动汽锤打桩时,最大落距不宜大于 1m,用柴油锤时,应使锤跳动正常。

在整个打桩过程中应做好测量和记录工作，遇有贯入度剧变、桩身突然发生倾斜、移位或有严重回弹、桩顶或桩身出现严重裂缝或破碎等异常情况时，应暂停打桩，及时研究处理。

3）送桩

当桩顶标高低于地面时，则可用送桩管将桩送入土中，桩与送桩管的纵轴线应在同一直线上，锤击送桩将桩送入土中。送桩结束，拔出送桩管后，桩孔应及时回填或加盖。

4）接桩

钢筋混凝土预制长桩，受运输条件和桩架高度限制，一般分成若干节预制，分节打入，在现场进行接桩。常用接桩方法有焊接法、法兰接法和硫黄胶泥锚接法等。

5）截桩

当预制钢筋混凝土桩的桩顶露出地面并影响后续桩施工时，应立即进行截桩头作业。截桩头前，应测量桩顶标高，将桩头多余部分凿去。截桩一般可采用人工或风动工具（如风镐等）方法来完成。截桩时不得把桩身混凝土打裂，并保证桩身主筋伸入承台内，其锚固长度必须符合设计规定。一般桩身主筋伸入混凝土承台内的长度，受拉时不少于25倍主筋直径，受压时不少于15倍主筋直径。主筋上粘着的混凝土碎块要清除干净。

3. 打桩过程控制

打桩时，如果沉桩尚未达到设计标高，而贯入度突然变小，可能是土层中央有硬土层，或遇到孤石等障碍物，此时应会同设计勘探部门共同研究解决，不能盲目施打。若桩顶或桩身出现严重裂缝、破碎等情况，应立即暂停，分析原因，在采取相应的技术措施后方可继续施打。

打桩时，除了注意桩顶与桩身由于桩锤冲击被破坏外，还应注意桩身受锤击应力而导致的水平裂缝。在软土中打桩，桩顶以下1/3桩长范围内常会因反射的应力波使桩身受拉而引起水平裂缝，开裂的地方常出现在易形成应力集中的吊点和蜂窝处。采用重锤低击和较软的桩垫，可减少锤击拉应力。

4. 打桩对周围环境影响控制

锤击沉桩利用重锤下落产生的冲击力将桩沉入地下，从而达到加固地基的目的。在锤击沉桩施工过程中，往往会产生较大的噪声和振动，对周围环境和居民生活会产生影响；打桩质量的好坏也直接影响到工程质量和安全，关系到使用者的切实利益；施工时可能存在的安全隐患也直接威胁到施工人员的安全和健康。所以在锤击沉桩施工中要充分贯彻以人为本的思想，在施工前应该进行充分的调研和论证，制定合理的施工方案和降噪措施。在施工过程中，严格遵守施工规范和操作规程，确保施工质量和安全；加强对施工人员的培训和管理，提高他们的安全意识和技能水平，并提供必要的劳动保护和福利待遇，保障施工人员的合法权益。以人为本的思想必须在施工过程中得到充分体现，注重人的感受和需求，尽可能减少施工对环境的影响。

打桩时，邻桩相互挤压导致桩位偏移，产生浮桩，会影响整个工程质量。在已有建筑群中施工，打桩还会引起已有地下管线、地面交通道路和建筑物的损坏和不安全。为避免或减小沉桩挤土效应及其对邻近建筑物、地下管线等的影响，施打大面积密集桩群时，可采取下列辅助措施：

（1）预钻孔沉桩。预钻孔孔径比桩径（或方桩对角线）小50～100mm，深度视桩距和土的密实度、渗透性而定，深度宜为桩长的1/3～1/2，施工时应随钻随打，桩架宜具备钻孔锤击双重性能。

（2）设置袋装砂井或塑料排水板消除部分超孔隙水压力，减少挤土现象。

（3）设置隔离板桩或开挖地面防振沟，消除部分地面振动。

（4）沉桩过程中加强对邻近建筑物、地下管线等的观测、监护。

2.3.4 静力压桩法施工

静力压桩法是用静力压桩机将预制钢筋混凝土桩分节压入地基土层中成桩。该方法施工无噪声、无振动、无污染；不会打碎桩头，桩截面可以减小，混凝土强度等级可降低，配筋比锤击法可省40%；桩定位精确，不易产生偏心，可提高桩基施工质量，施工速度快；自动记录压桩力，可预估和验证单桩承载力，施工安全可靠。但压桩设备较笨重，要求边桩中心到已有建筑物间距较大，压桩力受一定限制，挤土效应仍然存在。该法适用于软土、填土及一般黏性土层中应用，特别适合于居民稠密及附近环境保护要求严格的地区沉桩；不宜用于地下有较多孤石、障碍物或有厚度大于2m的中密以上砂夹层的情况。

静力压桩法施工过程

1. 静力压桩机

目前主要使用的静力压桩机是液压式。液压式静力压桩机由液压吊装机构、液压夹持器、压桩机构、行走及回转机构等组成，如图2.16所示。

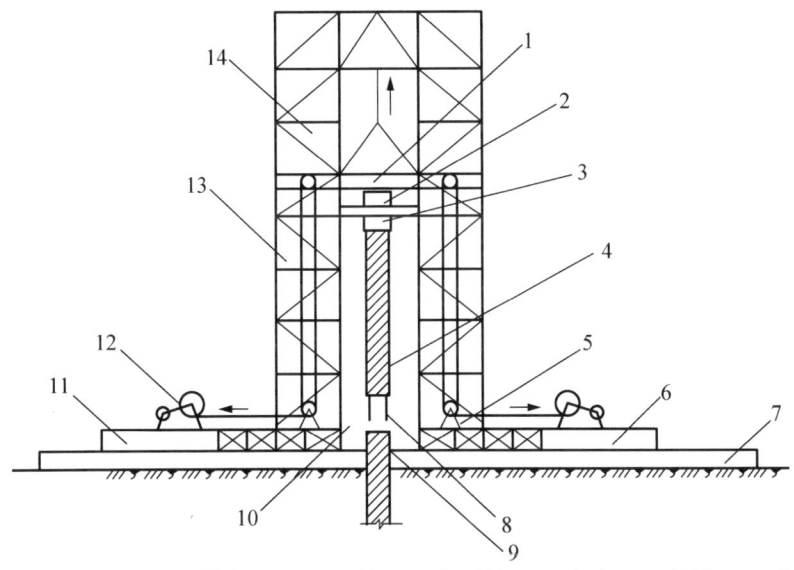

1—活动压梁；2—油压表；3—桩帽；4—上段桩；5—加重钩；6—底盘；7—轨道；8—上端桩锚筋；
9—下段桩锚筋孔；10—导笼孔；11—操作平台；12—卷扬机；13—滑轮组；14—桩架。

图 2.16 液压式静力压桩机

2. 压桩

静力压桩一般都采取分段压入，逐段接长施工，其施工程序为：测量定位→压桩机就位→吊桩、插桩→桩身对中调直→静压沉桩→接桩→再静压沉桩→送桩→终止压桩→切割桩头。

施工时，压桩机应根据土质情况配足额定重量，桩帽、桩身和送桩的中心线应重合。压桩应连续进行，如需接桩，可压至桩顶离地面0.5~1.0m，用硫黄胶泥锚接法将桩接长。

用硫黄胶泥接桩间歇不宜过长（正常气温下为 10～15min）；接桩面应保持干净，浇筑时间不应超过两分钟，上下桩中心线应对齐，偏差不大于 10mm；节点矢高不得大于 1‰桩长。如压桩时桩身发生较大移位、倾斜、桩身突然下沉或倾斜、桩顶混凝土破坏或压桩阻力剧变时，应暂停压桩，及时研究处理。若桩歪斜，可利用压桩油缸回程，将压入土层中的桩拔出，实现拔桩作业。

3．压桩控制

压桩应控制好终止条件。对纯摩擦桩，终压时以设计桩长为控制条件；对长度大于 21m 的端承摩擦型静压桩，应以设计桩长控制为主，终压力值作为对照；超载压桩时，一般不宜采用满载连续复压法，但在必要时可以进行复压，复压的次数不宜超过两次。

 能力训练

【任务实施】

编制某钢筋混凝土预制桩基础工程施工方案。

【技能训练】

（1）学会编制钢筋混凝土预制桩基础施工方案，能进行质量和安全控制；
（2）上机操作虚拟仿真软件，完成预制桩施工。

工作任务 2.4　灌注桩施工

灌注桩是直接在施工现场的桩位上先成孔，然后在孔内安放钢筋笼灌注混凝土而成。灌注桩具有节约材料、施工时无振动、无挤土、噪声小等优点。

根据成孔方法的不同，灌注桩可分为泥浆护壁成孔的灌注桩、沉管灌注桩、人工挖孔灌注桩、干作业成孔的灌注桩等。下面主要介绍前三种灌注桩。

2.4.1　泥浆护壁成孔灌注桩

泥浆护壁成孔灌注桩是利用原土自然造浆或人工造浆浆液进行护壁，通过循环泥浆将被钻头切下的土块挟带出孔外成孔，然后安放绑扎好的钢筋笼，水下灌注混凝土成桩。此法适用于地下水位较高的黏性土、粉土、砂土、填土、碎石土及风化岩层，也适用于地质情况复杂、夹层较多、风化不均、软硬变化较大的岩层。但在岩溶发育地区要慎重使用。

1．施工流程

施工工艺流程为：测量放线定好桩位→埋设护筒→钻孔机就位、调平、拌制泥浆→成孔→第一次清孔→质量检测→吊放钢筋笼→放导管→第二次清孔→灌注水下混凝土→成桩。

2．施工要点

1）埋设护筒

（1）护筒的作用是固定桩孔位置，防止地面水流入，保护孔口，增高桩孔内水压力，防止塌孔和在成孔时引导钻头方向。

(2)护筒是用4～8mm厚钢板制成的圆筒,其内径应大于钻头直径100mm,其上部宜开设1～2个溢浆孔。

(3)埋设护筒时,先挖去桩孔处表层土,将护筒埋入土中,保证其准确、稳定。护筒中心与桩位中心的偏差不得大于50mm,护筒与坑壁之间用黏土填实,以防漏水。护筒的埋设深度,在黏土中不宜小于1.0m,在砂土中不宜小于1.5m。护筒顶面应高于地面0.4～0.6m,并应保持孔内泥浆面高出地下水位1m以上。

2)制备泥浆

在黏性土中成孔时可在孔中注入清水,钻机旋转时,切削土屑与水拌和,用原土造浆;在其他土中成孔时,泥浆制备应选用高塑性黏土或膨润土,泥浆相对密度应控制在1.1～1.15。黏度:黏性土为18～25s,砂土为25～30s;含砂率<6%,胶体率>95%。施工中应经常测定泥浆的相对密度,并定期测定黏度、含砂率和胶体率等指标,根据土质条件确定。对施工中废弃的泥浆、渣,应按环境保护的有关规定处理。

施工时应维持钻孔内泥浆液面高于地下水位0.5m,受水位涨落影响时,应高于最高水位1.5m。

3)成孔

按成孔机械分类,成孔有回转钻机成孔、潜水钻机成孔、冲击钻机成孔等。

(1)回转钻机成孔:回转钻机是由动力装置带动钻机回转装置转动,再由其带动带有钻头的钻杆移动,由钻头切削土层。回转钻机适用于地下水位较高的软、硬土层,如淤泥、黏性土、砂土、软质岩层。

回转钻机钻孔方式根据泥浆循环方式的不同,分为正循环回转钻机成孔和反循环回转钻机成孔。

① 正循环回转钻机成孔的工艺原理如图2.17所示。由空心钻杆内部通入泥浆或高压水,从钻杆底部喷出,携带钻下的土渣沿孔壁向上流动,由孔口将土渣带出流入泥浆池。

② 反循环回转钻机成孔的工艺原理如图2.18所示。泥浆带渣流动的方向与正循环回转钻机成孔的情形相反。反循环工艺的泥浆上流的速度较快,能携带较大的土渣。

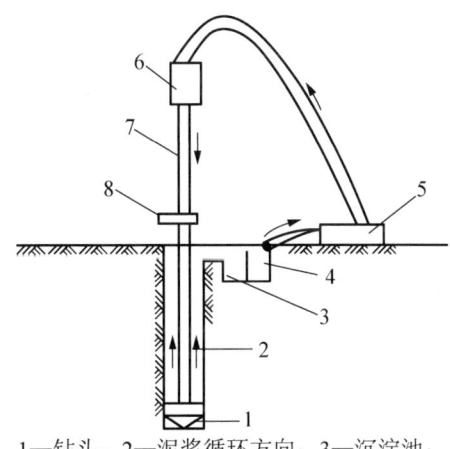

1—钻头;2—泥浆循环方向;3—沉淀池;
4—泥浆池;5—循环棒;6—水龙头;
7—钻杆;8—钻机回转装置。

图2.17 正循环回转钻机成孔的工艺原理

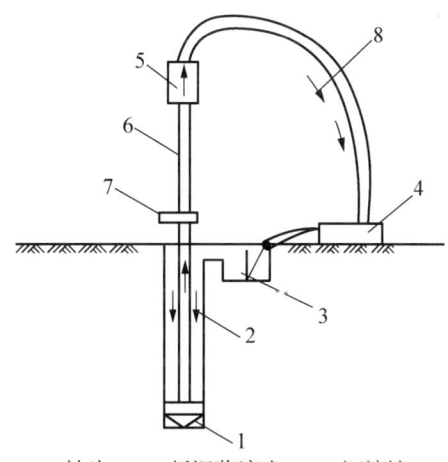

1—钻头;2—新泥浆流出;3—沉淀池;
4—砂石泵;5—水龙头;6—钻杆;
7—钻机回转装置;8—混合液流向。

图2.18 反循环回转钻机成孔的工艺原理

（2）潜水钻机成孔：潜水钻机是一种将动力、变速机构、钻头连在一起加以密封，潜入水中工作的体积小而轻的钻机，这种钻机的钻头有多种形式，可适应不同桩径和不同土层的需要。潜水钻机钻头带有合金刀齿，靠电动机带动刀齿旋转切削土层或岩层。钻头靠桩架悬吊吊杆定位，钻孔时钻杆不旋转，仅钻头部分旋转，切削下来的泥渣通过泥浆循环排出孔外。

当钻一般黏性土、淤泥、淤泥质土及砂土时，宜用笼式钻头；穿过不厚的砂夹卵石层或在强风化岩上钻进时，可镶焊硬质合金刀头的笼式钻头；遇孤石或旧基础时，应用带硬质合金齿的筒式钻头。

潜水钻机桩架轻便，移动灵活，钻进速度快，噪声小，钻孔直径为500～1500mm，钻孔深度可达50m甚至更深。

（3）冲击钻机成孔：冲击钻机通过机架、卷扬机把带刃的重钻头（冲击锤）提高到一定高度，靠自由下落的冲击力切削破碎岩层或冲击土层成孔。冲击钻机成孔时，部分碎渣和泥浆挤压进孔壁，大部分碎渣用掏渣筒掏出。此法设备简单，操作方便，对于有孤石的砂卵石岩、坚质岩、岩层均可成孔。

冲击钻孔灌注桩

在成孔前及成孔过程中应定期检查钢丝绳、卡扣及转向装置，冲击时应控制钢丝绳放松量。

开孔时，应低锤密击，成孔至护筒下3～4m后可正常冲击；每钻进4～5m更换钻头验孔；过程中应及时排除废渣，排渣可采用泥浆循环或掏渣筒，掏渣筒直径宜为孔径的50%～70%，每钻进0.5～1.0m应掏渣一次，掏渣后应及时补充孔内泥浆，孔内泥浆液面应符合规范规定；在岩层中成孔，桩端持力层应按每100～300mm清孔取样，非桩端持力层应按每300～500mm清孔取样。

岩层表面不平或遇孤石时，应向孔内投入黏土、块石，将孔底表面填平后低锤快击，形成紧密平台，再进行正常冲击。孔位出现偏差时，应回填片石至偏孔上方300～500mm处后再成孔。

4）清孔

泥浆护壁成孔灌注施工中有两次清孔，第一次清孔时间在成孔达到设计深度，提钻之前进行，第二次清孔在沉放钢筋笼、下导管之后进行。清孔的目的是清除孔底沉渣以减少桩基的沉降量，提高承载能力，确保桩基质量。清孔方法有正循环清孔、泵吸反循环清孔、气举反循环清孔。

其中正循环清孔应符合下列规定：①第一次清孔可利用成孔钻具直接进行，清孔时应先将钻头提离孔底0.2～0.3m，输入泥浆循环清孔；②孔深小于60m的桩，清孔时间宜为15～30min，孔深大于60m的桩，清孔时间宜为30～45min；③第二次清孔利用导管输入泥浆循环清孔；④两次清孔输入的泥浆比重要求为：黏性土为1.1～1.2，砂土为1.1～1.3，砂夹卵石为1.2～1.4。

灌注混凝土之前孔底沉渣厚度应符合下列规定：端承桩≤50mm，摩擦桩≤100mm，抗拔、抗水平荷载桩≤200mm。

5）钢筋笼的制作

（1）钢筋笼宜分段制作，分段长度应根据钢筋笼整体刚度、钢筋长度及起重设备的有效高度等因素确定。钢筋笼接头应采用焊接或机械式接头,接头应相互错开。

(2)钢筋笼主筋混凝土保护层允许偏差应为±20mm,钢筋笼上应设置保护层垫块,每节钢筋笼不应少于 2 组,每组不应少于 3 块,且应均匀分布于同一截面上。

6)水下灌注混凝土

(1)水下混凝土应符合下列规定。

混凝土配合比设计应符合现行行业标准《普通混凝土配合比设计规程》(JGJ 55—2011)的规定;混凝土强度应按比设计强度提高等级配置;混凝土应具有良好的和易性,坍落度宜为 180~220mm,坍落度损失应满足灌注要求。

(2)水下混凝土灌注应采用导管法,导管配置应符合下列规定。

导管直径宜为 200~250mm,壁厚不宜小于 3mm,导管的分节长度应根据工艺要求确定,底管长度不宜小于 4m,标准节宜为 2.5~3.0m,并可设置短导管;导管使用前应试拼装和试压,使用完毕后应及时进行清洗;导管接头宜采用法兰或双螺纹方扣,应保证导管连接可靠且具有良好的水密性。

(3)混凝土初灌量应满足导管埋入混凝土深度不小于 0.8m 的要求。

(4)混凝土灌注用隔水栓应有良好的隔水性能。隔水栓宜采用球胆或与桩身混凝土强度等级相同的细石混凝土制作的混凝土块。

(5)水下混凝土灌注应符合下列规定。

导管底部至孔底距离宜为 300~500mm;导管安装完毕后,应进行二次清孔,清孔结束后应立即灌注混凝土;混凝土灌注过程中导管应始终埋入混凝土内,宜为 2~6m,导管应勤提勤拆;应连续灌注水下混凝土,并应经常检测混凝土面上升情况,灌注时间应确保混凝土不初凝;混凝土灌注应控制最后一次灌注量,超灌高度应高于设计桩顶标高 1.0m 以上,充盈系数不应小于 1.0。

2.4.2 沉管灌注桩施工

沉管灌注桩是利用锤击打桩设备或振动沉桩设备,将带有钢筋混凝土的桩尖(或钢板靴)或带有活瓣式桩靴的钢管沉入土中(钢管直径应与桩的设计尺寸一致),形成桩孔,然后放入钢筋骨架并灌注混凝土,随之拔出套管,利用拔管时的振动将混凝土捣实,便形成所需要的灌注桩。利用锤击沉桩设备沉管、拔管所成的桩,称为锤击沉管灌注桩,图 2.19 所示为锤击沉管灌注桩机;利用振动器振动沉管、拔管所成的桩,称为振动沉管灌注桩,图 2.20 所示为振动沉管灌注桩机。

锤击沉管灌注桩

1.锤击沉管灌注桩

锤击沉管灌注桩适宜于一般黏性土、淤泥质土和人工填土地基,其施工过程如图 2.21 所示。施工要点如下。

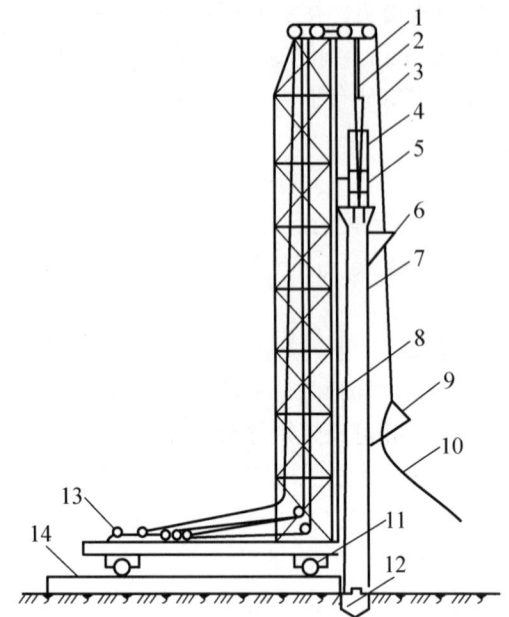 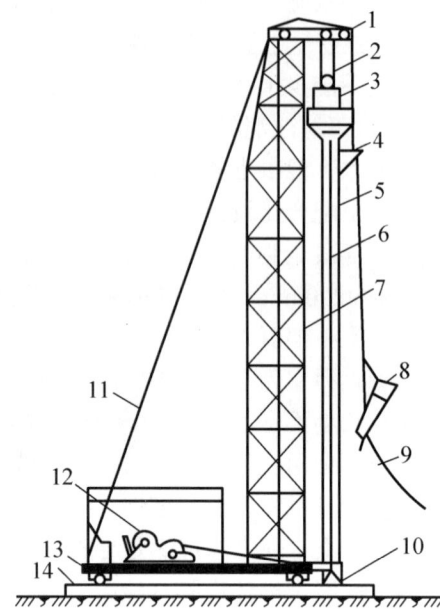

1—桩锤钢丝绳；2—桩管滑轮组；3—吊斗钢丝绳；
4—桩锤；5—桩帽；6—混凝土漏斗；7—桩管；
8—桩架；9—混凝土吊斗；10—回绳；11—行驶用钢管；
12—预制桩尖；13—卷扬机；14—枕木。

图 2.19 锤击沉管灌注桩桩机

1—导向滑轮；2—滑轮组；3—激振器；
4—混凝土漏斗；5—桩管；6—加压钢丝绳；
7—桩架；8—混凝土吊斗；9—回绳；
10—活瓣桩尖；11—缆风绳；12—卷扬机；
13—行驶用钢管；14—枕木。

图 2.20 振动沉管灌注桩桩机

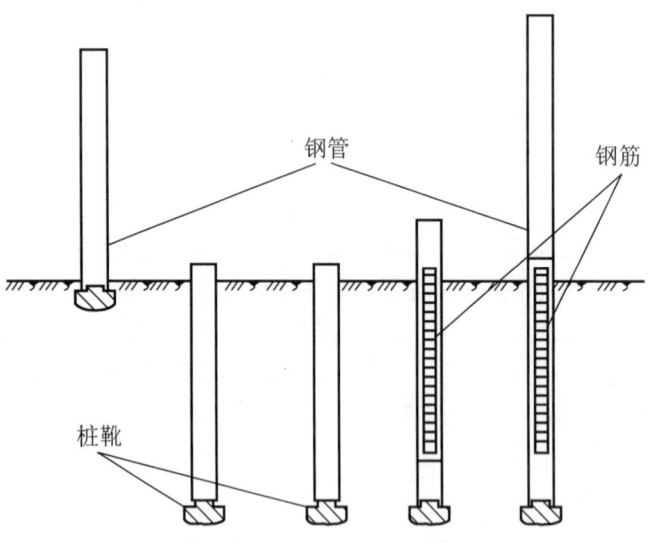

(a)就位　(b)沉钢管　(c)开始灌　(d)下钢筋骨　(e)拔管成型
　　　　　　　　　　 注混凝土　架继续灌注
　　　　　　　　　　　　　　　　混凝土

图 2.21 锤击沉管灌注桩施工过程

（1）群桩基础的基桩施工，应根据土质、布桩情况，采取减少挤土效应不利影响的技术措施，确保成桩质量；

（2）桩管、混凝土预制桩尖或钢桩尖的加工质量和埋设位置应符合设计要求，桩管与桩尖的接触面应平整且具有良好的密封性；

（3）锤击开始前，应使桩管与桩锤、桩架在同一垂线上；

（4）桩管沉到设计标高并停止振动后应立即灌注混凝土，灌注混凝土之前，应检查桩管内有无吞桩尖或进土、水及杂物；

（5）桩身配钢筋笼时，第一次混凝土应先灌至笼底标高，然后放置钢筋笼，再灌混凝土至桩顶标高；

（6）拔管速度要均匀，一般土层宜为 1.0m/min，软弱土层和较硬土层交界处宜为 0.3～0.8m/min，淤泥质软土不宜大于 0.8m/min；

（7）拔管高度应与混凝土灌入量相匹配，最后一次拔管应高于设计标高，在拔管过程中应检测混凝土面的下降量。

2．振动沉管灌注桩

振动沉管灌注桩采用激振器或振动冲击沉管，施工过程如图 2.22 所示。振动沉管灌注桩宜用于一般黏性土、淤泥质土及人工填土地基，更适用于砂土、稍密及中密的碎石土地基。

1）施工要点

（1）施工中应按设计要求控制最后 30s 的电流、电压值；

（2）沉管到位后，应立即灌注混凝土，桩管内灌满混凝土后，应先振动再拔管，拔管时，应边拔边振，每拔出 0.5～1.0m 停拔，振动 5~10s，直至全部拔出；

（3）拔管速度宜为 1.2～1.5m/min，在软弱土层中，拔管速度宜为 0.6～0.8m/min。

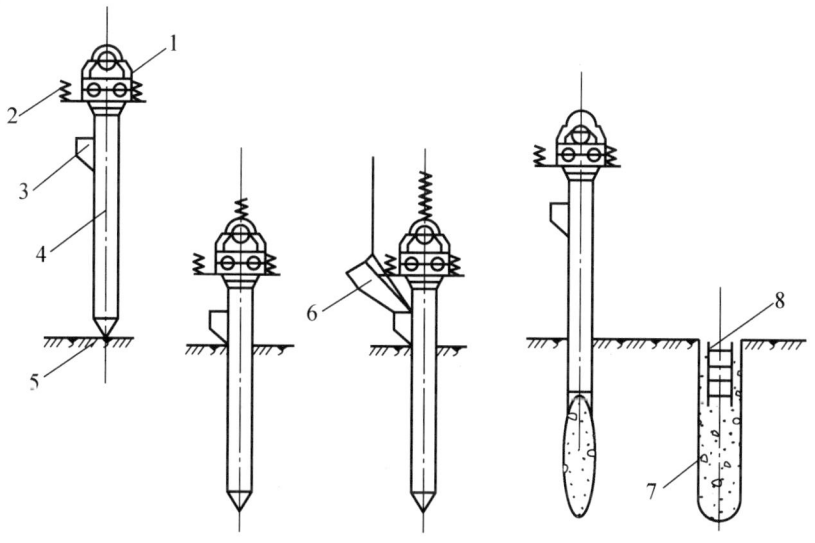

(a)就位　(b)沉钢管　(c)开始灌注混凝土　(d)拔出钢管　(e)在顶部混凝土内插入短钢筋并灌满混凝土

1—振动锤；2—加压减振弹簧；3—加料口；4—钢管；
5—活瓣桩尖；6—上料口；7—混凝土桩；8—短钢筋骨架。

图 2.22　振动沉管灌注桩施工过程

2）施工工艺

为了提高桩的质量和承载能力，沉管灌注桩常采用单打法、复打法、反插法等工艺。单打法适用于含水率较小的土层，反插法及复打法适用于饱和土层。

（1）单打法：即一次拔管法。沉管到位后，应立即灌注混凝土，桩管内灌满混凝土后，应先振动再拔管，拔管时，应边拔边振，每拔出 0.5～1.0m 停拔，振动 5～10s，直至全部拔出；拔管速度宜为 1.2～1.5m/min，在软弱土层中，拔管速度宜为 0.6～0.8m/min。

（2）复打法：在同一桩孔内进行两次单打，或根据需要进行局部复打。复打施工必须在第一次浇筑的混凝土初凝之前完成，同时前后两次沉管的轴线必须重合。

（3）反插法：拔管时，先振动再拔管，每次拔管高度为 0.5～1.0m，反插深度为 0.3～0.5m，直至全部拔出；拔管过程中，应分段添加混凝土，保持管内混凝土面不低于地表面或高于地下水位 1.0～1.5m，拔管速度应小于 0.5m/min；距桩尖处 1.5m 范围内，宜多次反插以扩大桩端部断面；穿过淤泥夹层时，应减慢拔管速度，并减少拔管高度和反插深度，流动性淤泥土层、坚硬土层中不宜使用反插法。

沉管灌注桩的混凝土充盈系数不应小于 1.0。沉管灌注桩桩身配有钢筋时，混凝土的坍落度宜为 80～100mm。素混凝土桩宜为 70～80mm。

2.4.3　人工挖孔灌注桩施工

1．人工挖孔灌注桩的特点和适用范围

人工挖孔灌注桩单桩承载力高，受力性能好，桩质量可靠。施工设备简单，无振动、无噪声、无环境污染，可多桩同时进行作业，施工速度快，节省设备费用，降低工程造价。单桩成孔工艺存在劳动强度较大、单桩施工速度较慢、安全性较差等问题，因此施工中应特别重视流砂、有害气体等的影响，要严格按操作规程施工，制定可靠的安全措施。

挖孔及挖孔扩底灌注桩桩径范围为 0.8～5.0m，深度一般为 20m 左右，最深可达 40m，适用于无地下水或地下水较少的黏土、粉质黏土，以及含少量砂、砂卵石的黏土层采用。图 2.23 所示为人工挖孔灌注桩构造。

2．人工挖孔灌注桩施工

1）人工挖孔灌注桩的施工工艺流程

场地平整→防、排水措施→放线、定桩位、复核、验收→人工挖孔、绑扎护壁钢筋、支护模板、浇捣护壁混凝土（按节循环作业，直至设计深度）→桩底扩孔→全面终孔验收→清理桩底虚土、沉渣及积水→放置钢筋笼→浇筑桩身混凝土→检测和验收。

2）施工要点

（1）挖土：挖土是人工挖孔的一道主要工序，应事先编制好防治地下水方案，避免产生渗水、冒水、

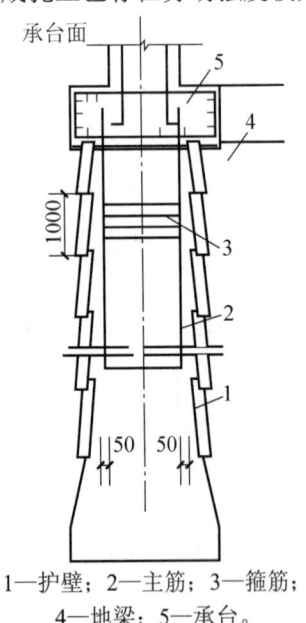

1—护壁；2—主筋；3—箍筋；
4—地梁；5—承台。

图 2.23　人工挖孔灌注桩构造(单位：mm)

塌孔、挤偏桩位等不良后果。在挖土过程中遇地下水，在地下水不大时，可采用桩孔内降水法，用潜水泵将水抽出孔外；若出现流砂现象，首先考虑采用缩短护壁分节和抢挖、抢浇筑护壁混凝土的办法，若此方法不行，就必须沿孔壁打板桩或用高压泵在孔壁冒水处灌注水玻璃水泥砂浆。当地下水较丰富时，采用孔外布井点降水法，即在周围布置管井，在管井内不断抽水使地下水位降至桩孔底以下 1.0～2.0m。

人工挖孔桩施工

（2）护壁措施：为防止坍孔和保证操作安全，直径 1.2m 以上桩孔多设混凝土支护，每节高 0.9～1.0m，厚 8～15cm，或加配适量直径 6～9mm 光圆钢筋，混凝土用 C20 或 C25；直径 1.2m 以下桩孔，井口 1/4 砖或 1/2 砖护圈高 1.2m，下部遇有不良土体用半砖护砌。孔口第一节护壁应高出地面 10～20cm，以防止泥水、机具、杂物等掉进孔内。

（3）放置钢筋笼：桩孔挖好并经有关人员验收合格后，即可根据设计的要求放置钢筋笼。钢筋笼在地面上绑扎好，通过吊装就位，并应满足钢筋焊接、绑扎的施工验收规范要求。钢筋笼放置前，要清除油污、泥土等杂物，防止将杂物带入孔内。

（4）灌注桩身混凝土：钢筋笼吊入验收合格后应立即灌注桩身混凝土。当桩孔内渗水量不大时，抽除孔内积水后，应用串筒法灌注混凝土。如果桩孔内渗水量过大，积水过多不便排干，则应采用导管法水下灌注混凝土。

> **特别提示**
>
> 《房屋建筑和市政基础设施工程危及生产安全施工工艺、设备和材料淘汰目录（第一批）》存在下列条件之一的区域不得使用人工挖孔灌注桩：①地下水丰富、软弱土层、流砂等不良地质条件的区域；②孔内空气污染物超标；③机械成孔设备可以到达的区域。可使用冲击钻、回转钻、旋挖钻等机械成孔工艺。

能力训练

【任务实施】
编制某钢筋混凝土灌注桩基础工程施工方案。

【技能训练】
（1）学会灌注桩基础施工方案编制，能进行质量和安全控制；
（2）上机操作虚拟仿真软件，完成灌注桩施工。

工作任务 2.5　质量验收规范与安全技术

桩基工程是建筑工程的基础，其质量的好坏直接影响到整个建筑物的安全性和稳定性。在桩基工程质量的验收工作中必须保持规范严谨的工作态度。桩基工程质量验收规范是为了确保工程质量达标而制定的一系列标准和要求，是工程质量的重要保障。在工作中，我们必须保持高度的责任心和专业素养，保持严谨的工作态度，严格按照规范执行，认真检查每一个环节和细节，不能有丝毫的马虎和大意，确保工程质量达到最优。规范严谨的工作态度不仅是建筑行业的要求,也是各行各业都应该遵循的原则,这样才能为自己和他人创造一个安全、稳定、高效的工作环境。

2.5.1 质量验收规范

1. 桩位的放样允许偏差

群桩 20mm,单排桩 10mm。

2. 桩基工程的桩位验收

除设计有规定外,应按下述要求进行。

(1) 当桩顶设计标高与施工现场标高相同时,或桩基施工结束后有可能对桩位进行检查时,桩基工程的验收应在施工结束后进行。

(2) 当桩顶设计标高低于施工场地标高,送桩后无法对桩位进行检查时,对打入桩可在每根桩桩顶沉至场地标高时,进行中间验收,待全部桩施工结束,承台或底板开挖到设计标高后,再做最终验收。对灌注桩可对护筒位置做中间验收。

3. 打(压)入桩(预制混凝土方桩、先张法预应力管桩、钢桩)的桩位偏差

打(压)入桩(预制混凝土方桩、先张法预应力管桩、钢桩)的桩位偏差必须符合表 2-2 的规定。斜桩倾斜度的偏差不得大于倾斜角正切值的 15%(倾斜角系桩的纵向中心线与铅垂线间的夹角)。

表 2-2 预制桩(钢桩)桩位的允许偏差

序号	项目		允许偏差/mm
1	盖有基础梁的桩	垂直基础梁的中心线 沿基础梁的中心线	100+0.01H 150+0.01H
2	桩数为 1~3 根桩基中的桩		100
3	桩数为 4~16 根桩基中的桩		1/2 桩径或边长
4	桩数大于 16 根桩基中的桩	最外边的桩 中间桩	1/3 桩径或边长 1/2 桩径或边长

注:H 为施工现场地面标高与桩顶设计标高的距离。

4. 灌注桩的桩位偏差

灌注桩的桩位偏差必须符合表 2-3 的规定,桩顶标高至少要比设计标高高出 0.5m,桩底清孔质量按不同的成桩工艺有不同的要求,应按本章的各节要求执行。每灌注 50m³ 混凝土必须有一组试件,小于 50m³ 的桩,每根桩必须有一组试件。

表 2-3 灌注桩的平面位置和垂直度的允许偏差

序号	成孔方法		桩径允许偏差/mm	垂直度允许偏差/(%)	桩位允许偏差/mm	
					1~3 根、单排桩垂直于中心线方向和群桩基础的边桩	条形桩基沿中心线方向和群桩基础的中间桩
1	泥浆护壁	D≤1000mm	±50	<1	D/6,且不大于 100	D/4,且不大于 150
		D>1000mm	±50		100+0.01H	150+0.01H

续表

序号	成孔方法		桩径允许偏差/mm	垂直度允许偏差/（%）	桩位允许偏差/mm	
					1～3根、单排桩基垂直于中心线方向和群桩基础的边桩	条形桩基沿中心线方向和群桩基础的中间桩
2	套管成孔灌注桩	$D≤500mm$	-20	<1	70	150
		$D>500mm$			100	150
3	干成孔灌注桩		-20	<1	70	150
4	人工挖孔灌注桩	混凝土护壁	50	<0.5	50	150
		钢套管护壁	50	<1	100	200

注：① 桩径允许偏差的负值是指个别断面。
② 采用复打法、反插法施工的桩，其桩径允许偏差不受本表限制。
③ H 为施工现场地面标高与桩顶设计标高的距离，D 为设计桩径。

5．工程桩的承载力检验

对于地基基础设计等级为甲级或地质条件复杂、成桩质量可靠性低的灌注桩，应采用静载荷试验的方法进行检验，检验桩数不应少于总数的1%，且不应少于3根；当总桩数不多于50根时，不应少于2根。

6．桩身质量检验

对设计等级为甲级或地质条件复杂、成桩质量可靠性低的灌注桩，抽检数量不应少于总数的30%，且不应少于20根；其他桩基工程的抽检数量不应少于总数的20%，且不应少于10根；对混凝土预制桩及地下水位以上且终孔后经过核验的灌注桩，检验数量不应少于总桩数的10%，且不得少于10根。每个柱子承台下不得少于一根。

7．原材料的检验

对砂、石子、钢材、水泥等原材料的质量检验项目、批量和检验方法，应符合国家现行标准的规定。

8．其他项目检查

其他主控项目应全部检查。对一般项目，除已明确规定的外，其他可按20%抽查，但混凝土灌注桩应全部检查。

9．混凝土预制桩的检查

（1）桩在现场预制时，应对原材料、钢筋骨架、混凝土强度进行检查；采用工厂生产的成品桩时，桩进场后应进行外观及尺寸检查。

（2）施工中应对桩体垂直度、沉桩情况、桩顶完整状况、接桩质量等进行检查；对电焊接桩，重要工程应做10%的焊缝探伤检查。

（3）施工结束后，应对承载力及桩体质量做检验。

（4）对长桩或总锤击数将超过500击的锤击桩，应符合桩体强度及28d龄期的两项条件才能进行锤击。

10．混凝土灌注桩的检查

（1）施工前应对水泥、砂、石子（如现场搅拌）、钢材等原材料进行检查，对施工组织设计中制定的施工顺序、监测手段（包括仪器、方法）也应检查。

（2）施工中应对成孔、清查、放置钢筋笼、灌注混凝土等进行全过程检查，人工挖孔桩尚应复验孔底持力层土（岩）性。嵌岩桩必须有桩端持力层的岩性报告。

（3）施工结束后，应检查混凝土强度，并应做桩体质量及承载力的检验。

（4）混凝土灌注桩的质量检验标准应符合表2-4和表2-5的规定。

表2-4 混凝土灌注桩钢筋笼质量检验标准　　　　　　　　　　　单位：mm

序号	项目	检查项目	允许偏差或允许值	检查方法
1	主控项目	主筋间距	±10	用钢尺量
2		长度	±100	用钢尺量
1	一般项目	钢筋材质检验	设计要求	抽样送检
2		箍筋间距	±20	用钢尺量
3		直径	±10	用钢尺量

表2-5 混凝土灌注桩质量检验标准

序号	项目	检查项目	允许偏差或允许值		检查方法
			单位	数值	
1	主控项目	桩位	见表2-3		基坑开挖前量护筒，开挖后量桩中心
2		孔深	mm	+300	只深不浅，用重锤测，或测钻杆、套管长度，嵌岩桩应确保进入设计要求的嵌岩深度
3		桩体质量检验	按基桩检测技术规范。如钻芯取样，大直径嵌岩桩应钻至桩尖下50mm		按基桩检测技术规范
4		混凝土强度	设计要求		试件报告或钻芯取样送检
5		承载力	按基桩检测技术规范		按基桩检测技术规范
1	一般项目	垂直度	见表2-3		测大管或钻杆，或用超声波探测，干施工时吊垂球
2		桩径	见表2-3		井径仪或超声波检测，干施工时吊垂球
3		泥浆相对密度（黏土或砂性土中）	1.15～1.20		用比重计测，清孔后在距孔底50cm处取样
4		泥浆面标高（高于地下水位）	m	0.5～1.0	目测
5		沉渣厚度 端承桩	mm	≤50	用沉渣仪或重锤测量
		沉渣厚度 摩擦桩	mm	≤150	
6		混凝土坍落度 水下灌注	mm	160～220	坍落度仪
		混凝土坍落度 干施工	mm	70～100	
7		钢筋笼安装深度	mm	±100	用钢尺量
8		混凝土充盈系数	>1		检查每根桩的实际灌注量
9		桩顶标高	mm	+30 / -50	水准仪，需扣除桩顶浮浆层及劣质桩体

（5）人工挖孔桩、嵌岩桩的质量检验应按本节要求执行。

2.5.2 安全技术

（1）清除妨碍施工的高空和地下障碍物。整平打桩范围的场地，压实打桩机行走的道路。对邻近建筑物或构筑物以及地下管线等要认真查清情况，并研究适当的隔振、减振措施，以免振坏原有设施而发生伤亡事故。

（2）对爆扩桩，在雷、雨时不要包扎药包，已包扎好的药包要打开。检查雷管和已包好的药包时应做好安全防护。爆扩桩引爆时要划定安全区（一般不小于 20m），并派专人警戒。

（3）在施工图会审和桩孔挖掘前，要认真研究钻探资料，分析地质情况，对可能出现流砂、管涌、涌水以及有害气体等情况应制定有针对性的安全防护措施。如对安全施工存在疑虑，应事前向有关单位提出。施工现场所有设备、设施、安全装置、工具、配件以及个人劳保用品等必须经常进行检查，确保完好和安全使用。暂停施工的桩孔，应加盖板封闭孔口，并加 0.8～1m 高的围栏。

（4）锤击法施工时，施工场地应按坡度不大于 1%、地基承载力不小于 85kPa 的要求进行平整、压实，地下应无障碍物。在基坑和围堰内沉桩，要配备足够的排水设备。桩锤安装时，应将桩锤运到桩架正前方 2m 以内，不得远距离斜吊。用桩机吊桩时，必须在桩上拴好溜绳，严禁人员处于桩机与桩之间。起吊 2.5m 以外的混凝土预制桩，应将桩锤落在下部，待桩吊近后，方可提升桩锤。严禁吊桩、吊锤回转或行驶同时进行。卷扬机钢丝绳应经常处于油膜状态，防止硬性摩擦，钢丝绳的使用及报废标准应按有关规定执行。遇有大雨、雪、雾和六级以上大风等恶劣天气，应停止作业。当风速超过七级或有强台风警报时，应将桩机顺风停置，并增加缆风绳，必要时应将桩架卧倒放到地面上。施工现场电器设备外壳必须保护接零，开关箱与用电设备实行一机一闸一保险。

（5）钻孔法施工时，应检查有否发生卡杆现象，起吊钢丝是否牢固，卷扬机刹车是否完好，信号设备是否明显。钻孔桩的孔口必须加盖，成桩附近严禁堆放重物。施工过程应随时查看桩机施工附近地面有无开裂现象，防止机架和护筒等发生倾斜或下沉。每根桩的施工应连续进行，如因故停机，应及时提上钻具、保护孔壁，防止造成塌孔事故。

习　题

一、选择题

1. 打桩的入土深度控制，对于承受轴向荷载的摩擦桩，应（　　）。
   A. 以贯入度为主，以标高作为参考　　B. 仅控制贯入度不控制标高
   C. 以标高为主，以贯入度作为参考　　D. 仅控制标高不控制贯入度
2. 静力压桩的施工程序中，"静压沉管"紧前工序为（　　）。
   A. 压桩机就位　　B. 吊桩插桩　　C. 桩身对中调直　　D. 测量定位
3. 正式打桩时宜采用（　　）的方式，可取得良好的效果。
   A. 重锤低击，低提重打　　B. 轻锤高击，高提重打
   C. 轻锤低击，低提轻打　　D. 重锤高击，高提重打

4．刚性基础通常是指（　　　）。
　　A．箱形基础　　　　　　　　　　B．钢筋混凝土基础
　　C．无筋扩展基础　　　　　　　　D．砖基础
5．群桩桩位的放样允许偏差是（　　　）mm。
　　A．15　　　　B．20　　　　C．25　　　　D．30

二、填空题

1．强夯法适用于处理碎石土、砂土、低饱和度的黏性土、粉土、_____及_____等的深层加固。

2．板与地下室外墙的连接缝、地下室外墙沿高度的水平接缝应严格按施工缝要求采取措施，必要时设_____。

3．当桩不太密集，桩的中心距大于或等于 4 倍桩的直径时，可采取_____和_____的顺序。

4．桩的规格、埋深、长度不同，且桩较密集时，宜_____、先深后浅、_____打设，这样可避免后施工的桩对先施工的桩产生挤压而发生桩位偏斜。

5．根据成孔方法的不同，灌注桩可分为_____、套管成孔的灌注桩、_____、干作业成孔的灌注桩等。

三、简答题

1．软土地基加固处理施工的常用方法有哪些？
2．独立基础底板钢筋上下位置是如何布置的？
3．独立基础施工工艺流程是什么？
4．独立基础混凝土施工要点是什么？
5．条形基础施工工艺流程是什么？
6．筏形基础施工工艺流程是什么？
7．筏形基础钢筋绑扎工艺流程和施工要点是什么？
8．基础模板施工中常见问题有哪些？
9．人工挖孔灌注桩的施工工艺要点是什么？
10．锤击沉桩法和静力压桩的施工顺序是什么？
11．泥浆护壁钻孔灌注桩施工工艺流程是什么？

四、案例题

某建筑工程，建筑面积108000m^2，现浇剪力墙结构，地下 3 层，地上 50 层，基础埋深 14.4m，基础采用桩筏基础，底板厚 3m，底板混凝土为 C35/P12。桩基础采用沉管灌注桩。在灌注桩施工完毕后，检查出现了吊脚桩。

（1）试问吊脚桩出现的原因及预防措施是什么？
（2）简述沉管灌注桩常见的质量问题及处理方法。

学习情境 3 脚手架工程及垂直运输设备

思维导图

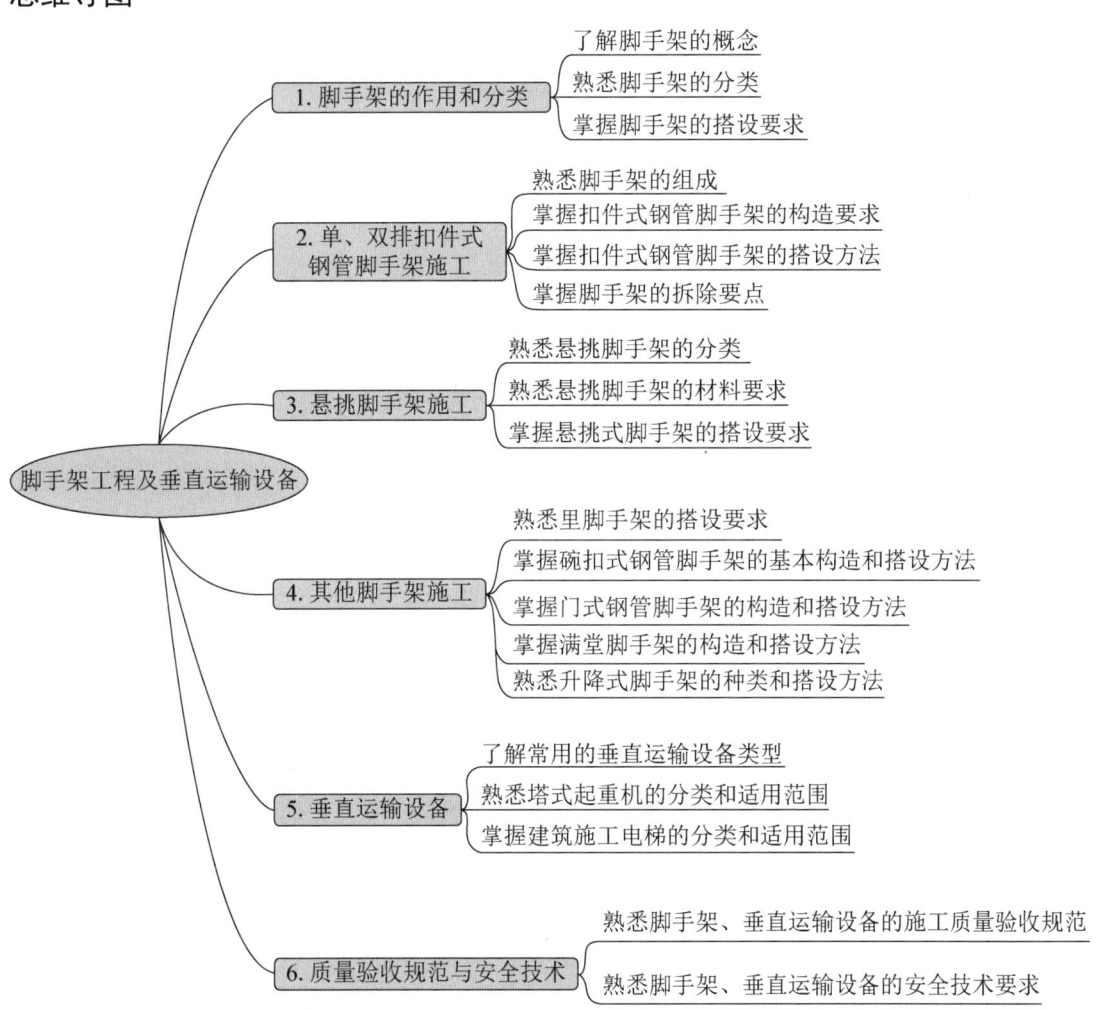

引例

脚手架工程一直是我国建筑施工现场安全事故高发的分部分项工程。2004年5月12日上午9点，位于河南省安阳市高新区的安阳信益电子玻璃有限公司信益工程二期项目正在拆除的烟囱脚手架突然从63m处倒塌，导致现场施工的21人死亡，10人受伤。导致这次事故的直接原因是固定脚手架的缆风绳在拆除脚手架之前被解开，工程在拆除过程中向下传递材料时，造成脚手架整体重心偏离、倒塌；间接原因是现场责任人安全意识淡薄、违章指挥，现场人员违规作业。

请思考：脚手架拆除时需要注意哪些事项？

工作任务3.1 脚手架的作用和分类

脚手架是指为临时放置施工工具和少量建筑材料、解决施工人员高处作业而搭设的架体，是施工现场常见的临时设施之一。

3.1.1 脚手架的作用

工人可以在脚手架上进行施工操作，材料可按规定要求在脚手架上堆放，有时还可以在脚手架上进行短距离的水平运输。

3.1.2 脚手架的分类

（1）按用途分类：结构用脚手架、装修用脚手架、防护用脚手架、支撑用脚手架。
（2）按组合方式分类：多立杆式脚手架、框架组合式脚手架、格构件组合式脚手架、台架。
（3）按设置形式分类：单排脚手架、双排脚手架、多排脚手架、满堂脚手架、满高脚手架、封圈型脚手架。
（4）按支固方式分类：落地式脚手架、悬挑式脚手架、悬吊式脚手架、附着式升降脚手架。
（5）按材料分类：木脚手架、竹脚手架、钢管脚手架。

脚手架分类方式很多，工程中常用的钢管脚手架又可分为扣件式钢管脚手架、碗扣式钢管脚手架。

> **特别提示**
>
> 脚手架工程的基本要求如下：
> （1）脚手架应有足够的宽度或面积、步架高度和离墙距离；
> （2）脚手架应有足够的强度、刚度和稳定性；

（3）脚手架的构造要简单，搭拆和搬运方便，能多次周转使用；
（4）因地制宜，就地取材，尽量利用自备和可租赁的脚手架材料，以节省脚手架费用。

 工程案例

凯玄大厦附着式脚手架倒塌事故

2011年9月10日上午8时30分许，位于西安市玄武路与未央路十字东北侧的凯玄大厦在建30层高楼，正在该楼东侧外墙作业的附着式脚手架突然从20～23层坠落（图3.1），致使正在做外墙装饰的12名工人被压，当场造成7人死亡，5人受伤，均为颅脑重型损伤，胸、腹部多处骨折；在救治过程中有3名伤员因伤势过重，抢救无效死亡，这次事故共造成10人死亡、2人受伤，整个倒塌过程不超过5秒。因涉嫌重大责任事故罪，对凯玄大厦建设负责人范政等负有直接责任的13人予以刑事拘留。且在全面调查的基础上，对其他相关负责人也会做出进一步处理。

图3.1 脚手架倒塌事故现场

根据初步了解和分析，作业人员违规、违章作业是造成该起事故发生的主要原因。

一是严重违规：按照规定，附着式脚手架在准备下降时，应先悬挂电动葫芦，然后撤离架体上的人员，最后拆除定位承力构件，方可进行下降。但在这次事故中，作业人员在没有先悬挂电动葫芦、撤离架体上人员的情况下，就直接进行脚手架下降作业，导致坠落，是造成这次事故的主要原因。

二是严重违章：按照附着式脚手架操作相关规定，脚手架在进行升降时一律不准站人。而在这次事故中，脚手架在下降时站有12人。

党的二十大报告指出，必须坚持人民至上。在施工中我们一定要秉持以人民为中心的思想，严格按照法律法规和规范标准开展施工工作，保护好工程建设者、使用者以及周围群众的生命财产安全。

 能力训练

【任务实施】
参观实际工程的脚手架。
【技能训练】
通过参观实训，熟悉脚手架的种类，书写参观实习报告。

工作任务3.2 单、双排扣件式钢管脚手架施工

只有一排立杆和水平杆，且水平杆的一端固定在墙体上的脚手架，简称单排架；由内

外两排立杆和水平杆等构成的脚手架，简称双排架。

3.2.1 施工准备

在建筑施工中，脚手架是必不可少的一种临时设施，它提供了施工人员进行高空作业的平台和安全保障。"凡事预则立，不预则废"，脚手架施工准备需要充分考虑施工现场的实际情况和需求。在选择脚手架类型、材料和搭设方式时，必须考虑到工程规模、施工条件、作业要求等因素。同时，还需要对脚手架的安全性进行评估和检测，确保其承载能力和稳定性达到要求。这些都需要事前进行充分的调研和论证，制定出科学合理的施工方案和计划。只有充分考虑到各种因素和要求，制订出科学合理的施工方案和计划，才能确保施工的安全和顺利进行。"磨刀不误砍柴工"，事前准备和规划是做好工作的必要前提。我们在学习、工作和生活中，一定要学会未雨绸缪，遇到问题三思而后行，充分做好准备工作。

1．技术交底

脚手架搭设前，应按专项施工方案向施工人员进行交底。

2．场地准备

脚手架搭设前，应清除搭设场地杂物，平整搭设场地，并使排水畅通。

3．人员准备

选择技术素质高、有上岗资格证的架子班组，按生产进度计划组织劳动力进场，进行安全、消防、文明施工等各方面教育，并做到上岗人员上岗前体检，体检合格者方可上岗。

> **特别提示**
>
> 脚手架搭设人员必须是经过按《特种作业人员安全技术培训考核管理规定》考核合格的专业架子工，上岗人员应定期体检，合格者方可持证上岗。

4．材料准备

根据相关规范规定和脚手架专项施工方案要求对钢管、扣件、脚手板、可调托撑等进行检查验收，不合格产品不得使用。经检验合格的构配件应按品种、规格分类，堆放整齐、平稳，堆放场地不得有积水。双排钢管脚手架的组成如图3.2所示。

1）钢管

钢管应采用《直缝电焊钢管》（GB/T 13793—2016）或《低压流体输送用焊接钢管》（GB/T 3091—2015）中规定的Q235普通钢管，直径48.3mm，壁厚3.6mm，钢管的长度应符合安全技术规范的要求，横向水平杆不大于2.200m，其他不大于6.500m。每根钢管的最大质量不大于25kg。

按钢管在脚手架上所处的部位和所起的作用，可分为立杆、水平杆、扫地杆、抛撑、剪刀撑、斜撑，如图3.2所示。

（1）立杆是指平行于建筑物并垂直于地面，其作用是把脚手架荷载传递给基础的受力杆件。

（2）水平杆是指脚手架中的水平杆件，沿脚手架纵向（顺着墙面方向）设置的为纵向水平杆（也称大横杆），沿脚手架横向（垂直墙面方向）设置的为横向水平杆（也称小横杆），其作用都是承受并传递施工荷载给立杆。

（3）扫地杆是指贴近楼（地）面，连接立杆根部的纵、横向水平杆件，包括纵向扫地杆、横向扫地杆，其作用是约束立杆下端部的移动。

（4）抛撑是用于脚手架侧面支撑，与脚手架外侧面斜交的杆件与地面倾斜角为 45°～60°，可增强脚手架的整体稳度。

（5）剪刀撑是指在脚手架竖向或水平向成对设置的交叉斜杆，可增强脚手架的整体稳度和刚度。

（6）斜撑是指与双排脚手架内、外立杆或水平杆斜交呈之字形的斜杆。

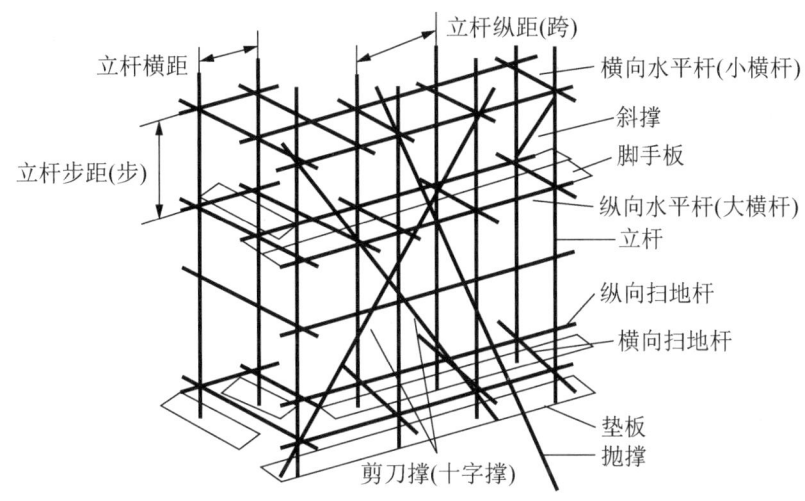

图 3.2 双排钢管脚手架的组成

2）扣件

扣件式钢管脚手架用可锻铸铁制作的扣件，其材质应符合《钢管脚手架扣件》（GB/T 15831—2023）的规定，注意脚手架所采用的扣件，在螺旋拧紧扭力矩达 65N·m 时不得发生破坏。扣件有三种类型：直角扣件、旋（回）转扣件、对接扣件，如图 3.3 所示。

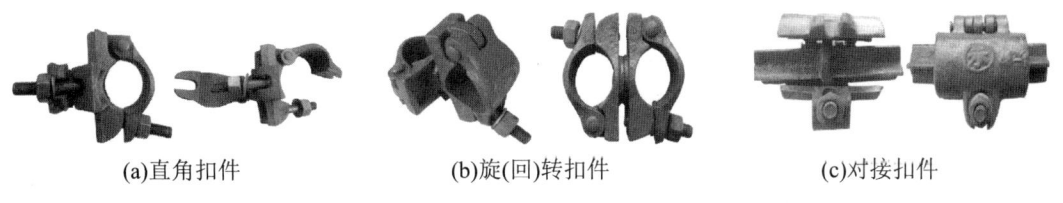

(a)直角扣件　　　　　(b)旋(回)转扣件　　　　　(c)对接扣件

图 3.3　扣件类型

特别提示

> 凡有裂缝、变形、缩松、滑丝的扣件，严禁在工程中使用。

3）连墙杆

建筑施工用脚手架的安全度，特别是外脚手架的安全度，很大程度取决于脚手架与建筑结构连接的牢固程度。一般工程连墙杆采用刚性连接。

4）其他

（1）脚手板：脚手板可采用钢、木、竹材料制作，单块脚手板的质量不宜大于30kg；冲压钢脚手板的材质应符合《碳素结构钢》（GB/T 700—2006）中Q235级钢的规定；木脚手板材质应符合《木结构设计标准》（GB 50005—2017）中Ⅱa级材质的规定。脚手板厚度不应小于50mm，两端宜各设直径不小于4mm的镀锌钢丝箍两道；竹脚手板宜采用由毛竹或楠竹制作的竹串片板、竹笆板；竹串片脚手板应符合《建筑施工木脚手架安全技术规范》（JGJ 164—2008）的相关规定。

（2）安全网立网、平网：立网的目数应在2000目（10cm×10cm）以上；安装平面不垂直于水平面的是平网，用在脚手架的外表面，以防材料掉下伤人和高空操作人员坠落。

3.2.2 脚手架搭设

1. 扣件式钢管脚手架的构造要求

（1）脚手架必须有足够的承载力、刚度和稳定性，在施工中各种荷载作用下不发生失稳倒塌以及超过规范许可要求的变形、倾斜、摇晃或扭曲现象，以确保安全使用。

（2）单排脚手架搭设高度不应超过24m；双排脚手架搭设高度不宜超过50m，高度超过50m的双排脚手架，应采用分段搭设措施。

（3）脚手架搭设在纵向水平杆与立杆的交点处必须设置横向水平杆，并与纵向水平杆卡牢。立杆下应设底座和垫板。整个架子应设置必要的支撑和连墙点，以保证脚手架构成一个稳固的整体。

（4）外脚手架一般应沿建筑物四周连续封圈搭设，当不能封圈时，应设置必要的横向"之"字支撑，端部应加设连墙点。

> **特别提示**
>
> 封圈型脚手架是指沿建筑周边交圈设置的脚手架。

（5）脚手架搭设应满足工人操作，材料、模板工具临时堆放及运输等使用要求，并应保证搭设升高、周转脚手板和操作安全方便。

（6）单排脚手架的横向水平杆不应设置在下列部位：设计上不许留脚手眼的地方；过梁上与过梁两端成60°的三角形范围内及过梁净跨度1/2的高度范围内；宽度小于1m的窗间墙；120mm厚墙、料石清水墙和独立柱；梁或梁垫下及其左右500mm范围内；砖砌体门窗洞口两侧200mm（石砌体为300mm）和转角处450mm（石砌体为600mm）范围内；独立或附墙砖柱，空斗砖墙、加气块墙等轻质墙体；砌筑砂浆强度等级小于或等于M2.5的砖墙。

2. 立杆

每根立杆底部应设置底座或垫板，如图3.4所示；脚手架必须设置纵、横向扫地杆；纵向扫地杆应采用直角扣件固定在距底座上皮不大于200mm处的立杆上。横向扫地杆应采用直角扣件固定在紧靠纵向扫地杆下方的立杆上,如图 3.5 所示。脚手架底层步距不应大于 2m。

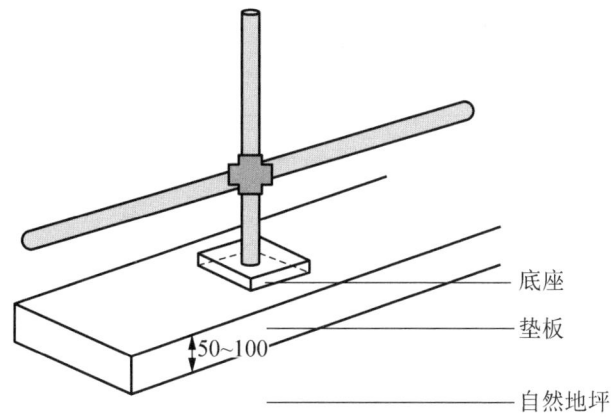

图 3.4 立杆垫板和底座(单位:mm)

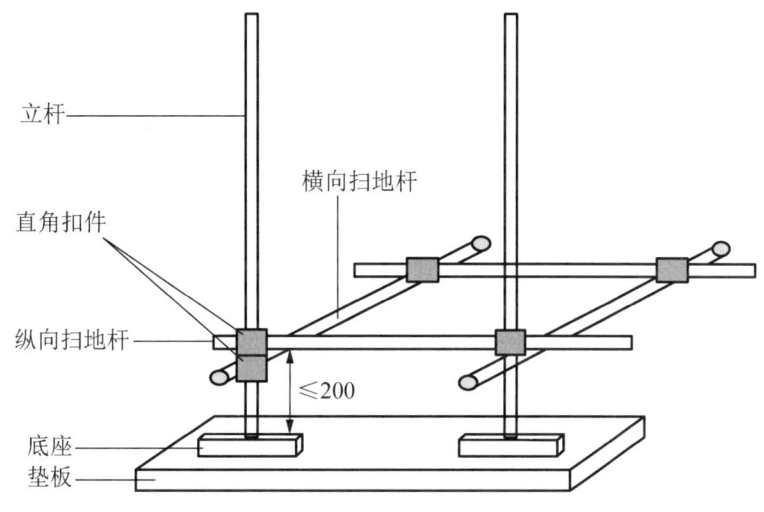

图 3.5 脚手架扫地杆(单位:mm)

脚手架立杆基础不在同一高度上时,必须将高处的纵向扫地杆向低处延长两跨与立杆固定,高低差不应大于 1m。靠边坡上方的立杆轴线到边坡的距离不应小于 500mm。

单排、双排与满堂脚手架立杆接长时除顶层顶步外,其余各层各步接头必须采用对接扣件连接。

脚手架立杆对接、搭接应符合下列规定:当立杆采用对接接长时,立杆的对接扣件应交错布置,两根相邻立杆的接头不应设置在同步内,同步内隔一根立杆的两个相隔接头在高度方向错开的距离不宜小于 500mm;各接头中心至主节点的距离不宜大于步距的 1/3;当立杆采用搭接接长时,搭接长度不应小于 1m,并应采用不少于两个旋转扣件固定。端部扣件盖板的边缘至杆端距离不应小于 100mm;立杆顶端宜高出女儿墙上皮 1m,高出檐口上皮 1.5m。

立杆必须用连墙件与建筑物可靠连接,连墙件布置的最大间距应符合表 3-1 的规定。

表 3-1 连墙件布置最大间距

脚手架高度/m		竖向间距/m	水平间距/m	每根连墙件覆盖面积/m²
双排	≤50	$3h$	$3l_a$	≤40
	<50	$2h$	$3l_a$	≤27
单排	≤24	$3h$	$3l_a$	≤40

注：h——步距；l_a——纵距。

3．水平杆

1）纵向水平杆

（1）纵向水平杆应设置在立杆内侧，单根杆长度不应小于三跨。

（2）纵向水平杆接长应采用对接扣件连接或搭接，并应符合下列规定。

两根相邻纵向水平杆的接头不应设置在同步或同跨内；不同步或不同跨的两个相邻接头在水平方向错开的距离不应小于 500mm；各接头中心至最近主节点的距离不应大于纵距的 1/3；搭接长度不应小于 1m，应等间距设置三个旋转扣件固定，端部扣件盖板边缘至搭接纵向水平杆杆端的距离不应小于 100mm；当使用冲压钢脚手板、木脚手板、竹串片脚手板时，纵向水平杆应作为横向水平杆的支座，用直角扣件固定在立杆上；当使用竹笆脚手板时，纵向水平杆应采用直角扣件固定在横向水平杆上，并应等间距设置，间距不应大于 400mm，如图 3.6、图 3.7 所示。

2）横向水平杆

（1）主节点处必须设置一根横向水平杆，用直角扣件扣接且严禁拆除；作业层上非主节点处的横向水平杆，宜根据支承脚手板的需要等间距设置，最大间距不应大于纵距的 1/2。

（2）当使用冲压钢脚手板、木脚手板、竹串片脚手板时，双排脚手架的横向水平杆两端均应采用直角扣件固定在纵向水平杆上；单排脚手架的横向水平杆的一端应用直角扣件固定在纵向水平杆上，另一端应插入墙内，插入长度不应小于 180mm。

（3）当使用竹笆脚手板时，双排脚手架的横向水平杆两端应用直角扣件固定在立杆上；单排脚手架的横向水平杆的一端应用直角扣件固定在立杆上，另一端应插入墙内，插入长度亦不应小于 180mm。

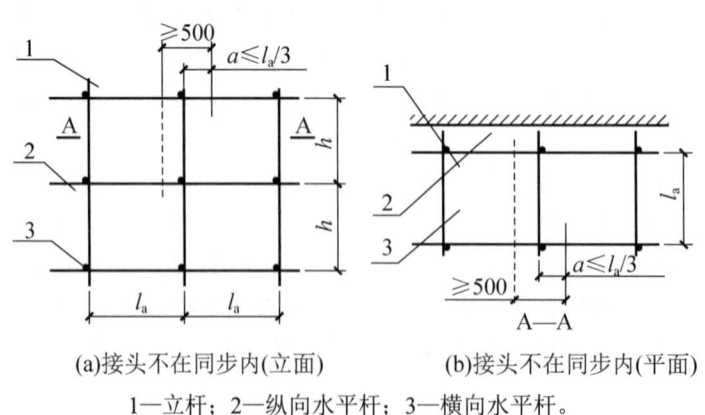

(a)接头不在同步内(立面)　　(b)接头不在同步内(平面)

1—立杆；2—纵向水平杆；3—横向水平杆。

图 3.6 纵向水平杆对接接头布置（单位：mm）

4. 连墙件

（1）连墙件设置的位置、数量应按专项施工方案确定，最大不大于三步三跨，覆盖面积不大于 $40m^2$；

（2）应靠近主节点设置，偏离主节点的距离不应大于 300mm；

（3）应优先采用菱形布置，或采用方形、矩形布置；

（4）开口型脚手架的两端必须设置连墙件，连墙件的垂直间距不应大于建筑物的层高，并不应大于 4m；

（5）连墙件中的连墙杆应水平设置，当不能水平设置时，应向脚手架一端下斜连接。

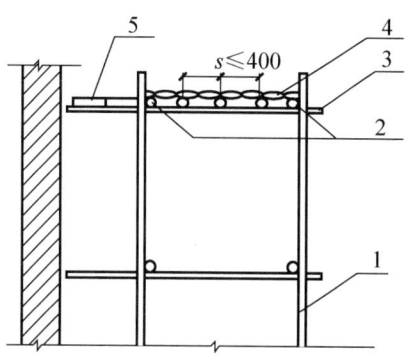

1—立杆；2—纵向水平杆；3—横向水平杆；
4—竹笆脚手板；5—其他脚手板。

图 3.7 铺竹笆脚手板时纵向水平杆的构造（单位：mm）

5. 脚手板

（1）作业层脚手板应铺满、铺稳，离开墙面 120~150mm。

（2）冲压钢脚手板、木脚手板、竹串片脚手板等，应设置在三根横向水平杆上。脚手板搭接铺设时，接头必须支在横向水平杆上，搭接长度应大于 200mm，其伸出横向水平杆的长度不应小于 100mm，不得出现探头板，如图 3.8 所示。

（3）竹笆脚手板应按其主竹筋垂直于纵向水平杆方向铺设，且采用对接平铺，四个角应用直径 1.2mm 的镀锌钢丝固定在纵向水平杆上。

（4）作业层端部脚手板探头长度应取 150mm，其板长两端均应与支承杆可靠地固定。

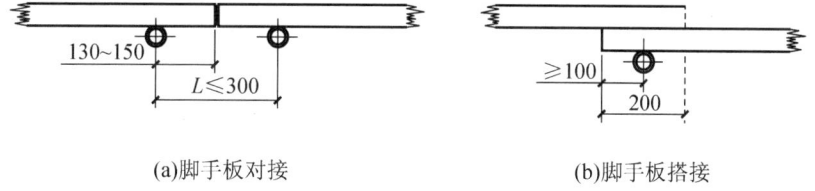

(a) 脚手板对接　　　　　(b) 脚手板搭接

图 3.8 脚手板对接和搭接构造（单位：mm）

> **特别提示**
>
> 凡脚手板伸出小横杆以外大于 20cm 的称为探头板。由于目前铺脚手板大多不与脚手架绑扎牢固，若遇探头板，有可能造成坠落事故，因此必须严禁探头板出现。当操作层不需沿脚手架长度满铺脚手板时，可在端部采用护栏及立网将作业面限定，把探头板封闭在作业面以外。

6. 剪刀撑与横向斜撑

高度在 24m 及以上的双排脚手架应在外侧立面连续设置剪刀撑；高度在 24m 以下的单、双排脚手架，均必须在外侧立面两端、转角及中间间隔不超过 15m 的立面上，各设置一道剪刀撑，并应由底至顶连续设置。

> **特别提示**
>
> 剪刀撑的作用主要是防止脚手架纵向变形,增强脚手架的整体刚度。

双排脚手架横向斜撑的设置应符合下列规定:横向斜撑应在同一节间,由底层至顶层呈"之"字形连续布置;高度在 24m 以下的封闭型双排脚手架可不设横向斜撑,高度在 24m 以上的封闭型脚手架,除拐角应设置横向斜撑外,中间应每隔六跨设置一道。开口型双排脚手架的两端均必须设置横向斜撑,如图 3.9 所示。

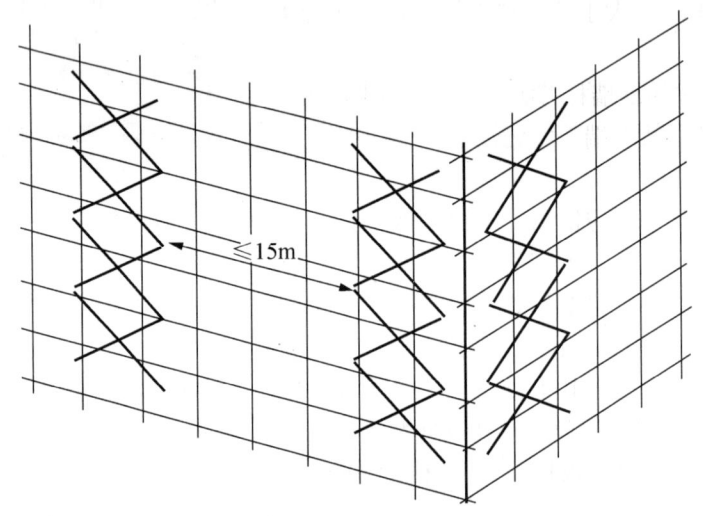

图 3.9 剪刀撑布置

每道剪刀撑跨越立杆的根数宜按表 3-2 的规定确定。每道剪刀撑宽度应为四跨至六跨,且不应小于 6m,也不应大于 9m,斜杆与地面的倾角宜为 45°~60°;剪刀撑斜杆的接长应采用搭接或对接,搭接应符合规范规定;剪刀撑斜杆应用旋转扣件固定在与之相交的横向水平杆的伸出端或立杆上,旋转扣件中心线至主节点的距离不宜大于 150mm。

表 3-2 剪刀撑跨越立杆的最多根数

剪刀斜撑与地面的倾角 α	45°	50°	60°
剪刀撑跨越立杆最多根数 n	7	6	5

3.2.3 脚手架拆除

1. 拆除准备

脚手架拆除应按专项方案施工,拆除前应做好下列准备工作:

(1) 应全面检查脚手架的扣件连接、连墙件、支撑体系等是否符合构造要求;

(2) 应根据检查结果补充完善施工脚手架专项方案中的拆除顺序和措施,经审批后方可实施;

(3)拆除前应对施工人员进行交底;
(4)应清除脚手架上杂物及地面障碍物。

2. 拆除作业

单、双排脚手架拆除作业必须由上而下逐层进行,严禁上下同时作业;连墙件必须随脚手架逐层拆除,严禁先将连墙件整层或数层拆除后再拆脚手架;分段拆除高差大于两步时,应增设连墙件加固。

当脚手架拆至下部最后一根长立杆的高度(约6.5m)时,应先在适当位置搭设临时抛撑加固后,再拆除连墙件。当单、双排脚手架采取分段、分立面拆除时,对不拆除的脚手架两端,应先设置连墙件和横向斜撑加固。

架体拆除作业应设专人指挥,当有多人同时操作时,应明确分工、统一行动,且应具有足够的操作面。

卸料时各构配件严禁抛掷至地面。

运至地面的构配件应按规范的规定及时检查、整修与保养,并应按品种、规格分别存放。

 应用案例 3-1

某多层砖混宿舍工程中,采用单排脚手架进行外墙抹灰作业,小横杆仅插入墙内 60mm(规定为 180mm),脚手眼又较大,内高外低,且小横杆外端没有与大横杆用扣件锁住,两名工人在离地 13.2m 高的架面上作业时,脚下小横杆发生"抽千"(即滑出),致使 4 块钢脚手板坠落,造成一人死亡和一人重伤的事故。

事故原因,是由于违反了脚手架规范规定:当使用冲压钢脚手板、木脚手板、竹串片脚手板时,双排脚手架的横向水平杆两端均应采用直角扣件固定在纵向水平杆上;单排脚手架的横向水平杆的一端应用直角扣件固定在纵向水平杆上,另一端应插入墙内,插入长度不应小于 180mm。

问题关键:单排脚手架的横向水平杆的一端未固定,另一端插入长度小于 180mm,从而造成脚手架结构不稳。

 能力训练

【任务实施】
参观实际工程的手架工程。
【技能训练】
通过参观实训,熟悉脚手架的种类、组成、各种构件以及脚手架的搭设和拆除过程,书写参观实习报告。

工作任务 3.3 悬挑脚手架施工

悬挑式脚手架是一种不落地式脚手架,这种脚手架的特点是脚手架的自重及其施工荷载全部传递至建筑物承受,因而搭设不受建筑物高度限制,主要用于外墙结构装修和防护

悬挑脚手架

以及用在全封闭的高层建筑施工中,以防坠物伤人。

架体可用扣件式钢管脚手架、碗扣式钢管脚手架或门式脚手架搭设,一般为双排脚手架,架体高度可依据施工要求、结构承载力和塔式起重机的提升能力确定,最高可搭设至12步架,约20m高,可同时进行2～3层施工。

3.3.1 悬挑脚手架分类

悬挑脚手架从支撑结构形式上可分为三种:悬挂式挑梁、斜撑杆挑梁、桁架式挑梁,如图3.10所示。

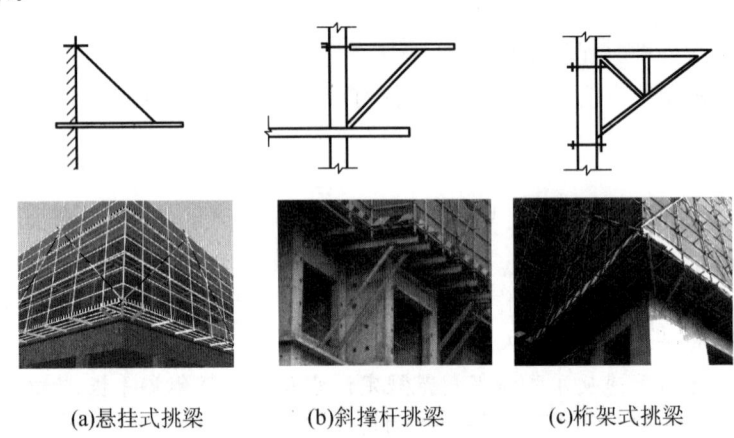

(a)悬挂式挑梁　　(b)斜撑杆挑梁　　(c)桁架式挑梁

图3.10 悬挑式脚手架类别

1.悬挂式挑梁

此类脚手架如图3.10(a)所示,型钢挑梁一端固定在结构上,另一端用拉杆或拉绳拉结到结构的可靠部位上。拉杆(绳)应有收紧措施,以便在收紧以后承担脚手架荷载。悬挂式挑梁与主体结构的连接方式如图3.11所示。

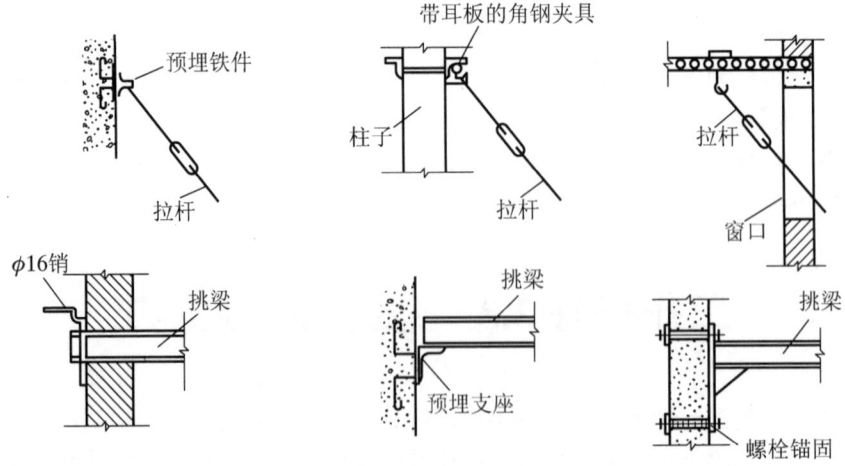

图3.11 悬挂式挑梁与主体结构的连接方式

2. 斜撑杆挑梁

此种挑梁形式如图 3.10（b）所示。其挑梁受拉，与主体结构的连接方式如图 3.12 所示。

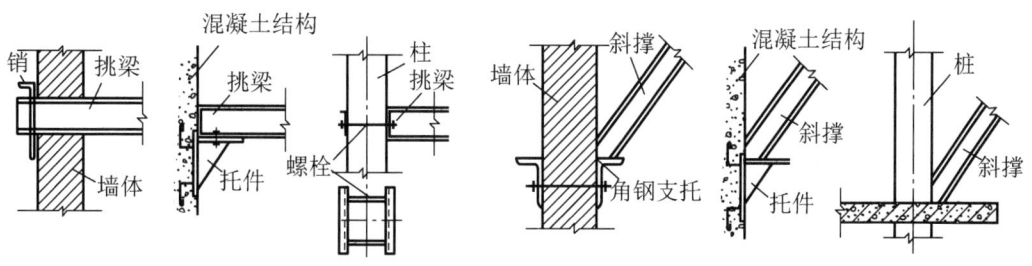

(a)挑梁抗拉节点做法　　　　　　　　　(b)斜撑杆底部节点做法

图 3.12　斜撑杆挑梁与主体结构连接方式

3. 桁架式挑梁

此种挑梁通常采用型钢制作，其上弦杆受拉，与结构连接采用受拉构造，下弦杆受压，与结构连接采用支顶构造，如图 3.10（c）所示。桁架式梁与结构墙体之间还可以采用螺栓连接做法，如图 3.13 所示。螺栓穿在刚性墙体的预留孔洞或预埋套管中，可以方便地拆除和重复使用。

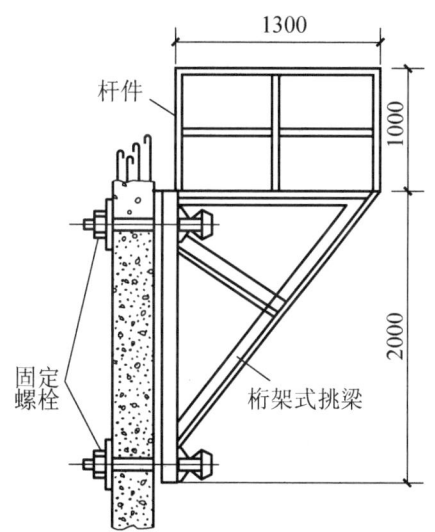

图 3.13　桁架式挑梁与主体连接（单位：mm）

3.3.2　悬挑脚手架的材料

（1）悬挑脚手架的悬挑梁宜采用双轴对称截面的型钢，钢梁截面高度不应小于 160mm。

（2）选用的型钢应有产品质量合格证，严禁使用锈蚀或变形严重、有裂缝的型钢。

（3）拉索式悬挑脚手架所用的钢丝绳出现下列情况之一的不得使用：断丝严重、断丝局部聚集、绳股断裂；内、外部磨损或腐蚀；绳股挤出、钢丝挤出、扭结、弯折、压扁等变形现象。

（4）螺栓连接件变形、磨损、锈蚀严重和螺栓损坏的，不得使用。

（5）斜撑式悬挑脚手架的斜撑梁不得锈蚀、变形严重或开裂。

（6）预埋钢筋扣环和拉环应采用热轧光圆钢筋，直径不小于16mm，具体规格由方案计算确定。

（7）钢管、扣件、安全网、脚手片等其他材料的材质，按照落地式脚手架的条文规定。

3.3.3 悬挑脚手架构造要求

（1）一次悬挑脚手架高度不宜超过20m。

（2）型钢悬挑梁宜采用双轴对称截面的型钢。悬挑钢梁型号及锚固件应按设计确定，钢梁截面高度不应小于160mm。悬挑梁尾端应在两处及以上固定于钢筋混凝土梁板结构上。锚固型钢悬挑梁的U形钢筋拉环或锚固螺栓直径不宜小于16mm。型钢悬挑脚手架构造如图3.14所示。

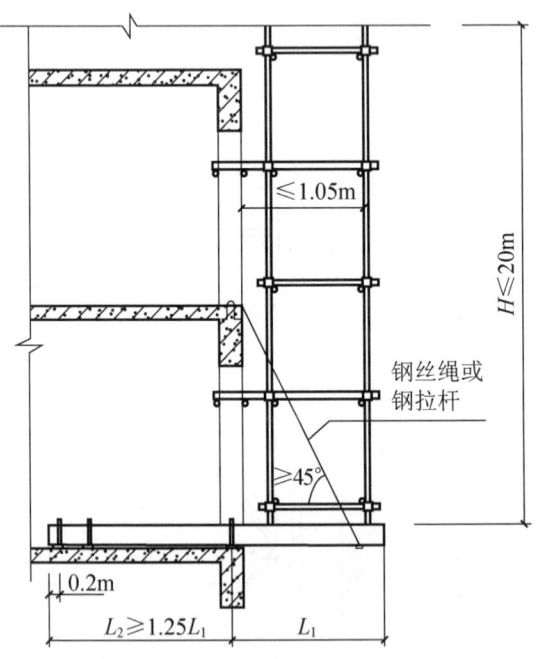

图3.14 型钢悬挑脚手架构造

（3）用于锚固的U形钢筋拉环或螺栓应采用冷弯成型。U形钢筋拉环、锚固螺栓与型钢间隙应用钢楔或硬木楔楔紧。

（4）每个型钢悬挑梁外端宜设置钢丝绳或钢拉杆与上一层建筑结构斜拉结。钢丝绳直径不小于14mm，钢丝绳与钢梁的夹角不应小于45°，当钢丝绳直径小于或等于18mm时，钢丝绳夹数量不应少于3个，不得交替布置，且夹座应在主绳侧。钢丝绳与建筑结构拉结的吊环应使用HPB300级钢筋，其直径不宜小于20mm，吊环伸出梁面不宜大于50mm，吊环预埋锚固长度应符合现行国家标准《混凝土结构设计标准（2024年版）》（GB/T 50010—

2010)中钢筋锚固的规定。

（5）悬挑梁悬挑长度按设计确定。锚固段长度不应小于悬挑段长度的 1.25 倍。型钢悬挑梁固定端应采用 2 个（对）及以上 U 形钢筋拉环或锚固螺栓与建筑结构梁板固定，U 形钢筋拉环或锚固螺栓应预埋至混凝土梁、板底层钢筋位置，并应与混凝土梁、板底层钢筋焊接或绑扎牢固，其锚固长度应符合现行国家标准《混凝土结构设计标准（2024 年版）》（GB/T 50010—2010）中钢筋锚固的规定。型钢悬挑脚手架楼面构造如图 3.15 所示。

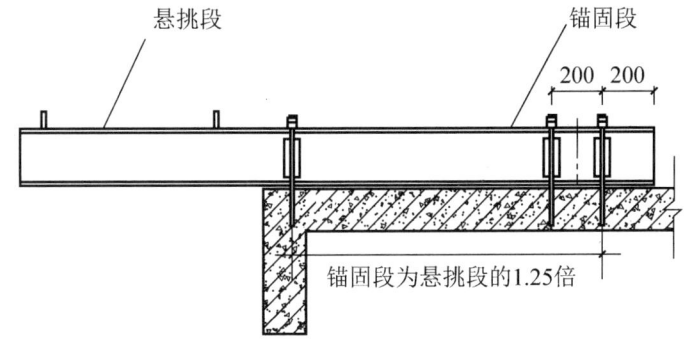

图 3.15　型钢悬挑脚手架楼面构造（单位：mm）

（6）当型钢悬挑梁与建筑结构采用螺栓钢压板连接固定时，钢压板尺寸不应小于 100mm×10mm（宽×厚）；当采用螺栓角钢压板连接时，角钢规格不应小于 63mm×63mm×6mm。

（7）型钢悬挑梁悬挑端应设置能使脚手架立杆与钢梁可靠固定的定位点，定位点离悬挑梁端部不应小于 100mm。

（8）锚固位置设置在楼板上时，楼板的厚度不宜小于 120mm。如果楼板的厚度小于 120mm，则应采取加固措施。

（9）悬挑梁间距应按悬挑架架体立杆纵距设置，每一纵距设置一根，钢梁上应有架体立杆定位和固定的连接柱。

（10）锚固型钢的主体结构混凝土强度等级不得低于 C20。

（11）悬挑脚手架的其他搭设要求，按照落地式脚手架的规范执行。

3.3.4　悬挑脚手架搭设流程

锚固件定位预埋→检查锚固件并安装固定钢梁→搭设立杆和纵向扫地杆→搭设横向扫地杆→搭设纵向水平杆和横向水平杆→设置临时撑拉固定措施→设置剪刀撑、横向斜撑、防护栏杆→安装挡脚板、挂密目式安全立网→铺脚手板、安装连墙件→安装斜拉钢丝绳或钢拉杆、设置底步架兜底封闭→设置层间封闭。

 能力训练

【任务实施】

参观实际工程的脚手架工程。

【技能训练】
通过参观实训，熟悉悬挑脚手架的组成和构件，并书写参观实习报告。

工作任务 3.4　其他脚手架施工

3.4.1　碗扣式钢管脚手架

碗扣式钢管脚手架杆件节点处采用碗扣连接，由于碗扣是固定在钢管上的，构件全部轴向连接，力学性能好，且连接可靠，组成的脚手架整体性好，不存在扣件丢失问题。因而在我国近年来发展较快，已广泛用于房屋、桥梁、涵洞、隧道、烟囱、水塔、大坝、大跨度棚架等多种工程施工中，取得了显著的经济效益。

1. 碗扣式钢管脚手架的基本构造

碗扣式钢管脚手架由钢管立杆、横杆、碗扣接头等组成。其基本构造和搭设要求与扣件式钢管脚手架类似，不同之处主要在于碗扣接头。

碗扣接头如图3.16所示，是由上碗扣、下碗扣、横杆接头和上碗扣的限位销等组成。组装时，将横杆和斜杆插入下碗扣内，压紧和旋转上碗扣，利用限位销固定上碗扣。碗扣间距600mm，碗扣处可同时连接9根横杆，可以互相垂直或偏转一定角度。

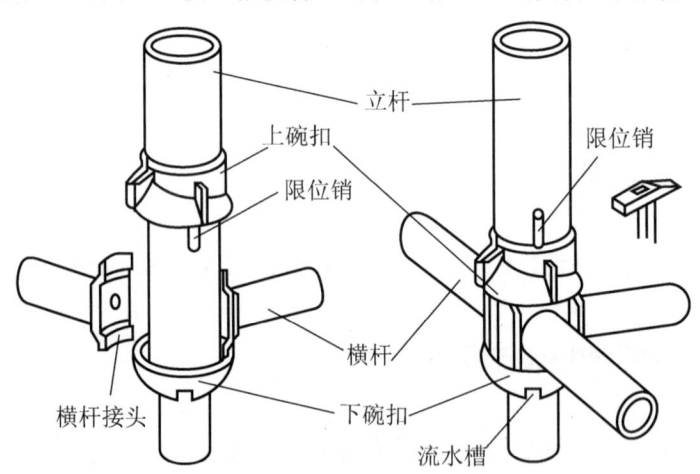

图 3.16　碗扣式钢管脚手架构造

碗扣式钢管脚手架的基本构配件有立杆、水平杆、底座等，辅助构件有脚手板、斜道板、梁架梯、托撑等，此外还有一些专用构件，包括支撑柱的各种垫座、提升滑轮、爬升挑梁等。可通过各种组合适应工程需要。

2. 碗扣式钢管脚手架的搭设要求

碗扣式钢管脚手架立柱横距为1.2m，纵距根据脚手架荷载可为1.2m、1.5m、1.8m、2.4m，步距为1.8m、2.4m。搭设时立杆的接长缝应错开，第一层立杆用长1.8m和3.0m的立杆错开布置，往上均用 3.0m 长杆，至顶层再用 1.8m 和 3.0m 两种长度找平。高 30m 以下脚手架垂直度偏差应控制在 1/200 以内，高 30m 以上脚手架应控制为 1/600～1/400，总高垂直度偏差应不大于 100mm。

3.4.2 门式钢管脚手架

门式钢管脚手架是一种工厂生产、现场搭设的脚手架，是当今国际上应用最普遍的脚手架之一。它是以门架、交叉支撑、连接棒、挂扣式脚手板或水平架、锁臂等组成基本结构，再设置水平加固杆、剪刀撑、扫地杆、封口杆、托座与底座，并采用连墙件与建筑物主体结构相连的一种标准化钢管脚手架。门式钢管脚手架广泛应用于建筑、桥梁、隧道、地铁等工程施工。

门式钢管脚手架搭设高度，当施工荷载标准值为 3.0～5.0kN/m² 时限制在 45m 以内，当施工荷载标准值小于 3.0kN/m² 时限制在 60m 以内。

1．门式钢管脚手架的基本构造

门式钢管脚手架基本单元由一副门式框架、两副剪刀撑、一副水平梁架和四个连接器组合而成，若干基本单元通过连接器在竖向叠加，扣上臂扣，组成一个多层框架。在水平方向用加固杆和水平梁架使相邻单元连接成整体，加上斜梯、栏杆柱和横杆组成上下步相通的外脚手架，如图 3.17 所示。

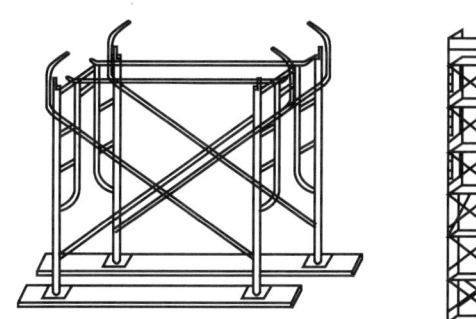
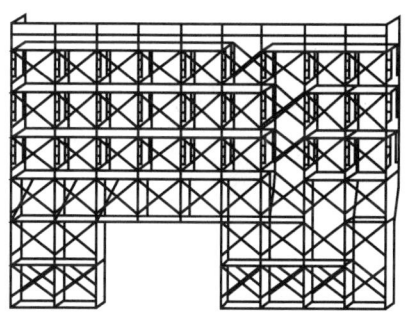

图 3.17 门式钢管脚手架

2．门式钢管脚手架的搭设要求

（1）门式钢管脚手架一般可根据产品目录所列的使用荷载及搭设规定进行施工，而不必进行结构验算，但施工前仍必须进行施工设计。施工设计的内容应包括：脚手架的平、立、剖面图；脚手架基础做法；连墙件的布置及构造；脚手架的转角处、通道洞口处构造；脚手架的施工荷载限值；分段搭设或分段拆卸方案的设计计算；脚手架搭设、使用、拆除等的安全措施。

必要时还应进行脚手架的计算，一般包括脚手架稳定计算或搭设高度计算，以及连墙件的计算。

（2）门架跨距应符合有关规定，并与交叉支撑规格配合；门架立杆离墙面净距不宜大于 150mm，当净距大于 150mm 时应采取内挑架板或其他离口防护的安全措施。

（3）门架的内外两侧均应设置交叉支撑并应与门架立杆上的锁销锁牢；上、下榀门架的组装必须设置连接棒及锁臂，连接棒直径应小于立杆内径 1～2mm。在脚手架的操作层上应连续满铺与门架配套的挂扣式脚手板，并扣紧挡板，防止脚手板脱落和松动。

（4）当脚手架搭设高度 $H \leqslant 45m$ 时，沿脚手架高度，水平架应至少两步一设；当脚手架搭设高度 $H>45m$ 时，水平架应每步一设；不论脚手架多高，均应在脚手架的转角处、端部及间断处的一个跨距范围内每步一设，水平架在其设置层面内应连续设置；当脚手架高度超过 20m 时，应在脚手架外侧每隔四步设置一道水平加固杆，并宜在有连墙件的水平层设置；设置纵向水平加固杆应连续，并形成水平闭合圈；在脚手架的底部门架下端应加封口杆，门架的内、外两侧应设通长扫地杆；水平加固杆应采用扣件与门架立杆扣牢。

（5）施工中应注意不配套的门架与配件不得混合使用于同一脚手架。门架安装时应自一端向另一端延伸，并逐层改变搭设方向，不得相对进行。搭完一步架后，应检查并调整其水平度与垂直度。脚手架应沿建筑物周围连续、同步搭设升高，在建筑物周围形成封闭结构；如不能封闭，则在脚手架两端应增设连墙件。

3.4.3 满堂脚手架

满堂脚手架是满堂扣件式钢管脚手架的简称，是指在纵、横方向由不少于三排立杆与水平杆、水平剪刀撑、竖向剪刀撑、扣件等构成的脚手架。该架体顶部施工荷载通过水平杆传递给立杆，立杆呈偏心受压状态，如图 3.18 所示。满堂脚手架主要用于单层厂房、展览大厅、体育馆等层高、开间较大的建筑顶部的装饰施工。

图 3.18 满堂脚手架

1. 满堂脚手架的基本构造

当满堂脚手架立杆间距不大于 1.5m×1.5m，架体四周及中间与建筑物结构进行刚性连接，并且刚性连接点的水平间距不大于 4.5m、竖向间距不大于 3.6m 时，按双排脚手架计算。

满堂脚手架连墙件布置能基本满足双排脚手架连墙件的布置要求，可按双排脚手架要求计算。建筑物形状为凹形，在凹形内搭设外墙施工脚手架会出现 2 跨或 3 跨的满堂脚手架。这类脚手架可以按双排架布置连墙件。

2. 满堂脚手架搭设要求

满堂脚手架搭设高度不宜超过 36m，施工层不得超过一层。满堂脚手架应在架体外侧四周及内部纵横向每隔 6～8m 由底至顶设置连续竖向剪刀撑；当架体高度在 8m 及以下时，应在架体底部、顶部设置连续水平剪刀撑；当架体高度在 8m 以上时，除以上要求外，还应在竖向间隔不超过 8m 处分别设置连续水平剪刀撑。水平剪刀撑宜在竖向剪刀撑斜杆相交的平面设置，宽度应为 6～8m。

满堂脚手架高宽比不宜大于 3，当高宽比大于 2 时，应在架体外侧四周和内部水平间隔 6～9m、竖向间隔 4～6m 设置连墙件与建筑结构拉结。满堂脚手架应设爬梯。

满堂脚手架立杆间距为 1.2m×1.2m～1.3m×1.3m，施工荷载标准值不小于 3kN/m² 时，水平杆通过扣件传至立杆的竖向力为 8~11kN，所以立杆上应增设防滑扣件。

满堂脚手架的搭设可采用逐列逐排和逐层搭设的方法，并应随搭随设剪刀撑、水平纵横加固杆、抛撑（或缆风绳）和通道板等安全防护构件。搭设、拆除满堂脚手架时，施工操作层应铺设脚手板，工人应系安全带。

3.4.4 升降式脚手架

近年来在高层建筑施工中发展了多种形式的外挂脚手架，其中应用较为广泛的是升降式脚手架，包括自升降式、互升降式、整体升降式三种类型。

升降式脚手架主要特点是：脚手架不需满搭，只搭设满足施工操作及各项安全要求的高度；地面不需做支承脚手架的坚实地基，也不占施工场地；脚手架及其上承担的荷载传给与之相连的结构，对这部分结构的强度有一定要求；随施工进程，脚手架可随之沿外墙升降，结构施工时由下往上逐层提升，装修施工时由上往下逐层下降。

1．自升降式脚手架

自升降脚手架的升降运动是通过手动或电动倒链交替对活动架和固定架进行升降来实现的。从升降架的构造来看，活动架和固定架之间能够进行上下相对运动。

1）基本构造

当脚手架工作时，活动架和固定架均用附墙螺栓与墙体锚固，两架之间无相对运动；当脚手架需要升降时，活动架与固定架中的一个架子仍然锚固在墙体上，使用倒链对另一个架子进行升降，两架之间便产生相对运动。通过活动架和固定架交替附墙，互相升降，脚手架即可沿着墙体上的预留孔逐层升降，如图 3.19 所示。

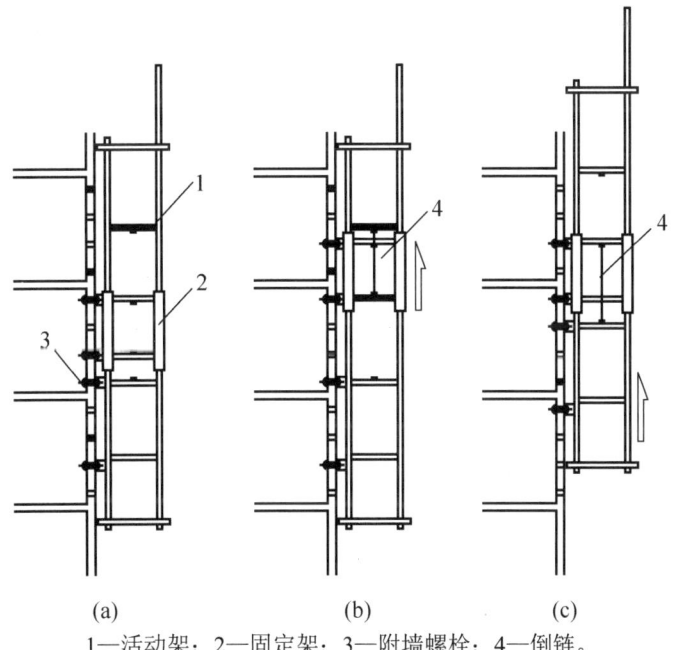

1—活动架；2—固定架；3—附墙螺栓；4—倒链。

图 3.19 自升降式脚手架自升过程

2）搭设要求

施工前按照脚手架的平面布置图和升降架附墙支座的位置，在混凝土墙体上设置预留孔。为使升降顺利进行，预留孔中心必须在一直线上，并检查墙上预留孔位置是否正确，如有偏差，应预先修正。

脚手架的安装一般在起重机配合下按脚手架平面图进行。爬升可分段进行，视设备、劳动力和施工进度而定，每个爬升过程提升 1.5～2m，分两步进行，即爬升活动架和爬升固定架。脚手架完成了一个爬升过程后，重新设置上部连接杆，脚手架进入上面一个工作状态。以后按此循环操作，脚手架即可不断爬升，直至结构到顶。

在结构施工完成后，脚手架顺着墙体预留孔倒行，其操作顺序与爬升时相反，逐层下降，最后返回地面进行拆除。

2. 互升降式脚手架

互升降式脚手架将脚手架分为甲、乙两种单元，通过倒链交替对甲、乙两单元进行升降。当脚手架需要工作时，甲单元与乙单元均用附墙螺栓与墙体锚固，两架之间无相对运动；当脚手架需要升降时，一个单元仍然锚固在墙体上，使用倒链对相邻一个架子进行升降，两架之间便产生相对运动，如图 3.20 所示。通过甲、乙两单元交替附墙，相互升降，脚手架即可沿着墙体上的预留孔逐层升降。互升降式脚手架的性能特点是：结构简单，易于操作控制；架子搭设高度低，用料省；操作人员不在被升降的架体上，增加了安全性；脚手架结构刚度较大，附墙的跨度大。它适用于框架-剪力墙结构的高层建筑、水坝、筒体等施工。

1）基本构造

互升降式脚手架施工前的准备与自升降式类似。其组装可有两种方式：在地面组装好单元脚手架，再用塔式起重机吊装就位；或是在设计爬升位置搭设操作平台，在平台上逐层安装。

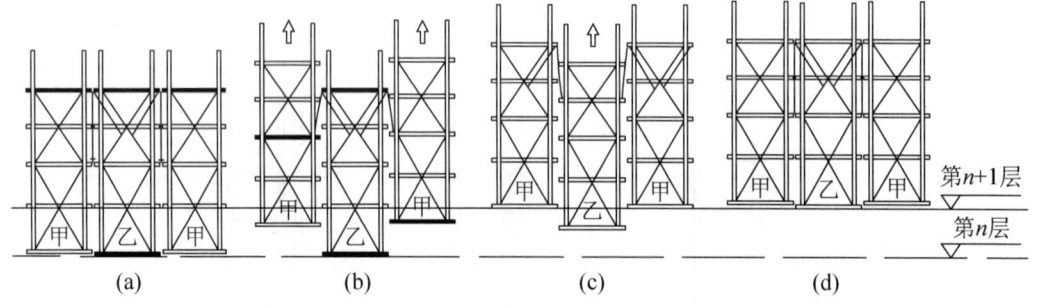

图 3.20 互升降式脚手架升高过程

2）搭设要求

脚手架爬升前应进行全面检查，确认组装工序都符合要求后方可进行爬升，提升到位后，应及时将架子同结构固定；然后用同样的方法对与之相邻的单元脚手架进行爬升操作，待相邻的单元脚手架升至预定位置后，将两单元脚手架连接起来，并在两单元操作层之间铺设脚手板。与爬升操作顺序相反，利用固定在墙体上的架子对相邻的单元脚手架进行下降操作，可让脚手架返回地面。

3. 整体升降式脚手架

在超高层建筑的主体施工中，整体升降式脚手架有明显的优越性，它结构整体好、升降快捷方便、机械化程度高、经济效益显著,是一种很有推广使用价值的超高建(构)筑物外脚手架,被建设部列入重点推广的10项新技术之一。

1)基本构造

整体升降式外脚手架以电动倒链为提升机,使整个外脚手架沿建筑物外墙或柱整体向上爬升,如图3.21所示。搭设高度依建筑物施工层的层高而定,一般取建筑物标准层四个层高加一步安全栏的高度为架体的总高度。脚手架为双排,宽以0.8~1m为宜,里排杆离建筑物净距0.4~0.6m。脚手架的横杆和立杆间距都不宜超过1.8m。可将一个标准层高分为两步架,以此步距为基数确定架体横、立杆的间距。架体设计时可将架子沿建筑物外围分成若干单元,每个单元的宽度参考建筑物的开间而定,一般为5~9m。

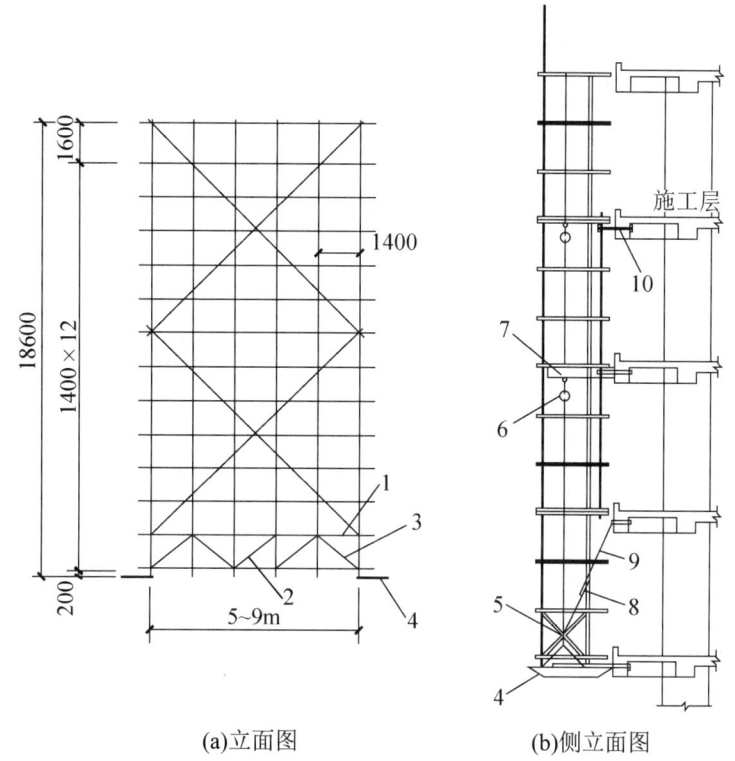

(a)立面图　　(b)侧立面图

1,4—承力架;2—上弦杆;3—下弦杆;5—斜撑;
6—电动倒链;7—挑梁;8—花篮螺栓;9—拉杆;10—螺栓。

图3.21　整体升降式脚手架(单位:mm)

2)施工过程及搭设要求

(1)施工前的准备:按平面图先确定承力架及电动倒链挑梁安装的位置和个数,在相应位置上的混凝土墙或梁内预埋螺栓或预留螺栓孔,各层的预留螺栓或预留孔位置要求上下一致,误差不超过10mm。加工制作型钢承力架、挑梁、斜拉杆,准备电动倒链、钢丝绳、脚手管、扣件、安全网、木板等材料。

因整体升降式脚手架的高度一般为四个施工层层高,在建筑物施工时,由于建筑物的最下几层层高通常与标准层不一致,且平面形状也往往与标准层不同,所以一般在建筑物主体施工到3~5层时开始安装整体脚手架,下面几层施工时往往要先搭设落地外脚手架。

（2）安装：先安装承力架，承力架内侧用 M25～M30 的螺栓与混凝土边梁固定，承力架外侧用斜拉杆与上层边梁拉结固定，用斜拉杆中部的花篮螺栓将承力架调平；再在承力架上面搭设架子，安装承力架上的立杆；然后搭设下面的承力桁架。再逐步搭设整个架体，随搭随设置拉结点，并设斜撑。在比承力架高两层的位置安装工字钢挑梁，挑梁与混凝土边梁的连接方法与承力架相同。电动倒链挂在挑梁下，并将电动倒链的吊钩挂在承力架的花篮挑梁上。在架体上每个层高满铺厚木板，架体外面挂安全网。

（3）爬升：短暂开动电动倒链，将电动倒链与承力架之间的吊链拉紧，使其处在初始受力状态。松开架体与建筑物的固定拉结点，松开承力架与建筑物相连的螺栓和斜拉杆，开动电动倒链开始爬升，爬升过程中应随时观察架子的同步情况，如发现不同步，应及时停机进行调整。爬升到位后，先安装承力架与混凝土边梁的紧固螺栓，并将承力架的斜拉杆与上层边梁固定，然后安装架体上部与建筑物的各拉结点。待检查符合安全要求后，脚手架可开始使用，进行上一层的主体施工。在新一层主体施工期间，将电动倒链及其挑梁摘下，用滑轮或手动倒链转至上一层重新安装，为下一层爬升做准备。

（4）下降：与爬升操作顺序相反，利用电动倒链顺着爬升用的墙体预留孔倒行，脚手架即可逐层下降，同时把留在墙面上的预留孔修补完毕，最后脚手架返回地面拆除。

3.4.5 里脚手架

里脚手架搭设于建筑物内部，每砌完一层墙后，即将其转移到上一层楼进行新的一层墙体砌筑。里脚手架也用于室内装饰施工。

1. 里脚手架的基本构造

里脚手架装拆较频繁，要求轻便灵活，装拆方便。通常将其做成工具式的，结构形式有折叠式、支柱式和门架式。图 3.22 所示为角钢折叠式里脚手架，图 3.23 所示为套管式支柱里脚手架。

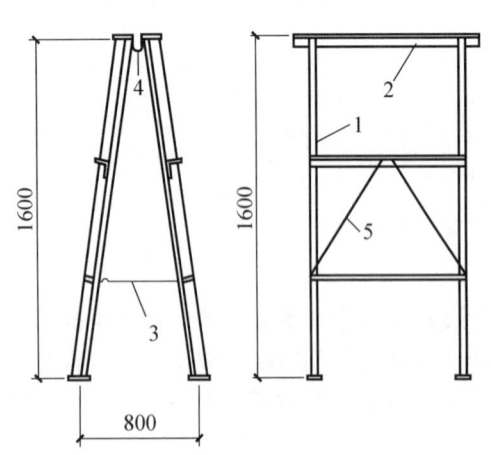

1—立柱；2—横楞；3—挂钩；4—铰链；5—斜撑。

图 3.22 角钢折叠式里脚手架（单位：mm）

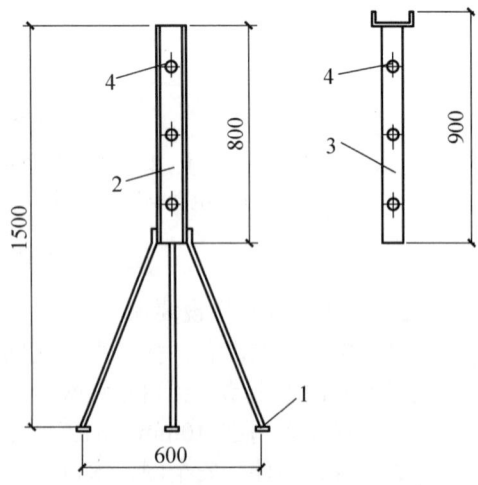

1—立脚；2—立管；3—插管；4—销孔。

图 3.23 套管式支柱里脚手架（单位：mm）

2. 里脚手架的搭设要求

角钢折叠式里脚手架的架设间距，砌墙时不超过 2m，粉刷时不超过 2.5m。根据施工层高，沿高度可以搭设两步脚手，第一步高约为 1m，第二步高约 1.6m。

套管式支柱是支柱式里脚手架的一种，将插管插入立管中，以销孔间距调节高度，在插管顶端的凹形支托内搁置方木横杆，横杆上铺设脚手架。架设高度为 1.5～2.1m。

门架式里脚手架由两片 A 形支架与门架组成，其架设高度为 1.5～2.4m，两片 A 形支架间距 2.2～2.5m。

 能力训练

【任务实施】
参观实际工程的脚手架工程。

【技能训练】
通过参观实训，熟悉碗扣式钢管脚手架、门式脚手架的组成和构件，了解脚手架的搭设和拆除过程，并书写参观实习报告。

工作任务 3.5　垂直运输设备

垂直运输设施指担负垂直运送材料和施工人员上下的机械设备和设施。在砌筑工程中不仅要运输大量的砖（或砌块）、砂浆，而且还要运输脚手架、脚手板和各种预制构件；不仅有垂直运输，而且有地面和楼面的水平运输。其中垂直运输是影响砌筑工程施工速度的重要因素。

目前常用的垂直运输设施，有塔式起重机、井架、龙门架和建筑施工电梯等。龙门架、井架物料提升机已经限制使用，不得用于 25m 及以上的建设工程。本节主要介绍塔式起重机和建筑施工电梯。

3.5.1　塔式起重机

塔式起重机的起重臂安装在塔身顶部，且可做 360°回转。它具有较高的起重高度、工作幅度和起重能力，提升材料速度快、生产效率高，且机械运转安全可靠，使用和装拆方便，因此广泛用于多层和高层工业与民用建筑的结构安装工程中。塔式起重机按起重能力可分为：轻型塔式起重机，起重量为 0.5～3.0t，一般用于六层以下的民用建筑施工；中型塔式起重机，起重量为 3～15t，适用于一般工业建筑与民用建筑施工；重型塔式起重机，起重量为 20～40t，一般用于重工业厂房的施工和高炉等设备的吊装。

由于塔式起重机具有提升、回转和水平运输的功能，且生产效率高，一般在吊运长、大、重的物料时有明显的优势，故在可能条件下宜优先采用。塔式起重机的布置应保证其起重高度与起重量满足工程的需求，同时起重臂的工作范围应尽可能地覆盖整个建筑，以使材料运输切实到位。此外，主材料的堆放、搅拌站的出料口等均应尽可能地布置在起重机工作半径之内。塔式起重机一般分为轨道（行走）式、附着式、固定式、爬升式等。

1. 轨道（行走）式塔式起重机

轨道（行走）式塔式起重机是一种能在轨道上行驶的起重机。这种起重机可负荷行走,有的只能在直线轨道上行驶,有的可沿 L 形或 U 形轨道上行驶。它分为塔身回转式和塔顶旋转式两种,如图 3.24 所示。

轨道(行走)式塔式起重机使用灵活、活动范围大,为结构安装工程的常用机械。

2．附着式塔式起重机

附着式塔式起重机是固定在建筑物近旁混凝土基础上的起重机械,它可以借助顶升系统随着建筑施工进度而自行向上接高。为了减少塔的计算高度,规定每隔 20m 左右将塔身与建筑物用锚固装置联结起来。这种塔式起重机适宜用于高层建筑的施工,如图 3.25 所示。

图 3.24　轨道(行走)式塔式起重机　　　图 3.25　附着式塔式起重机

附着式塔式起重机的顶部有套架和液压顶升装置,需要接高时,利用塔顶的行程液压千斤顶,将塔顶上部结构(起重臂等)顶高,用定位销固定;千斤顶回油,推入标准节,用螺栓与下面的塔身联成整体,每次可接高 2.5m。附着式塔式起重机顶升的五个步骤如下,如图 3.26 所示:

第一步,将标准节吊到摆渡小车上,将过渡节与塔身标准节相连的螺栓松开[图 3.26(a)];

第二步,开动液压千斤顶,将塔顶及顶升套架顶升到超过一个标准节的高度,然后用定位销将顶升套架固定[图 3.26(b)];

第三步,液压千斤顶回缩,借助手摇链轮将装有标准节的摆渡小车拉到套架中间的空间里[图 3.26(c)];

第四步,用液压千斤顶稍微提升标准节,退出摆渡小车,然后将标准节落在塔身上,并用螺栓加以连接[图 3.26(d)];

第五步,拔出定位销,下降过渡节,使之与新标准节连成整体[图 3.26(e)]。

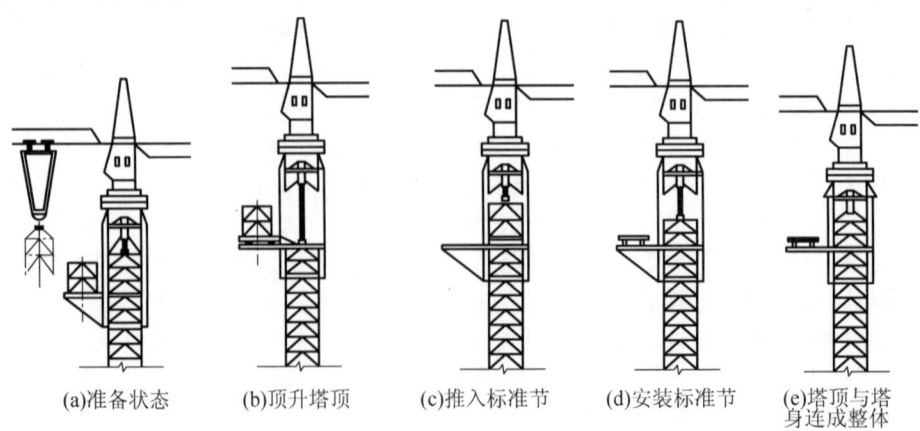

图 3.26　附着式塔式起重机的自升过程

3. 固定式塔式起重机

固定式塔式起重机的底架安装在独立的混凝土基础上，塔身不与建筑物拉结。这种起重机适用于安装大容量的油罐、冷却塔等特殊构筑物。

4. 爬升式塔式起重机

爬升式塔式起重机是一种安装在建筑物内部（电梯井或特设的开间）的结构上，借助套架托梁和爬升系统自己爬升的起重机械，主要用于高层建筑的施工，如图 3.27 所示。图 3.28 所示为爬升式塔式起重机的自升过程，一般每隔 1~2 层楼便爬升一次。

图 3.27　爬升式塔式起重机

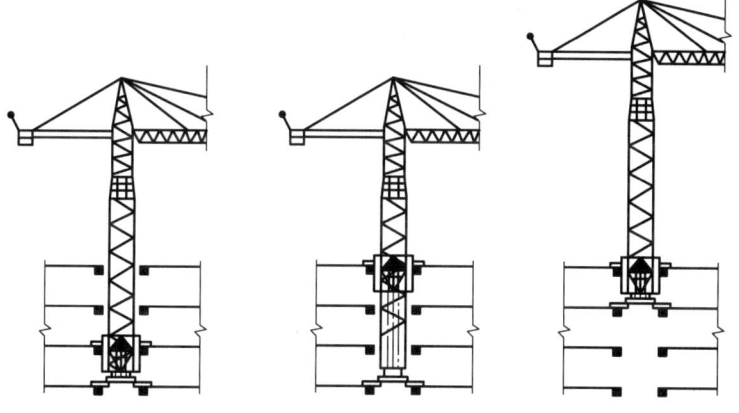

图 3.28　爬升式塔式起重机的自升过程

特别提示

安全第一的思想强调在生产和施工过程中，必须始终把安全放在首位，确保人员的生命安全和身体健康。由于塔式起重机的操作复杂、作业环境多变，存在一定的安全风险。因此，在塔式起重机的使用和管理中，必须贯彻安全第一的思想，采取必要的措施和手段，保障塔式起重机的安全使用。要加强对塔式起重机的日常维护和保养，加强对塔式起重机操作人员的培训和管理，加强对塔式起重机作业环境的监控和管理。必须建立健全的塔式起重机安全管理制度和应急预案，明确各级管理人员和操作人员的职责和要求。同时，还应该加强应急演练和培训，提高应对突发事件的能力和水平。只有时时刻刻保持"安全第一，警钟长鸣"才能真正实现建筑施工的安全和顺利进行。

3.5.2 建筑施工电梯

建筑施工电梯是人货两用梯，也是高层建筑施工设备中唯一可以运送人员上下的垂直运输设备，它对提高高层建筑施工效率起着关键作用。

图 3.29 建筑施工电梯

建筑施工电梯的吊笼装在塔架的外侧。按其驱动方式，建筑施工电梯可分为齿轮齿条驱动式和绳轮驱动式两种。齿轮齿条驱动式电梯是利用安装在吊箱（笼）上的齿轮与安装在塔架立杆上的齿条相咬合，当电动机经过变速机构带动齿轮转动时，吊箱（笼）即沿塔架升降。齿轮齿条驱动式电梯按吊箱（笼）数量，又可分为单吊箱式和双吊箱式，该种电梯装有高性能的限速装置，具有安全可靠、能自升接高的特点，作为货梯可载重 10kN，亦可乘 12～15 人，其高度随着主体结构施工而接高可达 100～150m，适用于建造 25 层特别是 30 层以上的高层建筑，如图 3.29 所示。绳轮驱动式是利用卷扬机、滑轮组，通过钢丝绳悬吊吊箱升降，该种电梯为单吊箱，具有安全可靠、构造简单、结构轻巧、造价低的特点，适用于建造 20 层以下的高层建筑使用。

知识链接

火箭造桥

火箭的主要用途是进行航天器的发射，以及作为火箭弹使用，那么它是如何运用到桥梁架施工中的呢？

大桥的作用往往是沟通两岸，既可以是江河两岸，也可以是峡谷两侧，但在峡谷上造桥，综合建设难度却比在江河上造桥更难。大渡河大桥，就是一座利用火箭完成的桥梁。

中国的西南地区主要以山地为主，这里的喀斯特地貌更是堪称工程界的"灾难"，想要在高山峡谷间完成桥梁工程建设，并不是一件容易的事情。大渡河沟深谷宽，造桥前必须先将两岸想办法沟通在一起，将钢索送到对岸。一般的钢索非常重，如果依靠人力来拉动钢索，人员需要先爬下上百米深的悬崖底部，然后从另外一侧悬崖上山，再把钢索拉直，尽管也存在用直升机牵引钢索的方式，但考虑到大渡河跨度太大，钢索的质量又比较大，再加上风力的影响，稍有不慎可能就会导致直升机坠毁，所以工程师选择用火箭作为引导方式，先将钢索系上较细，但强度很高的绳索，然后瞄准对岸直接发射，等到火箭落到对面后，再选择把钢索给拉过去，这样即完成一道引导索的布置，如图 3.30 所示。

如今，随着大量在高山峡谷间建设桥梁，以及电力通信电缆建设的需要，用火箭来事先发射牵引绳这种方式已

图 3.30 火箭造桥

经开始在西南地区进行大规模的推广。与传统施工方法相比,用火箭的方式成本更加低廉,并且具有更高的效率及安全性。

党的二十大报告指出,要以科学的态度对待科学、以真理的精神追求真理。我们要以满腔热忱对待一切新生事物,不断拓展认识的广度和深度,敢于说前人没有说过的新话,敢于干前人没有干过的事情,以新的理论指导新的实践。在建筑施工过程中我们要敢于创新,用施工新理论,指导新实践,满足新需求。

 能力训练

【任务实施】

参观实际工程的垂直运输设备。

【技能训练】

通过参观实训,熟悉塔式起重机、建筑施工电梯的组成和构件,并书写参观实习报告。

工作任务 3.6 质量验收规范与安全技术

3.6.1 质量验收规范

1. 脚手架验收

脚手架施工完毕后,由施工负责人召集技术、安监、搭设班组三方人员,携带扭矩扳手,进行外观和实测质量检验,其主要步骤如下。

脚手架验收质量标准可以参照《建筑施工门式钢管脚手架安全技术标准》(JGJ/T 128—2019)、《建筑施工扣件式钢管脚手架安全技术规范》(JGJ 130—2011)、《建筑施工碗扣式钢管脚手架安全技术规范》(JGJ 166—2016)、《建筑施工工具式脚手架安全技术规范》(JGJ 202—2010)、《建筑施工承插型盘扣式钢管脚手架安全技术标准》(JGJ/T 231—2021)等行业规范。

2. 垂直运输设备验收

(1)各类垂直运输机械的安装及拆卸,应由具备相应承包资质的专业人员进行。

(2)转移工地重新安装的垂直运输机械,在交付使用前,应按有关标准进行试验、检验,并对各安全装置的可靠度及灵敏度进行测试,确认符合要求后方可投入运行。试验资料应纳入该设备安全技术档案。

(3)起重机司机及信号指挥人员应经专业培训、考核合格并取得有关部门颁发的操作证后,方可上岗操作。

(4)每班作业前,起重机司机应对制动器、钢丝绳及安全装置进行检查,各机构进行空载运转,发现不正常时,应予排除。

(5)必须按照垂直运输机械出厂说明书规定的技术性能、使用条件正确操作,严禁超载作业或扩大使用范围。

3.6.2 脚手架安全技术

1. 脚手架搭设安全措施

（1）脚手架必须配合施工进度进行搭设，一次搭设高度不应超过相邻连墙杆 2 步。剪刀撑、横向斜撑应随立杆和水平杆同步搭设。

（2）钢管脚手架立杆应稳放在制作品底座上，底座应准确放置在定位线上，垫木必须铺放平稳，不得悬空。

（3）立杆间距、纵向水平杆间距、横向水平杆间距应符合方案要求。

（4）钢管立杆纵向水平杆接头应错开，要用扣件连接拧紧螺栓，不准用铁丝绑扎。

（5）当吊环预留件所在框架梁混凝土强度满足设计要求后，方可安排棚工进行拉吊件的安装。

（6）脚手架两端、转角处每隔 6~7 根立杆应设剪刀撑和支杆，剪刀撑和支杆与地面角度不应大于 60°。

（7）脚手架必须满铺脚手板。

（8）脚手架离墙面距离 30~35cm，不得有空隙和探头板，脚手板搭接时不得小于 20cm，对接时应架设双排纵向水平杆，间距不大于 20cm，在脚手架拐弯处脚手板应交叉搭设，垫平脚手板应用木块，并且要钉牢，不得用砖垫。

（9）翻脚手板时两人应由里往外按顺序进行，在铺第一块或翻到最外一块脚手板时必须挂安全带。

（10）上料斜道的铺设宽度不得小于 1.5m，坡度不得大于 1∶3，防滑条间距不得大于 30cm。

（11）脚手架外侧，斜道和平台要设 1m 高的防护栏和 18cm 高的挡脚板或防护立网。

（12）在门窗洞口搭设挑架（外伸脚手架），斜杆上墙面一般不大于 30°，并应支撑在建筑物的牢固部分，不得支撑在窗台板、窗檐、线脚等地方；墙内纵向水平杆两端都必须伸过门窗洞口两侧不小于 25cm；挑架所有受力点都要设双扣件，同时要搭防护栏杆。

（13）首层设置用双层木板铺钉安全通道。

（14）安全网必须内挂，并用专用尼龙绳或符合要求的其他材料绑扎严密、牢固。

（15）每隔四层必须搭设安全防护，并满铺木板、挂安全网和加双栏杆。

（16）脚手架随楼层的增高按 10~12m 高度要求分段验收，填写验收记录单（必须有量化的验收内容），并悬挂验收标识方能交付使用。

（17）搭设完毕后，必须经相关部门验收合格后，方可投入使用。

（18）从事脚手架作业搭设人员必须佩戴安全帽、系安全带、穿防滑鞋。

2. 脚手架使用安全措施

（1）保证脚手架体的整体性，不得与井架、升降机一并拉结，不得截断架体；外脚手架使用期间不得拆除连墙紧固拉杆、主节点处的大小横杆及扫地杆。

（2）外脚手架取平桥施工荷载最大值为 (3+2) kN/m²，限 2 步平桥同时作业，各使用外脚手架的施工单位必须教育工人不得堆放过重的建材或杂物于平桥上。

（3）卸料平台应悬挂限载标牌，严禁超载。

（4）不得将模板支撑、缆绳钢丝、混凝土的输送管道等固定在脚手架上，严禁任意悬挂起重设备。

（5）结构施工时严禁将外架做支模架，不得在外架上堆放钢筋、木枋、电缆等材料。

（6）严禁直接在外脚手架上架设电线。

（7）遇六级以上大风，要立即停止作业并将作业人员疏散到安全的地方。

（8）在六级大风与大雨后或停用超过一个月后复工前，必须经检查后方可上架操作。如发现变形、下沉、钢构件锈蚀严重、扣件松脱等情况，要及时加固维修后方可使用。做好脚手架搭拆过程的临边围护措施。

（9）主节点处杆件的安装，连墙件、支撑、门洞等的构造应符合施工组织设计要求，扣件螺栓不得松动，脚手架立柱的沉降与垂直度允许偏差应符合规范规定的要求。

（10）在脚手架使用期间，严禁任意拆除下列杆件：主节点处的纵、横向水平杆，连墙体，支撑，栏杆、踢脚板，安全防护设施。

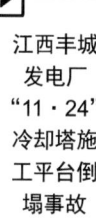

江西丰城发电厂"11·24"冷却塔施工平台倒塌事故

特别提示

脚手架在以下阶段需要进行检查与验收。

（1）基础完工后及脚手架搭设前；

（2）作业层上施加荷载前；

（3）每搭设完 10～13m 高度后；

（4）遇有六级大风与大雨后，寒冷地区开冻后；

（5）达到设计高度后；

（6）停用超过一个月。

3．脚手架拆除安全措施

（1）拆除脚手架，周围应设围栏或警戒标志，并设专人看管，严禁入内，拆除应按顺序由上而下、一步一清，不准上下同时作业。

（2）拆除脚手架纵向水平杆、剪刀撑，应先拆中间扣，再拆两头扣，由中间操作人往下顺杆子。

（3）拆除的脚手架立柱、脚手板、钢管、扣件、钢丝绳等材料，应向下传递或用绳吊下，禁止往下乱扔。

4．脚手架防护措施

（1）严格按照专项施工方案和技术交底要求组织施工。

（2）重点加强满堂架与外架间隔的封闭。

（3）重点加强施工作业人员安全劳动意识。

（4）安全网必须用符合安全部门规定的防火安全网。

（5）在作业层下必须搭设水平网一道，水平网要求牢固、严密。

（6）外架上必须配备足够的灭火安全器材，成立义务消防队。

5．脚手架防雷雨、台风措施

（1）外架用的预埋件必须用一根细钢筋与墙体中的主钢筋搭焊，以便于架体避雷。

（2）当采用拉吊时，将预埋钢吊环与楼板钢筋焊接，利用主楼的地极连通形成外脚手架的防雷避雷系统。

（3）雷雨天气和六级以上大风应停止架上作业。

（4）大风过后要对架上的脚手板、安全网等认真检查一次。

6．脚手架防火措施

（1）建筑施工用脚手架大多为金属的，因此电线不能直接绑扎在脚手架上，如必须绑扎在脚手架上时，应有可靠的绝缘保护。

（2）防火以预防为主，及时清理脚手架上的易燃建材，在脚手架的适当位置设置灭火器材。

（3）限制在脚手架上动用明火。动用明火要审批，并有专人监护，禁止在脚手架上吸烟，杜绝火种来源。

3.6.3　垂直运输设备安全技术

1．起重设备安全措施

起重吊装的指挥人员必须持证上岗，作业时应与操作人员密切配合，执行规定的指挥信号。操作人员应按照指挥人员的信号进行作业，当信号不清或错误时，操作人员可拒绝执行。

起重机的变幅指示器、力矩限制器、起重量限制器以及各种行程限位开关等安全保护装置，应完好齐全、灵敏可靠，不得随意调整或拆除。严禁利用限制器和限位装置代替操纵机构。

起重机作业时，起重臂和重物下方严禁有人停留、工作或通过。重物吊运时，严禁从人上方通过。严禁用起重机载运人员。

严禁使用起重机进行斜拉、斜吊和起吊地下埋设或凝固在地面上的重物以及其他不明重量的物体。现场浇筑的混凝土构件或模板，必须全部松动后方可起吊。

严禁起吊重物长时间悬挂在空中，作业中遇突发故障，应采取措施将重物降落到安全地方，并关闭发动机或切断电源后进行检修。在突然停电时，应立即把所有控制器拨到零位，断开电源总开关，并采取措施使重物降到地面。

起重机的装拆必须由取得建设行政主管部门颁发的拆装资质证书的专业队进行，并有技术和安全人员在场监护。

起重机载人专用电梯严禁超员，其断绳保护装置必须可靠。当起重机作业时，严禁开动电梯。电梯停用时，应降至塔身底部位置，不得长时间悬在空中。

动臂式或尚未附着的自升式塔式起重机，塔身上不得悬挂标语牌。

施工升降机应为人货两用梯，其安装和拆卸工作必须由取得建设行政主管部门颁发的拆装资质证书的专业队负责，并必须由经过专业培训、取得操作证的专业人员进行操作和维修。

2. 施工电梯安全措施

施工电梯安装后，应经企业技术负责人会同有关部门对基础和附壁支架以及施工电梯架设安装的质量、精度等进行全面检查，并应按规定程序进行技术试验（包括坠落试验），经试验合格签证后，方可投入运行。

导轨架顶端自由高度、导轨架与附壁距离、导轨架的两附壁连接点间距离和最低附壁点高度均不得超过出厂规定。

施工电梯的专用开关箱应设在底架附近便于操作的位置，馈电容量应满足施工电梯直接启动的要求，箱内必须设短路、过载、相序、断相及零位保护等装置。

施工电梯笼周围 2.5m 范围内应设置稳固的防护栏杆，各楼层平台通道应平整牢固，出入口应设防护栏杆和防护门。全行程四周不得有危害安全运行的障碍物。

施工电梯安装在建筑物内部井道中间时，应在全行程范围井壁四周搭设封闭屏障。装设在阴暗处或夜班作业的施工电梯，应在全行程上装设足够的照明和明亮的楼层编号标志灯。

施工电梯的防坠安全器，在使用中不得任意拆检调整，需要拆检调整时或每用满 1 年后，均应由生产厂或指定的认可单位进行调整、检修或鉴定。

新安装或转移工地重新安装以及经过大修后的施工电梯，在投入使用前，必须经过坠落试验。施工电梯在使用中每隔 3 个月应进行一次坠落试验。试验程序应按说明书规定进行，当试验中梯笼坠落超过 1.2m 制动距离时，应查明原因，并应调整防坠安全器，切实保证不超过 1.2m 制动距离。试验后以及正常操作中每发生一次防坠动作，均必须对防坠安全器进行复位。

施工电梯作业前重点检查项目应符合下列要求：各部结构无变形，连接螺栓无松动；齿条与齿轮、导向轮与导轨均接合正常；各部钢丝绳固定良好，无异常磨损；运行范围内无障碍。

启动前，应检查并确认电缆、接地线完整无损，控制开关在零位。电源接通后，应检查并确认电压正常，应测试无漏电现象。应试验并确认各限位装置、梯笼、围护门等处的电器连锁装置良好可靠，电器仪表灵敏有效。启动后，应进行空载升降试验，测定各传动机构制动器的效能，确认正常后，方可开始作业。

施工电梯在每班首次载重运行时，当梯笼升离地面 1～2m 时，应停机试验制动器的可靠性；当发现制动效果不良时，应调整或修复后方可运行。

梯笼内乘人或载物时，应使载荷均匀分布，不得偏重。严禁超载运行。

操作人员应根据指挥信号操作。作业前应鸣声示意。在施工电梯未切断总电源开关前，操作人员不得离开操作岗位。

当施工电梯运行中发现有异常情况时，应立即停机并采取有效措施将梯笼降到底层，排除故障后方可继续运行。在运行中发现电气失控时，应立即按下急停按钮；在未排除故障前，不得打开急停按钮。

施工电梯在大雨、大雾、六级及以上大风以及导轨架、电缆等结冰时，必须停止运行，并将梯笼降到底层，切断电源。暴风雨后，应对施工电梯各有关安全装置进行一次检查，确认正常后方可运行。

施工电梯运行到最上层或最下层时，严禁用行程限位开关作为停止运行的控制开关。

当施工电梯在运行中由于断电或其他原因而中途停止时,可进行手动下降,将电动机尾端制动电磁铁手动释放拉手缓缓向外拉出,使梯笼缓慢地向下滑行。梯笼下滑时,不得超过额定运行速度,手动下降必须由专业维修人员进行操纵。

作业后,应将梯笼降到底层,各控制开关拨到零位,切断电源,锁好开关箱,闭锁梯笼门和围护门。

习 题

一、单选题

1. 在下列运输设备中,既可作水平运输也可作垂直运输的是( )。
   A. 井架运输　　B. 快速井式升降机　C. 龙门架　　　D. 塔式起重机
2. 双排钢管扣件式脚手架的搭设高度应不大于( )。
   A. 25m　　　　B. 80m　　　　　　C. 45m　　　　D. 50m
3. 为了防止整片脚手架在风荷载作用下外倾,脚手架还需设置( ),将脚手架与建筑物主体结构相连。
   A. 连墙杆　　　B. 小横杆　　　　　C. 大横杆　　　D. 剪刀撑
4. 横向斜撑应在同一节间,由底至顶呈之字形连续布置。高度 24m 以上的封闭型双排脚手架,除拐角应设置横向斜撑外,中间应每隔( )跨距设置一道。
   A. 5　　　　　B. 6　　　　　　　C. 7　　　　　D. 8
5. 下列垂直运输机械中,既可以运输材料和工具,又可以运输工作人员的是( )。
   A. 塔式起重机　B. 井架　　　　　　C. 龙门架　　　D. 施工电梯

二、填空题

1. 脚手架按支固方式,可分为_____、_____、悬吊式脚手架和_____。
2. 单排脚手架搭设高度不应超过_____m,双排脚手架搭设高度不宜超过_____m。
3. 悬挑脚手架与建筑结构连接应采用水平形式,固定在建筑梁板混凝土结构上,水平锚固段应大于悬挑段的_____倍,与建筑物连接可靠。
4. 高度在_____m 及以上的双排脚手架应在外侧立面连续设置剪刀撑;高度在_____m 以下的单、双排脚手架,均必须在外侧立面两端、转角及中间间隔不超过_____m 的立面上,各设置一道剪刀撑,并应由底至顶连续设置。
5. 扣件有三种类型:_____、旋(回)转扣件、_____。

三、简答题

1. 脚手架拆除时有哪些注意事项?
2. 哪些部位不宜使用单排脚手架?
3. 简述附着式起重机的自升过程。

四、案例题

某住宅楼工程施工,房屋檐口标高 32.00m,室外自然地坪标高 -0.50m。该工程外架采用双排钢管扣件式落地架,钢管规格为 $\phi 48.3mm \times 3.6mm$,步距 1.50m,立杆横距 1.05m,跨距 1.50m,连墙件按三步四跨设置,密目式安全立网封闭,采用竹串片脚手板,为装饰用途外架。

请依据上述背景资料完成下列各题。

（1）该外架搭设高度，宜高出房屋檐口高度（　　）m。
　　A．0.5　　　　　B．1.0　　　　　C．1.5　　　　　D．2.0
（2）该外架连墙件设置不符合基本构造要求。（　　）
　　A．正确　　　　　　　　　　　　B．错误
（3）该外架关于构架加强的说法，正确的是（　　）（多项选择）。
　　A．外侧全立面连续设置剪刀撑　　B．外侧立面间隔 15 m 设置剪刀撑
　　C．开口架两端必须设置横向斜撑　　D．封闭架不需要设置横向斜撑
（4）该外架作业层上的均布施工荷载标准值，一般为（　　）kN/m²。
　　A．1　　　　　　B．2　　　　　　C．3　　　　　　D．4

学习情境 4 砌筑工程施工

思维导图

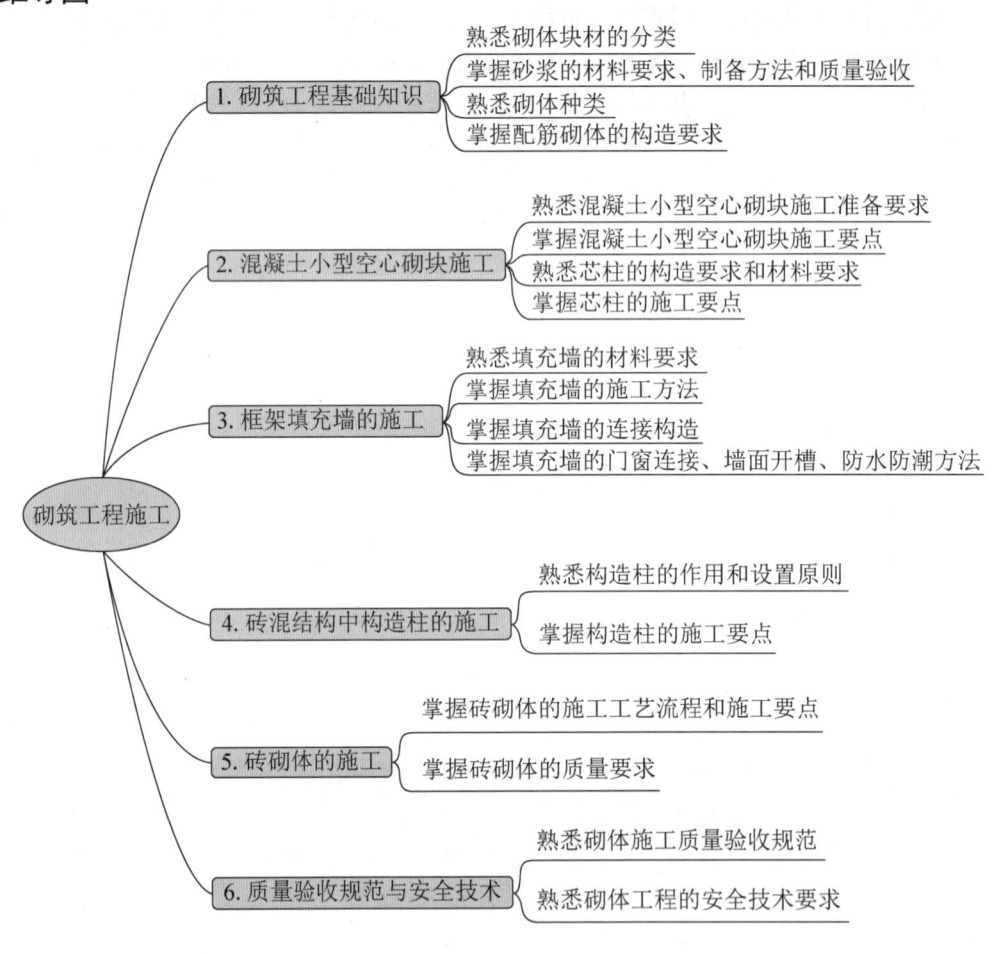

学习情境 4 砌筑工程施工

引例

某房屋建筑工程,为一幢六层框架异形柱结构建筑,钢筋混凝土独立基础,现浇钢筋混凝土框架结构。填充墙采用蒸压加气混凝土砌块砌筑。根据《建设工程施工合同(示范文本)》和《建设工程监理合同(示范文本)》,建设单位分别与中标的施工总承包单位和监理单位签订了施工总承包合同和监理合同。在合同履行过程中,监理工程师巡视第四层填充墙砌筑施工现场时,发现加气混凝土砌块填充墙体直接从结构楼面开始砌筑,砌筑到梁底并间歇 2d 后立即将其补齐挤紧。监理工程师立即要求施工单位进行整改。

请思考:①案例中填充墙砌筑过程中的错误做法有哪些?②填充墙施工中如何处理与构造的拉结?

工作任务 4.1 砌筑工程基础知识

砌体结构是建筑物的主要结构形式之一,由块体和砂浆砌筑而成的墙、柱作为建筑物主要受力构件,是砖砌体、砌块砌体和石砌体结构的统称。砌筑工程是指砖石块体和各种类型砌块的施工。

小雁塔

知识链接

我国的墙体材料改革

数据显示:1995 年年底,全国初步统计约有 12 万多个砖瓦厂,每年我国黏土砖产量 6000 多亿块,耗用黏土资源 13 亿 m^3,约毁田 10 万亩以上。每年我国烧结砖需耗费 7000 多万吨标准煤,由于红砖结构的保温隔热性能较差,每年采暖和降温需耗费 1.2 亿 t 左右的标准煤,两者合计耗能约占全国总量的 15% 以上,而且产生了大量的空气污染和固体废料污染。

为了满足保护耕地和节约能源的迫切需要,我国自 20 世纪 80 年代末开始实行墙体改革政策,限制烧结实心黏土砖的生产及应用。1992 年国务院提出"对生产和应用实心黏土砖实行限制政策",2001 年三部一局联合确定的 170 个大中城市禁止使用实心黏土砖,2005 年国务院下发通知,要求到 2010 年年底所有城市禁止使用实心黏土砖,我国已全面开展"禁实"措施。墙体改革的总体要求是由实心黏土质、小块重质、低强度耗能高的传统墙体材料向空心非黏土质、大块轻质、高强度耗能低的新型材料方向发展,这对于推动我国建筑行业向良好健康的方向发展具有重大意义。

4.1.1 砌体材料

砌体材料主要包括块体和砂浆两大部分。

1. 块体

块体是砌体的主要组成部分,包括砖、砌块、石材三大类。

1) 砖

常用砖主要包括普通烧结砖、烧结多孔砖、烧结空心砖、蒸压灰砂砖、蒸压粉煤灰砖，如图4.1所示。

（a）普通烧结砖

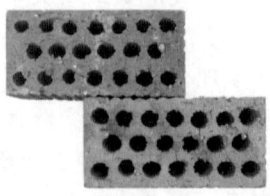
（b）烧结多孔砖

（c）烧结空心砖

（d）蒸压灰砂砖

（e）蒸压粉煤灰砖

图4.1 常用砖

2) 砌块

砌块的种类较多，按形状分，砌块可为实心砌块和空心砌块。按规格划分，砌块可分为小型砌块，高度为180～350mm；中型砌块，高度为360～900mm。常用的有普通混凝土小型空心砌块、轻骨料混凝土小型空心砌块、蒸压加气混凝土砌块和粉煤灰小型砌块，如图4.2所示。

（a）普通混凝土小型空心砌块

（b）轻骨料混凝土小型空心砌块

（c）蒸压加气混凝土砌块

（d）粉煤灰小型砌块

图4.2 砌块

3) 石材

砌筑用石材有毛石和料石两类。所选石材应质地坚实，无风化剥落和裂纹。用于清水墙、柱表面的石材尚应色泽均匀。

2．砂浆

砂浆是由胶结料、细集料、掺合料（为改善砂浆和易性而加入的无机材料，如石灰膏、电石膏、粉煤灰、黏土膏等）和水配制而成的建筑工程材料，在建筑工程中起黏结、衬垫和传递应力的作用。砂浆主要包括水泥砂浆和水泥混合砂浆。

1）原材料

（1）水泥：除分批对其强度、安定性进行复验外，不同品种的水泥不得混合使用。

（2）砂：宜选用过筛中砂，不得含有草根等有害杂物；砂中含泥量、泥块含量、石粉含量、云母、轻物质、有机物、硫化物、硫酸盐及氯盐含量（配筋砌体砌筑用砂）等应符合现行行业标准《普通混凝土用砂、石质量及检验方法标准》（JGJ 52—2006）的有关规定。人工砂、山砂及特细砂，应经试配能满足砌筑砂浆技术条件要求。

（3）石灰膏：建筑生石灰、建筑生石灰粉熟化为石灰膏，其熟化时间分别不得少于 7d 和 2d；沉淀池中储存的石灰膏，应防止干燥、冻结和污染，严禁使用脱水硬化的石灰膏；建筑生石灰粉、消石灰粉不得代替石灰膏配制水泥石灰砂浆。

（4）水：砌筑砂浆用水和混凝土拌合用水要求一样，不得采用含有有害物质的水，具体应符合《混凝土用水标准》（JGJ 63—2006）的有关规定。

（5）外加剂应符合国家现行有关标准的规定，引气型外加剂还应有完整的型式检验报告。

2）配合比设计

砌筑砂浆应进行配合比设计。当砌筑砂浆的组成材料有变更时，其配合比应重新确定。砌筑砂浆的稠度要求见表 4-1。

表 4-1　砌筑砂浆的稠度要求

砌体种类	砂浆的稠度/mm
烧结普通砖砌体	70～90
轻骨料混凝土小型空心砌块砌体	60～90
烧结多孔砖、空心砖砌体	60～80
烧结普通砖平拱式过梁、空斗墙、普通混凝土小型空心砌块砌体、加气混凝土、砌块砌体	50～70
石砌体	30～50

3）制备与使用

砌筑砂浆现场拌制时，各组分材料采用质量计量。计量精度水泥为±2%，砂、石灰膏控制在±5%以内。砌筑砂浆应采用砂浆搅拌机进行拌制。自投料完算起，搅拌时间应符合下列规定。

（1）水泥砂浆和水泥混合砂浆不得少于 120s。

（2）水泥粉煤灰砂浆和掺用外加剂的砂浆不得少于 180s。

（3）干混砂浆及加气混凝土砌块专用砂浆宜按掺用外加剂的砂浆确定搅拌时间或按产品说明书采用。

（4）掺液体增塑剂的受检砂浆，应先将水泥、砂干拌 30s 混合均匀后，将混有增塑剂的水倒入干混料中继续搅拌；掺固体增塑剂的受检砂浆，应将水泥、砂和增塑剂干拌 30s，待干粉料混合均匀后，将水倒入其中继续搅拌。从开始加水起计时，搅拌时间为210s。有特殊要求时，搅拌时间或搅拌方式也可按产品说明书的技术要求确定。

施工中不应采用强度等级小于 M5 的水泥砂浆替代同强度等级的水泥混合砂浆，如需替代，应将水泥砂浆提高一个强度等级。

砂浆应随拌随用，拌制的砂浆应在3h内使用完毕；当施工期间最高气温超过30℃时，应在拌成后2h内使用完毕。对掺用缓凝剂的砂浆，其使用时间可根据具体情况延长。预拌砂浆及蒸压加气混凝土砌块专用砂浆的使用时间，应按照厂家提供的说明书确定。

砌体结构工程使用的湿拌砂浆，除直接使用外必须储存在不吸水的专用容器内，并根据气候条件采取遮阳、保温、防雨雪等措施，砂浆在储存过程中严禁随意加水。

4）砌筑砂浆质量验收

砌筑砂浆试块强度验收时其强度合格标准应符合下列规定。

（1）同一验收批砂浆试块强度平均值应大于或等于设计强度等级值的1.10倍。

（2）同一验收批砂浆试块抗压强度的最小一组平均值应大于或等于设计强度等级值的85%。

> **特别提示**
>
> ①砌筑砂浆的验收批，同一类型、强度等级的砂浆试块应不少于3组；同一验收批砂浆只有1组或2组试块时，每组试块抗压强度的平均值应大于或等于设计强度等级值的1.1倍；对于建筑结构的安全等级为一级或设计使用年限为50年及以上的房屋，同一验收批砂浆试块的数量不得少于3组。
>
> ② 砂浆强度应以标准养护28d龄期的试块抗压强度为准。
>
> ③ 制作砂浆试块的砂浆稠度应与配合比设计一致。

抽检数量：每一验收批且不超过250m³砌体的各类、各强度等级的普通砌筑砂浆，每台搅拌机应至少抽检一次。验收批的预拌砂浆、蒸压加气混凝土砌块专用砂浆，抽检可为3组。

检验方法：在砂浆搅拌机出料口或在湿拌砂浆的储存容器出料口随机取样制作砂浆试块（现场拌制的砂浆，同盘砂浆只应制作1组试块），试块标准养护28d后做强度试验。预拌砂浆中的湿拌砂浆稠度应在进场时取样检验。

5）现场检验方法

当施工中或验收时出现下列情况，可采用现场检验方法对砂浆或砌体强度进行实体检测，并判定其强度：

（1）砂浆试块缺乏代表性或试块数量不足；

（2）对砂浆试块的试验结果有怀疑或有争议；

（3）砂浆试块的试验结果，不能满足设计要求；

（4）发生工程事故，需要进一步分析事故原因。

4.1.2　砌体种类

砌体分为无筋砌体和配筋砌体两大类。

1．无筋砌体

无筋砌体中不配置钢筋，仅由块材和砂浆组成，包括砖砌体、砌块砌体和石砌体。无筋砌体的抗震性能和抵抗不均匀沉降的能力较差。

（1）砖砌体：由砖和砂浆砌筑而成的砌体。在房屋建筑中，砖砌体可用作内外墙、柱、基础等承重结构以及围护墙和隔墙等非承重结构。墙体的厚度是根据强度和稳定的要求确定的，对于房屋的外墙，还须考虑保温、隔热的要求。砖砌体包括实心砖砌体和空斗砖砌体，一般采用实心砖砌体，空斗砖砌体由于整体性差而较少采用。

（2）砌块砌体：由砌块和砂浆砌筑而成的砌体。我国目前应用较多的主要是混凝土小型空心砌块砌体（混凝土小砌块）、蒸压加气混凝土砌块砌体等。由于砌块体积较砖大一些，因此可以减轻劳动强度、提高生产率，而且还能起到保温、隔热的作用。

（3）石砌体：由天然石材和砂浆或天然石材和混凝土砌筑而成的砌体，分为料石砌体、毛石砌体和毛石混凝土砌体三类。石砌体可用作一般民用建筑的承重墙、柱和基础，还可用于建造挡土墙、石拱桥、石坝和涵洞等构筑物。石砌体在石材产地可就地取材，比较经济，应用较广泛。

2．配筋砌体

配筋砌体是指配置适量钢筋或钢筋混凝土的砌体，它可以提高砌体强度、减少截面尺寸、增加整体性。配筋砌体分为网状配筋砖砌体、砖砌体和钢筋混凝土构造柱组合墙以及配筋砌块砌体。

1）网状配筋砖砌体（横向配筋砌体）

网状配筋砖砌体是在砌体的水平灰缝中每隔几皮砖放置一层钢筋网。钢筋网主要用方格网形式（图4.3），方格网一般采用直径为3～4mm的钢筋，间距不应大于120mm，并不应小于30mm。钢筋网竖向间距不应大于五皮砖，并不应大于400mm。砂浆强度不应低于M7.5，水平灰缝厚度应保证钢筋上下至少有2mm厚的砂浆层。

2）砖砌体和钢筋混凝土构造柱组合墙

砖砌体和钢筋混凝土构造柱组合墙由砖砌体与钢筋混凝土构造柱共同组成，如图4.4所示。

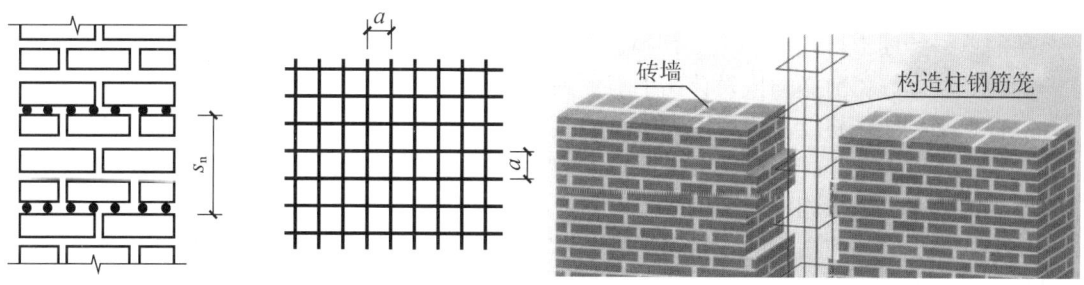

图4.3　网状配筋砖砌体　　　　图4.4　砖砌体和钢筋混凝土构造柱组合墙

工程实践表明，在砌体墙的纵横墙交接处、墙端部和较大洞口边缘，在墙中间距大于4m时，设置钢筋混凝土构造柱不但可以提高墙体的承载力，而且构造柱与房屋圈梁连接组成钢筋混凝土空间骨架，增强了房屋的变形与抗倒塌能力。这种墙体施工时必须先砌墙。为使构造柱与砖墙紧密结合，墙体砌成马牙槎的形式。从每层柱脚开始，先退后进，退进的尺寸不小于60mm，每一马牙槎沿高度方向的尺寸不宜超过300mm。沿墙高每500mm设

2φ6 拉结钢筋，每边伸入墙内不宜小于 1m。预留伸出的拉结钢筋不得在施工中任意弯折，如有歪斜、弯曲，在浇筑混凝土之前，应校正到正确位置并绑扎牢固。

3）配筋砌块砌体

配筋砌块砌体是在混凝土小型空心砌块的竖向孔洞中配置竖直钢筋，在砌块横肋凹槽中配置水平钢筋，然后浇筑混凝土，或在水平灰缝中配置水平钢筋所形成的砌体，如图 4.5 所示。配筋砌块砌体常用于中高层或高层房屋，起剪力墙作用，所以配筋砌块砌体结构又称配筋砌块剪力墙结构。这种砌体具有抗震性能好、造价较低、节能的特点。

图 4.5 配筋砌块砌体

能力训练

【任务实施】

参观某工程的砌筑工程施工过程。

【技能训练】

通过参观实训，熟悉砌筑材料及砌筑要求，并书写参观实习报告。

工作任务 4.2　混凝土小型空心砌块施工

4.2.1　混凝土小型空心砌块施工准备

（1）进入施工现场的混凝土小型空心砌块（简称混凝土小砌块）必须从持有产品合格证书的同一厂家购入。合格证书应包括型号、规格、产品等级、强度等级、密度等级、生产日期等项内容。砌体施工用的混凝土小砌块、配筋混凝土小砌块和保温混凝土小砌块等产品的养护龄期不得低于 28d。轻骨料混凝土小砌块养护龄期宜延长至 45d。

（2）墙体施工前必须按设计图中房屋的轴线编绘混凝土小砌块平、立面排列图。排列时应根据小砌块规格、灰缝厚度和宽度、门窗洞口尺寸、过梁与圈梁的高度、芯柱或构造柱位置、预留洞大小、管线、开关、插座敷设部位等进行对孔、错缝搭接排列，并以主规格小砌块为主，辅以相应配套砌块。

（3）砌块进场应按不同规格和标号分别整齐堆放，高度不得超过 1.6m，应避免雨淋，以防止砌体产生干缩裂纹。

（4）普通混凝土小砌块砌体和配筋小砌块砌体在±0.000 以下砌筑应采用水泥砂浆，砌筑±0.000 以上砌体宜采用水泥混合砂浆；保温混凝土小砌块砌筑砂浆的技术性能指标应满足设计要求。施工中用水泥砂浆替代同强度等级水泥混合砂浆时，应将水泥砂浆提高一个强度等级。

（5）在墙体的下列部位，应用 C20 混凝土灌实砌块的孔洞：底层室内地面以下或防潮层以下的砌体；无圈梁的楼板支承面下的一皮砌块；没有设置混凝土垫块的屋架、梁等构件支承面下,高度不应小于600mm、长度不应小于600mm的砌体;挑梁支承面下,距墙中心线每边不应小于300mm、高度不应小于600mm的砌体。

4.2.2 混凝土小型空心砌块施工要点

1)砌块上墙前湿度控制

由混凝土制成的砌块与一般烧结材料不同,湿度变化时体积也会变化,通常表现为湿胀干缩。如果干缩变形过大,超过了砌块块体或灰缝允许的极限,砌块墙就可能产生裂缝。砌筑普通混凝土小砌块砌体,不需对混凝土小砌块浇水湿润,如遇天气干燥炎热,宜在砌筑前对其喷水湿润;对轻骨料混凝土小砌块,应提前浇水湿润,块体的相对含水率宜为40%~50%。雨天及小砌块表面有浮水时,不得施工。

砌筑普通烧结砖、烧结多孔砖、蒸压灰砂砖、蒸压粉煤灰砖砌体时,砖应提前1~2d适当湿润,严禁用干砖或吸水饱和状态的砖砌筑。

> **特别提示**
>
> 块体材料润湿程度的规定:烧结类块体的相对含水率为60%~70%;混凝土多孔砖及混凝土实心砖不需浇水润湿,在天气炎热的情况下,宜在砌筑前对其喷水润湿;其他非烧结类块体相对含水率为40%~50%。

2)砌块砌筑

(1)砌块应进行反砌,即混凝土小砌块生产时的底面朝上砌筑于墙体上,这样易于铺放砂浆。混凝土小砌块墙体宜逐块坐(铺)浆砌筑。

(2)混凝土小砌块墙体应孔对孔、肋对肋错缝搭砌。单排孔混凝土小砌块的搭接长度应为块体长度的1/2;多排孔混凝土小砌块的搭接长度可适当调整,但不宜小于混凝土小砌块长度的1/3,且不应小于90mm。当不能保证此规定时,应在水平灰缝中设置2φ4钢筋网片,钢筋网片每端均应超过该垂直灰缝,其长度不得小于300mm。

(3)水平灰缝和竖向灰缝的砂浆饱满度,应按净面积计算,不得低于90%;竖缝凹槽部位应用砌筑砂浆填实,不得出现瞎缝、透明缝。砌体的水平灰缝厚度和竖向灰缝宽度宜为10mm,不应小于8mm,也不应大于12mm。

(4)墙体转角处和纵横交接处应同时砌筑。临时间断处应砌成斜槎,斜槎水平投影长度不应小于斜槎高度。临时洞口可预留直槎,但在洞口砌筑和补砌时,应在直槎上下搭砌的混凝土小砌块孔洞内用强度等级不低于C20或Cb20的混凝土灌实。承重墙体使用的混凝土小砌块应完整、无缺损、无裂缝。

(5)在散热器、厨房和卫生间等设备的卡具安装处砌筑的混凝土小砌块,宜在施工前用强度等级不低于C20或Cb20的混凝土将其孔洞灌实。

(6)墙上现浇混凝土圈梁等构件时,必须将梁底作底模用的一皮混凝土小砌块孔洞预先填实140mm高的C20混凝土或采用实心混凝土小砌块。固定圈梁、挑梁等构件侧模的水平拉杆、扁铁或螺栓应从混凝土小砌块灰缝中预留的φ10孔内穿入,不得在混凝土小砌块块体上打凿安装洞。但可利用侧砌的混凝土小砌块孔洞,等模板拆除后,再用C20混凝土将孔洞填实。

（7）木门框与混凝土小砌块墙体连接可在单孔混凝土小砌块（190mm×190mm×190mm）孔洞内埋入满涂沥青的楔形木砖块，四周用C20混凝土填实。砌筑时，应将显露木砖的一面砌于门洞两侧，木门框即钉设在木砖上。门窗洞口两侧的混凝土小砌块孔洞灌填C20混凝土，其门窗与墙体的连接方法可按实心混凝土墙体施工。

（8）对设计规定的洞口、管道、沟槽和预埋件，应在砌筑时预留或预埋，严禁在砌好的墙体上剔凿。对电气穿线管，可利用砌块孔作穿线孔，考虑墙体刚度，可将U形横孔用C10～C15混凝土灌到上平、距下底5cm处，留作横向穿线孔。

4.2.3 芯柱

芯柱是指在混凝土小砌块的孔洞中灌注混凝土，孔洞中有的插钢筋，有的不插钢筋。在混凝土小砌块建筑中，设置芯柱是保证混凝土小砌块建筑整体工作性能的重要构造措施。在抗震验算中，芯柱还作为受力构件与墙体一起抵抗地震作用。

墙体的下列部位宜设置芯柱：在外墙转角、楼梯间四角的纵横墙交接处的三个孔洞，宜设置素混凝土芯柱；五层及五层以上的房屋，应在上述部位设置钢筋混凝土芯柱。

1．芯柱混凝土的材料要求

芯柱混凝土由水泥、骨料、水、外加剂及掺合料等组分按一定比例采用机械搅拌后形成，用于混凝土小砌块芯柱施工或填实孔洞部位，是砌块建筑灌注芯柱、孔洞的专用混凝土，用Cb标记，强度分为Cb20、Cb25、Cb30、Cb35、Cb40五个等级。其水泥应采用硅酸盐水泥、普通硅酸盐水泥或矿渣硅酸盐水泥。混凝土宜用细石混凝土，粗集料的粒径宜为5～12mm，最大粒径小于16mm；混凝土中宜加入适量粉煤灰，可以提高混凝土的稳定性，增加流动性，降低芯柱混凝土的成本。

为使芯柱混凝土能完全填满砌块中的孔洞，增加混凝土小砌块孔洞壁、肋内表面与芯柱混凝土的黏结力，在混凝土硬化过程中为减少体积收缩，要掺入减水剂等外加剂。

2．芯柱的构造要求

（1）混凝土小砌块房屋芯柱截面不宜小于120mm×120mm。

（2）芯柱混凝土强度等级不应低于Cb20。

（3）芯柱的竖向插筋应贯通墙身且与圈梁连接；插筋不应小于1ϕ10；抗震设防地区不应小于1ϕ10；抗震设防烈度6、7度时超过五层，8度时超过四层和9度时，插筋不应小于1ϕ14。

（4）芯柱应伸入室外地面下500mm或与埋深小于500mm的基础圈梁相连。

（5）为提高墙体抗震受剪承载力而设置的芯柱，宜在墙体内均匀布置，最大净距不宜大于2.0m。

（6）多层混凝土小砌块房屋墙体交接处或芯柱与墙体连接处应设置拉结钢筋网片，网片可采用直径4mm的钢筋点焊而成，沿墙高间距不大于600mm，并应沿墙体水平通长设置。抗震设防烈度6、7度时底部1/3楼层，8度时底部1/2楼层，9度时全部楼层，上述拉结钢筋网片沿墙高间距不大于400mm。

3．芯柱混凝土的施工要点

（1）混凝土浇筑前应用水冲洗孔洞，用砌块或模板封闭清扫口，灌入适量的与芯柱混凝土配合比相同的水泥砂浆，并在混凝土的浇筑口放一块钢板。

（2）芯柱砌块的砌筑强度大于 1MPa 时，方可浇筑混凝土。混凝土按层浇筑，每浇 400～500mm 高度振实一次，或边浇筑边振捣，严禁浇满一个楼层后再振捣。振捣宜采用机械式振捣。

（3）芯柱混凝土浇筑后，应记录混凝土的灌入量。

（4）当现浇圈梁与芯柱一起浇筑时，在未设芯柱部位的孔洞中应设钢筋网片，避免混凝土灌入砌块孔洞内。小砌块砌体的芯柱在楼盖处应贯通，不得削弱芯柱截面尺寸；芯柱混凝土不得漏灌。

> **特别提示**
>
> 芯柱和构造柱的区别。
> （1）构造柱是砌体结构重要抗震措施的构造构件，它布置在外墙角或纵横墙交接处，是按地区设防烈度由规范规定的。它的施工是先砌墙，留马牙槎，并每 500mm 高度设 2ϕ6 的锚拉筋，至少有两面要支模板。
> （2）芯柱是砌体结构的受力构件，由设计计算确定。它的施工顺序是先立钢筋笼，后围着钢筋笼砌砖，砌体完成后浇筑混凝土，不需要支模板。

4.2.4 混凝土小型空心砌块砌体质量

1．主控项目

混凝土小砌块砌体质量主控项目包括混凝土小砌块和砂浆的强度等级、砌体水平灰缝的砂浆饱满度、竖缝、留槎、轴线偏移和垂直度偏差。

2．一般项目

混凝土小砌块砌体质量一般项目包括水平灰缝厚度和竖向灰缝宽度，一般尺寸允许偏差（如基础顶面和楼面标高，表面平整度，门窗洞口高、宽，外墙上下窗口偏移，水平灰缝平直度）。

✓ 能力训练

【任务实施】
参观某工程的砌筑工程施工过程。

【技能训练】
通过参观实训，熟悉混凝土小砌块墙体材料及砌筑要求，并书写参观实习报告。

工作任务 4.3　框架填充墙的施工

4.3.1 材料要求

框架填充墙通常采用烧结空心砖、蒸压加气混凝土砌块、轻骨料混凝土小型空心砌块。

蒸压加气混凝土砌块和轻骨料混凝土小型空心砌块的产品龄期不应小于 28d，蒸压加气混凝土砌块的含水率不宜小于 30%。吸水率较小的轻骨料混凝土小型空心砌块及采用薄灰砌筑法的蒸压混凝土砌块，砌筑前不应对其浇（喷）水润湿。

> **特别提示**
>
> 在没有采取有效措施的情况下，不应在下列部位或环境中使用轻骨料混凝土小型空心砌块或蒸压加气混凝土砌块砌体：建筑物防潮层以下墙体；长期浸水或化学侵蚀环境；砌体表面温度高于 80℃ 的部位；长期处于有振动源环境的墙体。

砌块（或砖）的堆放场地应平整清洁，不积水，不应被油渍等污染。装卸时严禁翻斗倾卸和丢掷。砌块应按品种、规格、强度等级分别堆码整齐，高度不宜超过 2.0m。堆垛上应设有标志，堆垛间应留有通道。蒸压加气混凝土砌块在运输及堆放过程中应防止雨淋。

用普通砂浆砌筑填充墙时，烧结空心砖、吸水率较大的轻骨料混凝土小型空心砌块应提前 1~2d 浇水湿润；蒸压加气混凝土砌块采用专用砂浆或普通砂浆砌筑时，应在砌筑当天对砌块砌筑面浇水湿润。块体湿润程度宜符合下列规定：烧结空心砖的相对含水率宜为 60%~70%；吸水率较大的轻骨料混凝土小型空心砌块、蒸压加气混凝土砌块的相对含水率宜为 40%~50%。

4.3.2 墙体砌筑

1. 一般规定

（1）填充墙砌体砌筑，应在承重主体结构检验批验收合格后进行；填充墙顶部与承重主体结构之间的空隙部位，应在填充墙砌筑 14d 后进行砌筑。

（2）轻骨料混凝土小型空心砌块应采用整块砌块砌筑；当蒸压加气混凝土砌块需断开时，应采用无齿锯切割，裁切长度不应小于砌块总长度的 1/3。

（3）蒸压加气混凝土砌块、轻骨料混凝土小型空心砌块等不同强度等级的同类砌块不得混砌，亦不应与其他墙体材料混砌。

2. 烧结空心砖砌体

（1）烧结空心砖墙应侧立砌筑，孔洞应呈水平方向。空心砖墙底部宜砌筑 3 皮普通砖，且门窗洞口两侧一砖范围内应采用烧结普通砖砌筑。

（2）砌筑空心砖墙的水平灰缝厚度和竖向灰缝宽度宜为 10mm，且不应小于 8mm，也不应大于 12mm。竖缝应采用刮浆法，先抹砂浆后再砌筑。

（3）砌筑时，墙体的第一皮空心砖应进行试摆。排砖时，不够半砖处应采用普通砖或配砖补砌，半砖以上的非整砖宜采用无齿锯加工制作。

（4）烧结空心砖砌体组砌时，应上下错缝，交接处应咬槎搭砌，掉角严重的空心砖不宜使用。转角及交接处应同时砌筑，不得留直槎。留斜槎时，斜槎高度不宜大于 1.2m。

（5）外墙采用空心砖砌筑时，应采取防雨水渗漏的措施。

3. 轻骨料混凝土小型空心砌块砌体

（1）当小砌块墙体孔洞中需填充隔热或隔声材料时，应砌一皮填充一皮，且应填满，不得捣实。

（2）轻骨料混凝土小型空心砌块填充墙砌体，在纵横墙交接处及转角处应同时砌筑；当不能同时砌筑时，应留成斜槎，斜槎水平投影长度不应小于高度的2/3。

（3）当砌筑带保温夹心层的小砌块墙体时，应将保温夹心层一侧靠置室外，并应对孔错缝。左右相邻小砌块中的保温夹心层应互相衔接，上下皮保温夹心层间的水平灰缝处宜采用保温砂浆砌筑。

4. 蒸压加气混凝土砌块砌体

（1）填充墙砌筑时应上下错缝，搭接长度不宜小于砌块长度的1/3，且不应小于150mm。当不能满足时，在水平灰缝中应设置2φ6钢筋或钢筋网片加强，加强筋从砌块搭接的错缝部位起，每侧搭接长度不宜小700mm。

（2）蒸压加气混凝土砌块采用薄层砂浆砌筑法砌筑时，应符合下列规定。

① 砌筑砂浆应采用专用黏结砂浆。

② 砌块不得用水浇湿，其灰缝厚度宜为2～4mm。

③ 砌块与拉结筋的连接，应预先在相应位置的砌块上表面开设凹槽；砌筑时，钢筋应居中放置在凹槽砂浆内。

④ 砌块砌筑过程中，当在水平面和垂直面上有超过2mm的错边量时，应采用钢齿磨板和磨砂板磨平，方可进行下道工序施工。

（3）采用非专用黏结砂浆砌筑时，水平灰缝厚度和竖向灰缝宽度不应超过15mm。

4.3.3 填充墙连接构造

砌体填充墙与主体结构的拉结及非承重墙之间的拉结，根据不同情况可采用拉结钢筋、焊接钢筋网片、现浇混凝土水平连系梁。

当砌体填充墙的墙段长度大于5m时，墙顶应与墙底或板底拉结；当砌块填充墙的墙段长度超过层高的2倍时，宜在墙内设混凝土构造柱；当砌体填充墙的墙高超过4m时，应在墙体半高处设置与混凝土墙或柱连接且沿墙全长贯通的现浇钢筋混凝土水平系梁；小砌块填充墙之间的拉结宜采用焊接钢筋网片。

1. 填充墙顶与柱的连接

大空间的框架结构填充墙，应在墙体中根据墙体长度、高度需要设置构造柱和水平现浇混凝土带，以提高砌体的稳定性。当大面积的墙体有洞口时，在洞口处应设置混凝土现浇带并沿洞口两侧设置混凝土边框。施工中注意预埋构造柱钢筋的位置应正确，具体情况如下。

（1）当墙长小于或等于两倍墙高，且墙高小于或等于4m时，沿框架柱每隔600mm间距预留拉结筋即可。

（2）当墙长大于两倍墙高，但墙高小于或等于4m时，可在墙中加设构造柱。

（3）墙高大于4m但墙长小于或等于两倍墙高时，沿墙高之间设置现浇带。

（4）墙高大于4m且墙长大于两倍墙高时，既设构造柱也设现浇带。

拉结筋伸入墙长度：非抗震为700mm，6、7度设防为墙长的1/5且不小于700mm，8、9度时沿墙全长贯通；混凝土现浇带宽同墙厚，高120mm，配4Φ8钢筋，箍筋为Φ6@200mm，锚入框架柱280mm；构造柱截面长度200mm，配4Φ10钢筋，箍筋为Φ6@200mm，锚入下部梁中380mm。

2. 墙顶与结构件底部的连接

为保证墙体的整体性、稳定性，填充墙顶部应采取相应的措施与结构挤紧。通常采用砌筑"滚砖"（实心砖）或在梁底做预埋铁件等方式与填充墙连接。不论采用哪种连接方式，都应分两次完成一片墙体的施工，其中时间间隔不少于14d。这是为了让砌体砂浆有一个完成压缩变形的时间，以保证墙顶与构件连接的效果。

3. 填充墙底部与结构件的连接

在厨房、卫生间、浴室等处采用轻骨料混凝土小型空心砌块、蒸压加气混凝土砌块砌筑墙体时，墙体底部宜现浇混凝土坎台，其高度宜为150mm。

4.3.4 门窗的连接问题

由于空心砌块与门窗框直接连接不易达到要求，特别是在门窗较大时，施工中常采用在洞口两侧做混凝土构造柱、预埋混凝土预制块及镶砖的方法。空心砌块在窗台顶面应做成混凝土压顶，以保证门窗框与砌体的可靠连接。

门窗洞口两侧砌块宜为无槽端，应保证洞口平直，在设计要求部位应砌入预制混凝土锚固块。门窗框必须牢固地固定在锚固块上，门窗框与砌体间如有间隙，应用砂浆或密封嵌缝材料填实抹平。门窗洞旁的加筋水泥砂浆或混凝土边框施工时，竖筋除与梁固定外，还应与墙体中预留的拉结钢筋连接，然后两面抹1:2.5的水泥砂浆，或采用C15细石混凝土灌填。

安装窗框前混凝土窗台板的板面应平整。当窗台采用实心或盲孔砌块砌筑时，上部应铺设钢筋并以水泥砂浆抹平，达到设计标高。砌筑门窗洞时，应采用不低于M5的砂浆，按设计标高将预制钢筋混凝土过梁牢固砌入。现浇过梁时，砌筑砂浆强度未达到设计要求的70%以上时，不得拆除过梁底部的支撑和模板。窗台板或过梁应坐浆饱满、垫平。门窗洞边应加拉筋、加配筋水泥砂浆或混凝土边框。

4.3.5 墙面开槽

设计规定的洞、孔、管道、沟槽、预埋件等应在砌筑时预留、预埋或采用特殊砌块，否则只允许在砌筑完毕砂浆达到强度后，采用专用工具钻孔开槽，但不得引起砌块产生松动、破坏和裂纹，且预埋管径不宜大于25mm。埋管固定好后，再用水泥石灰砂浆分层填实抹平，并在墙面抹灰前完成。蒸压加气混凝土砌块墙体孔洞需用蒸压加气混凝土修补砂浆填塞。

开槽的尺寸应按管线布置方案切割。开槽前应在墙面上根据尺寸要求，准确地画出开槽的位置，弹出位置线，然后沿开槽线进行切割，不能随意剔凿砌块、损坏砌块墙体。

在沟槽两侧贴宜挂钢丝网或耐碱纤维网格布，防裂网格布与沟槽两侧宽度不少于100mm。

施工中如需设置临时施工洞口，其洞边离交接处墙面的距离不应小于600mm，且顶部应设过梁。填砌施工洞口的砌筑砂浆强度等级应相应提高一级。

4.3.6 防水防潮

空心砌块用于外墙面涉及防水问题，墙的迎风迎雨面在风雨作用下易产生渗漏现象，且主要发生在灰缝处。因此在砌筑中，应注意灰缝饱满密实，其竖缝应灌砂浆插捣密实。外墙面的装饰层应采取适当的防水措施，如在抹灰层中加3%～5%的防水粉、面砖勾缝或表面刷防水剂等，确保外墙的防水效果。空心砌块用于室内外隔墙时，当有防水要求时，砌体结构与地面交接处应采用200mm的素混凝土浇筑的反坎或实心砖砌200mm高的底座。

> **特别提示**
>
> 反坎指防止水流进室内的做法，与结构混凝土同时浇筑，也称泛水或翻水，如图4.6所示。
>
>
>
> 图4.6 某住宅楼卫生间反坎

引例提示

本学习情境引例中墙根出现渗漏的原因可能为：反坎设置高度没有满足规范要求；未设置反坎或者反坎的质量较差。

4.3.7 冬雨期施工

雨期施工时，砌块不应露天贴地堆放，而应做好遮雨措施。当雨量较大且无遮盖时，应停止砌筑，并对已砌筑的墙体采取遮雨措施，防止雨水浸入墙体。继续施工时，必须复核墙体的垂直度。

当预计连续10d内的平均气温低于5℃时，或当日最低气温低于-3℃时，应按冬期施工要求实施。不得使用被水浸湿后受冻的砌块。砌筑前应清除冰雪等冻结物。

砌筑砂浆宜采用普通硅酸盐水泥拌制；砂内不得含有冰块和直径大于10mm的冻结块；石灰膏等应防止受冻，如遭冻结，应经融化后方可使用；拌合砂浆宜采用两步投料法，水的温度不得超过80℃，砂的温度不得超过40℃，砂浆稠度宜较常温适当增大；拌合抗冻砂浆时，可按有关规定加入外加剂。

冬期施工时，采用砂浆的强度等级应比常温施工提高一级。在0℃以下施工时，应采用保温材料对新砌体进行覆盖、保温。解冻期间应对砌体进行观察，当发现裂缝、不均匀下沉等情况时，应分析原因并采取措施。

4.3.8 填充墙质量要求

1. 主控项目

砖、砌块和砌筑砂浆的强度等级应符合设计要求。填充墙砌体应与主体结构可靠连接，其连接构造应符合设计要求，未经设计同意，不得随意改变连接构造方法；填充墙与承重墙、柱、梁的连接钢筋，当采用化学植筋的连接方式时，应进行实体检测。

2. 一般项目

（1）填充墙砌体一般尺寸的允许偏差应符合表4-2的规定。

表4-2 填充墙砌体一般尺寸的允许偏差

序号	项目		允许偏差/mm	检验方法
1	轴线位移		10	用尺检查
	垂直度	墙高≤3m	5	用2m拖线板或吊线、尺检查
		墙高>3m	10	
2	表面平整度		8	用2m靠尺和塞尺检查
3	门窗洞口高、宽（后塞口）		±10	用尺检查
4	外墙上下窗口偏移		20	用经纬仪或吊线检查

（2）蒸压加气混凝土砌块砌体和轻骨料混凝土小型空心砌块砌体不应与其他块材混砌。

（3）填充墙砌体的砂浆饱满度及检验方法应符合表4-3的规定。

表4-3 填充墙砌体的砂浆饱满度及检验方法

砌体分类	灰缝	饱满度要求	检验方法
空心砌块	水平	≥80%	采用百格网检查块材底面砂浆的黏结痕迹面积
	垂直	填满砂浆，不得有透明缝、瞎缝、假缝	
蒸压加气混凝土砌块及轻骨料混凝土小型砌块砌体	水平	≥80%	
	垂直	≥80%	

（4）填充墙砌体留置的拉结钢筋或网片的位置应与块体皮数相符合。拉结钢筋或网片应置于灰缝中，埋置长度应符合设计要求，竖向位置偏差不应超过一皮高度。

（5）填充墙砌筑时应错缝搭砌，蒸压加气混凝土砌块搭砌长度不应小于砌块长度的1/3，轻骨料混凝土小型空心砌块搭砌长度不应小于90mm，竖向通缝不应大于2皮。

（6）填充墙的水平灰缝厚度和竖向灰缝宽度应正确，烧结空心砖、轻骨料混凝土小型空心砌块砌体的灰缝应为8~12mm；蒸压加气混凝土砌块砌体当采用水泥砂浆、水泥混合砂浆或蒸压加气混凝土砌块砌筑砂浆时，水平灰缝厚度和竖向灰缝宽度不应超过15mm；

当蒸压加气混凝土砌块砌体采用蒸压加气混凝土砌块黏结砂浆时,水平灰缝厚度和竖向灰缝宽度宜为 3~4mm。

 能力训练

【任务实施】
参观某工程的砌筑工程施工过程。

【技能训练】
通过参观实训,熟悉框架填充墙墙体材料及砌筑要求,并书写参观实习报告。

工作任务 4.4　砖混结构中构造柱的施工

4.4.1　构造柱的作用和设置原则

1. 构造柱的作用

为提高多层建筑砌体结构的抗震性能,规范要求应在房屋的砌体内适宜部位设置钢筋混凝土柱并与圈梁连接,共同加强建筑物的稳定性。这种钢筋混凝土柱通常就被称为构造柱。在砌体结构中构造柱主要有两个作用:一是和圈梁连接在一起,共同作用形成整体性,以增强砌体结构的抗震性能;二是减少、控制墙体的裂缝产生,并增强砌体的强度。

2. 设置构造柱应遵循的原则

(1) 应根据砌体结构体系的特点设置,考虑砌体类型结构或构件的受力或稳定要求以及其他功能或构造要求,在墙体中的规定部位设置现浇混凝土构造柱。

(2) 对于大开间荷载较大或层高较高以及层数大于或等于 8 层的砌体结构房屋,宜按下列要求设置构造柱:墙体的两端、较大洞口的两侧、房屋纵横墙交界处宜设构造柱;构造柱的间距,当按组合墙考虑构造柱受力,或考虑构造柱提高墙体的稳定性时,其间距不宜大于 4m,其他情况下不宜大于墙高的 1.5~2 倍及 6m,或按有关的规范执行;构造柱应与圈梁有可靠的连接。

(3) 下列情况宜设构造柱:受力或稳定性不足的小墙垛;跨度较大的梁下墙体的厚度受限制时,于梁下设置;墙体的高厚比较大,如自承重墙或风荷载较大时,可在墙的适当部位设置构造柱,以形成带壁柱的墙体,满足高厚比和承载力的要求,此时构造柱的间距不宜大于 4m,构造柱沿高度横向支点的距离与构造柱截面宽度之比不宜大于 30,构造柱的配筋应满足水平受力的要求。

4.4.2　构造柱的施工要点

1. 钢筋绑扎

施工工序:修整底层伸出的构造柱搭接筋→安装构造柱钢筋骨架→修整。

（1）修整底层伸出的构造柱搭接筋：根据已放好的构造柱位置线，检查搭接筋位置及搭接长度是否符合设计和抗震规范的要求，底层构造柱竖筋锚固应符合规范要求。

（2）安装构造柱钢筋骨架：先在搭接处的钢筋套上箍筋，注意箍筋应交错布置。然后再将预制构造柱钢筋骨架立起来，对正伸出的搭接筋，对好标高线，在竖筋搭接部位各绑三扣，两端中间各一扣。骨架调整后，可以顺序从根部加密区箍筋开始往上绑扎。

（3）修整：砌完砖墙后，应对构造柱钢筋进行修整，以保证钢筋位置及间距准确。

（4）构造柱钢筋构造：底层构造柱纵筋必须锚入基础，顶层构造柱纵筋必须锚入顶层圈梁，锚固长度一般取 40d；柱顶、柱脚与圈梁钢筋交接处 500mm 范围内箍筋应加密，加密间距取 100mm；与墙体拉结筋为 $\phi6$，每隔 500mm 进行设置，离墙边 60mm 各设一根，每边伸入墙 1m，末端弯 40mm 直钩。构造柱施工规格如图 4.7 所示。

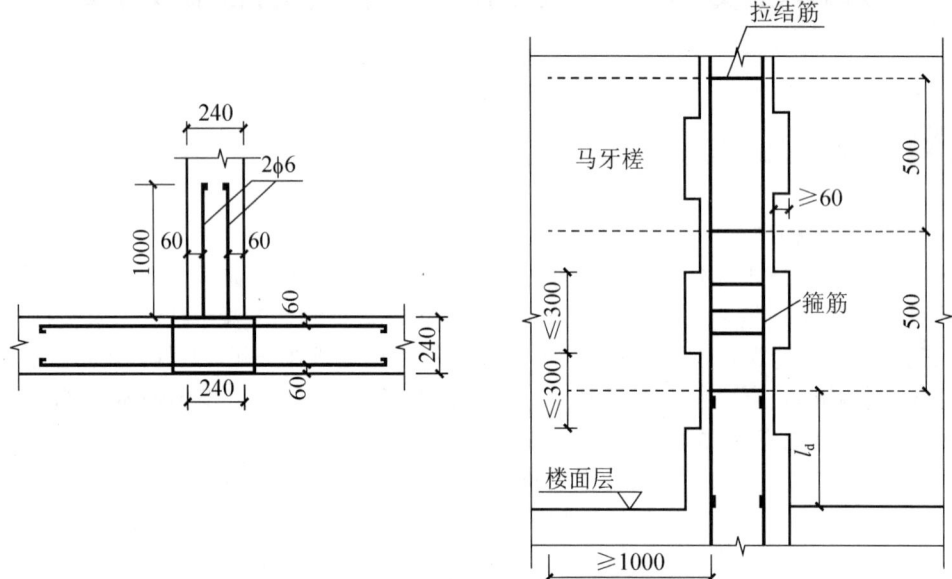

图 4.7 构造柱施工规格（单位：mm）

2. 模板支设

支模板前将构造柱、圈梁及板缝内的杂物全部清理干净。

（1）构造柱模板：采用定型组合钢模板或竹胶板模板，柱箍用 50mm×100mm 的方木（如果有成套的角钢柱箍，也可使用）。

（2）外墙转角部位：外侧用阳角模板与平模拼装，模板与墙交接处的宽度不应少于 50mm；用 50mm×100mm 方木做柱箍，用木楔子楔紧，每根构造柱的柱箍不得少于 3 道。内侧模用阴角模板，U 形钢筋钉固定。模板与墙面接触部分加密封条，防止漏浆。

（3）内墙十字交点部位：用阴角模板拼装。先用 U 形钢筋钉临时固定，再调整模板的垂直度，符合要求后，用 U 形钢筋钉固定。固定用钢筋钉每侧不少于 3 个。

3. 混凝土浇筑

在浇筑砖砌体构造柱混凝土前，必须将砌体和模板浇水润湿，并将模板内的落地灰、砖渣和其他杂物清除干净。构造柱混凝土可分段浇筑，每段高度不宜大于 2m。在施工条件较好并能确保浇筑密实时，亦可每层浇筑一次。浇筑混凝土前，在结合面处先注入适量水泥砂浆（与构造柱混凝土配合比相同的去石子水泥砂浆），再浇筑混凝土。振捣时，振捣器应避免触碰砖墙，严禁通过砖墙传递振动。

对于填充墙中设置构造柱的混凝土浇筑，从构造柱顶部到楼板下表面可采取距离梁顶150mm处支成斜模，高出梁底100mm，混凝土浇筑也高出100mm，振捣密实，等混凝土上满足拆模条件后拆模剔凿干净，并在梁底处预留50mm空隙（构造柱主筋不断），待主体工程完工后，用1：2水泥砂浆浇筑密实。

 能力训练

【任务实施】

参观实际工程的砌筑工程。

【技能训练】

通过参观实训，熟悉构造柱的施工工艺，并书写参观实习报告。

工作任务 4.5　砖砌体的施工

1．施工准备工作

（1）润湿砖块：砖应提前1～2d浇水湿润，烧结普通砖、多孔砖含水率宜为10%～15%，灰砂砖、粉煤灰砖含水率宜为8%～12%。现场检验砖含水率的简易方法为断砖法，当砖截面四周融水深度为15～20mm时，视为符合要求的适宜含水率。

（2）确定组砌方式：砖墙根据其厚度不同，可采用全顺、两平一侧、全丁（240mm）、一顺一丁、梅花丁或三顺一丁等砌筑形式。

① 全顺：各皮砖均顺砌，上下皮垂直灰缝相互错开半砖长（120mm），适合砌半砖厚（115mm）墙。

② 两平一侧：两皮顺（或丁）砖与一皮侧砖相间，上下皮垂直灰缝相互错开1/4砖长（60mm）以上，适合砌3/4砖厚（180mm或300mm）墙。

③ 全丁：各皮砖均采用丁砌，上下皮垂直灰缝相互错开1/4砖长，适合砌一砖厚（240mm）墙。

④ 一顺一丁：一皮顺砖与一皮丁砖相间，上下皮垂直灰缝相互错开1/4砖长，适合砌一砖及一砖以上厚墙。

⑤ 梅花丁：同皮中顺砖与丁砖相间，丁砖的上卜均为顺砖，并位于顺砖中间，上下皮垂直灰缝相互错开1/4砖长，适合砌一砖厚墙。

⑥ 三顺一丁：三皮顺砖与一皮丁砖相间，顺砖与顺砖上下皮垂直灰缝相互错开1/2砖长，顺砖与丁砖上下皮垂直灰缝相互错开1/4砖长，适合砌一砖及一砖以上厚墙。

一砖厚承重墙的每层墙的最上一皮砖、砖墙的阶台水平面上及挑出层，应采用整砖丁砌。

在墙上留置临时施工洞口，其侧边离交接处墙面不应小于500mm，洞口净宽度不应超过1m。临时施工洞口应做好补砌。

不得在下列墙体或部位设置脚手眼：砖厚墙；过梁上与过梁成60°的三角形范围及过

梁净跨度 1/2 的高度范围内；宽度小于 1m 的窗间墙；墙体门窗洞口两侧 200mm 和转角处 450mm 范围内；梁垫下及其左右 500mm 范围内。施工脚手眼补砌时，灰缝应填满砂浆，不得用干砖填塞。

（3）制作皮数杆：皮数杆是一种方木标志杆。立皮数杆的目的是用于控制每皮砖砌筑时的竖向尺寸，并使铺灰、砌砖的厚度均匀，保证砖缝水平。皮数杆上除划有每皮砖和灰缝的厚度外，还画出了门窗洞、过梁、楼板等的位置和标高，用于控制墙体各部位构件的标高。皮数杆长度应有一层楼高（不小于 2m），一般立于墙的转角处、内外墙交接处，立皮数杆时，应使皮数杆上的±0.000 线与房屋的标高起点线相吻合。

（4）清理：清除砌筑部位处所残存的砂浆、杂物等。

2．砖砌体砌筑施工要点

砖砌体砌筑工艺流程：抄平、放线→排砖摆底→立皮数杆→盘角、挂线→砌砖→安装过梁及钢筋砖过梁→门窗洞口木砖埋设→勾缝→安装楼板。

1）抄平、放线

（1）底层抄平、放线：当基础砌筑到±0.000m 时，依据施工现场±0.000m 标准水准点在基础面上用水泥砂浆或 C10 细石混凝土找平，并在建筑物四角外墙面上引测±0.000m 标高，画上符号并注明，作为楼层标高引测点；依据施工现场龙门板上的轴线钉拉通线，并沿通线挂线锤，将墙轴线引测到基础面上，再以轴线为标准弹出墙边线，定出门窗洞口的平面位置。轴线放出并经复查无误后，将轴线引测到外墙面上，画上特定的符号，作为楼层轴线引测点。

（2）轴线、标高引测：当墙体砌筑到各楼层时，可根据设在底层的轴线引测点，利用经纬仪或铅垂球，把控制轴线引测到各楼层外墙上；可根据设在底层的标高引测点，利用钢尺向上直接丈量，把控制标高引测到各楼层外墙上。

（3）楼层抄平、放线：轴线和标高引测到各楼层后，就可进行各楼层的抄平、放线。为了保证各楼层墙身轴线的重合，并与基础定位轴线一致，引测后，一定要用钢尺丈量各轴线间距，经校核无误后，再弹出各分间的轴线和墙边线，并按设计要求定出门窗洞口的平面位置。注意抄平时厚度在不大于 20mm 时用 1∶3 水泥砂浆，厚度在大于 20mm 时一般用 C20 细石混凝土找平。

2）排砖摆底（摆砖样）

排砖摆底是指在墙基面上，按墙身长度和组砌方式先用砖块试摆，核对所弹的门洞位置线及窗口、附墙垛的墨线是否符合所选用砖型的模数，对灰缝进行调整，以使每层砖的砖块排列和灰缝均匀，并尽可能减少砍砖。

3）立皮数杆

将皮数杆立于墙的转角处和交接处，其基准标高用水准仪校正。一般每隔 10～15m 再设一根，在相对两皮数杆上砖上边线处拉准线。

4）盘角、挂线

砌砖前应先盘角，一般由经验丰富的泥工负责，每次盘角不要超过五层，新盘按照皮数杆的砖层和标高控制好灰缝大小，使水平灰缝均匀一致。大角盘好后再复查一次，平整度和垂直度完全符合要求后，再挂线砌墙。砌筑一砖半墙必须双面挂线，如果长墙几个人均使用一根通线，中间应设几个支线点，小线要拉紧，每层砖都要穿线看平，使水平缝均匀一致，平直通顺；砌一砖厚混水墙时宜采用外手挂线，可照顾砖墙两面平整，为下道工序控制抹灰厚度奠定基础。

5）砌砖

宜采用"三一"砌筑法，即一铲灰、一块砖、一揉压的砌筑方法。当采用铺浆法砌筑时，铺浆长度不得超过 750mm；施工期间气温超过 30℃时，铺浆长度不得超过 500mm。

"三一"砌砖法

设计要求的洞口、管道、沟槽应于砌筑时正确留出或预埋，未经设计同意，不得打凿墙体和在墙体上开凿水平沟槽。宽度超过 300mm 的洞口上部，应设置钢筋混凝土过梁。砖墙每日砌筑高度不得超过 1.8m，雨天不得超过 1.2m。

对不能同时砌筑而又必须留置的临时间断处应砌成斜槎，斜槎水平投影长度不应小于高度的 2/3。非抗震设防及抗震设防烈度为 6 度、7 度地区的临时间断处，当不能留斜槎时，除转角处外可留直槎，但直槎必须做成凸槎。留直槎处应加设拉结钢筋，拉结钢筋的数量为每 120mm 墙厚放置 1ϕ6 拉结钢筋（120mm 厚墙放置 2ϕ6 拉结钢筋），间距沿墙高不应超过 500mm；埋入长度从留槎处算起每边均不应小于 500mm，对抗震设防烈度为 6 度、7 度的地区，不应小于 1000mm；末端应有 90°弯钩。

6）安装过梁及钢筋砖过梁

安装过梁、梁垫时，其标高、位置及型号必须准确，坐浆饱满。如坐浆厚度超过 20mm 时，要用细石混凝土铺垫，过梁安装时，两端支承点的长度应一致。

当洞口跨度小于 1.5m 时，可采用钢筋砖过梁。钢筋砖过梁的底面为砂浆层，砂浆层厚度不宜小于 30mm。砂浆层中应配置钢筋，钢筋直径不应小于 5mm，其间距不宜大于 120mm，钢筋两端伸入墙体内的长度不宜小于 250mm，并有向上的直角弯钩。

钢筋砖过梁砌筑前，应先支设模板，模板中央应略有起拱。砌筑时，宜先铺 15mm 厚的砂浆层，把钢筋放在砂浆层上，使其弯钩向上，然后再铺 15mm 砂浆层，使钢筋位于 30mm 厚的砂浆层中间。之后，按墙体砌筑形式与墙体同时砌砖。钢筋砖过梁截面计算高度（7 皮砖高）内的砂浆强度不宜低于 M5。钢筋砖过梁底部的模板，应在砂浆强度不低于设计强度 50%时方可拆除。

7）门窗洞口木砖埋设

木砖预埋时应小头在外，大头在内，数量按洞口高度决定。洞口高在 1.2m 以内，每边放 2 块；高 1.2~2m，每边放 3 块；高 2~3m，每边放 4 块。预埋木砖的部位一般在洞口上边或下边 4 皮砖，中间均匀分布。木砖要提前做好防腐处理。

8）勾缝

清水墙砌筑应随砌随勾缝，一般深度以 6~8mm 为宜，缝深浅应一致，并应清扫干净。砌混水墙时应随砌随将溢出墙面的灰浆刮除。

9）安装（浇筑）楼板

搁置预制梁、板的砌体顶面应找平，安装时采用 1∶2.5 的水泥砂浆坐浆。

3．一般砖砌体质量要求及验收

1）砌筑质量的基本要求

砌筑质量的基本要求可概括为：横平竖直、砂浆饱满、上下错缝、接槎牢固。

（1）横平竖直。砖砌的灰缝应横平竖直、厚薄均匀。水平灰缝厚度宜为 10mm，但不应小于 8mm，也不应大于 12mm。

（2）砂浆饱满。砌体水平灰缝的砂浆饱满度不得小于 80%，砌体的受力主要通过砌体之间的水平灰缝传递到下面，水平灰缝不饱满将影响砌体的抗压强度。竖向灰缝不得出现透明缝、瞎缝和假缝，竖向灰缝的饱满程度，影响砌体抗透风、抗渗和砌体的抗剪强度。

（3）上下错缝。上下错缝是指砖砌体上下两皮砖的竖缝应当错开，以避免上下通缝。当上下两皮砖搭接长度小于 25mm 时，即为通缝。在垂直荷载作用下，砌体会由于"通缝"而丧失整体性，影响砌体强度。

（4）接槎牢固。临时间断处留槎必须符合有关规定要求，为使接槎牢固，后面墙体施工前，必须将留设的接槎处表面清理干净，浇水湿润，并填实砂浆，保持灰缝平直。

2）一般砖砌体质量验收项目

（1）主控项目：砖和砂浆的强度等级、砂浆饱满度、留槎、轴线位置偏移（10mm）及垂直度（每层 5mm；全高不超出 10m 时为 10mm，超出 10m 时为 20mm）。

（2）一般项目：组砌方法、灰缝厚度、允许偏差项目（基础顶面和楼面标高、表面平整度、门窗洞口高宽、外墙上下窗口偏移、水平灰缝平直度、清水墙游丁走缝等）。

 能力训练

【任务实施】

参观实际工程的砌筑工程。

【技能训练】

通过参观实训，熟悉砖砌体、石砌体的施工工艺，并书写参观实习报告。

工作任务 4.6　质量验收规范与安全技术

4.6.1　质量验收规范

砌体结构的验收应遵守《砌体结构工程施工质量验收规范》(GB 50203—2011)的要求。所用的材料应有产品合格证书、产品性能型式检测报告，质量应符合国家现行有关标准的要求。块体、水泥、钢筋、外加剂尚应有材料主要性能的进场复验报告，并应符合设计要求。严禁使用国家明令淘汰的材料。

砌体结构工程施工前，应编制砌体结构工程施工方案。伸缩缝、沉降缝、防震缝中的模板应拆除干净，不得夹有砂浆、块体及碎渣等杂物。砌筑顺序应符合下列规定：①基底标高不同时，应从低处砌起，并应由高处向低处搭砌。当设计无要求时，搭接长度 L 不应小于基础底的高差 H，搭接长度范围内下层基础应扩大砌筑。②砌体的转角处和交接处应同时砌筑；当不能同时砌筑时，应按规定留槎、接槎。

砌筑墙体应设置皮数杆。在墙上留置临时施工洞口时，其侧边离交接处墙面不应小于 500mm，洞口净宽度不应超过 1m。抗震设防烈度为 9 度的地区建筑物的临时施工洞口位置，应会同设计单位确定。临时施工洞口应做好补砌。

4.6.2 安全技术

（1）砌筑使用的脚手架，未经交接验收不得使用。验收使用后不准随便拆改或移动。

（2）砌基础时，应检查和经常注意基坑土质变化情况、有无崩裂现象，堆放砖块材料应离开坑边1m以上，砌筑2m以上深基础时，应设有步梯或坡道，不得攀跳槽、沟、坑上下，不得站在墙上操作。送料、砂浆要设有溜槽，严禁向下猛倒和抛掷物料工具等。

（3）墙身砌体高度超过地坪1.2m以上时，应搭设脚手架。

（4）在架子上用刨锛斩砖，操作人员必须面向里，把砖头斩在架子上。挂线用的坠物必须绑扎牢固。

（5）脚手架上堆放料量不得超过规定荷载（均布荷载每平方米不得超过3kN，集中荷载不超过1.5kN）。堆砖高度不得超过3层侧砖，陶粒砌体不得超过两侧卧高度，同一块脚手板上的操作人员不得超过2人。

（6）在楼层施工时，堆放机械、砖块等物品不得超过使用荷载。

（7）垂直运输使用的吊笼、绳索、夹具等必须满足负荷要求，牢固无损。吊运时不得超载，并须经常检查，发现问题及时修理。

（8）用起重机吊砖要用砖笼，吊砂浆的料斗不能装得过满，吊件回转范围内不得有人停留。

（9）用起重机吊运砖，当采用砖笼往楼板上放砖时，要均匀分布，并必须预先在楼板底下加设支柱及横木承载，砖笼严禁直接吊放在脚手架上。

（10）不准站在墙顶上做划线、刮缝和清扫墙面或检查大角垂直等工作。

（11）不准用不稳固的工具或物体在脚手板面垫高操作，更不准在未经过加固的情况下在一层脚手架上随意再叠加一层。脚手板不允许有探头现象，不准用2in×4in木料或钢模板作脚手板。

（12）在同一垂直面内上下交叉作业时，必须设置安全隔板，下方操作人员必须戴好安全帽。

（13）冬季施工有霜、雪时，必须将脚手架等作业环境的霜、雪清除后方可作业。

习 题

一、单选题

1．皮数杆的主要作用是（　　）。
　　A．控制标高　　　　B．拉线　　　　　C．控制垂直度　　　D．确定室内地坪
2．砖墙水平灰缝的砂浆饱满度应至少达到（　　）以上。
　　A．90%　　　　　　B．80%　　　　　C．75%　　　　　　D．70%
3．砌砖墙留斜槎时，斜槎长度不应小于高度的（　　）。
　　A．1/2　　　　　　B．1/3　　　　　　C．2/3　　　　　　D．1/4

4．砖砌体留直槎时应加设拉结筋，拉结筋沿墙高每（　　）设一层。
　　A．300mm　　　　B．500mm　　　　C．700mm　　　　D．1000mm
5．在砖墙中留设施工洞时，洞边距墙体交接处的距离不得小于（　　）。
　　A．240mm　　　　B．360mm　　　　C．500mm　　　　D．1000mm

二、填空题

1．块体是砌体的主要组成部分，包括_____、砌块、_____三大类。

2．砂浆应随拌随用，拌制的砂浆应在_____h内使用完毕；当施工期间最高气温超过30℃时，应在拌成后_____h内使用完毕。

3．小砌块砌筑平灰缝的砂浆饱满度，应按净面积计算不得低于_____%；竖向灰缝饱满度不得小于_____%。

4．墙体转角处和纵横交接处应同时砌筑。临时间断处应砌成斜槎，斜槎水平投影长度不应小于高度的_____。

5．砌块应按品种、规格、强度等级分别堆码整齐，高度不宜超过_____m。

6．当预计连续10d内的平均气温低于_____，或当日最低气温低于_____℃时，应按冬期施工要求实施。

三、简答题

1．简述构造柱的作用。

2．简述芯柱的构造要求。

3．简述砌体结构留槎要求。

四、案例题

某单位工程为一幢砖混结构的商品住宅，层高3m，共五层，基础形式为钢筋混凝土条形基础，主体结构采用横墙承重，按设计要求设置钢筋混凝土圈梁和构造柱，构造柱的混凝土强度为C30，楼面和屋面板采用钢筋混凝土现浇。在主体结构的墙体施工过程中，施工单位按照设计要求在墙体的转角等处浇筑构造柱，在进行构造柱邻近墙体的砌筑时，作业人员采用"先进后退"的方式将构造柱与砖墙的连接处砌成马牙槎，马牙槎高度为350mm，并沿墙高每隔500mm设置拉结钢筋。

（1）请指出上述构造柱施工作业中的不妥之处；

（2）请简要阐述构造柱的施工规范对马牙槎及构造柱中拉结钢筋的构造要求。

学习情境 5　混凝土主体结构——模板工程施工

思维导图

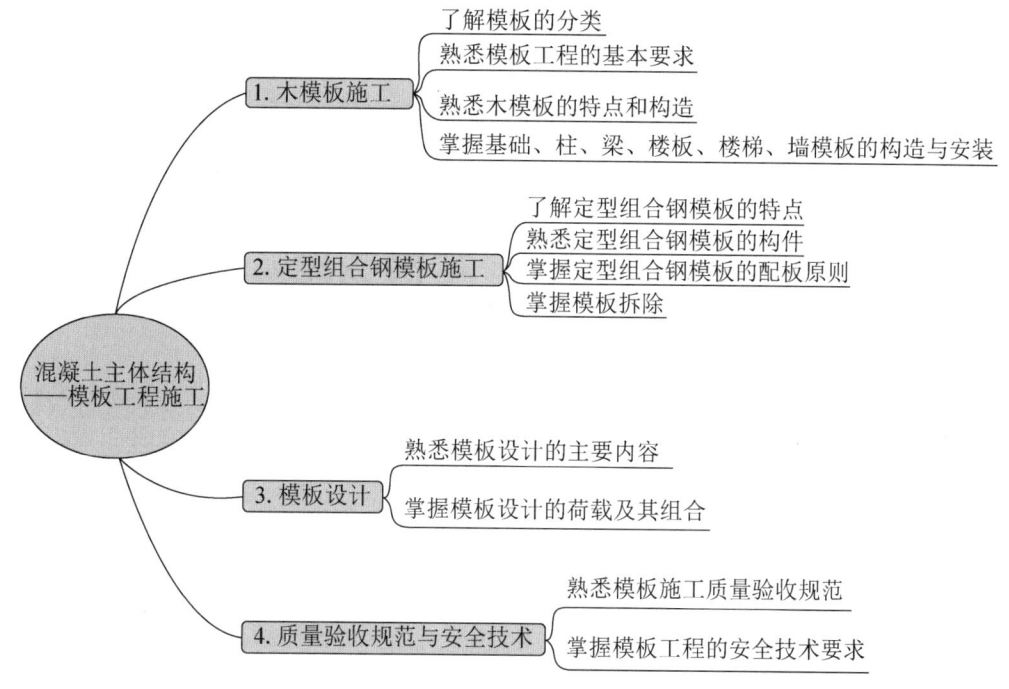

引例

某框架-剪力墙结构，框架柱间距 9m，普通梁板结构，三层楼板，施工当天气温为 35℃，没有雨，施工单位制定了完整的施工方案，采用预拌混凝土，钢筋现场加工。采用多层板模碗扣支撑，架子工搭设完支撑架后由木工制作好后直接拼装梁板模板，模板安装用具有足够承载力和刚度的碗扣式钢管作支撑，模板拼接整齐、严密。梁板模板安装完毕后，用水准仪抄平，保证整体在同一个平面上，不存在凹凸不平问题。钢筋绑扎符合规范要求。钢筋验收后，将木模板中的垃圾清理干净，就开始浇筑混凝土。混凝土浇筑前根据规范要求取样做试块，分别进行标准养护和同条件养护，之后进行混凝土浇筑并振捣，在浇筑完后 12h 以内开始浇水养护。10d 后同条件养护试块送试验室进行试验，混凝土试块抗压强度达到设计强度的 80%，超过了 75%，施工单位决定拆除模板。拆模后为了保证结构的安全性，在梁板跨中部位分别采用了临时支撑。拆模后发现梁板的挠度过大，超过了规范要求。

请思考：①此案例背景中，除了木模板，还可以采用哪些模板？②拆除模板后为什么会出现梁板的挠度过大？

工作任务 5.1 木模板施工

5.1.1 模板工程概述

模板工程占钢筋混凝土工程总造价的 20%～30%，占劳动量的 30%～40%，占工期的 50%左右，决定着施工方法和施工机械的选择，在现浇钢筋混凝土结构施工中占主导地位，直接影响整个工期和造价。

模板就是使钢筋混凝土结构或构件成型的模型，主要由模板和支撑系统两部分组成。

模板按其所用材料不同，分为木模板、钢模板、铝模板、胶合板模板、塑料模板、钢木模板、钢框胶合板模板等，如图 5.1 所示；按其装拆方式不同，分为固定式模板、移动式模板和永久式模板；按结构类型不同，分为基础模板、柱模板、梁模板、楼板模板、楼梯模板、墙模板、壳模板等。

> **特别提示**
>
> 模板工程的基本要求如下：
> （1）能保证混凝土构件成型后的形状、尺寸及相互位置的准确性，接缝严密，不得漏浆；
> （2）应具有足够的强度、刚度和稳定性；
> （3）构造简单，装拆方便，能够多次周转使用。

学习情境 5　混凝土主体结构——模板工程施工

(a)木模板　　(b)钢模板　　(c)铝模板

(d)胶合板模板　　(e)塑料模板　　(f)钢木模板

图 5.1　不同材料模板

引例提示

本情境引例中除了采用木模板，还可以采用钢模板、铝模板、胶合板模板、塑料模板等。

知识链接

新型合金塑料建筑模板的发展

在中国建筑模板行业中，不同种类的模板先后登上过历史舞台：20 世纪 50 年代，我国建筑行业就开始使用木模板；80 年代开始，又提出了"以钢代木"，于是钢模板又在建筑行业流行了一段时间；90 年代中国开始兴起了另外一种模板——竹胶合板，但由于竹胶合板在使用性能方面的一些缺陷（比如难钉钉子），导致了竹胶合板在建筑行业中使用越来越少，转而替代它的是木制胶合板，大概从 21 世纪初，木模板开始了在建筑模板市场上"一家独大"的盛况。

2019 年 3 月份，国家发改委等七部委联合印发《绿色产业指导目录（2019 年版）》，"绿色建筑材料制造"被列入"绿色产业指导目录"的名单中。科技发展日新月异，建筑行业也涌现出了技术含量更高的产品，以绿色、节能、环保为主导的建筑新材料已逐渐占领市场。由于木模板存在耐水性差、周转次数少、污染环境和浪费资源等缺点，将不再成为模板行业的主导。新型合金塑料建筑模板是一种新型的建筑节能环保材料，可广泛应用于钢筋混凝土建筑结构的各个领域，具有明显优势：现场环境整洁，易于现场文明施工，可实现节能环保绿色施工；模板自重轻，承载能力强，便于工人施工，加快了施工进度；节约施工成本；使用寿命长，可周转使用 50 次以上；可百分百回收、再生，减少废弃物对环境的污染。

5.1.2 木模板的特点和构造

1．木模板的特点

木模板及其支撑系统一般在加工厂或现场木工棚制成元件，然后在现场拼装。

木模板板面平整光滑，可锯、可钻、耐低温，有利于冬期施工，浇筑物件表面光滑美观，不污染混凝土表面，可省去墙面二次抹灰工艺；拆装方便，操作简单，工程进展速度快；可做成弯曲平面模板。与钢模板相比，木模板自重轻、面积大，装拆方便灵活，施工性能好，方便各类建筑的施工，减少了拼缝，特别是清水木模板的广泛应用可减少或取消抹灰作业，缩短装修工期，提高了工程质量和工程进度。建筑木模板还可根据工程需要随意切割成所需的特殊规格，特别是在异形结构方面的应用更凸显出木模板的优越性。但木模板容易老化，周转次数低、强度低，硬度也不够，易于损坏。

2．木模板的构造

木模板的基本原件是拼板，拼板由板条和拼条组成，如图 5.2 所示。板条厚度一般为 25～50mm，宽度不宜超过 200mm，以保证干缩时缝隙均匀，浇水后缝隙严密且板条不翘曲，但梁底板的板条宽度不受限制，以免漏浆。拼条截面尺寸为 50mm×50mm，拼条间距根据施工荷载大小及板条的厚度而定，一般取 400～500mm。

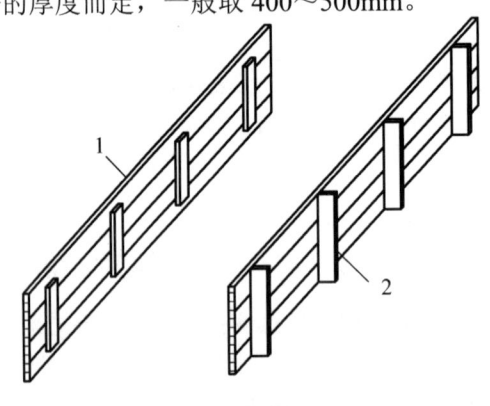

(a)一般拼板　　(b)梁侧板的拼板

1—板条；2—拼条。

图 5.2　拼板的构造

5.1.3 基础模板的构造与安装

1．条形基础模板

条形基础模板一般由侧板、斜撑、平撑等组成，如图5.3所示。

2．阶梯基础模板

阶梯基础模板每一台阶模板由四块侧板拼装而成，其中两块相互平行的侧板的尺寸与相应的台阶尺寸相等，另外两块相互平行的侧板长度应比相应的台阶侧面长度长 150～200mm，高度与台阶高度相等，如图 5.4 所示。

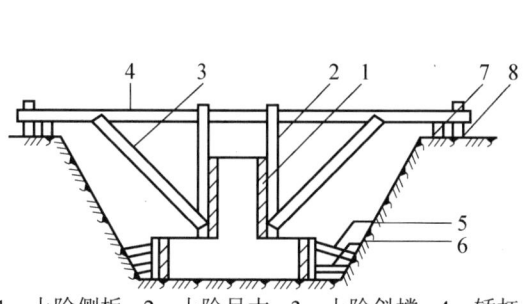
1—上阶侧板；2—上阶吊木；3—上阶斜撑；4—轿杠；
5—下阶斜撑；6—水平撑；7—垫板；8—木桩。

图 5.3 条形基础模板

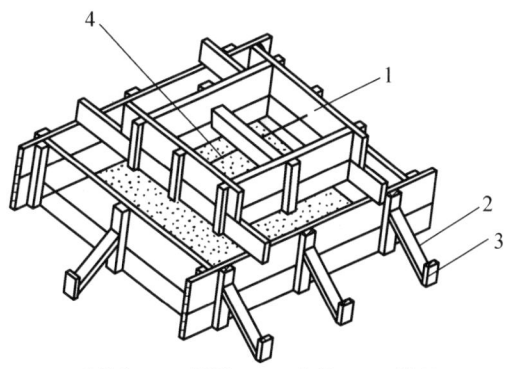
1—侧板；2—斜撑；3—木桩；4—铁丝。

图 5.4 阶梯基础模板

5.1.4 柱模板的构造与安装

柱的特点是截面尺寸不大，但比较高。因此，柱模板的安装主要解决模板的垂直度和抵抗新浇混凝土侧向压力的问题，同时也应考虑便于混凝土浇筑、垃圾清理等。

柱模板由两块内拼板夹在两块外拼板之间组成，如图 5.5 所示。拼板外设有柱箍，柱模板底部设有清理孔，沿高度方向每隔 2m 设有混凝土浇筑孔。

柱模板安装施工

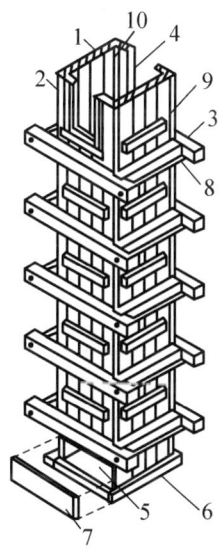

1—内拼板；2—外拼板；3—柱箍；4—梁缺口；5—清理孔；
6—木框；7—盖板；8—拉紧螺栓；9—拼条；10—三角木条。

图 5.5 柱模板

安装柱箍时应自下而上进行，柱箍间距一般为 40~60cm。柱截面较大时应设置柱中穿心螺栓，由计算确定螺栓的直径、间距。

5.1.5 梁模板的构造与安装

梁模板一般由底模、侧模、夹木及支撑系统组成，如图5.6所示。

梁模板由底模承受垂直荷载，底模一般较厚，不宜小于50mm。底模支架称为琵琶撑（牛头撑），琵琶撑的支柱（顶撑）一般做成可以伸缩的，以便调整高度。支柱底部应垫以木楔和木垫板。琵琶撑的间距应根据量测的高度而定，一般为1m左右。

梁的侧模主要承受横向侧压力，其厚度一般不宜小于30mm，底部用固定夹板固定侧模。对于高大的梁，可在侧模中部加铁丝或用对拉螺杆固定，以防变形。

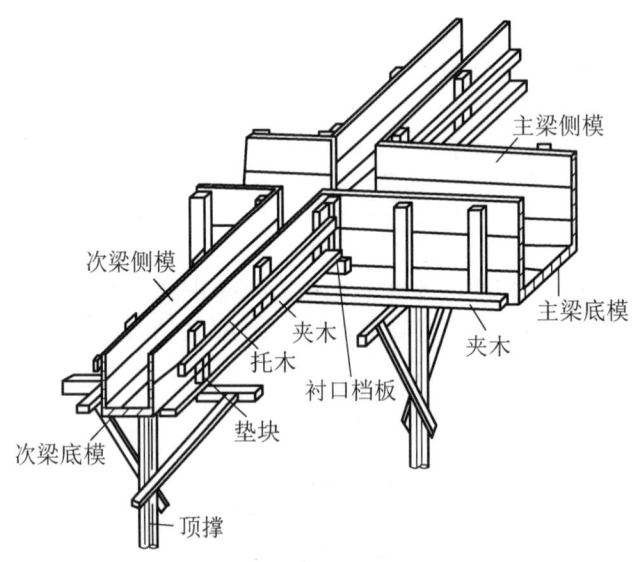

图 5.6 梁模板

特别提示

当梁底板跨度≥4m时，跨中梁底处应按设计要求起拱，以防止新浇混凝土的荷载使跨中模板下挠。如设计无要求时，起拱高度宜为全跨长度的1‰~3‰。主次梁交接时，先主梁起拱，后次梁起拱。

5.1.6 楼板模板的构造与安装

楼板模板由底模和横楞组成，横楞下方由支柱承担上部荷载，如图5.7所示。

梁与楼板支模，一般先支梁模板，后支楼板的横楞，再依次支设下面的横杠和支柱。在楼板与梁的连接处靠托木支撑，经立档传至梁下支柱。楼板底模铺在横楞上。

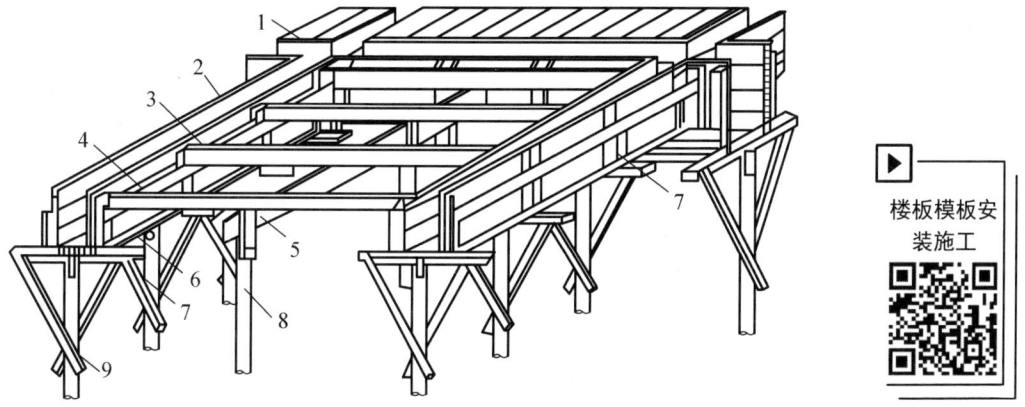

1—楼板模板；2—梁侧模板；3—横楞；4—托木；5—杠木；6—夹木；7—短撑木；8—立柱；9—顶撑。

图 5.7 有梁楼板模板

5.1.7 楼梯模板的构造与安装

楼梯模板要倾斜支设，且要能形成踏步。图 5.8 所示为一种具体楼梯模板。

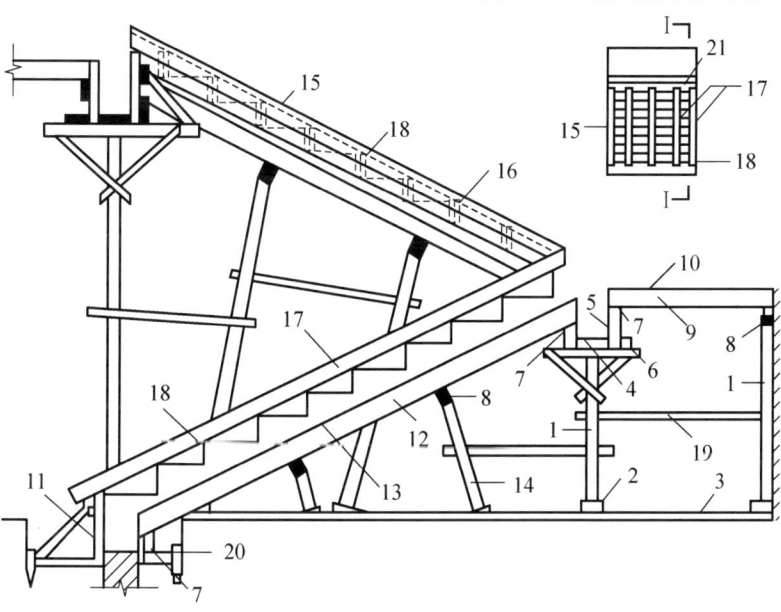

1—支柱；2—木楔；3—垫板；4—平台梁底板；5—侧板；6—夹木；7—托板；8—牵杠；9—木楞；10—平台底板；11—梯基侧板；12—斜楞；13—楼梯段底板；14—斜向支柱；15—外帮板；16—横档木；17—反三角板；18—踏步侧板；19—拉杆；20—木桩；21—平台梁外侧模板。

图 5.8 一种具体楼梯模板

> **特别提示**
>
> 在斜楞上面铺钉楼梯底模。在楼梯段模板放线时要注意每层楼梯第一步和最后一个踏步的高度，施工中常因疏忽了楼地面面层的厚度不同，造成踏步高低不同的现象而影响使用。

5.1.8 墙模板的构造与安装

墙体的特点是高度大而厚度小，其模板主要承受混凝土的侧压力，因此必须加强面板刚度并设置足够的支撑，以确保模板不变形和不发生位移。

平面模板可以竖拼也可以横拼，外面用木楞加固（也可用钢楞），并用斜撑撑紧保持稳定，用对拉螺栓以抵抗混凝土的侧压力和保持两片模板之间的间距（墙厚）。

安装墙模板时，首先沿边线抹水泥砂浆，做好安装墙模板的基底处理工作，然后按配板图由一端向另一端、由下向上逐层拼装。

✓ 能力训练

【任务实施】
参观某工程的模板工程施工过程。
【技能训练】
（1）通过参观实训，熟悉模板的种类、组成、各种构件模板的构造和安装过程，并书写参观实习报告；
（2）上机操作施工工艺虚拟仿真软件，完成模板的制作与安装。

工作任务 5.2 定型组合钢模板施工

定型组合钢模板是一种工具式定型模板，这种模板体系通用性强，可灵活组装，装拆方便，强度高、刚度大、尺寸精度高，接缝严密、表面光洁、组装快，可组合拼装成大块，实现机械化施工，且周转次数多（50 次以上），能节约木材、降低施工成本，为国内较广泛使用的一种模板形式。其缺点是一次投资费用较大。

5.2.1 定型组合钢模板的构件

定型组合钢模板系列，包括钢模板、连接件、支承件三部分。

1. 钢模板

钢模板有通用模板和专用模板两类，通用模板包括平面模板、阴角模板、阳角模板和连接角模板，专用模板包括梁腋模板、搭接模板、可调模板及嵌补模板。这里主要介绍常用的通用模板，如图 5.9、图 5.10 所示。

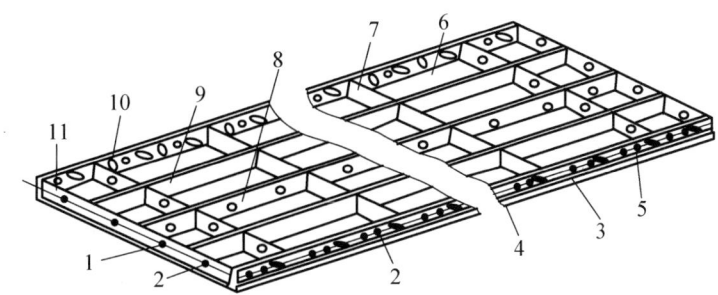

1—插销孔；2—U形卡孔；3—凸鼓；4—凸棱；5—边肋；6—主板；
7—无孔横肋；8—有孔纵肋；9—无孔纵肋；10—有孔横肋；11—端肋。

图 5.9 平面模板

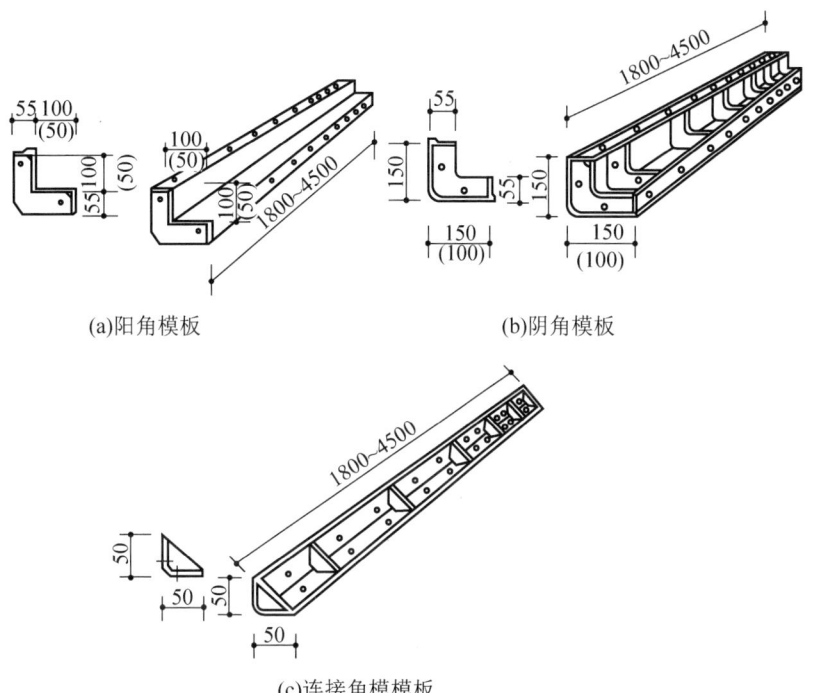

(a)阳角模板　　　　(b)阴角模板

(c)连接角模模板

图 5.10 阳角模板、阴角模板和连接角模板（单位：mm）

平面模板用于基础、墙体、梁、板、柱等各种结构的平面部位，由面板和肋组成，肋上设有 U 形卡孔和插销孔，利用 U 形卡和 L 形插销等拼装成大块板，板块出厚度 2.3mm、2.5mm 的薄钢板压轧成型，不低于 400mm 宽面的钢模板应采用厚度 2.75mm 或 3.0mm 的钢板。钢模板采用模数制设计，板块的宽度以 100mm 为基础，按 50mm 进级；长度以 450mm 为基础，按 150mm 进级。

阴角模板用于混凝土构件阴角，如内墙角、水池内角及梁板交接处阴角等；阳角模板主要用于混凝土构件阳角；连接角模用于平面模板作垂直连接构成阳角。

2．连接件

定型组合钢模板的连接件，包括 U 形卡、L 形插销、钩头螺栓、对拉螺栓、紧固螺栓和扣件等，U 形卡是最主要的连接件，各连接件的连接如图 5.11 所示。

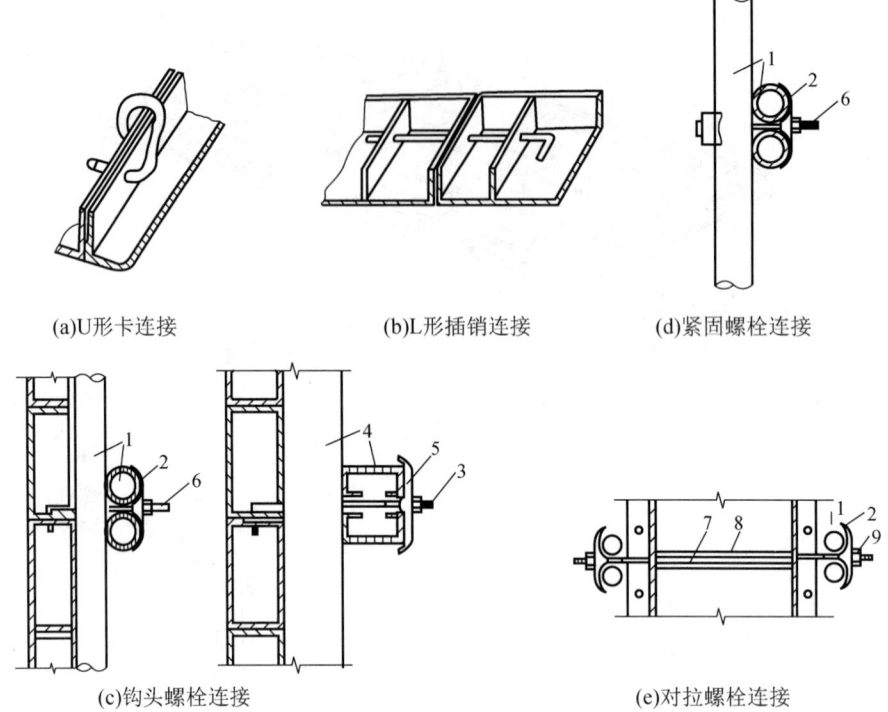

(a)U形卡连接　　(b)L形插销连接　　(d)紧固螺栓连接

(c)钩头螺栓连接　　(e)对拉螺栓连接

1—圆钢管钢楞；2—"3"形扣件；3—钩头螺栓；4—内卷边槽钢钢楞；
5—蝶形扣件；6—紧固螺栓；7—对拉螺栓；8—塑料套管；9—螺母。

图 5.11　钢模板连接件的连接

1）U 形卡

U 形卡用于钢模板之间的连接与锁定，使钢模板拼装密合。U 形卡安装一般不大于 300mm，即每隔一孔插一个卡，安装方向一顺一倒相互交错。

2）L 形插销

L 形插销插入模板两端边框的插销孔内，用于增强钢模板纵向拼接的刚度和保证接头处板面平整。

3）钩头螺栓

钩头螺栓用于钢模板与内外钢楞之间的连接固定，使之成为整体，安装间距一般不大于 600mm，长度应与采用的钢楞尺寸相适应。

4）对拉螺栓

对拉螺栓用来保持模板与模板之间的设计厚度并承受混凝土的侧压力及水平荷载，使模板不致变形。

5）紧固螺栓

紧固螺栓用于紧固钢模板内外钢楞，增强组合模板的整体刚度，长度与采用的钢楞尺寸相适应。

6）扣件

扣件用于将钢模板和钢楞紧固，与其他的配件一起将钢模板拼接成整体；按钢楞的不同形状、尺寸，分别采用蝶形扣件和"3"形扣件，其规格分为大、小两种。

3．支承件

钢模板的支承件，包括钢楞、柱箍、钢支架（钢管支架、钢管脚手支架）梁卡具、圈梁卡、斜撑、组合支柱、平面可调桁架和曲面可变桁架等。

1）钢楞

钢楞即模板的横档和竖档，分内钢楞与外钢楞。

2）柱箍

角钢柱箍由两根互相焊成直角的角钢组成，用弯角螺栓及螺母拉紧。

3）钢支架

（1）常用钢管支架如图5.12（a）所示。

（2）另一种钢管支架本身装有调节螺杆，能调节一个孔距的高度，如图5.12（b）所示。

（3）组合钢支架和钢管井架如图5.12（c）所示，扣件式钢管脚手架、门型脚手架作支架如图5.12（d）所示。

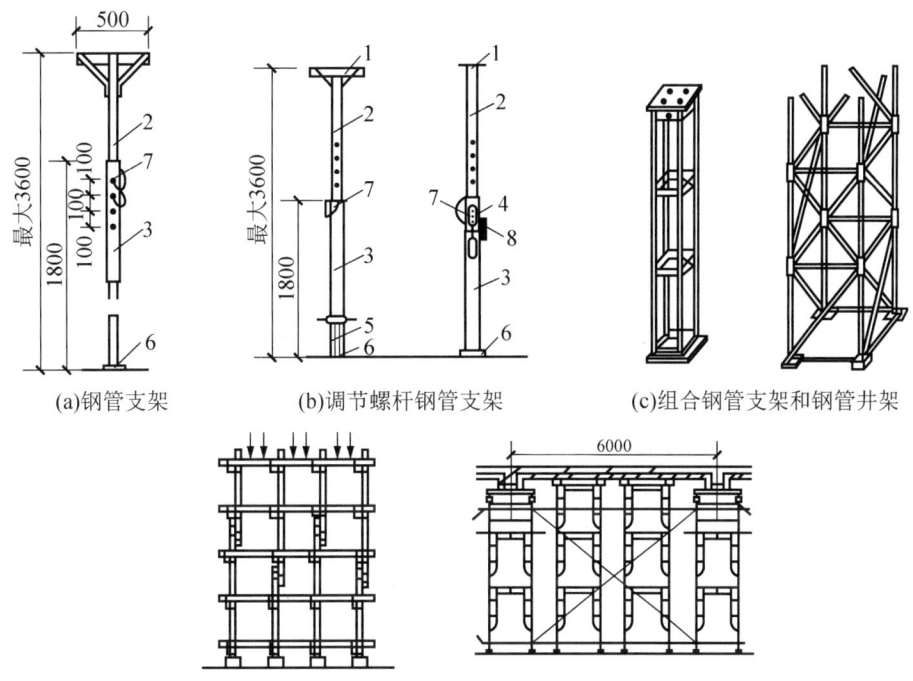

(a)钢管支架　　(b)调节螺杆钢管支架　　(c)组合钢管支架和钢管井架

(d)扣件式钢管脚手架、门型脚手架作支架

1—顶板；2—钢管；3—套管；4—转盘；5—螺杆；6—底板；7—钢销；8—转动手柄。

图 5.12　钢支架（单位：mm）

5.2.2　定型组合钢模板的配板原则

配板设计和支撑系统的设计应遵守以下原则。

（1）要保证构件的形状、尺寸及相互位置的正确。

（2）使模板具有足够的强度、刚度和稳定性，能够承受新浇混凝土的重力和侧压力，以及各种施工荷载。

（3）力求构造简单，装拆方便，不妨碍钢筋绑扎，保证混凝土浇筑时不漏浆。柱、浆、墙、板的各种模板面的交接部分应采用连接简便、结构牢固的专用模板。

（4）配制的模板，应优先选用通用、大块模板，使其种类和块数最小、木板镶拼量最少。设置对拉螺栓的模板，为了减少钢模板的钻孔损耗，可在螺栓部位改用 55mm×100mm 刨光方木代替，或应使钻孔的模板能多次周转使用。

（5）相邻钢模板的边肋都应用 U 形卡插卡牢固，U 形卡的间距不应大于 300mm；端头接缝上的卡孔也应插上 U 形卡或 L 形插销。

（6）模板长向拼接宜采用错开布置，以增加模板的整体刚度。

（7）模板的支撑系统应根据模板的荷载和部件的刚度进行布置。

（8）模板的配板设计应绘制配板图，标出钢模板的位置、规格、型号和数量。预组装大模板，应标绘出其分界线。预埋件和预留孔洞的位置，应在配板图上标明，并注明固定方法。

> **特别提示**
>
> 模板的支撑系统应根据模板的荷载和部件的刚度进行布置，具体方式如下。
>
> （1）内钢楞应与钢模板的长度方向相垂直，直接承受钢模板传递的荷载；外钢楞应与内钢楞互相垂直，承受内钢楞传来的荷载，用于加强钢模板结构的整体刚度，其规格不得小于内钢楞。
>
> （2）内钢楞悬挑部分的端部挠度应与跨中挠度大致相同，悬挑长度不宜大于 400mm，支柱应着力在外钢楞上。
>
> （3）一般柱、梁模板，宜采用柱箍和梁卡具作支撑件。断面较大的柱、梁，宜采用对拉螺栓和钢楞及拉杆。
>
> （4）模板端缝齐平布置时，一般每块钢模板应有两处钢楞支撑；错开布置时，其间距可不受端缝位置的限制。
>
> （5）在同一工程中，可多次使用的预组装模板，宜采用模板与支撑系统连成整体的模架。
>
> （6）支承系统应经过设计计算，保证具有足够的强度和稳定性。当支柱或其节间的长细比大于 110 时，应按临界荷载进行核算，安全系数可取 3~3.5。
>
> （7）对于连续形式或排架形式的支柱，应适当配置水平撑与剪刀撑，以保证其稳定性。

5.2.3 模板拆除

混凝土浇筑施工后，模板的拆除时间取决于混凝土的强度、模板的用途、结构的性质。及时拆模，可提高模板的周转率，也可以为其他工作创造条件。但过早拆模，混凝土会因强度不足以承担本身自重或受到外力作用而变形甚至断裂，造成重大的质量事故，因此，《混凝土结构工程施工规范》（GB 50666—2011）对模板拆除也给出了明确的检验标准。

1．模板拆除时间

（1）对非承重侧模板，混凝土强度应达到 2.5MPa 以上，其表面和棱角不因拆模而损坏方可拆除。

(2)承重的底模板及其支架拆除时的混凝土强度应符合设计要求;当设计无具体要求时,混凝土强度应符合表 5-1 的规定。检验方法:检验同条件养护试块强度。

表 5-1 底模拆除时的混凝土强度要求

构件类型	构件跨度/m	达到设计的混凝土立方体抗压强度标准值的百分率/(%)
板	≤2	≥50
	>2,≤8	≥75
	>8	≥100
梁、拱、壳	≤8	≥75
	>8	≥100
悬臂构件	—	≥100

引例提示

不符合规范的做法如下。

① 模板安装时应起拱,当设计无要求时,跨度 9m 的现浇混凝土梁板可按跨度的 1/1000~3/1000 起拱,即起拱为 9~27mm。

② 对于跨度 9m 的现浇混凝土梁板,按照《混凝土结构工程施工质量验收规范》(GB 50204—2015)的要求,其跨度已经超过 8m,拆模时的混凝土强度应达到设计强度的 100%方可拆除模板。

2. 模板拆除注意事项

(1)拆模的顺序和方法应按模板的设计规定进行。当设计无规定时,可采取先支后拆、后支先拆,先拆非承重模板、后拆承重模板,并应从上而下进行拆除。

(2)多个楼层间连续支模的底层支架拆除时间,应根据连续支模的楼层间荷载分配和混凝土强度的增长情况确定。

(3)快拆支架体系的支架立杆间距不应大于 2m。拆模时应保留立杆并顶托支承楼板,拆模时的混凝土强度可取构件跨度为 2m 按表 5-1 的规定确定。

(4)拆下的模板及支架杆件不得抛扔,应分散堆放在指定地点,并应及时清运。

(5)模板拆除后应将其表面清理干净,对变形和损伤部位应进行修复。

(6)大体积混凝土的拆模时间除应满足混凝土强度要求外,还应使混凝土内外温差降低到 25℃以下方可拆模,否则应采取有效措施防止产生温度裂缝。

(7)后张预应力混凝土结构的侧模宜在施加预应力前拆除,底模应在施加预应力后拆除。当设计有规定时应按规定执行。

(8)拆模前应检查使用的工具有效和可靠,扳手等工具必须装入工具袋或系挂在身上,并应检查拆模场所范围内的安全措施。

(9)模板拆除工作应设专人指挥。作业区应设围栏,其内不得有其他工种作业,并应设专人负责监护。拆下的模板、零配件严禁抛掷。

✓ 工程案例

贵州省贵阳市"3·14"模板坍塌事故

一、事故经过

2010 年 3 月 14 日,贵州省贵阳市某工程发生一起模板支撑体系局部坍塌事故,造成 9

人死亡，1人重伤。2010年3月12日晚8时，施工方劳务队开始浇筑B2与C2展厅之间室外平台区域梁、板、柱混凝土。3月13日，现场增加一台输送泵，两台泵车同时对梁、板、柱进行浇筑。14日上午8时许，在浇筑（A2-32～A2-38）段时，模板支撑系统振动较大，并发现现场柱体出现爆模，施工单位安排3名木工对爆模部位进行加固，另有2人收集爆模漏出的混凝土料，泥工班继续浇筑。11时30分（A2-32～A2-38）段模板支撑体系发生坍塌，坍塌面积约为480m^2，坍塌混凝土量约105m^3。坍塌方式为从中间向下爆陷，两边支撑架体及模板钢筋向中间部位倾斜覆盖。当时现场在模板上浇筑混凝土的工人有混凝土公司和劳务队的人员，支撑架体下面有正在对爆模部位进行加固的木工班人员。事故共造成9人死亡，1人重伤。

二、事故原因

1）直接原因

（1）现场搭设的模板支撑体系未按照专项方案进行搭设，立杆和横杆间距、步距等不满足要求、扫地杆设置严重不足、水平垂直剪刀撑设置过少。

（2）混凝土浇筑方式违反高支模专项施工方案的要求：施工工艺没有按照先浇筑柱、后浇筑梁板的顺序进行，而是采取了同时浇筑的方式。

2）间接原因

（1）施工单位安全生产管理制度不落实、施工现场安全生产管理混乱、盲目赶抢工期、施工人员违规违章作业。

（2）监理公司对施工单位梁、板、柱同时浇筑的违规作业行为，未能及时发现并制止；对施工单位逾期未整改安全隐患的情况没有及时向建设单位报告。

（3）混凝土公司安全教育、安全技术交底不到位，混凝土输送管未单独架设，而是从内架穿过与架体联为一体，致使高支模荷载增加。

（4）劳务公司将公司资质证照违规转借给无资质的劳务队伍。

三、事故处理

1）对事故相关人员的处理意见

（1）对项目经理、项目部生产经理、项目部技术负责人，给予撤职处分，由市住房和城乡建设局提请发证部门撤销其与安全生产有关的执业资格、岗位证书，并处相应的经济处罚。

（2）对项目安全部负责人、项目部安全员、质检员给予行政处分，并由市住房和城乡建设局提请发证部门撤销其与安全生产有关的执业资格、岗位证书，并处相应的经济处罚。

（3）对劳务队总负责人、现场负责人、事故工区工段长等人员，移送司法机关处理。

（4）对施工总包单位总经理、副总经理、总工程师，给予记过处分，并处相应的经济处罚。

（5）对混凝土公司常务副总，处以相应的经济处罚。生产调度经理，给予撤职处分，并处相应的经济处罚。

（6）对监理单位分公司总经理、项目总监、项目安全监理组组长、现场安全监理员，处以相应的经济处罚。

（7）对市建筑管理处某工作站站长、安监组组长、安全监管员，给予相应的行政处分。

2）对事故单位的处理意见

（1）施工总包单位对事故的发生负有责任，由市住房和城乡建设局提请发证部门给予降低企业资质处罚，并处相应的经济处罚。

（2）对混凝土公司、监理公司处以相应的经济处罚。

（3）对劳务公司，由市住房和城乡建设局提请发证部门给予降低企业资质的行政处罚。

（4）对贵阳市住房和城乡建设局建筑管理处，由市政府对其进行全市通报批评，并责成其向市政府写出检查。

工作任务 5.3　模板设计

模板及其支撑体系应具有足够的强度、刚度和稳定性，能可靠地承受浇筑混凝土的重力、侧压力及施工荷载。模板设计主要任务是确定模板构造及各部分尺寸，进行模板与支撑的结构计算。一般的工程施工中，普通结构或构件的模板不要求进行计算，但特殊结构和结构跨度很大时必须进行验算，以保证结构和施工安全。

5.3.1　模板设计的主要内容

模板设计的内容，主要包括选型、选材、配板、荷载计算、结构设计和绘制模板施工图等。各项设计内容和详尽程度，可根据工程的具体情况和施工条件确定。

> **特别提示**
>
> 模板设计的基本原则如下。
> （1）保证构件的形状尺寸及相互位置正确。
> （2）模板有足够的强度、刚度和稳定性，能承受新浇混凝土的重力、侧压力及各种施工荷载，变形不大于2mm。
> （3）构造简单、装拆方便，不妨碍钢筋绑扎、不漏浆；配制的模板应使其规格和块数最少、镶拼量最少。
> （4）对拉螺栓和扣件根据计算配置，宜减少模板的开孔。
> （5）支架系统应有足够的强度和稳定性，节间长细比宜小于110，安全系数应大于3。

5.3.2　模板荷载及其组合

1．荷载标准值
1）模板及支架自重标准值
应根据设计图纸确定相关数据。
肋形楼板及无梁楼板模板的自重标准值见表 5-2。

表 5-2　模板及支架自重标准值　　　　　单位：kN/m³

模板构件的名称	木模板	组合钢模板	钢框胶合板模板
平板的模板及小楞	0.30	0.50	0.40

续表

模板构件的名称	木模板	组合钢模板	钢框胶合板模板
楼板模板（其中包括梁的模板）	0.50	0.75	0.60
楼板模板及其支架（楼层高度为4m以下）	0.75	1.10	0.95

2）新浇混凝土自重标准值

普通混凝土可采用 24kN/m³，其他混凝土可根据实际重力密度确定。钢筋自重标准值按设计图纸计算确定。一般可按每立方米混凝土含量计算：框架梁 1.5kN/m³，楼板 1.1kN/m³。

3）施工人员及设备荷载标准值

计算模板及直接支承模板的小楞时，对均布荷载取 2.5kN/m²，另外应以集中荷载 2.5kN 再行验算，比较两者所得的弯矩值，按其中较大者采用；计算直接支撑小楞结构构件时，均布活荷载取 1.5kN/m²；计算支架立柱及其他支撑结构构件时，均布活荷载取 1.0kN/m²。

4）振捣混凝土时产生的荷载标准值

水平面模板可采用 2.0kN/m²，垂直面模板可采用 4.0kN/m²（作用范围在新浇筑混凝土侧压力的有效压头高度以内）。

5）新浇筑混凝土对模板侧面的压力标准值

采用内部振捣器时，可按以下两式计算并取其较小值：

$$F = 0.22\gamma_c t_0 \beta_1 \beta_2 V^{\frac{1}{2}}$$

或

$$F = \gamma_c H$$

式中 F——新浇筑混凝土对模板的最大侧压力（kN/m²）。

γ_c——混凝土的重力密度（kN/m³）。

t_0——新浇筑混凝土的初凝时间（h），可按实测确定；当缺乏试验资料时，可采用 $t_0=200/(T+15)$ 计算（T 为混凝土的温度，℃）。

V——混凝土的浇筑速度（m/h）。

H——混凝土侧压力计算位置处至新浇筑混凝土顶面的总高度（m）。

β_1——外加剂影响修正系数；不掺外加剂时取 1.0，掺具有缓凝作用的外加剂时取 1.2。

β_2——混凝土坍落度影响修正系数；当坍落度小于 30mm 时取 0.85，50～90mm 时取 1.0，110～150mm 时取 1.15。

6）倾倒混凝土时产生的荷载标准值

倾倒混凝土时对垂直面模板产生的水平荷载标准值，可按表 5-3 采用。

表 5-3 倾倒混凝土时产生的水平荷载标准值   单位：kN/m²

向模板中供料方法	水平荷载标准值
用溜槽、串筒或由导管输出	2
用容量小于 0.2m³ 的运输器具倾倒	2
用容量为 0.2～0.8m³ 的运输器具倾倒	4
用容量大于 0.8m³ 的运输器具倾倒	6

2. 荷载设计值

模板及其支架的荷载设计值，应为荷载标准值乘以相应的荷载分项系数，后者见表5-4。

表5-4 模板及支架荷载分项系数

项次	荷载类别	系数
1	模板及其支架自重	1.35
2	新浇混凝土自重	
3	钢筋自重	
4	施工人员及施工设备荷载	1.4
5	风荷载	
6	新浇混凝土对模板侧面的压力	1.35
7	泵送混凝土、倾倒混凝土时产生的荷载	1.4

3. 荷载折减（调整）系数

（1）钢模板及其支架，荷载设计值可乘以系数 0.85 予以折减，但其截面塑性发展系数取 1.0；

（2）采用冷弯薄壁型钢材，系数为 1.0；

（3）木模板及其支架，当木材含水率小于 25% 时，其荷载设计值可乘以系数 0.9 予以折减；

（4）在风荷载作用下，验算模板及其支架的稳定性时，其基本风压值可乘以系数 0.8 予以折减。

4. 荷载组合

荷载类别及其编号见表5-5，荷载组合见表5-6。

表5-5 荷载类别及编号

名称	类别	编号
模板结构自重	恒载	G_1
新浇筑混凝土自重	恒载	G_2
钢筋自重	恒载	G_3
施工人员及施工设备荷载	恒载	Q_1
风荷载	恒载	Q_2
新浇筑混凝土对模板侧面的压力	恒载	G_4
泵送混凝土、倾倒混凝土时产生的荷载	恒载	Q_3

表5-6 荷载组合

项次	项目	荷载组合	
		计算承载能力	验算刚度
1	混凝土水平构件的模板及支架	$G_1+G_2+G_3+Q_1$	$G_1+G_2+G_3$
2	高大模板支架	$G_1+G_2+G_3+Q_1$	$G_1+G_2+G_3$
		$G_1+G_2+G_3+Q_2$	
3	混凝土竖向模板或水平构件的侧面模板	G_4+Q_3	G_4

应用案例

【案例概况】

某高层混凝土剪力墙厚 200mm，采用大模板施工，模板高为 2.6m，已知现场施工条件为：混凝土温度为 20.8℃，混凝土浇筑速度为 1.4m/h，混凝土坍落度为 6cm（标准值），不掺外加剂，向模板倾倒混凝土产生的水平荷载为 6.0kN/m²，振捣混凝土产生的水平荷载为 4.0kN/m²。试确定该模板设计的荷载及荷载组合。

【案例解析】

（1）设新浇筑混凝土对模板侧面的压力标准值为 F_1，计算如下：

$$F_1' = 0.22\gamma_c t_0 \beta_1 \beta_2 V^{1/2} = 0.22 \times 25 \times \frac{200}{(20+25)} \times 1.0 \times 1.0 \times 1.4^{\frac{1}{2}} = 37.2(\text{kN/m}^2)$$

$$F_1'' = \gamma_c H = 25 \times 2.6 = 65(\text{kN/m}^2)$$

$$F_1 = \min(F_1', F_1'') = 37.2(\text{kN/m}^2)$$

（2）倾倒混凝土时产生的水平荷载为

$$F_2 = 6.0(\text{kN/m}^2)$$

（3）振捣混凝土时产生的水平荷载为

$$F_3 = 6.0(\text{kN/m}^2)$$

（4）计算模板承载力时的荷载组合为

$$P_1 = 1.2F_1 + 1.4F_2 = 53.04(\text{kN/m}^2)$$

（5）计算模板刚度时的荷载组合为

$$P_2 = 1.2F_1 = 44.64(\text{kN/m}^2)$$

能力训练

【任务实施】

结合工程案例，编制模板工程设计计算书。

【技能训练】

通过编制模板工程设计计算书，掌握模板设计计算过程。

工作任务 5.4 质量验收规范与安全技术

5.4.1 质量验收规范

1. 模板分项工程质量检查验收一般规定

（1）模板工程应编制专项施工方案。滑模、爬模等工具式模板工程及高大模板支架工程的专项施工方案，应进行技术论证。

（2）模板及支架应根据施工过程中的各种工况进行设计，应具有足够的承载力和刚度，并应保证其整体稳固性。

2．模板安装检查

1）主控项目

（1）模板及支架材料的技术指标应符合国家现行有关标准和专项施工方案的规定。

检查数量：全数检查。

检验方法：检查质量证明文件。

（2）现浇混凝土结构的模板及支架安装完成后，应按照专项施工方案对下列内容进行检查验收：①模板的定位；②支架杆件的规格、尺寸、数量；③支架杆件之间的连接；④支架的剪刀撑和其他支撑设置；⑤支架与结构之间的连接设置；⑥支架杆件底部的支承情况。

检查数量：全数检查。

检验方法：观察、尺量检查；力矩扳手检查。

2）一般项目

（1）安装现浇结构的上层模板及其支架时，下层楼板应具有承受上层荷载的承受能力，或加设支架；上下层支架的支柱应对准，并铺设垫板。

检查数量：全数检查。

检验方法：对照模板设计文件和施工技术方案观察。

（2）在涂刷模板隔离剂时，不得污染钢筋和混凝土接槎处。

检查数量：全数检查。

检验方法：观察。

（3）模板安装质量应符合下列要求。

① 模板的接缝应严密。

② 模板内不应有杂物。

③ 模板与混凝土的接触面应平整、清洁。

④ 对清水混凝土构件，应使用能达到设计效果的模板。

检查数量：全数检查。

检验方法：观察检查。

（4）脱模剂的品种和涂刷方法应符合专项施工方案的要求。脱模剂不得影响结构性能及装饰施工，不得污染钢筋和混凝土接槎处。

检查数量：全数检查。

检验方法：观察检查；检查质量证明文件和施工记录。

（5）模板的起拱应符合《混凝土结构工程施工规范》（GB 50666—2011）的规定，并应符合设计及施工方案的要求。

检查数量：在同一检验批内，对梁应抽查构件数量的10%，且不少于3件；对板应按有代表性的自然间抽查10%，且不少于3间；对大空间结构，板可按纵、横轴线划分检查面，抽查10%，且不少于3面。

检验方法：水准仪或尺量检查。

（6）支架立柱和竖向模板安装在土层上时，应符合下列规定。

① 土层应坚实、平整，其承载力或密实度应符合施工方案的要求。

② 应有防水、排水措施；对冻胀性土，应有预防冻融措施。

③ 支架立柱下应设置垫板，并应符合施工方案的要求。

检查数量：全数检查。

检验方法：观察检查；承载力检查勘察报告或试验报告。

（7）现浇混凝土结构多层连续支模时，上、下层模板支架的立柱宜对准。

检查数量：全数检查。

检验方法：观察检查。

（8）固定在模板上的预埋件、预留孔洞均不得遗漏，且应安装牢固，其偏差应符合表 5-7 的规定。

检查数量：在同一检验批内，对梁、柱和独立基础，应抽查构件数量的 10%，且不应少于 3 件；对墙和板，应按有代表性的自然间抽查 10%，且不得小于 3 间；对大空间结构，墙可按相邻轴线间高度 5m 左右划分检查面，板可按纵横轴线划分检查面，抽查 10%，且不少于 3 面。

检验方法：钢尺检查。

表 5-7　预埋件和预留孔洞的允许偏差

项目		允许偏差/mm
预埋钢板中心线位置		3
预埋管、预留孔中心线位置		3
插筋	中心线位置	5
	外露长度	+10，0
预埋螺栓	中心线位置	2
	外露长度	+10，0
预留洞	中心线位置	10
	尺寸	+10，0

注：检查中心线位置时，应沿纵、横两个方向量测，并取其中的较大值。

（9）现浇结构模板安装的偏差应符合表 5-8 的规定。

表 5-8　现浇结构模板安装的允许偏差及检验方法

项目		允许偏差/mm	检验方法
轴线位置		5	钢尺检查
底模上表面标高		±5	水准仪或拉线、钢尺检查
截面内部尺寸	基础	±10	钢尺检查
	柱、墙、梁	+4，-5	钢尺检查
层高垂直度	层高不大于 5m	6	经纬仪或吊线、钢尺检查
	层高大于 5m	8	经纬仪或吊线、钢尺检查
相邻两板表面高低差		2	钢尺检查
表面平整度		5	2m 靠尺和塞尺检查

注：检查轴线位置时，应沿纵、横两个方向量测，并取其中的较大值。

检查数量：在同一检验批内，对梁、柱和独立基础，应抽查构件数量的10%，且不应少于3件；对墙和板，应按有代表性的自然间抽查10%，且不得小于3间；对大空间结构，墙可按相邻轴线间高度5m左右划分检查面，抽查10%，且不少于3面。

检验方法：水准仪、经纬仪和钢尺检查。

5.4.2 安全技术

模板工程施工时，应采取各种措施，切实做好安全工作。相关技术规定如下。

（1）高耸建筑施工时，应有防雷击措施。

（2）装拆模板时，必须采用稳固的登高工具，支模前必须搭好相关脚手架，模板安装作业高度超过2m时，必须搭设脚手架或操作平台，悬空作业处应有牢靠的立足作业面，不得站在拉杆、支撑杆上操作及在梁底模板上行走操作。

（3）登高作业时，各种配件应放在工具箱或工具袋中，严禁放在模板或脚手架上；各种工具应系挂在操作人员身上或放在工具袋内，不得掉落。

（4）在电梯间进行模板施工作业时，必须层层搭设安全防护平台；模板的预留孔洞、电梯井口等处，应加盖或设置防护栏，必要时应在洞口处设置安全网。

（5）模板上架设的电线和使用的电动工具，应采用36V的低压电源或采取其他有效的安全措施。

（6）装拆模板时，上下应有人接应，随装拆随运转，并应把活动部件固定牢靠，严禁堆放在脚手板上和抛掷。

（7）安装墙、柱模板时，应随时支撑固定，防止倾覆。

（8）预拼装模板的安装，应边就位、边校正、边安设连接件，并加设临时支撑稳固。

（9）预拼装模板垂直吊运时，应采取两个以上的吊点；水平吊运应采取四个吊点。吊点应进行受力计算，合理布置。

（10）浇筑混凝土前必须检查支撑是否可靠、扣件是否松动。浇筑混凝土时必须由模板支设班组设专人看模，随时检查支撑是否变形、松动，并组织及时恢复。经常检查支设模板吊钩、斜支撑及平台连接处螺栓是否松动，发现问题应及时组织处理。

（11）在拆墙模前不准将脚手架拆除，用塔式起重机拆时应与起重工配合；拆除顶板模板前应划定安全区域和安全通道，将非安全通道用钢管、安全网封闭，挂"禁止通行"安全标志，操作人员不得在此区域作业，必须在铺好跳板的操作架上操作。

（12）拆模时操作人员必须挂好、系好安全带。

（13）预拼装模板应整体拆除。拆除时，先挂好吊索，然后拆除支撑及拼接两片模板的配件，待模板离开结构表面后再吊起。

（14）拆除承重模板时，必要时应先设立临时支撑，防止突然整块坍落。

（15）拆模时，注意避免整块下落伤人；拆下来的模板有钉子时，要使钉尖朝下，以免扎脚。

（16）模板运输时装车高度不宜超过车栏杆，如少量高出，必须拴牢；零配件宜分类装袋（或装箱），不得散运；装车时，应轻搬轻放；卸车时，严禁从车上推下或抛掷。

（17）支模过程中如遇中途停歇，应将已就位模板和支架连接稳固，不得浮搁或悬空。拆模中途停歇时，应将已松扣或已拆松的模板、支架等拆下运走，防止构件坠落或作业人员扶空坠落伤人。

习　　题

一、单选题

1．模板按（　　）分类，可分为现场拆装式模板、固定式模板和移动式模板。
　　A．材料　　　　　B．结构类型　　　　C．施工方法　　　　D．施工顺序
2．拆装方便、通用性较强、周转率高的模板是（　　）。
　　A．大模板　　　　B．组合钢模板　　　C．滑升模板　　　　D．爬升模板
3．某梁的跨度为6m。采用钢模板、钢支柱支模时，其跨中起拱高度可为（　　）。
　　A．1mm　　　　　B．2mm　　　　　　C．4mm　　　　　　D．8mm
4．跨度为6m、混凝土强度为C30的现浇混凝土板，当混凝土强度至少应达到（　　）时方可拆除模板。
　　A．15N/mm^2　　　B．21N/mm^2　　　C．22.5N/mm^2　　　D．30N/mm^2
5．悬挑长度为1.5m、混凝土强度为C30的现浇阳台板，当混凝土强度至少应达到（　　）时方可拆除底模。
　　A．15N/mm^2　　　B．22.5N/mm^2　　C．21N/mm^2　　　D．30N/mm^2

二、填空题

1．模板应具有足够的_____、_____、_____。
2．定型组合钢模板系列包括_____、_____和_____三部分。
3．模板的拆除日期取决于混凝土的强度、_____、_____和_____。
4．悬臂构件底模板拆除时间应到设计抗压强度标准值的_____％。
5．模板的拆除顺序一般按_____、_____、_____、_____，并应从上而下进行拆除。

三、简答题

1．模板的分类和基本要求有哪些内容？
2．基础、柱、梁、楼板结构的模板构造及安装要求有哪些？
3．模板拆除要求及拆模注意事项有哪些内容？
4．模板的质量验收标准有哪些要求？

四、案例题

某办公楼工程为钢筋混凝土框架结构，地下一层，地上八层，层高4.5m，墙体采用普通混凝土小砌块，工程外脚手架采用双排落地式扣件钢管脚手架，位于办公楼顶层的会议室，其框架柱间距为9m×9m。施工中发生了下列事件。

事件一：梁板模板采用多层板模碗扣支撑，架子工搭设完支撑架后，由木工制作好后直接拼装梁板模板，模板安装时用具有足够承载力和刚度的碗扣式钢管作支撑，模板拼接整齐、严密。但拆模后发现梁板的挠度过大，超过了规范要求。

事件二：会议室顶板底模支撑拆除前，试验员从同条件养护试件中取了一组试件进行试验，发现试验强度达到设计强度的 90%，项目部据此开始拆模。

（1）事件一中梁板的挠度过大的原因是什么？写出模板搭设正确做法。

（2）指出事件二中的不妥之处并说明理由。

（3）当设计无规定时，通常情况下模板拆除顺序遵守的原则是什么？

（4）简述模板拆除的安全技术要求。

学习情境 6　混凝土主体结构——钢筋工程施工

思维导图

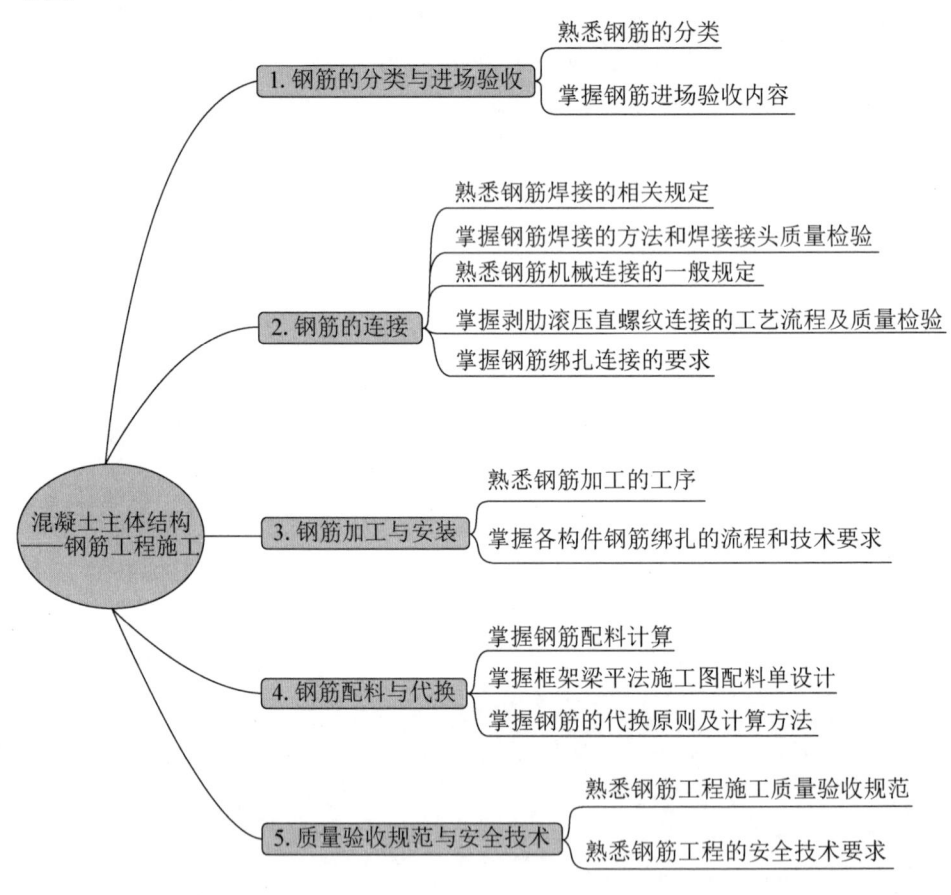

引例

某工程 15.870~26.670m 梁平法施工图如图 6.1 所示,其结构为二级抗震等级,现场 HPB300 级钢为盘条,HRB400 级钢 9m 定尺,混凝土为 C30。框架柱截面尺寸为 600mm×600mm。

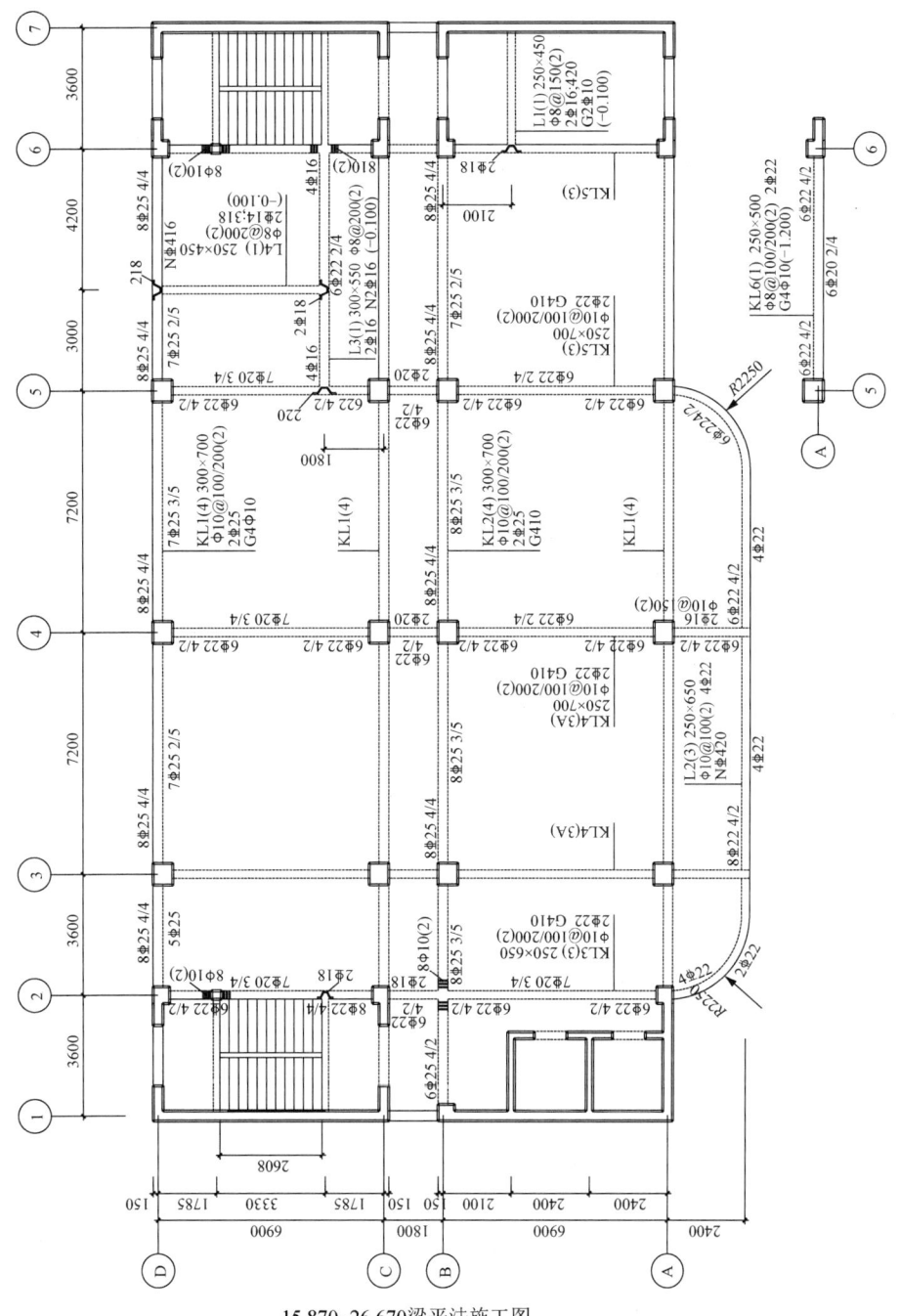

15.870~26.670梁平法施工图

图 6.1 某工程 15.870~26.670 梁平法施工图

请思考:①如何编制该层钢筋施工方案;②如何编制该层钢筋配料单。

钢筋工程是混凝土结构施工的重要分项工程之一，是混凝土结构施工的关键工程。钢筋工程的施工工艺流程如图 6.2 所示。

钢筋进场验收 → 钢筋下料、加工 → 钢筋绑扎安装 → 钢筋隐蔽验收

图 6.2　钢筋工程的施工工艺流程

工作任务 6.1　钢筋的分类与进场验收

6.1.1　钢筋的分类

混凝土结构用的普通钢筋，可分为热轧钢筋和冷加工钢筋（冷轧带肋钢筋、冷轧扭钢筋等）两类。冷拉钢筋和冷拔低碳钢丝已逐渐被淘汰。

热轧钢筋的强度等级，按屈服强度分为 300 级、400 级、500 级。

《混凝土结构设计标准（2024 年版）》（GB/T 50010—2010）规定：纵向受力普通钢筋宜采用 HRB400、HRB500、HRBF400、HRBF500 钢筋，也可采用 HPB300、RRB400 钢筋；梁、柱纵向受力普通钢筋应采用 HRB400、HRB500、HRBF400、HRBF500 钢筋；箍筋宜采用 HRB400、HRBF400、HPB300、HRB500、HRBF500 钢筋。混凝土结构用的普通钢筋力学性能见表 6-1～表 6-4。

表 6-1　普通钢筋强度标准值　　　　　　　　　　　　　　　　　　　单位：N/mm²

牌号	符号	公称直径 d/mm	屈服强度标准值 f_{yk}	极限强度标准值 f_{stk}
HPB300	ϕ	6～14	300	420
HRB400 HRBF400 RRB400	Φ Φ^F Φ^R	6～50	400	540
HRB500 HRBF500	Φ Φ^F	6～50	500	630

表 6-2　普通钢筋强度设计值　　　　　　　　　　　　　　　　　　　单位：N/mm²

牌号	抗拉强度设计值 f_y	抗压强度设计值 f'_y
HPB300	270	270
HRB400、HRBF400、RRB400	360	360
HRB500、HRBF500	435	435

表 6-3　普通钢筋的最大力总延伸率限值

钢筋品种	HPB300	HRB400、HRBF400、HRB500、HRBF500	HRB400E、HRB500E	RRB400
伸长率 δ_{gt}/（%）	10.0	7.5	9.0	5.0

表 6-4　钢筋的弹性模量　　　　　　　　　　　　　　　　　　　单位：N/mm²

牌号或种类	弹性模量 E_s
HPB300	$2.10×10^5$
HRB400、HRB500	
HRBF400、HRBF400	$2.00×10^5$
RRB400	

注：必要时可采用实测的弹性模量。

6.1.2　钢筋进场验收

（1）按照《混凝土结构工程施工规范》(GB 50666—2011)，钢筋进场时应按下列规定检查性能及质量：

① 应检查生产企业的生产许可证证书及钢筋的质量证明书；

② 应按国家现行有关标准的规定抽样检验屈服强度、抗拉强度、伸长率及单位长度质量偏差。

（2）对有抗震设防要求的结构，其纵向受力钢筋的性能应满足设计要求；当设计无具体要求时，按一、二、三级抗震等级设计的框架和斜撑构件（含梯段）中的纵向受力钢筋应采用 HRB400E、HRB500E、HRBF400E 或 HRBF500E 钢筋，其强度和最大力下总伸长率的实测值应符合下列规定：

① 钢筋的抗拉强度实测值与屈服强度实测值的比值不应小于 1.25；

② 钢筋的屈服强度实测值与屈服强度标准值的比值不应大于 1.30；

③ 钢筋的最大力下总伸长率不应小于 9%。

单位长度质量偏差应符合表 6-5 的规定。

表 6-5　钢筋单位长度质量偏差要求

公称直径/mm	实际质量与理论质量的偏差/（%）
6～12	±6.0
14～20	±5.0
22～50	±4.0

✓ 应用案例 6-1

【案例概况】

某项目部按规定向监理工程师提交调直后 HRB400E⊕12 钢筋复试报告，主要检测数据为：抗拉强度实测值 561N/mm²，屈服强度实测值 460N/mm²，实测质量 0.816kg/m（HRB400E⊕12 钢筋屈服强度标准值 400N/mm²、极限强度标准值 540N/mm²、理论质量 0.888kg/m）。

试计算钢筋强屈比、屈标比（超屈比）及质量偏差（保留两位小数），并根据计算结果分别判断该指标是否符合要求。

【案例解析】

钢筋的强屈比=561÷460≈1.22<1.25，不符合要求。

钢筋的屈标比=460÷400=1.15<1.30，符合要求。

钢筋的质量偏差=(0.888-0.816)÷0.888≈8.1%>6%，不符合要求。

（3）钢筋的表面质量应符合国家现行有关标准的规定。

（4）当无法准确判断钢筋品种、牌号时，应增加化学成分、晶粒度等检验项目。

（5）成型钢筋进场时，应检查成型钢筋的质量证明文件、成型钢筋所用材料质量证明文件及检验报告，并应抽样检验成型钢筋的屈服强度、抗拉强度、伸长率和质量偏差。检验批量可由合同约定，且同一工程、同一原材料来源、同一组生产设备生产的成型钢筋，检验批量不应大于30t。

> **特别提示**
>
> 经产品认证符合要求的钢筋，其检验批量可扩大一倍。在同一工程项目中，同一厂家、同一牌号、同一规格的钢筋连续三次进场检验均合格时，其后的检验批量可扩大一倍。

知识链接 6-1

CRB600H 钢筋列入《混凝土结构通用规范》（GB 55008—2021）

随着新的《混凝土结构通用规范》（GB 55008—2021）（以下简称通用规范）的颁布，混凝标号的调整，钢筋混凝土设计使用的调整及 500MPa 以上高强钢筋在板类负弯矩钢筋及分布钢筋中最小配筋率的调整都有了比较大的调整。

（1）在新的通用规范里第 2.0.2-1 条款中混凝土强度由原来的最低不低于 C15 调整为混凝土强度等级最低不低于 C20 标号。

（2）在新的通用规范里第 2.0.2-4 条款中明确了采用 500MPa 及以上等级钢筋的钢筋混凝土结构构件，混凝土强度等级不应低于 C30；这就意味着 CRB600H 高强钢筋的高强度性能和节材效果会得到进一步的保障。

（3）在新通用规范里第 3.2.2 条款里把冷轧带肋钢筋的牌号、种类和最大力延伸率完善了进去，明确了 CRB600H 高强钢筋在通用规范内的存在，也是国家对 CRB600H 高强钢筋产品的高度认可。

高强钢筋的优势如下。

（1）能耗低。根据冶金工业规划研究院评估：与使用传统的 HRB400 相比，每使用 10t CRB600H 高强钢筋，可以为国家节约铁矿石消耗 320kg、节约煤消耗 120kg、节约新水消耗 800kg、减少二氧化碳排放 400kg、减少粉尘排放 1.5kg、减少污水排放 200kg，具有良好的社会综合效益，符合国家"碳达峰碳中和"的政策方向。

（2）合金消耗量少。CRB600H 高强钢筋生产技术是挖掘钢筋的内生潜力。生产过程中不需要添加任何钒、铌、钛等微量元素，从而可以大大节省微合金资源。

（3）强度高。CRB600H 高强钢筋可以比 HRB400 钢筋节约钢材用量 20% 以上。

✓ **能力训练**

【任务实施】
参观某工程的钢筋工程施工过程。
【技能训练】
通过参观实训,熟悉钢筋的分类和钢筋进场验收内容。

工作任务 6.2　钢筋的连接

由于受钢筋定尺长度的影响或钢筋下料经济性的考虑,钢筋之间需采取绑扎连接、焊接连接和机械连接等方式进行连接。纵向受力钢筋连接的基本要求是其连接方式应符合设计要求,这是保证受力钢筋应力传递及结构构件的受力性能所必需的。钢筋的接头宜设置在受力较小处。同一纵向受力钢筋不宜设置两个或两个以上的接头。接头末端至钢筋起点的距离不应小于钢筋直径的 10 倍。

6.2.1　钢筋焊接

目前常用的钢筋焊接方式,有闪光对焊、电弧焊、电渣压力焊和气压焊,钢筋焊接必须符合《钢筋焊接及验收规程》(JGJ 18—2012) 的有关规定。

1. 相关规定

(1) 凡施焊的各种钢筋、钢板均应有质量证明书;焊条、焊丝、氧气、乙炔、液化石油气、二氧化碳、焊剂应有产品合格证。

(2) 从事钢筋焊接施工的焊工必须持有钢筋焊工考试合格证,才能按照合格证规定的范围上岗操作。

(3) 在工程开工正式焊接之前,参与该项施焊的焊工应进行现场条件下的焊接工艺试验,经试验合格后方可正式生产。试验结果应符合质量检验与验收时的要求。

(4) 钢筋焊接施工之前,应清除钢筋、钢板焊接部位以及钢筋与电极接触处表面上的锈斑、油污、杂物等;当钢筋端部有弯折、扭曲时,应予以矫直或切除。

(5) 雨天、雪天不宜在现场进行施焊,必须施焊时,应采取有效遮蔽措施。焊后未冷却接头不得碰到冰雪。

2. 闪光对焊

闪光对焊是将两钢筋安放成对接形式,利用电阻热使接触点金属熔化,产生强烈飞溅,形成闪光,迅速施加顶锻力完成焊接的一种压焊方法。闪光对焊适用于在钢筋加工车间对各种钢筋焊接接长,是钢筋焊接中常用的方法,但不能在施工现场操作,其原理如图 6.3 所示。

对焊

根据钢筋品种、直径和选用的对焊机功率,闪光对焊可分为连续闪光焊、预热闪光焊和闪光—预热—闪光焊。

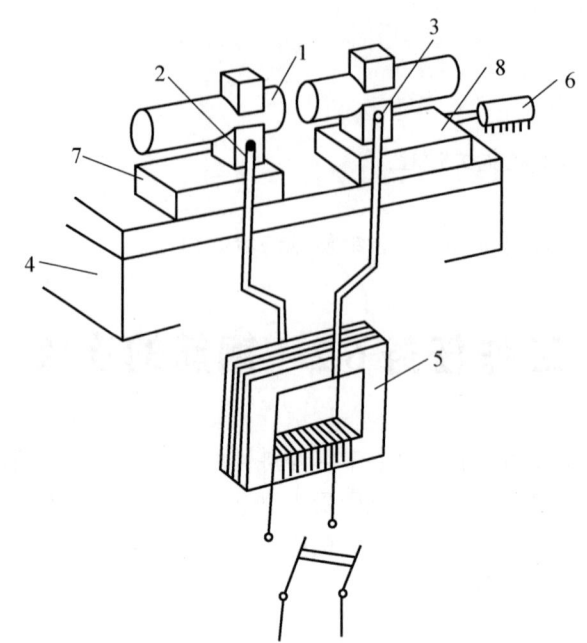

1—焊接的钢筋；2—固定电极；3—可动电极；4—机座；
5—变压器；6—手动顶压机构；7—固定支座；8—滑动支座。

图 6.3　钢筋闪光对焊原理

1）连续闪光焊

连续闪光焊是将待焊钢筋夹紧在电极钳口上后，闭合电源，使两钢筋端面轻微接触。由于钢筋端部不平，开始只有一点或数点接触，电阻很大，接触点很快熔化并产生金属蒸气飞溅，形成闪光现象。闪光一开始，即徐徐移动钢筋，形成连续闪光过程，同时接头也被加热。待接头烧平、闪去杂质和氧化膜、白热熔化时，随即施加轴向压力迅速进行顶锻，使两根钢筋焊牢。该法适用于焊接直径 25mm 以下的 HPB300 和 HRB400 钢筋。

2）预热闪光焊

预热闪光焊是在施焊时先闭合电源然后使两钢筋端面交替地接触和分开。这时钢筋端面间隙中即发出断续的闪光，形成预热过程。当钢筋达到预热温度后进入闪光阶段，随后顶锻而成。该法适用于焊接直径 25mm 以上端部平整的钢筋。

3）闪光—预热—闪光焊

闪光—预热—闪光焊是在预热闪光焊前加一次闪光过程，目的是使不平整的钢筋端面烧化平整，使预热均匀，然后再按预热闪光焊操作。该法适用于焊接直径 25mm 以上端部不平整的钢筋。

钢筋闪光对焊焊接工艺根据具体情况选择：钢筋直径小，可采用连续闪光焊；钢筋直径较大，端面比较平整，宜采用预热闪光焊；端面不够平整，宜采用闪光—预热—闪光焊。

> **特别提示**
>
> 在非固定的专业预制厂（场）或钢筋加工厂（场）内，对直径大于或等于 22mm 的钢筋进行连接作业时，不得使用钢筋闪光对焊工艺。

3. 电弧焊

电弧焊是以焊条为一极，钢筋为另一极，利用焊接电流通过产生的电弧热进行焊接的一种熔焊方法，包括帮条焊、搭接焊、坡口焊和熔槽帮条焊等接头形式，如图 6.4 所示。电弧焊设备主要采用交流弧焊机，采用的焊条应避免受潮，使用时需要进行烘焙。

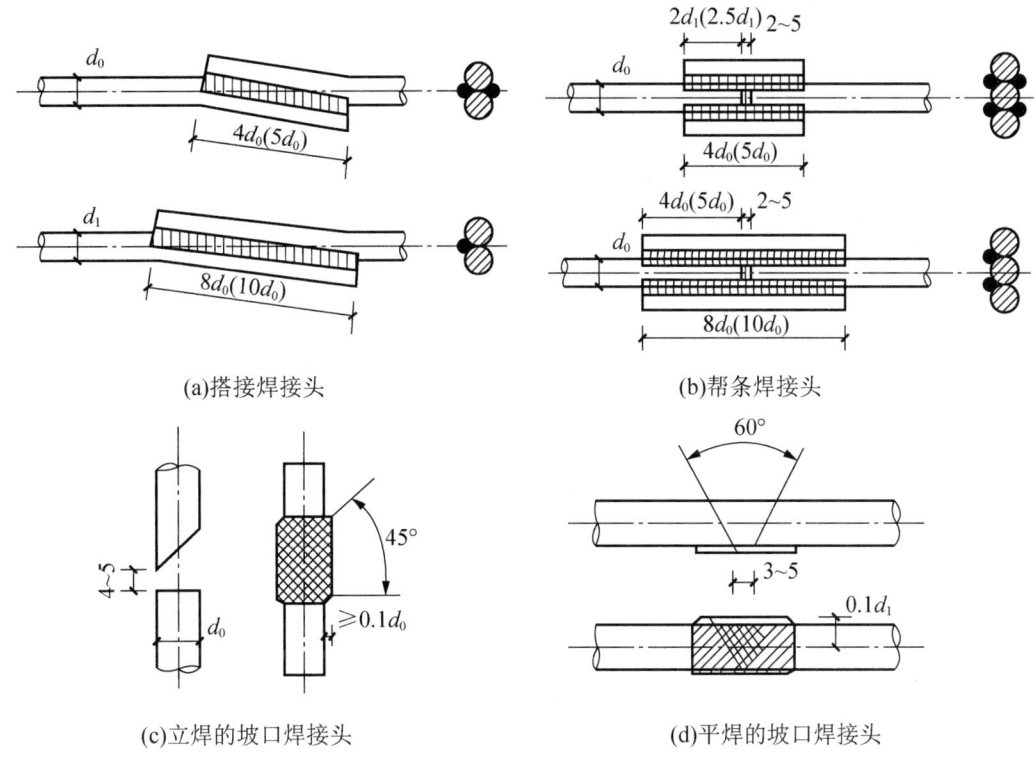

(a)搭接焊接头　　　　　　　　　　(b)帮条焊接头

(c)立焊的坡口焊接头　　　　　　　(d)平焊的坡口焊接头

图 6.4　钢筋电弧焊的接头形式（单位：mm）

下面介绍帮条焊、搭接焊和坡口焊接头，熔槽帮条焊及其他电弧焊接方法详见《钢筋焊接及验收规程》（JGJ 18—2012）。

1）帮条焊接头

帮条焊时宜采用双面焊，当不能进行双面焊时，方可采用单面焊，帮条长度应符合表 6-6 的规定。当帮条牌号与主筋相同时，帮条直径可与主筋相同或小一个规格；当帮条直径与主筋相同时，帮条牌号可与主筋相同或低一个牌号。

表 6-6　钢筋帮条长度

钢筋牌号	焊缝形式	帮条长度 l
HPB300	单面焊	$\geqslant 8d$
	双面焊	$\geqslant 4d$
HRB400、HRBF400、HRB500、HRBF500、RRB400W	单面焊	$\geqslant 10d$
	双面焊	$\geqslant 5d$

注：d 为主筋直径（mm）。

帮条焊适用于直径为10～40mm的HPB300、HRB400级钢筋和10～25mm的余热处理HRB级钢筋。

2）搭接焊接头

搭接焊时宜采用双面焊，不能进行双面焊时，方可采用单面焊。搭接长度与帮条长度相同，见表6-6。搭接焊适用于直径10～40mm的HPB300级钢筋。

钢筋帮条接头或搭接接头的焊缝厚度 s 应不小于0.3倍钢筋直径，焊缝宽度 b 应不小于0.8倍钢筋直径。

3）坡口焊接头

坡口焊接头有平焊和立焊两种。这种接头比上两种接头节约钢材，适用于在现场焊接装配整体式构件接头中直径16～40mm的各级热轧钢筋。

4．电渣压力焊

电渣压力焊是将两钢筋安放成竖向对接形式，利用焊接电流通过两钢筋端面间隙，在焊剂层下形成电弧过程和电渣过程，产生电弧热和电阻热熔化钢筋，加压完成焊接的压焊方法，如图6.5所示。

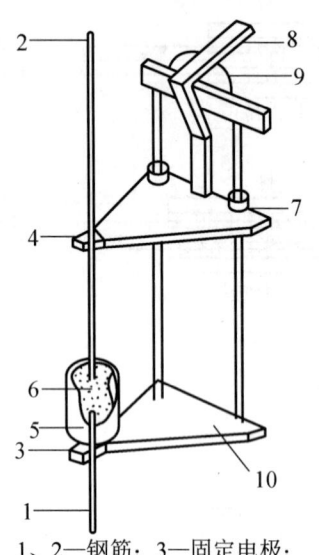

1、2—钢筋；3—固定电极；
4—活动电极；5—药盒；6—导电剂；
7—滑动架；8—手柄；9—支架；
10—固定架

图 6.5 焊接夹具构造示意图

这种方法比电弧焊节省钢筋、功效高、成本低，适用于柱、墙、构筑物等现浇混凝土结构中竖向受力钢筋的连接，其两直径之差不宜超过2级（如25mm与20mm或22mm与18mm），若直径相差过大，受力时会出现应力集中现象；不得在竖向焊接后横置于梁、板等构件中作水平钢筋用。该法最适用于直径为14～40mm的HPB300级竖向或斜向钢筋的连接。

5．气压焊

气压焊是采用氧乙炔火焰或其他火焰对两钢筋对接处加热，使其达到塑性状态（固态）或熔化状态（熔态）后，加压完成焊接的一种压焊方法，如图6.6所示。

钢筋气压焊工艺具有设备简单、操作方便、质量好、成本低等优点，但对焊工要求严，焊前对钢筋端面处理要求高。被焊两钢筋直径之差不得大于7mm。气压焊适用于直径40mm以下的HPB300级钢筋的纵向连接。

6．质量检查

（1）钢筋闪光对焊接头、电弧焊接头、电渣压力焊接头、气压焊接头、箍筋闪光对焊接头、预埋件钢筋T形接头的拉伸试验结果评定方法如下。

① 符合下列条件之一，评定为合格。

第一，3个试件均断于钢筋母材，延性断裂，抗拉强度大于或等于钢筋母材抗拉强度标准值。

第二，2个试件断于钢筋母材，延性断裂，抗拉强度大于或等于钢筋母材抗拉强度标准值；1个试件断于焊缝或热影响区，脆性断裂或延性断裂，抗拉强度大于或等于钢筋母材抗拉强度标准值。

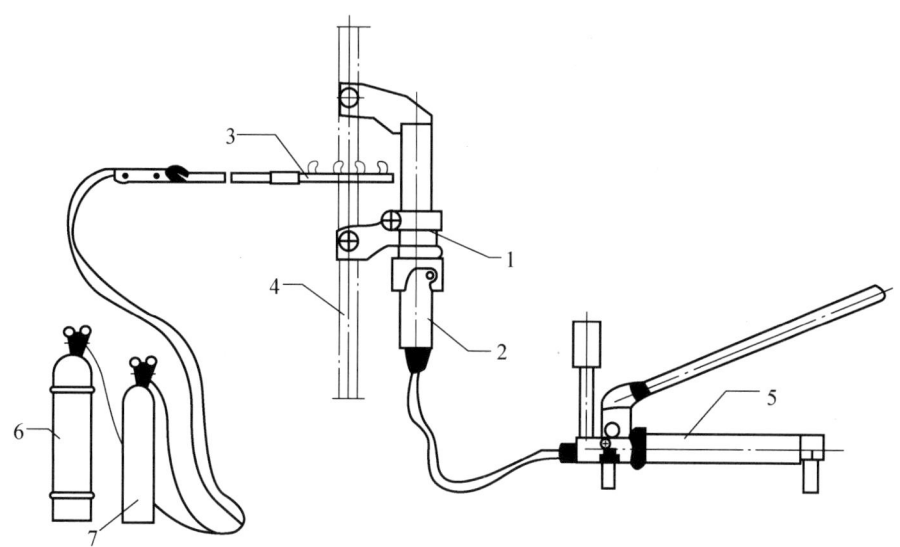

1—压接器；2—顶头油缸；3—加热器；4—钢筋；5—加压器（手动）；6—氧气；7—乙炔。

图 6.6 气压焊装置

② 符合下列条件之一，评定为复验。

第一，2 个试件断于钢筋母材，延性断裂，抗拉强度大于或等于钢筋母材抗拉强度标准值；1 个试件断于焊缝呈脆性断裂，抗拉强度小于钢筋母材抗拉强度标准值。

第二，1 个试件断于钢筋母材，延性断裂，抗拉强度大于或等于钢筋母材抗拉强度标准值；2 个试件断于焊缝或热影响区，呈脆性断裂，抗拉强度大于或等于钢筋母材抗拉强度标准值。

第三，3 个试件全部断于焊缝，呈脆性断裂，抗拉强度均大于或等于钢筋母材抗拉强度标准值。当 3 个试件中有 1 个试件抗拉强度小于钢筋母材抗拉强度标准值时，应评定该检验批接头拉伸试验不合格。

③ 复验时，应再切取 6 个试件。试验结果，若有 4 个或 4 个以上试件断于钢筋母材，呈延性断裂，其抗拉强度大于或等于钢筋母材抗拉强度标准值，另 2 个或 2 个以下试件断于焊缝，呈脆性断裂，其抗拉强度大于或等于钢筋母材抗拉强度标准值的 1.0 倍，应评定该检验批接头拉伸试验复验合格。

（2）钢筋闪光对焊接头、气压焊接头进行弯曲试验时，焊缝应处于弯曲中心点，弯心直径和弯曲角度应符合表 6-7 的规定。

表 6-7 接头弯曲试验指标

钢筋牌号	弯曲直径	弯曲角度/(°)
HPB300	2d	90
HRB400、HRBF400、RRB400	5d	90
HRB500、HRBF500	7d	90

注：① d 为钢筋直径（mm）。
② 直径大于 25mm 的钢筋焊接接头，弯心直径应增加 1 倍钢筋直径。

① 当试验中弯至 90°，有 2 个或 3 个试件外侧（含焊缝和热影响区）未发生破裂时，

评定该批接头弯曲试验合格。

② 当有 2 个试件发生宽度达到 0.5mm 的裂纹时，应进行复验。

③ 当有 3 个试件发生宽度达到 0.5mm 的裂纹时，则一次判定该批接头为不合格品。

复验时，应再加取 6 个试件。复验结果，当不超过 2 个试件发生宽度达到 0.5mm 的裂纹时，应评定该批头为合格品。

(3) 钢筋闪光对焊接头。

① 闪光对焊接头的质量检验，应分批进行外观检查和力学性能检验，按下列规定作为一个检验批。

第一，同一台班内，由同一个焊工完成的 300 个同牌号、同直径钢筋焊接接头应作为一批。当同一台班内焊接的接头数量较少，可在一周之内累计计算；累计仍不足 300 个接头时，应按一批计算。

第二，力学性能检验时，应从每批接头中随机切取 6 个接头，其中 3 个做拉伸试验，3 个做弯曲试验。

第三，异径接头可只做拉伸试验。

② 闪光对焊接头外观检查结果，应符合下列要求：接头处不得有横向裂纹；电极接触处的钢筋表面不得有明显烧伤；接头处的弯折角度不得大于 3°；接头处的轴线偏移不得大于钢筋直径的 0.1 倍，且不得大于 1mm。

(4) 钢筋电弧焊接头。

① 电弧焊接头的质量检验，应分批进行外观检查和力学性能检验，并按下列规定作为一个检验批。

第一，在现浇混凝土结构中，应以 300 个同牌号钢筋、同形式接头作为一批；在房屋结构中，应在不超过连续二楼层中 300 个同牌号钢筋、同形式接头作为一批。每批随机切取 3 个接头，做拉伸试验。

第二，在装配式结构中，可按生产条件制作模拟试件，每批 3 个，做拉伸试验。

第三，钢筋与钢板电弧搭接焊接头可只进行外观检查。

> **特别提示**
>
> 在同一批中若有几种不同直径的钢筋焊接接头，应在最大直径钢筋接头和最小直径钢筋接头中分别切取 3 个试件进行拉伸试验。

② 电弧焊接头外观检查结果，应符合下列要求：焊缝表面应平整，不得有凹陷或焊瘤；焊接接头区域不得有肉眼可见的裂纹；咬边深度、气孔、夹渣等缺陷允许值及接头尺寸的允许偏差，应符合表 6-8 的规定；坡口焊、熔槽帮条焊和窄间隙焊接头的焊缝余高应为 2~4mm。

表 6-8 钢筋电弧焊接头尺寸偏差及缺陷允许值

名称	单位	接头形式		
		帮条焊	搭接焊 钢筋与钢板 搭接焊	坡口焊 窄间隙焊 熔槽帮条焊
帮条沿接头中心线的纵向偏移	mm	0.3d	—	—

续表

名称		单位	接头形式		
			帮条焊	搭接焊 钢筋与钢板 搭接焊	坡口焊 窄间隙焊 熔槽帮条焊
接头处弯折角度		(°)	2	2	2
接头处钢筋轴线的偏移		mm	0.1d	0.1d	0.1d
焊缝宽度		mm	+0.1d	+0.1d	—
焊缝长度		mm	−0.3d	−0.3d	—
横向咬边深度		mm	0.5	0.5	0.5
在长 2d 焊缝表面上的气孔及夹渣	数量	个	2	2	—
	面积	mm^2	6	6	—
在全部焊缝表面上的气孔及夹渣	数量	个	—	—	2
	面积	mm^2			6

注：d 为钢筋直径（mm）。

（5）钢筋电渣压力焊接头。

① 电渣压力焊接头的质量检验，应分批进行外观检查和力学性能检验，并应按下列规定作为一个检验批：在现浇钢筋混凝土结构中，应以 300 个同牌号钢筋接头作为一批；在房屋结构中，应在不超过连续二楼层中 300 个同牌号钢筋接头作为一批；当不足 300 个接头时，仍应作为一批。每批随机切取 3 个接头试件做拉伸试验。

② 电渣压力焊接头外观检查结果，应符合下列要求。

第一，四周焊包凸出钢筋表面的高度，当钢筋直径为 25mm 及以下时，不得小于 4mm；当钢筋直径为 28mm 及以上时，不得小于 6mm。

第二，钢筋与电极接触处，应无烧伤缺陷。

第三，接头处的弯折角度不得大于 2°。

第四，接头处的轴线偏移不得大于钢筋直径的 0.1 倍，且不得大于 2mm。

（6）钢筋气压焊接头。

气压焊接头的质量检验，应分批进行外观检查和力学性能检验，并应按下列规定作为一个检验批：在现浇钢筋混凝土结构中，应以 300 个同牌号钢筋接头作为一批；在房屋结构中，应在不超过连续二楼层中 300 个同牌号钢筋接头作为一批；当不足 300 个接头时，仍应作为一批。

在柱、墙的竖向钢筋连接中，应从每批接头中随机切取 3 个接头做拉伸试验；在梁、板的水平钢筋连接中，应另切取 3 个接头做弯曲试验。在同一批中，异径气压焊接头可只做拉伸试验。

6.2.2 钢筋机械连接

钢筋机械连接是指通过连接件的机械咬合作用或钢筋端面的承压作用，将一根钢筋中的力传递至另一根钢筋的连接方法。机械连接具有以下优点：接头质量稳定可靠，不受钢筋化学成分的影响，人为因素影响也小；操作简便，施工速度快，且不受气候条件影响；无污染、无火灾隐患，施工安全等。常见的接头有锥螺纹、冷挤压、镦粗直螺纹、滚轧直螺纹等。下面根据《钢筋机械连接技术规程》（JGJ 107—2016）和《钢筋机械连接用套筒》（JG/T 163—2013）的有关规定，主要介绍直螺纹连接的施工要点。

1．一般规定

（1）接头应根据抗拉强度、残余变形以及高应力和大变形条件下反复拉压性能的差异，分为三个等级。

Ⅰ级：接头抗拉强度等于被连接钢筋实际抗拉强度或不小于1.10倍钢筋抗拉强度标准值，残余变形小并具有高延性及反复拉压性能。

Ⅱ级：接头抗拉强度不小于被连接钢筋抗拉强度标准值，残余变形较小并具有高延性及反复拉压性能。

Ⅲ级：接头抗拉强度不小于被连接钢筋屈服强度标准值的1.25倍，残余变形较小并具有延性及反复拉压性能。

（2）结构构件中纵向受力钢筋的接头宜相互错开，钢筋机械连接的连接区段长度应按 $35d$ 计算（d 为被连接钢筋中的较大直径）。在同一连接区段内有接头的受力钢筋截面积占受力钢筋总截面积的百分率（以下简称接头百分率）应符合下列规定。

① 接头宜设置在结构构件受拉钢筋应力较小部位，当需要在高应力部位设置接头时，同一连接区段内Ⅲ级接头的接头百分率不应大于25%，Ⅱ级接头的接头百分率不应大于50%，Ⅰ级接头的接头百分率一般可不受限制。

② 接头宜避开有抗震设防要求的框架的梁端、柱端箍筋加密区；当无法避开时，应采用Ⅱ级接头或Ⅰ级接头，且接头百分率不应大于50%。

③ 受拉钢筋应力较小部位或纵向受压钢筋，接头百分率可不受限制。

④ 对直接承受动力荷载的结构构件，接头百分率不应大于50%。

2．剥肋滚轧直螺纹钢筋连接

该法是将带连接钢筋端部的纵肋和横肋用切削的方法剥去一部分，然后滚轧成普通直螺纹，最后直接用特制的直螺纹套筒进行连接，从而完成钢筋连接的工艺过程。该技术的优点在于无虚拟螺纹，力学性能好，连接安全可靠，可达到与钢筋母材等强。接头按套筒的基本使用条件分类见表6-9。

表6-9 接头按套筒的基本使用条件分类

序号	使用要求	套筒形式	代号
1	正常情况下钢筋连接	标准型	省略
2	用于两端钢筋均不能转动的场合	正反丝扣型	F
3	用于不同直径的钢筋连接	异径型	Y
4	用于较难对中的钢筋连接	扩口型	K
5	钢筋完全不能转动，通过转动连接套筒连接钢筋，用锁母锁紧套筒	加锁母型	S

1）工艺流程

钢筋端面平头→剥肋滚轧螺纹→丝头质量检验→利用套筒连接→接头检验。

2）操作要点

（1）钢筋丝头加工：分为钢筋切削剥肋和滚轧螺纹两个工序，同一台设备上一次完成。

① 钢筋下料时不宜用热加工方法切断；钢筋端面宜平整并与钢筋轴线垂直，不得有马蹄形或扭曲；钢筋端部不得有弯曲，出现弯曲时应调制。

② 丝头有效螺纹长度应满足设计规定。

③ 丝头加工时应使用水性润滑液，不得使用油性润滑液。

④ 丝头有效螺纹中径的圆柱度（每个螺纹的中径）误差不得超过 0.20mm。

⑤ 标准型接头丝头有效螺纹长度应不小于 1/2 连接套筒长度，其他连接形式应符合产品设计要求。

⑥ 丝头加工完毕经检验合格后，应立即带上丝头保护帽或拧上连接套筒，防止装卸钢筋时损坏丝头。

（2）根据待接钢筋所在部位及转动难易情况，选用不同的套筒类型，采取不同的安装方法，如图 6.7 所示。

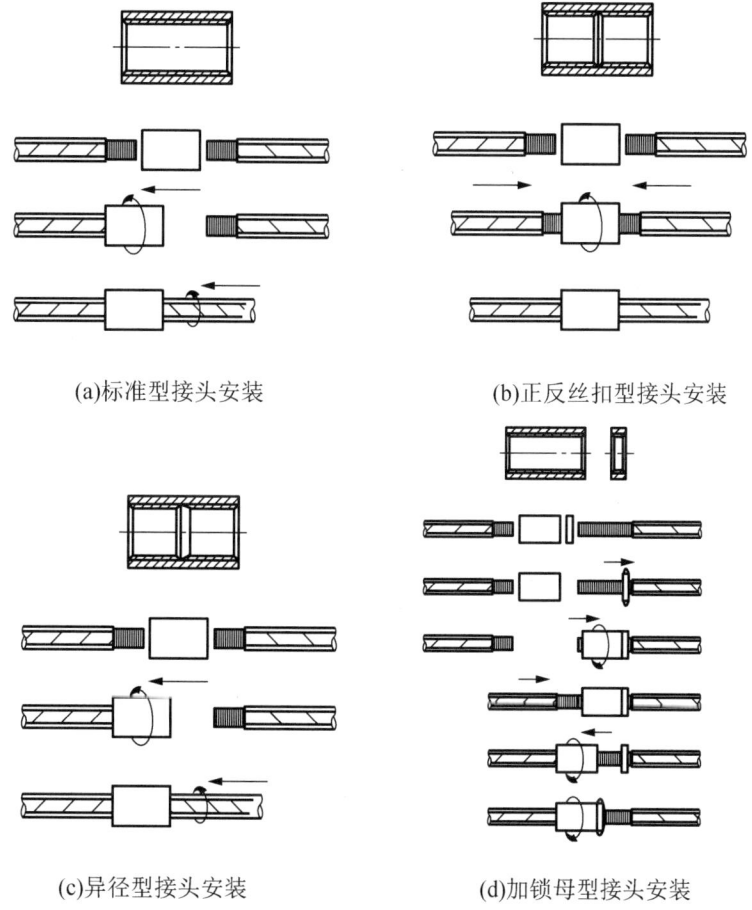

(a) 标准型接头安装　　(b) 正反丝扣型接头安装

(c) 异径型接头安装　　(d) 加锁母型接头安装

图 6.7　不同套筒安装方法示意图

（3）使用扳手或管钳对钢筋接头拧紧时，只要达到力矩扳手调定的力矩值即可，钢筋接头拧紧后应用力矩扳手按不小于表 6-10 中的拧紧力矩值检查并加以标记。

表 6-10 滚扎直螺纹钢筋接头拧紧力矩值

钢筋直径/mm	16	18~20	22~25	28~32	36~40
拧紧力矩值/(N·m)	80	160	230	300	360

注：当不同直径的钢筋连接时，拧紧力矩值按较小直径钢筋的相应值取用。

（4）连接钢筋注意事项。

① 钢筋丝头经检验合格后应保持干净无损伤。

② 所连钢筋规格必须与连接套规格一致。

③ 连接水平钢筋时，必须从一头往另一头依次连接，不得从两端往中间或中间往两端连接。

④ 连接钢筋时，一定要先将待连接钢筋丝头拧入同规格的连接套之后，再用力矩扳手拧紧钢筋接头；连接成型后用红油漆做出标记，以防遗漏。

⑤ 力矩扳手不使用时，应将其力矩值调为零，以保证其精度。

3．质量检查

1）连接套筒及锁母

（1）外观质量：螺纹牙型应饱满，连接套筒质量不得有裂纹，表面及内螺纹不得有严重的锈蚀及其他肉眼可见的缺陷。

（2）内螺纹尺寸检验：用专用的螺纹塞规检验，其塞通规应能顺利旋入，塞止规旋入长度不得超过 3P（P 为一个螺距），如图 6.8 所示。

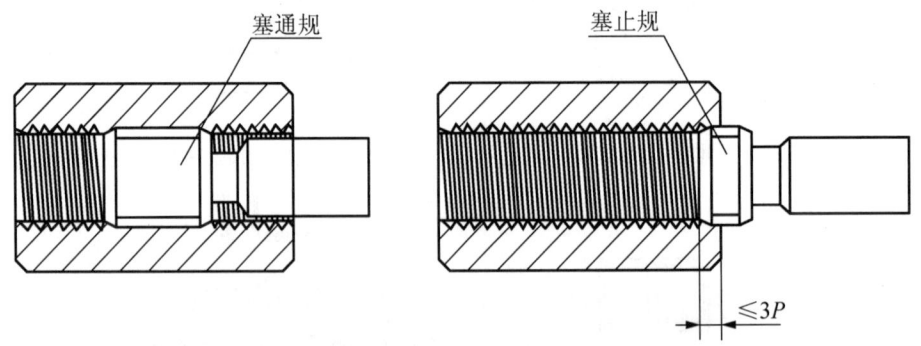

图 6.8 塞规使用示意图

2）丝头

（1）外观质量：丝头表面不得有影响接头性能的损坏及锈蚀。

（2）外形质量：丝头有效螺纹数量不得少于设计规定；牙顶宽度大于 0.3P 的不完整螺纹累计长度不得超过两个螺纹周长；标准型接头的丝头有效螺纹长度应不小于 1/2 连接套筒长度，且允许误差为+2P；其他连接形式应符合产品设计要求。

（3）丝头尺寸的检验：用专用的螺纹环规检验，其环通规应能顺利地旋入，环止规旋入长度不得超过 3P，如图 6.9 所示。

3）钢筋连接接头

（1）钢筋连接完毕后，标准型接头连接套筒外应有外露有效螺纹，且连接套筒单边外露有效螺纹不得超过 2P，其他连接形式应符合产品设计要求。

（2）钢筋连接完毕后，拧紧力矩值应符合表 6-10 的要求。

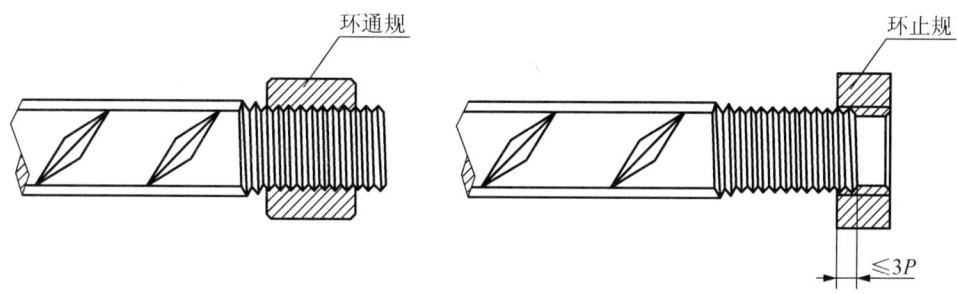

图 6.9 环规使用示意图

4）接头试验

（1）接头的现场检验应按验收批进行，同一施工条件下采用同一批材料的同等级、同形式、同规格接头，应 500 个为一个验收批进行检验与验收，不足 500 个也应作为一个验收批。抽取其中 10%的接头进行拧紧扭矩校核，拧紧扭矩值不合格数超过被校核接头数的 5%时，应重新拧紧全部接头，直到合格为止。

（2）对接头的每一验收批，必须在工程结构中随机截取 3 个接头试件做抗拉强度试验，按设计要求的接头等级进行评定。当 3 个接头试件的抗拉强度均符合表 6-11 中相应等级的强度要求时，该验收批应评为合格。如有 1 个试件的抗拉强度不符合要求，应再取 6 个试件进行复检。复检中如仍有 1 个试件的抗拉强度不符合要求，则该验收批应评为不合格。

表 6-11 接头的实测极限抗拉强度

接头等级	Ⅰ级	Ⅱ级	Ⅲ级
接头的实测极限抗拉强度 f_{mst}^{θ}	$f_{mst}^{\theta} \geq f_{stk}$ 钢筋拉断 或 $\geq 1.10 f_{stk}$ 连接件破坏	$f_{mst}^{\theta} \geq f_{stk}$	$f_{mst}^{\theta} \geq 1.25 f_{yk}$

注：f_{stk}——钢筋极限抗拉强度实测值，f_{yk}——钢筋屈服强度标准值。

特别提示

（1）现场检验连续 10 个验收批抽样试件抗拉强度试验一次合格率为 100%时，验收批接头数量可扩大一倍。

（2）现场截取抽样试件后，原接头位置的钢筋可采用同等规格的钢筋进行搭接连接，或采用焊接及机械连接方法补接。

（3）对抽检不合格的接头验收批，应由建设方会同设计等有关方面研究后提出处理方案。

6.2.3 绑扎连接

钢筋的绑扎连接就是将相互搭接的钢筋，用 20～22 号镀锌铁丝扎牢其中心和两端，牢固绑扎在一起。

绑扎连接目前仍为钢筋连接的主要方法之一。绑扎连接位置和搭接长度按《混凝土结构设计标准（2024年版）》(GB/T 50010—2010)和《混凝土结构工程施工规范》(GB 50666—2011)的规定执行。

（1）轴心受拉及小偏心受拉杆件的纵向受力钢筋不得采用绑扎搭接；其他构件中的钢筋采用绑扎搭接时，受拉钢筋直径不宜大于25mm，受压钢筋直径不宜大于28mm。

（2）同一构件中相邻纵向受力钢筋的绑扎搭接接头宜相互错开。绑扎搭接接头中钢筋的横向净距s不应小于钢筋直径，且不应小于25mm。

（3）钢筋绑扎搭接接头连接区段的长度为1.3倍搭接长度，凡搭接接头中点位于该连接区段长度内的搭接接头均属于同一连接区段，如图6.10所示。同一连接区段内纵向受力钢筋搭接接头面积百分率为该区段内有搭接接头的纵向受力钢筋与全部纵向受力钢筋截面面积的比值。当直径不同的钢筋搭接时，按直径较小的钢筋计算。

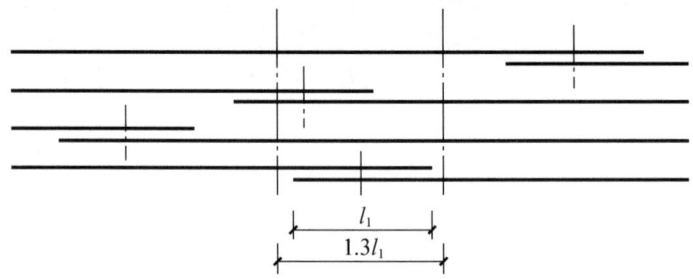

图6.10 同一连接区段内纵向受力钢筋的绑扎搭接接头

注：图中所示同一连接区段内的搭接接头钢筋为两根；当钢筋直径相同时，钢筋搭接接头面积百分率为50%。

（4）位于同一连接区段内的受拉钢筋搭接接头面积百分率，如下：

① 对梁、板类及墙类构件，不宜大于25%；

② 对柱类构件，不宜大于50%；

③ 当工程中确有必要增大受拉钢筋搭接接头面积百分率时，对梁类构件不应大于50%，对板、墙、柱及预制构件的拼接处，可根据实际情况放宽。

（5）纵向受力钢筋绑扎搭接接头的最小搭接长度应符合《混凝土结构工程施工规范》(GB 50666—2011)的相关规定，基本要求如下。

① 当纵向受拉钢筋的绑扎搭接接头面积百分率为25%时，其最小搭接长度应符合表6-12的规定。

表6-12 纵向受拉钢筋的最小搭接长度

钢筋类型		混凝土强度等级							
		C20	C25	C30	C35	C40	C45	C50	C55	≥C60
光面钢筋	300级	49d	41d	37d	35d	31d	29d	29d	—	—
带肋钢筋	400级	55d	49d	43d	39d	37d	35d	33d	31d	31d
	500级	67d	59d	53d	47d	43d	41d	39d	39d	37d

注：d为钢筋直径；两根直径不同钢筋的搭接长度，以较细钢筋的直径计算。

② 当纵向受拉钢筋搭接接头面积百分率大于25%，但不大于50%时，其最小搭接长度应按表6-12中的数值乘以系数1.2取用；当接头面积百分率大于50%时，应按表6-12中

的数值乘以系数 1.35 取用。

③ 纵向受拉钢筋的最小搭接长度在根据①、②确定后，可按下列规定进行修正：

第一，当带肋钢筋的直径大于 25mm 时，其最小搭接长度应按相应数值乘以系数 1.1 取用；

第二，对环氧树脂涂层的带肋钢筋，其最小搭接长度应按相应数值乘以系数 1.25 取用；

第三，当在混凝土凝固过程中受力钢筋易受扰动（如滑模施工）时，其最小搭接长度应按相应数值乘以系数 1.1 取用；

第四，对末端采用机械锚固措施的带肋钢筋，其最小搭接长度应按相应数值乘以系数 0.6 取用；

第五，当带肋钢筋的混凝土保护层厚度大于搭接钢筋直径的 3 倍且配有箍筋时，其最小搭接长度可按相应数值乘以系数 0.8 取用；

第六，有抗震要求的受力钢筋的最小搭接长度，对一、二级抗震等级应按相应数值乘以系数 1.15 采用，对三级抗震等级应按相应数值乘以系数 1.05 采用；

第七，在任何情况下，受拉钢筋的搭接长度不应小于 300mm。

④ 纵向受压钢筋绑扎搭接时，其最小搭接长度应根据第①～③条的规定确定相应数值后，乘以系数 0.7 取用。在任何情况下，受压钢筋的搭接长度不应小于 200mm。

 能力训练

【任务实施】

参观某工程的钢筋工程施工过程。

【技能训练】

通过参观实训，熟悉钢筋的连接方法和钢筋连接接头的质量验收。

工作任务 6.3 钢筋加工与安装

6.3.1 钢筋加工

钢筋加工是根据钢筋配料单使钢筋成型的施工过程，主要包括除锈、调直、切断、弯曲成型等工序。

1. 除锈

除锈指把油渍、漆污和用锤敲击时能剥落的浮皮（俗称老锈）、铁锈等在使用前清除干净。在焊接前，焊点处的水锈应清除干净。

钢筋的除锈，一般可通过以下两个途径：一是在钢筋冷拉或钢丝调直过程中除锈，对大量钢筋的除锈较为方便；二是用机械除锈，如采用电动除锈剂除锈，对钢筋的局部除锈较为方便。此外，还可采用手工除锈（使用钢丝刷、砂盘）、喷砂和酸洗除锈等。

在除锈过程中发现钢筋表面的氧化铁皮鳞落现象严重并已损伤钢筋截面，或在除锈后钢筋表面有严重的麻坑、斑点伤蚀截面时，应降级使用或剔除不用。

2．调直

调直指利用钢筋调直机、数控钢筋调直切断机或卷扬机拉直设备等把盘条钢筋拉直的施工过程。也可采用冷拉方法，当采用冷拉方法调直钢筋时，HPB300 级钢筋的冷拉率不宜大于 4%，HRB400、HRB500、HRBF400、HRBF500 和 RRB400W 带肋钢筋冷拉率不宜大于 1%。

3．切断

切断指利用钢筋切断机、手动液压切断器、砂轮切割机等设备对钢筋进行切断的施工过程。

切断时应注意以下问题：

（1）将同规格钢筋根据不同长度搭配，统筹安排；一般先断长料，后断短料，以减少损耗。

（2）断料时应避免用短尺量长料，防止在量料中产生累积误差。为此，宜在工作台上标出刻度线并设置控制断料尺寸用的挡板。

（3）在切断过程中，发现钢筋有劈裂、缩头或严重的弯头等时必须切除；如发现钢筋的硬度与该钢种有较大的出入，应及时向有关人员反映，查明情况。

（4）钢筋的端口不得有马蹄形或起弯等现象。

4．弯曲成型

弯曲成型指利用钢筋弯曲机、手工弯曲工具等对钢筋按设计要求的角度进行弯曲的施工过程。

6.3.2 钢筋安装

1．准备工作

（1）核对成品钢筋的钢号、直径、形状、尺寸和数量等是否与料单料牌相符。如有错漏，应纠正增补。

（2）准备绑扎用的铁丝、绑扎工具（如钢筋钩、带扳口的小撬棍）、绑扎架等。

（3）准备控制混凝土保护层用的塑料卡。塑料卡形状有两种，即塑料垫块和塑料环圈，如图 6.11 所示。塑料垫块用于水平构件（如梁、板），在两个方向均有凹槽，以便适应两种保护层厚度；塑料环圈用于垂直构件（如柱、墙），使用时钢筋从卡嘴进入卡腔。

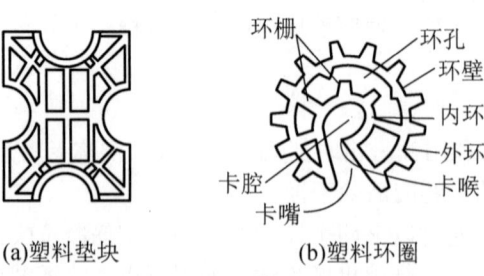

图 6.11 控制混凝土保护层用的塑料卡

（4）画出钢筋位置线。楼板或墙板的钢筋，在模板上画线；柱的箍筋，在两根对角线主筋上画点；梁的箍筋，在架立筋上画点；基础的钢筋，在两向各取一根钢筋画点或在垫层上画线。

钢筋接头的位置，应根据钢筋来料规格结合规范、标准关于接头位置和数量的规定来确定，应使其错开，在模板上画线。

(5) 绑扎形式复杂的结构部位时，应先研究逐根钢筋穿插就位顺序，并制定方案确定支模和绑扎钢筋的先后次序，以减少绑扎困难。

2．柱钢筋绑扎

1) 工艺流程

套柱箍筋→竖向受力筋连接→画箍筋间距线→绑箍筋。

2) 操作要点

(1) 套柱箍筋：按图纸要求间距，注意箍筋加密区长度应符合要求，计算好每根柱箍筋数量，先将箍筋套在下层伸出的连接钢筋上，然后立柱子钢筋。

(2) 竖向钢筋连接后，按图纸要求用粉笔画箍筋间距线，按已画好的箍筋位置线，将已套好的箍筋往上移动，由上往下绑扎，宜采用缠扣绑扎，绑扎箍筋时绑扣相互间应成八字形。

(3) 箍筋与主筋要垂直，箍筋转角处与主筋交点均要绑扎，主筋与箍筋非转角部分的相交点呈梅花形交错绑扎。箍筋的接头（弯钩叠合处）应交错布置在四角纵向钢筋上。

(4) 柱钢筋保护层厚度应符合规范要求。垫块或塑料卡设置间距一般为1000mm。

(5) 如果采用搭接方式，下层柱的钢筋露出楼面部分，宜用工具式柱箍将其收进一个柱筋直径，以利上层柱的钢筋搭接。当柱截面有变化时，其下层柱钢筋的露出部分，必须在绑扎梁的钢筋之前，先行收缩准确。

(6) 墙体拉接筋或埋件，根据墙体所用材料，按有关图集留置。

(7) 注意柱有关构造要求：箍筋加密区、连接区、变截面处、柱顶等构造。

3．墙钢筋绑扎

1) 工艺流程

立2～4根竖筋→画水平筋间距→绑定位横筋→绑其余横竖筋。

2) 操作要点

(1) 立2～4根竖筋：将竖筋与下层伸出的搭接筋绑扎，在竖筋上画好水平筋分档标志，在下部及齐胸处绑两根横筋定位，并在横筋上画好竖筋分档标志，接着绑其余竖筋，最后再绑其余横筋。横筋在竖筋里面或外面应符合设计要求。

(2) 剪力墙筋应逐点绑扎，在两层钢筋之间要绑扎拉接筋和支撑筋，以保证钢筋的正确位置。拉接筋采用Φ6～10钢筋，绑扎时纵横间距不大于600mm，绑扎在纵横向钢筋的交叉点上，勾住外边筋。用砂浆垫块或塑料卡来保证保护层的厚度，其间距不大于1000mm。

(3) 剪力墙与框架柱连接处，剪力墙的水平横筋应锚固到框架柱内，其锚固长度要符合设计要求。如先浇筑柱混凝土后绑剪力墙筋，柱内要预留连接筋或预埋铁件，待柱拆模绑墙筋时作为连接用，其预留长度应符合设计或规范的规定。

(4) 剪力墙水平筋在两端头、转角、十字节点、连梁等部位的锚固长度以及洞口周围加固等，均应符合设计、抗震要求。

(5) 合模后对伸出的竖向钢筋应进行修整，在模板上口加角铁或用梯子筋将伸出的竖向钢筋加以固定，浇筑混凝土时应有专人看护，浇筑后应再次调整以保证钢筋位置的准确。

4．梁钢筋绑扎

1）工艺流程

（1）模内绑扎（梁的钢筋在梁底模上绑扎，其两侧模或一侧模后装，适用于梁的高度较大时，一般高度达1.0m）。

画主次梁箍筋间距→放主次梁箍筋→穿主梁底层纵筋及弯起筋→穿次梁底层纵筋并与箍筋固定→穿主梁上层纵向架立筋→按箍筋间距绑扎→穿次梁上层纵向钢筋→按箍筋间距绑扎。

（2）模外绑扎（先在梁模板上口绑扎成型后再入模内，适用于梁的高度较小时）。

画箍筋间距→在主次梁模板上口铺横杆数根→在横杆上面放箍筋→穿主梁下层纵筋→穿次梁下层纵筋→穿主梁上层钢筋→按箍筋间距绑扎→穿次梁上层纵筋→按箍筋间距绑扎→抽出横杆落骨架于模板内。

2）操作要点

（1）纵向受力钢筋采用双层排列时，两排钢筋之间应垫以直径25mm的短钢筋，以保证其设计距离。

（2）箍筋接头（弯钩叠合处）应交错布置在两根架立钢筋上，其余同柱。

（3）板、次梁与主梁交叉处，板的钢筋在上，次梁的钢筋居中，主梁的钢筋在下；应避免主、次梁交接处及梁与柱相交（与柱平）时钢筋相撞现象。

（4）框架节点处钢筋穿插十分稠密时，应特别注意梁顶面主筋间的净距要有30mm（下部钢筋净距要有25mm），以利浇筑混凝土。

（5）梁板钢筋绑扎时应防止水电管线将钢筋抬起或压下。

（6）梁钢筋绑扎常见通病有：主筋位移；箍筋间距偏差大；箍筋下料不准，导致骨架偏小或偏大、弯钩没有弯曲135°或平直部分长度不足；主筋锚固长度不足。

5．板钢筋绑扎

1）工艺流程

清理模板→模板上画线→绑板下受力筋→绑负弯矩钢筋。

2）操作要点

（1）清理模板上面的杂物，用墨斗在模板上弹好主筋、分布筋间距线。

（2）按画好的间距，先摆放受力主筋，后放分布筋。预埋件、电线管、预留孔等及时配合安装。

（3）在现浇板中有板带梁时，应先绑板带梁钢筋，再摆放板钢筋。绑扎板钢筋时除外围两根筋的相交点应全部绑扎外，其余各点可交错绑扎（双向板相交点须全部绑扎）。负弯矩筋每个相交点均要绑扎。

（4）在钢筋的下面垫好砂浆垫块，间距1.5m。垫块的厚度等于保护层厚度，应满足设计要求，如设计无要求，板钢筋的保护层厚度应为15mm。盖铁下部安装马凳，位置同垫块。

 能力训练

【任务实施】

参观施工现场钢筋连接，结合工程案例，编制钢筋连接专项施工方案。

【技能训练】

通过钢筋连接专项方案的编制,掌握钢筋的焊接连接、绑扎连接、机械连接等方法,能够指导钢筋的加工与安装。

工作任务 6.4 钢筋配料与代换

6.4.1 钢筋的配料计算

钢筋配料是根据结构施工图,分别计算构件各根钢筋的下料长度、根数、质量,并编制钢筋配料单,绘出钢筋加工形状、尺寸,以作为钢筋备料、加工和结算的依据。钢筋配料是钢筋工程施工的重要一环。

1. 配料程序

看懂构件配筋图→绘出单根钢筋简图→编号→计算下料长度和根数→填写配料表→申请加工。

2. 弯曲调整值

结构施工图中注明的钢筋尺寸是钢筋的外轮廓尺寸(从钢筋外皮到外皮量得的尺寸),在钢筋加工时,也按外包尺寸进行验收。钢筋弯曲后的特点是:在钢筋弯曲处,内皮缩短,外皮延伸,而中心线尺寸不变,故钢筋的下料长度即中心线尺寸。钢筋成型后量度尺寸都是沿直线量外皮尺寸;同时弯曲处又呈圆弧形,因此弯曲钢筋的尺寸大于下料尺寸,两者之间的差值称为"弯曲调整值",即在下料时,下料长度应用量度尺寸减去弯曲调整值。

> **特别提示**
>
> 钢筋如果不发生弯曲,则图示尺寸与下料长度是相等的。

(1)弯曲90°时弯曲调整值 Δ 的计算(图6.12)。

$$\Delta = 2 \times \left(\frac{D}{2} + d\right) - \frac{1}{4} \times \frac{D+d}{2} = 0.215D + 1.215d$$

当 D 取 $4d$ 时,90°弯曲调整值取 $2d$。

其中 D 为弯心直径,d 为钢筋直径。

(2)弯曲45°时弯曲调整值 Δ 的计算(图6.13)。

$$\Delta = 2 \times \left(\frac{D+d}{2}\right)\tan 22.5° - \frac{45\pi}{180}\left(\frac{D+d}{2}\right) = 0.022D + 0.436d$$

(3)180°弯钩增加长度(图6.14):为了保证可靠黏结与锚固,光圆钢筋(HPB300)末端应做成弯钩作为受力钢筋时,要求做180°半圆弯钩,且平直段为 $3d$,其增加长度 l 计算公式为

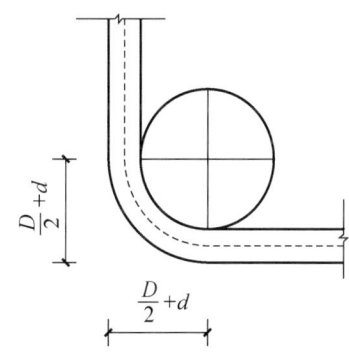

图6.12 弯曲90°时弯曲调整值计算示意图

$$l = \left(\frac{D+d}{2} \times \pi + 3d\right) - \left(\frac{D}{2} + d\right)$$

当 $D=2.5d$ 时，$l=6.25d$。

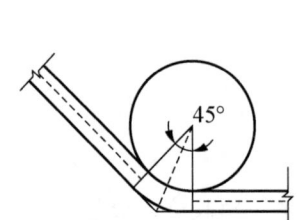

图 6.13　弯曲 45°时弯曲调整值计算示意图　　图 6.14　弯曲 180°弯钩时弯钩增加长度计算示意图

（4）常用箍筋弯钩增加长度与弯曲调整值：设 D 为圆弧弯曲直径，d 为钢筋直径，L_p 为弯钩的平直部分长度，则箍筋弯钩增加长度计算见表 6-13，钢筋弯折各种角度时的弯曲调整值计算见表 6-14 及表 6-15。

表 6-13　箍筋弯钩增加长度

弯钩角度	180°	135°	90°
弯钩增加长度 L_z	$1.071D+0.571d+L_p$	$0.678D+0.178d+L_p$	$0.285D-0.215d+L_p$
L_p	$3d$	$10d$	$5d$

注：圆弧弯曲半径 D 参照《混凝土结构工程施工质量验收规范》（GB 50204—2015）与 22G101 系列图集的相关构造要求。

表 6-14　钢筋弯折时的弯曲调整值

弯折角度	弯曲调整值计算公式	备注
30°	$0.006D+0.274d$	
45°	$0.022D+0.436d$	D 值根据 22G101 系列图集的相关构造要求及各地实际情况和操作经验确定
60°	$0.053D+0.631d$	
90°	$0.215D+1.215d$	
135°	$0.236D+1.650d$	

表 6-15　弯起钢筋的弯曲调整值

弯起角度	弯曲调整值计算公式	备注
30°	$0.012D+0.28d$	
45°	$0.043D+0.457d$	D 值根据 22G101 系列图集的相关构造及各地实际情况和操作经验确定
60°	$0.108D+0.685d$	

（5）钢筋弯折的弯弧内直径应符合下列规定：

① 光圆钢筋不应小于钢筋直径的 2.5 倍；

② 400MPa 级带肋钢筋不应小于钢筋直径的 4 倍；

③ 500MPa 级带肋钢筋，当直径为 28mm 以下时不应小于钢筋直径的 6 倍，当直径为 28mm 及以上时不应小于钢筋直径的 7 倍。

（6）平直段长度规定：纵向受力钢筋的弯折后平直段长度应符合设计要求。光圆钢筋末端做 180°弯钩时，弯钩的平直段长度不应小于钢筋直径的 3 倍。

（7）箍筋、拉筋的末端规定。箍筋、拉筋的末端应按设计要求做弯钩，并应符合下列规定。

① 对一般结构构件，箍筋弯钩的弯折角度不应小于 90°，弯折后平直段长度不应小于箍筋直径的 5 倍；对有抗震设防要求或设计有专门要求的结构构件，箍筋弯钩的弯折角度不应小于 135°，弯折后平直段长度不应小于箍筋直径的 10 倍。

② 圆形箍筋的搭接长度不应小于其受拉锚固长度，且两末端弯钩的弯折角度不应小于 135°，弯折后平直段长度对一般结构构件不应小于箍筋直径的 5 倍，对有抗震设防要求的结构构件不应小于箍筋直径的 10 倍。

③ 梁、柱复合箍筋中的单肢箍筋两端弯钩的弯折角度均不应小于 135°，弯折后平直段长度应符合①款对箍筋的有关规定。

3．钢筋下料长度计算公式

$$钢筋下料长度 l = \sum 外包尺寸 - 弯曲调整值 + 弯钩增加长度$$

 应用案例 6-2

【案例概况】

试求 135°/135°弯钩矩形箍筋下料长度。

【案例解析】

设 b 为构件截面宽，h 为构件截面高，d 为箍筋直径，c 为混凝土构件保护层厚度。据钢筋下料长度 l 的计算公式，可得 135°/135°弯钩矩形箍筋下料长度为

$l=$ 箍筋外包尺寸 -3 个 $90°$ 弯曲调整值 $+2$ 个 $135°$ 弯钩增加值

箍筋外包尺寸 $=2(b-2c)+2(h-2c)$

$90°$ 弯曲调整值 $=0.215D+1.215d=0.215\times2.5d+1.215d=1.75d$

$135°$ 弯钩增加值 $=0.678D+0.178d+L_p=0.678\times2.5d+0.178d+10d=11.87d$

故可得

$$l=2(b-2c)+2(h-2c)+18.5d$$

这里 D 取 $2.5d$、L_p 取 $10d$。

4．钢筋配料单设计

1）钢筋配料单的作用与形式

钢筋配料单是根据施工设计图纸标定钢筋的品种、规格、外形尺寸、数量和编号，并计算下料长度，用表格形式表达的技术文件。

（1）作用。钢筋配料单是确定钢筋下料加工的依据，是提出材料计划、签发施工任务单和限额领料单的依据，是钢筋施工的重要工序。合理的配料单能节约材料、简化施工操作。

（2）形式。钢筋配料单一般用表格的形式反映，其内容由构件名称、钢筋编号、钢筋简图、尺寸、钢号、数量、下料长度及质量等内容组成。

2）钢筋配料单的编制方法及步骤

（1）熟悉构件配件钢筋图，弄清每一编号钢筋的直径、规格、种类、形状和数量，以及在构件中的位置和相互关系；

（2）绘制钢筋简图；

（3）计算每种规格的钢筋下料长度；

（4）填写钢筋配料单；

（5）填写钢筋料牌。

3）钢筋的标牌与标识

钢筋除填写配料单外，还需将每一编号的钢筋制作相应的标牌与标识，也即料牌，作为钢筋加工的依据，并在安装中作为区别、核实工程项目钢筋的标志。

在钢筋混凝土工程施工过程中，先依据施工图（平面标注法）识别各类钢筋，然后依据各类钢筋的不同形式计算出下料长度，从而形成最终的钢筋配料单。

知识链接 6-2

1. 平法系统科学原理

平法系统由多个子系统构成，基础结构、柱墙结构、梁结构、板结构各子系统有明确的层次性、关联性、相对完整性。各子系统详细的制图规则和标准构造详图均体现在 22G101 的系列图集中。

（1）层次性：基础、柱墙、梁、板均为完整的子系统。

（2）关联性：柱墙以基础为支座——柱墙与基础关联；梁以柱为支座——梁与柱关联；板以梁为支座——板与梁关联。

（3）相对完整性：基础自成体系，仅有自身的设计内容而无柱或墙的设计内容；柱墙自成体系，仅有自身的设计内容（包括在支座内的锚固纵筋）而无梁的设计内容；梁自成体系，仅有自身的设计内容（包括在支座内的锚固纵筋）而无板的设计内容；板自成体系，仅有板自身的设计内容（包括在支座内的锚固纵筋）。

2. 平法的识读

结构施工图平面整体表示方法（平法）是把结构构件尺寸和配筋等按照平面整体的表示方法制定制图规则，整体直接表达在各类构件的结构平面布置图上，结合标准构造详图表达结构设计的方法。它改变了传统的那种将构件从结构平面布置图中索引出来，再逐个绘制配筋详图的烦琐方法。

要进行钢筋下料计算，必须先学会识读平法表示的施工图。平法表示的施工图，在按照结构层绘制的平面布置图上直接表示各结构构件的尺寸、配筋和所选用的标准构造详图，并按照柱、梁、基础、板、楼梯的顺序排列。平法有三种表达方式，分别是平面注写、列表注写和截面注写。

6.4.2 框架梁平法施工图的配料单设计

1. 梁平法识读要点

平面注写方式，系在梁平面布置图上，分别在不同编号的梁中各选一根梁，通过在其上注写截面尺寸和配筋具体数值的方式来表达梁平法施工图，如图6.15所示。

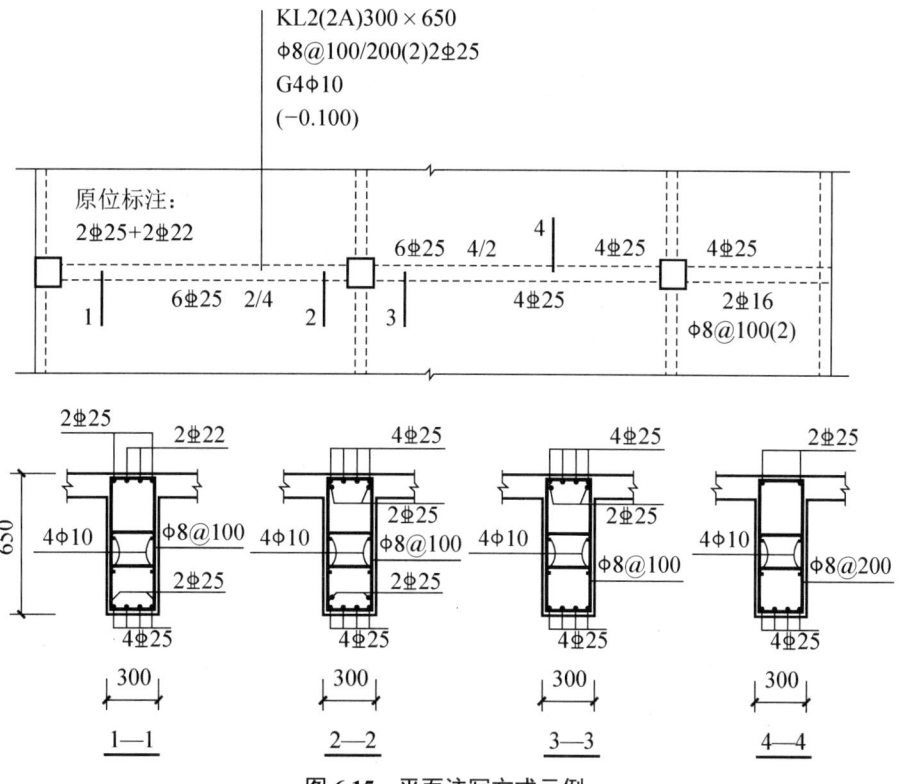

图 6.15 平面注写方式示例

平面注写包括集中标注与原位标注，集中标注表达梁的通用数值，原位标注表达梁的特殊数值。施工时，原位标注取值优先。

1）梁平法集中标注的内容

（1）梁编号：该项为必注项，见表6-16。

表 6-16 梁编号

梁类型	代号	序号	跨数及是否带有悬挑
楼面框架梁	KL	××	（××）、（××A）或（××B）
屋面框架梁	WKL	××	（××）、（××A）或（××B）
框支梁	KZL	××	（××）、（××A）或（××B）
非框架梁	L	××	（××）、（××A）或（××B）
悬挑梁	XL	××	
井字梁	JZL	××	（××）、（××A）或（××B）

注：（××A）为一端有悬挑，（××B）为两端有悬挑，悬挑不计入跨数。

例如图6.16中 KL7（5A）表示第 7 号框架梁，5 跨，一端有悬挑；L9（7B）表示第 9 号非框架梁，7 跨，两端有悬挑。

（2）梁截面尺寸：该项为必注值。

① 当为等截面梁时，用 $b×h$ 表示。

② 当为竖向加腋梁时，用 $b×h\ GYc_1×c_2$ 表示，其中 c_1 为腋长，c_2 为腋高，如图6.17

所以。

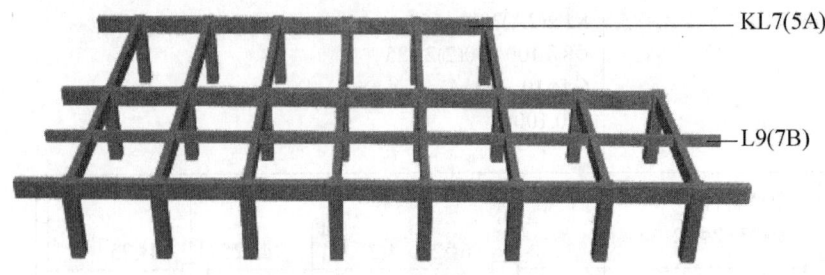

图 6.16 框架梁编号表达示意图

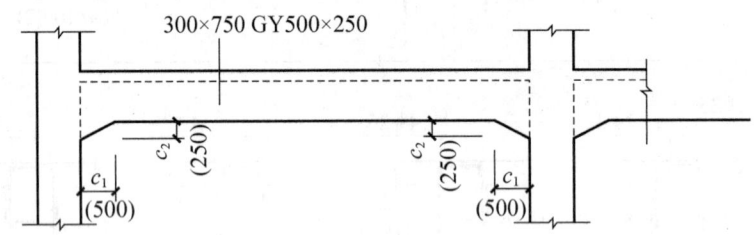

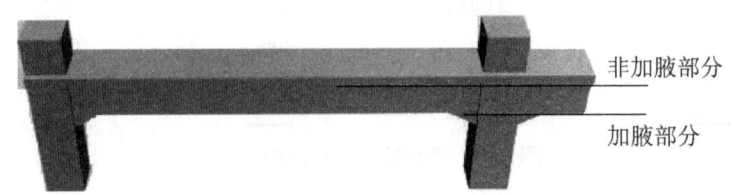

图 6.17 竖向加腋截面注写示意图

③ 当为水平加腋梁时，用 $b \times h\, PY c_1 \times c_2$ 表示，其中 c_1 为腋长，c_2 为腋宽，如图 6.18 所示。

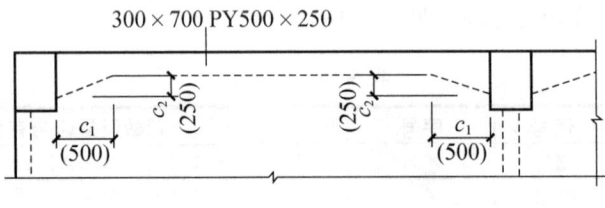

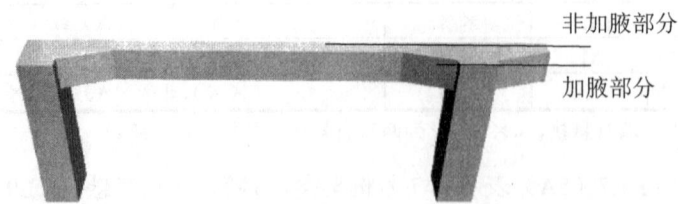

图 6.18 水平加腋截面注写示意图

④ 当有悬挑梁且根部和端部的高度不同时，用斜线分隔根部与端部的高度值，即为 $b \times h_1/h_2$。

(3)梁箍筋：包括钢筋级别、直径、加密区与非加密区间距及肢数，该项为必注值。

如Φ10@100/200（4）表示箍筋为HPB300钢筋，直径10mm，加密区间距为100mm，非加密区间距为200mm，均为四肢箍。又如 Φ8@100（4）/150（2）表示箍筋为HPB300钢筋，直径8mm，加密区间距为100mm，四肢箍；非加密区间距为150mm，两肢箍。

当抗震结构中的非框架梁、悬挑梁、井字梁及非抗震结构中的各类梁采用不同的箍筋间距及肢数时，也用斜线"/"将其分隔开来。注写时，先注写梁支座端部的箍筋（包括箍筋的箍数、钢筋级别、直径、间距与肢数），再在斜线后注写梁跨中部分的箍筋间距及肢数。

如13Φ10@150/200（4）表示箍筋为HPB300钢筋，直径10mm；梁的两端各有13个四肢箍，间距为150mm；梁跨中部分间距为200mm，四肢箍。又如18Φ12@150（4）/200（2）表示箍筋为HPB300钢筋，直径12mm；梁的两端各有18个四肢箍，间距为150mm；梁跨中部分，间距为200mm，双肢箍。

（4）梁上部通长筋或架立筋配置：该项为必注值。所注规格与根数应根据结构受力要求及箍筋肢数等构造要求而定。当同排纵筋中既有通长筋又有架立筋时，应用加号"+"将通长筋和架立筋相联。注写时须将角部纵筋写在加号的前面，架立筋写在加号后面的括号内，以示不同直径及与通长筋的区别。当全部采用架立筋时，则将其写入括号内。

如2Φ22+（2Φ12）表示用于四肢箍，其中2Φ22为通长筋，2Φ12为架立筋，如图6.19所示。

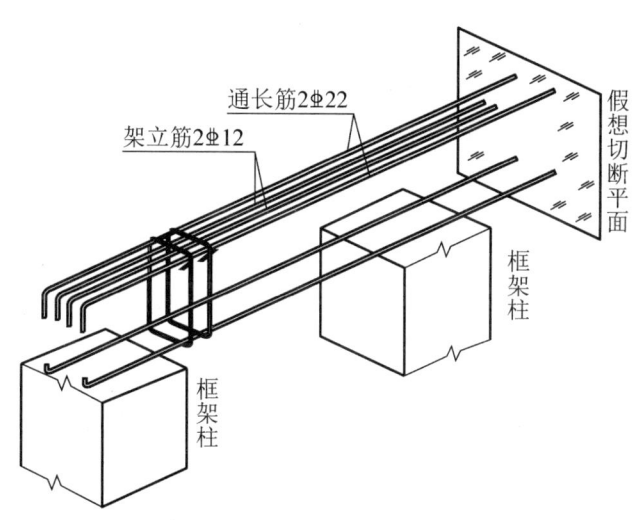

图6.19 架立筋表达示意图

当梁的上部纵筋和下部纵筋为全跨相同，且多数跨配筋相同时，此项可加注"；"将上部与下部纵筋的配筋分隔开来。如3Φ22；3Φ20表示梁的上部配置3Φ22的通长筋，梁的下部配置3Φ20的通长筋。

（5）梁侧面纵向构造钢筋或受扭钢筋配置：该项为必注值。如G4Φ12表示梁的两个侧面共配置4Φ12的纵向构造钢筋，每侧各配置2Φ12；又如N6Φ22表示梁的两个侧面共配置6Φ22的受扭纵向钢筋，每侧各配置3Φ22。

（6）梁顶面标高高差：该项为选注值。梁顶面标高高差系指梁顶面相对于结构层楼面标高的高差值，对于位于结构夹层的梁，则指相对于结构夹层楼面标高的高差。有高差时，须将其写入括号内，无高差时不注，如图 6.20 所示。

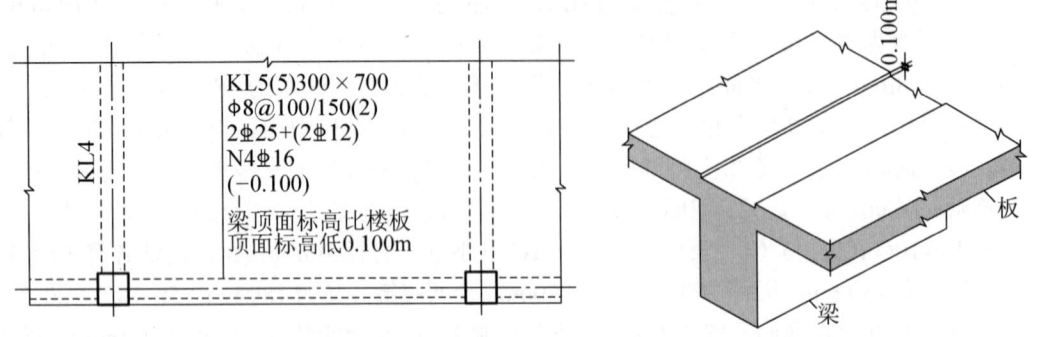

图 6.20　梁顶面标高高差表达示意图

特别提示

当某梁的顶面高于所在结构层的楼面标高时，其标高高差为正值，反之为负值。

2）梁平法原位标注的内容

(1) 梁支座上部纵筋：该部位含通长筋在内的所有纵筋，如图 6.21 所示。

① 当上部纵筋多于一排时，用斜线"/"将各排纵筋自上而下分开。如梁支座上部纵筋注写为 6Φ25 4/2，表示上一排纵筋为 4Φ25，下一排纵筋为 2Φ25。

② 当同排纵筋有两种直径时，用加号"+"将两种直径的纵筋相联，注写时角筋写在前面。如在梁支座上部注写为 2Φ25+2Φ22，表示梁支座上部有四根纵筋，2Φ25 放在角部，2Φ22 放在中部。

③ 当梁中间支座两边的上部纵筋不同时，须在支座两边分别标注；当梁中间支座两边的上部纵筋相同时，可仅在支座的一边标注配筋值，另一边省去不注，如图 6.22 所示。

(2) 梁下部纵筋：

① 当下部纵筋多于一排时，用斜线"/"将各排纵筋自上而下分开。如在梁支座梁下部纵筋注写为 6Φ25 2/4，表示上一排纵筋为 2Φ25，下一排纵筋为 4Φ25，全部伸入支座。

② 当同排纵筋有两种直径时，用加号"+"将两种直径的纵筋相联，注写时角筋写在前面。

③ 当梁下部纵筋不全部伸入支座时，将梁支座下部纵筋减少的数量写在括号内。如梁下部纵筋注写为 6Φ25 2(-2)/4，表示上排纵筋为 2Φ25，且不伸入支座；下排纵筋为 4Φ25，全部伸入支座。又如梁下部纵筋注写为 2Φ25+3Φ22(-3)/5Φ25，表示上排纵筋为 2Φ25 和 3Φ22，其中 3Φ22 不伸入支座；下一排纵筋为 5Φ25，全部伸入支座。

④ 当梁的集中标注中分别注写了梁上部和下部均为通长的纵筋值时，则不需在梁下部重复做原位标注。

(3) 当在梁上集中标注的内容（即梁截面尺寸、箍筋、上部通长筋或架立筋、梁侧面纵向构造筋或受扭纵向钢筋，以及梁顶面标高高差中的某一项或几项数值）不适用于某跨或某悬挑部分时，则将其不同数值原位标注在该悬挑部位，施工时按原位标注取值，如图 6.23 所示。

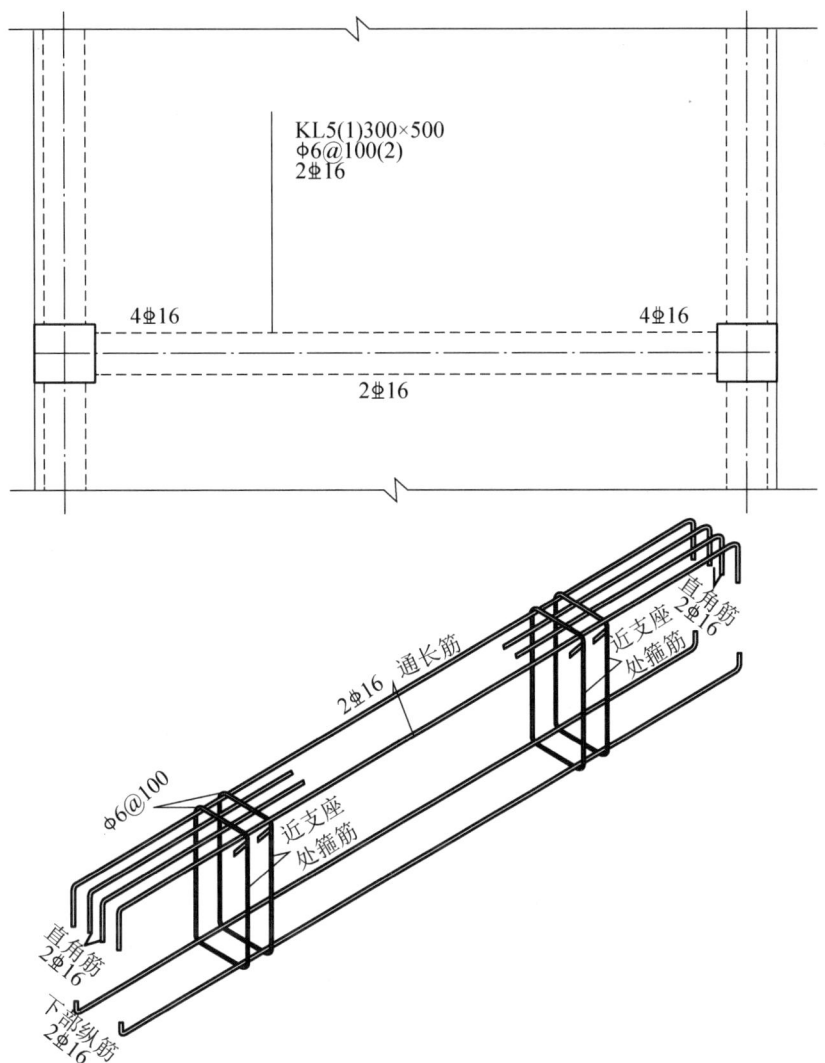

图 6.21　梁支座上部纵筋表达示意图

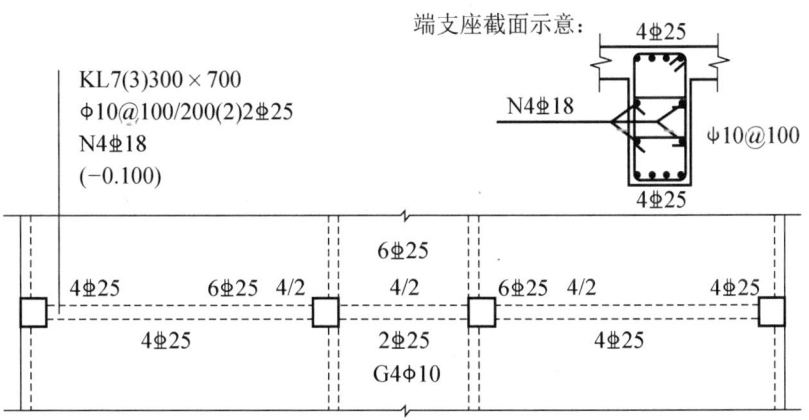

图 6.22　大小跨梁的注写示意图

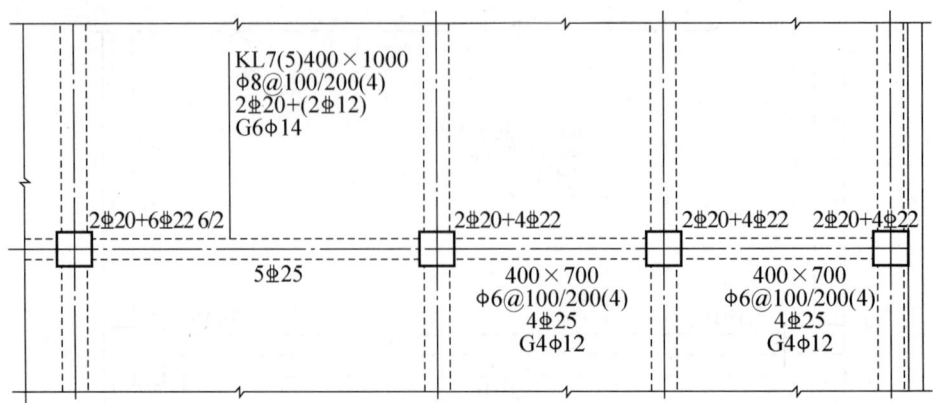

图6.23 原位标注取值优先

（4）附加箍筋和吊筋，将其直接画在平面图中的主梁上，用线引注总配筋值（附加箍筋的肢数注在括号内）。当多数附加箍筋或吊筋相同时，可在梁平法施工图上统一注明，少数与统一注明值不同时，再原位引注，如图6.24所示。

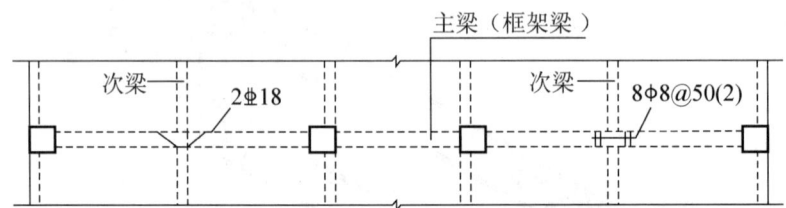

图6.24 附加箍筋和吊筋的画法示例

2．梁平法钢筋构造

（1）纵向受力钢筋构造：以抗震楼层框架梁为例，如图6.25所示。

（2）箍筋构造：仍以抗震楼层框架梁为例，如图6.26所示。

加密区要求：

① 抗震等级为一级：$2.0h_b$ 且大于或等于500mm。

② 抗震等级为二至四级：$1.5h_b$ 且大于或等于500mm。

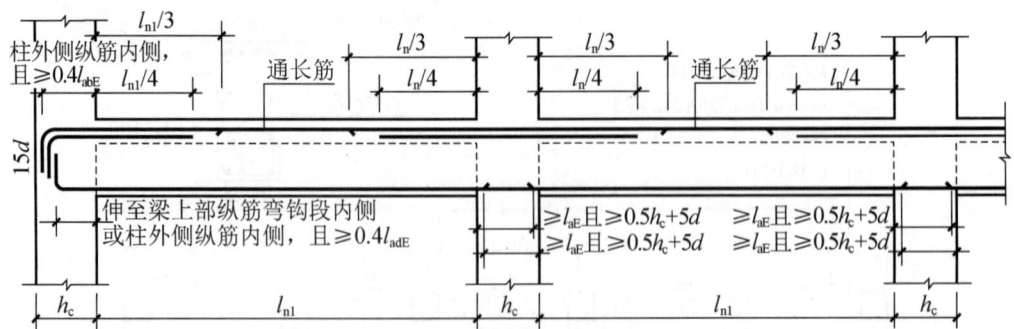

图6.25 抗震楼层框架梁KL纵向钢筋构造

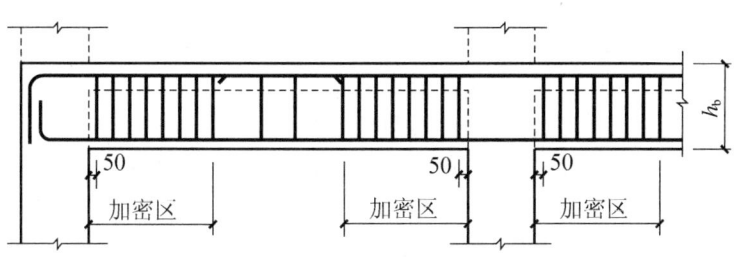

图 6.26　抗震框架梁 KL、WKL 箍筋加密区范围

应用案例 6-3

【案例概况】

某教学楼第一层楼的 KL1，共计 5 根，如图 6.27 所示，梁混凝土保护层厚度为 25mm，抗震等级为三级，C35 混凝土，柱截面尺寸为 500mm×500mm。请对其进行钢筋下料计算，并填写钢筋下料单。

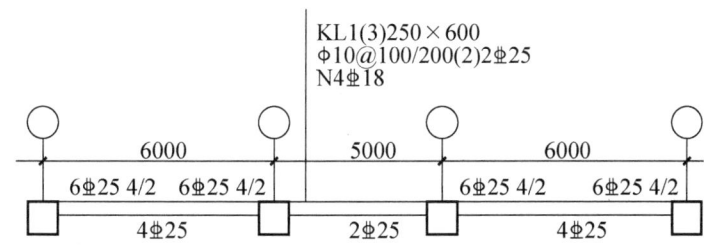

图 6.27　框架梁 KL1 平法施工图

【案例解析】

1．熟悉梁平法施工图

略。

2．绘制钢筋根数大样图

本例中的纵向钢筋根数的大样图绘制如图 6.28 所示。

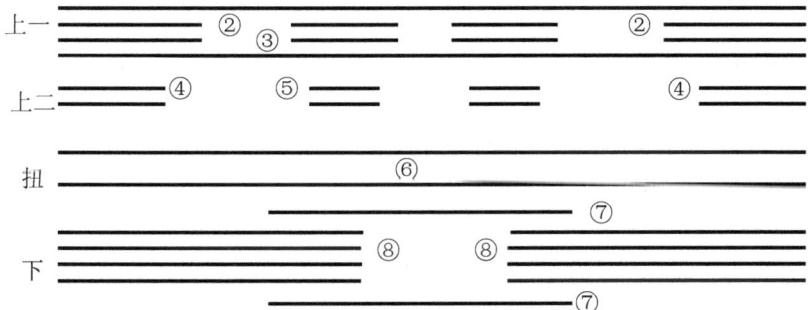

图 6.28　KL1 钢筋根数大样图

钢筋分解如下：

①号筋：通长钢筋，2⊕25。

②号筋：边支座上部第一排负筋，左右支座各 2⊕25，共 4⊕25。

③号筋：中间支座上部负筋，中间两支座各2Φ25，共4Φ25。
④号筋：边支座上部第二排负筋，左右支座各2Φ25，共4Φ25。
⑤号筋：中间支座上部直角筋，中间两支座各2Φ25，共4Φ25。
⑥号筋：抗扭钢筋，梁的每侧面各配置2Φ18钢筋，对称布置，共4根。
⑦号筋：中间跨下部纵筋，2Φ25。
⑧号筋：边跨下部纵筋，左右两边跨各4Φ25，共8Φ25。
⑨号筋：箍筋。
⑩号筋：拉筋。

3. 熟悉构造并计算下料长度

（1）依据22G101—1图集，查得有关数据如下：

Φ25：$l_{aE}=34d=34×25=850$（mm）； $15d=15×25=375$（mm）。

Φ18：$l_{aE}=34d=34×18=612$（mm）； $15d=15×18=270$（mm）。

[注：由22G101—1 知，$l_a = \zeta_a l_{ab}$，$l_{aE} = \zeta_{aE} l_a$，所以$l_{aE} = l_{abE}$。不考虑受拉钢筋锚固修正系数，一般取$l_{aE} = \zeta_a (\zeta_{aE} l_{ab}) = \zeta_a l_{abE}$。]

$0.5h_c+5d=0.5×500+5×25=375$（mm）（$h_c$为柱宽，下同）。

（2）弯曲调整值计算（纵向钢筋的弯折角度为90°，依据22G101—1第79页知弯曲半径$R=4d$）：

90°弯曲调整值$\Delta=0.215D+1.215d=0.215×8d+1.215d=2.935d$（注：$D=2R$）

Φ25：$2.935d=2.935×25=73$（mm）。

Φ18：$2.935d=2.935×18=53$（mm）。

（3）各个纵向钢筋计算如下：

①号筋下料长度

=梁全长-左端柱宽-右端柱宽+2×($h_c-c+15d$)-2×90°弯曲调整值（c为梁混凝土保护层厚度，下同）

=(6000+5000+6000)-250-250+2×(500-25+15×25)-2×73=18054（mm）

②号筋下料长度

=边净跨长度/3+($h_c-c+15d$)-90°弯曲调整值

=(6000-500)/3+(500-25+15×25)-73≈2611（mm）

③号筋下料长度

=2×$L_大$/3+中间柱宽（$L_大$=左、右两净跨长度大者）

=2×(6000-500)/3+500≈4167（mm）

④号筋下料长度

=边净跨长度/4+($h_c-c+15d$)-90°弯曲调整值

=(6000-500)/4+(500-25+15×25)-73=2152（mm）

⑤中间支座上部二排直筋

=2×$L_大$/4+中间柱宽（$L_大$为左、右两净跨长度大者）

=2×(6000-500)/4+500=3250（mm）

⑥号筋下料长度

=梁全长-左端柱宽-右端柱宽+2×($h_c-c+15d$)-2×90°弯曲调整值

=(6000+5000+6000)-250-250+2×(500-25+15×18)-2×53=17884（mm）

⑦号筋下料长度

=左锚固值+中间净跨长度+右锚固值

=850+(5000-500)+850=6200（mm）

⑧号筋下料长度

=$(h_c-c+15d)$+边净跨长度+锚固值-90°弯曲调整值

=(500-25+15×25)+(6000-500)+850-73=7127（mm）

⑨号筋下料长度

=外包尺寸+18.5d

=2×(600-2×25)+2×(250-2×25)-18.5×10=1735（mm）

⑩号拉筋下料长度

=$b-2c+9.173d+150$

=405.038(mm)≈406（mm）

拉筋数量计算：

$$\left[\frac{(600-250\times2-50\times2)}{400}+1\right]\times2+\frac{(5000-250\times2-50\times2)}{400}$$

=15×2+12=42（根）

双排共需要

=42×2=84（根）

（4）箍筋数量计算如下：

加密区长度=900mm（取 1.5h 与 500mm 的大值：1.5×600mm = 900mm >500mm）

每个加密区箍筋数量 = (900-50)/100+1=9.5（根），取 10 根

边跨非加密区箍筋数量 = (6000-500-900-900)/200-1 = 17.5（根），取 18 根

中跨非加密区箍筋数量 = (5000-500-900-900)/200-1 = 12.5（根），取 13 根

式中 "-1" 表示每跨要减去加密与非加密区重叠的 2 个箍筋。

每根梁箍筋总数量=10×6+18×2+13=109（根）

4．编制钢筋下料表

具体钢筋配料单见表6-17。

表6-17 钢筋配料单

构件名称	钢筋编号	钢筋简图	直径/mm	钢筋级别	下料长度/mm	单位根数/根	合计根数/根
KL1 共5根	①	375　17450　375	25	⏀	18054	2	10
	②	375　2309	25	⏀	2611	4	20
	③	4167	25	⏀	4167	4	20
	④	375　1850	25	⏀	2152	4	20

续表

构件名称	钢筋编号	钢筋简图	直径/mm	钢筋级别	下料长度/mm	单位根数/根	合计根数/根
KL1 共5根	⑤	3250	25	⊕	3250	4	20
	⑥	270⌐ 17450 ⌐270	18	⊕	17884	4	20
	⑦	6200	25	⊕	6200	2	10
	⑧	375⌐ 6825	25	⊕	7127	8	40
	⑨	200	10	φ	1735	109	545
	⑩	406	6	φ	406	84	420

6.4.3 钢筋代换

钢筋级别、钢号和直径应按设计要求采用,若施工中缺乏设计图中所要求的钢筋,须进行钢筋代换。代换应符合设计规定的构件承载能力、正常使用配筋构造及耐久性能要求,并应取得设计变更文件。代换原则如下:

(1)等强度代换。不同级别钢筋代换(相邻两级钢筋),应按抗拉强度相等的原则进行,即代换后钢筋的"钢筋抗力"不小于施工图纸原设计配筋的钢筋抗力,称为等强度代换。即满足下式:

$$A_{s2}f_{y2} \geqslant A_{s1}f_{y1}$$

代入各参数可得

$$n_1 \cdot \pi \cdot \left(\frac{d_1^2}{4}\right) \cdot f_{y1} \leqslant n_2 \cdot \pi \cdot \left(\frac{d_2^2}{4}\right) \cdot f_{y2}$$

故得

$$n_2 \geqslant \frac{n_1 d_1^2 f_{y1}}{d_2^2 f_{y2}}$$

(2)等面积代换。构件按最小配筋率配筋时,或强度等级相同但规格不同的钢筋之间,可按钢筋代换前后面积相等的原则进行代换,称为等面积代换,即

$$A_{s2} \geqslant A_{s1}$$

由此求得

$$n_2 \geqslant n_1 d_1^2 / d_2^2$$

应用案例 6-4

【案例概况】

某矩形梁原设计采用 HRB335 级钢筋 4Φ16，现拟用 HRB400 级钢筋代换，试确定需代换的钢筋直径、根数和面积。

【案例解析】

查《混凝土结构设计标准（2024 年版）》(GB/T 50010—2010) 中钢筋截面面积表得 A_{s1}=201×4=804（mm^2），f_{y1}=300N/mm^2，f_{y2}=360N/mm^2。

由公式可知 A_{s1}≥804×300/360=670（mm^2）。查钢筋截面面积得代换方案如下：

2Φ18+1Φ16：A_{s2}=(509+201)mm^2=710mm^2>670mm^2。

2Φ16+2Φ14：A_{s2}=(402+308)mm^2=710mm^2>670mm^2。

 能力训练

【任务实施】

完成某高层建筑梁钢筋配料单设计。

（1）所用原始材料：该工程的梁平法施工图如图 6.29 所示，结构为二级抗震等级，现场一级钢为盘条，三级钢 9m 定尺，混凝土为 C30。框架柱截面尺寸为 600mm×600mm。

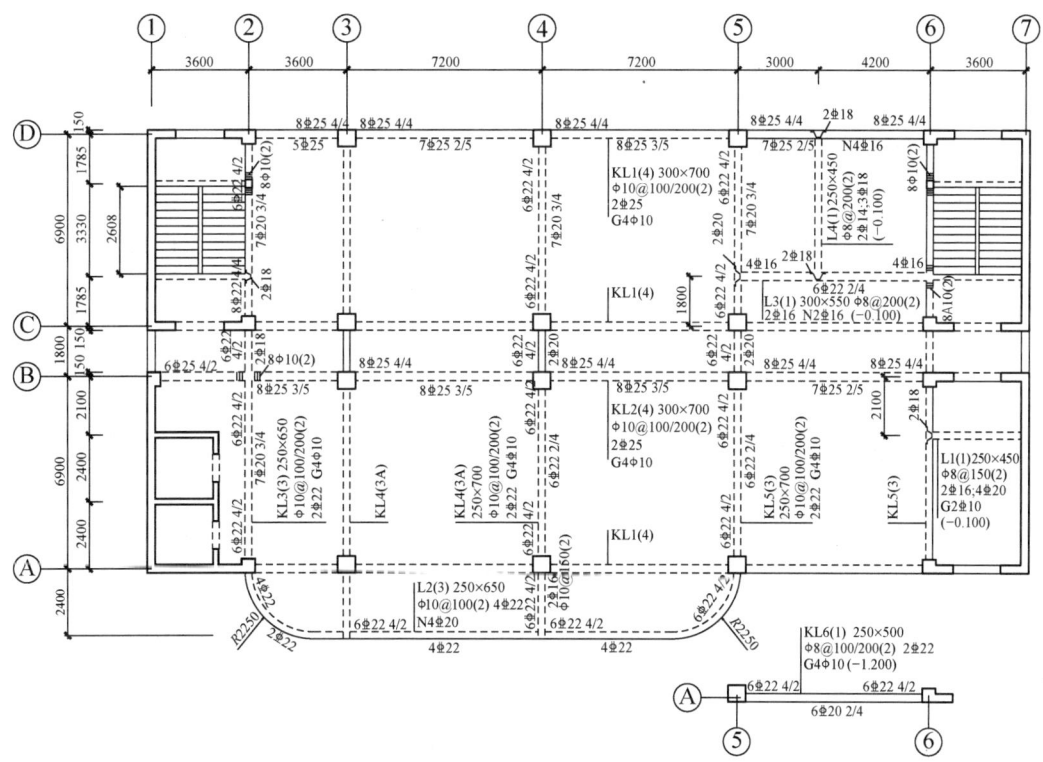

图 6.29　15.8708～26.670 梁平法施工图

（2）钢筋配料单设计：要求计算某一层梁（如标高 15.870m）的钢筋配料，并编制钢筋配料单。

（3）钢筋配料单的形式：钢筋配料单一般用表格的形式反映，其内容由构件名称、钢筋编号、钢筋简图、直径、钢筋级别、下料长度、数量及质量等内容组成，见表6-18。

表6-18 钢筋配料单示例

构件名称	钢筋编号	钢筋简图	直径/mm	钢筋级别	下料长度/mm	单位根数/根	合计根数/根	质量/kg
L15 共5根	①	6190	10	Φ	6315	2	10	39.0
	②	250 6190	25	Φ	6575	2	10	253.1
	③	265 250 4560	25	Φ	6962	2	10	266.1
	④	550 200	6	Φ	1600	32	160	58.6

技能训练

通过高层建筑梁钢筋配料单设计，掌握框架梁平法施工图识读，能够绘制各框架梁钢筋根数大样图，熟悉框架梁钢筋构造，学会计算钢筋下料长度并编制钢筋配料单。

工作任务6.5　质量验收规范与安全技术

钢筋工程属于隐蔽工程，在浇混凝土前应对钢筋及预埋件进行隐蔽工程验收，并按规定做好隐蔽工程记录，以便查验。其内容包括：纵向受力钢筋的品种、规格、数量、位置是否正确，特别是要注意检查负筋的位置；钢筋的连接方式、接头位置、接头数量、接头面积百分率是否符合规定；箍筋、横向钢筋的品种、规格、数量、间距等；预埋件的规格、数量、位置等。应检查钢筋绑扎是否牢固，有无变形、松脱和开焊。

钢筋工程的施工质量应区分主控项目、一般项目按规定的方法进行检验。检验批合格质量应符合下列规定：主控项目及一般项目的质量应经抽样检验合格；当采用计数检验时，除有专门要求外，一般项目的合格点率应达到80%及以上，且不得有严重缺陷；具有完整的施工操作依据和质量验收记录。

6.5.1　质量验收规范

1. 主控项目

（1）钢筋进场时，应按相关规定抽取试件做屈服强度、抗拉强度、伸长率、弯曲性能和质量偏差检验，检验结果应符合相关标准的规定。

检验数量：按进场批次和产品的抽样检验方案确定。

检验方法：检查质量证明文件和抽样检验报告。

（2）按一、二、三级抗震等级设计的框架和斜撑构件（含梯段）中的纵向受力普通钢筋应采用 HRB400E、HRB500E、HRBF400E 或 HRBF500E 钢筋，其强度和最大力下总伸长率的实测值应符合下列规定：

① 抗拉强度实测值与屈服强度实测值的比值不应小于 1.25；

② 屈服强度实测值与屈服强度标准值的比值不应大于 1.30；

③ 最大力下总伸长率不应小于 9%。

检查数量：按进场的批次和产品的抽样检验方案确定。

检验方法：检查抽样检验报告。

（3）钢筋弯折的弯弧内直径应符合下列规定：

① 光圆钢筋不应小于钢筋直径的 2.5 倍；

② 400MPa 级带肋钢筋，不应小于钢筋直径的 4 倍。

③ 500MPa 级带肋钢筋当直径为 28mm 以下时不应小于钢筋直径的 6 倍，当直径为 28mm 及以上时不应小于钢筋直径的 7 倍。

（4）箍筋弯折处尚不应小于纵向受力钢筋的直径。

检查数量：按每工作班同一类型钢筋、同一加工设备抽查不应少于 3 件。

检验方法：尺量。

（5）纵向受力钢筋的弯折后平直段长度应符合设计要求。光圆钢筋末端做 180°弯钩时，弯钩的平直段长度不应小于钢筋直径的 3 倍。

检查数量：按每工作班同一类型钢筋、同一加工设备抽查不应少于 3 件。

检验方法：尺量。

（6）箍筋、拉筋的末端应按设计要求做弯钩，并应符合下列规定。

① 对一般结构构件，箍筋弯钩的弯折角度不应小于 90°，弯折后平直段长度不应小于箍筋直径的 5 倍；对有抗震设防要求或设计有专门要求的结构构件，箍筋弯钩的弯折角度不应小于 135°，弯折后平直段长度不应小于箍筋直径的 10 倍。

② 圆形箍筋的搭接长度不应小于其受拉锚固长度，且两末端弯钩的弯折角度不应小于 135°，弯折后平直段长度对一般结构构件不应小于箍筋直径的 5 倍，对有抗震设防要求的结构构件不应小于箍筋直径的 10 倍。

③ 梁、柱复合箍筋中的单肢箍筋两端弯钩的弯折角度均不应小于 135°，弯折后平直段长度应符合第①款对箍筋的有关规定。

检查数量：按每工作班同一类型钢筋、同一加工设备抽查不应少于 3 件。

检验方法：尺量。

（7）钢筋机械连接接头、焊接接头应按国家现行标准的规定抽取试件作力学性能检验，其质量应符合有关规范（程）的规定。

检查数量：按有关规范（程）确定。

检验方法：检查产品合格证、接头力学性能试验报告。

（8）钢筋安装时，受力钢筋的品种、级别、规格和数量必须符合设计要求。

检查数量：全数检查。

检查方法：观察，钢尺检查。

2．一般项目

（1）钢筋应平直、无损伤，表面不得有裂纹、油污、颗粒状或片状老锈。

检查数量：进场时和使用前全数检查。

检验方法：观察。

（2）钢筋调直宜采用机械方法；当采用冷拉方法调直钢筋时，钢筋的冷拉率应符合规范要求。

检查数量：按每工作班同一类型钢筋、同一加工设备抽查不应少于3件。

检验方法：观察，钢尺检查。

（3）钢筋加工的形状、尺寸应符合设计要求，其偏差应符合表6-19规定。

检查数量：按每工作班同一类型钢筋、同一加工设备抽查不应少于3件。

表6-19 钢筋加工允许偏差

项目	允许偏差/mm
受力钢筋顺长度方向全长的净尺寸	±10
弯起钢筋的弯折位置	±20
箍筋内净尺寸	±5

（4）钢筋的接头宜设置在受力较小处。同一纵向受力钢筋不宜设置两个或两个以上接头。接头末端至钢筋弯起点的距离不应小于钢筋直径的10倍。

检查数量：全数检查。

检验方法：观察，钢尺检查。

（5）当纵向受力钢筋采用机械连接接头或焊接接头时，同一连接区段内纵向受力钢筋的接头面积百分率应符合设计要求；当设计无具体要求时，应符合下列规定。

① 受拉接头不宜大于50%，受压接头可不受限制。

② 直接承受动力荷载的结构构件中，不宜采用焊接；当采用机械连接时，不应超过50%。

检查数量：在同一检验批内，对梁、柱和独立基础，应抽查构件数量的10%，且不应少于3件；对墙和板，应按有代表性的自然间抽查10%，且不应少于3间；对大空间结构，墙可按相邻轴线间高度5m左右划分检查面，板可按纵横轴线划分检查面，抽查10%，且均不应少于3面。

检验方法：观察，尺量。

（6）当纵向受力钢筋采用绑扎搭接接头时，接头的设置应符合下列规定。

① 接头的横向净间距不应小于钢筋直径，且不应小于25mm。

② 同一连接区段内，纵向受拉钢筋的接头面积百分率应符合设计要求。当设计无具体要求时，应符合下列规定：

第一，梁类、板类及墙类构件不宜超过25%，基础筏板不宜超过50%；

第二，柱类构件不宜超过50%；

第三，当工程中确有必要增大接头面积百分率时，对梁类构件不应大于50%。

检查数量：在同一检验批内，对梁、柱和独立基础，应抽查构件数量的10%，且不应少于3件；对墙和板，应按有代表性的自然间抽查10%，且不应少于3间；对大空间结构，墙可按相邻轴线间高度5m左右划分检查面，板可按纵横轴线划分检查面，抽查10%，且均不应少于3面。

检验方法：观察，尺量。

（7）梁、柱类构件的纵向受力钢筋搭接长度范围内箍筋的设置应符合设计要求；当设计无具体要求时，应符合下列规定：

① 箍筋直径不应小于搭接钢筋较大直径的1/4；
② 受拉搭接区段的箍筋间距不应大于搭接钢筋较小直径的5倍，且不应大于100mm；
③ 受压搭接区段的箍筋间距不应大于搭接钢筋较小直径的10倍，且不应大于200mm；
④ 当柱中纵向受力钢筋直径大于25mm时，应在搭接接头两个端面外100mm范围内各设置两个箍筋，其间距宜为50mm。

检查数量：在同一检验批内，应抽查构件数量的10%，且不应少于3件。

检验方法：观察，尺量。

（8）钢筋安装位置的偏差应符合表6-20的规定。表中梁、板类构件上部纵向受力钢筋保护层厚度的合格点率应达到90%及以上，且不得超过表中数值1.5倍的尺寸偏差。

表6-20 钢筋安装位置的允许偏差和检验方法   单位：mm

项目			允许偏差	检验方法
绑扎钢筋网	长、宽		±10	钢尺检查
	网眼尺寸		±20	钢尺量连续三档，取其最大值
绑扎钢筋骨架	长		±10	钢尺检查
	宽、高		±5	钢尺检查
受力钢筋	间距		±10	钢尺量两端、中间各一点取其最大值
	排距		±5	
	保护层	基础	±10	钢尺检查
		梁柱	±5	钢尺检查
		墙、板、壳	±3	钢尺检查
绑扎箍筋、横向钢筋间距			±20	钢尺量连续三档，取其最大值
钢筋弯起点位置			±20	钢尺检查
预埋件	中心线位置		5	钢尺检查
	水平高差		+3，0	钢尺和塞尺检查

注：检查中心线位置时，应沿纵、横两个方向测量，并取其中的较大值。

检查数量：在同一检验批内，对梁、柱和独立基础，应抽查构件数量的10%，且不少于3件；对墙和板，应按有代表性的自然间抽查10%，且不少于3间；对大空间结构，墙可按相邻轴线间高度5m左右划分检查面，板可按纵、横轴线划分检查面，抽查10%，且均不少于3面。

检验方法：见表6-20。

6.5.2 安全技术

（1）进入施工现场必须遵守安全生产六大纪律和安全生产十大禁令。

（2）断料、配料、弯料等工作必须在地面进行，不准高空操作。

（3）搬运钢筋时应注意附近有无障碍物、架空电线，防止钢筋在回转时碰撞电线发生触电事故。

（4）现场绑扎悬空大梁钢筋时，不得站在模板上操作，必须在脚手架上操作；绑扎独立柱头钢筋时，不准站在钢箍上绑扎，不准将木料、管子、钢模板等穿在钢箍上绑扎，也不准将木料、管子、钢模板等穿在钢箍内作为立人板。

（5）钢筋骨架下方禁止站人，必须待骨架降到距模板 1m 以下才准靠近，就位支撑好方可摘钩。

（6）起吊钢筋时，规格必须统一，不准长短参差不齐，不准一点吊。

（7）切割机使用前，必须检查机械运转是否正常，开关箱必须安装漏电开关，切割机后方不准堆放易燃物品，严禁在砂轮切割机上打磨任何物件，以免切割机片碎裂伤人。

（8）钢筋废料时应清理，成品、半成品堆放整齐并加标识，工作台要平稳，钢筋工作棚照明灯必须加网罩。

（9）高空作业时，不得将钢筋集中堆放在模板和脚手板上，也不要把工具、箍筋、短钢筋随意放在脚手板上，以免滑下伤人。

（10）在雷雨时必须停止露天作业，预防雷击伤人。

知识链接 6-3

1. 安全生产六大纪律

（1）进入施工现场必须戴好安全帽，扣好帽带，并正确使用个人劳动防护用品。

（2）两米以上的高空悬空作业，无安全设施的必须系好安全带，扣好保险钩。

（3）高空作业，不准往下或向上乱抛材料和工具等物件。

（4）各种电动机械设备，必须有可靠有效的安全措施和防护装置，方能开动使用。

（5）不懂电气和机械的人员严禁使用和玩弄机电设备。

（6）吊装和拆除作业区域，非操作人员严禁入内；吊装机械必须完好，吊物垂直下方不准站人。

2. 安全生产十大禁令

（1）严禁穿木屐、拖鞋、高跟鞋及不戴安全帽人员进入施工现场作业。

（2）严禁一切人员在提升架、吊机的吊篮上及在提升架井口或吊物下操作、站立、行走。

（3）严禁非专业人员私自开动任何施工机械及驳接、拆除电线、电器。

（4）严禁在施工现场玩耍、吵闹和从高空抛掷材料、工具、砖石、砂泥及一切杂物。

（5）严禁在土方施工时进行掏挖取土、不按规定放坡或不加支护进行深基坑开挖施工。

（6）严禁在不设栏杆或无其他安全措施的墙头、梁及屋架上行走。

（7）严禁在无安全措施的同一部位上同时进行上下交叉作业。

（8）严禁带儿童进入施工现场。

（9）严禁在高压电源的危险区域进行冒险作业及不穿绝缘水鞋在潮湿的地方操作电器设备，严禁用手直接提拿灯头、电线移动照明灯具。

（10）严禁在有危险品、易燃易爆品的现场、仓库等地方吸烟、动火。

习 题

一、选择题

1．适用于竖向或斜向钢筋的连接的是（ ）。
　　A．闪光对焊　　　B．电弧焊　　　C．电渣压力焊　　D．气压焊

2．机械连接接头宜设置在结构构件受拉钢筋应力较小部位，当需要在高应力部位设置接头时，同一连接区段内Ⅲ级接头的接头百分率不应大于（ ），Ⅱ级接头的接头百分率不应大于（ ）。
　　A．25%，50%　　B．50%，25%　　C．50%，100%　　D．100%，50%

3．当采用冷拉方法调直钢筋时，HPB300级钢筋的冷拉率不宜大于（ ），HRB400级和RRB400级钢筋冷拉率不宜大于（ ）。
　　A．1%，4%　　　B．4%，1%　　　C．2%，2%　　　D．3%，1%

4．构件按最小配筋率配筋时，其钢筋代换应按代换前后（ ）相等的原则进行。
　　A．面积　　　　B．承载力　　　C．重量　　　　D．间距

二、填空题

1．对有抗震设防要求的结构，其纵向受力钢筋的抗拉强度实测值与屈服强度实测值的比值不应小于_____；钢筋的屈服强度实测值与屈服强度标准值的比值不应大于_____；钢筋的最大力下总伸长率不应小于_____。

2．同一纵向受力钢筋不宜设置两个或两个以上接头。接头末端至钢筋起点的距离不应小于钢筋直径的_____倍。

3．机械连接接头的每一验收批，必须在工程结构中随机截取_____个接头试件做抗拉强度试验，按设计要求的接头等级进行评定。

4．结构构件中纵向受力钢筋的接头宜相互错开，钢筋机械连接的连接区段长度应按_____计算。

5．某钢筋外包尺寸为4500mm，钢筋两端弯钩增加长度共为200mm，钢筋中间部位的量度差值共为50mm，其下料长度为_____mm。

6．某梁平法施工图如图6.30所示。

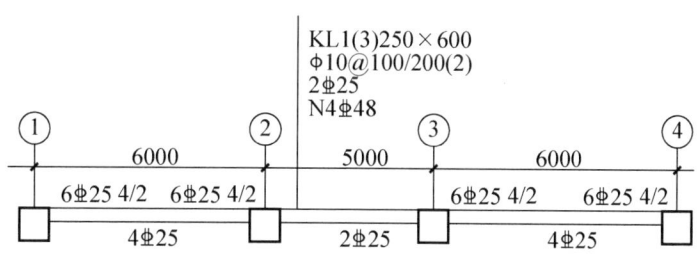

图6.30　某梁平法施工图

（1）某跨框架梁平面注写，KL1 为_____跨连续梁，截面尺寸为_____。

（2）箍筋为 HPB300 级钢筋，直径为_____mm，加密区间距为_____mm，非加密区间距为_____mm，为_____肢箍。

（3）④轴支座上部钢筋共有_____钢筋，分_____排配置，其中有_____钢筋是通长筋。

（4）梁的侧面纵向钢筋为_____。

三、简答题

1．钢筋进场检查包括哪些方面？

2．电弧焊接头有哪几种形式？如何选用？质量检查内容有哪些？

3．什么叫弯曲调整值？

4．如何计算钢筋下料长度及编制钢筋配料单？

5．钢筋代换应注意哪些问题？

6．HPB300 级钢筋的末端需要做 180°弯钩，其圆弧内弯曲直径 D，不应小于钢筋直径 d 的多少倍？平直部分的长度不应小于钢筋直径 d 的多少倍？用于普通混凝土结构时，已知其弯曲直径 $D=2.5d$，平直长度为 $3d$，则每一个 150°弯钩的增加值为多少？

7．HRB400 级钢筋末端弯折 135°，当弯曲直径 $D=4d$，平直长度为 $3d$ 时，每一弯折处的增加值是多少？

四、案例题

1．计算图 6.31 所示钢筋的下料长度。已知采用 HPB300 级直径为 20mm 的钢筋；半圆弯钩增加长度为 6.25d；弯曲调整值 45°为 0.5d、90°为 2d、135°为 2.5d。

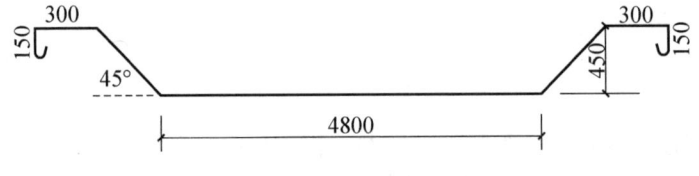

图 6.31 单根钢筋尺寸示意图

2．试绘制图 6.32 中①、③支座的支座负筋的钢筋示意图（C30 混凝土，一级抗震）。柱截面尺寸为 500mm×500mm，轴线居中。

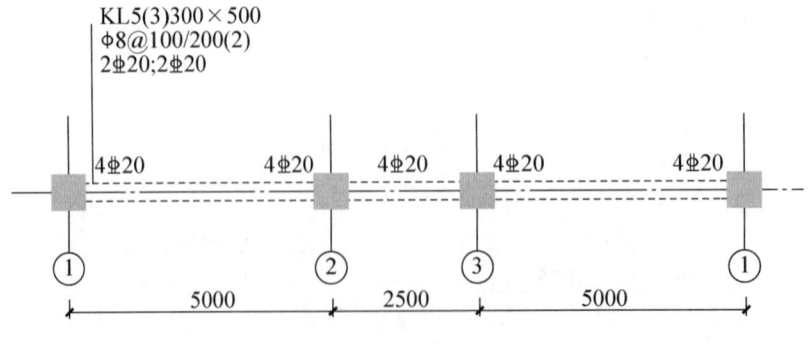

图 6.32 梁平法钢筋施工图

3．列出图 6.33 中上部通长筋的长度计算公式并计算；列出第 1 跨左端支座负筋的长度计算公式并计算（C30 混凝土，一级抗震）。

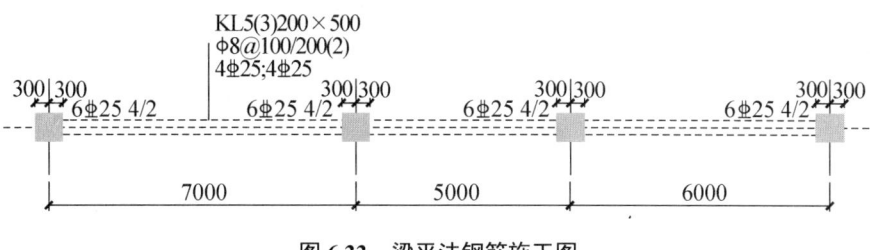

图 6.33 梁平法钢筋施工图

4．列出图 6.34 各跨下部钢筋的计算公式并计算（C30 混凝土，一级抗震）。

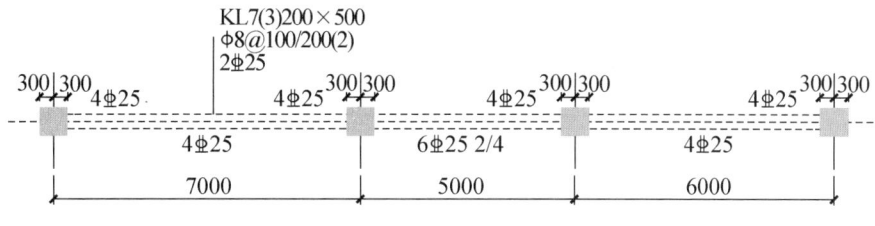

图 6.34 梁平法钢筋施工图

5．某钢筋混凝土梁主筋原设计采用 HRB335 级 4 根直径 18mm 的钢筋，现无此规格、品种钢筋，经设计单位同意，拟用 HPB300 级钢筋代换，试计算需代换钢筋的面积、直径和根数。

6．某钢筋混凝土墙面采用 HRB335 级直径为 10mm、间距为 140mm 的配筋，现拟用 HPB300 级直径为 12mm 的钢筋按等面积代换，试计算钢筋间距。

学习情境 7　混凝土主体结构——混凝土工程施工

思维导图

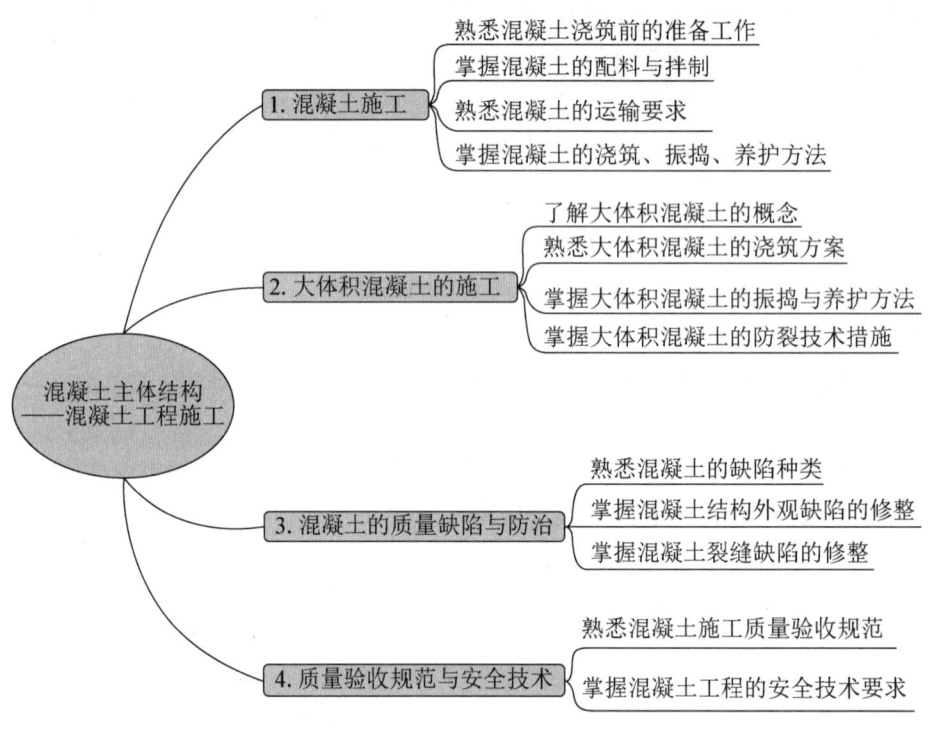

学习情境 7 混凝土主体结构——混凝土工程施工

引例

某校教学楼为五层框架结构工程,总建筑面积为 19582.7 m²;建筑物南北方向的宽度为 22.5 m,东西方向的最大长度为 190 m;一至五层层高均为 4.5m;建筑总高度为 23.95m。抗震等级为二级,抗震设防烈度为 7 度(0.1g)。框架柱主要截面尺寸 600mm×600mm;框架梁最大断面尺寸 400mm×800mm,框架梁主要断面尺寸 400mm×600mm;楼板厚度 150mm。基础为 500mm×1100mm 的柱下交叉梁基础,基础及框架柱、梁、板混凝土为 C30;过梁、构造柱、圈梁混凝土为 C25,基础垫层混凝土为 C20。

请思考:①根据案例背景,如何编制混凝土构件的施工方案?②该工程施工中有哪些安全隐患,如何防范?

工作任务 7.1 混凝土施工

混凝土施工工艺应符合《混凝土结构工程施工规范》(GB 50666—2011)和《混凝土结构工程施工质量验收规范》(GB 50204—2015)的相关规定。

混凝土工程的施工过程,包括浇筑前的准备工作,混凝土的拌制、运输、浇筑、振捣和养护等。

7.1.1 混凝土浇筑前的准备工作

为了保证混凝土工程质量和混凝土工程施工的顺利进行,在浇筑混凝土前必须充分做好准备工作。

1. 地基的检查与清理

(1)检查基槽的轴线、标高和各部分尺寸是否与设计相符。

(2)检查地基土的土质、承载能力是否符合设计要求。

(3)清除基底表面上的杂物和淤泥浮土,凸凹不平处应加以修理整平。

(4)对于干燥的非黏土地基,应浇水润湿;对于岩石地基或混凝土垫层,应用清水冲洗,但不得留有积水。

(5)当有地下水涌出或地表水流入地基时,应考虑排水,并应考虑混凝土浇筑后及硬化过程中的排水措施。

(6)检查基坑的支护及边坡的安全措施,并填写隐蔽工程验收单。

2. 模板的检查

(1)检查模板的位置、标高、截面尺寸、垂直度。

(2)检查模板接缝是否严密、不漏浆,预埋件的位置和数量是否符合图纸要求,支撑是否牢固。

(3)模板内的杂物应清除,模板与混凝土的接触面应清理干净并涂刷隔离剂;木模板应浇水润湿,但模板内不应有积水。

3. 钢筋的检查

(1)检查钢筋的规格、数量、位置及接头等是否正确。

(2) 钢筋表面的油污应清理干净。

(3) 按规定垫好钢筋的混凝土保护层垫块并填写（钢筋）隐蔽工程验收单。

4. 供水、供电及原材料的保证

(1) 检查水泥、砂、石等材料的品种、规格、数量、质量是否符合要求。

(2) 检查水、电的供应情况，并与水、电供应部门联系，以防施工中突然停水停电，同时应考虑临时停水停电措施。

5. 机具的检查及准备

(1) 检查搅拌机、运输车辆、振动器、串筒、溜槽、料斗等机具是否完好，其数量、规格是否满足要求。

(2) 准备急需的备品、配件，以备修理。

6. 设备、管线的检查与清理

主要检查设备、管线的数量、型号、位置和标高，并将其表面的油污清理干净。

7. 道路及脚手架的检查

(1) 检查运输道路是否平整、通畅，运输工具是否能直接到达各浇筑部位。

(2) 检查脚手架的搭设是否牢固，脚手板的铺设是否平整、合理、适用。

8. 安全与技术交底

(1) 检查各项安全设施，并进行安全、技术交底。

(2) 对班组的计划工作量、劳动力的组合与分工、施工顺序及方法、施工缝的留置及处理、操作要点及要求等进行技术交底。

9. 其他

了解天气预报，做好防雨、防冻、防暴晒的设施准备及浇筑完毕的养护准备工作。

7.1.2 混凝土的拌制

1. 混凝土的配料

施工配料是保证混凝土质量的重要环节之一，必须加以严格控制。为了确保混凝土的质量，在施工中应随时按砂、石骨料实际含水率的变化调整施工配合比，严格控制称量。

1) 施工配合比换算

试验室配合比是根据混凝土强度经试验和调整确定的，其中砂、石等材料的用量是在干燥状态下确定的，而施工现场所用的砂、石都含有一定水分，且其含水率也随气候条件不断变化，因此为保证混凝土质量，应根据砂、石的实际含水率对试验室配合比进行调整，调整后的配合比称为施工配合比。

设试验室配合比为水泥：砂：石=$1:x:y$，水灰比为 W/C，现场砂、石含水率分别为 W_x、W_y，则施工配合比为水泥：砂：石=$1:x(1+W_x):y(1+W_y)$。

施工配合比确定后，应根据所用的搅拌机的出料容量计算每拌一盘混凝土的各材料用量。

✓ 应用案例 7-1

【案例概况】

某工程混凝土试验室配合比为 $1:2.3:4.27$，水灰比 $W/C=0.6$，每立方米混凝土水泥用量为 300kg，现场砂石含水率分别为 3%、1%，试求施工配合比。若采用 250L 搅拌机，求每拌一盘材料用量。

【案例解析】

施工配合比为

水泥：砂：石 $=1：x(1+W_x)：y(1+W_y)=1：2.3\times(1+0.03)：4.27\times(1+0.01)=1：2.37：4.31$

用 250L 搅拌机，每拌一盘材料用量如下。

水泥：$300kg/m^3 \times 0.25m^3 = 75kg$

砂：$75kg \times 2.37 \approx 177.8kg$

石：$75kg \times 4.31 \approx 323.3kg$

水：$75kg \times 0.6 - 75kg \times 2.3 \times 0.03 - 75kg \times 4.27 \times 0.01 = 36.6kg$

2）计量要求

准确掌握好拌制材料的计量，是保证混凝土质量的前提。因此，对计量衡器应定期检校，经常保持准确。骨料含水率应经常测定，雨雪天施工时，应增加测定次数。各材料称量时的允许偏差不得超过表 7-1 的规定。

表 7-1　混凝土原材料计量允许偏差

原材料品种	水泥	细骨料	粗骨料	水	掺合料	外加剂
每盘计量允许偏差	±2%	±3%	±3%	±2%	±2%	±2%
累计计量允许偏差	±1%	±2%	±2%	±1%	±1%	±1%

注：① 现场搅拌时原材料计量允许偏差应满足每盘计量允许偏差要求。
　　② 累计计量允许偏差指每一运输车中各盘混凝土的每种材料计量称重的偏差，该项指标仅适用于采用计算机控制计量的搅拌站。
　　③ 骨料含水率应经常测定，雨雪天施工应增加测定次数。

3）掺入外加剂和混合料

在混凝土施工过程中，经常掺入一定量的外加剂或混合料，以改善混凝土某些方面的性能。混凝土外加剂按其主要功能分为以下四类。

（1）改善混凝土拌合物流动性能的外加剂，包括各种减水剂、引气剂和泵送剂等。

（2）调节混凝土凝结时间、硬化性能的外加剂，包括缓凝剂、早强剂和速凝剂等。

（3）改善混凝土耐久性能的外加剂，包括引气剂、防水剂和阻锈剂等。

（4）改善混凝土其他性能的外加剂，包括引气剂、膨胀剂、防冻剂、着色剂、防水剂和泵送剂等。

2．混凝土的搅拌

混凝土搅拌是将水、水泥、粗骨料和细骨料拌制成质地均匀、颜色一致、具备一定流动性的混凝土拌合物。

1）搅拌机的选择

混凝土搅拌机按搅拌原理，分为强制式搅拌机和自落式搅拌机两类，如图 7.1 所示。

（1）强制式搅拌机：强制式搅拌机主要用于搅拌干硬性混凝土和轻骨料混凝土等，有搅拌质量好、速度快、生产效率高、操作简便及安全可靠等优点。

（2）自落式搅拌机：自落式搅拌机多用于搅拌塑性混凝土和低流动性混凝土，搅拌质量、搅拌速度等与强制式搅拌机相比要差一些。

我国规定混凝土搅拌机以其出料容量（m^3）×1000 为标定规格，国内混凝土搅拌机的系列有 50、150、250、350、500、750、1000、1500 和 3000 等规格。

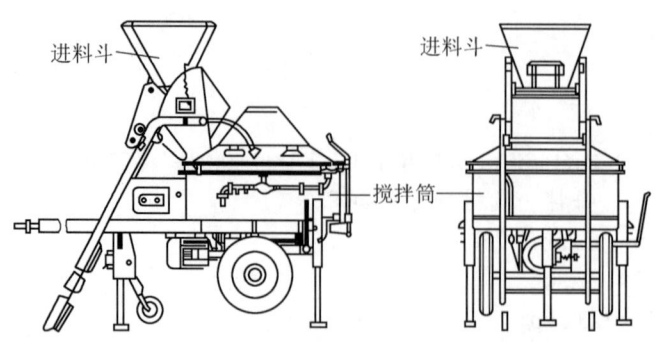

(a)强制式搅拌机

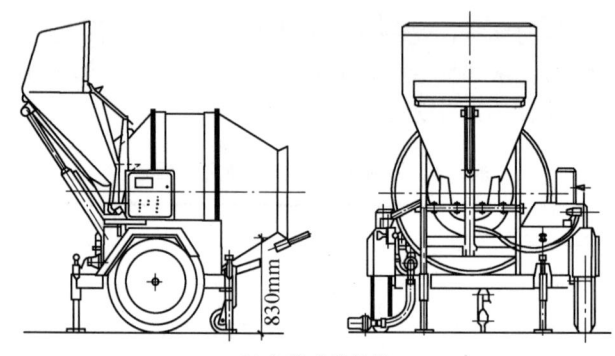

(b)自落式搅拌机

图 7.1 混凝土搅拌机

2)搅拌制度的确定

为拌制出质量优良的混凝土,除正确选择搅拌机外,还必须正确确定搅拌制度,包括进料容量、搅拌时间与投料顺序等。

(1)进料容量。搅拌机的容量有三种表达方式,即出料容量、几何容量和进料容量。出料容量也即公称容量,是搅拌机每次从搅拌筒内可卸出的最大混凝土体积;几何容量则是指搅拌筒内的几何容积;进料容量是指搅拌前搅拌筒可容纳的各种原材料的累计体积。

(2)搅拌时间。搅拌时间是指从全部材料投入搅拌筒起,到开始卸料为止所经历的时间,是影响混凝土质量及搅拌机生产率的重要因素之一。时间过短,拌和不均匀,会降低混凝土的强度及和易性;时间过长,不仅影响搅拌机的生产率,而且会使混凝土的和易性降低或产生分层离析现象。混凝土搅拌的最短时间可按表 7-2 确定。

表 7-2 混凝土搅拌的最短时间 单位:s

混凝土坍落度/mm	搅拌机机型	搅拌机出料量/L		
		<250	250~500	>500
≤40	强制式	60	90	120
>40 且<100	强制式	60	60	90
≥100	强制式	60		

注:① 当掺有外加剂与矿物掺合料时,搅拌时间应适当延长。
② 采用自落式搅拌机时,搅拌时间宜延长 30s。
③ 当采用其他形式的搅拌设备时,搅拌的最短时间也可按设备说明书的规定或经试验确定。

（3）投料顺序。常用的方法有一次投料法、二次投料法和水泥裹砂法。

① 一次投料法：指在料斗中先装入石子，再加入水泥和砂子，然后一次投入搅拌机。这种投料顺序是把水泥夹在石子和砂子之间，上料时水泥不致飞扬，而且水泥也不致粘在料斗底和鼓筒上。上料时，水泥和砂先进入筒内形成水泥浆，这样缩短了包裹石子的过程，能提高搅拌机的生产率。

② 二次投料法：可分为预拌水泥砂浆法和预拌水泥净浆法。预拌水泥砂浆法是先将水泥、砂和水加入搅拌筒内进行充分搅拌，成为均匀的水泥砂浆后，再加入石子搅拌成均匀的混凝土；预拌水泥净浆法是将水泥和水充分搅拌成均匀的水泥净浆后，再加入砂和石子搅拌成混凝土。

国内外的试验表明，二次投料法搅拌的混凝土与一次投料法相比，混凝土强度可提高15%，在强度等级相同的情况下，可节约水泥15%～20%。

③ 水泥裹砂法：又称 SEC 法，是先将砂子表面进行湿度处理，控制在一定范围内，然后将处理过的砂子、水泥和部分水进行搅拌，使砂子周围形成黏着性很强的水泥浆包裹层。加入第二次水和石子，经搅拌，部分水泥浆便均匀地分散在已经被造壳的砂子及石子周围，最后形成混凝土。

采用该法制备的混凝土与一次投料法相比，强度可提高 20%～30%，混凝土不易产生离析现象，泌水少，工作性好。

7.1.3 混凝土的运输

1. 对混凝土的运输要求

混凝土的运输是指将混凝土从搅拌站送到浇筑点的过程。为了保证混凝土的施工质量，对混凝土拌合物运输的基本要求如下。

（1）保证混凝土的浇筑量。在不允许留施工缝的情况下，混凝土运输必须保证浇筑工作能连续进行，应按混凝土的最大浇筑量来选择混凝土的运输方法及运输设备的型号和数量。

（2）应保证混凝土在初凝前浇筑完毕。

（3）保证混凝土在运输过程中的均匀性，避免产生分层离析、水泥浆流失、坍落度变化以及产生初凝现象。

2. 混凝土运输

混凝土运输分为水平运输和垂直运输。水平运输分为地面运输和楼面运输。

1）地面运输

地面运输多用混凝土搅拌运输车，如图 7.2 所示；如来自工地搅拌站，则多用 1t 的小型机动翻斗车，近距离也用双轮手推车。

2）垂直运输

垂直运输设备主要有龙门架、井架、塔式起重机等。

3）楼面运输

楼面运输设备主要有手推车、带式运输机、塔式起重机等。

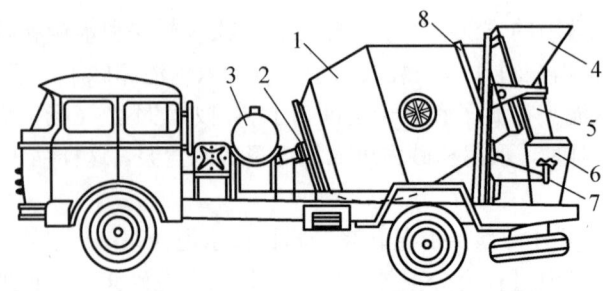

1—搅拌筒；2—轴承座；3—水箱；4—进料斗；5—卸料槽；6—引料槽；7—托轮；8—轮箍。

图 7.2　混凝土搅拌运输车

4）混凝土泵运输

混凝土泵运输是利用混凝土泵的压力将混凝土通过管道输送到浇筑地点，一次完成水平运输、垂直运输和楼面运输。混凝土泵输送能力大、效率高、速度快、劳动力省，并可连续作业，是目前施工现场输送混凝土的主要方法。尤其对于一些场地狭窄和有障碍物的现场，用其他运输工具难以直接靠近施工工程，混凝土泵发挥了突出作用。

知识链接 7-1

上海中心大厦工程泵送混凝土应用

超高泵送混凝土机械装备设计与制造技术：创新设计制造出当时世界最高 51.2MPa 压力混凝土输送泵（HBT90CH-2150D），全覆盖应用于国内 500m 以上超高混凝土输送，并进一步成功研发出 58.6MPa 超高压力混凝土输送泵(HBT9060CH-5M)，为我国 600～1000m 级高度混凝土的超高输送奠定了基础。

超高泵送混凝土施工及控制技术：研发出多元要素指标协同控制的超高泵送新技术，实现了 C60 实体结构混凝土一次泵送高度达 582m，C45 实体结构混凝土一次泵送高度达 606m，C35 实体结构混凝土一次泵送高度达 610m，验证性地将 C100 高强混凝土一次泵送高度达 547m，C120 超高强混凝土一次泵送高度达 620m，创造了多项混凝土一次泵送高度国内外新纪录。

7.1.4　混凝土的浇筑

混凝土浇筑要保证混凝土的均质性和密实性，保证结构的整体性、尺寸准确和钢筋、预埋件的位置正确，及新旧混凝土结合良好，拆模后混凝土表面平整、光洁。要按照《混凝土结构工程施工规范》（GB 50666—2011）和《混凝土结构工程施工质量验收规范》（GB 50204—2015）做好以下工作。

1．混凝土浇筑前的准备工作

（1）应根据施工方案认真交底，并做好各项准备工作，尤其应对模板、支撑、钢筋、预埋件等认真细致检查，合格并做好相关隐蔽工程验收后，才可浇筑混凝土。

（2）应检查混凝土送料单，核对混凝土配合比，确认混凝土强度等级，检查混凝土运输时间，测定混凝土坍落度，必要时还应测定混凝土扩展度，在确认无误后再进行混凝土浇筑。

（3）施工单位应填报浇筑申请单，并经监理单位签认。

（4）应清除模板内或垫层上的杂物。表面干燥的地基、垫层、模板上还应洒水润湿；现场环境温度高于35℃时，宜对金属模板进行洒水降温；洒水后不得留有积水。

2．混凝土浇筑相关要求

（1）混凝土浇筑前不应发生初凝和离析现象，如已发生，可重新搅拌，使混凝土恢复流动性和黏聚性后再进行浇筑。

（2）在浇筑竖向结构混凝土时，应先在底部填以不大于 30mm 厚与混凝土内砂浆成分相同的水泥砂浆；浇筑过程中混凝土不得发生离析现象。

（3）柱、墙模板内的混凝土浇筑时，若无可靠措施保证混凝土不产生离析，则其自由倾落的高度应符合如下规定：粗骨料粒径大于 25mm 时不宜超过 3m，粗骨料粒径不大于 25mm 时不宜超过 6m。

当不能满足以上要求时，应加设溜槽、串筒、振动器等装置，如图 7.3 所示。

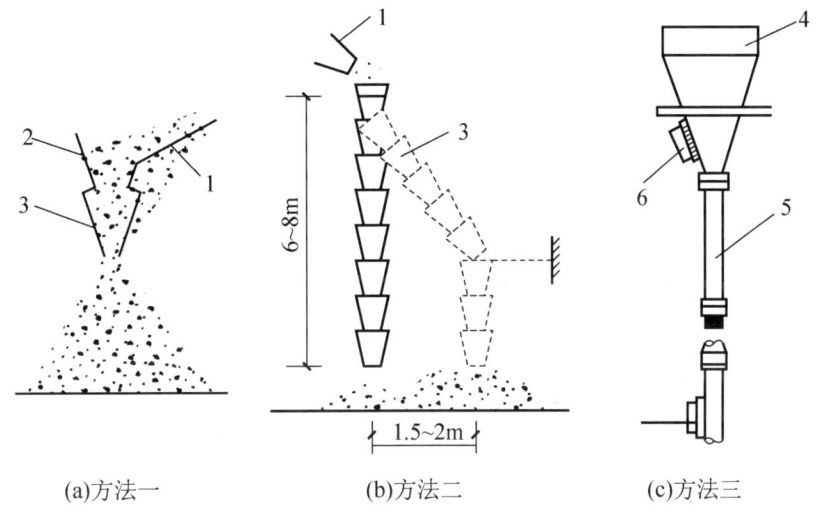

(a)方法一　　　　(b)方法二　　　　(c)方法三

1—溜槽；2—挡板；3—串筒；4—漏斗；5—节管；6—振动器。

图 7.3　采用加设装置的方法进行混凝土浇筑

（4）浇筑较厚的构件时，为使混凝土浇捣密实，必须分层浇筑；每层浇筑厚度与振捣方法、结构的配筋情况有关，应符合表 7-3 的规定。

表 7-3　混凝土分层振捣的最大厚度

振捣方法	混凝土分层振捣最大厚度
振动棒	振动棒作用部分长度的 1.25 倍
表面振动器	200mm
附着振动器	根据设置方式，通过试验确定

（5）混凝土运输、输送入模的过程宜连续进行，从运输到输送入模的延续时间不宜超过表 7-4 的规定，且不应超过表 7-5 的限值规定。掺早强型减水外加剂、早强剂的混凝土

以及有特殊要求的混凝土，应根据设计及施工要求，通过试验确定允许时间。

表 7-4　运输到输送入模的延续时间　　　　　　　　　　单位：min

条件	气温	
	≤25℃	>25℃
不掺外加剂	90	60
掺外加剂	150	120

表 7-5　运输、输送入模及其间歇总的时间限值　　　　　单位：min

条件	气温	
	≤25℃	>25℃
不掺外加剂	180	150
掺外加剂	240	210

知识链接 7-2

1. 混凝土浇筑强度的计算

为保证结构新浇混凝土在水泥初凝时间内接缝，必须配备足够的搅拌设备，而混凝土搅拌设备的配备，应根据结构浇筑强度（即每小时浇筑混凝土量）而定。因而在浇筑混凝土前需要先计算混凝土浇筑强度，混凝土最大浇筑强度可按下式计算：

$$Q = \frac{Fh}{t}$$

式中　Q——混凝土最大浇筑强度（m³/h）；
　　　F——混凝土最大水平浇筑截面面积（m²）；
　　　h——混凝土分层浇筑厚度（m），随浇筑方式而定，一般取 0.2～0.5m；
　　　t——每层混凝土浇筑时间（h），$t=t_1-t_2$；
　　　t_1——水泥初凝时间（h）；
　　　t_2——混凝土运输时间（h）。

2. 混凝土浇筑时间计算

混凝土浇筑时间一般按下式计算：

$$T = \frac{V}{Q}$$

式中　T——全部混凝土浇筑完毕需要的时间（h）；
　　　V——全部混凝土浇筑量（m³）。

✓ 应用案例 7-2

【案例概况】

某高层建筑箱型基础底板长 40m、宽 30m、厚 2.5m，混凝土强度等级为 C30，混凝土由搅拌站用混凝土搅拌运输车运送到现场，运输时间为 0.5h（包括装、运、卸），混凝土初凝时间为 4.5h，采用插入式振动器振捣，混凝土每层浇筑厚 300mm，要求连续一次浇筑完成不留施工缝。试求混凝土浇筑强度和混凝土浇完所需时间。

【案例解析】

（1）求混凝土浇筑强度。由已知条件得：

$$F=40×30=1200（m^2），t=4.5-0.5=4（h），h=0.3（m）$$

所以混凝土浇筑强度为

$$Q=\frac{Fh}{t}=\frac{1200×0.3}{4}=90（m^3/h）$$

（2）求混凝土浇完所需时间。由已知条件得：

$$V=1200×2.5=3000（m^3），Q=90（m^3/h）$$

所以该用时为

$$T=\frac{V}{Q}=\frac{3000}{90}=33.3（h）$$

（6）混凝土浇筑时，应经常观察模板、支撑、钢筋、预埋件和预留孔洞的情况，当发现有变形、移位时，应立即停止浇筑，并应在已浇筑的混凝土凝结前修整完好。

3．施工缝留设

施工缝的位置应在混凝土浇筑之前确定，宜留在结构受剪力较小且便于施工的部位，留置位置应符合下列规定。

（1）柱：宜留置在基础、楼板、梁的顶面，梁和吊车梁牛腿、无梁楼板柱帽的下面，如图7.4所示。

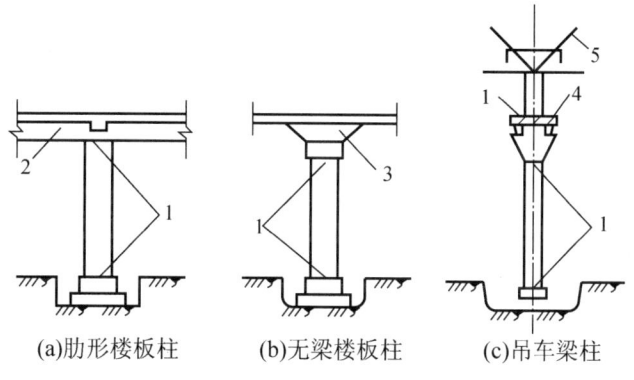

(a)肋形楼板柱　　(b)无梁楼板柱　　(c)吊车梁柱

1—施工缝；2—梁；3—柱帽；4—吊车梁；5—屋架。

图 7.4　柱子施工缝留置位置

（2）与板连成整体的大截面梁（高超过1m）：留置在板底面以下20～30mm处；当板下有梁托时，留置在梁托下部。

（3）单向板：留置在平行于板的短边的任何位置。

（4）有主次梁的楼板：应留置在次梁跨中1/3范围内，如图7.5所示。

（5）墙：留置在门洞口过梁跨中1/3范围内，也可留在纵横墙的交接处。

（6）双向受力板、大体积混凝土结构、拱、穹拱、薄壳、蓄水池、斗仓、多层钢架及其他结构复杂的工程：施工缝的位置应按设计要求留置。

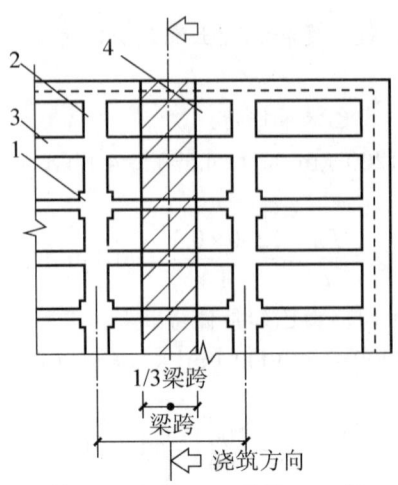

1—柱;2—主梁;3—次梁;4—板。

图 7.5 有主次梁楼盖的施工缝位置

在施工缝处继续浇筑混凝土时,应除掉水泥浮浆和松动石子,并用水冲洗干净,待已浇混凝土的强度不低于 1.2MPa 时才允许继续浇筑。在结合面应先铺抹一层水泥浆或与混凝土砂浆成分相同的砂浆。

4. 后浇带的设置与处理

后浇带是在现浇钢筋混凝土结构施工过程中,为克服由于温度、收缩等原因导致有害裂缝而设置的临时施工缝。后浇带通常根据设计要求留设,并保留一段时间(若设计无要求,则至少保留 28d)后再浇筑,将结构连成整体。其构造如图 7.6 所示。

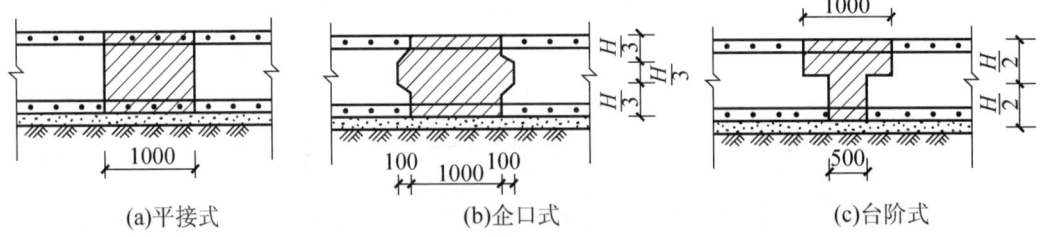

(a)平接式　　(b)企口式　　(c)台阶式

图 7.6 后浇带构造(单位:mm)

填充后浇带可采用微膨胀混凝土,强度等级比原结构强度提高一级,并保持 14d 的湿润养护。后浇带接缝处按施工缝的要求处理。

7.1.5 混凝土振捣

混凝土振捣应能使模板内各个部位混凝土密实、均匀,不应漏振、欠振及过振。

1. 混凝土振捣设备的分类

混凝土振捣应采用内部振动器、表面振动器、外部振动器和振动台,如图 7.7 及表 7-6 所示,必要时可采用人工辅助振捣。

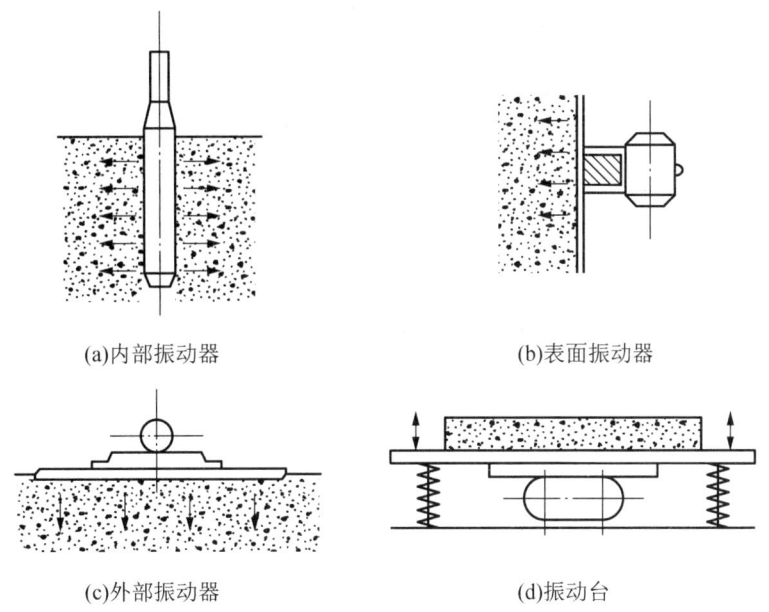

(a)内部振动器　　　　　　　　　(b)表面振动器
(c)外部振动器　　　　　　　　　(d)振动台

图 7.7　振动设备示意图

表 7-6　振动设备分类

分类	说明
内部振动器 （插入式振动器）	形式有硬管的、软管的，振动部分有锤式、棒式、片式等。振动频率有高有低。主要适用于大体积混凝土、基础、柱、梁、墙、厚度较大的板以及预制构件的捣实工作。 当钢筋十分稠密或结构厚度很薄时，其使用会受到一定限制
表面振动器 （平板式振动器）	其工作部分为钢制或木制平板，板上装一个带偏心块的电动振动器。振动力通过平板传递给混凝土，由于其振动作用深度较小，仅用于表面积大而平整的结构物如平板、地面、屋面等构件
外部振动器 （附着式振动器）	通常是利用螺栓或钳形夹具固定在模板外侧，不与混凝土直接接触，借助模板或其他物体将振动力传递到混凝土。由于振动作用不能深远，仅用于振捣钢筋较密、厚度较小以及不宜使用插入式振动器的结构构件

2．插入式振动器

采用插入式振动器（图 7.8）振捣混凝土应符合下列规定。

（1）采用振动棒振动器的操作要点是：直上和直下，快插和慢拔；插点要均匀，切勿漏点插；上下要抽动，层层要扣搭；时间掌握好，密实质量佳；操作要小心，软管莫弯曲；不得碰模板，不得碰钢筋。快插是为了防止先将表面混凝土振实而与下面混凝土发生分层、离析现象，慢拔是为了使混凝土能填满振捣棒抽出时所造成的空洞。

（2）振动器插点要均匀排列，可采取"行列式"和"交错式"的次序移动（图 7.9）但不应混用，以免造成混乱而发生漏振。每一插点要掌握好时间，过短不宜捣实，过长可能引起混凝土产生离析现象。相关要求如下。

① 应按分层浇筑厚度分别进行振捣，振动棒的前端应插入前一层混凝土中，插入深度不应小于 50mm。

② 振动棒应垂直于混凝土表面并快插、慢拔、均匀振捣；当混凝土表面无明显塌陷、

有水泥浆出现、不再冒气泡时,可结束该部位振捣。

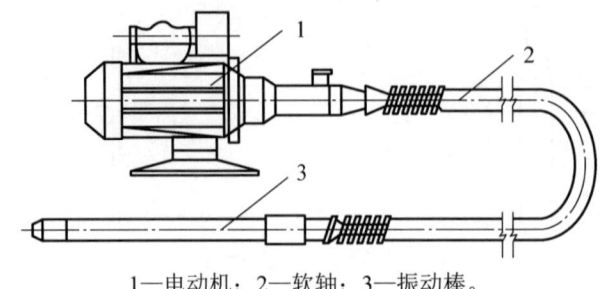

1—电动机；2—软轴；3—振动棒。

图 7.8　插入式振动器

③ 振动棒与模板的距离不应大于振动棒作用半径的 0.5 倍,振捣插点间距不应大于振动棒的作用半径的 1.4 倍,如图 7.9、图 7.10 所示。

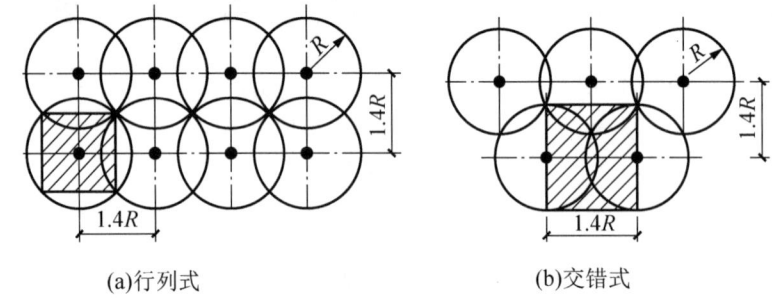

(a)行列式　　　　　　　　　　(b)交错式

图 7.9　插点的分布

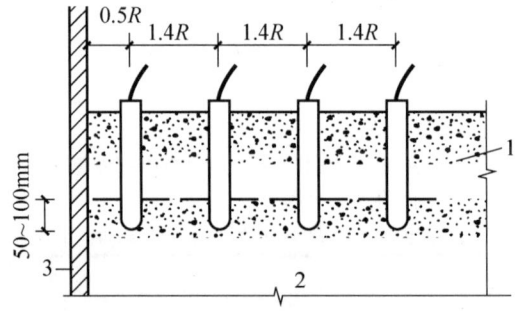

1—新浇筑的混凝土；2—下层已振捣但尚未初凝的混凝土；3—模板。

图 7.10　插入式振动器插入深度

3. 平板式振动器

采用平板式振动器振捣混凝土应符合下列规定：
（1）平板式振动器振捣时应覆盖振捣平面边角；
（2）平板式振动器移动间距应覆盖已振实部分混凝土边缘；
（3）倾斜表面振捣时,应由低处向高处进行。

4. 附着式振动器

采用附着振动器振捣混凝土应符合下列规定：
（1）附着振动器应与模板紧密连接,设置间距应通过试验确定；

（2）附着振动器应根据混凝土浇筑高度和浇筑速度，依次从下往上振捣；

（3）模板上同时使用多台附着振动器时，应使各振动器的频率一致，并应交错设置在相对面的模板上。

5．混凝土分层振捣的最大厚度要求

混凝土分层振捣的最大厚度应符合表 7-3 的规定。

6．特殊部位的混凝土振捣

对特殊部位的混凝土应采取下列加强振捣措施。

（1）宽度大于 0.3m 的预留洞底部区域应在洞口两侧进行振捣，并应适当延长振捣时间；宽度大于 0.8m 的洞口底部，应采取特殊的技术措施。

（2）后浇带及施工缝边角处应加密振捣点，并应适当延长振捣时间。

（3）钢筋密集区域或型钢与钢筋结合区域，应选择小型振动棒辅助振捣，加密振捣点，并适当延长振捣时间。

（4）基础大体积混凝土浇筑流淌形成的坡顶和坡脚应适时振捣，不得漏振。

7.1.6 混凝土的养护方法

混凝土成型后，为保证水泥能充分进行水化反应，应及时进行养护。养护的目的就是为混凝土硬化创造必要的湿度和温度条件，防止由于水分蒸发或冻结造成混凝土强度降低和出现收缩裂缝、剥皮、起砂和内部疏松等现象，确保混凝土质量。

混凝土的养护方法有自然养护和加热养护两大类。现场施工一般为自然养护，自然养护又可分覆盖浇水养护、薄膜布养护和喷涂薄膜养护等。常用的加热养护方法有蒸汽养护、太阳能养护等。

1．自然养护

自然养护是指在室外平均温度高于 5℃的条件下，选择适当的覆盖材料并适当浇水，使混凝土在规定的时间内保持湿润环境。

1）覆盖浇水养护

覆盖浇水养护是用吸水保温能力较强的材料覆盖混凝土，经常洒水，使其保持湿润，并应符合下列规定。

（1）对已浇筑完毕的混凝土，应在混凝土终凝前（通常为混凝土浇筑完毕后 8~12h 内）开始进行自然养护。

（2）混凝土采用覆盖浇水养护的时间：对采用硅酸盐水泥、普通硅酸盐水泥或矿渣硅酸盐水泥拌制的混凝土，不得少于 7d；对火山灰质硅酸盐水泥、粉煤灰硅酸盐水泥拌制的混凝土，不得少于 14d；对掺用缓凝型外加剂、矿物掺合料或有抗渗性要求的混凝土，不得少于 14d。浇水次数应能保持混凝土处于润湿状态，混凝土的养护用水应与拌制用水相同。

2）薄膜布养护

薄膜布养护是将外表面全部用薄膜布覆盖包裹严密，保证混凝土在不失水的情况下得到充分养护。这种养护不需浇水，操作方便，可重复使用，此法可提高混凝土的早期强度。

3）喷涂薄膜养护

喷涂薄膜养护是将可成膜的溶液喷洒在混凝土的表面上，溶剂挥发后在混凝土表面凝结成一层薄膜，使混凝土与空气隔绝，封闭混凝土中的水分不再被蒸发，从而完成水化作用。

2. 加热养护

1）蒸汽养护

蒸汽养护是由轻便锅炉供应蒸汽，给混凝土提供一个高温高湿的硬化条件，加快混凝土硬化速度，提高混凝土早期强度的一种方法。用蒸汽养护混凝土，可以提前拆模（通常2d 即可拆模），缩短工期，大大节约模板。

2）太阳能养护

太阳能养护是指直接利用太阳能加热养护棚（罩）内的空气，使内部混凝土能够在足够的温度和湿度下进行养护，以获得早强。

能力训练

【任务实施】

观看混凝土工程施工视频，参观某实际工程混凝土浇筑施工过程。

【技能训练】

通过参观实训，熟悉混凝土的拌制、运输、浇筑、振捣和养护过程，并编制混凝土浇筑方案。

工作任务 7.2　大体积混凝土的施工

大体积混凝土是指最小断面尺寸大于 1m 的混凝土结构，或预计会因混凝土中胶凝材料水化引起的温度变化和收缩而导致有害裂缝产生的混凝土。大体积混凝土工程施工应符合《大体积混凝土施工标准》（GB 50496—2018）的规定。

7.2.1　大体积混凝土的浇筑方案

港珠澳大桥

大体积混凝土可以选择整体分层连续浇筑施工或推移式连续浇筑施工方式，以保证结构的整体性。

混凝土浇筑宜从低处开始，沿长边方向自一端向另一端进行。当混凝土供应量有保证时，亦可多点同时浇筑。

大体积混凝土的浇筑，应根据整体连续浇筑的要求，结合结构实际尺寸的大小、钢筋疏密、混凝土供应条件等具体情况，分别选用不同的浇筑方案。常用的浇筑方案有三种。

1. 全面分层

全面分层是将整个结构分为数层浇筑，浇筑混凝土时从短边开始，沿长边方向进行，要求在逐层浇筑过程中，第二层混凝土要在第一层混凝土初凝前浇筑完毕。如此逐层进行，直至浇筑完毕。这种浇筑方案一般适用于结构平面尺寸不大的工程，如图 7.11（a）所示。

设结构平面面积为 A（m^2），浇筑分层厚度为 h（m），每小时浇筑量为 Q（m^3/h），混凝土从开始浇筑至初凝的延续时间为 T（h，一般等于混凝土初凝时间减去混凝土运输时间)，为保证结构的整体性，应满足以下要求：

$$Ah \leqslant QT$$
即　$A \leqslant QT/h$

应用案例 7-3

【案例概况】

某混凝土设备基础长×宽×厚=15m×4m×3m，要求整体连续浇筑，拟采取全面水平分层浇筑方案。现有三台搅拌机，每台生产率为 6m³/h，若混凝土初凝时间为 3h，运输时间为 0.5h，每层浇筑厚度为 50cm，试问：

（1）此方案是否可行？
（2）搅拌机最少应设几台？
（3）该设备基础浇筑的可能最短时间与允许最长时间是多少？

【案例解析】

（1）验证混凝土浇筑方案。计算得

$$Q = \frac{Ah}{T} = \frac{15 \times 4 \times 0.5}{3 - 0.5} = 12(m^3/h) < [3 \times 6 = 18(m^3/h)]$$

故该方案可行。

（2）确定搅拌机最少数量。计算得

$$12 \div 6 = 2（台）$$

（3）求浇筑时间。

可能的最短时间为

$$t_1 = 15 \times 4 \times 3/(6 \times 3) = 10（h）$$

允许的最长时间

$$t_2 = 15 \times 4 \times 3/12 = 15（h）$$

2. 分段分层

分段分层是将基础划分为几个施工段，施工时从底层一端开始浇筑混凝土，进行到一定距离后就回头浇筑该区段的第二层混凝土，如此依次向前浇筑其他各段（层）。这种浇筑方案适用于厚度较薄而面积或长度较大的结构，如图 7.11（b）所示。

设结构厚度为 H（m），宽度为 b（m），分段长度为 l（m），为保证结构的整体性，应满足以下要求：

$$l \leq QT/[b(H-h)]$$

3. 斜面分层

斜面分层是在混凝土浇筑时，不再水平分层，而是由底依次浇筑到结构面。这种浇筑方案适用于长度大大超过厚度的结构，也是大体积混凝土底板浇筑时应用较多的一种方案，如图 7.11（c）所示。

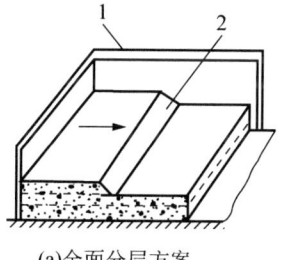
(a)全面分层方案

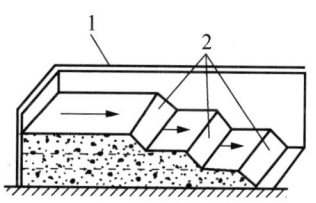
(b)分段分层方案

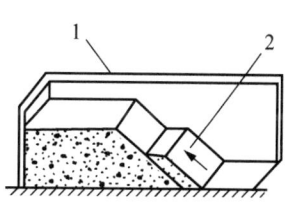
(c)斜面分层方案

1—模板；2—新浇筑混凝土。

图 7.11 大体积混凝土浇筑方案

7.2.2 大体积混凝土的振捣与养护

混凝土应采取振动棒振捣。在振动界限以前对混凝土进行二次振捣，排除混凝土因泌水在粗骨料、水平钢筋下部生成的水分和空隙，以提高混凝土与钢筋的握裹力，防止因混凝土沉落而出现裂缝，减少内部微裂，增加混凝土密实度，使混凝土抗压强度提高，从而提高其抗裂性。

大体积混凝土应进行保温保湿养护，在每次混凝土浇筑完毕后，除按普通混凝土进行常规养护外，尚应及时按温控技术措施的要求进行保温养护。保湿养护的持续时间不得少于14d，应经常检查塑料薄膜或养护剂涂层的完整状况，保持混凝土表面湿润。

7.2.3 大体积混凝土的防裂技术措施

大体积混凝土的防裂宜采取以保温保湿养护为主体，抗放兼施为主导的大体积混凝土温控措施。

（1）温控指标。
① 混凝土浇筑体在入模温度基础上的温升值不宜大于50℃；
② 混凝土浇筑体的里表温差（不含混凝土收缩的当量温度）不宜大于25℃；
③ 混凝土浇筑体的降温速率不宜大于2.0℃/d；
④ 混凝土浇筑体表面与大气温差不宜大于20℃。

（2）大体积混凝土配合比的设计除应符合工程设计所规定的强度等级、耐久性、抗渗性、体积稳定性等要求外，尚应符合大体积混凝土施工工艺特性的要求，并应符合合理使用材料、减少水泥用量、降低混凝土绝热温升值等要求。

（3）在确定混凝土配合比时，应根据混凝土的绝热温升、温控施工方案的要求等，提出混凝土制备时粗细骨料和拌合用水及入模温度控制的技术措施。如降低拌合用水温度（拌合用水中加冰屑或用地下水）、骨料用水冲洗降温、避免暴晒等。

（4）在混凝土制备前，应进行常规配合比试验，并应进行水化热、泌水率、可泵性等对混凝土控制裂缝所需的技术参数的试验；必要时其配合比设计应当通过试泵送验证。

（5）大体积混凝土应选用中、低热硅酸盐水泥或低热矿渣硅酸盐水泥，大体积混凝土施工所用水泥其3d的水化热不宜大于240kJ/kg，7d的水化热不宜大于270kJ/kg。

（6）大体积混凝土配制可掺入缓凝、减水、微膨胀的外加剂。

（7）及时覆盖保温保湿材料进行养护，并加强测温管理。

（8）超长大体积混凝土应选用留置变形缝、后浇带或采取跳仓法施工，以控制结构不出现有害裂缝。

（9）结合结构配筋，配置控制温度和收缩的构造钢筋。

（10）大体积混凝土浇筑宜采用二次振捣工艺，浇筑面应及时进行二次抹压处理，减少表面收缩裂缝。

知识链接 7-3

港珠澳大桥

港珠澳大桥是"一国两制"框架下粤港澳三地首次合作共建的超大型跨海通道，全长

55km，其中主体工程"海中桥隧"长 35.578km，海底隧道长约 6.75km，是世界建筑史上里程长、投资多、施工难度大，也是最长的跨海大桥。大桥于 2003 年 8 月启动前期工作，2009 年 12 月开工建设，筹备和建设前后历时达 15 年，于 2018 年 10 月开通营运。

大桥主体工程实行桥、岛、隧组合，总长约 29.6km，穿越伶仃航道和铜鼓西航道段约 6.7km 为隧道，东、西两端各设置一个海中人工岛（蓝海豚岛和白海豚岛），犹如伶仃"双贝"，熠熠生辉；其余路段约 22.9km 为桥梁，分别设有寓意三地同心的"中国结"青州桥、人与自然和谐相处的"海豚塔"江海桥，以及扬帆起航的"风帆塔"九洲桥三座通航斜拉桥。

图 7.12　港珠澳大桥

在港珠澳大桥建设之前，我国建造外海人工岛的技术积累几乎是空白。在外海造人工岛，既要解决工程技术难题，也要兼顾保护中华白海豚国家级自然保护区的生态环境，需要平衡的因素很多。建设团队反复研究论证，创新提出了用大直径钢圆筒围造人工岛的思路。

在港珠澳大桥建成之前，世界上比较长的现代沉管隧道，只有丹麦与瑞典之间的厄勒海峡沉管隧道和韩国釜山-巨济的沉管隧道两条，长度分别为 3.5km 和 3.2km。港珠澳大桥的海底隧道为 6.7km，创造了目前海底隧道最长、隧道埋深最深、单个沉管体量最大等世界纪录。

党的二十大报告指出，坚持把发展经济的着力点放在实体经济上，推进新型工业化，加快建设制造强国、质量强国、航天强国、交通强国、网络强国、数字中国。港珠澳大桥不仅代表了中国桥梁先进水平，更是中国国家综合国力、自主创新能力的体现。作为国家工程、国之重器，港珠澳大桥建设创下多项世界之最，体现了一个国家逢山开路、遇水架桥的奋斗精神。

能力训练

【任务实施】

观看某混凝土工程的筏形基础施工过程。

【技能训练】

通过参观实训，熟悉大体积混凝土浇筑注意事项，并编制大体积混凝土浇筑方案。

工作任务 7.3　混凝土的质量缺陷与防治

7.3.1　混凝土缺陷种类

混凝土结构缺陷，可分为尺寸偏差和外观缺陷，两者又均可分为一般缺陷和严重缺陷。混凝土结构尺寸偏差超过规范规定，但尺寸偏差对结构性能和使用功能未构成影响时，属于一般缺陷；当尺寸偏差对结构性能和使用功能构成影响时，属于严重缺陷。外观缺陷划分见表 7-7。

表 7-7 现浇结构外观质量缺陷

名称	现象	严重缺陷	一般缺陷
露筋	构件内钢筋未被混凝土包裹而外露	纵向受力钢筋有露筋	其他钢筋有少量露筋
蜂窝	混凝土表面缺少水泥砂浆而形成石子外露	构件主要受力部位有蜂窝	其他部位有少量蜂窝
孔洞	混凝土中孔穴深度和长度均超过保护层厚度	构件主要受力部位有孔洞	其他部位有少量孔洞
夹渣	混凝土中夹有杂物且深度超过保护层厚度	构件主要受力部位有夹渣	其他部位有少量夹渣
疏松	混凝土中局部不密实	构件主要受力部位有疏松	其他部位有少量疏松
裂缝	裂缝从混凝土表面延伸至混凝土内部	构件主要受力部位有影响结构性能或使用功能的裂缝	其他部位有少量不影响结构性能或使用功能的裂缝
连接部位缺陷	构件连接处混凝土有缺陷及连接钢筋、连接件松动	连接部位有影响结构传力性能的缺陷	连接部位有基本不影响结构传力性能的缺陷
外形缺陷	缺棱掉角、棱角不直、翘曲不平、飞边凸肋等	清水混凝土构件有影响使用功能或装饰效果的外形缺陷	其他混凝土构件有不影响使用功能的外形缺陷
外表缺陷	构件表面麻面、掉皮、起砂、污染等	具有重要装饰效果的清水混凝土构件有外表缺陷	其他混凝土构件有不影响使用功能的外表缺陷

7.3.2 混凝土结构外观缺陷的修整

1. 混凝土结构外观一般缺陷修整的规定

（1）对于露筋、蜂窝、孔洞、夹渣、疏松及外表缺陷，应凿除胶结不牢固部分的混凝土，清理表面，洒水湿润后用 1∶2～1∶2.5 水泥砂浆抹平；

（2）应封闭裂缝；

（3）连接部位缺陷、外形缺陷可与面层装饰施工一并处理。

2. 混凝土结构外观严重缺陷修整的规定

（1）对于露筋、蜂窝、孔洞、夹渣、疏松及外表缺陷，应凿除胶结不牢固部分的混凝土至密实部位，清理表面，支设模板，洒水湿润后涂抹混凝土界面剂，采用比原混凝土强度等级高一级的细石混凝土浇筑密实，养护时间不少于 7d。

（2）开裂修整应符合下列规定：

① 对于民用建筑地下室、卫生间、屋面等接触水介质的构件，均应注浆封闭处理，注浆材料可采用环氧、聚氨酯、氰凝、丙凝等。对于民用建筑不接触水介质的构件，可采用注浆封闭、聚合物砂浆粉刷或用其他表面封闭材料进行封闭。

② 对于无腐蚀介质工业建筑的地下室、屋面、卫生间等接触水介质的构件以及有腐蚀介质的所有构件，均应注浆封闭处理，注浆材料可采用环氧、聚氨酯、氰凝、丙凝等。对于无腐蚀介质工业建筑不接触水介质的构件，可采用注浆封闭、聚合物砂浆粉刷或用其他表面封闭材料进行封闭。

③ 清水混凝土的外形和外表严重缺陷，宜在水泥砂浆或细石混凝土修补后用磨光机械磨平。

7.3.3 混凝土结构外观缺陷的修整

混凝土结构尺寸偏差一般的缺陷，可采用装饰修整方法修整。混凝土结构尺寸偏差严重的缺陷，应会同设计单位共同制定专项修整方案，结构修整后应重新检查验收。

7.3.4 裂缝缺陷的修整

裂缝的出现不仅影响结构的整体性和刚度，还会引起钢筋锈蚀，加速混凝土碳化，降低混凝土的耐久性和抗疲劳、渗透能力。因此根据裂缝的性质和具体情况要区别对待，应及时处理，以保证建筑物的安全使用。

混凝土裂缝的修补措施主要有以下方法：表面修补法、灌浆法、嵌缝法、结构加固法、混凝土置换法等。

1. 表面修补法

表面修补法是一种简单、常见的修补方法，主要适用于稳定和对结构承载能力没有影响的表面裂缝以及深进裂缝的处理。通常的处理措施是在裂缝的表面涂抹水泥浆、环氧胶泥或在混凝土表面涂刷油漆、沥青等防腐材料，在防护的同时为了防止混凝土受各种作用的影响继续开裂，通常可以采用在裂缝的表面粘贴玻璃纤维布等措施。

2. 灌浆法

灌浆法主要适用于对于结构整体性有影响或有防渗要求的混凝土裂缝的修补，是利用压力设备将胶结材料压入混凝土裂缝中，胶结材料硬化后与混凝土形成一个整体，从而起到封堵加固的目的。常用的胶结材料有水泥浆、环氧树脂、甲基丙烯酸酯、聚氨酯等化学材料。

3. 嵌缝法

嵌缝法是裂缝封堵中最常用的一种方法，通常是沿裂缝凿槽，在槽中嵌填塑性或刚性止水材料，以达到封闭裂缝的目的。常用的塑性止水材料有聚乙烯胶泥、塑料油膏、丁基橡胶等，常用的刚性止水材料为聚合物水泥砂浆。

4. 结构加固法

当裂缝影响到混凝土结构性能时，就要考虑采取结构加固法对混凝土结构进行处理。结构加固法中常用的有以下方法：加大混凝土结构的截面面积、在构件的角部外包型钢、采用预应力法加固、粘贴钢板加固、增设支点加固及喷射混凝土补强加固。

5. 混凝土置换法

混凝土置换法是处理严重损坏混凝土的一种有效方法，是先将损坏的混凝土剔除，然后再置换入新的混凝土或其他材料。常用的置换材料有普通混凝土或水泥砂浆、聚合物或改性聚合物混凝土砂浆。

✓ 能力训练

【任务实施】

观看混凝土工程施工视频，参观某实际工程混凝土施工过程。

【技能训练】

通过参观实训,熟悉混凝土质量缺陷防治及修整方法。

工作任务 7.4　质量验收规范与安全技术

7.4.1　质量验收规范

> **特别提示**
>
> 混凝土质量验收应符合《混凝土结构工程施工质量验收规范》(GB 50204—2015)的规定。

1. 原材料

(1)水泥进场时,应对其品种、代号、强度等级、包装或散装仓号、出厂日期等进行检查,并应对水泥的强度、安定性和凝结时间进行检验,检验结果应符合《通用硅酸盐水泥》(GB 175—2007)的相关规定。当在使用中对水泥质量有怀疑或水泥出厂超过 3 个月(快硬硅酸盐水泥超过一个月)时,应进行复验,并按复验结果使用。在钢筋混凝土结构、预应力混凝土结构中,严禁使用含氯化物的水泥。

检查数量:按同一厂家、同一品种、同一代号、同一强度等级、同一批号且连续进场的水泥,袋装不超过 200t 为一批,散装不超过 500t 为一批,每批抽样数量不应少于一次。

检验方法:检查质量证明文件和抽样检验报告。

(2)混凝土外加剂进场时,应对其品种、性能、出厂日期等进行检查,并应对外加剂的相关性能指标进行检验,检验结果应符合《混凝土外加剂》(GB 8076—2008)和《混凝土外加剂应用技术规范》(GB 50119—2013)的规定。

检查数量:按同一厂家、同一品种、同一性能、同一批号且连续进场的混凝土外加剂,不超过 50t 为一批,每批抽样数量不应少于一次。

检验方法:检查质量证明文件和抽样检验报告。

> **特别提示**
>
> 水泥、外加剂进场检验,当满足下列条件之一时,其检验批容量可扩大一倍:
> (1)获得认证的产品;
> (2)同一厂家、同一品种、同一规格的产品,连续三次进场检验均一次检验合格。

(3)混凝土中氯离子含量和碱总含量应符合《混凝土结构设计标准(2024 年版)》(GB/T 50010—2010)的规定和设计要求。

检查数量:同一配合比的混凝土检查不应少于一次。

检查方法:检查原材料试验报告和氯离子、碱的总含量计算书。

2. 混凝土施工

1）主控项目

混凝土的强度等级必须符合设计要求。用于检验混凝土强度的试件应在浇筑地点随机抽取。对同一配合比混凝土，取样与试件留置检查数量应符合下列规定：

（1）每拌制100盘且不超过100m³时，取样不得少于一次；
（2）每工作班拌制不足100盘时，取样不得少于一次；
（3）连续浇筑超过1000m³时，每200m³取样不得少于一次；
（4）每一楼层取样不得少于一次；
（5）每次取样应至少留置一组试件。

检验方法：检查施工记录及混凝土强度试验报告。

> **特别提示**
>
> 混凝土强度评定时，每组三个试件应在同盘混凝土中取样制作，并按以下规定确定该组试件的混凝土强度代表值：①取三个试件强度的平均值；②当三个试件强度中的最大值或最小值之一与中间值之差超过中间值的15%时，取中间值；③当三个试件强度中最大值和最小值与中间值之差均超过15%时，该组试件不应作为强度评定的依据。

应用案例 7-4

【案例概况】

某预制构件有三组试块，强度分别为：18.7N/mm²、21.2N/mm²、23.9N/mm²；16.6N/mm²、20.1N/mm²、25.4N/mm²；17.8N/mm²、20.3N/mm²、24.7N/mm²，试求这三组混凝土试块强度的代表值。

【案例解析】

第一组试块强度的代表值为

$$m_{f,\text{cu}1} = \frac{18.7 + 21.2 + 23.9}{3} = 21.3 \text{（N/mm}^2\text{）}$$

第二组试块强度代表值不合格，因为16.6N/mm²与中间值20.1N/mm²之差以及25.4N/mm²与中间值20.1N/mm²之差均超过15%，故该组试件不应作为强度评定的依据。

第三组试件强度的代表值为20.3N/mm²，因为17.8N/mm²与中间值20.3N/mm²之差未超过15%，但24.7N/mm²与中间值20.3N/mm²之差已超过15%，故仍取中间值20.3N/mm²作为其强度代表值。

2）一般项目

（1）后浇带的留设位置应符合设计要求，后浇带和施工缝的留设及处理方法应符合施工方案要求。

检查数量：全数检查。
检验方法：观察。

（2）混凝土浇筑完毕后应及时进行养护，养护时间以及养护方法应符合施工方案要求。

检查数量：全数检查。
检验方法：观察，检查混凝土养护记录。

3. 现浇结构分项工程

1）主控项目

（1）现浇结构的外观质量不应有严重缺陷。对已经出现的严重缺陷，应由施工单位提出技术处理方案，并经监理单位认可后进行处理；对裂缝、连接部位出现的严重缺陷及其他影响结构安全的严重缺陷，技术处理方案尚应经设计单位认可。对经处理的部位应重新验收。

检查数量：全数检查。

检验方法：观察，检查处理记录。

（2）现浇结构不应有影响结构性能和使用功能的尺寸偏差；混凝土设备基础不应有影响结构性能和设备安装的尺寸偏差。对超过尺寸允许偏差且影响结构性能和安装、使用功能的部位，应由施工单位提出技术处理方案，经监理、设计单位认可后进行处理。对经处理的部位应重新验收。

检查数量：全数检查。

检验方法：量测，检查处理记录。

2）一般项目

现浇结构的位置、尺寸允许偏差及检验方法见表 7-8。

表 7-8 现浇结构的位置、尺寸允许偏差及检验方法

项目			允许偏差/mm	检验方法
轴线位置	整体基础		15	经纬仪及尺量
	独立基础		10	经纬仪及尺量
	柱、墙、梁		8	尺量
垂直度	柱、墙层高	≤6m	10	经纬仪或吊线、尺量
		>6m	12	经纬仪或吊线、尺量
	H≤300m		H/30000+20	经纬仪、尺量
	H>300m		H/10000 且 ≤80	经纬仪、尺量
标高	层高		±10	水准仪或拉线、尺量
	全高		±30	水准仪或拉线、尺量
截面尺寸	基础		+15，-10	尺量
	柱、梁、板、墙		+10，-5	尺量
	楼梯相邻踏步高差		±6	尺量
电梯井洞	中心位置		10	尺量
	长、宽尺寸		+25，0	尺量
表面平整度			8	2m 靠尺和塞尺检查
预埋件中心位置	预埋件		10	尺量
	预埋螺栓		5	尺量
	预埋管		5	尺量
	其他		10	尺量
预留洞、孔中心线位置			15	尺量

注：① 检查轴线、中心线位置时，沿纵、横两个方向测量，并取其中偏差的较大值。
② H 为全高，单位为 mm。

检查数量：按楼层、结构缝或施工段划分检验批。在同一检验批内，对梁、柱和独立基础，应抽查构件数量的 10%，且不应少于 3 件；对墙和板，应按有代表性的自然间抽查 10%，且不应少于 3 间；对大空间结构，墙可按相邻轴线间高度 5m 左右划分检查面，板可按纵、横轴线划分检查面，抽查 10%，且均不应少于 3 面；对电梯井，应全数检查。

4．混凝土结构子分部工程

（1）混凝土结构子分部工程施工质量验收合格标准应符合下列规定：
① 所含分项工程质量验收应合格；
② 应有完整的质量控制资料；
③ 观感质量验收应合格；
④ 结构实体检验结果应符合规范的要求。
（2）当混凝土结构施工质量不符合要求时，应按下列规定进行处理：
① 经返工、返修或更换构件、部件的，应重新进行验收；
② 经有资质的检测机构按国家现行相关标准检测鉴定达到设计要求的，应予以验收；
③ 经有资质的检测机构按国家现行相关标准检测鉴定达不到设计要求，但经原设计单位核算并确认仍可满足结构安全和使用功能的，可予以验收；
④ 经返修或加固处理能够满足结构可靠性要求的，可根据技术处理方案和协商文件进行验收。

7.4.2 安全技术

1．混凝土浇筑过程安全隐患的主要表现形式

（1）高处作业安全防护设施不到位；
（2）机械设备的安装、使用不符合要求；
（3）用电不符合安全要求；
（4）混凝土浇筑方案不当使支撑架受力不均衡，产生过大的集中荷载、偏心荷载、冲击荷载或侧压力；
（5）过早拆除支撑和模板。

2．混凝土浇筑施工的安全技术措施

（1）混凝土浇筑作业人员的作业区域内，应按高处作业的有关规定，设置临边、洞口安全防护设施。
（2）混凝土浇筑所使用机械设备的接零（接地）保护、漏电保护装置应齐全有效，作业人员应正确使用安全防护用具。
（3）交叉作业应避免在同一垂直作业面上进行，否则应按规定设置隔离防护措施。
（4）用井架运输混凝土时，应设制动安全装置，升降应有明确信号，操作人员未离开提升台时，不得发升降信号。提升台内停放的手推车不得伸出台外，车辆前后要挡牢。
（5）用料斗进行混凝土吊运时，料斗的斗门在装料吊运前一定要关好卡牢，以防在吊运过程被挤开抛卸。
（6）用溜槽及串筒下料时，溜槽和串筒应固定牢固，人员不得直接站到溜槽帮上操作。
（7）用混凝土输送泵泵送混凝土时，混凝土输送泵的管道应连接和支撑牢固，试送合

格后才能正式输送，检修时必须卸压。

（8）有倾倒、掉落危险的浇筑作业应采取相应的安全防护措施。

习　　题

一、单选题

1．浇筑商品混凝土时为防止分层离析，由料斗卸料时其自由倾落高度不宜超过（　　）。
　　A．1m　　　　　　B．2m　　　　　　C．3m　　　　　　D．4m

2．在浇筑竖向构件商品混凝土前，构件底部应先填（　　）厚水泥砂浆。
　　A．30~50mm　　B．50~100mm　　C．100~200mm　　D．都可以

3．自落式商品混凝土拌合机一次投料法向料斗中加料顺序为（　　）。
　　A．石子→砂→水泥　　　　　　　B．石子→水泥→砂
　　C．水泥→石子→砂　　　　　　　D．水→水泥→石子、砂

4．大体积商品混凝土浇筑为防止温度裂缝的产生，施工时不宜采取的措施是（　　）。
　　A．适当增大石子粒径　　　　　　B．掺入粉煤灰
　　C．选用矿渣水泥　　　　　　　　D．加快浇筑速度

5．楼板混凝土浇筑后，应待其强度至少达到（　　），方可上人进行上层施工。
　　A．1.0MPa　　　B．1.2MPa　　　C．2.5MPa　　　D．5MPa

6．某大型设备基础的长度是其厚度的5倍，该基础宜采用（　　）方案进行浇筑混凝土。
　　A．分段分层　　B．一次全部　　C．全面分层　　D．斜面分层

7．混凝土施工缝宜留设在（　　）。
　　A．结构受剪力较小且便于施工的位置　　B．遇雨停工处
　　C．结构受弯矩较小且便于施工的位置　　D．结构受力复杂处

8．梁、柱混凝土浇筑时应采用（　　）振捣。
　　A．表面振动器　　B．外部振动器　　C．内部振动器　　D．振动台

9．一般的楼板混凝土浇筑时宜采用（　　）振捣。
　　A．表面振动器　　B．外部振动器　　C．内部振动器　　D．振动台

10．一般混凝土结构养护采用的是（　　）。
　　A．自然养护　　B．加热养护　　C．蓄热养护　　D．人工养护

11．火山灰水泥拌制的大体积混凝土的养护时间不得少于（　　）。
　　A．7d　　　　　B．14d　　　　　C．21d　　　　　D．28d

12．浇筑混凝土单向板时，施工缝应留设在（　　）。
　　A．中间1/3跨度范围内且平行于板的长边
　　B．平行于板的长边的任何位置
　　C．平行于板的短边的任何位置
　　D．中间1/3跨度范围内

13．填充后浇带，可采用（　　）。
　　A．微膨胀混凝土，强度等级比原结构强度提高一级
　　B．普通混凝土，强度和结构混凝土相同
　　C．微膨胀混凝土，强度和结构混凝土相同

D．没有要求

14．某房屋基础混凝土，按规定留置的一组 C20 混凝土强度试块的实测值为 20MPa、24MPa、28MPa，该混凝土判为（　　）。

A．合格　　　　　　　　　　B．不合格
C．优良　　　　　　　　　　D．因数据无效暂不能评定

15．一组商品混凝土试块立方体抗压强度分别为 18MPa、20MPa、24MPa，则该组商品混凝土抗压强度代表值为（　　）。

A．不合格　　B．20.67MPa　　C．20MPa　　D．18MPa

二、填空题

1．混凝土工程包括混凝土的拌制、运输、浇筑、振捣和_____等施工过程。

2．商品混凝土施工缝宜留在结构的_____部位。

3．在浇筑混凝土时，有主次梁的楼盖应顺次梁方向浇筑，可在次梁中间_____跨度范围内留设施工缝。

4．强制式商品混凝土拌合机宜于搅拌_____混凝土。

5．商品混凝土养护的方法分为_____和_____。

6．大体积商品混凝土的浇筑方案需根据结构大小、商品混凝土供应等实际情况决定，一般有_____、_____和斜面分层三种方案。

7．大体积混凝土浇筑体的降温速率不宜大于_____℃/d。

三、简答题

1．混凝土工程施工包括哪几个过程？

2．混凝土施工配合比怎样根据试验室配合比求得？施工配料怎样计算？

3．混凝土外加剂按其主要功能如何分类？

4．混凝土搅拌参数指什么？各有何影响？什么是一次投料、二次投料？各有何特点？二次投料混凝土强度为什么会提高？

5．混凝土搅拌时间有哪些规定？搅拌时间长短对混凝土拌合物有哪些影响？

6．混凝土运输有哪些要求？

7．什么是施工缝？留设位置如何？继续浇筑混凝土时，对施工缝有何要求？如何处理？

8．对大体积混凝土的裂缝有哪些预防措施？

9．什么是混凝土的自然养护？包括哪些方法？

四、案例题

1．某混凝土试验室配合比为 1∶2.04∶3.47，$W/C=0.62$，每立方米混凝土中水泥用量为 350kg，实测现场砂含水率 3%，石含水率 1%。试问：

（1）施工配合比为多少？

（2）当用 250L（出料容量）搅拌机搅拌时，每拌一次，投料水泥、砂、石、水各多少？

2．某高程建筑基础钢筋混凝土底板长×宽×高=25m×14m×1.2m，要求连续浇筑混凝土，不留施工缝，搅拌站设三台 250L 搅拌机，每台实际生产率为 5m³/h，混凝土运输时间为 25min，气温为 25℃，混凝土等级为 C20，浇筑分层厚 300mm。试求：

（1）混凝土的浇筑方案。

（2）完成浇筑工作所需的时间。

3．今有三组混凝土试块，其强度分别为：17.6MPa、20.1MPa、22.9MPa；16.5MPa、20MPa、25.6MPa；17.6MPa、20.2MPa、24.8MPa。试求各组试块的强度代表值。

学习情境 8　预应力混凝土工程施工

思维导图

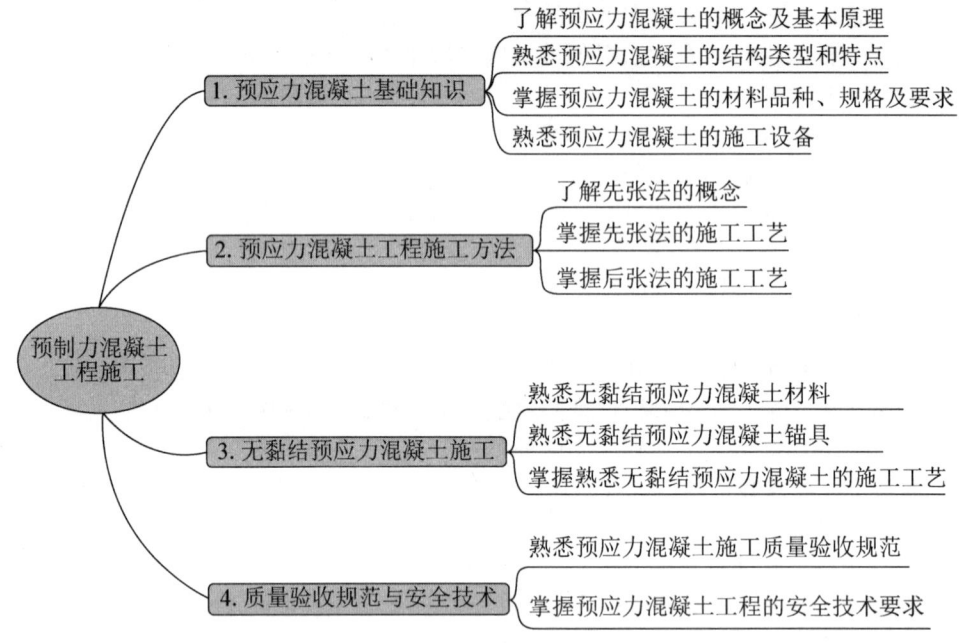

引例

某项目位于海南海口,是海南省体育中心的综合训练馆,采用了有黏结预应力框架梁、柱结构,梁跨度为36m,柱距为8m,混凝土强度等级采用C40,共3层。其梁、柱均为预应力构件,主梁尺寸为 $b \times h = 600mm \times 2400mm$,预应力配筋为4束9$\phi$15.2,预应力柱截面尺寸为 $b \times h = 1300mm \times 1300mm$,一层柱预应力配筋为2束9$\phi$15.2,二层柱预应力配筋为4束12$\phi$15.2,预应力钢筋采用1860MPa高强度低松弛钢绞线。该工程在梁、柱中均采用了预应力技术。在张拉柱的预应力筋时,未采用一次张拉到位的方式,而采用了柱、梁交叉张拉顺序。

请思考:①此案例中,除了有黏结预应力混凝土,还有哪些预应力混凝土类型?②该工程为何要采用预应力混凝土技术?张拉方式有哪些类型?

工作任务 8.1　预应力混凝土基础知识

8.1.1　预应力混凝土的概念及基本原理

利用钢筋对受拉区混凝土施加预压应力的钢筋混凝土,称为预应力混凝土。预加应力的目的是使混凝土预先受压,以抵消使用条件下混凝土的裂缝。预应力混凝土的设计准则是结构在使用荷载下混凝土应力永远处于受压状态而不允许出现拉应力,所以有时称之为全预应力混凝土。

预应力混凝土的应用范围越来越广,除在屋架、吊车梁、托架梁、空心楼板、大型屋面板等单个构件上应用外,还成功地运用到多层工业厂房、高层建筑、大型桥梁、核电站安全壳、电视塔、大跨度薄壳结构、筒仓、海洋工程等技术难度较高的大型整体或特种结构上。

> **特别提示**
>
> 预应力构件基本原理:预先在混凝土受拉区施加压应力,使其减小或抵消荷载所引起的拉应力,将构件受到的拉应力控制在较小范围甚至始终处于受压状态,即可控制构件裂缝宽度,甚至可以使构件不产生裂缝。

知识链接 8-1

预应力与木桶

在木桶的制作过程中,用竹箍把木板箍紧,目的是使木板间产生环向预压应力,在装水或装汤后将产生环向拉力,但预压应力抵消掉全部拉力,木桶就不会漏水,如图8.1所示。

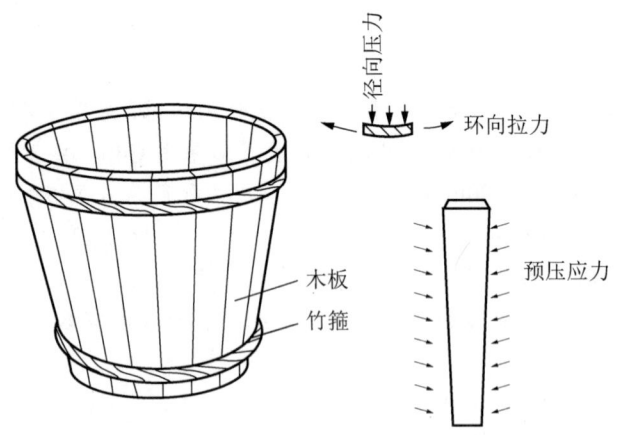

图 8.1 预应力技术在木桶上的应用

8.1.2 预应力混凝土结构类型

1. 按预应力工艺分类

根据混凝土浇筑和对预加应力材料施加应力的先后次序，将施加预应力方法归结为两种基本情况：在混凝土浇筑前对预加应力材料施加应力的方法，称为先张（顶压或预弯）法；在混凝土浇筑、养护后对预加应力材料施加应力的方法，称为后张（后压）法。

2. 按预应力度分类

根据预应力度和我国对预应力混凝土结构的分类法，预应力混凝土结构被分为全预应力、部分预应力两类。

3. 按预应力体系分类

根据预应力体系的特点，预应力混凝土结构可分为体内预应力、体外预应力、有黏结预应力和无黏结预应力等类型。

预应力筋布置在混凝土构件体内的，称为体内预应力结构。先张预应力结构和预设孔道穿筋的后张预应力结构等均属此类。

体外预应力混凝土结构为预应力筋布置在混凝土构件体外的预应力结构。混凝土斜拉桥属此类结构的特例，如图 8.2 所示。

有黏结预应力混凝土结构，是指沿预应力筋全长，预应力筋完全与周围混凝土黏结、握裹在一起的预应力混凝土结构。先张预应力结构和预设孔道穿筋的后张预应力结构均属此类。

无黏结预应力混凝土结构，指预应力筋伸缩变形自由、不与混凝土黏结的预应力混凝土结构。这种结构采用的预应力筋全长涂有特制自应力混凝土的防锈材料，外包隔离层（管），且通常与后张法相结合。

图 8.2 混凝土斜拉桥

8.1.3 预应力混凝土结构的特点

预应力混凝土结构与钢筋混凝土结构相比，具有以下优点。
（1）构件的抗裂性好，刚度大。
（2）材料节省，自重减少。
（3）混凝土梁的剪力和主拉应力减小。
（4）结构安全，质量可靠。
（5）预应力混凝土还能提高结构的耐疲劳性能。
但预应力混凝土结构也存在以下缺点。
（1）工艺复杂，质量要求高，因而需要配备一支技术较熟练的专业队伍。
（2）需要有一定的专门设备，如张拉机具、灌装设备等。
（3）预应力引起的构件反拱不易控制。它将随混凝土的徐变增加而加大，可能影响结构使用效果。
（4）预应力混凝土结构的开工费用较大，对于跨径小、构件数量少的工程，成本较高。
以上缺点是可以设法克服的，如跨径较大的结构或跨径虽不大但构件数量很多的结构，采用预应力混凝土就比较经济。因此，只要从实际出发，因地制宜地进行合理设计和妥善安排，预应力混凝土结构就能充分发挥其优越性。

8.1.4 预应力混凝土的材料品种、规格及要求

1．混凝土材料
1）强度要求
预应力混凝土结构的混凝土强度等级不宜低于 C40，且不应低于 C30。
2）混凝土收缩及徐变的影响
在预应力混凝土构件的设计、施工中，应尽量设法减少混凝土的收缩和徐变，并应尽量准确地确定混凝土的收缩和徐变的变形值。
3）混凝土的配制要求与措施
为了获得强度高和收缩、徐变小的混凝土，应尽可能地采用高强度水泥，减少水泥用量，降低水灰比，选用优质坚硬的骨料。

2．预应力筋
1）对预应力筋的要求
（1）强度要高。
（2）要有较好的塑性和焊接性能。
（3）要具有较好的黏结性能。为此，可采用在钢丝上刻痕（制作刻痕钢丝）的方法，或把钢丝扭绞而成钢绞线，以增加钢丝与混凝土之间的黏结力。
2）预应力筋的种类
预应力筋（图 8.3）有钢筋（一般指直径不小于 6mm

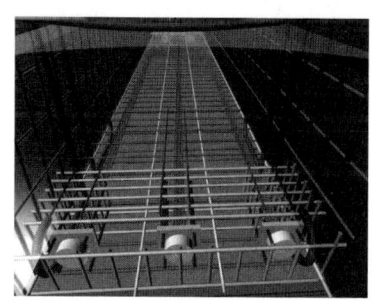

图 8.3　混凝土箱梁中的预应力筋

者）、钢丝（一般指直径小于 6mm 者）和钢绞线三大类，其中以钢绞线与钢丝采用最多。

（1）钢筋。钢筋可单根放在预应力混凝土构件中，也常常将几根钢筋组成一束。

① 热处理钢筋。热处理钢筋是由普通热轧中碳合金钢筋经淬火和回火调质热处理制成，具有高强度、高韧性、高黏结力和松弛小等特点，直径为 6～10mm。与相同强度的高强冷拔钢丝相比，这种钢材的生产效率高、价格低。

热处理钢筋的螺纹外形，有带纵肋和无纵肋两种，如图 8.4 所示。

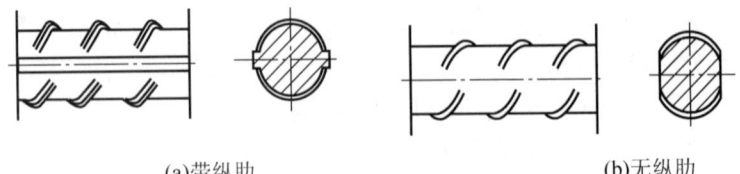

图 8.4　热处理钢筋的螺纹外形

② 冷拉低合金钢筋。冷拉低合金钢筋采用 HRB400 级钢筋经冷拉后获得。HRB400 级钢筋经冷拉后，其抗拉性能较好，可焊性也较好，但强度偏低。

③ 精轧螺纹钢筋。精轧螺纹钢筋是用热轧方法在钢筋表面上轧出不带纵肋的螺纹外形，如图 8.5 所示。钢筋的接长用连接螺纹套筒，端头锚固用螺母。这种高强度钢筋具有锚固简单、施工方便、无须焊接等优点。目前国内生产的精轧螺纹钢筋品种有两种，即 HRB400 级直径 25mm 和 32mm 钢筋，其屈服点分别为 750MPa 和 900MPa。

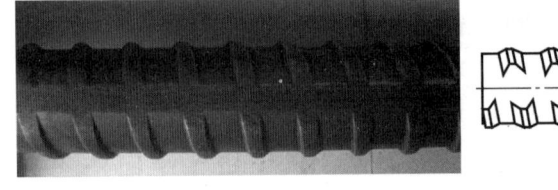 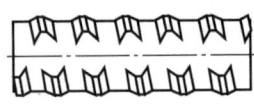 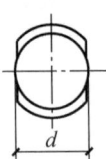

图 8.5　精轧螺纹钢筋的螺纹外形

（2）钢丝。

① 冷拔低碳钢丝。冷拔低碳钢丝强度比原料屈服强度显著提高，但塑性降低，适用于作为小型构件的预应力筋。

② 高强钢丝（碳素钢丝、刻痕钢丝）。其中 3～4mm 直径钢丝主要用于先张法，5～8mm 直径钢丝适用于后张法大跨度结构。钢丝强度高，表面光滑，当先张法构件采用光面高强钢丝时，为了保证高强钢丝与混凝土具有可靠的黏结，表面应经"刻痕"或"压波"等措施处理，如图 8.6 所示。

图 8.6　刻痕钢丝的螺纹外形

（3）钢绞线。钢绞线一般分为两股、三股和七股钢绞线，其中七股钢绞线是由六根高强碳素钢丝围绕一根中心钢丝在绞丝机上绞成螺旋状，如图 8.7 所示，再经低温回火制成。钢绞线的直径较大，公称直径分别为 9mm、12mm 和 15mm，比较柔软，施工方便，适用于先张法、后张法预应力混凝土结构。

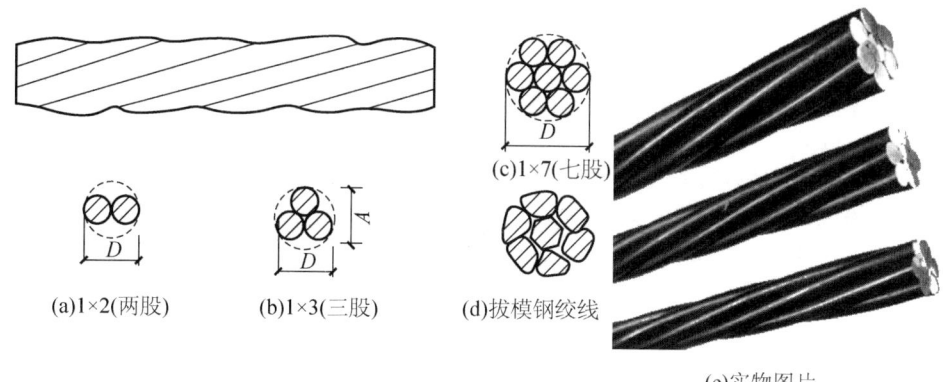

图 8.7 预应力钢绞线

若将防腐润滑油脂涂敷在钢绞线表面上,以塑料薄膜进行包裹,还可用作无黏结预应力筋,主要用于后张法中无黏结预应力筋施工,也可用作暴露或腐蚀环境中的体外索、拉索等。

预应力钢筋强度标准值见表 8-1。

表 8-1 预应力钢筋强度标准值 单位:N/mm²

种类		符号	d/mm	f_{ptk}
钢绞线	1×2(两股)	ϕ^S	8、10	1470、1570、1720、1860、1960
			12	1470、1570、1720、1860
	1×3(三股)		8.6、10.8、12.9	1470、1570、1720、1860、1960
	1×7(七股)		9.5、12.7、15.2	1860、1960
			17.8、21.6	1720、1860
消除应力钢丝	光面螺旋肋	ϕ^P, ϕ^H	5	1570、1770、1860
			7	1570
			9	1470、1570
	刻痕	ϕ^{IT}	5、7	1570
热处理钢筋	40Si₂Mn	ϕ^{HT}	6	1470
	48Si₂Mn		8.2	
	45SiCr		10	

注:① 钢绞线直径 d 系指钢绞线外接圆直径,现行国家标准《预应力混凝土用钢绞线》(GB/T 5224—2023)中公称直径的钢丝和热处理钢筋的直径 d 均指公称直径。
② 消除应力光面钢丝直径 d 为 4~9mm,消除应力螺旋肋钢丝直径 d 为 4~8mm。

8.1.5 施工设备

1. 台座

台座由台面、横梁和承力结构组成。按构造形式不同,可分为墩式台座、槽形台座和桩式台座等。台座可成批生产预应力构件,是先张法生产的主要设备。预应力筋张拉、锚固,混凝土浇筑、振捣和养护及预应力筋放张等全部施工过程,都在台座上完成。

预应力筋放松前,台座承受全部预应力筋的拉力,故台座应具有足够的强度、刚度和稳定性,以免因台座变形、倾覆和滑移而引起预应力的损失。

1) 墩式台座

墩式台座由现浇钢筋混凝土做成,应具有足够的强度、刚度和稳定性。墩式台座由台墩、台面与横梁等组成,如图 8.8 所示,台墩和台面共同承受拉力。墩式台座用以生产各种形式的中小型构件。

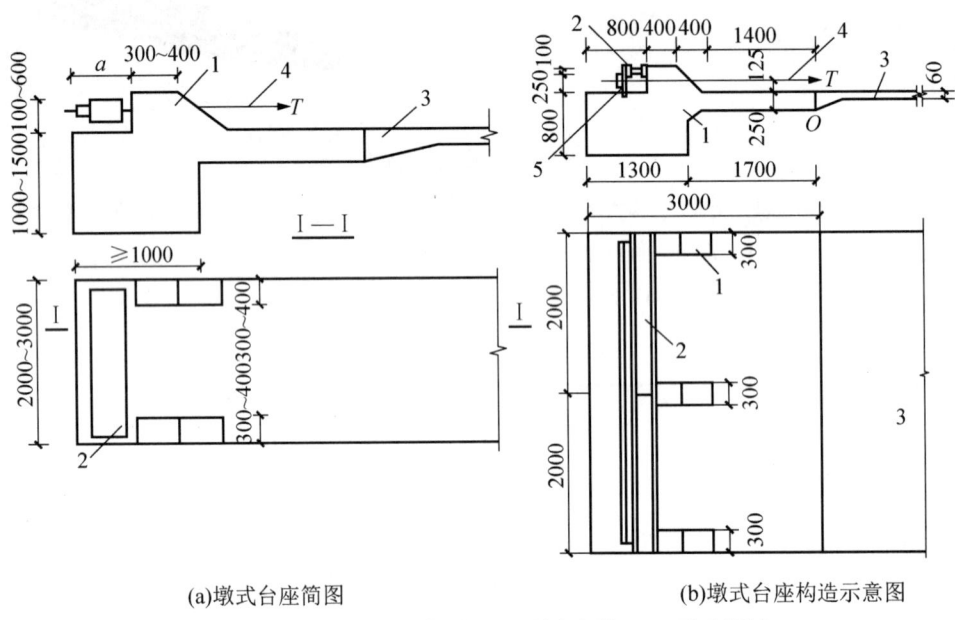

(a) 墩式台座简图　　　　　　　　　　(b) 墩式台座构造示意图

1—台墩;2—横梁;3—台面;4—预应力筋;5—承力钢板。

图 8.8　墩式台座(单位:mm)

(1) 台墩:承力结构,由钢筋混凝土浇筑而成。

承力台墩设计时,应进行稳定性和强度验算。稳定性验算一般包括抗倾覆验算与抗滑移验算,抗倾覆系数不得小于 1.5,抗滑移系数不得小于 1.3。

(2) 台面:由预应力构件成型的胎模,要求地基坚实平整,在厚 150mm 夯实碎石垫层上浇筑 60~80mm 厚 C20 混凝土面层,原浆压实抹光而成。台面要求坚硬、平整、光滑,沿其纵向有 3% 的排水坡度。

(3) 横梁:以墩座牛腿为支承点安装其上,是锚固夹具临时固定预应力筋的支承点,也是张拉机械张拉预应力筋的支座。横梁常采用型钢或钢筋混凝土制作。

2) 槽式台座

槽式台座由端柱、传力柱、横梁和台面组成,既可承受张拉力和倾覆力矩,加盖后又可作为蒸汽养护槽,适用于张拉吨位较高的大型构件,如吊车梁、屋架、箱梁等大型预应力混凝土构件。槽式台座构造如图 8.9 所示。

2. 预应力锚固体系

预应力锚固体系包括锚具、夹具和连接器,见表 8-2。

1) 锚具

锚具是在后张法结构或构件中,用于保持预应力筋的拉力并将其传递到混凝土(或钢结构)上所用的夹持预应力筋的永久性锚固装置。锚具的种类见表 8-3。预应力结构设计中,应根据工程环境条件、结构特点、预应力筋品种和张拉施工方法,选择适用的锚具,常用预应力筋的锚具可按表 8-4 选用。

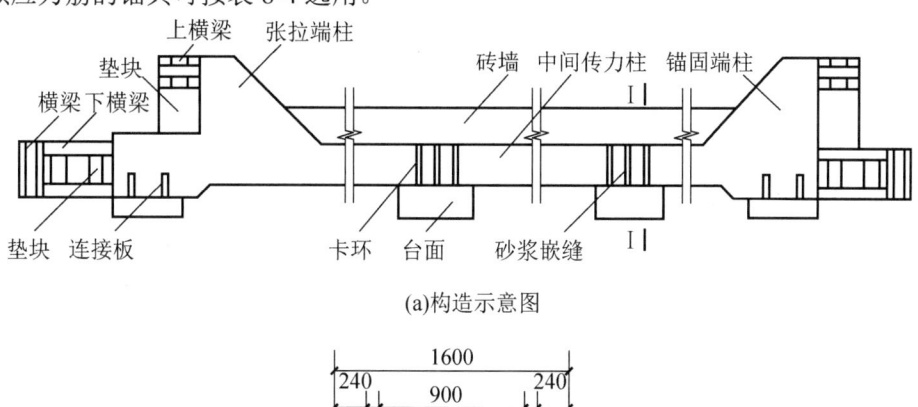

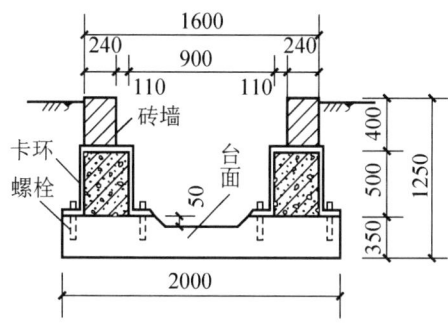

(b) I—I 图

图 8.9 槽式台座构造(单位:mm)

表 8-2 锚具、夹具和连接器的代号

分类代号		锚具	夹具	连接器
夹片式	圆形	YJM	YJJ	YJL
	扁形	BJM		
支承式	镦头	DTM	DTJ	DTL
	螺母	LMM	LMJ	LML
锥塞式	钢质	GZM	—	—
	冷铸	LZM	—	—
	热铸	RZM	—	—
握裹式	挤压	JYM	JYJ	JYL
	压花	YHM		

表 8-3 锚具的种类

锚具类型	常见锚具	备注
夹片式	单孔夹片锚具	(1) 按在构件中的位置,又可分为张拉端锚具、固定端锚具两种;
	多孔夹片锚具	(2) 锚具一般由设计单位按结构要求、产品性能和张拉施工方法选用
支承式	镦头锚具	
	螺母锚具	

239

续表

锚具类型	常见锚具	备注
锥塞式	钢质锥形锚具	（1）按在构件中的位置，又可分为张拉端锚具、固定端锚具两种； （2）锚具一般由设计单位按结构要求、产品性能和张拉施工方法选用
锥塞式	锥形螺杆锚	
握裹式	挤压锚具	
握裹式	压花锚具	

表 8-4 锚具的选用

预应力筋品种	张拉端	固定端	
		安装在结构之外	安装在结构之内
钢绞线	夹片锚具	夹片锚具 挤压锚具	压花锚具 挤压锚具
单根钢丝	夹片锚具 镦头锚具 冷（热）铸锚	夹片锚具 冷（热）铸锚	镦头锚具
钢丝束	镦头锚具 冷（热）铸锚	冷（热）铸锚	镦头锚具
精轧螺纹钢筋	螺母锚具	螺母锚具	螺母锚具

2）夹具

夹具是预应力筋张拉和临时固定的锚固装置，用在先张法施工中，按其用途不同，可分为锚固夹具和张拉夹具。

（1）夹具应具有下列性能：当预应力夹具组装件达到实际极限拉力时，全部零件不应出现肉眼可见的裂缝和破坏；有良好的自锚性能；有良好的松锚性能；能多次重复使用。

（2）夹具的种类及构造。先张法中钢丝的夹具分两类：一类是将预应力筋锚固在台座上的锚固夹具；另一类是张拉时夹持预应力筋用的张拉夹具。前者是张拉后将预应力筋锚固在台座上的夹具，后者是张拉时夹持预应力筋用的夹具，这两种夹具都可以重复使用。

① 钢丝锚固夹具：常用的种类有圆锥齿板（槽）式夹具（锥销夹具）和镦头夹具（将钢丝端部冷墩或热墩形成粗头，通过承力板或疏筋板锚固，此外还有偏心式夹具和压销式夹具，如图 8.10 所示。

② 钢筋锚固夹具：为圆套筒三片式夹具，也由套筒与销子组成。锚固时将齿板或锥销打入套筒，借助摩擦力将钢筋锚固，用于 12～14mm 的单根冷拉 HPB300、HRB400 级钢筋，如图 8.11 所示。

③ 张拉夹具：常用的种类有月牙形夹具、偏心式夹具和楔形夹具，如图 8.12 所示。

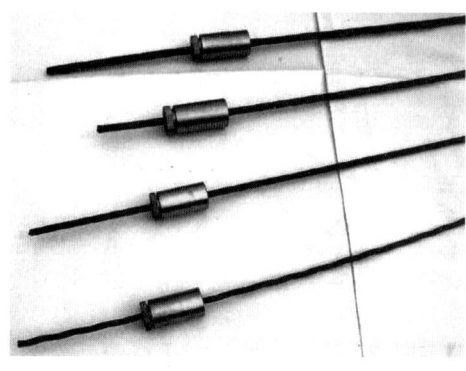
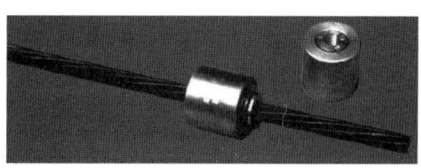
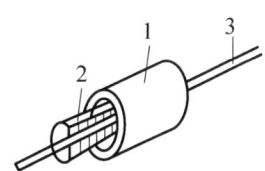
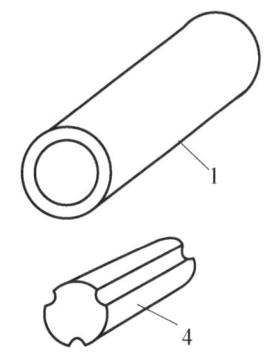

(a)圆锥齿板式钢质锥形夹具　(b)圆锥槽式钢质锥形夹具

1—套筒；2—齿板；3—钢丝；4—锥塞。

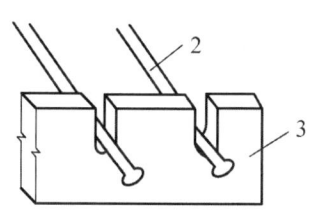
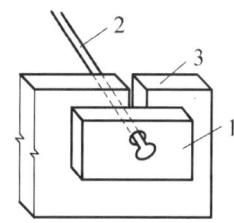

(c)固定端镦头夹具

1—垫片；2—镦头钢丝；3—承力板。

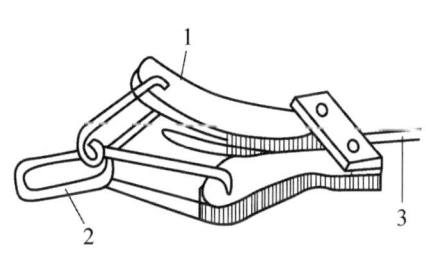
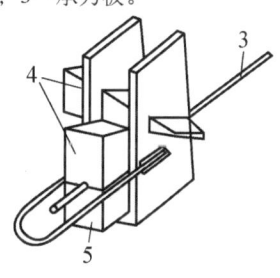

(d)月牙形夹具　　(e)压销式夹具

1—月牙形齿条；2—拉钩；3—预应力筋；4—楔形销片；5—方形销片。

图8.10　钢丝锚固夹具

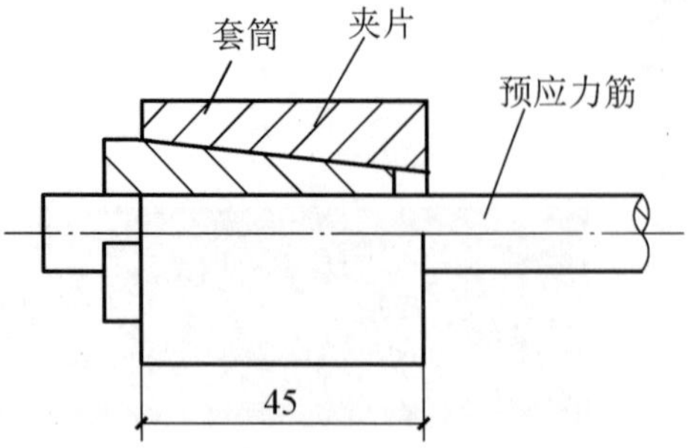

图 8.11　钢丝锚固夹具

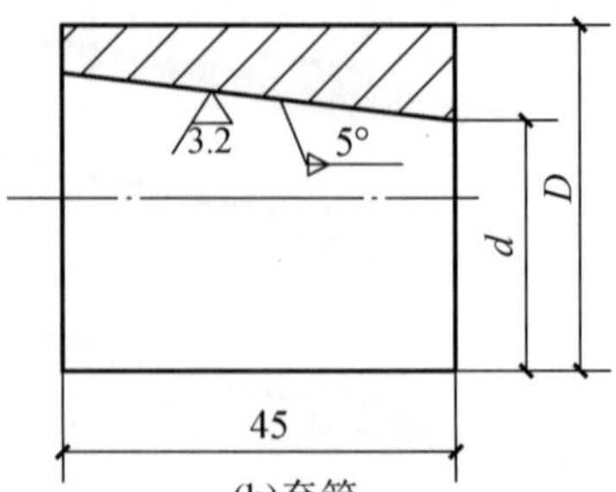

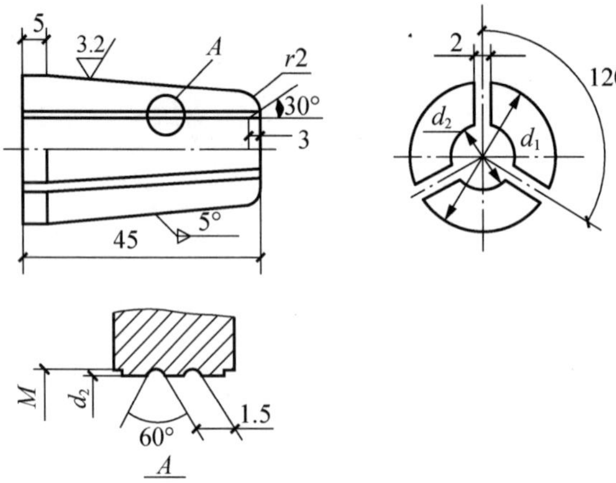

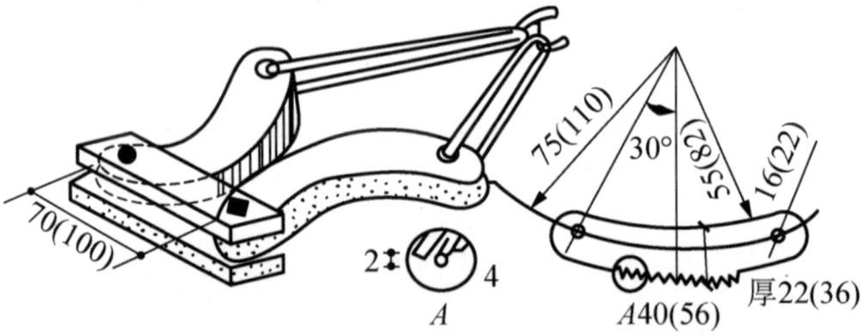

图 8.12　张拉夹具（单位：mm）

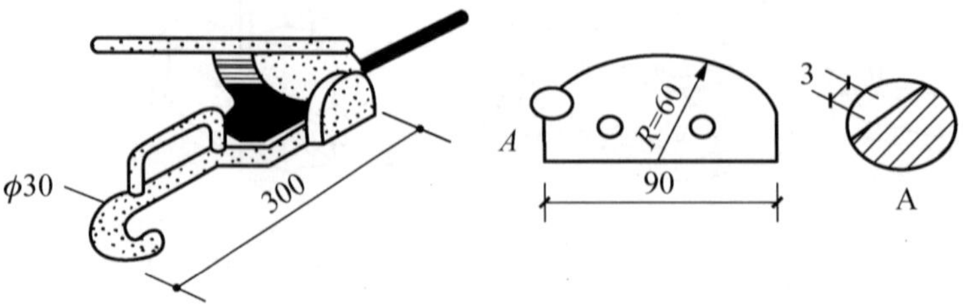

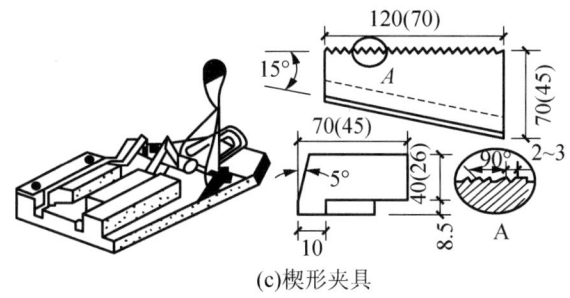

(c)楔形夹具

图 8.12 张拉夹具（单位：mm）（续）

3）连接器

连接器是主要用于连接预应力筋的装置。

4．先张法张拉设备

先张法施工时，常用的预应力筋有钢丝和钢筋两类，各有不同适用的夹具和张拉机具。张拉预应力钢丝时，一般直接采用卷扬机或电动螺杆张拉机。

张拉机具要求简易可靠，能准确控制应力和以稳定速率增加拉力。张拉机具的张拉力应不小于预应力筋张拉力的 1.5 倍，张拉行程应不小于预应力筋伸长值的 1.1～1.3 倍。

预应力张拉设备主要有电动张拉设备和液压张拉设备两大类。电动张拉设备仅用于先张法；液压张拉设备可用于先张法与后张法，由液压千斤顶、高压油泵和外接油管组成。

张拉设备应装有测力仪器，以准确建立预应力值。张拉设备应由专人使用和保管，并定期维护和校验。

（1）钢丝张拉设备：钢丝张拉分单根张拉和成组张拉。用钢模以机组流水法或传送带法生产构件时，常采用成组钢丝张拉，张拉时由于拉力大，一般采用油压千斤顶，用油表读数控制张拉力。在台座上生产构件一般采用单根钢丝张拉，可采用电动卷扬机（图 8.13）、电动螺杆张拉机（图 8.14）进行张拉；张拉时可用弹簧测力且设行程开关，以便张拉到规定的应力时能自动停机。

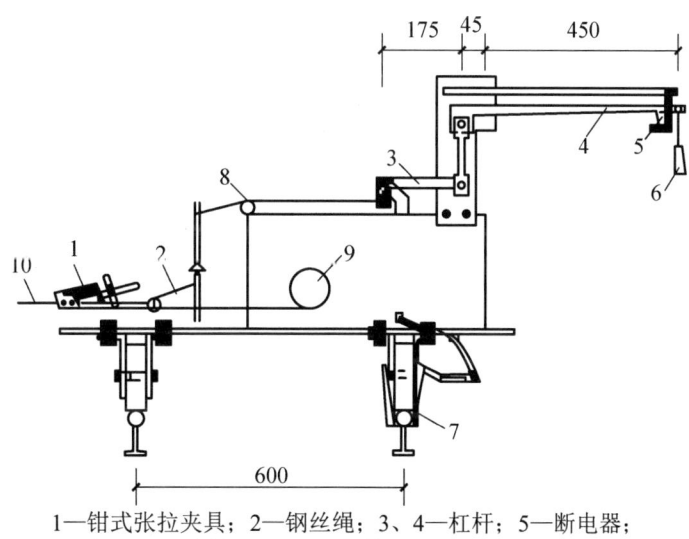

1—钳式张拉夹具；2—钢丝绳；3、4—杠杆；5—断电器；
6—砝码；7—夹轨器；8—导向轮；9—卷扬轴；10—钢丝。

图 8.13 电动卷扬机（单位：mm）

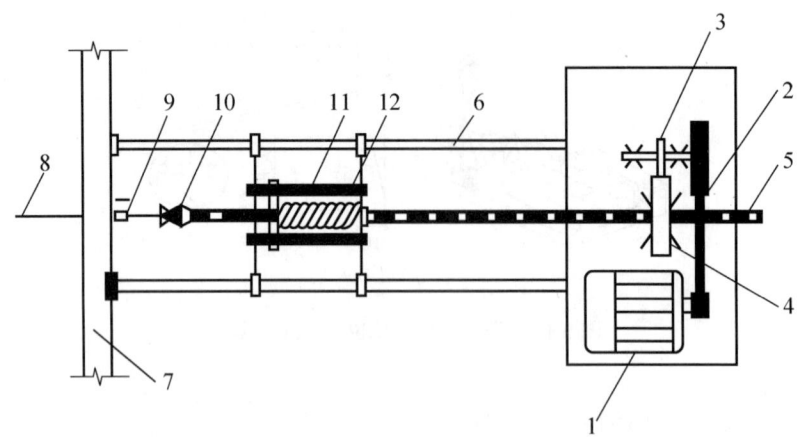

1—电动机;2—皮带;3—齿轮;4—齿轮螺母;5—螺杆;6—顶杆;
7—台座横梁;8—钢丝;9—锚固夹具;10—张拉夹具;11—弹簧测力计;12—滑动架。

图 8.14 电动螺杆张拉机

(2)钢筋张拉设备:常用的是 YC-20 型穿心式千斤顶(用于直径 12～20mm 的单根钢筋),用其张拉时,高压油泵启动,从后油嘴进油,前油嘴回油,被偏心夹具夹紧的钢筋随液压缸的伸出而被拉伸。它的最大张拉力为 20kN,最大行程为 200mm,如图 8.15 所示。

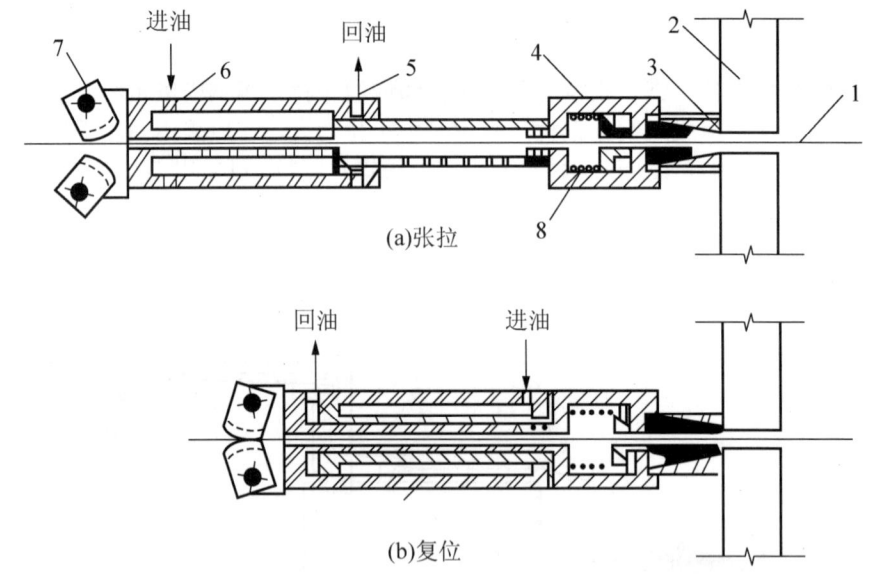

1—钢筋;2—台座;3—穿心式夹具;4—弹性顶压头;5—油嘴;7—偏心式夹具;8—弹簧。

图 8.15 YC-20 型穿心式千斤顶

5. 后张法的施工设备

在后张法中,预应力筋、锚具和张拉机具是配套的。后张法中常用的预应力筋有单根粗钢筋、钢筋束(或钢绞线束)和钢丝束三类。锚具是预应力筋张拉和固定在预应力混凝土构件上的传递预应力的工具,须具备可靠的锚固性能,具有足够的强度储备,而且锚具永久固定在构件上,因此成本相应低廉。

1) 锚具

锚具（图 8.16）按其锚固原理，可分为支承式锚具和楔紧式锚具两类。支承式锚具常用的有螺丝端杆锚具、镦头锚具等，楔紧式锚具有钢质锥形锚具、夹片式锚具等。按锚固预应力筋的品种与数量不同，分为单根粗钢筋锚具、单根或多根钢丝束锚具与钢绞线束锚具。不同类型的预应力筋，应根据不同张拉锚固体系的工艺要求选用不同类型的锚具配套使用。

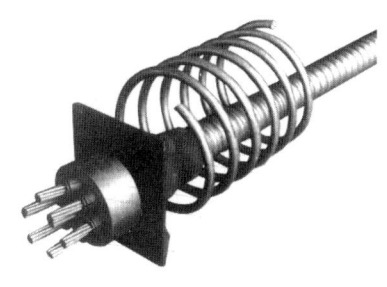

图 8.16　锚具

（1）单根粗钢筋锚具：如果采用一端张拉，则在张拉端用精轧螺纹钢筋锚具（图 8.17）、螺丝端杆锚具（图 8.18），固定端用帮条锚具（图 8.19）或镦头锚具；如果采用两端张拉，则两端均用螺丝端杆锚具。

（2）钢丝束锚具：钢丝束是由几根至几十根 $\phi 5$ 或 $\phi 7$ 碳素钢丝经编束制作而成的，用于锚固钢丝（钢筋）束的锚具，主要有钢丝束镦头锚具（图 8.20）与钢质锥形锚具（图 8.21）等。

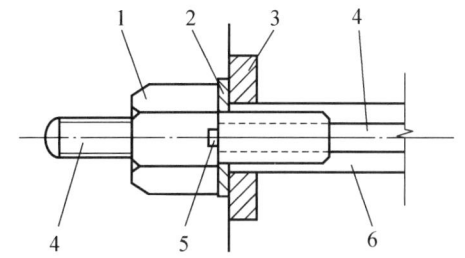

1—螺母；2—圆垫圈；3—钢垫板；4—粗钢筋；
5—排气槽；6—预留孔道。

图 8.17　精轧螺纹钢筋锚具

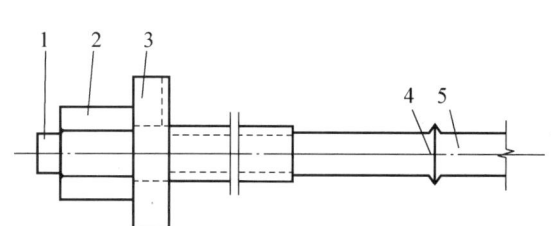

1—螺丝端杆；2—螺母；3—垫板；
4—焊接接头；5—钢筋。

图 8.18　螺丝端杆锚具

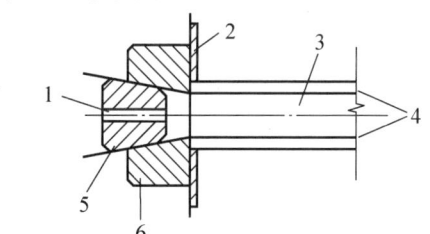

1—帮条；2—衬板；3—主筋；4—施焊方向。

图 8.19　帮条锚具

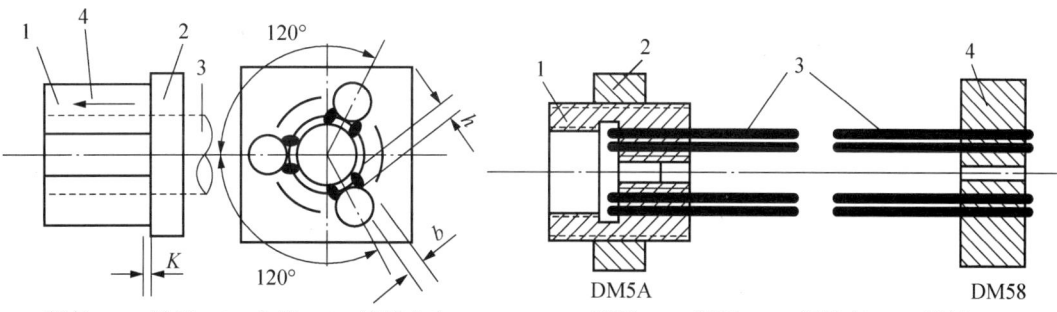

1—锚环；2—螺母；3—钢丝束；4—锚板。

图 8.20　钢丝束镦头锚具

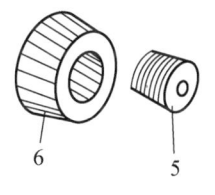

1—压浆孔；2—锚下垫板；3—预留孔道；4—钢丝束；5—锚塞；6—锚环。

图 8.21　钢质锥形锚具

（3）钢绞线束锚具：主要采用夹片锚具，是利用夹片来锚固预应力钢绞线的一种楔紧式锚具。常用的有多孔夹片锚具和 JM 型锚具（图 8.22）等，多孔夹片锚具发展快，类型较多，国内的产品有 XM 型锚具（图 8.23）、QM 型锚具和 OVW 型锚具等。各种类型的锚具如图 8.24 所示。

JM 型锚具由锚环和夹片组成。根据夹片数量和锚固钢筋的根数，其型号分别有 JM12-3、JM12-4、JM12-5、JM12-6、JM15-5、JM15-6 几种，可分别锚固 3~6 根预应力筋。JM 型锚具多用于施工现场。

XM 型锚具既可用于锚固钢绞线束，又可用于锚固钢丝束；既可锚固单根预应力筋，又可锚固多根预应力筋。当用于锚固多根钢筋时，XM 型锚具既可单根张拉、逐根锚固，又可成组张拉、成组锚固；既可用作工作锚，又可用作工具锚。

预应力筋用锚具、夹具和连接器的性能，应符合《预应力筋用锚具、夹具和连接器》（GB/T 14370—2015）的有关规定，其工程应用应符合《预应力筋用锚具、夹具和连接器应用技术规程》（JGJ 85—2010）的有关规定。

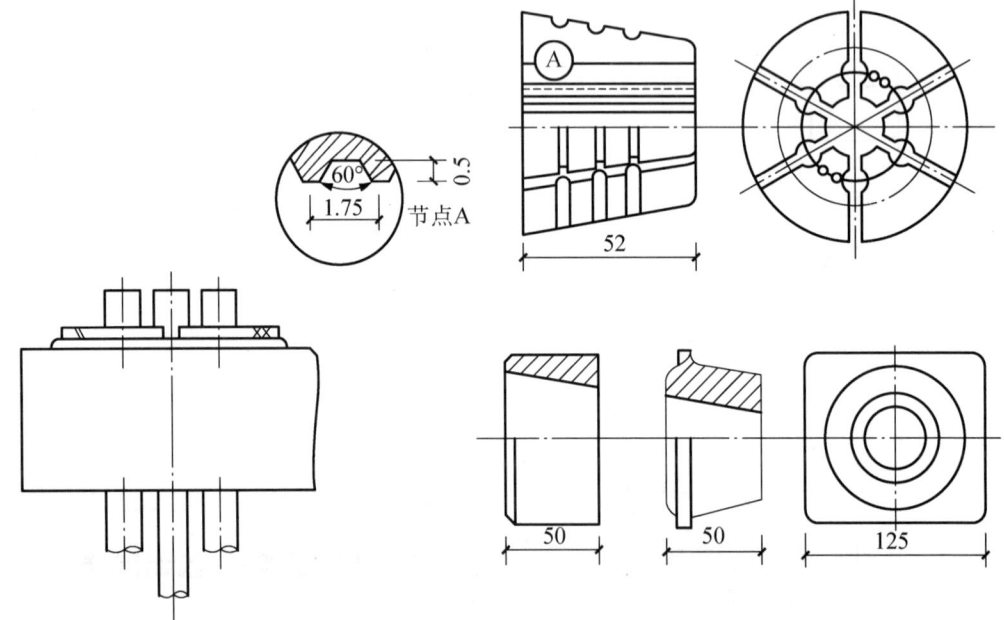

图 8.22　JM 型锚具（单位：mm）

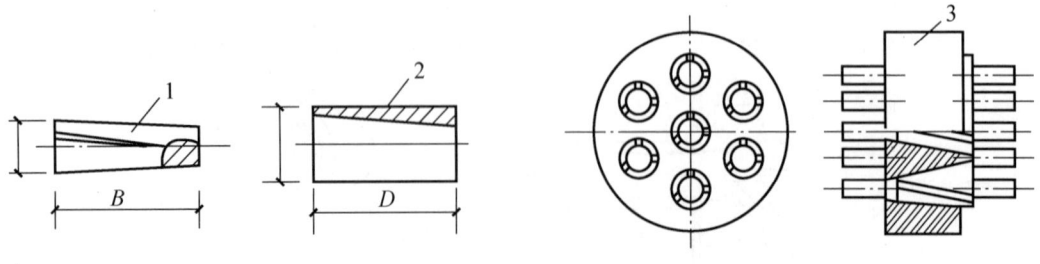

(a) 单根 XM 型锚具　　　　　　　　　　(b) 多根 XM 型锚具

1—夹片；2—锚环；3—锚板。

图 8.23　XM 型锚具

(a)VLM单孔夹片式锚具

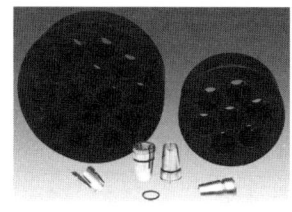
(b)工具锚及工作夹片

(c)VLM15(13)多孔夹片式锚具

(d)多孔夹片式扁锚

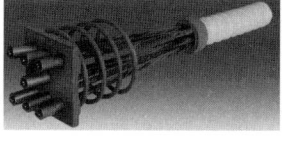
(e)VLM固定端P型锚具

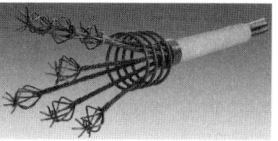
(f)VLM15型固定端H型锚具

图 8.24　各种类型锚具

2）张拉设备

后张法张拉设备，主要由液压千斤顶和供油的高压油泵组成。液压千斤顶常用的有拉杆式千斤顶、穿心式千斤顶、锥锚式千斤顶和台座式千斤顶四类。选用千斤顶型号与吨位时，应根据预应力筋的张拉力和所用的锚具形式确定。预应力用液压千斤顶的机型分类和代号见表 8-5。

表 8-5　预应力用液压千斤顶的机型分类和代号

机型	拉杆式	穿心式			锥锚式	台座式
		双作用	单作用	拉杆式		
代号	YDL	YDCS	YDC	YDCL	YDZ	VDT

（1）拉杆式千斤顶：一般所称的拉伸机，以活塞杆为拉力杆件，适用于张拉带螺杆锚具的粗钢筋或带镦头锚具的钢丝束，并可用于单根或成组模外先张和后张自锚工艺中，其构造如图 8.25 所示。拉杆式千斤顶为空心拉杆式千斤顶，选用不同的配件可组成几种不同的张拉形式，可张拉 DM 型螺丝端杆锚具、JLM 型精轧螺丝钢锚具、LZM 型冷铸锚具等。拉杆式千斤顶是一种单作用千斤顶，由缸体、活塞杆、撑脚及连接头组成，其构造简单、操作容易，应用范围较广，常用型号为 YDL 600-150，公称张拉力为 600kN，张拉行程为 150mm，额定油压为 40MPa。

拉杆式千斤顶工作过程

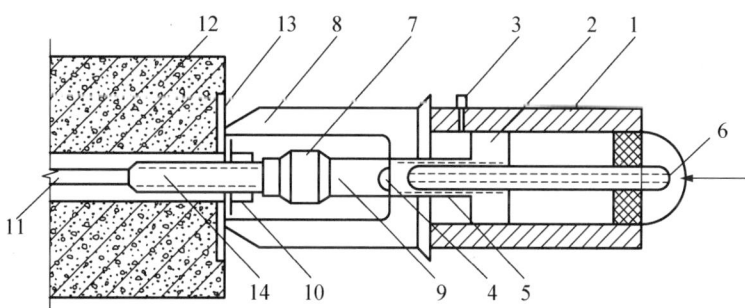

1—主缸；2—主缸活塞；3—主缸进油孔；4—副缸；5—副缸活塞；6—副缸进油孔；7—连接器；8—传力架；9—拉杆；10—螺母；11—预应力筋；12—混凝土构件；13—预埋铁件；14—螺丝端杆。

图 8.25　拉杆式千斤顶张拉单根粗钢筋的构造

（2）穿心式千斤顶：由张拉油缸、顶压油缸（即张拉活塞）、顶压活塞、回程弹簧等组成，是一种利用双液压缸张拉预应力筋和顶压锚具的双作用千斤顶，既可用于需要顶压的夹片锚的整体张拉，配上撑脚与拉杆后还可张拉镦头锚和冷铸锚。图 8.26 所示为 YC-60 型穿心式千斤顶，张拉前，首先将预应力筋穿过千斤顶固定在千斤顶尾部的工具锚上，这种千斤顶的适应性强，适用于张拉带夹片锚具的钢筋束或钢绞线束，广泛用于先张法、后张法的预应力施工中，配上撑脚、拉杆等，也可作为拉杆式千斤顶使用。

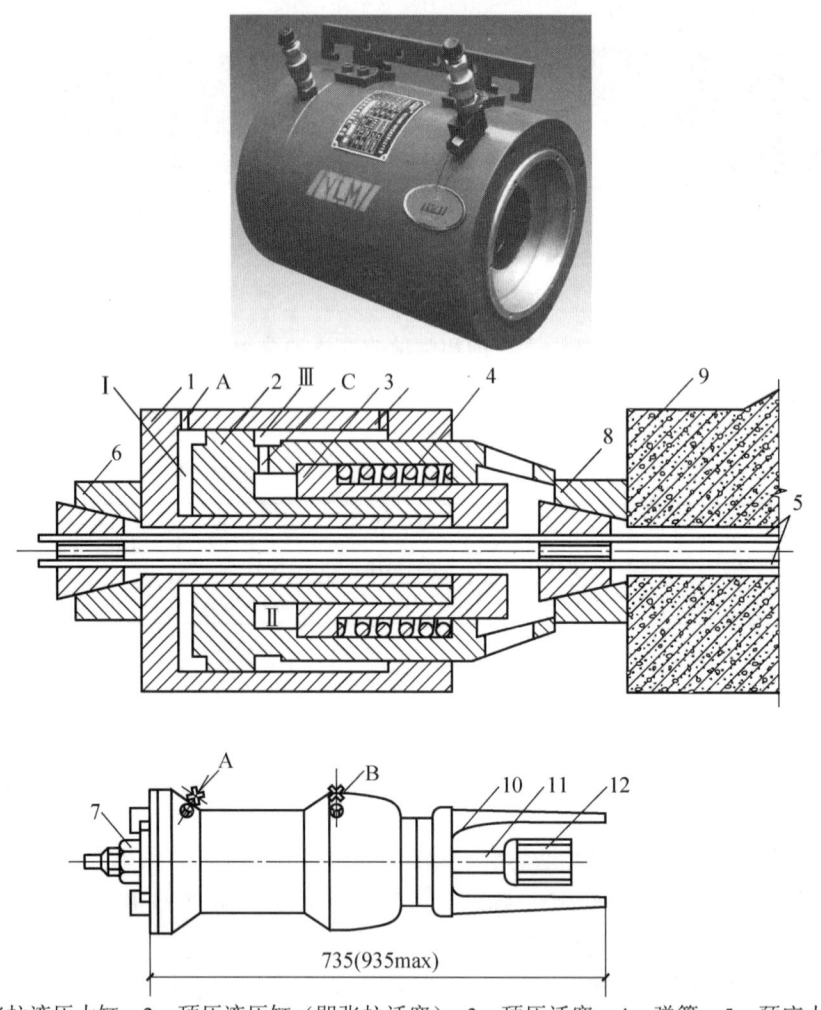

1—张拉液压力缸；2—顶压液压缸（即张拉活塞）；3—顶压活塞；4—弹簧；5—预应力筋；
6—工具锚；7—螺母；8—工作锚具；9—混凝土构件；10—顶杆；11—张拉杆；12—连接器；
Ⅰ—张拉工作油室；Ⅱ—预压工作油室；Ⅲ—张拉回程油室；
A—张拉缸油嘴；B—预压缸油嘴；C—油孔。

图 8.26　YC-60 型穿心式千斤顶（单位：mm）

（3）锥锚式千斤顶：是一种具有张拉、顶压与退楔三重作用的千斤顶，由主缸、副缸、退楔块、锥形卡环、退楔翼片、楔块等组成，如图 8.27 所示。常用型号为 YDZ 850-250，其公称张拉力为 850kN，张拉行程为 250mm，顶压行程为 60mm，顶压力为 415kN，额定油压为 51.5MPa。这种千斤顶专门用于张拉带锥形锚具的钢丝束。

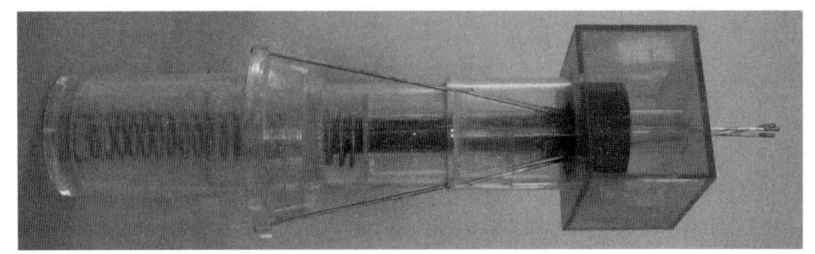

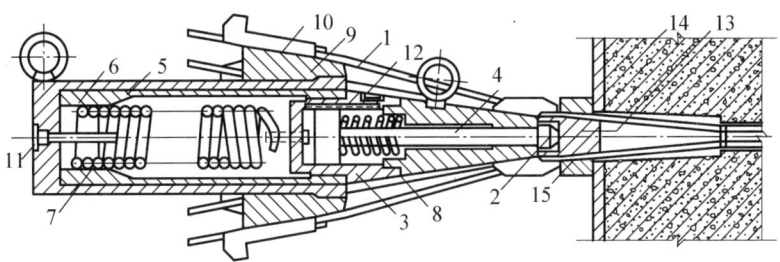

1—预应力筋；2—顶压头；3—副缸；4—副缸活塞；5—主缸；6—主缸活塞；7—主缸拉力弹簧；8—副缸压力弹簧；9—锥形卡环；10—楔块；11—主缸油嘴；12—副缸油嘴；13—锚塞；14—构件；15—锚环。

图 8.27 锥锚式千斤顶

（4）液压千斤顶的校验：采用千斤顶张拉预应力筋时，预应力筋的张拉力由压力表读数反映，压力表的读数表示千斤顶油缸活塞单位面积上的油压力，理论上等于张拉力除以活塞面积。但是由于活塞与油缸之间存在摩擦力，使得实际张拉力比理论计算的张拉力要小。为了准确地获得实际张拉力值，应采用标定方法直接测定千斤顶的实际张拉力与压力表读数之间的关系。一般千斤顶的校验期限不超过半年，校验可在试验机上进行，也可根据工地实际情况采用其他测力装置进行。张拉设备应配套校验，以减少积累误差。压力表的精度不宜低于 1.5 级，标定张拉设备用的试验机或测力计精度不得低于±2%。标定千斤顶时，千斤顶活塞的运动方向应与实际张拉工作状态一致。

 能力训练

【任务实施】
统计预应力混凝土构件所用到的设备，并归纳每种设备的性能及作用。

【技能训练】
通过对预应力混凝土构件性能的熟悉，为后续掌握预应力混凝土施工工艺打下坚实的基础。

工作任务 8.2 预应力混凝土工程施工方法

8.2.1 先张法施工

1. 先张法概述

先张法是在混凝土构件浇筑前先张拉预应力筋，并用夹具将其临时锚固在台座或钢模上，再浇筑构件混凝土，待其达到一定强度（约75%）后放松并切断预应力筋，预应力筋产生弹性回缩，借助混凝土与预应力筋间的黏结，对混凝土产生预压应力，如图8.28所示。

先张法施工适于生产中小型预应力混凝土构件，如预应力楼板、中小型预应力吊车梁，房屋建筑中的空心板、多孔板、槽形板、双T板、V形折板、托梁、檩条、槽瓦、屋面梁等，道路桥梁工程中的轨枕、桥面空心板、简支梁等，在基础工程中应用的预应力方桩及管桩等。

先张法预应力传送靠黏结力，预应力筋用夹具固定在台座上，放松后夹具可回收利用。

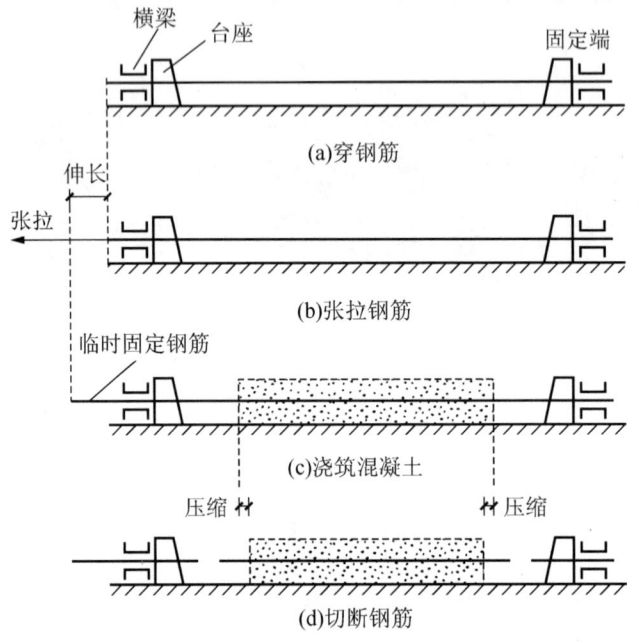

图 8.28　先张法生产示意图

2．先张法施工工艺

先张法的工艺流程如图8.29所示。其中关键是预应力筋的放张，以及混凝土浇筑与养护。

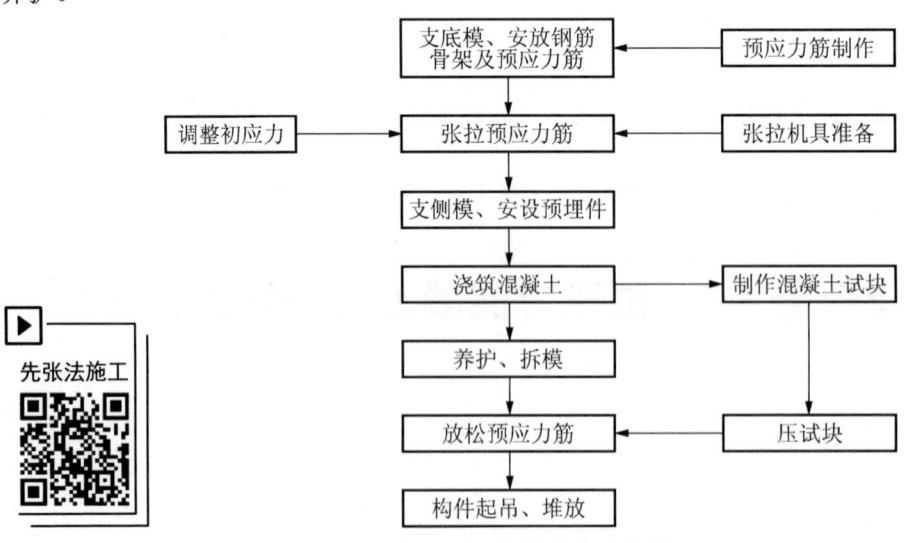

图 8.29　先张法的工艺流程

1) 预应力筋的张拉与校核

（1）预应力筋的张拉：预应力筋张拉应根据设计要求，采用合适的张拉方法、张拉顺序和张拉程序进行，并应有可靠的保证质量措施和安全技术措施，如图 8.30 所示。

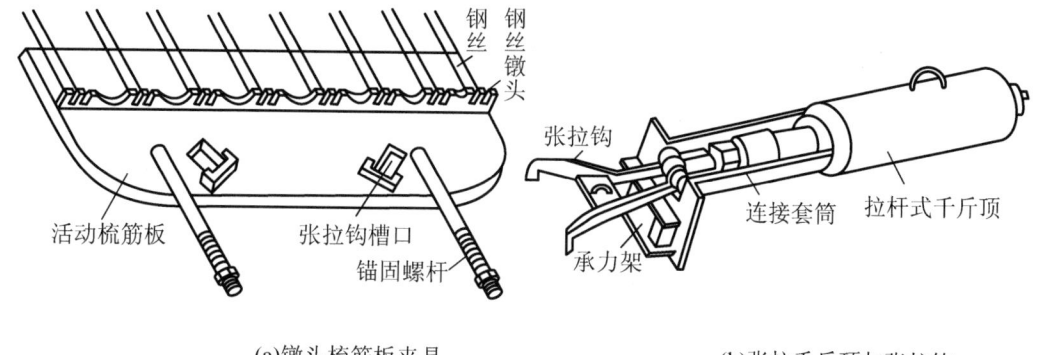

(a)镦头梳筋板夹具　　　　　　(b)张拉千斤顶与张拉钩

图 8.30　预应力筋的张拉

预应力筋的张拉可采用单根张拉或多根同时张拉。当预应力筋数量不多，张拉设备拉力有限时，常采用单根张拉；当预应力筋数量较多且密集布筋，另外张拉设备拉力较大时，则可采用多根同时张拉。在确定预应力筋张拉顺序时，应考虑尽可能减少台座的倾覆力矩和偏心力，先张拉靠近台座截面重心处的预应力筋。在施工中，为了提高构件的抗裂性能或部分抵消由于应力松弛、摩擦、钢筋分批张拉以及预应力筋与张拉台座之间温度因素产生的预应力损失，张拉应力可按设计值提高 5%。

但预应力筋的最大超张拉值，对于冷拉钢筋不得大于 $0.95 f_{pyk}$（f_{pyk} 为冷拉钢筋的屈服强度标准值），碳素钢丝、刻痕钢丝，钢绞线不得大于 $0.80 f_{pyk}$，热处理钢筋、冷拔低碳钢丝不得大于 $0.75 f_{ptk}$（f_{ptk} 为预应力筋的极限抗拉强度标准值）。预应力筋的张拉方法，有超张拉法和一次张拉法两种。

张拉前安好预应力筋。为保证混凝土与预应力筋粘接良好，钢丝（筋）不应有油污，台面不应采用废机油作隔离剂；对强度大的碳素钢丝，其表面尚应做刻痕处理，以提高与混凝土的黏结力。

张拉控制应力是指在张拉预应力筋时所达到的规定应力，应按设计规定采用。控制应力的数值直接影响预应力的效果。张拉程序可按下列之一进行。

超张拉法：$0 \rightarrow 1.05 \sigma_{con}$（持荷 2min）$\rightarrow \sigma_{con}$。

一次张拉法：$0 \rightarrow 1.03 \sigma_{con}$。

其中 σ_{con} 为预应力筋的张拉控制应力。

采用超张拉工艺的目的是减少预应力筋的松弛应力损失。所谓"松弛"即钢材在常温、高应力状态下具有不断产生塑性变形的特性。松弛的数值与张拉控制应力和延续时间有关，控制应力高，松弛也大，所以钢丝、钢绞线的松弛损失比冷拉热轧钢筋大，松弛损失还随着时间的延续而增加，但在第 1min 内可完成损失总值的 50%，24h 内则可完成 80%。所以采用超张拉工艺，先超张拉 5%，再持荷 2min，即可减少 50% 以上的松弛应力损失，而采用一次张拉锚固工艺，因松弛损失大，故张拉力应比原设计控制应力提高 3%。

超张拉 $3\% \sigma_{con}$，也是为了弥补设计中不可预见的预应力损失。这种张拉程序施工简单、操作方便，因此，若设计中钢筋的应力松弛损失按一次超张拉即可满足，预应力钢丝张拉工作量大时，宜采用一次张拉法。

预应力筋的张拉控制应力应符合设计要求。施工中预应力筋需要超张拉时，可比设计要求提高 3%～5%，但其最大张拉控制应力不得超过表 8-6 的规定。

表 8-6 张拉控制应力限值

钢种	张拉方法	
	先张法	后张法
消除应力钢丝、钢绞线	$0.75f_{ptk}$	$0.75f_{ptk}$
热处理钢筋	$0.70f_{ptk}$	$0.65f_{ptk}$
冷拉钢筋	$0.95f_{pyk}$	$0.90f_{pyk}$

注：f_{ptk} 为预应力筋极限抗拉强度标准值，f_{pyk} 为预应力筋的屈服强度标准值。

对于长线台座生产，构件的预应力筋为钢丝时，一般常用弹簧测力计直接测定钢丝的张拉力，伸长值不做校核。钢丝张拉锚固后，应采用钢丝测力仪检查钢丝的预应力值。

多根预应力筋同时张拉时，应预先调整初应力，使其相互之间的应力一致。预应力筋张拉锚固后，实际预应力值与工程设计规定检验值的相对允许偏差在±5%以内。在张拉过程中预应力筋断裂或滑脱的数量，严禁超过结构同一截面预应力筋总根数的 5%，且严禁相邻两根断裂或滑脱。先张法构件在浇筑混凝土前发生断裂或滑脱的预应力筋必须予以更换。预应力筋张拉锚固后，预应力筋位置与设计位置的偏差不得大于 5mm，且不得大于构件截面最短边长的 4%。张拉过程中，应按《混凝土结构工程施工质量验收规范》（GB 50204—2015）的要求填写施加应力记录表，以便参考。

① 单根钢丝张拉：台座法多进行单根张拉，由于张拉力较小，一般可采用 10～20kN 的电动螺杆张拉机或电动卷扬机张拉，弹簧测力计测力，优质锥销式夹具锚固。为避免台座承受过大的偏心压力，应先张拉靠近台座截面重心处的预应力筋。多根预应力筋同时张拉时，必须事先调整初应力，使相互间的应力一致。张拉过程中，应抽查预应力值，其偏差不得大于或小于某一构件全部钢丝预应力总值的 5%，其断丝或滑丝的量不得大于钢丝总数的 3%。

张拉完毕锚固时，张拉端的预应力筋回缩量不得大于设计规定值；锚固后，预应力筋对设计位置的偏差不得大于前述规定。

② 整体钢丝张拉：台模法多进行整体张拉，可采用台座式千斤顶设置在台墩与钢横梁之间进行整体张拉，用优质夹片式夹具锚固。要求钢丝的长度相等，事先调整初应力。

在预制厂生产预应力多孔板时，可在钢模上用镦头梳筋板夹具进行整体张拉。张拉方法是：钢丝两端镦粗，一端卡在固定梳筋板上，另一端卡在张拉端的活动梳筋板上。用张拉钩钩住活动梳筋板，再通过连接套筒将张拉钩和拉杆式千斤顶连接，即可进行张拉。

另外，施工中必须注意安全，严禁在正对钢筋张拉的两端站立人员，防止断筋回弹伤人。冬期施工张拉钢筋时，温度不得低于-15℃。

③ 单根钢绞线张拉（图 8.31）：可采用前卡式千斤顶张拉，单孔夹片工具锚固定。

图 8.31 预应力筋的张拉施工现场

④ 整体钢绞线张拉：一般在三横梁式台座上进行，台座式千斤顶与活动横梁组装在一

起，利用工具式螺杆与连接器将钢绞线挂在活动横梁上，张拉前，先用小型千斤顶在固定端逐根调整钢绞线初应力。张拉时，台座式千斤顶推动活动横梁带动钢绞线完成整体张拉。

⑤ 粗钢筋的张拉：分单根张拉和多根成组张拉。由于在长线台座上预应力筋的张拉伸长值较大，一般千斤顶行程多不能满足，故张拉较小直径钢筋可用卷扬机。

（2）预应力筋的校核：钢丝张拉时，伸长值不做校核。张拉锚固后，用钢丝内力测定仪反复测定 4 次，取后 3 次的平均值为钢丝内力。其允许偏差为设计规定预应力值的±5%。

每工作班检查预应力筋总数的1%，且不少于3根。预应力钢丝内力的检测，一般在张拉锚固后1h进行，业内俗称"单控"。

钢绞线张拉时，一般采用张拉力控制、伸长值校核，如图8.32所示。张拉时预应力筋的实际伸长值与理论伸长值的允许偏差为±6%。张拉力控制的校核方法与钢丝相同，业内俗称"双控"。

图 8.32　预应力筋张拉伸长值实测

说明：张拉过程中随时测量伸长值（量测千斤顶活塞行程反算预应力筋伸长值）。

2）混凝土的浇筑与养护

预应力筋张拉完成后，应尽快进行钢筋绑扎、模板拼装和混凝土浇筑等工作。混凝土浇筑时，振动器不得碰撞预应力筋。混凝土未达到强度前，也不允许碰撞或踩动预应力筋。

当构件在台座上进行湿热养护时，应防止温差引起的预应力损失。先张法在台座上生产混凝土构件，其最高允许的养护温度应根据设计规定的允许温差（张拉与养护时的温度之差）计算确定。当混凝土强度达到 $7.5N/mm^2$（粗钢筋配筋）或 $10N/mm^2$（钢丝、钢绞线配筋）以上时，则可不受设计规定的温差限制。在确定混凝土配合比时，应优先选用干缩性小的水泥，采用低水灰比，控制水泥用量，对骨料采取良好的级配等技术措施。采用重叠法生产构件时，应待下层构件的混凝土强度达到 5.0MPa 后，方可浇筑上层构件的混凝土。

预应力混凝土可采用自然养护或湿热养护，自然养护不得少于14d。干硬性混凝土浇筑完毕后，应立即覆盖进行养护。当预应力混凝土采用湿热养护时，要尽量减少由于温度升高而引起的预应力损失。为了减少温差造成的应力损失，采用湿热养护时，在混凝土未达到一定强度前，温差不要太大，一般不超过20℃，达10MPa后可按正常速度升温。

3）预应力筋的放张

预应力筋放张过程是预应力的传递过程，是先张法构件能否获得良好质量的一个重要环节，应根据强度要求，确定合宜的放张顺序、放张方法及相应的技术措施。

（1）强度要求。放张预应力筋时，混凝土强度必须符合设计要求，当设计无专门要求时，不得低于设计的混凝土强度标准值的75%。若放张过早，由于混凝土强度不足，会产生较大的混凝土弹性回缩，而引起较大的预应力损失或钢丝滑动。放张过程中，应使预应力构件自由压缩，避免过大的冲击与偏心。

（2）放张顺序。预应力筋放张顺序应符合设计要求，当设计未规定时，可按下列要求进行。

① 预应力筋放张时，应缓慢放松锚固装置，使各根预应力筋缓慢放松。

② 轴心受预压构件，所有预应力筋应同时放张；偏心受预压构件，应先同时放张预压力较小区域的预应力筋，再同时放张预压力较大区域的预应力筋。

③ 叠层生产的预应力构件，宜按自上而下的顺序进行放松；板类构件放松时，从两边逐渐向中心进行。

④ 不能满足上述要求时,应分阶段、对称、交错地放张,防止构件在放张过程中产生弯曲、裂纹或预应力筋断裂。

(3) 放张方法。当预应力混凝土构件用钢丝配筋时,若钢丝数量不多,钢丝放张可采用剪切、锯割或氧-乙炔火焰熔断的方法,并应从靠近生产线中间处剪断,这样比在靠近台座一端剪断时回弹减小,且有利于脱模。若钢丝数量较多,所有钢丝应同时放张,不允许采用逐根放张的方法,否则最后的几根钢丝将承受过大的应力而突然断裂,导致构件应力传递长度骤增,或使构件端部开裂。放张方法可采用放张横梁来实现,即用千斤顶或预先设置在横梁支点处的放张装置(砂箱或楔块等)来放张。长线台座上放松后预应力筋的切断顺序,一般由放松端开始,逐次切向另一端。

粗钢筋预应力筋应缓慢放张。当钢筋数量较少时,可采用逐根加热熔断或借预先设置在钢筋锚固端的楔块或穿心式砂箱等单根放张。当钢筋数量较多时,所有钢筋应同时放张。

预应力筋为钢筋时,对热处理钢筋及冷拉 HRB400 级钢筋不得用电弧切割,宜用砂轮锯或切断机切断。数量较多时,也应同时放松。多根钢丝或钢筋的同时放松,可采用油压千斤顶放张、砂箱放张、楔块放张等方法。

采用湿热养护的预应力混凝土构件,宜热态放松预应力筋,而不宜降温后再放松。

图 8.33 为预应力筋放张装置的示意图。砂箱由钢制套箱及活塞(套箱内径比活塞外径大 2mm)等组成,内装石英砂或铁砂。当张拉钢筋时,箱内砂被压实,承担着横梁的反力;放松钢筋时,将出砂口打开,使砂慢慢流出,便可慢慢放松钢筋。采用砂箱放松,能控制放松速度,工作可靠,施工方便。箱中应采用干砂,并有一定级配。

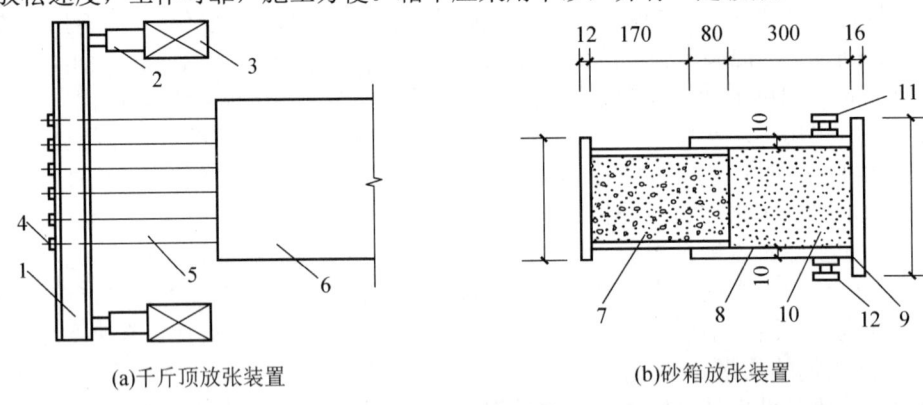

(a)千斤顶放张装置　　(b)砂箱放张装置

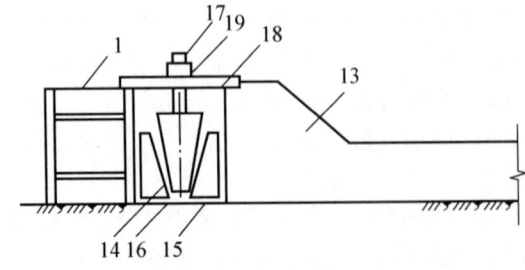

(c)楔块放张装置

1—横梁;2—千斤顶;3—承力架;4—夹具;5—钢丝;6—构件;7—活塞;
8—套箱;9—套箱底板;10—砂;11—进砂口(M25 螺栓);12—出砂口(M16 螺栓);
13—台座;14、15—钢固定楔块;16—钢滑动楔块;17—螺杆;18—承力板;19—螺母。

图 8.33　预应力筋放张装置的示意图(单位:mm)

学习情境 8 预应力混凝土工程施工

✓ 应用案例 8-1

【案例概况】

某高速公路 D 合同段，K23+340 为一座桥跨结构，为 30m 的连续箱梁，桥高 21m，共计 32 片箱梁，单梁约重 80t，该桥右侧为一大块麦地，经理部布置为预制场。确定的预制安装施工方案为设 32 个台座，全部预制完成后，采用 130t 吊车安装就位。工程部门做出的主要施工方案如下。

（1）人工清表 10cm，放样 32 个台座，立模，现浇 15m 厚 C20 混凝土，埋设对拉杆预留孔，台座顶面撒水泥抹光平整。

（2）外模采用已经使用过的同尺寸箱梁的定型钢模板，内模采用木模外包镀锌铁皮，所有模板试拼合格。

（3）底模上铺一层硬质复合胶板，在胶板上制作钢筋骨架。为了钢绞线准确定位，将钢绞线绑扎成束，穿入圆形波纹管中，在钢筋骨架制作过程中按设计坐标固定在钢筋骨架上。钢绞线下料长度考虑张拉工作长度。

（4）安装端模板和外侧钢模，监理工程师检查同意后，混凝土吊装入模。先浇底板混凝土，再安装内模，后浇侧墙和顶板，均用插入式振动器振捣密实。满足强度要求时，拆除内模，浇筑封端混凝土，覆盖养生 7d。

（5）强度达到规定要求后，进行张拉作业。千斤顶共 2 台，在另一工地上校验后才使用一个月，可直接进行张拉控制作业。计划单端张拉，使用一台千斤顶，另一台备用。

（6）按设计提供的应力控制千斤顶张拉油压，按理论伸长量进行校核，双控指标严格控制钢绞线张拉。保证按设计张拉应力匀速缓慢增加，张拉到设计应力相应油表刻度时，立即锚固。

（7）拆除张拉设备，将孔道冲洗干净，吹除积水，尽早压注水泥浆。压浆时使用压浆机从梁的一端向另一端压浆，当梁的另一端流出浓浆时，堵塞压浆孔，稳压 1min 后，封闭压浆端浆孔。

（8）按要求养生，当水泥浆强度满足设计要求后，可移运吊装。

请指出以上方案中的不当之处，并说明理由。

【案例解析】

（1）人工清表后应当对台座地基夯实，并合理设置排水沟，台座应当按要求设置预拱度。

（2）钢筋骨架的保护层应严格控制。

（3）混凝土浇筑时，应以紧固安装在侧模外侧的附着式振动器为主，插入式振动器为辅。

（4）强度达到规定要求后进行张拉作业。千斤顶使用之前必须校验，准确标定张拉力和油表读数之间的关系曲线；计划单端张拉违背规范要求，应当两端张拉。

（5）按标定的张拉力和油表读数之间的关系曲线，确定设计拉应力对应的油表刻度，控制千斤顶张拉应力，按现场使用的钢绞线的实际弹性模量计算其理论伸长量进行校核，双控指标严格控制钢绞线张拉。在张拉控制应力处于稳定状态时才能锚固。

（6）压浆时应按设计配合比配制水泥浆，在梁的两端各压浆一次，直至规定稠度的水泥浆充满整个孔道为止。

能力训练

【任务实施】

结合预应力混凝土的原理,论述先张法的施工工艺。

【技能训练】

通过对先张法施工工艺的论述,做到理论联系实际,进一步掌握先张法预应力的实现工艺。

8.2.2 后张法施工

1. 后张法概述

后张法是先制作构件并预留孔道,待构件混凝土达到规定强度后,在孔道内穿入预应力筋,张拉并锚固,然后孔道灌浆。

这种方法需要预留孔道和专用的锚具,张拉锚固的预应力筋要求进行孔道灌浆。预应力是通过锚具传递给混凝土的。预应力混凝土后张法生产示意图如图 8.34 所示。

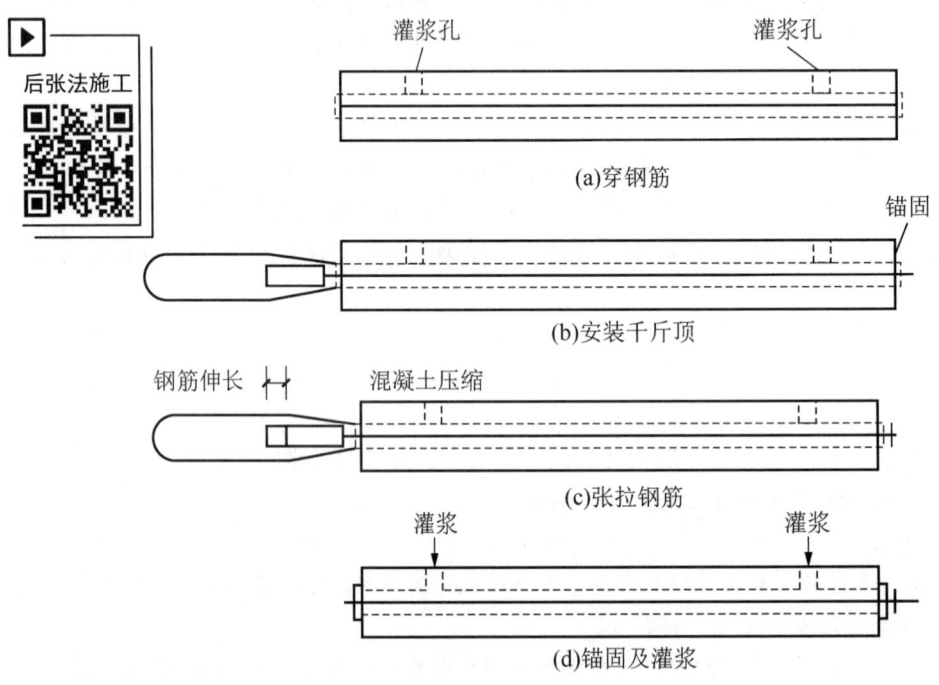

图 8.34 预应力混凝土后张法生产示意图

后张法适用于施工现场生产大型预应力混凝土构件与现浇混凝土结构。后张法不但用于制作房屋建筑中的吊车梁、屋面梁、屋架,桥梁中的 T 形梁、箱形梁等构件,且在大跨度的现浇结构及空间结构中的应用也日趋成熟;在特种结构如塔体的竖向预应力、筒体的环向预应力方面也有突破,并为桥梁工程的悬索结构、斜拉结构提供了丰富的发展空间。

2. 后张法预应力混凝土施工工艺

后张法预应力混凝土施工工艺流程如图 8.35 所示。

1）孔道留设

预应力筋的孔道形状有直线、曲线和折线三种，其直径与布置根据构件的受力性能、张拉锚固体系特点及尺寸确定。孔道留设是后张法构件制作的关键工作，如图 8.36 所示。

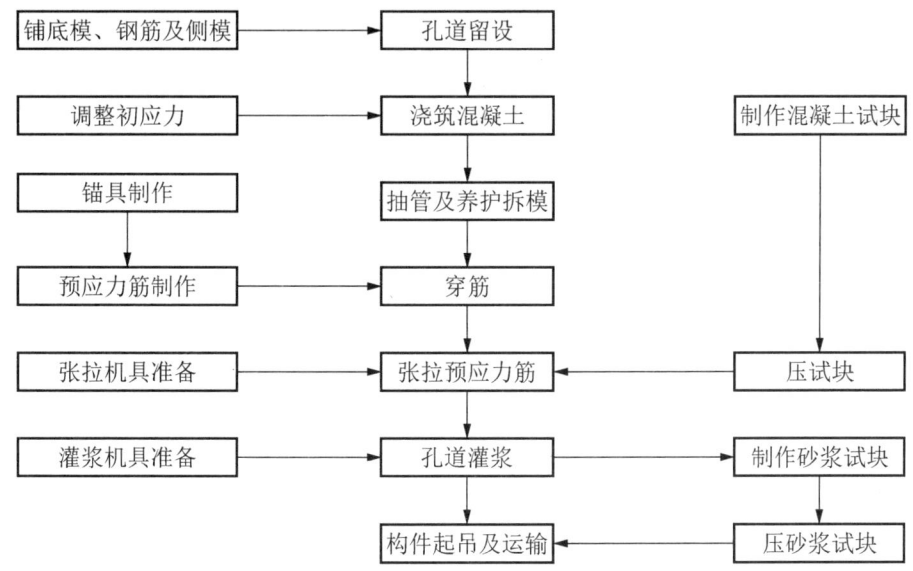

图 8.35 后张法预应力混凝土施工工艺流程

（a）预制构件的孔道留设 （b）现浇构件的孔道留设

图 8.36 孔道留设现场

孔道直径应比预应力筋外径或需穿过孔道的锚具外径大 10～15mm（粗钢筋）或 6～10mm（钢丝束或钢绞线束），且孔道面积应大于预应力筋面积的 2 倍。钢丝、钢绞线的孔道直径应比预应力束外径或锚具外径大 5～10mm，且孔道面积宜为预应力筋净面积的 3～4 倍。此外，在孔道的端部或中部应设置灌浆孔，其孔距不宜大于 12m。

孔道至构件边缘的净距不小于 40mm，孔道之间的净距不小于 50mm；端部的预埋钢板应垂直于孔道中心线；凡需起拱的构件，预留孔道应随构件同时起拱。孔道位置与尺寸应正确；孔道必须平顺，接头应严密不漏浆；孔道中心线应与端部预埋钢板平行。在曲线孔道的曲线波峰部位应设置排气兼泌水管，必要时可在最低点设置排水管。灌浆孔及泌水管的孔径应能保证浆液畅通。

孔道留设方法，有钢管抽芯法、胶管抽芯法和预埋波纹管法等。

（1）钢管抽芯法：预先将钢管埋设在模板内的孔道位置处，在混凝土浇筑过程中和浇筑之后，每隔一定时间（10～15min）慢慢转动钢管，使之不与混凝土黏结。抽管时间与混凝土性质、气温和养护条件有关。一般在混凝土初凝后、终凝前，以手指按压混凝土不粘浆又无明显印痕时即可抽管（常温下为3～6h）。抽管过早，会造成塌孔，太晚则抽管困难甚至抽不出来。抽管顺序宜先上后下，先中间后周边；当部分孔道有扩孔时，先抽无扩孔管道，后抽扩孔管道；抽管时要边抽边转、速度均匀、与孔道成一直线。抽管设备可用人工或卷扬机。抽管后，应及时检查孔道并做好孔道清理工作，以防止穿筋困难。

该法只用于直线孔道。钢管的长度不宜大于15m（超过15m用两根钢管，中间套管连接，见图8.37），钢管两端各伸出构件500mm左右，以便转动与抽管。钢管的旋转方向两端要相反。

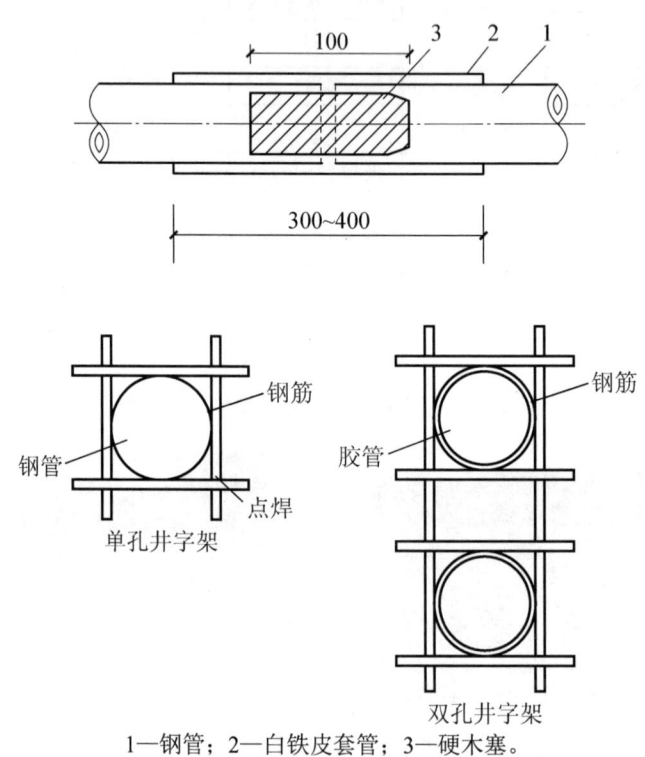

1—钢管；2—白铁皮套管；3—硬木塞。

图8.37 钢管连接方式（单位：mm）

钢管应平直光滑，预埋前应除锈、刷油。固定钢管用的钢筋井字架间距不宜大于1000mm，与钢筋骨架扎牢。对于灌浆孔，一般在构件两端和中间每隔12m留一个直径20mm的灌浆孔，并在构件两端各设一个排气孔。

（2）胶管抽芯法：胶管抽芯法是在混凝土构件制作时，在预应力筋的位置处，预先将胶管埋设在模板内孔道位置处。所用的胶管可以是布胶管或橡胶管，胶管有夹布胶管或钢丝网胶管两种。使用前，一端封堵，另一端与阀门连接，充水（气）加压至0.8～1.0MPa，使胶皮管直径增大约3mm。固定胶管用的井字架间距不宜大于500mm。

胶管抽芯法留孔方法与钢管抽芯法一样，但浇筑混凝土后胶管无须转动，胶管一端密封，另一端接上阀门，安放在孔道设计位置上；待混凝土初凝后、终凝前，将胶管阀门打开放水（或放气）降压，胶管回缩而与混凝土自行脱落。一般按先上后下、先曲后直的顺序将胶管抽出。图8.38所示为胶管抽芯法的接头构造。此法可适用于直线孔道或一般的折线与曲线孔道。

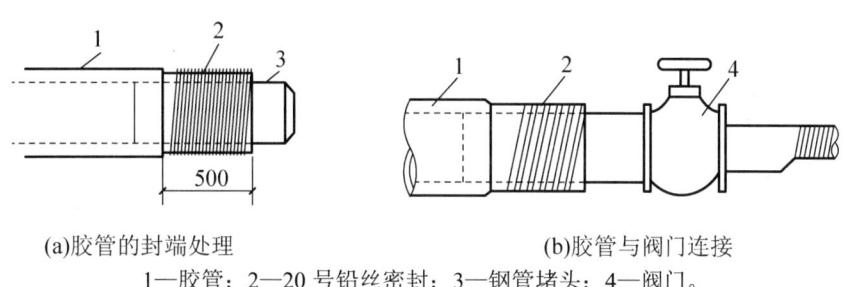

(a)胶管的封端处理　　　　　　　　(b)胶管与阀门连接

1—胶管；2—20号铅丝密封；3—钢管堵头；4—阀门。

图 8.38　胶管抽芯法的接头构造（单位：mm）

（3）预埋波纹管法：预埋波纹管法可采用薄钢、镀锌钢、塑料等材料的波纹管，埋入后不再抽出，可用于各类形状的孔道，是目前大力推广的孔道留设方法。该法适用于预应力筋密集、曲线配筋或抽管有困难的孔道中。

预应力波纹管

波纹管外形按照每两个相邻的折叠咬口之间凸出部（波纹）的数量分为圆形单波纹、圆形双波纹及扁形，如图 8.39 所示。波纹管内径为 40～100mm；波纹高度，单波为 2.5m，双波为 5m。波纹管长度，由于运输关系，每根为 4～6m；波纹管用量大时，生产厂可带卷管机到现场生产，管长不限。

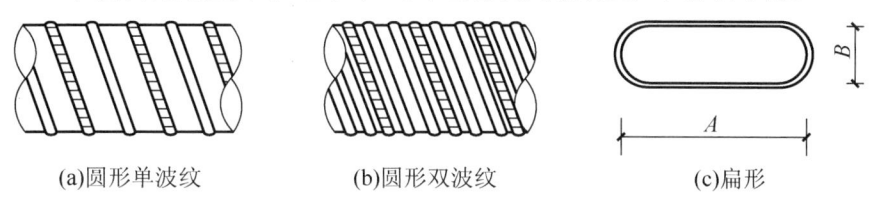

(a)圆形单波纹　　　　(b)圆形双波纹　　　　(c)扁形

图 8.39　波纹管的形状

对波纹管的基本要求：一是在外荷载的作用下，有抵抗变形的能力，即在 1kN 径向力作用下不变形；使用前进行灌水试验，检查有无渗漏，防止水泥浆流入管内堵塞孔道；安装就位过程中应避免反复弯曲，以防管壁开裂。二是在浇筑混凝土过程中，水泥浆不得渗入管内。

波纹管的连接，采用大一号同型波纹管。接头管的长度为 200～300mm，用塑料热塑管或密封胶带封口，如图 8.40 所示。

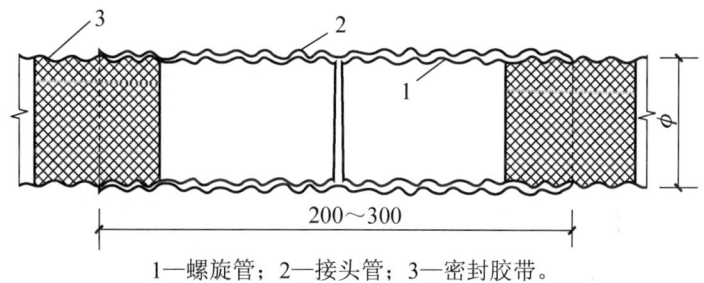

1—螺旋管；2—接头管；3—密封胶带。

图 8.40　波纹管的连接（单位：mm）

波纹管的安装，应根据预应力筋的曲线坐标在侧模或箍筋上划线，以波纹管底为准；波纹管的固定可采用钢筋托架，间距为 600mm，钢筋托架应焊在箍筋上，箍筋下面要用垫块垫实。波纹管安装就位后，必须用铁丝将波纹管与钢筋托架扎牢，如图 8.41 所示，以防浇筑混凝土时波纹管上浮而引起的质量事故。

灌浆孔与波纹管的连接如图 8.42 所示。其做法是在波纹管上开洞，其上覆盖海绵垫片与带嘴的塑料弧形压板，并用铁丝扎牢，再用增强塑料管插在嘴上，并将其引出梁顶面 400～500mm。

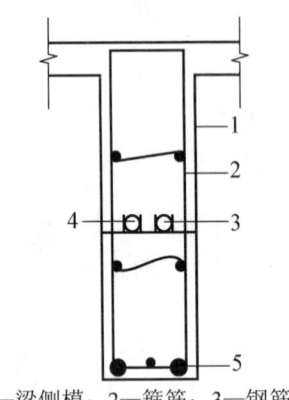

1—梁侧模；2—箍筋；3—钢筋；
4—波纹管；5—垫块。

图 8.41　波纹管的固定

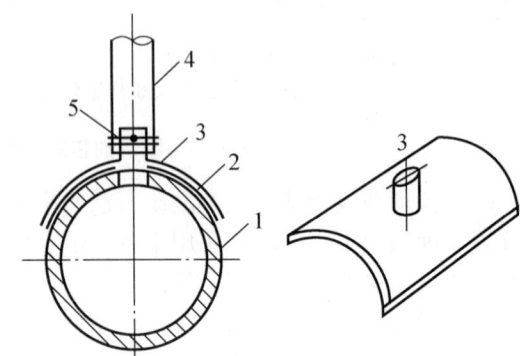

1—波纹管；2—海绵垫；3—塑料弧形压板；
4—塑料管；5—铁丝。

图 8.42　灌浆孔与波纹管的连接

2) 预应力筋穿入孔道

预应力筋等材料在运输、存放、加工、安装过程中，应采取防止其损伤、锈蚀或污染的措施，并应符合下列规定：

（1）有黏结预应力筋展开后应平顺，不应有弯折，表面不应有裂纹、小刺、机械损伤、氧化铁皮和油污等；

（2）预应力筋用锚具、夹具、连接器和锚垫板表面应无污物、锈蚀、机械损伤和裂纹；

（3）预应力筋护套应光滑，无裂纹、无明显褶皱；

（4）成孔管道内外表面应清洁，无锈蚀，不应有油污、孔洞和不规则的褶皱，咬口不应有开裂或脱落。

预应力筋穿入孔道，按穿筋时机分有先穿束和后穿束，按入束数量分有整束穿和单根穿，按穿束方法分有人工穿束和机械穿束，如图 8.43 所示。

（a）人工穿束　　　　　　　　　　　　（b）机械穿束

图 8.43　预应力筋穿束方法

先穿束在混凝土浇筑前穿束，省力但穿束占用工期，预应力筋保护不当易生锈；后穿束在混凝土浇筑后进行，不占用工期，穿筋后即进行张拉，但较费力。

长度在50m以内的二跨曲线束，多采用人工穿束；对超长束、特重束、多波曲线束，应采用卷扬机穿束。目前穿束机穿束在越来越多的工程中得到使用。

3）预应力筋的张拉

预应力筋的张拉是制作预应力构件的关键，必须按规范的有关规定精心施工。张拉时构件或结构的混凝土强度应符合设计要求，当设计无具体要求时，不应低于设计强度标准值的75%。

张拉应力应按照设计规定采用。当设计无具体要求时，不宜超过表8-6的数值。张拉程序、预应力筋伸长值的验算及预应力筋张拉力计算均同先张法。

（1）预应力筋的张拉顺序。预应力筋张拉顺序的确定原则为：①不使混凝土产生超应力；②构件不扭转与侧弯，结构不变位；③张拉设备的移动次数最少。所以张拉宜对称进行。

对配有多根预应力筋的构件，不可能同时张拉，张拉顺序应符合设计要求，当设计无具体要求时，应分批、对称地进行张拉，如图8.44所示，避免张拉时构件产生扭转、截面呈过大的偏心受压状态、混凝土产生超应力。分批张拉时，要考虑后批预应力筋张拉时产生的混凝土弹性压缩对于先批张拉的预应力筋的张拉应力产生的影响，因此，先批张拉的预应力筋的张拉应力应有所增加。

（a）预应力箱梁的分批、对称张拉　　　（b）预应力T形梁的分批张拉

图8.44 预应力筋的张拉顺序

平卧重叠浇筑的预应力混凝土构件，张拉预应力筋的顺序是先上后下，逐层进行。

（2）预应力筋的张拉方法。预应力筋的张拉，可分为一端张拉、两端张拉两种方法。

① 抽芯成形孔道。曲线预应力筋和长度>24m的直线预应力筋，应采用两端同时张拉的方法；长度≤24m的直线预应力筋，可一端张拉，但张拉端宜分别设置在构件两端。

② 预埋波纹管孔道。曲线预应力筋和长度>30m的直线预应力筋宜在两端张拉，长度≤30m的直线预应力筋可在一端张拉。

安装张拉设备时，对于直线预应力筋，应使张拉力的作用线与孔道中心线重合；对于曲线预应力筋，应使张拉力的作用线与孔道中心线末端的切线方向重合。

4）孔道灌浆

预应力筋张拉、锚固完成后，应立即进行孔道灌浆工作，一是可保护预应力筋以免锈蚀，二是使预应力筋与混凝土有效黏结，控制超载时裂缝的间距与宽度，减轻梁端锚具的负荷情况，增加结构的整体性、抗裂性和耐久性。因此，对孔道灌浆的质量必须重视。孔道内水泥浆应饱满、密实。

（1）灌浆材料：宜采用普通硅酸盐水泥或硅酸盐水泥；拌合用水和掺加的外加剂中不应含有对预应力筋或水泥有害的成分；外加剂应与水泥作配合比试验并确定掺量。

灌浆用水泥浆应符合下列规定：

采用普通灌浆工艺时，稠度宜控制在 12～20s，采用真空灌浆工艺时，稠度宜控制在18～25s；水灰比不应大于 0.45；3h 自由泌水率宜为 0，且不应大于 1%，泌水应在 24h 内全部被水泥浆吸收；24h 自由膨胀率，采用普通灌浆工艺时不应大于 6%；采用真空灌浆工艺时不应大于 3%；水泥浆中氯离子含量不应超过水泥质量的 0.06%；28d 标准养护的边长为 70.7mm 的立方体水泥浆试块抗压强度不应低于 30MPa；稠度、泌水率及自由膨胀率的试验方法应符合现行国家标准《预应力孔道灌浆剂》（GB/T 25182—2010）的规定。

（2）灌浆施工：灌浆前孔道应湿润、洁净。对于水平孔道，灌浆顺序应先灌下层孔道，后灌上层孔道。对于竖直孔道，应自下而上分段灌注，每段高度视施工条件而定，下段顶部及上段底部应分别设置排气孔和灌浆孔。灌浆压力以 0.5～0.6MPa 为宜。灌浆应缓慢均匀地进行，不得中断，并应使排气孔通畅。不掺外加剂的水泥浆，可采用二次灌浆法，以提高密实度。

对孔道直径较大且不掺减水剂或膨胀剂进行灌浆时，可采取二次压浆法或重力补浆法。超长孔道、大曲率孔道、扁管孔道、腐蚀环境的孔道可采用真空辅助压浆法。

构件立放制作时，当灰浆强度达到 15N/mm² 时方能移动构件，灰浆强度达到 100%设计强度时才允许吊装。曲线孔道灌浆后，水泥浆由于重力作用下沉，水分上升，造成曲线孔道顶部的空隙大。为了使曲线孔道顶部灌浆密实，在曲线孔道的上曲部位应设置泌水管。

（3）封裹：预应力筋锚固后的外露长度应不小于其直径的 1.5 倍，且不应小于 30mm，多余部分宜用砂轮锯切割。锚具应采用封头混凝土保护。封头混凝土的尺寸应大于预埋钢板尺寸，厚度不小于 100mm。封头处原有混凝土应凿毛，以增加黏结。封头内应配有钢筋网片，细石混凝土强度等级为 C30～C40。

 能力训练

【任务实施】

结合预应力混凝土的原理讲述后张法的施工工艺，并与先张法施工工艺进行对比。

【技能训练】

通过对后张法施工工艺的讲述，结合对比先张法，进一步掌握后张法预应力的实现工艺。

工作任务 8.3　无黏结预应力混凝土施工

无黏结预应力混凝土，指的是采用无黏结预应力钢筋（经涂抹防锈油脂，用聚乙烯材料包裹制成专用的无黏结预应力筋）和普通钢筋混合配筋的预应力混凝土。其设计理论与有黏结预应力混凝土相似，增设的普通受力钢筋是为了改善其结构的性能，避免构件在极限状态下发生集中裂缝。

无黏结预应力混凝土结构有如下优点。

（1）使用性能好。在使用荷载作用下，容易做到挠度和裂缝的控制，减小预应力构件的反拱度。

（2）结构自重减轻。无黏结预应力混凝土结构不需要预留孔道，因而可以减薄结构底板和腹板尺寸，自重轻，有利于减轻下部支承结构（墩台、基础）的荷载并降低造价。

（3）施工简便，速度快。它无须预留孔道、穿筋、灌浆等复杂工序，因而简化了施工工艺，加快了施工进度。

（4）抗腐蚀能力强。涂有防腐油脂外包塑料套管的无黏结预应力筋束，具有双重防腐能力。

（5）防火性能可靠。现浇后张法平板结构的防火试验和火灾灾害表明，只要具有适当的保护层厚度与板的厚度，其防火性能是可靠的。

（6）抗震性能好。

（7）应用广泛。该工艺无须预留孔道及灌浆，预应力筋易弯成所需的多跨曲线形状，施工简单方便，最适用于双向连续平板、密肋板和多跨连续梁等现浇混凝土结构，可广泛用于简支板（梁）、连续梁、预应力拱桥、高速公路高架桥等工程中。

8.3.1 无黏结预应力混凝土材料

无黏结预应力筋主要由混凝土、钢筋、涂料层、外包层和锚具组成。要求各种材料合格，符合有关规范的规定。图 8.45 所示为无黏结预应力筋横截面示意图。

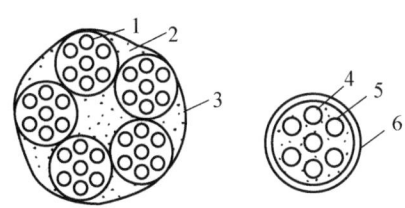

(a)无黏结钢绞线束

(b)无黏结钢丝束或单根钢绞线

(c)无黏结预应力筋的板中埋入端

(d)无黏结预应力筋的梁中埋入端

1—钢绞线；2—沥青涂料；3—塑料布外包层；4—钢丝；5—油脂涂料；6—塑料管、外包层。

图 8.45　无黏结预应力筋横截面示意图

1．混凝土

采用高标号混凝土，具有快硬、早强，混凝土中不得使用含氯离子、硫离子的外掺剂，以防腐蚀无黏结预应力筋束。

对于板式结构不应低于 C40，对于梁及其他特殊构件不宜低于 C50。

2．钢筋

无黏结部分预应力混凝土板梁采用无黏结预应力筋和非预应力钢筋（普通钢筋）混合

配筋。预应力筋一般选用 7 根 ϕ5mm 高强钢丝组成的钢丝束。

无黏结预应力筋应采用高密度聚乙烯树脂作护筒材料,其相对密度应大于 0.93,抗拉强度不小于 20MPa。

无黏结预应力筋润滑涂料应符合《无粘结预应力筋用防腐润滑脂》(JG/T 430—2014)的要求。

无黏结预应力筋的包装、运输、保管应符合下列要求:①不同规格的无黏结预应力筋应有明确标记;②当无黏结预应力筋带有镦头锚具时,应有塑料袋包裹;③无黏结预应力筋应堆放在通风干燥处,露天堆放应搁置在板架上,并加以覆盖,以免烈日暴晒造成涂料流淌。

制作无黏结预应力筋的钢绞线或碳素钢丝,其性能应符合《预应力混凝土用钢绞线》(GB/T 5224—2023)和《预应力混凝土用钢丝》(GB/T 5223—2014)的规定。常用的钢绞线和碳素钢丝的主要力学性能应按表 8-7 采用。无黏结部分预应力筋用的钢绞线和钢丝不应有死弯,不得含锈斑,当有死弯时必须切断。无黏结预应力筋中的每根钢丝应是通长的,严禁有接头。

表 8-7 常用钢绞线和碳素钢丝主要力学性能

材料名称	碳素钢丝	钢绞线	
性能指标	ϕ5	d=15.0(7ϕ5)	d=12.0(7ϕ4)
抗拉强度标准值/MPa	1570	1470	1570
抗拉强度设计值/(N/mm^2)	1070	1000	1070
延伸率/%	4.0	3.5	3.5
截面面积/mm^2	19.63	139.98	89.45
公称质量/(kg/m)	0.154	1.091	0.697
弹性模量/(N/mm^2)	2.0×10^5	1.8×10^5	1.8×10^5

用于无黏结部分预应力梁中的非预应力钢筋一般多采用普通低合金钢 16 锰钢(16Mn,HPB300 级钢筋)和普通低合金钢(25MnSi,HRB400 级钢筋)。

3. 涂料层

涂料层的作用是使预应力筋与混凝土隔离,减少张拉时的摩擦损失,防止预应力筋腐蚀等。规范规定涂料层可用防腐油脂或防腐沥青制作,涂料成分及其配合比,应经过试验鉴定合格后,才能使用。涂料性能应符合下列要求:①在-20~+70℃温度范围内,不开裂变脆,并有一定韧性;②使用期内,化学稳定性好;③对周围材料(如混凝土、钢材)无侵蚀作用,不透水,不吸湿,防腐性能好;④润滑性能好,摩阻力小。其质量要求应符合《无粘结预应力筋用防腐润滑脂》(JG/T 430—2014)的规定。

4. 外包层

无黏结预应力筋的外包层,可采用低压高密度聚乙烯塑料制作,并应符合下列要求:①在-20℃~+70℃温度范围内,低温不脆化,高温化学稳定性好;②具有足够的韧性,抗破损性强;③对周围材料(如混凝土、钢材)无侵蚀作用;④防水性好。

无黏结预应力筋涂层外的套管(包裹层)是预应力筋防腐蚀的第二道防线,同时它还具有保护防腐润滑涂料的作用,所以外包层材料应采用高密度聚乙烯或聚丙烯,而不得采用聚氯乙烯。护套材料应满足以下要求:

(1)在预应力筋的全长应连续、封闭,起到防潮、防杂质作用;

（2）应具有足够韧性、抗磨及抗冲击性，对周围材料无侵蚀作用，足以抵抗运输或加工过程中可能遇到的碰撞、磨损；

（3）制作套管的材料，不得含有氯化物或其他有害物质；

（4）在使用期内，应具有化学稳定性，以及良好的抗低温、抗高温、抗蠕变、抗老化等性能。

无黏结预应力筋的套管曾采用过多种材料，如用纸或塑料布缠包，用塑料套管穿束以及采用挤压成型塑料套管等。国内外工程实践表明，采用高压聚乙烯挤压成型的塑料套管是满足上述防腐要求最理想的材料。

8.3.2 无黏结预应力混凝土锚具

无黏结预应力束的锚具不仅受力比有黏结预应力筋的锚具大，而且承受的是重复荷载，因而对无黏结预应力束的锚具有更高的要求。

一般要求无黏结预应力束的锚具至少应能承受预应力束最小规定极限强度的95%，而不超过预期的滑动值。

我国主要采用高强钢丝和钢绞线作为无黏结预应力束。无黏结高强钢丝预应力束主要用镦头锚具，无黏结钢绞线预应力束则可采用XM型锚具。图8.46和图8.47所示为无黏结预应力束的两种锚固方式。

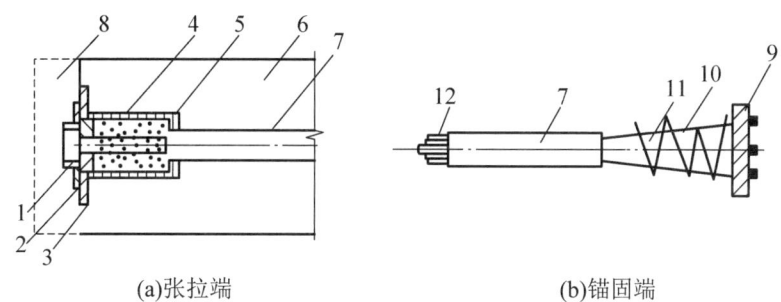

1—锚杯；2—螺母；3—预埋件；4—塑料套管；5—建筑油脂；6—构件；7—软塑料管；
8—C30混凝土封头；9—锚板；10—钢丝；11—螺旋钢丝；12—钢丝束。

图 8.46 无黏结高强钢丝预应力束镦头锚具

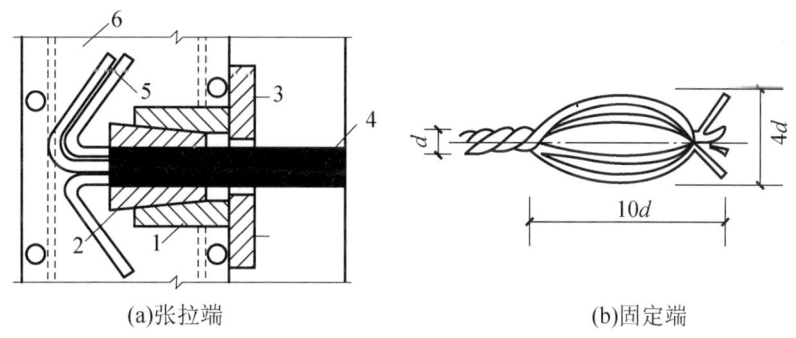

1—锚杯；2—夹片；3—预埋件；4—软塑料管；5—散开打弯钢丝；6—圈梁。

图 8.47 无黏结钢绞线预应力束 XM 型锚具

8.3.3 无黏结预应力施工工艺

无黏结预应力混凝土施工工艺，主要有无黏结预应力束的铺设、张拉和锚头端部处理。工艺流程如下：安装梁或楼板模板→放线→下部非预应力钢筋铺放、绑扎→铺放暗管、预埋件→安装无黏结筋张拉端模板（包括打眼、钉焊预埋承压板、螺旋筋、穴模及各部位马凳筋等）→铺放无黏结筋→检查修补破损的护套→上部非预应力钢筋铺放、绑扎→检查无黏结筋的矢高、位置及端部状况→隐蔽工程检查验收→浇灌混凝土→混凝土养护→松动穴模、拆除侧模→张拉准备→混凝土强度试验→张拉无黏结筋→切除超长的无黏结筋→封锚。无黏结预应力混凝土施工现场如图 8.48 所示。

  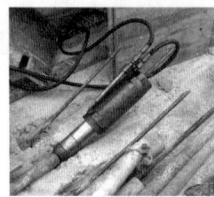 

（a）安装张拉千斤顶　　（b）开始张拉　　（c）千斤顶张拉中　　（d）顶锚、回油及退出千斤顶

图 8.48　无黏结预应力混凝土施工现场

无黏结预应力的施工要点介绍如下。

（1）预应力筋的布置与铺放：无黏结预应力筋铺设前，应仔细检查预应力筋的规格尺寸和端部配件，对有局部轻微破坏的外包层，可用塑料胶粘带重叠缠绕补好，破坏严重的应予以报废。无黏结预应力筋的铺设应按图纸规定进行。铺放曲线筋时，矢高宜采用垫放马凳或支撑钢筋控制，马凳高度根据设计要求的无黏结筋曲率确定，各控制点的矢高允许偏差应控制在±5mm 以内。马凳间距不宜大于 2m，并用铁丝与无黏结筋绑扎牢固。铺放后的无黏结筋纵向位置应顺直。无黏结筋与其他钢筋相交时，两者可直接绑扎。铺放双向配筋的无黏结筋时，应逐根对各交叉点相应的两个标高进行比较，找出各交叉点最低的无黏结筋并铺放，再铺较高的无黏结筋，应尽量避免两个方向的无黏结筋相互穿插铺放，避免敷设的各种线管将无黏结筋的矢高抬高或降低。张拉端的无黏结筋应与承压钢板垂直，固定端的挤压锚具应与承压钢板贴紧。当铺设无黏结筋遇到开洞口时，可分成两侧绕过开洞处铺设，无黏结筋距洞边的距离不应小于无黏结筋直径 d_p 的 5 倍，绕过洞口的弯折处距洞口不宜小于 300mm，弯折坡度超过 6∶1 时，应设 V 形筋。

（2）预应力筋的张拉：无黏结预应力束的张拉顺序应根据其铺设顺序，先铺设的先张拉，后铺设的后张拉。张拉程序一般采用 $0→1.03\sigma_{con}$ 进行锚固。为降低摩阻损失值，张拉时宜采用多次重复张拉工艺。张拉过程中，当有个别钢丝发生滑脱或断裂时，可相应降低张拉力，但滑脱或断裂的数量不应超过结构同一截面无黏结预应力筋总量的 2%。当预应力筋的长度小于 25m 时，宜采用一端张拉；长度大于 25m 时，宜采用两端张拉。张拉伸长值应符合设计要求。

（3）端部锚头处理：无黏结预应力筋张拉施工完毕后，应及时对锚固区进行保护。外露无黏结筋应使用砂轮切割机或液压切筋器切割。切割后的无黏结筋露出锚具夹片 30mm

以上，然后在夹片及无黏结筋端部涂专用防腐油脂，用塑料封端罩封闭。锚头封闭后的穴孔应用微膨胀豆石混凝土或防水砂浆密封，如图 8.49 所示。

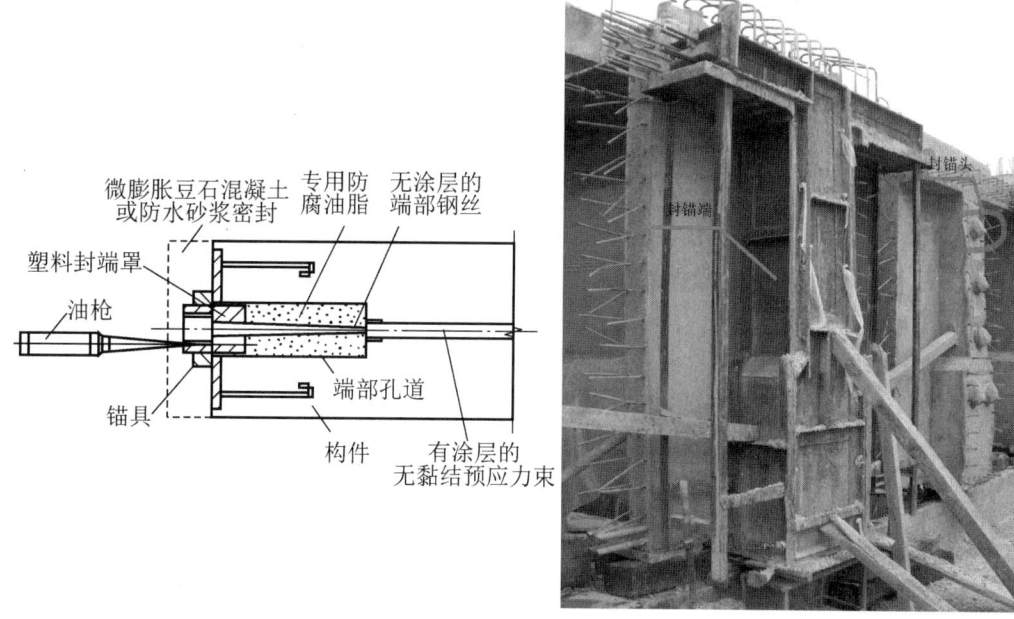

图 8.49　预应力束封锚

能力训练

【任务实施】

结合后张法预应力混凝土施工的工艺，讲述无黏结预应力混凝土的施工工艺与区别。

【技能训练】

通过对无黏结预应力混凝土的原理阐述，深入理解有黏结预应力混凝土与无黏结预应力混凝土的区别。

工作任务 8.4　质量验收规范与安全技术

预应力工程应编制专项施工方案。必要时，施工单位应根据设计文件进行深化设计。预应力工程施工应根据环境温度采取必要的质量保证措施，并应符合下列规定。

（1）当工程所处环境温度低于-15℃时，不宜进行预应力筋张拉。

（2）当工程所处环境温度高于 35℃或日平均环境温度连续 5 日低于 5℃时，不宜进行灌浆施工；当在环境温度高于 35℃或日平均环境温度连续 5 日低于 5℃条件下进行灌浆施工时，应采取专门的质量保证措施。

当预应力筋需要代换时，应进行专门计算，并应经原设计单位确认。

8.4.1 质量验收规范

1. 质量检查

(1) 预应力工程材料进场检查应符合下列规定。

① 应检查规格、外观、尺寸及其质量证明文件。

② 应按现行国家有关标准的规定进行力学性能的抽样检验。

③ 经产品认证符合要求的产品,其检验批量可扩大一倍。在同一工程中,同一厂家、同一品种、同一规格的产品连续三次进场检验均一次检验合格时,其后的检验批量可扩大一倍。

(2) 预应力筋的制作应进行下列检查:

① 采用镦头锚时的钢丝下料长度;

② 钢丝镦头外观、尺寸及头部裂纹;

③ 挤压锚具制作时挤压记录和挤压锚具成型后锚具外预应力筋的长度;

④ 钢绞线压花锚具的梨形头尺寸。

(3) 预应力筋、预留孔道、锚垫板和锚固区加强钢筋的安装应进行下列检查:

① 预应力筋的外观、品种、级别、规格、数量和位置等;

② 预留孔道的外观、规格、数量、位置、形状以及灌浆孔、排气兼泌水孔等;

③ 锚垫板和局部加强钢筋的外观、品种、级别、规格、数量和位置等;

④ 预应力筋锚具和连接器的外观、品种、规格、数量和位置等。

(4) 预应力筋张拉或放张应进行下列检查:

① 预应力筋张拉或放张时的同条件养护混凝土试块的强度;

② 预应力筋张拉记录;

③ 先张法预应力筋张拉后与设计位置的偏差。

(5) 灌浆用水泥浆及灌浆应进行下列检查:

① 配合比设计阶段检查稠度、泌水率、自由膨胀率、氯离子含量和试块强度;

② 现场搅拌后检查稠度、泌水率,并根据验收规定检查试块强度;

③ 灌浆质量检查灌浆记录。

(6) 封锚应进行下列检查:

① 锚具外的预应力筋长度;

② 凸出式封锚端尺寸;

③ 封锚的表面质量。

混凝土工程的施工质量检验,应按主控项目、一般项目按规定的方法进行检验。

2. 主控项目

(1) 预应力筋进场时,应按国家现行标准《预应力混凝土用钢绞线》(GB/T 5224—2023)、《预应力混凝土用钢丝》(GB/T 5223—2014)、《预应力混凝土用螺纹钢筋》(GB/T 20065—2016)和《无粘结预应力钢绞线》(JG/T 161—2016)抽取试件做抗拉强度、伸长率检验,其检验结果应符合相应标准的规定。

检查数量:按进场的批次和产品的抽样检验方案确定。

检验方法:检查质量证明文件和抽样检验报告。

（2）无黏结预应力钢绞线进场时，应进行防腐润滑脂量和护套厚度的检验，检验结果应符合《无粘结预应力钢绞线》（JG/T 161—2016）的规定。

经观察认为涂包质量有保证时，无黏结预应力筋可不做油脂量和护套厚度的抽样检验。

检查数量：按《无粘结预应力钢绞线》（JG/T 161—2016）的规定每60t为一批，每批抽取一组试件。

检验方法：观察，检查质量证明文件和抽样检验报告。

（3）预应力筋用锚具应和锚垫板、局部加强钢筋配套使用，锚具、夹具和连接器进场时，应按《预应力筋用锚具、夹具和连接器应用技术规程》（JGJ 85—2010）的相关规定对其性能进行检验，检验结果应符合该标准的规定。

锚具、夹具和连接器用量不足检验批规定数量的50%，且供货方提供有效的试验报告时，可不做静载锚固性能试验。

检查数量：按《预应力筋用锚具、夹具和连接器应用技术规程》（JGJ 85—2010）的规定确定。

检验方法：检查质量证明文件、锚固区传力性能试验报告和抽样检验报告。

（4）处于三a、三b类环境条件下的无黏结预应力筋用锚具系统，应按《无粘结预应力混凝土结构技术规程》（JGJ 92—2016）的相关规定检验其防水性能，检验结果应符合该标准的规定。

检查数量：同一品种、同一规格的锚具系统为一批，每批抽取三套。

检验方法：检查质量证明文件和抽样检验报告。

（5）孔道灌浆用水泥应采用硅酸盐水泥或普通硅酸盐水泥，水泥、外加剂的质量应分别符合相应规范的规定；成品灌浆材料的质量应符合《水泥基灌浆材料应用技术规范》（GB/T 50448—2015）的规定。

检查数量：按进场批次和产品的抽样检验方案确定。

检验方法：检查质量证明文件和抽样检验报告。

（6）预应力筋安装时，其品种、级别、规格、数量必须符合设计要求。

先张法预应力施工时应选用非油质类模板隔离剂，并应避免污染预应力筋。施工过程中应避免电火花损伤预应力筋；受损伤的预应力筋应予以更换。

检查数量：全数检查。

检验方法：观察，钢尺检查。

（7）预应力筋张拉或放张前，应对构件混凝土强度进行检验。同条件养护的混凝土立方体试件抗压强度应符合设计要求，当设计无要求时应符合下列规定。

① 应符合配套锚固产品技术要求的混凝土最低强度，且不应低于设计混凝土强度等级值的75%。

② 对采用消除应力钢丝或钢绞线作为预应力筋的先张法构件，不应低于30MPa。

检查数量：全数检查。

检验方法：检查同条件养护试件试验报告。

（8）对后张法预应力结构构件，钢绞线出现断裂或滑脱的数量不应超过同一截面钢绞线总根数的3%，且每根断裂的钢绞线断丝不得超过一丝；对多跨双向连续板，其同一截面应按每跨计算。

检查数量：全数检查。

检验方法：观察，检查张拉记录。

（9）先张法预应力筋张拉锚固后，实际建立的预应力值与工程设计规定检验值的相对允许偏差为±5%。

检查数量：每工作班抽查预应力筋总数的1%，且不应少于3根。

检验方法：检查预应力筋应力检测记录。

（10）预应力筋的张拉力、张拉或放张顺序及张拉工艺应符合设计及施工技术方案的要求，并应符合《混凝土结构工程施工质量验收规范》（GB 50204—2015）的规定。

检查数量：全数检查。

检验方法：检查张拉记录。

（11）张拉过程中应避免预应力筋断裂或滑脱，当发生断裂或滑脱时，必须符合下列规定：对后张法预应力结构构件，断裂或滑脱的数量严禁超过同一截面预应力筋总根数的3%，且每束钢丝不得超过一根；对多跨双向连续板，其同一截面应按每跨计算；对先张法预应力构件，在浇筑混凝土前发生断裂或滑脱的预应力筋必须予以更换。

检查数量：全数检查。

检验方法：观察，检查张拉记录。

（12）预留孔道灌浆后，孔道内水泥浆应饱满、密实。

检查数量：全数检查。

检验方法：观察，检查灌浆记录。

（13）现场搅拌的灌浆用水泥浆的性能应符合下列规定。

① 3h自由泌水率宜为0，且不应大于1%，泌水应在24h内全部被水泥浆吸收。

② 水泥浆中氯离子含量不应超过水泥重量的0.06%。

③ 当采用普通灌浆工艺时，24h自由膨胀率不应大于6%；当采用真空灌浆工艺时，24h自由膨胀率不应大于3%。

检查数量：同一配合比检查一次。

检验方法：检查水泥浆配合比性能试验报告。

（14）现场留置的孔道灌浆料试件的抗压强度不应低于30MPa。试件抗压强度检验应符合下列规定。

① 每组应留取6个边长为70.7mm的立方体试件，并应标准养护28d。

② 试件抗压强度应取6个试件的平均值；当一组试件中抗压强度最大值或最小值与平均值相差超过20%时，应取中间4个试件强度的平均值。

检查数量：每工作班留置一组。

检验方法：检查试件强度试验报告。

（15）锚具的封闭保护措施应符合设计要求。当设计无要求时，外露锚具和预应力筋的混凝土保护层厚度不应小于以下限值：一类环境时20mm，二a、二b类环境时50mm，三a、三b类环境时80mm。

检查数量：在同一检验批内，抽查预应力筋总数的5%，且不应少于5处。

检验方法：观察，尺量。

3．一般项目

（1）预应力筋进场时，应进行外观检查，其外观质量应符合下列规定。

① 有黏结预应力筋的表面不应有裂纹、小刺、机械损伤、氧化铁皮和油污等；展开后应平顺，不应有弯折。

② 无黏结预应力钢绞线护套应光滑、无裂缝，无明显褶皱；轻微破损处应外包防水塑料胶带修补，严重破损者不得使用。

检查数量：全数检查。

检验方法：观察。

（2）预应力筋用锚具、夹具和连接器进场时，应进行外观检查，其表面应无污物、锈蚀、机械损伤和裂纹。

检查数量：全数检查。

检验方法：观察。

（3）预应力成孔管道进场时，应进行管道外观质量检查、径向刚度和抗渗漏性能检验，其检验结果应符合下列规定。

① 金属管道外观应清洁，内外表面应无锈蚀、油污、附着物、孔洞；波纹管不应有不规则褶皱，咬口应无开裂、脱扣；钢管焊缝应连续。

② 塑料波纹管的外观应光滑、色泽均匀，内外壁不应有气泡、裂口、硬块、油污、附着物、孔洞及影响使用的划伤。

③ 径向刚度和抗渗漏性能应符合《预应力混凝土桥梁用塑料波纹管》（JT/T 529—2016）和《预应力混凝土用金属波纹管》（JG/T 225—2020）的规定。

检查数量：外观应全数检查；径向刚度和抗渗漏性能的检查数量应按进场的批次和产品的抽样检验方案确定。

检验方法：观察，检查质量证明文件和抽样检验报告。

（4）预应力筋应采用砂轮锯断或切断机切断，不得采用电弧切割；当钢丝束两端采用镦头锚具时，同一束中各根钢丝长度的极差不应大于钢丝长度的1/5000，且不应大于5mm；成组张拉长度不大于10m的钢丝时，同组钢丝长度的极差不得大于2mm。

检查数量：每工作班抽查预应力筋总数的3%，且不少于3束。

检验方法：观察，钢尺检查。

（5）预应力筋端部锚具的制作质量应符合以下要求：

① 钢绞线挤压锚具挤压完成后，预应力筋外端露出挤压套筒的长度不应小于1mm；

② 钢绞线压花锚具的梨形头尺寸和直线锚固段长度不应小于设计值；

③ 钢丝镦头不应出现横向裂纹，镦头的强度不得低于钢丝强度标准值的98%。

检查数量：对挤压锚，每工作班抽查5%，且不应少于5件；对压花锚，每工作班抽查3件。对钢丝镦头强度，每批钢丝检查6个镦头试件。

检验方法：观察，尺量，检查镦头强度试验报告。

（6）预应力筋或成孔管道的安装质量应符合下列规定：

① 成孔管道的连接应密封；

② 预应力筋或成孔管道应平顺，并应与定位支撑钢筋绑扎牢固；

③ 锚垫板的承压面应与预应力筋或孔道曲线末端垂直，预应力筋或孔道曲线末端直线段长度应符合表8-8规定；

④ 当后张有黏结预应力筋曲线孔道波峰和波谷的高差大于300mm，且采用普通灌浆工艺时，应在孔道波峰设置排气孔。

表 8-8　预应力筋曲线起始点与张拉锚固点之间直线段最小长度

预应力筋张拉控制力 N/kN	$N \leq 1500$	$1500 < N \leq 6000$	$N > 6000$
直线段最小长度/mm	400	500	600

检查数量：全数检查。

检验方法：观察，尺量。

（7）预应力筋或成孔管道定位控制点的竖向位置偏差应符合表 8-9 的规定，其合格点率应达到 90%及以上，且不得有超过表中数值 1.5 倍的尺寸偏差。

表 8-9　预应力筋或成孔管道定位控制点的竖向位置允许偏差　　　　　　单位：mm

构件截面高（厚）度	$h \leq 300$	$300 < h \leq 1500$	$h > 1500$
允许偏差	±5	±10	±15

检查数量：在同一检验批内，应抽查各类型构件总数的 10%，且不少于 3 个构件，每个构件不应少于 5 处。

检验方法：尺量。

（8）无黏结预应力筋的铺设除应符合上条规定外，尚应符合下列要求：无黏结预应力筋的定位应牢固，浇筑混凝土时不应出现移位和变形；端部的预埋锚垫板应垂直于预应力筋；内埋式固定端垫板不应重叠，锚具与垫板应贴紧；无黏结预应力筋成束布置时，应能保证混凝土密实并能裹住预应力筋；无黏结预应力筋的护套应完整，局部破损处应采用防水胶带缠绕紧密。

检查数量：全数检查。

检验方法：观察。

（9）浇筑混凝土前穿入孔道的后张法有黏结预应力筋，宜采取防止锈蚀的措施。

检查数量：全数检查。

检验方法：观察。

（10）预应力筋张拉质量应符合下列规定：

① 采用应力控制方法张拉时，张拉力下预应力筋的实测伸长值与计算伸长值的相对允许偏差为±6%；

② 最大张拉应力不应大于《混凝土结构工程施工规范》（GB 50666—2011）的规定。

检查数量：全数检查。

检验方法：检查张拉记录。

（11）先张法预应力构件，应检查预应力筋张拉后的位置偏差，张拉后预应力筋的位置与设计位置的偏差不应大于 5mm，且不应大于构件截面短边边长的 4%。

检查数量：每工作班抽查预应力筋总数的 3%，且不应少于 3 束。

检验方法：尺量。

（12）后张法预应力筋锚固的外露部分宜采用机械方法切割，其外漏长度不宜小于预应力筋直径的 1.5 倍，且不宜小于 30mm。

检查数量：在同一检验批内，抽查预应力筋总数的 3%，且不少于 5 束。

检验方法：观察，钢尺检查。

(13）灌浆用水泥浆的水灰比不应大于 0.45，搅拌后 3h 泌水率不宜大于 2%，且不应大于 3%。泌水应能在 24h 内全部重新被水泥浆吸收。

检查数量：同一配合比检查一次。

检验方法：检查水泥浆性能试验报告。

（14）灌浆用水泥浆的抗压强度不应小于 $30N/mm^2$。

检查数量：每工作班留置一组边长为 70.7mm 的立方体试件。

检验方法：检查水泥浆试件强度试验报告。

8.4.2 安全技术

预应力混凝土施工存在一系列安全问题，如张拉钢筋时断裂伤人、电张时触电伤人等，因此应注意以下技术环节。

（1）高压液压泵和千斤顶，应符合产品说明书的要求。机具设备及仪表，应由专人使用和管理，并定期维护与检验。

（2）张拉设备测定期限不宜超过半年。当遇下列情况之一时应重新测定：千斤顶经拆卸与修理；千斤顶久置后使用；压力计受过碰撞或出现过失灵；更换压力计。张拉中发生多根筋破断事故或张拉伸长值误差较大时，弹簧测力计应在压力试验机上进行测定。

（3）预应力筋的一次伸长值不应超过设备的最大张拉行程。

（4）操作千斤顶和测量伸长值的人员，应站在千斤顶侧面操作，严格遵守操作规程。液压泵开动过程中不得擅自离开岗位，如需离开，必须把液压阀门全部松开或切断电路。

（5）钢丝束镦头锚固体系在张拉过程中应随时拧上螺母，以保证安全；如遇钢丝束偏长或偏短，应增加螺母或用连接器解决。

（6）负荷时严禁拆换液压管或压力计。

（7）机壳必须接地，经检查线路绝缘确属可靠后，方可试运转。

（8）锚具、夹具应有出厂合格证，并经进场检查合格。

（9）螺丝端杆与预应力筋的焊接应在冷拉前进行，冷拉时螺母应位于螺纹端杆的端部，经冷拉后螺丝端杆不得发生塑性变形。

（10）帮条锚具的帮条应与预应力筋同级别，帮条应按 120°均匀布置，帮条与衬板接触的截面应在一个垂直面上。

（11）施焊时严禁将地线搭在预应力筋上，且严禁在预应力筋上引弧。

（12）锚具的预紧力应取张拉力的 120%～130%。顶紧锚塞时用力不要过猛，以免钢丝断裂。

（13）切断钢丝时应在生产线中间，然后再在剩余段的中点切断。

（14）台座两端、千斤顶后面应设防护设施，并在台座长度方向每隔 4～5m 设一个防护架。台座、预应力筋两端严禁站人，更不准进入台座。操作千斤顶的人应站在千斤顶的侧面，不操作时应松开全部液压阀门或切断电路。

（15）预应力筋放张应缓慢，防止冲击。用乙炔或电弧切割时，应采取隔热措施，以防烧伤构件端部混凝土。

（16）锥锚式千斤顶张拉钢丝束时，应使千斤顶张拉缸进油至压力计略启动后，检查并调整，使每根钢丝的松紧一致，然后再打紧楔块。

（17）电张时做好钢筋的绝缘处理。先试张拉，检查电压、电流、电压降是否符合要求。停电冷却 12h 后，将预应力筋、螺母、垫板、预埋铁板相互焊牢。电张构件两端应设防护设施。操作人员必须穿绝缘鞋，戴绝缘手套，操作时站在构件侧面。电张时发生碰火现象，应立即停电处理后方可继续。电张中经常检查电压、电流、温度、通电时间等，如通电时间较长，混凝土发热、钢筋伸长缓慢或不伸长，应立即停电，待钢筋冷却后再加大电流进行。冷拉钢筋电张的重复张拉次数不应超过三次。采用预埋金属管孔道的不得电张。孔道灌浆须在钢筋冷却后进行。

习 题

一、单选题

1. 预应力混凝土是在结构或构件的（   ）预先施加压应力而成。
   A．受压区　　　　B．受拉区　　　　C．中心线处　　　　D．中性轴处
2. 预应力混凝土无论是先张法的放张或是后张法的拉张，其混凝土的强度不得低于设计强度标准值的（   ）。
   A．30%　　　　B．50%　　　　C．75%　　　　D．100%
3. 预应力筋张拉的变形是（   ）。
   A．弹性变形　　　B．塑性变形　　　C．弹塑变形　　　D．都不是
4. 先张法施工时，当混凝土强度至少达到设计强度标准值的（   ）时，方可放张预应力钢筋。
   A．50%　　　　B．75%　　　　C．85%　　　　D．100%
5. 后张法施工较先张法的优点是（   ）。
   A．不需要台座、不受地点限制　　　B．工序少
   C．工艺简单　　　　　　　　　　　D．锚具可重复利用
6. 无黏结预应力筋应（   ）铺设。
   A．在非预应力筋安装前　　　　　　B．与非预应力筋安装同时
   C．在非预应力筋安装完成后　　　　D．按照标高位置从上向下
7. 不属于先张法施工工艺的是（   ）。
   A．预应力筋铺设、张拉　　　　　　B．浇灌混凝土
   C．放松预应力筋　　　　　　　　　D．孔道灌浆
8. 无黏结预应力筋施工时，当混凝土强度至少达到设计强度标准值的（   ）时，方可进行预应力钢筋的张拉。
   A．50%　　　　B．75%　　　　C．85%　　　　D．100%

二、填空题

1. 后张法预应力混凝土施工，构件生产中预留孔道的方法有_____、_____和_____三种。
2. 所谓先张法，即先_____，后_____的施工方法。
3. 常用的夹具按其用途，可分为_____和_____。

4．施加预应力的目的是：_____、_____、_____和_____。
5．预应力筋的张拉钢筋方法，可分为_____和_____。
6．台座按构造形式的不同，可分为_____和_____。
7．锚具进场应进行_____、_____和_____。
8．常用的张拉设备有_____、_____、_____和_____以及_____。
9．无黏结预应力钢筋铺放顺序是：先_____再_____。
10．后张法预应力钢筋锚固后外露部分宜采用_____方法切割，外露部分长度不宜小于预应力钢筋直径的_____，且不小于_____。

三、简答题

1．什么是预应力混凝土？简述预应力混凝土的优点、缺点及应用范围。
2．预应力筋张拉时，主要应注意哪些问题？
3．预应力混凝土构件孔道留设的方法有哪几种？施工中应注意哪些问题？
4．什么叫先张法、后张法施工？各有何特点？

四、案例题

1．某桥梁主跨为 50m 预应力钢筋混凝土简支 T 形梁，T 形梁施工采用预制吊装，预应力采用后张法施工。施工单位根据预制梁的尺寸、数量、工期确定了预制台座的数量、尺寸，对张拉机具做了校验，并对预应力的张拉、灌浆等施工工艺进行了控制。

试问：

（1）对张拉机具的使用有哪些要求？

（2）预应力张拉"双控"指标指哪两项？以哪一项为主？

（3）预应力筋张拉后，承包单位施工人员冲洗孔道后立即进行压浆，使用压浆泵从孔道任意一端开始，直至梁另一端孔道溢出水泥浆。请指出以上操作有哪些错误及改正方法。

2．某预应力混凝土梁长 21m，预应力钢筋为$\phi 20$，弹性模量 $E=2\times 10^5 \text{N/mm}^2$，抗拉强度标准值 $f_{puk}=500\text{N/mm}^2$；采用后张法施工，张拉控制应力 $\sigma_{con}=0.65 f_{puk}$，张拉程序采用 $0 \rightarrow 1.03\sigma_{con}$。

（1）试计算张拉力和张拉时钢筋的伸长量（公式为 $\Delta l = \dfrac{Nl}{EA}$，计算时钢筋长度取 21m）；

（2）实测钢筋伸长量为 40mm，试判断所加预应力大小是否合适。

学习情境 9　结构安装工程施工

思维导图

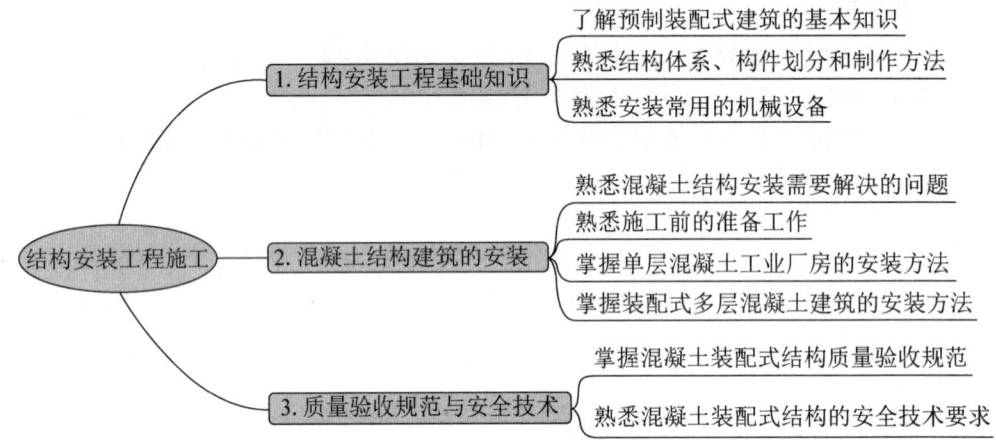

学习情境 9 结构安装工程施工

引例

预制装配式建筑结构，是以预制构件为主要受力构件，经装配连接而成的建筑结构。党的二十大报告提出，推动绿色发展，促进人与自然和谐共生。与传统现浇施工方法相比，装配式结构无疑属于绿色化的建筑结构，因为装配式结构的施工更符合节地、节能、节材、节水和环境保护等要求，能降低对环境的负面影响，其施工效率高，能降低噪声、防止扬尘、减少环境污染，实现清洁运输，减少场地干扰，节约水、电、材料等资源和能源；且装配式建筑结构更能保证建筑物安全、品质和寿命，是绿色建筑发展的必然方向。用于装配式建筑结构的预制构件，就是预制装配式建筑构件。

为响应国家新型建筑工业化倡导，一装配建筑试点工程建筑物为 9 层混凝土框架结构，长 63m、宽 18.4m，檐口高度为 30.8m，总建筑面积为 10432.8m^2。项目地处抗震设防烈度 7 度区，地震加速度 0.15g，框架梁、柱抗震等级为二级。采用全预制混凝土框架及预制外挂墙板装配技术进行施工。预制柱采用一端机械连接、一端灌浆的半灌浆套筒进行钢筋连接，主框梁、次梁、楼板采用预制与现浇层叠合形式，楼梯为全预制形式。

请思考：预制构件在施工现场如何组装成一栋完整的建筑物？

工作任务 9.1 结构安装工程基础知识

9.1.1 预制装配式建筑概述

现浇混凝土结构现场湿作业多，难于实现工业化施工；结构自重大，适应范围受到限制。人类一直在研究采用另一种方式，通过工厂预制、现场装配的办法来解决上述问题。工厂预制、现场装配可以实现工业化，不但可以提高建造质量、加快建设进度，还可以适应大空间、大跨度结构的需要，既可以是混凝土结构，也可以是钢结构。工厂预制现场装配需要解决结构体系和构件的划分、构件的构造和制作方法、安装的机械设备、相应的施工方法等问题。

9.1.2 结构体系、构件划分和制作方法

1. 钢筋混凝土结构建筑

1）单层钢筋混凝土结构工业厂房

单层钢筋混凝土结构工业厂房常为标准设计，开间一般为 6m，跨度为 18m、21m、24m、27m 等，高度为 9m、12m、15m 等，内有吊车或无吊车，用装配式的铰接排架结构；大多采用现场浇筑杯形基础，厂房的柱子、屋架、吊车梁等视具体条件，可工厂预制也可在现场制作，屋面板一般在工厂制作，然后运到现场安装，屋面板安装后用细石混凝土填缝，再做柔性屋面防水层、砖砌外墙、大型墙板和连系梁现场安装，如图 9.1 所示。

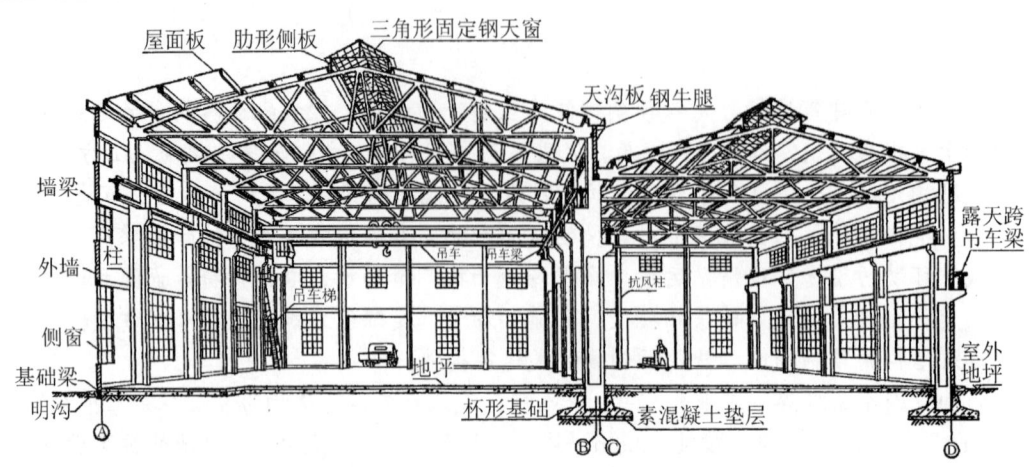

图 9.1 混凝土单层工业厂房构造示意图

2）多层钢筋混凝土结构建筑

多层钢筋混凝土结构建筑，结构体系为多层框架或板柱体系；现场浇筑杯形基础，工厂预制梁和柱，现场安装预应力空心楼板或组合楼板、砖砌体或轻型墙板、柔性屋面防水。

2. 钢结构建筑

1）普通钢结构单层工业厂房、多层或高层建筑

普通钢结构单层工业厂房的构造（图 9.2）与混凝土结构单层工业厂房相似。多层或高层建筑大多采用框架、框架-剪力墙和各类筒体结构体系，现浇混凝土柱基，型钢或钢管混凝土柱，型钢梁，压型钢板加现浇混凝土层的组合楼、屋面板及轻型墙体。

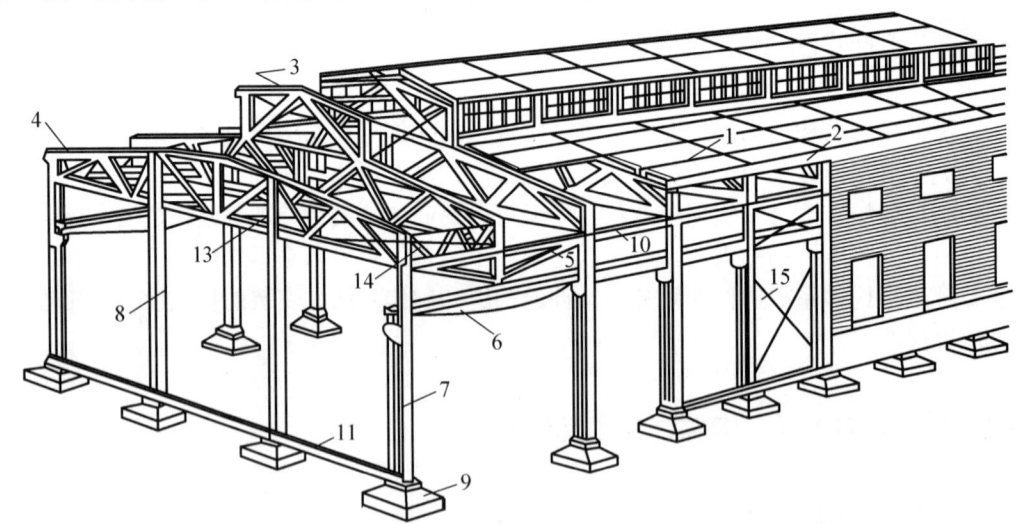

1—屋面板；2—天沟板；3—天窗架；4—屋架；5—托架；6—吊车梁；7—排架柱；
8—抗风柱；9—基础；10—连系梁；11—基础梁；12—天窗架垂直支撑；
13—屋架下弦横向水平支撑；14—屋架端部垂直支撑；15—柱间支撑。

图 9.2 普通钢结构单层工业厂房构造示意图

2）轻型钢结构建筑

轻型钢结构建筑是我国近 30 年来引进的另一种新型钢架结构体系，现浇混凝土柱基，采用变截面 H 型钢组合梁、柱，C 型檩条，塑钢异型墙板和屋面板。其结构轻巧，造型美

观，建设速度快，造价低廉，抗震性能好，因而用途广泛，适用于各种跨度的单层厂房、低层活动板房、低层或多层住宅等，如图9.3所示。

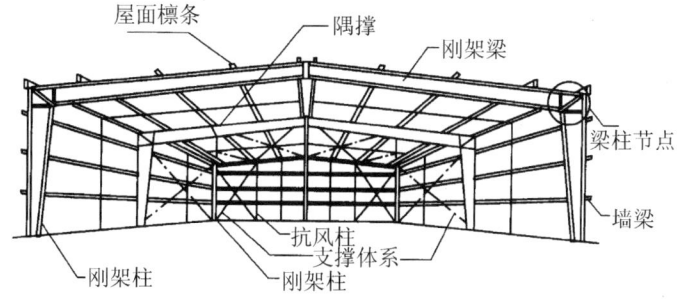

图 9.3 轻钢厂房的主体骨架组成

3）其他钢结构建筑

其他钢结构建筑采用各种形式的空间钢结构，适用于体育馆、飞机场、车站等公共建筑，大部分在工厂制作，运到现场安装，安装的方法也多种多样。

采用轻型钢结构的低层或多层住宅，全部在工厂制作，运到现场安装，安装的方法较为简单。

9.1.3 安装常用的机械设备

1. 起重机械

结构安装工程使用的起重机械，常用的有自行式起重机和塔式起重机两类。

（1）自行杆式起重机——由起重臂、机身、行走机构和回转机构组成。

① 履带式起重机（图9.4）：是结构安装最常用的起重机之一，其三个主要技术指标 Q（起重量，t）、H（起重高度，m）、R（起重臂的回转半径，m）可以按需要选择，对地基要求较低，机动灵活，可负载行驶，但稳定性较差；常用于单层厂房各种构件吊装。

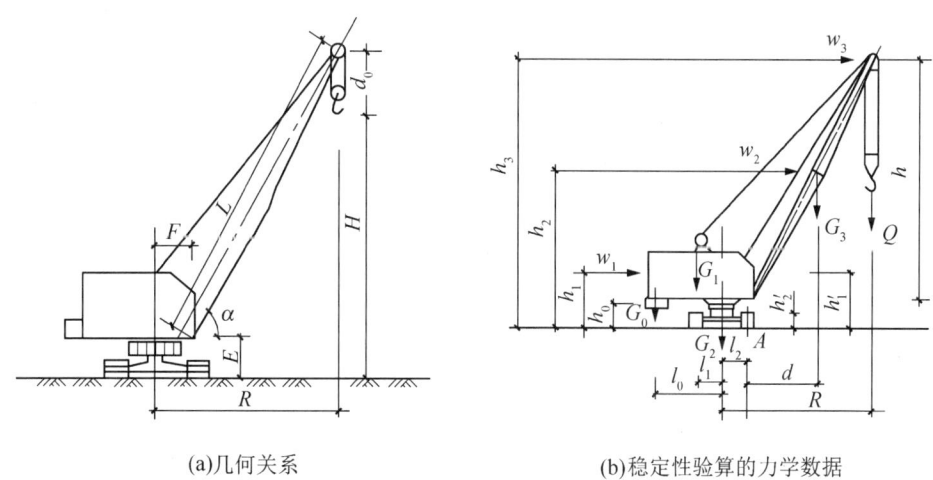

(a)几何关系　　　　　　　　(b)稳定性验算的力学数据

图 9.4 履带式起重机

② 汽车式起重机（图9.5）：移动速度快，车身长，转弯半径大，不能负载行驶，作业

稳定性较差；用于单层厂房中小构件吊装或塔式起重机现场安装。

图 9.5 汽车式起重机

③ 轮胎式起重机（图 9.6）：可自行、全回转，稳定性比汽车式起重机好，车身短，转弯半径小，移动比汽车慢，对路面要求较高；用于单层厂房中小构件的吊装。

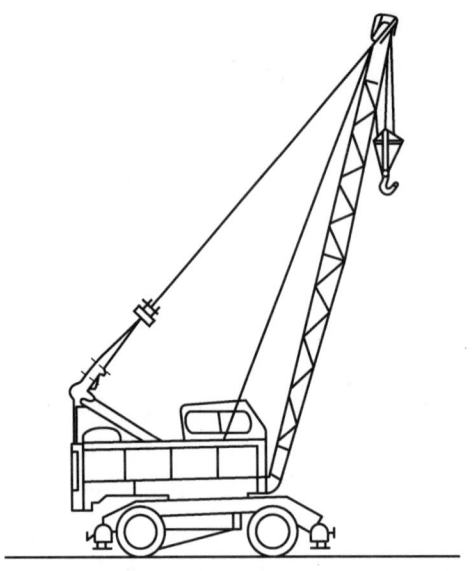

图 9.6 轮胎式起重机

（2）塔式起重机——由起重臂、机身、行走机构、回转机构和爬升机构组成，其在现场的安装过程如图 9.7 所示。

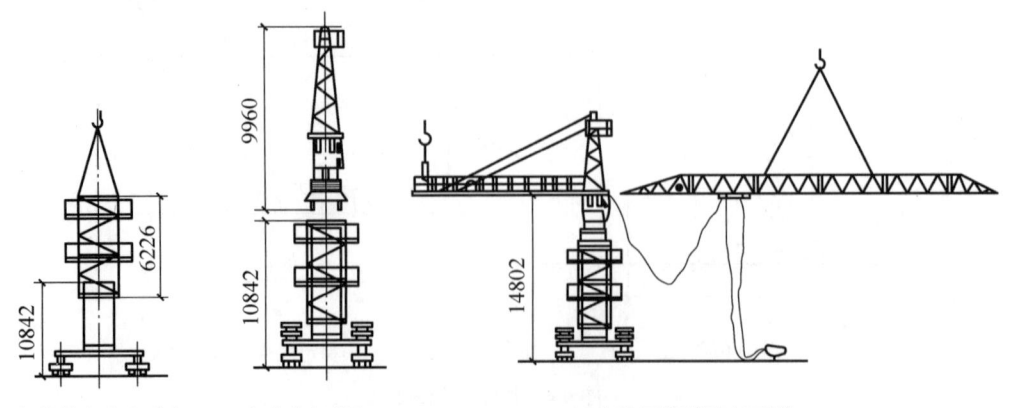

(a)安装塔身和爬升架　(b)安装上部塔架　　(c)安装平衡臂和起重臂

图 9.7 塔式起重机在现场的安装过程（单位：mm）

① 轨道塔式起重机（图9.8）：带有固定在地面的行走轨道，工作空间大，但装拆费时；用于多层建筑的吊装。

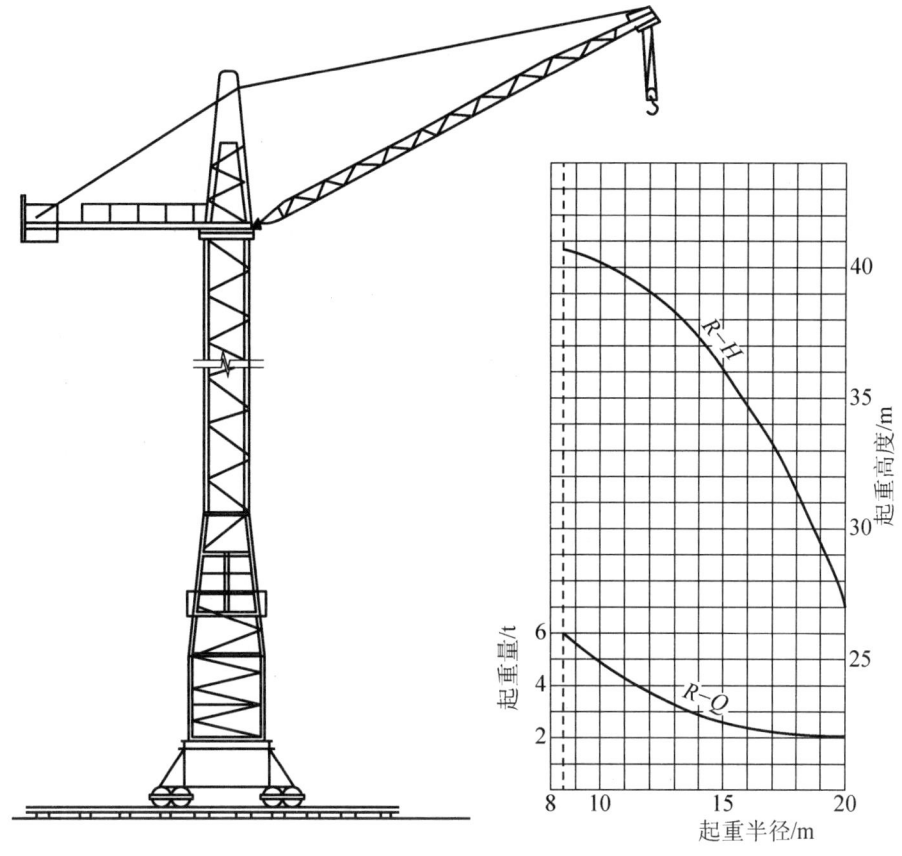

图 9.8　轨道塔式起重机

② 固定附着自升塔式起重机：需要专用基座，靠液压顶升机构爬高或降低，每隔一段需与相邻的主体结构相连，稳定性好，工作空间大，用于多层、高层建筑的施工。其外形如图 9.9 所示，自升过程如图 9.10 所示，基础如图 9.11 所示，附着装置如图 9.12 所示。

固定附着自升塔式起重机

③ 固定内爬升塔式起重机（图9.13）：可安装在在建的建筑物内，每隔 2~4 层爬升一次，不占外围空间，工作的活动空间大，但要专用设备装卸；用于多层、高层和超高层建筑的施工。

特别提示

建筑起重机械进入施工现场须出具的文件有：建筑起重机械特种设备制造许可证、产品合格证、制造监督检验证明、备案证明、安装使用说明书和自检合格证明。

2. 附属设备

（1）卷扬机：用于起重吊装、钢筋张拉、钢架提升的动力设备，种类有单筒快速卷扬机、双筒快速卷扬机、双筒慢速卷扬机及手动卷扬机（图9.14和图9.15）、电动卷扬机等。卷扬机的主要技术指标有额定牵引力、钢丝绳容量、电动机功率和固定方式。

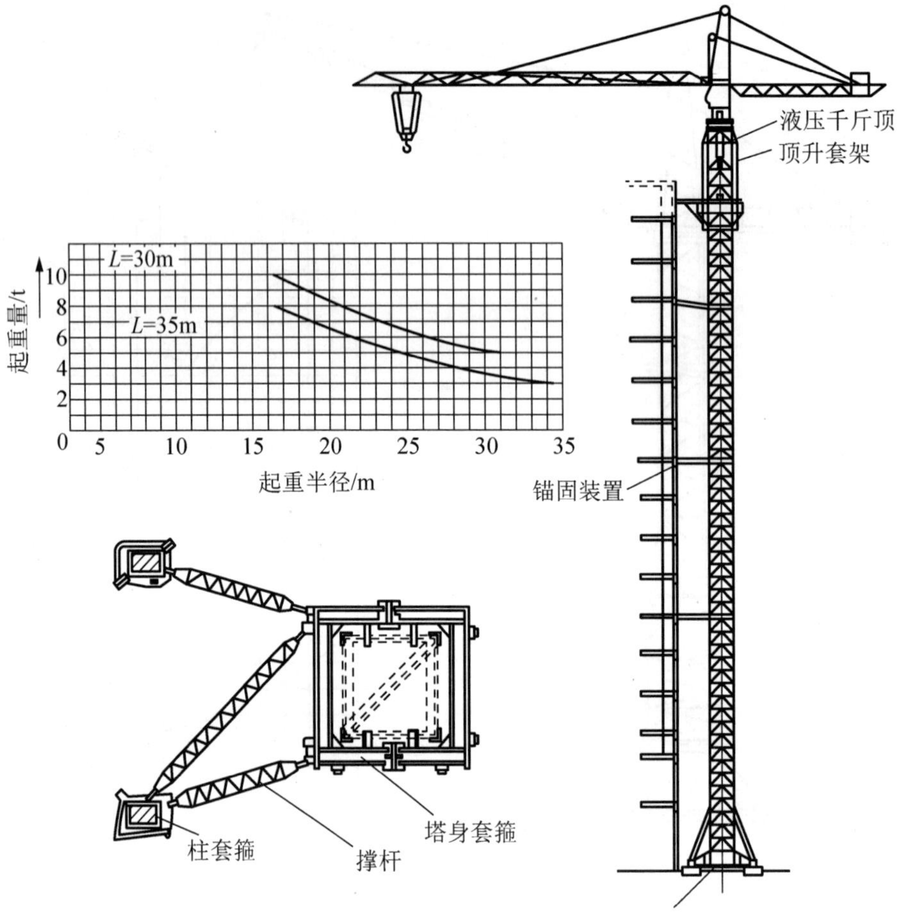

图9.9　固定附着自升塔式起重机的外形

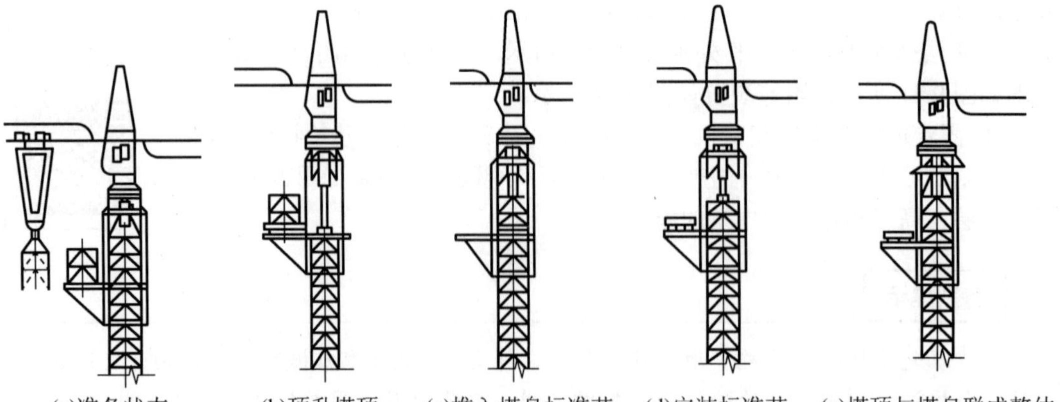

图9.10　固定附着自升塔式起重机的自升过程
(a)准备状态　(b)顶升塔顶　(c)推入塔身标准节　(d)安装标准节　(e)塔顶与塔身联成整体

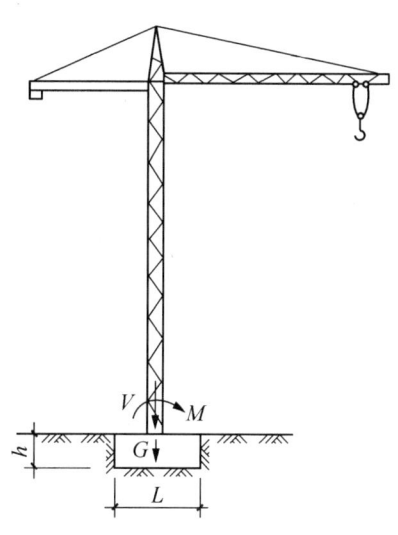
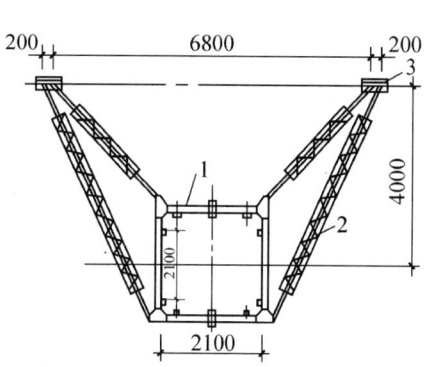

图 9.11 固定附着自升塔式起重机的基础　　图 9.12 固定附着自升塔式起重机的附着装置（单位：mm）

1—附墙框架；2—撑杆；3—连接基座。

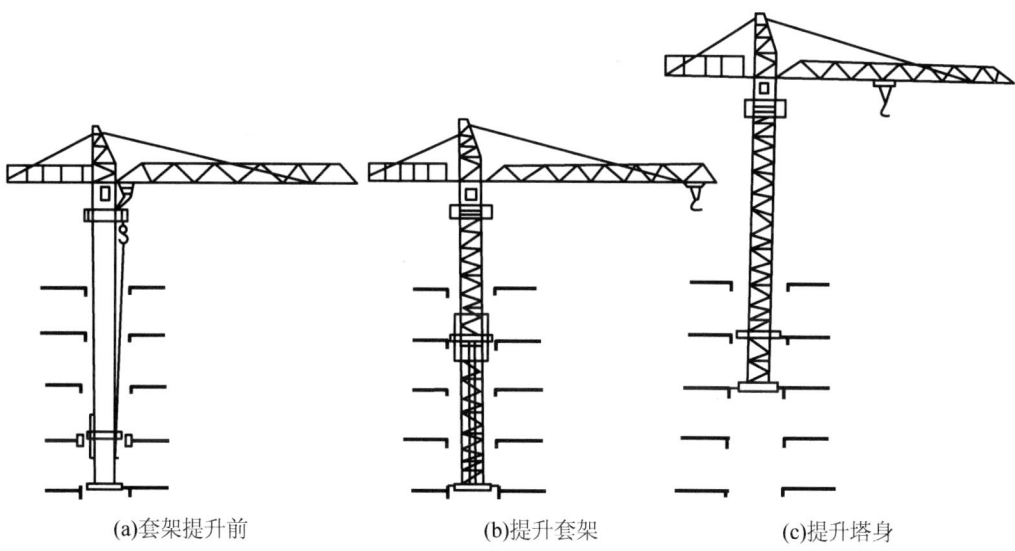

(a)套架提升前　　　　　　(b)提升套架　　　　　　(c)提升塔身

图 9.13 固定内爬升塔式起重机

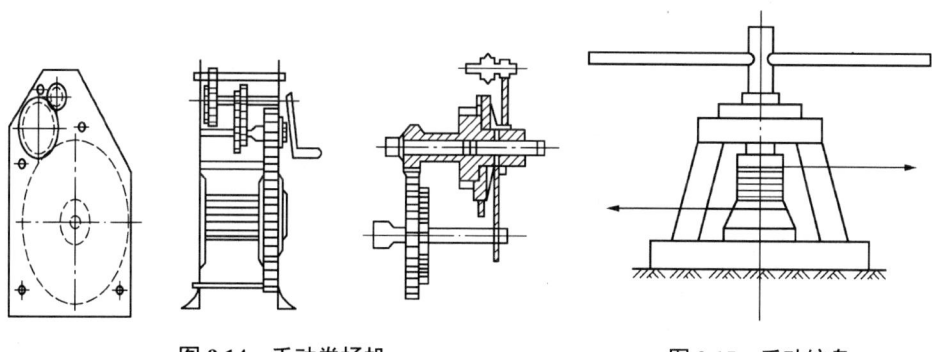

图 9.14 手动卷扬机　　　　　　　图 9.15 手动绞盘

（2）滑轮组：动滑轮是为了省力但不省功，定滑轮是为了改变力的方向。

（3）钢丝绳：6×19+1-170 表示结构形式为 1 芯、6 股，每股 19 丝；钢丝抗拉强度标准值为 1700MPa。

（4）吊具：是吊装所必需的辅助工具。

① 卡环：供吊索之间的连接用，如图 9.16 所示。

② 吊索：绑扎构件和起吊用，如图 9.17 所示。

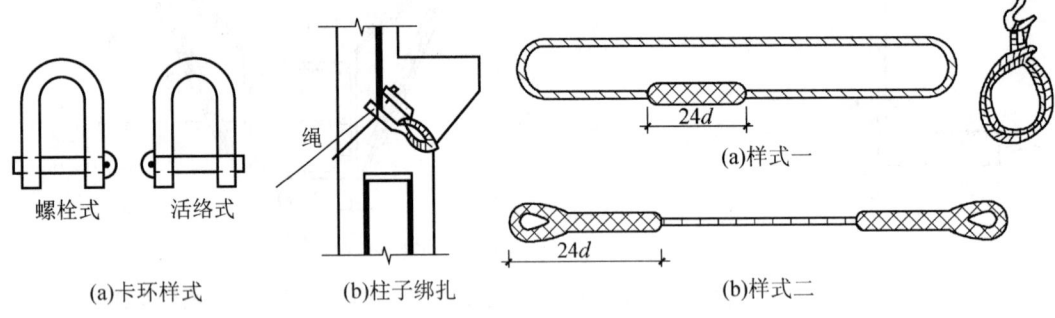

图 9.16　卡环和柱子绑扎　　　　　　图 9.17　吊索

③ 横吊梁：对一些较长的构件，需要加横吊梁才便于吊装，如图 9.18 和图 9.19 所示。

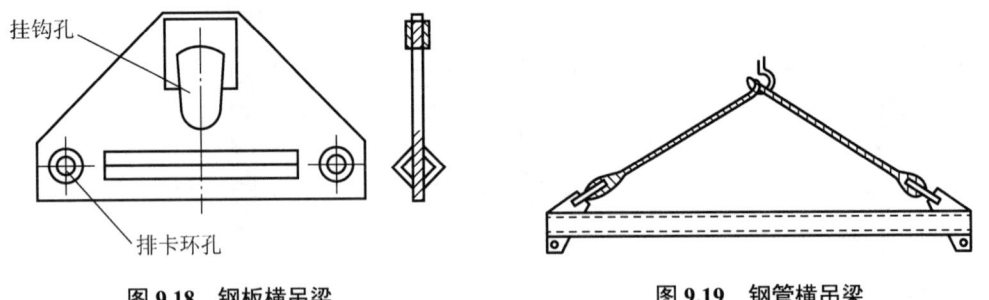

图 9.18　钢板横吊梁　　　　　　图 9.19　钢管横吊梁

（5）其他：如千斤顶（图 9.20 和图 9.21）、链条葫芦等。

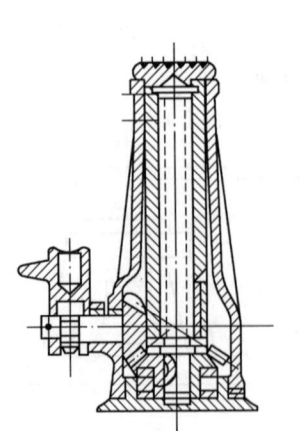 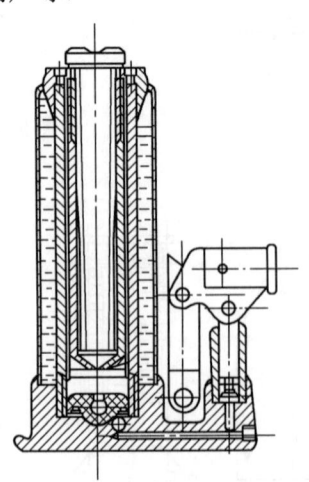

图 9.20　手动螺旋千斤顶　　　　　　图 9.21　液压千斤顶

能力训练

【任务实施】

实地考察固定附着自升塔式起重机的安装、拆卸过程，对照设备产品说明书核对其工作性能曲线。

【技能训练】

通过实地考察，了解固定附着自升塔式起重机的工作性能及装拆过程。

工作任务 9.2　混凝土结构建筑的安装

9.2.1　混凝土结构安装需要解决的问题

混凝土结构安装需要解决的问题，包括施工前的准备工作、各种构件如何吊装、制订安装方案、选择起重机机型、设计施工平面图、确定起重机的开行路线等。

9.2.2　施工前的准备工作

施工前包括以下准备工作。

（1）应拟定结构安装的施工方案，必要时，专业施工单位要根据设计文件进行深化设计，对于装配式混凝土结构，还要根据设计要求和施工方案进行必要的施工验算。深化设计和施工验算应根据施工规范和国家现行有关标准进行，主要是根据房屋的平面尺寸、跨度、结构特点、构件类型、质量、安装高度和现场条件，合理选择起重机械，确定构件的吊装工艺、安装方法，起重机的开行路线，构件在平面上的布置等。

（2）场地清理、平整压实，使场地能承受构件运输车辆和起重机吊装行走的荷载；做好场地的排水工作。

（3）检查杯形基础的位置、尺寸、杯底标高。

（4）构件运输进场，按照设计施工平面图确定的位置堆放。

（5）检查构件的数量、质量、外形尺寸、预埋件；对构件进行弹线（图 9.22）和编号。

（6）准备好钢丝绳、吊具、吊索、滑车、电焊机、电焊条，配备竹梯、挂梯、垫铁、木楔等。

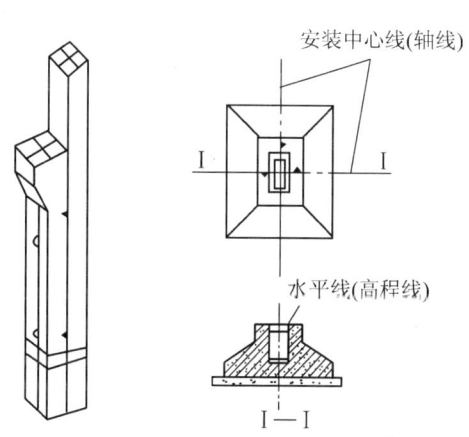

图 9.22　柱子和杯形基础弹线

9.2.3 单层混凝土工业厂房安装

1. 构件的安装方法

1）混凝土柱

混凝土柱的特点是构件长、自重大、起吊不高，只需插入杯口内即可（图 9.23）。当自重在 130kN 及以内时，用一点绑扎起吊（图 9.24）；当自重超过 130kN 时，用两点绑扎起吊（图 9.25）；用旋转法吊装时，绑扎点、柱脚和杯口三点要共圆，如图 9.26 所示；用滑行法吊装时，绑扎点与杯口两点要共圆，如图 9.27 所示。

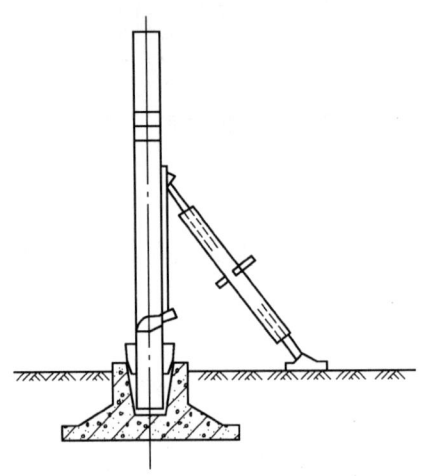

图 9.23 混凝土柱就位校正后固定

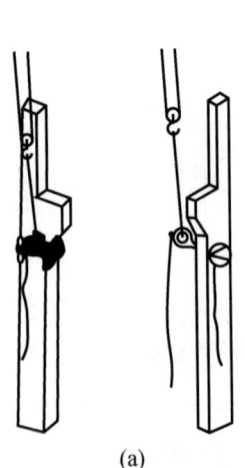

图 9.24 轻型较短柱一点绑扎起吊

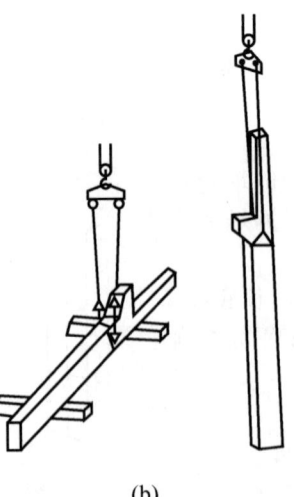

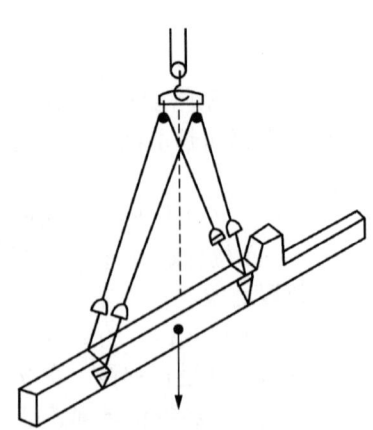

图 9.25 较长或重柱两点绑扎起吊

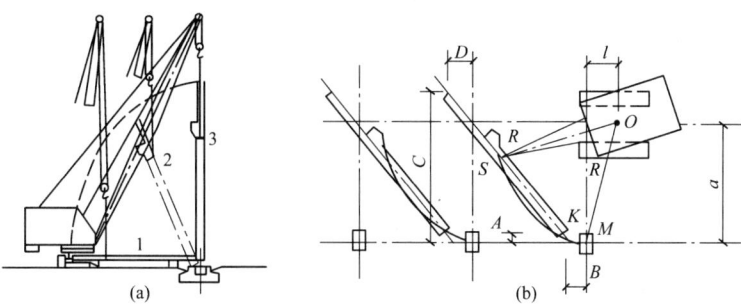

1—平放时的柱；2—柱起吊途中；3—柱吊至直立；M—杯基础中心点；K—柱下端；R—柱吊装点。

图 9.26 柱旋转吊装法要求三点共圆

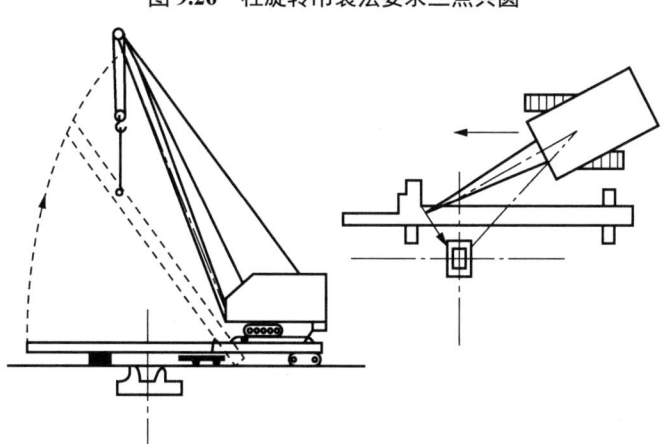

图 9.27 柱滑行吊装法工作过程和平面布置

2) 吊车梁

吊车梁采用两点绑扎，构件要保持水平起吊（图 9.28），就位后要做临时固定，然后经过校正再行固定，如图 9.29 和图 9.30 所示。

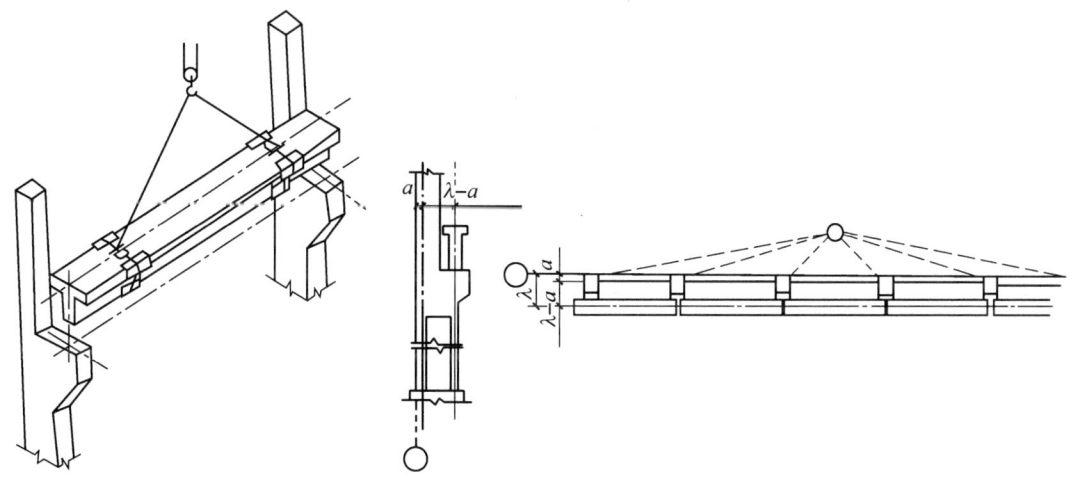

图 9.28 吊车梁的吊装　　　　图 9.29 用轴线平移法校正吊车梁

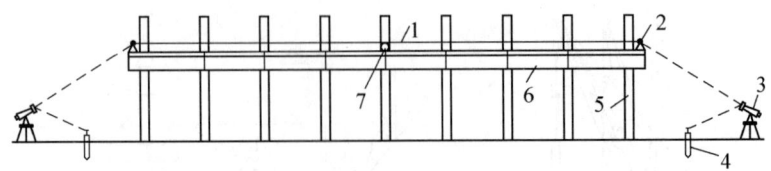

1—通线；2—支架；3—经纬仪；4—木桩；5—柱；6—吊车梁；7—圆钢。

图 9.30　用通线法校正吊车梁

3）屋架

屋架的特点是体形薄而长、侧向稳定差、自重不是很大，但吊得较高，起吊和临时固定有一定难度。通常跨度在 18m 及以内时，可直接用两点或四点绑扎起吊；当跨度在 18m 以上时，需加横吊梁四点绑扎才能起吊；侧向刚度较差的屋架，必要时应进行临时加固，如图 9.31 所示。不论什么跨度，屋架制作时是平躺的，因此先要扶正（图 9.32）、画线、加固，随后起吊就位、临时固定、校正，然后才能最终固定，如图 9.33 所示。屋架起重高度计算如图 9.34 所示。

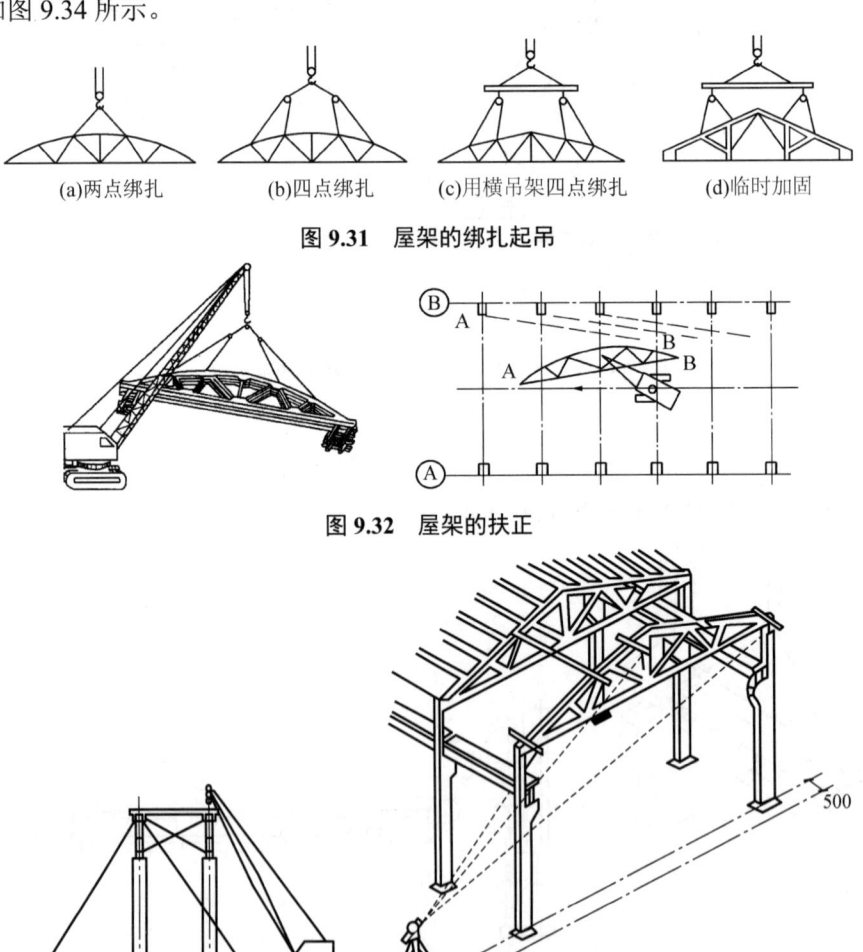

(a)两点绑扎　　(b)四点绑扎　　(c)用横吊架四点绑扎　　(d)临时加固

图 9.31　屋架的绑扎起吊

图 9.32　屋架的扶正

(a)临时固定　　(b)校正

图 9.33　屋架的临时固定与校正（单位：mm）

4）屋面板

屋面板的特点是尺寸和自重都不大，但吊得高，起吊和就位都得平放。通常利用它自身的吊环四点起吊，如图 9.35 所示。自檐口两侧轮流向跨中间铺设，就位后立即调平焊接固定。

5）天窗架

如果有天窗架，须待其两侧的屋面板都已安装完毕后才吊装，最后才吊装天窗架上的屋面板。

2．结构安装方案

结构安装方案，包括选择起重机械、确定安装方法、确定起重机的开行路线及设计施工平面图。

3．选择起重机械

（1）单层工业厂房一般选择履带式起重机。

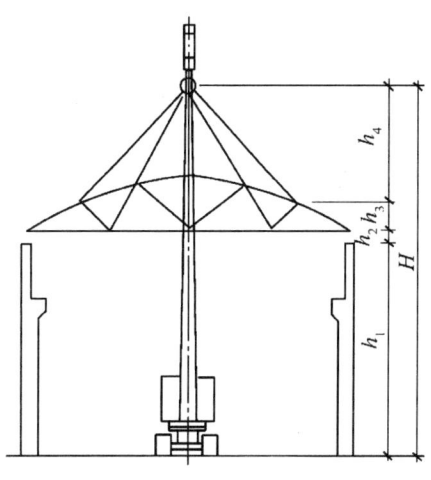

图 9.34 屋架起重高度计算

（2）履带式起重机有三个主要技术参数：Q（起重量）、H（起重高度）、R（起重臂的回转半径），这三个参数互相关联、变化，用一张特性图表来表示。

（3）根据厂房结构和构件的尺寸、自重、吊装高度，用作图法或计算法选择适合的履带式起重机型号。

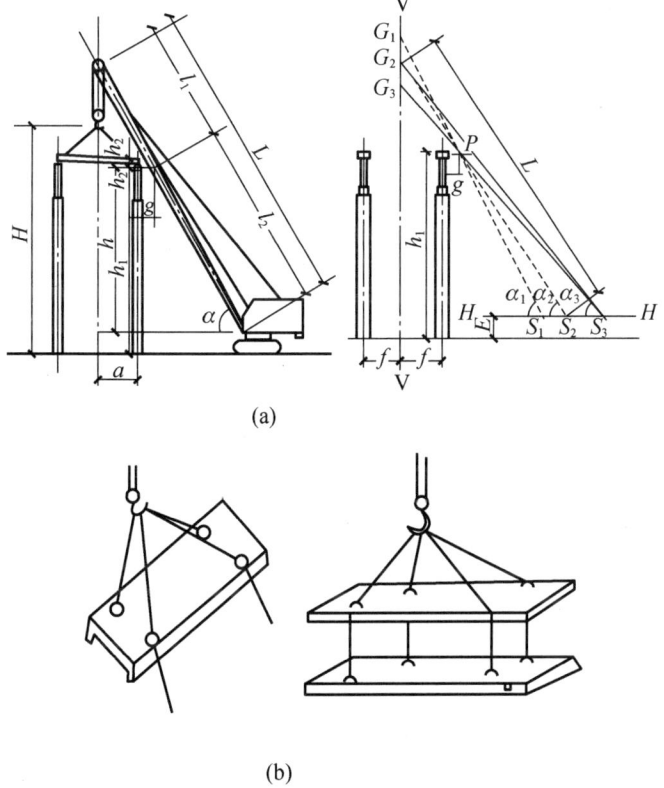

图 9.35 起重机最小臂长和屋面板吊装

4．构件安装和起重机停机位置

1）分件吊装法

起重机在车间内每开行一次，只完成一种或两种构件的安装。第一次安装全部的柱，经校正后固定；第二次安装吊车梁、连系梁和柱间支撑；第三次逐个节间安装屋架、屋面支撑和屋面板。一般选择分件吊装法，可充分发挥起重机的作用，构件组装容易、校正也容易，但起重机开行的路线长、停机点多，不能及早为后续工作提供工作面，如图9.36～图9.38所示。

图9.36～图9.38中的号码表示构件吊装顺序，1～12为柱，13～32单数为吊车梁、双数为连系梁，33、34为屋架，35～42为屋面板。

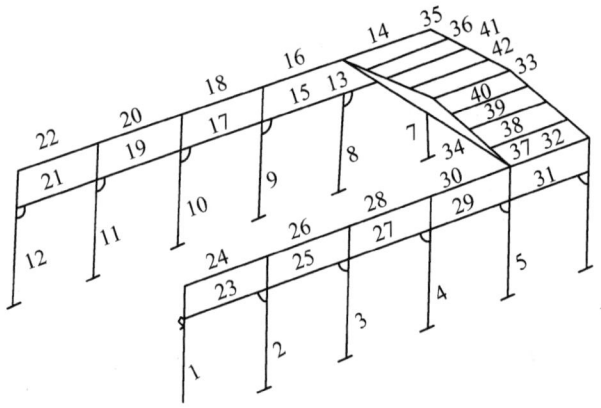

图9.36　分件吊装法的构件吊装顺序

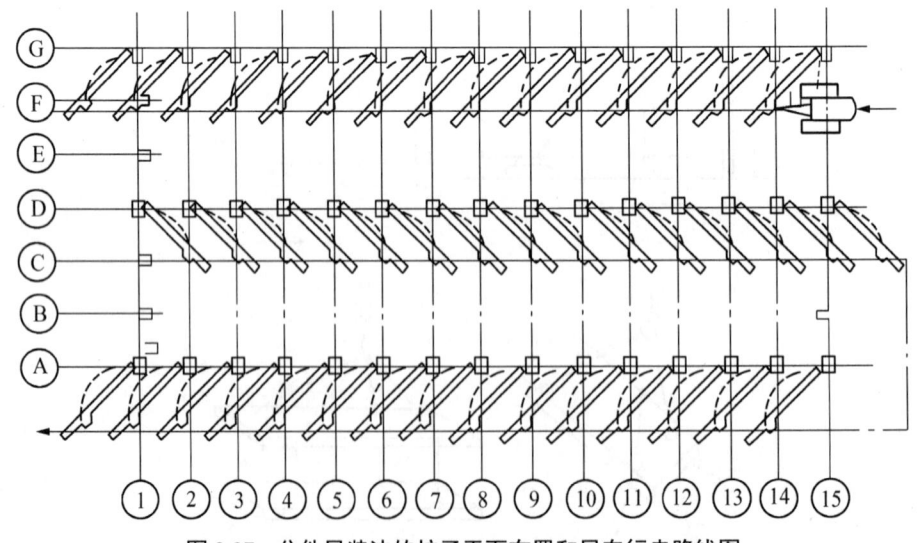

图9.37　分件吊装法的柱子平面布置和吊车行走路线图

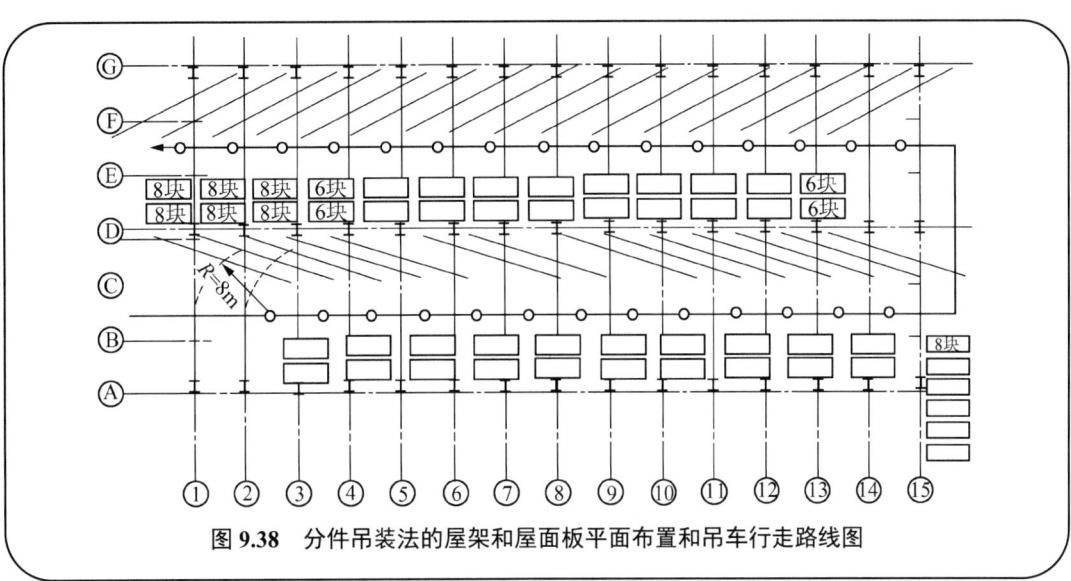

图 9.38 分件吊装法的屋架和屋面板平面布置和吊车行走路线图

2）综合吊装法

起重机在车间内一次开行，分节间把所有类型的构件安装完。起重机每停一次位置，要把一个开间内所有的构件吊装完毕。当分件吊装法不适宜用时，才考虑用综合吊装法，其特点是起重机的开行路线短、停机点少，可以及时为后续工作提供工作面，但吊装工作复杂多变，校正较困难，如图 9.39 所示。

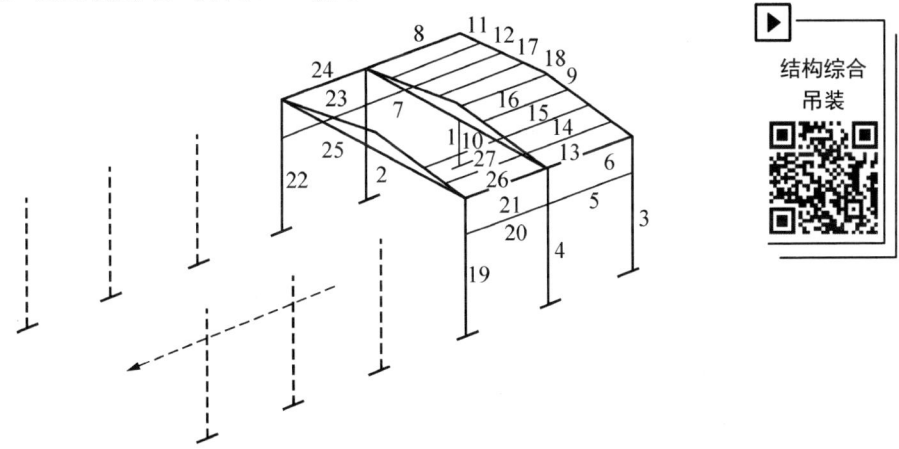

图 9.39 综合吊装法的构件吊装顺序

特别提示

图 9.39 中的号码表示构件的吊装顺序，如 1～4 为第一跨柱，5、7 为第一跨吊车梁，6、8 为第一跨连系梁，9、10 为第一跨两屋架，11～18 为第一跨屋面板。

3）起重机的停机位置

起重机的开行路线和停机位置，与构件的尺寸、构件在平面上的布置等有关。用作图法或计算法，在选择履带式起重机型号时一并考虑，如图 9.40 所示。

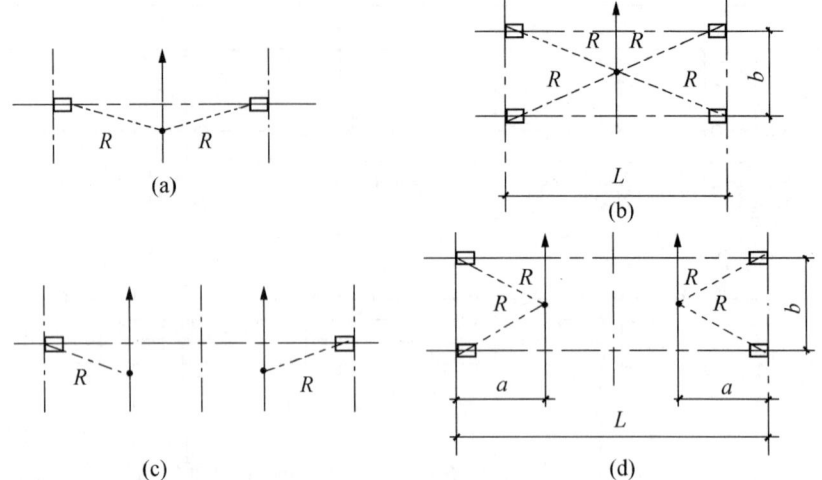

图 9.40　柱吊装时起重机的开行路线和停机位置选择

5. 吊装施工总平面

施工平面图是整个安装方案在建筑场地平面上的综合反映，它表明车间的杯形基础位置、各种构件在现场预制时的位置、扶正准备吊装时的摆放位置、场外制作构件进场摆放位置、吊装时起重机的停机位置和行走方向等，如图 9.41 所示。

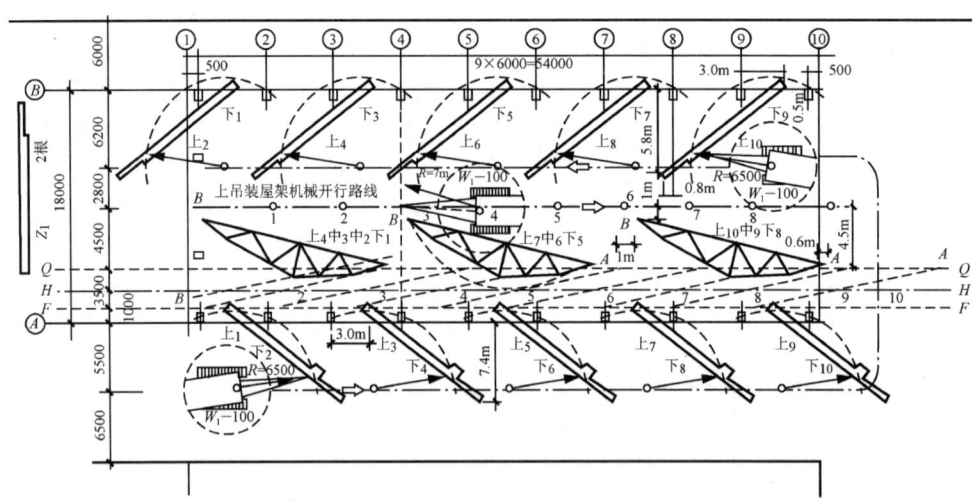

图 9.41　某工业厂房预制构件及结构安装平面布置图

9.2.4　装配式多层混凝土建筑安装

1. 装配式多层混凝土建筑安装的特点

（1）装配式多层混凝土建筑多采用框架结构。

（2）装配式多层混凝土建筑需要解决的问题与单层厂房基本相同：施工前的准备工作、各种构件如何吊装、制订安装方案、选择起重机机型、确定起重机位置、设计施工平面图等。

（3）与单层厂房安装不同的有两点：一是节点构造不一样；二是它的施工除向水平方

向展开外,主要是向上发展。

2．起重机的选择

(1)根据厂房的平面、立剖面形状,确定起重机的安装高度和工作半径。

(2)根据主要构件的自重、最边远的位置,选定起重力矩和最大起重高度。

(3)通过作图或计算,综合选定起重机的型号、臂长、安装高度和安装位置等参数,如图9.42所示。

(4)起重机的安装位置有无轨固定式、轨道式、沿轨道单侧行走、沿轨道外双侧行走等。

3．构件在施工总平面上的布置

以方便构件运输和吊装为原则,构件常布置在建筑物的某一侧。

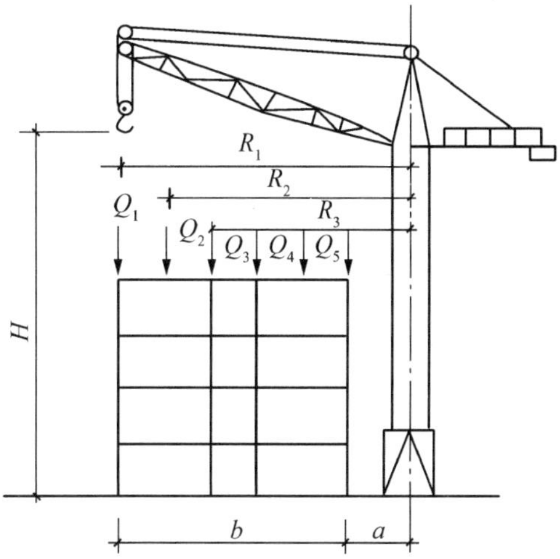

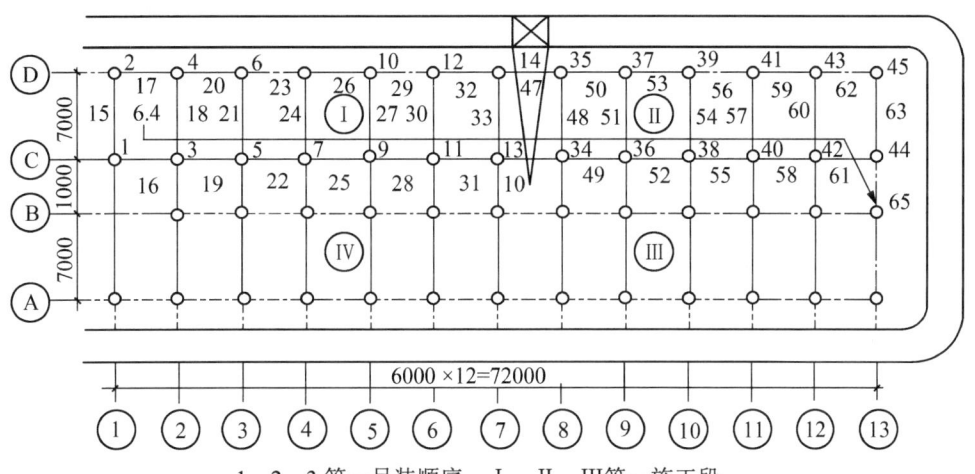

图 **9.42** 轨道塔式起重机的工作参数示意图

4．吊装方法

(1)分件吊装法,采用分层分段流水作业或一段式大流水作业,如图9.43所示。

1、2、3等—吊装顺序;Ⅰ、Ⅱ、Ⅲ等—施工段。

图 **9.43** 多层框架结构分层分段流水吊装顺序(单位:mm)

(2)综合吊装法,以开间为单位,逐个开间一次性把所有构件吊完。

(3)具体选用哪一种吊装方法,要结合实际情况经过分析后确定。

5．节点构造

(1)柱与柱的竖向节点构造如图9.44所示。

(2)柱与梁的水平节点构造如图9.45所示。

(3)梁、柱、板的水平节点。

6．安装方法

梁和板水平起吊,柱竖直起吊,先临时固定,经过校正后才能最后固定。图9.46为多层装配式结构单元,其预制柱脚外伸钢筋加保护如图9.47所示,其中柱和角柱安装临时固定如图9.48、图9.49所示。

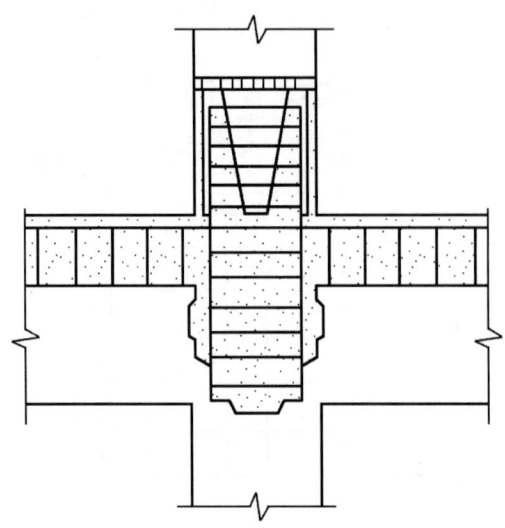

图 9.44 上柱带榫头的整体浇筑混凝土接头

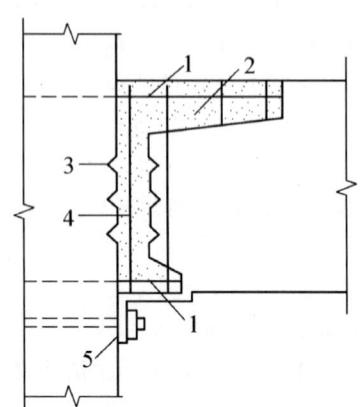

1—钢筋坡口焊接；2—后浇细石混凝土；
3—齿槽；4—附加钢筋；5—临时牛腿。

图 9.45 齿槽式梁柱接头

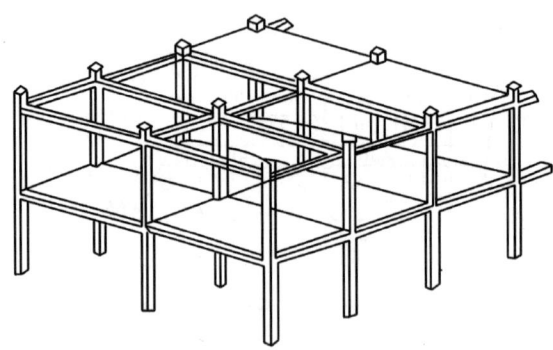

图 9.46 多层装配式结构单元

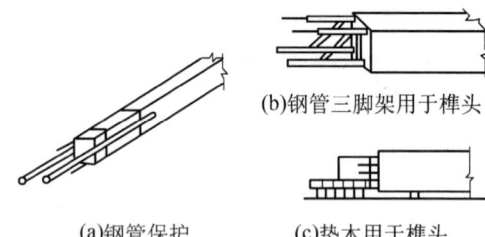

(a) 钢管保护　(b) 钢管三脚架用于榫头　(c) 垫木用于榫头

图 9.47 预制柱脚外伸钢筋加保护

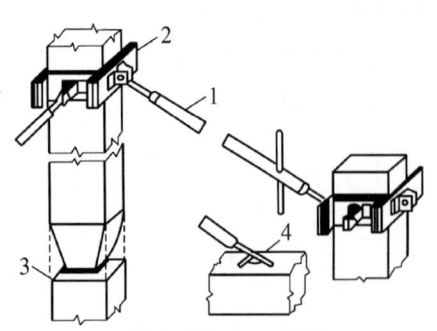

1—管式支撑；2—夹箍；
3—预埋钢板和焊点；4—预埋件。

图 9.48 中柱安装临时固定

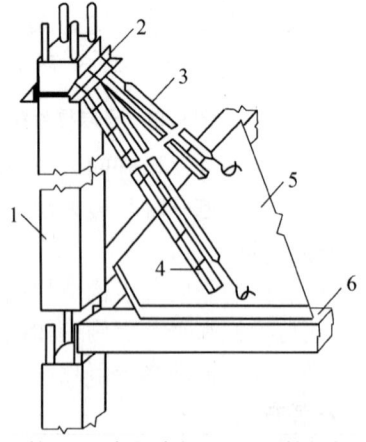

1—柱；2—角钢夹板；3—钢管拉杆；
4—支撑；5—楼板；6—梁。

图 9.49 角柱安装临时固定

能力训练

【任务实施】
现场参观混凝土全装配工业化住宅吊装工程。

【技能训练】
（1）实地考察混凝土单层工业厂房各种构件的吊装方法；
（2）实地考察混凝土单层工业厂房安装中的分件吊装法或综合吊装法；
（3）实地考察履带式起重机在吊装中的工作过程和行走路线；
（4）编制某混凝土单层工业厂房安装方案。

工作任务 9.3 质量验收规范与安全技术

9.3.1 质量验收规范

1. 混凝土装配式结构分项工程

1）一般规定

（1）装配式结构应按混凝土结构子分部工程进行验收；当结构中部分采用现浇混凝土结构时，装配式结构部分可作为混凝土结构子分部工程的分项工程进行验收。装配式结构验收除应符合本规程规定外，尚应符合《混凝土结构工程施工质量验收规范》（GB 50204—2015）的有关规定。

（2）预制构件的进场质量验收，应符合《混凝土结构工程施工质量验收规范》（GB 50204—2015）的有关规定。

（3）装配式结构焊接、螺栓等连接用材料的进场验收，应符合《钢结构工程施工质量验收标准》（GB 50205—2020）的有关规定。

（4）装配式结构的外观质量除设计有专门的规定外，尚应符合《混凝土结构工程施工质量验收规范》（GB 50204—2015）中关于现浇混凝土结构的有关规定。

（5）装配式建筑的饰面质量应符合设计要求，并应符合《建筑装饰装修工程质量验收标准》（GB 50210—2018）的有关规定。

（6）装配式混凝土结构验收时，除应按《混凝土结构工程施工质量验收规范》(GB 50204—2015) 的要求提供文件和记录外，尚应提供下列文件和记录：

① 工程设计文件、预制构件制作和安装的深化设计图；
② 预制构件、主要材料及配件的质量证明文件、进场验收记录、抽样复验报告；
③ 预制构件安装施工记录；
④ 钢筋套筒灌浆、浆锚搭接连接的施工检验记录；
⑤ 后浇混凝土部位的隐蔽工程检查验收文件；
⑥ 后浇混凝土、灌浆料、坐浆材料强度检测报告；
⑦ 外墙防水施工质量检验记录；
⑧ 装配式结构分项工程质量验收文件；
⑨ 装配式工程的重大质量问题的处理方案和验收记录；
⑩ 装配式工程的其他文件和记录。

2）主控项目

（1）后浇混凝土强度应符合设计要求。

检查数量：按批检验，检验批应符合相关规范的要求。

检验方法：按《混凝土强度检验评定标准》(GB/T 50107—2010) 的要求进行。

（2）钢筋套筒灌浆连接及浆锚搭接连接的灌浆应密实饱满。

检查数量：全数检查。

检验方法：检查灌浆施工质量检查记录。

（3）钢筋套筒灌浆连接及浆锚搭接连接用的灌浆料强度应满足设计要求。

检查数量：按批检验，以每层为一检验批；每工作班应制作一组且每层不应少于 3 组 40mm×40mm×160mm 的长方体试件，标准养护 28d 后进行抗压强度试验。

检验方法：检查灌浆料强度试验报告及评定记录。

（4）剪力墙底部接缝坐浆强度应满足设计要求。

检查数量：按批检验，以每层为一检验批；每工作班应制作一组且每层不应少于 3 组边长为 70.7mm 的立方体试件，标准养护 28d 后进行抗压强度试验。

检验方法：检查坐浆材料强度试验报告及评定记录。

（5）钢筋采用焊接连接时，其焊接质量应符合《钢筋焊接及验收规程》(JGJ 18—2012) 的有关规定。

检查数量：按《钢筋焊接及验收规程》(JGJ 18—2012) 的规定确定。

检验方法：检查钢筋焊接施工记录及平行加工试件的强度试验报告。

（6）钢筋采用机械连接时，其接头质量应符合《钢筋机械连接技术规程》(JGJ 107—2016) 的有关规定。

检查数量：按《钢筋机械连接技术规程》(JGJ 107—2016) 的规定确定。

检验方法：检查钢筋机械连接施工记录及平行加工试件的强度试验报告。

（7）预制构件采用焊接连接时，钢材焊接的焊缝尺寸应满足设计要求，焊缝质量应符合《钢结构焊接规范》(GB 50661—2011) 和《钢结构工程施工质量验收标准》(GB 50205—2020) 的有关规定。

检查数量：全数检查。

检验方法：按《钢结构工程施工质量验收标准》(GB 50205—2020)的要求进行。

(8) 预制构件采用螺栓连接时，螺栓的材质、规格、拧紧力矩应符合设计要求及《钢结构设计标准》(GB 50017—2017) 和《钢结构工程施工质量验收标准》(GB 50205—2020) 的有关规定。

检查数量：全数检查。

检验方法：按《钢结构工程施工质量验收标准》(GB 50205—2020)的要求进行。

3) 一般项目

装配式结构尺寸允许偏差应符合设计要求，并应符合表 9-1 中的规定。

表 9-1　装配式结构尺寸允许偏差及检验方法

项目			允许偏差/mm	检验方法
构件中心线对轴线位置	基础		15	尺量检查
	竖向构件（柱、墙、桁架）		10	
	水平构件（梁、板）		5	
构件标高	梁、柱、墙、板底面或顶面		±5	水准尺或尺量检查
构件垂直度	柱、墙	<5m	5	经纬仪或全站仪量测
		≥5m 且<10m	10	
		≥10m	20	
构件倾斜度	梁、桁架		5	垂线、钢尺量测
相邻构件平整度	板端面		5	钢尺、塞尺量测
	梁、板底面	抹灰	5	
		不抹灰	3	
	柱墙侧面	外露	5	
		不外露	10	
构件搁置长度	梁、板		±10	尺量检查
支座、支垫中心位置	板、梁、柱、墙、桁架		10	尺量检查
墙板接缝	宽度		±5	尺量检查
	中心线位置			

检查数量：按楼层、结构缝或施工段划分检验批。在同一检验批内，对梁、柱，应抽查构件数量的 10% 且不少于 3 件；对墙和板，应按有代表性的自然间抽查 10% 且不少于 3 间；对大空间结构，墙可按相邻轴线间高度 5m 左右划分检查面，板可按纵、横轴线划分检查面，抽查 10% 且均不少于 3 面。

2. 钢结构装配式结构分项工程

(1) 钢结构基础施工时，应注意保证基础顶面高程及地脚螺栓位置的准确，其偏差应在允许范围内；

(2) 钢结构安装前，应按照安装明细表检查各个构件，并检查构件的合格证；

(3) 钢结构安装偏差的检测，应在结构形成空间刚度单元并连接牢固后进行，其偏差应在允许范围以内，详见《钢结构工程施工质量验收标准》(GB 50205—2020)。

9.3.2 安全技术

(1) 混凝土和钢结构安装工程施工前,应编制施工安全、环境保护专项方案和安全应急预案。

(2) 作业人员应进行安全生产教育和培训,新上岗作业人员应经过三级安全教育。变换工种时,作业人员应先进行操作技能及安全操作知识的培训,未经安全生产教育和培训合格的作业人员不得上岗作业。

(3) 钢结构施工的平面安全通道宽度不宜小于 600mm,且两侧应设置安全护栏或防护钢丝绳。

(4) 施工机械和设备应符合《建筑机械使用安全技术规程》(JGJ 33—2012)的有关规定。

(5) 安装和拆除塔式起重机时,应有专项技术方案。

(6) 吊装物离地面 200~300mm 时,应进行全面检查,经确认无误后再正式起吊。当风速达到 10m/s 时,宜停止吊装作业;当风速达到 15m/s 时,不得吊装作业。

(7) 施工期间应控制噪声,合理安排施工时间,减少对周边环境的影响;施工区域应保持清洁;夜间施工灯光应向场内照射,焊接电弧应采取防护措施;夜间施工应做好申报手续,按政府相关部门批准的要求施工;现场油漆涂装和防火涂料施工时,应采取防污措施;钢结构安装现场剩下的废料和余料应妥善分类收集,并统一处理和回收利用,不得随意搁置、堆放。

习 题

一、单选题

1. 下列( )不是选用履带式起重机时要考虑的因素。
   A. 起重量 B. 起重动力设备 C. 起重高度 D. 起重半径

2. 柱起吊有旋转法与滑引法,其中旋转法需满足( )。
   A. 两点共弧 B. 三点共弧 C. 降钩升臂 D. 降钩转臂

3. 当施工现场狭窄,柱子的布置不能做到三点共弧时,宜采用( )法吊升。
   A. 斜吊 B. 直吊 C. 旋转 D. 滑行

4. 一般选择( ),可充分发挥起重机的作用,构件组装容易、校正也容易。
   A. 分件吊装法 B. 综合吊装法 C. 一般吊装法 D. 滑行吊装法

5. 选择( ),起重机的开行路短,停机点少,可以及时为后续工作提供工作面,但吊装工作复杂多变,校正较困难。
   A. 分件吊装法 B. 综合吊装法 C. 一般吊装法 D. 滑行吊装法

6. 当跨度在( )以上时,需加横吊梁四点绑扎才能起吊。
   A. 10 B. 15 C. 18 D. 20

二、填空题

1. 当柱自重在_____及以内时,用一点绑扎;当自重超过_____时,用两点绑扎。
2. 当吊车梁采用_____绑扎,构件要保持水平起吊。
3. 钢结构房屋是用钢板或各种型钢,通过_____、_____连接或铆钉连接。
4. 防火涂装应分多层多次完成,可用_____、涂抹、_____等方法,当涂层要求较厚时需加设钢丝网。

三、简答题

1. 单层钢结构厂房常用哪些结构体系?各类构件怎样划分?构件如何制作?
2. 多层和高层钢结构建筑常用哪些结构体系?各类构件怎样划分?构件如何制作?
3. 装配式结构安装施工方案应包括哪些内容?怎样拟定结构安装施工方案?
4. 什么叫分件吊装法、综合吊装法?各有什么特点?各适用于什么情况?
5. 多层混凝土框架结构是怎样进行安装施工的?
6. 请简述多层和高层钢结构房屋的安装过程。

四、案例题

某车间为单层、单跨 18m 的工业厂房,柱距 6m,共 13 个节间,厂房屋架平面图、剖面图如图 9.50 所示,主要构件尺寸如图 9.51 所示,车间主要构件见表 9-2。试完成:

(1)起重机的选择及工作参数计算;

(2)现场预制构件的平面布置与起重机的开行路线。

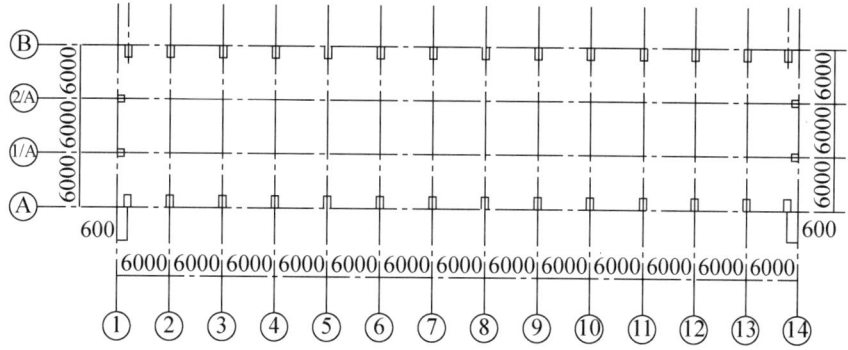

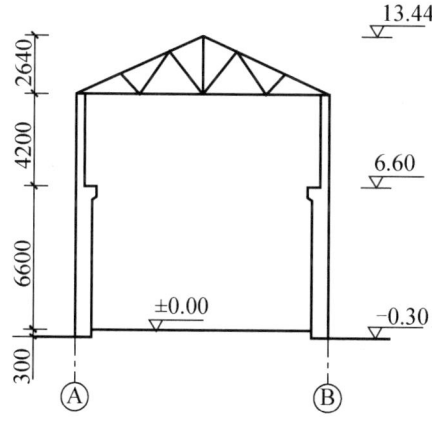

图 9.50 某厂房结构的平面图和剖面图

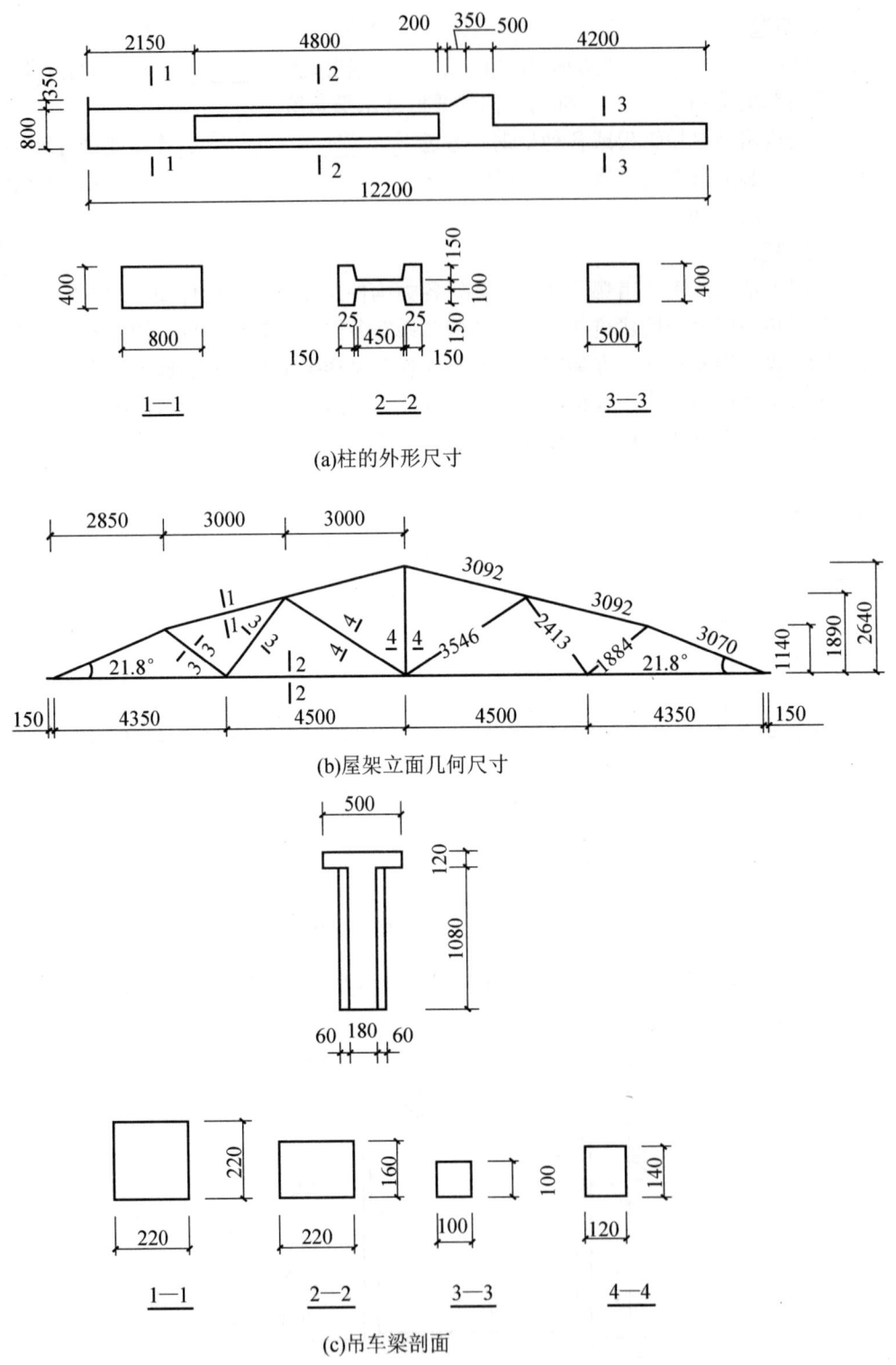

图 9.51 主要构件的尺寸图（单位：mm）

表 9-2　车间主要构件一览表

厂房轴线	构件名称及编号	构件数量	构件质量/t	构件长度/m	安装标高/m
Ⓐ、Ⓑ、①、⑭	基础梁 JL	32	1.51	5.95	
Ⓐ、Ⓑ	连系梁 LL	26	1.75	5.95	+6.60
Ⓐ、Ⓑ	柱 Z1	4	7.03	12.20	−1.40
Ⓐ、Ⓑ	柱 Z2	14	7.03	12.20	−1.40
Ⓐ/①、Ⓑ/②	柱 Z3	4	5.8	13.89	−1.20
①～⑭	屋架 YWJ18-1	14	4.95	17.70	+10.80
Ⓐ、Ⓑ	吊车梁 DL-8Z	22	3.95	5.95	+6.60
Ⓐ、Ⓑ	DL-8B	4	3.95	5.95	+6.60
	屋面板 YWB	156	1.30	5.97	+13.80
Ⓐ、Ⓑ	天沟板 TGB	26	1.07	5.97	+11.40

学习情境 10　建筑防水工程施工

思维导图

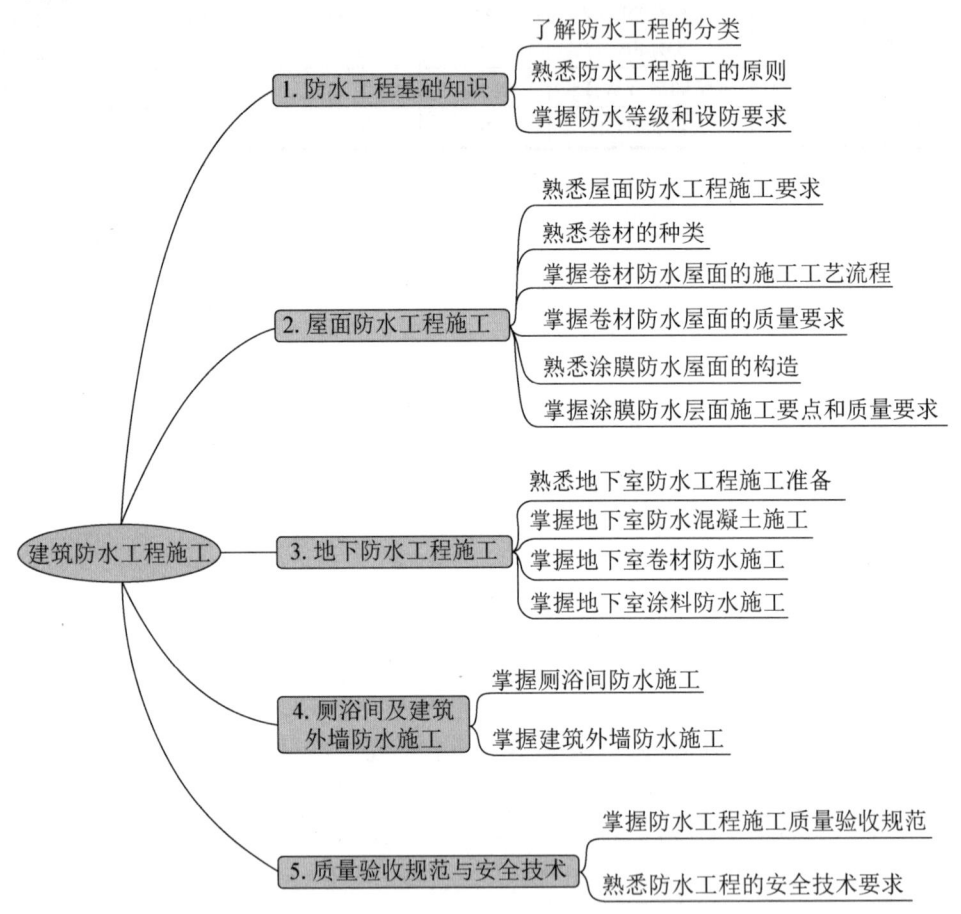

引例

某南方住宅小区做平顶屋面防水设计时，为了减少环境污染、改善劳动条件及施工简便，拟选择耐候性（当地温差大）、耐老化、对基层伸缩或开裂适应性强的卷材，决定选用高分子防水卷材（三元乙丙橡胶防水卷材）。但完工后，发现屋面有大面积渗漏。施工单位为了总结使用新型防水卷材的经验，从施工作业准备和施工操作工艺上进行了调查，发现了一些现象，如材料找坡排水坡度平均只有1%，基层面有少量鼓泡，找平层阴角没有抹成弧形，基层胶粘剂涂布不均匀，局部较厚咬起底胶，卷材接缝不符合要求等。

请思考：造成这些现象最可能的原因是什么？

工作任务 10.1 防水工程基础知识

防水工程是房屋建筑的一项重要工程，其质量的好坏不仅关系到建筑物的使用寿命，而且直接关系到生产活动的开展与人们的生活环境及卫生条件。因此，防水工程在满足设计合理性的同时，必须严格控制施工质量，以保证建筑物的耐久性和正常使用。

10.1.1 防水工程分类

1. 按构造做法分类

建筑工程中的防水工程，按其构造做法可分为两大类：结构构件自防水和材料防水。

（1）结构构件自防水，主要是依靠建筑构件材料自身的密实性和采用伸缩缝、坡度等构造措施，以及嵌缝油膏、埋设止水带等，使得结构构件自身既可承重又具有防水作用。如地下连续墙、底板、顶板及屋面板等防水混凝土构件。

（2）材料防水，是在建筑构件迎水面或背水面以及接缝处附加防水材料做成的防水层，以达到建筑物防水的目的。按照所使用材料不同，防水工程又分为柔性防水（防水卷材、涂膜防水）和刚性防水（金属板防水、瓦屋面防水）。

2. 按工程部位分类

建筑工程中的防水工程，按照其施工部位，可分为屋面防水工程、地下防水工程、厕浴间防水工程、建筑外墙防水工程等。

10.1.2 防水工程施工的原则

地下工程防水的设计和施工应遵循"防、排、截、堵相结合，刚柔相济，因地制宜，综合治理"的原则。地下工程应进行防水设计，并应做到定级准确、方案可靠、施工简便、耐久适用、经济合理，且应符合环境保护的要求，并采取相应措施。地下工程的防水设计，应根据地表水、地下水、毛细管水等的作用，以及由于人为因素引起的附近水文地质的改变来确定。单建式的地下工程，宜采用全封闭、部分封闭的防排水设计，全地下或半地下工程的防水设防高度应高出室外地坪高程500mm以上。地下工程迎水面主体结构应采用防水混凝土，并应根据防水等级的要求采取其他防水措施。

屋面工程设计应遵照"保证功能、构造合理、防排结合、优选用材、美观耐用"的原则，其施工作业应遵照"按图施工、材料检验、工序检查、过程控制、质量验收"的流程。

10.1.3 防水等级和设防要求

1. 地下工程防水等级和设防要求

地下工程的防水等级共分为四级，各等级防水标准应符合表10-1的规定。

表10-1 地下工程防水等级及标准

防水等级	防水标准
一级	不允许渗水，结构表面无湿渍
二级	不允许漏水，结构表面可有少量湿渍。 工业与民用建筑：湿渍总面积不大于总防水面积（包括顶板、墙面、地面）的1‰，任意100m²防水面积上的湿渍不超过2处，单个湿渍面积不大于0.1m²。 其他地下工程：湿渍总面积不大于总防水面积的2‰，任意100m²防水面积上的湿渍不超过3处，单个湿渍面积不大于0.2m²；其中隧道工程还要求平均渗水量不大于0.05L/(m²·d)，任意100m²防水面积上的渗水量不大于0.015L/(m²·d)
三级	有少量漏水点，不得有线流和漏泥沙； 任意100m²防水面积上的湿渍不超过7处，单个湿渍面积不大于0.3m²，单个漏水点的漏水量不大于2.5L/(m²·d)
四级	有漏水点，不得有线流和漏泥沙； 整个工程平均漏水量不大于2L/(m²·d)，任意100m²防水面积的平均漏水量不大于4L/(m²·d)

地下工程不同防水等级的适用范围，应根据工程的重要性和使用中对防水的要求，按表10-2选定。

表10-2 地下工程防水等级及适用范围

等级	适用范围
一级	人员长期停留的场所，因有少量湿渍会使物品变质、失效的贮物场所及严重影响设备正常运转和危及工程安全运营的部位，极重要的战备工程
二级	人员经常活动的场所，在有少量湿渍的情况下不会使物品变质、失效的贮物场所及基本不影响设备正常运转和工程安全运营的部位，重要的战备工程
三级	人员临时活动的场所，一般战备工程
四级	对渗漏水无严格要求的工程

地下工程的防水设防要求，应根据使用功能、使用年限、水文地质、结构形式、环境条件、施工方法及材料性能等因素确定。明挖法地下工程的防水设防要求见表10-3，暗挖法地下工程的防水设防要求见表10-4。

表 10-3 明挖法地下工程的防水设防要求

工程部位	主体						施工缝					后浇带				变形缝（诱导缝）					
防水措施	防水混凝土	防水砂浆	防水卷材	防水涂料	塑料防水板	金属板	遇水膨胀止水条	中埋式止水带	外贴式止水带	外抹防水砂浆	外涂防水涂料	膨胀混凝土	遇水膨胀止水条	外贴式止水带	防水嵌缝材料	中埋式止水带	可卸式止水带	防水嵌缝材料	外贴防水卷材	外涂防水涂料	遇水膨胀止水条
防水等级 1级	应选	应选1~2种					应选	应选2种				应选	应选2种			应选	应选2种				
防水等级 2级	应选	应选1种					应选	应选1~2种				应选	应选1~2种			应选	应选1~2种				
防水等级 3级	应选	宜选1种					应选	宜选1~2种				应选	宜选1~2种			应选	宜选1~2种				
防水等级 4级	宜选	—						宜选1种				应选	宜选1种			应选	宜选1种				

表 10-4 暗挖法地下工程的防水设防要求

工程部位	主体					内衬砌施工缝					内衬砌变形缝（诱导缝）				
防水措施	防水混凝土	塑料防水板	防水砂浆	防水卷材	金属防水层	外贴式止水带	预埋注浆管	防水嵌缝材料	中埋式止水带	水泥基渗透结晶型防水涂料	中埋式止水带	外贴式止水带	可卸式止水带	防水密封材料	遇水膨胀止水条
防水等级 1级	必选	应选1~2种				应选1~2种					应选	应选1~2种			
防水等级 2级	应选	应选1种				应选1种					应选	应选1种			
防水等级 3级	宜选	宜选1种				宜选1种					应选	宜选1种			
防水等级 4级	宜选	宜选1种				宜选1种					应选	宜选1种			

> **特别提示**
>
> 明挖法是指敞口开挖基坑，再在基坑中修建地下工程，最后用土石等回填的施工方法；暗挖法是指不挖开地面，采用从施工通道在地下开挖、支护、衬砌的方式修建隧道等地下工程的施工方法。

2. 屋面工程防水等级和设防要求

屋面工程应根据建筑物的类别、重要程度、使用功能要求等确定防水等级，并按相应等级进行防水设防；对防水有特殊要求的建筑屋面，应进行专项防水设计。屋面工程防水等级和设防要求见表 10-5。

表 10-5 屋面工程防水等级和设防要求

防水等级	建筑类型	设防要求
一级	重要建筑和高层建筑	两道防水设防
二级	一般建筑	一道防水设防

能力训练

【任务实施】

参观某工程的防水工程施工过程。

【技能训练】

通过参观实训,熟悉防水工程的分类和设防要求,并书写参观实习报告。

工作任务 10.2 屋面防水工程施工

屋面防水工程是房屋建筑中一项重要的工程。屋面应根据建筑物的性质、重要程度、使用功能要求,按不同屋面防水等级进行设防,具体防水等级和设防要求见表 10-5。

屋面防水按照构造,分为卷材防水屋面、涂膜防水屋面、瓦屋面、金属板屋面及玻璃采光顶屋面等。屋面防水可进行多道设防,将卷材、涂料、瓦等重合使用,也可以将卷材叠层施工。屋面防水常用的是卷材防水和涂膜防水。

10.2.1 施工准备

屋面工程施工前应进行图纸会审,施工单位应掌握施工图中的细部构造及有关技术要求,编制屋面工程专项施工方案,并经监理单位或建设单位审查确认后执行。对屋面工程采用的新技术,应按有关规定经过科技成果鉴定、评估或新产品、新技术鉴定。施工单位应对新的或首次采用的新技术进行工艺评价,并制定相应技术质量标准。屋面工程所用的防水、保温材料应有产品合格证书和性能检测报告,材料的品种、规格、性能等必须符合国家现行产品标准和设计要求。产品质量应由经过省级以上建设行政主管部门对其资质认可和质量技术监督部门对其计量完成认证的质量检测单位来进行检测。

10.2.2 卷材防水屋面施工

1. 卷材的种类

卷材防水屋面是指用胶粘剂或热熔法逐层粘贴卷材进行防水的屋面,具有自重轻、防水性能较好的优点,其构造层次如图 10.1 所示。防水卷材是一种由工厂制作成型的可卷曲的片状防水材料,目前常用的有沥青防水卷材、高聚物改性沥青防水卷材和合成高分子防水卷材等。

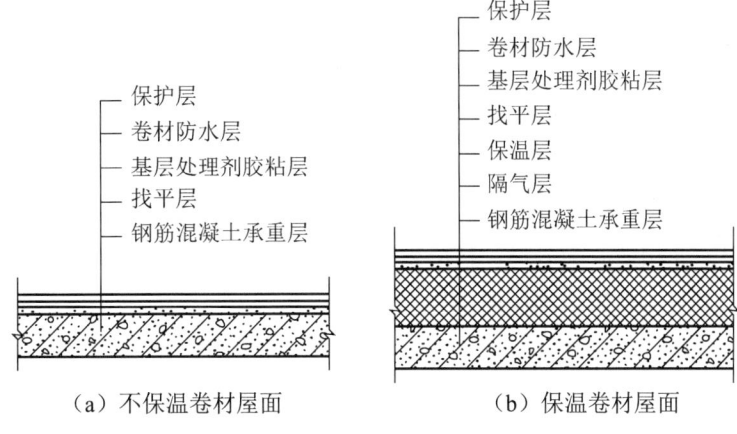

(a)不保温卷材屋面　　　　(b)保温卷材屋面

图 10.1　卷材防水屋面的构造层次

1)沥青防水卷材

凡用原纸或玻璃布、石棉布、棉麻织品等胎料浸渍石油沥青(或焦油沥青)制成的卷状材料,称为浸渍卷材(有胎卷材);将石棉、橡胶粉等掺入沥青材料中,经碾压制成的卷状材料称为辊压卷材。

2)高聚物改性沥青防水卷材

高聚物改性沥青防水卷材是以合成高分子聚合物改性沥青为涂盖层,以纤维织物或纤维毡为胎体,以粉状、粒状料制成的薄膜材料为覆面材料而制成的可卷曲的片状防水材料。

常用的高聚物改性沥青防水卷材,主要有 SBS 改性沥青防水卷材、APP 改性沥青防水卷材、PVC 改性煤焦油防水卷材、再生胶改性沥青防水卷材、废胶粉改性沥青防水卷材等,最常用的是 SBS 改性沥青防水卷材和 APP 改性沥青防水卷材。

> **特别提示**
>
> SBS 改性沥青防水卷材中的 SBS 橡胶属热塑性橡胶,具有优异的低温性能,在-75℃仍保持柔软性,脆点为-100℃,因而该种改性沥青防水卷材具有优良的低温性能,特别适用于寒冷地区和结构变形频繁的建筑物防水。
>
> APP 改性沥青防水卷材中的 APP 树脂与沥青有良好的相容共混性,有非常好的稳定性,受高温、阳光照射后分子结构不会重新排列,从而提高了沥青的软化点。APP 改性沥青防水卷材耐热度可达 130℃,具有优良的耐高温性能,特别适用于高温或太阳强烈照射地区的建筑物防水。

3)合成高分子防水卷材

合成高分子防水卷材是以合成橡胶、合成树脂或两者的共混体为基料,加入适量化学助剂和填充料,经一定工序加工而成的可卷曲片状防水材料,或是将上述材料与合成纤维等复合形成的两层以上的有胎防水材料。这种卷材具有抗拉强度高、抗撕裂强度高、断裂伸长率大、耐热性好、低温柔性好、耐腐蚀、耐老化、可冷施工等一系列优异性能,可采用冷粘铺贴、焊接、机械固定等工艺施工,适用于各种屋面防水、地下室防水,但不适用于屋面有复杂设施、平面标高多变的和小面积的防水工程。

4）防水卷材的选用

防水卷材可按合成高分子防水卷材和高聚物改性沥青防水卷材选用，其外观质量和品种、规格应符合国家现行有关材料标准的规定。

使用时应根据当地历年最高气温、最低气温、屋面坡度和使用条件等因素，选择与耐热度、低温柔性相适应的卷材；应根据地基变形程度、结构形式、当地年温差、当地日温差和振动等因素，选择与拉伸性能相适应的卷材；应根据屋面卷材的暴露程度，选择与耐紫外线、耐老化、耐霉烂性能相适应的卷材；种植隔热屋面的防水层，应选择耐根穿刺防水卷材。

2．卷材防水屋面的施工过程

1）屋面结构层处理

屋面防水施工

屋面结构刚度的大小，对屋面变形大小起主要作用。为了减少防水层受屋面结构变形的影响，必须提高屋面的结构刚度。因此，屋面结构层最好是整体现浇混凝土。在必须采用装配式钢筋混凝土板时，相邻板的板缝底宽不应小于 20mm；嵌填板缝时，板缝应清理干净，保持湿润，填缝采用强度等级不小于 C20 的细石混凝土。为了增加混凝土密实性，宜在细石混凝土中掺入微膨胀剂，并振捣密实，板缝嵌填高度应低于板面 10～20mm；当板缝宽度大于 40mm 或上窄下宽时，为防止灌缝的混凝土干缩受振动后掉落，板缝内应放置构造钢筋。

2）找平层施工

找平层的作用是保证卷材铺贴平整，粘接牢固。找平层可采用 1∶2.5 水泥砂浆、细石混凝土或 1∶8 沥青砂浆，沥青砂浆多在冬雨期或采用水泥砂浆有困难和抢工期时采用。

（1）找平层厚度和技术要求：与基层的结构形式有关，具体要求见表 10-6。

表 10-6 找平层厚度和技术要求

找平层分类	适用的基层	厚度/mm	技术要求
水泥砂浆	整体现浇混凝土板	15～20	1∶2.5 水泥砂浆
	整体材料保温层	20～25	
细石混凝土	装配式混凝土板	30～35	C20 混凝土，宜加钢筋网片
	板状材料保温层		C20 混凝土

（2）找平层在转角处的要求：两个面的相接处如女儿墙、天沟、屋脊等，均应做成圆弧（其半径采用沥青卷材时为 100～150mm，采用高聚物改性沥青卷材时为 50mm，采用合成高分子卷材时为 20mm）。

（3）找平层的排水坡度应符合设计要求：平屋面采用结构找坡不应小于 3%，采用材料找坡宜为 2%；天沟、檐沟纵向找坡不应小于 1%，沟底水差不得超过 200mm。

（4）找平层的施工要求如下。

① 找平层施工宜设分格缝，缝宽一般为 5～20mm，缝内应嵌填密封材料。分格兼作排气道时，分格缝可适当加宽，并应与保温层连通。分格缝应留设在板端缝处，其纵横缝的最大间距，水泥砂浆或细石混凝土找平层不宜大于 6m，沥青砂浆找平层不宜大于 4m。

② 水泥砂浆及细石混凝土找平时，基层应清扫干净并洒水湿润（有保温层时不得洒水）；在砂浆初凝后、终凝前进行二次压光；铺设 12h 后，应洒水养护或喷冷底子油养护，不得出现酥松、起砂、起皮等现象。

③ 沥青砂浆找平时，基层必须干燥，然后满涂冷底子油 1～2 道，待冷底子油干燥后

可铺设沥青砂浆，其虚铺厚度为压实后厚度的 1.30～1.40 倍。沥青砂浆需热施工，一般拌制温度为 140～170°C，铺设温度为 90～120°C，待砂浆刮平时即用火辊进行滚压，滚压至表面平整、密实、无蜂窝、无压痕。沥青砂浆铺设后应防止雨水、露气浸入。

3）基层处理剂施工

为使卷材与基层粘接良好，不发生腐蚀等侵害，在选用基层处理剂时应与卷材性质相容，基层处理剂可采用喷涂法或涂刷法施工。施工时，喷涂应均匀一致，当喷涂多遍时，后一遍喷涂应在前一遍干燥后，在最后一遍喷涂干燥后方可铺贴卷材。节点、周边、拐角处若与大面同时喷涂，边角处就很难均匀，并常常出现漏涂和堆积现象；为保证这些部位更好地粘接，对节点、周边、拐角等处应先用小毛刷或其他小工具进行涂刷。

> **特别提示**
>
> 冷底子油为石油沥青加溶剂溶解而成，有两种方法制造。
>
> （1）将沥青加热熔化，使其脱水不再起泡为止；再将熔好的沥青倒入桶中冷却，待达到 110～140℃ 时，将沥青呈细流状慢慢注入一定量的溶剂中，并不停搅拌，直至沥青完全加完、溶解均匀为止。
>
> （2）与上述方法一样，将熔好的沥青倒入桶或壶中，待冷却至 110～140℃ 后，将溶剂按配合比要求分批注入沥青熔液中，边加边不停地搅拌，直至加完、溶解均匀为止。

4）卷材防水层施工

（1）施工顺序：防水层施工前，应将油毡上滑石粉或云母粉刷干净，以增加油毡与沥青胶的黏结能力，并随时做好防火安全工作。

卷材铺设应按"先高后低，先远后近"的顺序进行，即高低跨屋面，先铺高跨后铺低跨；等高的大面积屋面，先铺离上料地点远的部位，后铺较近的部位，避免破坏已铺好的屋面。在一个单跨房屋铺贴时，先铺贴排水比较集中的部位，按标高由低到高铺贴，坡与立面的卷材应由下向上铺贴，使卷材按流水方向搭接。

每一跨在大面积卷材铺贴前，应先做好节点、附加层和排水较为集中部位（水落口处、檐口、天沟等）的防水处理，然后由屋面最低标高处向上铺贴，以保证顺水搭接。铺贴天沟、檐沟卷材时，宜顺天沟、檐口方向，以减少搭接。

（2）搭接方法及宽度要求：铺贴卷材采用搭接法，上下层及相邻两幅卷材的搭接缝应错开，且不得小于幅宽的 1/3。平行于屋脊的搭接应顺流水方向，搭接宽度应符合表 10-7 的要求。相邻两幅卷材短边搭接缝应错开，且不得小于 500mm；叠层铺设的各层卷材，在天沟与屋面的连接处应采用搭接法搭接，搭接缝应错开，接缝宜留在屋面或天沟侧面，不宜留在沟底。

表 10-7 卷材搭接的宽度

卷材类别		搭接宽度/mm
合成高分子防水卷材	胶粘剂	80
	胶粘带	50
	单缝焊	60，有效焊接宽度不小于 25
	双缝焊	80，有效焊接宽度 10×2＋空腔宽
高聚物改性沥青防水卷材	胶粘剂	100
	自粘	80

（3）铺设方向：卷材的铺设方向应根据屋面坡度或屋面是否受振动按规范确定。当屋面坡度小于 3%时，卷材宜平行屋脊铺贴；屋面坡度在 3%～15%时，卷材可平行或垂直于屋脊铺贴；屋面坡度大于 15%或屋面受振动时，沥青防水卷材应垂直于屋脊铺贴，高聚物改性沥青防水卷材和合成高分子防水卷材由于耐温性好、厚度较薄、不存在流淌问题，因此可平行或垂直于屋脊铺贴。卷材屋面的坡度不宜超过 25%，当不能满足坡度要求时，应采取防止卷材下滑的措施。在卷材铺设时，上下层卷材不得相互垂直铺贴。

平行于屋脊的搭接缝，应顺流水方向搭接；垂直于屋脊的搭接缝，应顺主导风向搭接。卷材垂直于屋脊处铺贴要求，如图 10.2 所示。

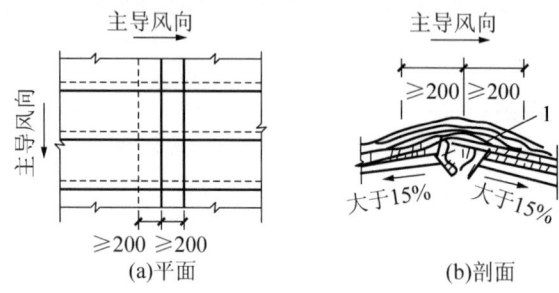

图 10.2　卷材垂直于屋脊处铺贴要求（单位：mm）

（4）铺贴方法：防水卷材的铺贴方法有多种，应根据屋面卷材类型及基层的结构类型、干湿程度等实际情况来选择。

① 根据铺贴形式不同，一般有满粘法、点粘法、条粘法和空铺法等铺贴方法。满粘法适用于屋面面积较小、屋面结构变形较小、找平层干燥的情况，点粘法、条粘法和空铺法多用于构件变形较大、基层潮湿、做排气屋面的情况。

采用点粘法、条粘法和空铺法施工时必须注意：距离屋面周边 800mm 内的防水层应满粘，保证防水层四周与基层黏结牢固；卷材与卷材之间应满粘，保证搭接严密。

> **特别提示**
>
> （1）满粘法是指防水卷材与基层全部黏结的施工方法。
> （2）点粘法是指卷材与下面的基层小部分黏结，黏结部位为点状；一般 $1m^2$ 内黏结不少于 5 点，每点面积为 100mm×100mm。
> （3）条粘法是指铺贴防水卷材时，卷材与基层采用条状黏结的施工方法；每幅卷材与基层黏结面不少于两条，每条宽度不小于 150mm。
> （4）空铺法是指铺贴防水卷材时，卷材与基层仅在四周一定宽度内黏结，其余部分采取不黏结的施工方法。

② 根据施工方法不同，沥青防水卷材一般采用浇油、刷油等方法进行铺贴，但工程中已很少使用；高聚物改性沥青防水卷材依据其品种不同，可采用热熔法、冷粘法和自粘法施工；合成高分子防水卷材的铺贴方法，有冷粘法、自粘法和热风焊接法等。

知识链接 10-1

SBS 改性沥青防水卷材热熔法施工在全国范围内被禁止是大势所趋。

SBS 改性沥青防水卷材在改革开放初期曾被大量使用在建筑防水工程中，因高温不流淌、低温不脆裂、韧性强、弹性好、抗腐蚀、耐老化等特性，特别适用于高温或有强烈太阳辐射地区的建筑物防水，因此特别受欢迎。

SBS改性沥青防水卷材热熔法施工

但该工法是用明火作业，存在火灾隐患，而近些年因为明火施工防水卷材导致的火灾事故频频见诸报道，由 SBS 改性沥青防水卷材明火施工引起的火灾也一直警钟长鸣。如 2008 年 11 月 11 日济南奥体中心火灾即因防水材料被引燃，2010 年 3 月 13 日廊坊市霸州益津市场内一个瓷砖门市部起火，2010 年 10 月 24 日吉林某中学做防水用喷灯时引发火灾，2013 年 4 月 19 日上海奉贤区亿星商务大厦工地、2013 年 7 月 3 日北京屋漏做防水均"火烧连营"，2013 年 5 月 16 日邢台一饭店起火也因防水施工操作不当，2014 年 9 月 25 日长春同心花园楼顶防水引发火灾，2015 年 5 月 13 日绍兴一印染厂屋面补漏引发火灾。几乎每年都有因防水卷材明火施工引发的火灾事故，明火热熔法施工亟待禁止。

2014 年 3 月 15 日，北京市住房和城乡建设委员会、北京市规划委员会、北京市市政市容管理委联合发布《北京市推广、限制和禁止使用建筑材料目录（2014 年版）》的通知，严禁使用明火热熔法施工沥青类防水卷材。全国各地均对此陆续响应。

5）蓄水试验

防水卷材施工完成后，应采用雨后或淋水、蓄水试验，检验卷材防水层是否有渗漏或积水现象。检查屋面有无渗漏、积水和排水系统是否畅通，应在雨后或持续淋水 2h 后进行。蓄水检验的屋面，其蓄水时间不应少于 24h。

6）保护层施工

由于层面防水层长期受阳光辐射、雨雪冰冻、上人活动等影响，很容易遭到破坏，因此必须加以保护，以延长使用年限。常用的各种保护层做法有以下几种。

（1）现浇保护层：一般采用 20mm 厚的水泥砂浆或 30mm 厚掺入适量微膨胀剂的细石混凝土。水泥砂浆保护层的表面应抹平压光，并留设分格缝，分隔面积宜为 1m²；细石混凝土保护层应振捣密实，表面抹平压光，并留设分格缝，分隔面积不大于 36m²。

（2）绿豆砂保护层：多用于非上人沥青卷材屋面。在卷材表面涂刷最后一道沥青玛蹄脂后，趁热铺撒一层粒径为 3～5mm 的绿豆砂（或人工砂），绿豆砂应颗粒均匀并用水冲洗干净，使用时在铁板上预先加热干燥（温度 130～150℃），撒时要均匀，不能有重叠堆积现象。扫过后马上用软辊轻轻滚上一遍，使砂粒一半嵌入沥青玛蹄脂内。

（3）细砂、蛭石及云母保护层：细砂多用于涂膜和沥青玛蹄脂面层的保护层，当最后一次涂刷涂料或冷沥青玛蹄脂时即铺撒均匀；用砂作保护层时，应采用天然水成砂，砂料粒径不得大于涂层厚度的 1/4。蛭石或云母主要用于涂膜防水层的保护层，只能用于非上人屋面。当涂刷最后一道涂料时应边涂刷边撒布细砂、云母或蛭石，同时用软质的胶辊在保护层上反复轻轻滚压，以使保护层牢固地黏结在涂层上。涂层干燥后，应扫除未黏结材料并收集起来再用。

3．防水卷材质量要求

胶粘剂涂刷应均匀，不露底、不堆积；应控制胶粘剂涂刷与卷材铺贴的间隔时间；卷材下面的空气应排尽，并辊压粘牢；卷材铺贴应平整顺直，搭接尺寸准确，不得扭曲、皱折；接缝口应用密封材料封严，宽度不小于 10mm。

10.2.3 涂膜防水屋面

1. 涂膜防水屋面的构造及适用范围

涂膜防水屋面是在屋面基层上涂刷防水涂料，经固化后形成一层有一定厚度和弹性的整体涂膜，从而达到防水目的的一种屋面防水形式，其典型的构造层次如图10.3所示。这种屋面有施工操作简便、无污染、可冷操作、无接缝、能适应复杂基层、防水性能好、温度适应性强、容易修补等特点。

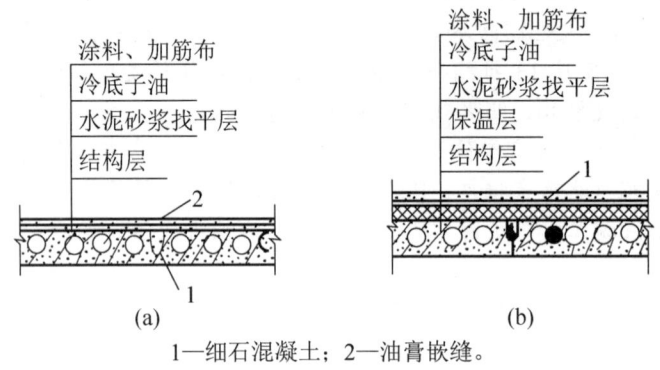

1—细石混凝土；2—油膏嵌缝。

图10.3 涂膜屋面

2. 防水涂料的选择

防水涂料可按合成高分子防水涂料、聚合物水泥防水涂料和高聚物改性沥青防水涂料选用，其外观质量和品种、型号应符合国家现行有关材料标准的规定；应根据当地历年最高气温、最低气温、屋面坡度和使用条件等因素，选择与耐热性、低温柔性相适应的涂料；应根据地基变形程度、结构形式、当地年温差、当地日温差和振动等因素，选择与拉伸性能相适应的涂料；应根据屋面涂膜的暴露程度，选择与耐紫外线、耐老化性能相适应的涂料；屋面坡度大于25%时，应选择成膜时间较短的涂料。

3. 施工要点

1）基层表面清理

涂膜防水层对基层表面有比较严格的要求。基层表面必须坚实平整、洁净干燥。当找平层基层有分格缝时，应用防水油膏嵌填密实。

2）涂刷基层处理剂

应在基层干燥后涂刷一层基层处理剂。基层处理剂可用冷底子油或用稀释后的防水涂料，要涂刷均匀、覆盖完全，等其干燥后再涂刷涂膜防水层。

3）节点和特殊部位附加增强处理

在大面积涂刷涂料之前，应先按设计要求做好节点和特殊部位的附加增强处理。通常的处理方法是：在节点（如水落口、檐沟、女儿墙根部、立管周围、穿墙管、施工缝等）处加铺有胎体增强材料的防水层，即先涂刷一道涂料，随即铺贴事先裁剪好的胎体增强材料，然后用软刷反复刷匀、贴实，干燥后再涂刷一道防水涂料。

水落口、地漏、管道四周与基层交接处，一般先用密封材料密封，再加铺两层胎体增强材料和附加层。檐沟、天沟与屋面交接处,屋面平面与立面交接处,以及水落口、伸出屋面管道根部等部位,应设置卷材或涂膜附加层;屋面找平层分格缝等部位,宜设置卷材空铺附加层,其空铺宽度不宜小于100mm。

4) 涂布防水涂料

防水涂料可采用手工抹压、涂刷和喷涂施工。沥青基涂料大多属于厚质涂料,含有较多的填充料,在使用前应搅拌均匀。涂层厚度应均匀一致、表面平整。由于各种涂料的技术性能不同,每道涂刷厚度应按涂料确定,一道涂层完毕应在其干燥结膜后,方可涂刷后一遍涂料,且前后两遍涂料的涂布方向应相互垂直。防水涂膜应由两层以上涂层组成,涂层总厚度应符合表10-8的要求。对于薄质涂料(高聚物改性沥青防水涂料、合成高分子防水涂料),其最上层涂层应至少涂刮两遍。涂层的接槎是防水屋面的薄弱处,在施工时要引起重视,接槎应在嵌缝处填充嵌缝油膏。

表10-8 每道涂膜防水层最小厚度 单位:mm

防水等级	合成高分子防水涂膜	聚合物水泥防水涂膜	高聚物改性沥青防水涂膜
Ⅰ级	1.5	1.5	2.0
Ⅱ级	2.0	2.0	3.0

5) 铺贴胎体增强材料

为了加强涂膜对基层开裂、房屋伸缩变形和结构变形的抵抗能力,在涂刷第二遍涂料时或第三遍涂料涂刷前,可加铺胎体增强材料。常用的胎体增强材料有纤维布、合成纤维毡、薄聚酯纤维布等。胎体增强材料的铺贴可以采用湿铺法或干铺法施工。

胎体增强材料宜采用聚酯无纺布或化纤无纺布,其长边搭接宽度不应小于50mm,短边搭接宽度不应小于70mm;上下层胎体增强材料的长边搭接缝应错开,且不得小于幅宽的1/3;上下层胎体增强材料不得相互垂直铺设。

6) 保护层施工

为防止涂膜防水收头部位出现翘边现象,所有收头均应用密封材料压边,压边宽度不得小于10mm。收头处的胎体增强材料应裁剪整齐,压入凹槽内,不得出现翘边、皱褶、露白等现象,否则应先进行处理再涂密封材料。

涂膜防水层施工完经验收合格后,在其上面应设置保护层,以提高防水层的合理使用年限。保护层的施工方法和要求与卷材防水屋面基本相同。

4. 质量要求

涂膜防水屋面的施工质量要求包括以下内容。

(1) 防水材料和胎体增强材料必须符合设计要求,施工中要检查材料的出厂合格证、质量检验报告和现场抽样复验报告。

(2) 涂膜防水层不得有渗漏或积水现象。施工完成后要进行雨后或淋水、蓄水检验。

(3) 涂膜防水层在天沟、檐沟、檐口、水落口、泛水、变形缝和伸出屋面管道处的防水构造,必须符合设计要求。

(4) 涂膜防水层的平均厚度应符合设计要求,最小厚度不应小于设计厚度的80%。

(5) 涂膜防水层与基层应粘接牢固,表面平整,涂刷均匀,无流淌、皱褶、鼓泡、露胎体和翘边等缺陷。

(6) 涂膜防水层上的撒布材料或浅色涂膜保护层应铺撒或涂刷均匀,粘接牢固;水泥砂浆、块体或细石混凝土保护层与涂膜防水层间应设置隔离层。

能力训练

【任务实施】

参观某工程的屋面防水工程施工过程。

【技能训练】

通过参观实训，熟悉屋面防水的分类、施工过程及要求，并书写参观实习报告。

工作任务 10.3　地下防水工程施工

地下防水工程，是指对房屋建筑、防护工程、市政隧道、地下铁道等地下工程进行防水设计、防水施工和维护管理等各项技术工作的工程实体。

10.3.1　施工准备

1．材料准备

地下工程所使用防水材料的品种、规格、性能等必须符合现行国家或行业产品标准和设计要求。

防水材料必须经具备相应资质的检测单位进行抽样检验，并出具产品性能检测报告。

防水材料的进场验收应符合下列规定。

（1）对材料的外观、品种、规格、包装、尺寸和数量等进行检查验收，并经监理单位或建设单位代表检查确认，形成相应验收记录。

（2）对材料的质量证明文件进行检查，并经监理单位或建设单位代表检查确认，纳入工程技术档案。

（3）材料进场后按《地下防水工程质量验收规范》（GB 50208—2011）的规定抽样检验，检验应执行见证取样送检制度，并出具材料进场检验报告。

（4）材料的物理性能检验项目全部指标达到标准规定时，即为合格；若有一项指标不符合标准规定，应在受检产品中重新取样进行该项指标复验，复验结果符合标准规定，则判定该批材料为合格。

地下工程使用的防水材料及其配套材料，应符合《建筑防水涂料中有害物质限量》（JC 1066—2008）的规定，不得对周围环境造成污染。

2．场地准备

地下防水工程施工期间，必须保持地下水位稳定在工程底部最低高程 500mm 以下，必要时应采取降水措施。对采用明沟排水的基坑，应保持基坑干燥。

3．人员准备

地下防水工程必须由持有资质等级证书的防水专业队伍进行施工，主要施工人员应持有省级及以上建设行政主管部门或其指定单位颁发的执业资格证书或防水专业岗位证书。

> **特别提示**
>
> 根据《建筑业企业资质标准》（建市〔2014〕159 号），防腐保温工程专业承包企业资质分为一级、二级。一级资质可承担各类建筑防水、防腐保温工程的施工；二级资质可承担单项合同额 300 万元以下建筑防水工程的施工，以及单项合同额 600 万元以下的各类防腐保温工程的施工。

10.3.2 防水混凝土施工

防水混凝土是以调整混凝土配合比或掺外加剂等方法，来提高混凝土本身的密实性，使其具有一定防水能力的整体式混凝土或钢筋混凝土，其抗渗等级不得低于 P6。防水混凝土的设计抗渗等级应符合表 10-9 的规定。

表 10-9　防水混凝土的设计抗渗等级

工程埋置深度 H/m	设计抗渗等级
$H<10$	P6
$10 \leqslant H<20$	P8
$20 \leqslant H<30$	P10
$H \geqslant 30$	P12

注：本表适用于Ⅰ、Ⅱ、Ⅲ类围岩（土层及软弱围岩）；山岭隧道防水混凝土的抗渗等级可按国家现行有关标准执行。

防水混凝土的施工配合比应通过试验确定，试配混凝土的抗渗等级应比设计要求提高 0.2MPa。防水混凝土应满足抗渗等级要求，并应根据地下工程所处的环境和工作条件，满足抗压、抗冻和抗侵蚀性等耐久性要求。防水混凝土的环境温度不得高于 80℃；处于侵蚀性介质中的防水混凝土耐侵蚀要求，应根据介质的性质按有关标准执行。防水混凝土结构底板的混凝土垫层，强度等级不应小于 C15，厚度不应小于 100mm，在软弱土层中不应小于 150mm。

防水混凝土结构厚度不应小于 250mm；裂缝宽度不得大于 0.2mm，并不得贯通；钢筋保护层厚度应根据结构的耐久性和工程环境选用，迎水面钢筋保护层厚度不应小于 50mm。

目前常用的防水混凝土，主要有普通防水混凝土和外加剂防水混凝土。

普通防水混凝土是以调整配合比的方法，提高混凝土自身的密实性和抗渗性；外加剂防水混凝土是在混凝土拌合物中加入少量改善混凝土抗渗性的有机物或无机物，如减水剂、防水剂、引气剂等外加剂。防水混凝土结构具有取材容易、施工简便、工期短、造价低、耐久性好等优点，因此在地下工程防水中应用广泛。

1．防水混凝土对材料的要求

1）水泥

水泥品种宜采用硅酸盐水泥、普通硅酸盐水泥，采用其他品种水泥时应经试验确定；在受侵蚀性介质作用时，应按介质的性质选用相应的水泥品种；不得使用过期或受潮结块的水泥，并不得将不同品种或强度等级的水泥混合使用。

2）砂、石

砂宜选用中粗砂，含泥量不应大于 3.0%，泥块含量不宜大于 1.0%；不宜使用海砂；在没有使用河砂的条件时，应对海砂进行处理后才能使用，且控制氯离子含量不得大于 0.06%；碎石或卵石的粒径宜为 5～40mm，含泥量不应大于 1.0%，泥块含量不应大于 0.5%；对长期处于潮湿环境的重要结构混凝土用砂、石，应进行碱活性检验。

3）水

用于拌制混凝土的水，应符合《混凝土用水标准》（JGJ 63—2006）的有关规定。

4）外加剂

防水混凝土可根据工程需要掺入减水剂、膨胀剂、防水剂、密实剂、引气剂、复合型外加剂及水泥基渗透结晶型材料，其品种和用量应经试验确定，所用外加剂的技术性能应符合国家现行有关标准的质量要求。

5）其他材料

防水混凝土可根据工程抗裂需要掺入合成纤维或钢纤维，纤维的品种及掺量应通过试验确定。

防水混凝土中各类材料的总碱量（Na_2O 当量）不得大于 $3kg/m^3$；氯离子含量不应超过胶凝材料总量的 0.1%。

2．配合比要求

胶凝材料用量应根据混凝土的抗渗等级和强度等级等选用，其总用量不宜小于 $320kg/m^3$；当强度要求较高或地下水有腐蚀性时，胶凝材料用量可通过试验调整。在满足混凝土抗渗等级、强度等级和耐久性条件下，水泥用量不宜小于 $260kg/m^3$；砂率宜为 35%～40%，泵送时可增至 45%；灰砂比宜为 1∶1.5～1∶2.5。防水混凝土采用预拌混凝土时，入泵坍落度宜控制在 120～160mm，坍落度每小时损失值不应大于 20mm，坍落度总损失值不应大于 40mm。掺加引气剂或引气型减水剂时，混凝土含气量应控制在 3%～5%。预拌混凝土的初凝时间宜为 6～8h。使用减水剂时，减水剂宜配制成一定浓度的溶液。

3．施工要点

防水混凝土结构工程质量的优劣，除取决于设计质量、材料性质与配合比成分外，还取决于施工质量的好坏。因此，施工过程中的各主要环节，均应严格遵循施工及验收规范和操作规程的规定。

防水混凝土施工前应做好降排水工作，不得在有积水的环境中浇筑混凝土。

1）模板工程要求

防水混凝土工程所用的模板除满足一般要求外，应特别注意拼缝严密不漏浆，支撑牢固，吸水率小。一般不宜采用对拉螺栓或铁丝贯穿混凝土墙来固定模板，以防止由于螺栓或铁丝贯穿混凝土墙面引起渗漏水。当必须用螺栓贯穿墙固定模板时，必须采取止水措施，可采用螺栓加焊止水环、预埋套管加焊止水环和螺栓加堵头等方法。

防水混凝土结构内部设置的各种钢筋或绑扎铁丝，不得接触模板。用于固定模板的螺栓必须穿过混凝土结构时，可采用工具式螺栓或螺栓加堵头，螺栓上应加焊方止水环。拆模后应将留下的凹槽用密封材料封堵密实，并应用聚合物水泥砂浆抹平，如图 10.4 所示。

2）混凝土浇筑

混凝土应严格按配料单进行配料，为了增强混凝土的均匀性，应采用机械搅拌，搅拌时间比普通混凝土略长，一般不宜小于 2min。对掺外加剂的混凝土，应根据外加剂的技术要求确定搅拌时间。

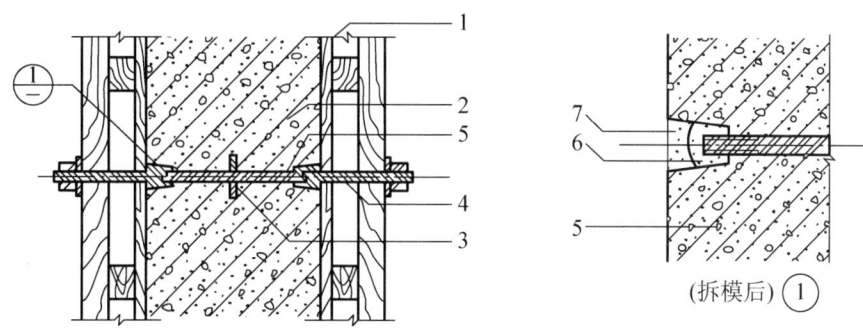

1—模板；2—结构混凝土；3—止水环；4—工具式螺栓；
5—固定模板用螺栓；6—密封材料；7—聚合物水泥砂浆。

图 10.4　固定模板用螺栓的防水构造

防水混凝土拌合物在运输后如出现离析，必须进行二次搅拌。当坍落度损失后不能满足施工要求时，应加入原水胶比的水泥浆或掺加同品种的减水剂进行搅拌，严禁直接加水。

浇筑时应严格做到分层连续进行，每层厚度不得大于 500mm，其自由下落高度不得超过 1.5m，应采用机械振捣，避免漏振、欠振和超振。

3）施工缝

（1）施工缝留设。施工缝是防水的薄弱部位，施工时应尽量连续浇筑，宜少留施工缝。留设施工缝时应满足下列规定：墙体水平施工缝不应留在剪力最大处或底板与侧墙的交接处，应留在高出底板表面不小于 300mm 的墙体上。拱（板）墙结合的水平施工缝，宜留在拱（板）墙接缝线以下 150～300mm 处。墙体有预留孔洞时，施工缝距孔洞边缘不应小于 300mm。垂直施工缝应避开地下水和裂隙水较多的地段，并宜与变形缝相结合。

施工缝的防水构造做法，宜按图 10.5～图 10.8 所示选用。当采用两种以上构造措施时，可进行有效组合。

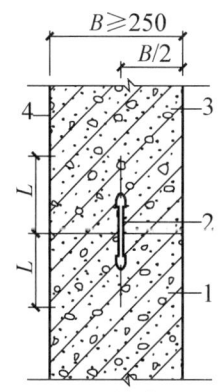 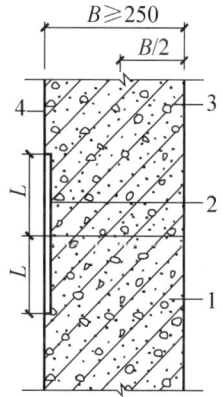

钢板止水带 $L \geq 150$；橡胶止水带 $L \geq 200$；
钢边橡胶止水带 $L \geq 120$；
1—先浇混凝土；2—中埋止水带；
3—后浇混凝土；4—结构迎水面。

外贴止水带 $L \geq 150$；外涂防水涂料 $L \geq 200$；
外抹防水砂浆 $L = 200$；
1—先浇混凝土；2—外贴止水带；
3—后浇混凝土；4—结构迎水面。

图 10.5　施工缝防水构造一（单位：mm）　　**图 10.6　施工缝防水构造二（单位：mm）**

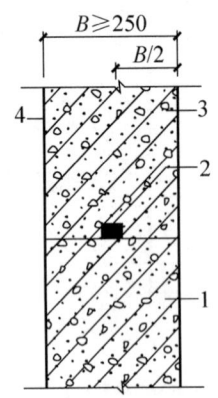 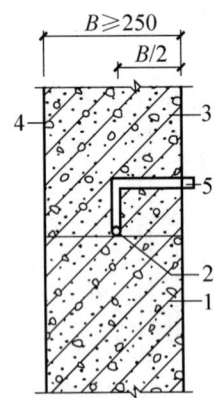

1—先浇混凝土；2—遇水膨胀止水条（胶）；
3—后浇混凝土；4—结构迎水面。

1—先浇混凝土；2—预埋注浆管；3—后浇混凝土；
4—结构迎水面；5—注浆导管。

图 10.7 施工缝防水构造三（单位：mm）　　图 10.8 施工缝防水构造四（单位：mm）

（2）施工缝施工。水平施工缝浇筑混凝土前，应将其表面浮浆和杂物清除，然后铺设净浆或涂刷混凝土界面处理剂、水泥基渗透结晶型防水涂料等材料，再铺 30～50mm 厚的 1∶1 水泥砂浆，并应及时浇筑混凝土；垂直施工缝浇筑混凝土前，应将其表面清理干净，再涂刷混凝土界面处理剂或水泥基渗透结晶型防水涂料，并应及时浇筑混凝土。遇水膨胀止水条（胶）应与接缝表面密贴；选用的遇水膨胀止水条（胶）应具有缓胀性能，7d 的净膨胀率不宜大于最终膨胀率的 60%，最终膨胀率宜大于 220%；采用中埋式止水带或预埋式注浆管时，应定位准确、固定牢靠。

防水混凝土终凝后应立即进行养护，养护时间不得少于 14d。

（3）变形缝施工。变形缝应满足密封防水、适应变形、施工方便、检修容易等要求。用于伸缩的变形缝宜少设，可根据不同的工程结构类别、工程地质情况采用后浇带、加强带、诱导缝等替代措施。变形缝处混凝土结构的厚度不应小于 300mm；用于沉降的变形缝最大允许沉降差值不应大于 30mm；变形缝的宽度宜为 20～30mm。

（4）后浇带施工。后浇带是在建筑施工中为防止现浇钢筋混凝土结构由于自身收缩不均或沉降不均可能产生的有害裂缝，按照设计或施工规范要求，在基础底板、墙、梁等相应位置留设的临时施工缝。

后浇带宜用于不允许留设变形缝的工程部位。后浇带部位在结构中实际形成了两条施工缝，对结构在该处的受力有些影响，所以应设在变形较小的部位，其间距和位置应按结构设计要求确定，宽度宜为 700～1000mm。后浇带一般留成企口缝（凸缝、凹缝、V 形缝、阶梯缝），如图 10.9 所示。

后浇带应在其两侧混凝土龄期达到 42d 后再施工，高层建筑的后浇带施工应按规定时间进行。后浇带应采用补偿收缩混凝土浇筑，其抗渗和抗压强度等级不应低于两侧混凝土。浇筑补偿混凝土前，应将接缝处的表面凿毛，清洗干净，保持润湿，并在中心位置粘贴遇水膨胀的橡胶止水条。

4．防水混凝土冬季施工注意事项

混凝土入模温度不应低于 5℃；混凝土养护应采用综合蓄热法、蓄热法、暖棚法、掺化学外加剂等方法，不得采用电热法或蒸气直接加热法；应采取保湿保温措施。

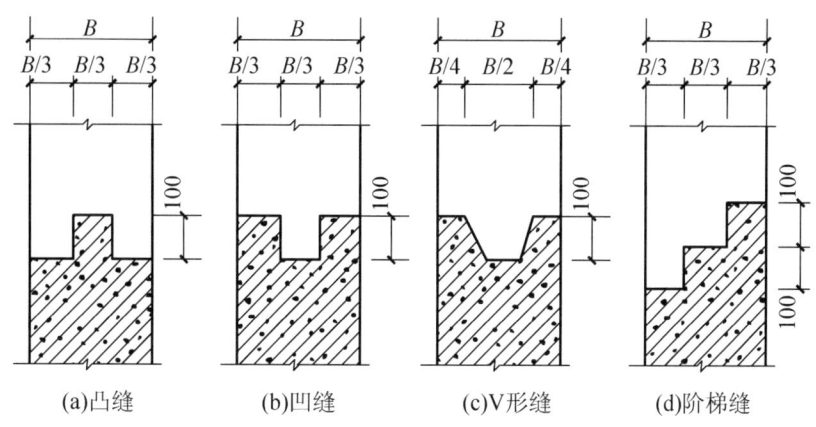

图 10.9 企口缝（单位：mm）

10.3.3 地下室卷材防水施工

地下室卷材防水层的防水做法，根据水的侵入方向分为外防水法和内防水法。

外防水法是将卷材防水层粘贴在地下结构的迎水面，形成一个以防水卷材和防水结构层共同工作的地下结构物，抵抗地下水向建筑物内的渗透；由于防水层在建筑物的外面，故称外防水，是地下防水工程常用的防水方法。

内防水法是将卷材防水层粘贴在地下结构的背水面，即结构的内表面，由于卷材防水可承受的荷载很小，常需要加做刚性内衬层，压紧卷材防水层来抵抗水压力，这种防水做法多用于人防工程、隧道、特种工业基坑工程。

卷材防水层通常用于经常处在地下水环境，且受侵蚀性介质作用或受振动作用的地下工程。

1．材料要求

防水卷材的品种规格和层数，应根据地下工程防水等级、地下水位高低及水压力作用状况、结构构造形式和施工工艺等因素确定。

防水卷材外观质量、品种规格应符合国家现行有关标准的规定；卷材及其胶粘剂应具有良好的耐水性、耐久性、耐刺穿性、耐腐蚀性和耐菌性。

粘贴各类防水卷材，应采用与卷材材性相容的胶粘材料。

2．施工要求

阴阳角处应做成圆弧或 45°坡角，其尺寸应根据卷材品种确定。在转角处、变形缝、施工缝、穿管等部位应铺贴卷材加强层，加强层宽度宜为 300～500mm。

结构底板垫层混凝土部位的卷材可采用空铺法或点粘法施工，其黏结位置、点粘面积应按设计要求确定；侧墙采用外防外贴法的卷材及顶板部位的卷材应采用满粘法施工。

卷材与基面、卷材与卷材间的黏结应紧密、牢固，铺贴完成的卷材应平整顺直，搭接尺寸应准确，不得产生扭曲和皱褶。卷材搭接处和接头部位应粘贴牢固，接缝口应封严或采用材性相容的密封材料封缝。

铺贴立面卷材防水层时，应采取防止卷材下滑的措施。铺贴双层卷材时，上下两层和相邻两幅卷材的接缝应错开1/3～1/2幅宽，且两层卷材不得相互垂直铺贴。

1）外防外贴法的施工要求

（1）应先铺平面，后铺立面，交接处应交叉搭接。

（2）临时性保护墙宜采用石灰砂浆砌筑，内表面宜做找平层。

（3）从底面折向立面的卷材与永久性保护墙的接触部位，应采用空铺法施工；卷材与临时性保护墙或围护结构模板的接触部位，应将卷材临时贴附在该墙上或模板上，并应将顶端临时固定。

（4）当不设保护墙时，从底面折向立面的卷材接槎部位应采取可靠的保护措施。

（5）混凝土结构完成，铺贴立面卷材时，应先将接槎部位的各层卷材揭开，并将其表面清理干净，如卷材有局部损伤，应及时进行修补；卷材接槎的搭接长度，高聚物改性沥青类卷材为150mm，合成高分子类卷材为100mm；当使用两层卷材时，卷材应错槎接缝，上层卷材盖过下层卷材。

卷材防水层甩槎、接槎构造如图10.10所示。

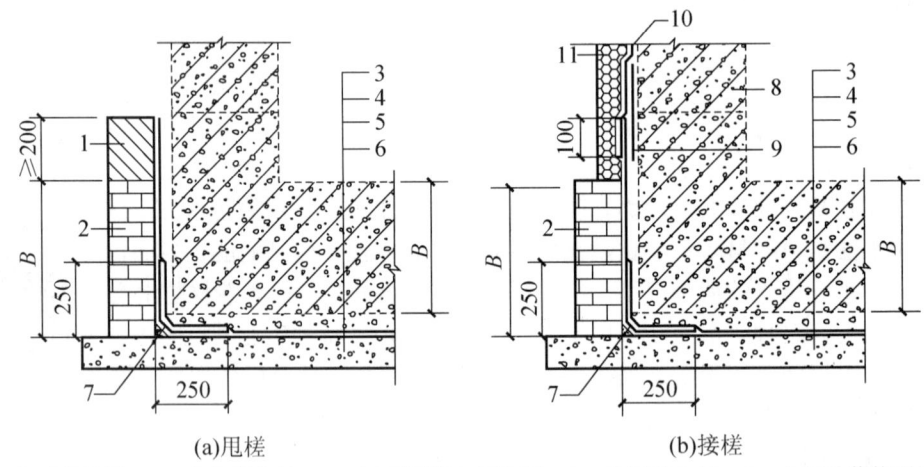

(a)甩槎　　　　　　　　(b)接槎

1—临时保护墙；2—永久保护墙；3—细石混凝土保护层；4—卷材防水层；5—水泥砂浆找平层；6—混凝土垫层；7—卷材加强层；8—结构墙体；9—卷材加强层；10—卷材防水层；11—卷材保护层。

图10.10　卷材防水层甩槎、接槎构造（单位：mm）

2）外防内贴法的施工要求

（1）混凝土结构的保护墙内表面应抹厚度为20mm的1:3水泥砂浆找平层，然后铺贴卷材。

（2）卷材宜先铺立面，后铺平面；铺贴立面时，应先铺转角，后铺大面。

3. 施工过程

卷材防水层的基面应坚实、平整、清洁、干燥，并应涂刷基层剂；当基面潮湿时，应涂刷湿固化型胶粘剂或潮湿界面隔离剂。阴阳角处应做圆弧或折角，并应符合所用卷材的施工要求。

铺贴卷材严禁在雨天、雪天、五级及以上大风中施工；冷粘法、自粘法施工的环境气温不宜低于5℃，热熔法、焊接法施工的环境气温不宜低于-10℃。施工过程中下雨或下雪时，应做好已铺卷材的防护工作。

建筑物地下室采用卷材施工时，一般卷材防水层应铺设在混凝土结构的迎水面。卷材防水层用于建筑物地下室时，应铺设在结构底板垫层至墙体防水设防高度的结构基面上；用于单建式的地下工程时，应从结构底板垫层铺设至顶板基面，并应在外围形成封闭的防水层。外防水卷材的铺贴方法，有外防外贴法和内防内贴法。

1）外防外贴法

外防外贴法是待结构边墙（钢筋混凝土结构外墙）施工完成后，直接把卷材防水层贴在边墙上（即地下结构墙迎水面），最后做卷材防水层的保护层。

施工顺序如下。

（1）在混凝土垫层上和永久保护墙部位抹 1∶3 水泥砂浆找平层，在临时性保护墙上抹 1∶3 砂浆找平层，转角部位抹成圆角。

（2）找平层干燥后，涂刷基层处理剂（或称冷底子油）。在正式铺贴卷材之前，先在立墙与平面交接处做附加层处理，附加层宽度一般为 300～500mm。

（3）铺贴平面和立面卷材防水层，外防外贴法施工时，在平面与立面相连的卷材，应先铺贴平面，然后由下向上铺贴，并使卷材紧贴阴角，不应空鼓。在永久性保护墙上满粘卷材，粘贴要牢固；在临时保护墙上可虚铺卷材并将卷材固定在临时保护墙上端，抹低标号砂浆保护层，以保护接头不被损坏和污染；平面铺贴卷材可以满粘卷材，也可以用条粘法黏结卷材，黏结面积每幅卷材不少于两条，每条宽度不小于 150mm。

（4）浇筑底板和墙体钢筋混凝土。待底板钢筋混凝土结构及立墙结构施工完毕，拆除临时保护墙，在墙体结构上抹 1∶3 水泥砂浆找平层。将卷材接头剥出，清除卷材表面的浮灰及污物，注意切勿将卷材损坏，并在墙体找平层上满涂底子油后，将卷材牢固地满粘在墙体上。卷材防水层施工完毕，经过验收合格，及时用 5mm 厚聚乙烯泡沫塑料片材粘贴在防水层上保护。

外防外贴法卷材防水构造如图 10.11 所示。

外防外贴法的优点是构筑物与保护墙有不均匀沉降时，对防水层影响较小；防水层做好即可进行漏水试验，修补也方便。其缺点是工期较长，占地面积大，底板与墙身接头处卷材易受损。在施工现场条件允许时，多采用此法施工。

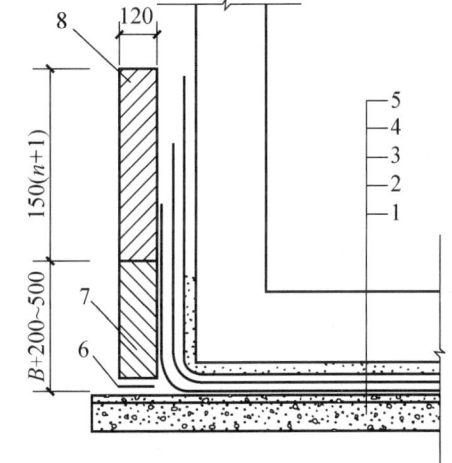

1—垫层；2—找平层卷材防水层；
3—保护层；4、5—构筑物；6—卷材；
7—永久性保护墙；8—临时性保护墙。

图 10.11 外防外贴法卷材防水构造（单位：mm）

2）外防内贴法

外防内贴法是结构边墙（钢筋混凝土结构外墙）施工前先砌保护墙，然后将卷材防水层贴在保护墙上，最后浇筑边墙混凝土的方法。在施工条件受到限制、外防外贴法施工难以实施时，可采用此法。

施工顺序如下。

（1）在已浇筑的混凝土垫层和砌筑的永久性保护墙上，抹 1∶3 的水泥砂浆找平层，要求抹平压光，无空鼓和起砂掉灰现象。

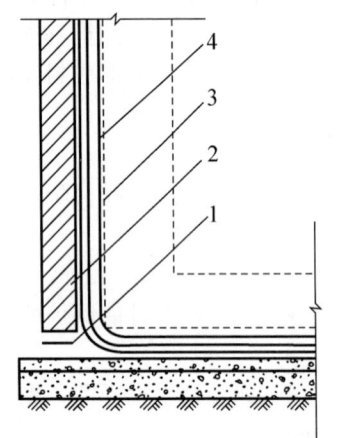

1—平铺油毡层；2—砖保护墙；
3—防水层；4—待施工的地下构筑物

图 10.12 外防内贴法卷材防水构造

（2）找平层干燥后，即可涂刷基层处理剂并铺贴卷材防水层，施工时应先铺贴立面、后铺贴平面，具体铺贴方法与外防外贴法基本相同。

（3）卷材防水层铺贴完毕，经检查验收合格后，对墙体防水层的内侧可按外贴法所述粘贴 5～6mm 厚聚乙烯泡沫塑料片材作保护层，平面可在虚铺油毡保护隔离层后，浇筑 40～50mm 厚的细石混凝土保护层。

（4）按照施工及验收规范或设计要求，绑扎钢筋和浇筑需要防水的混凝土主体结构。对基坑应及时回填二八灰土，分层夯实。

外防内贴法卷材防水构造如图 10.12 所示。

由于外防内贴法施工质量难以检测和补救，且所贴卷材抵抗地下室沉降变形能力差，因此在工程实际中应用较少，仅在施工场地狭窄、外贴法施工难以实施时，不得不采用该种方法。

4．保护层施工

卷材防水层经检查合格后，应及时做保护层，并符合下列规定。

（1）顶板卷材防水层上的细石混凝土保护层，应符合下列规定：①采用机械碾压回填土时，保护层厚度不宜小于 70mm；②采用人工回填土时，保护层厚度不宜小于 50mm；③防水层与保护层之间宜设置隔离层。

（2）底板卷材防水层上的细石混凝土保护层厚度不应小于 50mm。

（3）侧墙卷材防水层宜采用软质保护材料或铺抹 20mm 厚 1∶2.5 水泥砂浆层。

10.3.4 地下室涂料防水施工

涂料防水就是在结构表面基层上涂以一定厚度的防水涂料，防水涂料是以合成高分子材料或以高聚物改性沥青为主要原料，加入适量的化学助剂和填充剂等加工制成的在常温下呈无定形液态的防水材料，经固化后形成封闭的具有良好弹性的涂料防水层。

涂料防水具有质量轻，耐候性、耐水性、耐蚀性好，适用性强，冷作业并易于修理等优点。但也存在涂布厚度不易均匀、抵抗变形能力差、与潮湿基层黏结力差、抵抗动水压力能力差等缺点。

1．材料的选择

涂料防水层应包括无机防水涂料和有机防水涂料。无机防水涂料可选用掺外加剂、掺合料的水泥基防水涂料或水泥基渗透结晶型防水涂料；有机防水涂料可选用反应型、水乳型、聚合物水泥等涂料。

无机防水涂料宜用于结构主体的背水面，有机防水涂料宜用于地下工程主体结构的迎水面，用于背水面的有机防水涂料应具有较高的抗渗性，且与基层有较好的黏结性。

1）防水涂料品种的选择

潮湿基层宜选用与潮湿基面黏结力大的无机防水涂料或有机防水涂料，也可先涂无机防水涂料而后再涂有机防水涂料构成复合防水涂层；冬期施工宜选用反应型涂料；埋置深度较大的重要工程、有振动或有较大变形的工程，宜选用高弹性防水涂料；有腐蚀性的地下环境，宜选用耐腐蚀性较好的有机防水涂料，并应做刚性保护层；聚合物水泥防水涂料应选用Ⅱ型产品。

2）选用防水涂料的注意事项

防水涂料应具有良好的耐水性、耐久性、耐腐蚀性及耐菌性，应无毒、难燃、低污染；无机防水涂料应具有良好的湿干黏结性和耐磨性，有机防水涂料应具有较好的延伸性及较大的适应基层变形能力。

采用有机防水涂料时，基层阴阳角应做成圆弧形，在转角处、变形缝、施工缝、穿墙管等部位应增加胎体增强材料，并应增涂防水涂料，宽度不应小于500mm。

2. 施工要求

（1）多组分涂料应按配合比准确计量，搅拌均匀，并应根据有效时间确定每次配制的用量。

（2）涂料应分层涂刷或喷涂，涂层应均匀，涂刷应待前遍涂层干燥成膜后进行。每遍涂刷时应交替改变涂层的涂刷方向，同层涂膜的先后搭压宽度宜为30~50mm。

（3）涂料防水层的甩槎处接槎宽度不应小于100mm，接涂前应将其甩槎表面处理干净。

（4）采用有机防水涂料时，基层阴阳角处应做成圆弧；在转角处、变形缝、施工缝、穿墙管等部位应增加胎体增强材料和增涂防水涂料，宽度不应小于500mm。

（5）胎体增强材料的搭接宽度不应小于100mm。上下两层和相邻两幅胎体的接缝应错开1/3幅宽，且上下两层胎体不得相互垂直铺贴。

（6）涂料防水层完工并经验收合格后，应及时做保护层。

（7）完成软保护层的施工后，即可按照设计要求或规范规定，分步回填三七或二八灰土，并应分层夯实。

3. 施工过程

无机防水涂料基层表面应干净、平整，无浮浆和明显积水。有机防水涂料基层表面应基本干燥，不应有气孔、凹凸不平、蜂窝麻面等缺陷。涂料施工前，基层阴阳角应做成圆弧形。涂料防水层严禁在雨天、雾天、五级及以上大风时施工，不得在施工环境温度低于5℃和高于35℃或烈日暴晒时施工。涂膜固化前如有降雨可能时，应及时做好已完涂层的保护工作。

地下工程涂料防水层有外防外涂和外防内涂两种施工方法。防水涂料应分层刷涂或喷涂，涂层应均匀，不得漏刷漏涂；接槎宽度不应小于100mm。保护层应符合下列规定：底板、顶板应采用20mm厚1∶2.5水泥砂浆层和40~50mm厚的细石混凝土保护层，防水层与保护层之间宜设置隔离层；侧墙背水面保护层应采用20mm厚1∶2.5水泥砂浆，侧墙迎水面保护层宜选用软质保护材料或20mm厚1∶2.5水泥砂浆。

> **特别提示**
>
> 外防指的是防水层做在建筑地下室的外侧，防水涂料涂在墙外侧的称为外防外涂，防水涂料涂在墙内侧的称为外防内涂。

应用案例 10-1

某工程地下室防水施工方案

1. 工程概况

本工程为二类高层建筑，建筑面积 15023.45m²。地下 1 层，层高 4.2m，地上 13 层（局部 14 层），建筑总高度 49.7m，室内外高差 1.20m。底板面标高-4.25m。筏板厚度 350mm。本工程的地下室防水等级为 I 级。

2. 施工准备

1) 材料准备

根据 I 级的防水等级和设计要求，选用 4mm 聚酯 SBS 防水材料，该材料的主要技术性能指标符合《屋面工程质量验收规范》（GB 50207—2012）的要求。

2) 施工准备

施工机具见表 10-10。

表 10-10 施工机具

序号	名称	用途
1	喷枪	热熔卷材
2	软管	输气
3	液化气罐	储装液化气
4	气压泵	喷冷底子油
5	圆角抹子	热熔辅助工具
6	壁纸刀	下料
7	劳动保护用具	保护人身安全及卷材防水层不受损伤

3) 安全用具

现场施工人员需统一着装，佩戴安全帽、胶鞋、防护手套等安全用具。

4) 施工工序

基层清理（检查）→涂刷基层处理剂（满粘法施工时）→细部构造处理→铺贴大面卷材→卷材收头处理→防水层验收→做保护层。

5) 操作要点

（1）混凝土基层（垫层）应平整、牢固、表面清洁，不得有凝结的砂浆颗粒及尘土杂物；前一道工序必须完毕并将人员撤离现场。

（2）用 2m 长的靠尺检查基层表面的工整情况，最大空隙不得超过 5mm，同时空隙应呈平缓变化。

（3）所有阴、阳角及其他转角处均应做成半径不小于 150mm 的圆弧或斜坡。

（4）基层表面不得有积水现象，地沟立壁的砂浆找平层应平整、干燥，并均匀地涂刷冷底子油。

（5）基层经防水、土建、设计、监理及有关部门联合检查验收合格后，方可进行防水层的施工。

（6）基层的作业情况应做好隐蔽工程记录。

6）施工方法

对土建部分，要求水泥、砂浆、防水层之间必须结合牢固，无空隙现象。

（1）卷材的铺贴采用热熔法施工。

（2）平面卷材采用空铺法施工，即铺贴防水卷材时，卷材与基层仅在四周一定宽度内黏结，其余部分不黏结，采用这种方法施工主要原因如下：

① 找平层的含水率很难达到要求（<9%），卷材无法与基层黏结，因此宜采用空铺法施工；

② 采用空铺法，能使防水层与基层尽量脱开，一旦基层变形，防水层有足够的长度参加应变，可防止卷材被拉裂；

③ 采用满铺法时最少应达到两层设防，单层不应小于4mm。

（3）地沟立壁的卷材宜采用满粘法施工，以浇筑前不脱落为宜。

3. 技术要求和技术质量指示

（1）卷材防水层所用卷材及主要配套材料必须符合设计要求（检查出产合格证、质量检验报告和现场抽样试验报告）。

（2）卷材防水及其转角处、变形缝、穿墙管道等细部做法均须符合设计要求（观察检查和检查隐蔽工程验收记录）。

（3）卷材防水层的基层应牢固，基面应洁净、平整，不得有空鼓、松动、起砂和脱皮现象；基层阴阳角处应做成圆弧形。

（4）卷材防水层的搭接缝应黏（焊）结牢固，密封严密，不得有皱折、翘边和鼓泡等缺陷。

（5）侧墙卷材防水层的保护层与防水层应黏结牢固、结合紧密、厚度均匀一致。

（6）卷材的铺贴方向应正确，卷材搭接宽度的允许偏差为-10mm。

（7）搭接宽度：采用满粘法施工时为100mm，采用空铺法施工时为150mm。

（8）铺贴平面卷材时，应先将卷材铺平、摆正，然后先将卷材的两端热熔与基层或卷材固定，再进行搭接边的黏结，搭接边黏结2～3m时应回过头来，用脚踩实并随即刮平封口。

（9）铺贴立墙卷材时，先将卷材按预定位置试铺摆正，点燃火焰加热器，将卷材末端的背面涂盖层用火焰加热熔融，使其粘贴固定在基层上，然后一手将卷材掀起，一手用火焰加热器加热卷材和基层，待卷材表面呈光亮黑色时（由施工操作人员掌握），将卷材放下，用手拍实卷材于基层上，搭接缝边缘以溢出熔融的改性沥青为宜，并用抹子在冷却前将搭接缝刮平封好。

（10）卷材的粘贴应平整、顺直、搭接尺寸准确，不得扭曲、翘边。

（11）铺贴防水卷材时，相邻两幅卷材的短边搭接缝应相互错开1000mm以上，如采用双层做法时，上、下两层卷材的搭接缝也应错开。

（12）所有阴、阳角应加铺一层500mm宽的卷材。

（13）所有伸缩缝用沥青玛蹄脂填充，并做200mm宽附加。

4. 工程断续保护

改性沥青防水卷材施工过程发生中断时，要做好改性沥青卷材的保护措施，特别是中断期较长或中断期间改性沥青卷材施工现场有外界损坏因素的，必须做好改性沥青卷材保护。工程断续保护主要是防止意外或人为因素对改性沥青卷材的损坏，包括：①机械损坏；

②高空落物损坏；③人为损坏；④风刮剥离；⑤人工或自然堆落物损坏；⑥高温烧烫损坏；⑦化学物质损坏等。

能力训练

【任务实施】

参观某工程的地下室防水工程施工过程。

【技能训练】

通过参观实训，熟悉地下室防水的分类、施工过程及要求，并书写参观实习报告。

工作任务 10.4 厕浴间及建筑外墙防水施工

10.4.1 厕浴间防水施工

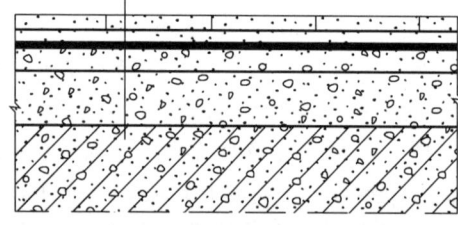

图 10.13 厕浴间防水构造层次

厕浴间防水是建筑物中不可忽视的防水工程部位。厕浴间的防水工程，在作业上采用施工灵便、无接缝涂膜防水做法，亦可选用优质聚乙烯丙纶防水卷材与配套黏结料复合防水做法，以实施冷作业、对人身健康无危害、符合环保要求及安全施工为原则。厕浴间防水构造层次如图 10.13 所示。

1. 基层处理

厕浴间的防水基层必须用 1∶3 的水泥砂浆找平，要求抹平压光无空鼓，表面坚实，不应有起砂、掉灰等现象。在抹找平层时，凡遇到管子周围，要使其略高于地面。在地漏的周围，应做成略低于地面的洼坑。地面向地漏处排水坡度应为 2%，从地漏边缘向外 50mm 内排水坡度为 5%。

大面积公共厕浴间地面应分区，每一个分区设一个地漏。区域内排水坡度为 2%，坡度直线长度不大于 3m。

凡遇到阴阳角处，要抹成半径不小于 10mm 的小圆弧，与找平层相连接的管件、卫生洁具、排水口等必须安装牢固，收头圆滑，按设计要求用密封膏嵌固。基层必须基本干燥，一般在基层表面均匀泛白无明显水印时，才能进行涂料防水层施工。施工前要把基层表面的尘土杂物彻底清扫干净。

2. 施工工艺

厕浴间防水施工应先做立墙、后做地面。

工艺流程：清理基层→细部附加层施工→第一遍涂膜施工→第二遍涂膜

施工→第三遍涂膜和粘砂粒施工→第一次蓄水试验→保护层、饰面层施工→第二次蓄水试验→工程质量验收。

（1）清理基层：基层表面必须认真清扫干净。

（2）细部附加层施工：厕浴间的地漏、管根、阴阳角等处，应用单组分聚氨酯涂刮一遍做附加层处理。

（3）第一遍涂膜施工：以单组分聚氨酯涂料用橡胶刮板在基层表面均匀涂刮，厚度一致，涂刮量以 0.6～0.8kg/m² 为宜。

（4）第二遍涂膜施工：在第一遍涂膜固化后，再进行第二遍聚氨酯涂刮。对平面的涂刮方向应与第一遍刮涂方向相垂直，涂刮量与第一遍相同。

（5）第三遍涂膜和粘砂粒施工：第二遍涂膜固化后，进行第三遍聚氨酯涂刮，达到设计厚度。在第三遍涂膜施工完毕尚未固化时，在其表面应均匀地撒上少量干净的粗砂，以增加与即将覆盖的水泥砂浆保护层之间的黏结。

厕浴间防水层经多遍涂刷，单组分聚氨酯涂膜总厚度应大于或等于 1.5mm。

（6）第一次蓄水试验：在做完全部防水层干涸 48h 以后，蓄水 24h，未出现渗漏为合格。

（7）保护层、饰面层施工：蓄水试验验收合格后，才可进行保护层、饰面层施工。

（8）第二次蓄水试验：在保护层或饰面施工完工后，应进行第二次蓄水试验，以确保防水工程质量。

3．成品保护

操作人员应严格保护已做好的涂膜防水层，并及时做好保护层。在做保护层以前，非防水施工人员不得进入施工现场，以免损坏防水层。地漏要防止杂物堵塞，确保排水畅通。施工时，不允许涂膜材料污染已做好饰面的墙壁、卫生洁具、门窗等。材料必须密封储存于阴凉干燥处，严禁与水接触；存放材料地点和施工现场必须通风良好；存料及施工现场严禁烟火。

4．厕浴间防水施工细部构造

图 10.14～图 10.16 所示依次为厕浴间地漏防水细部做法、厕浴间管道穿墙防水细部做法和厕浴间立管防水细部做法。

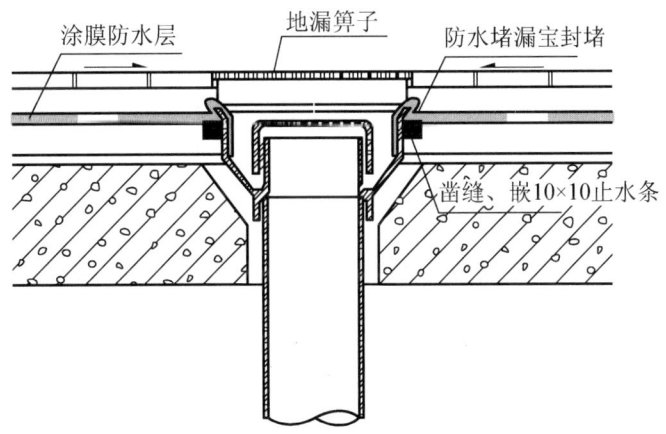

图 10.14　厕浴间地漏防水细部做法（单位：mm）

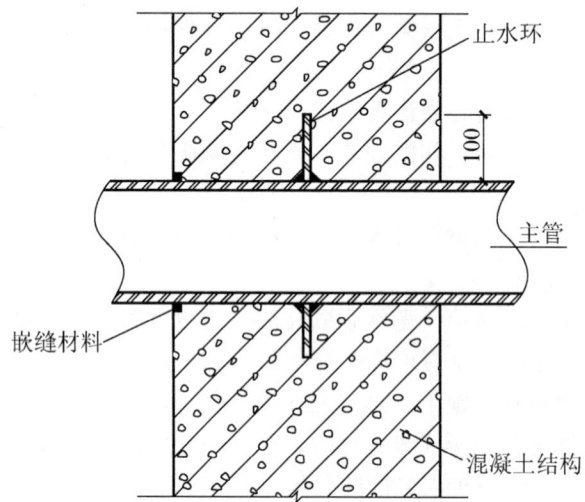

图 10.15　厕浴间管道穿墙防水细部做法（单位：mm）

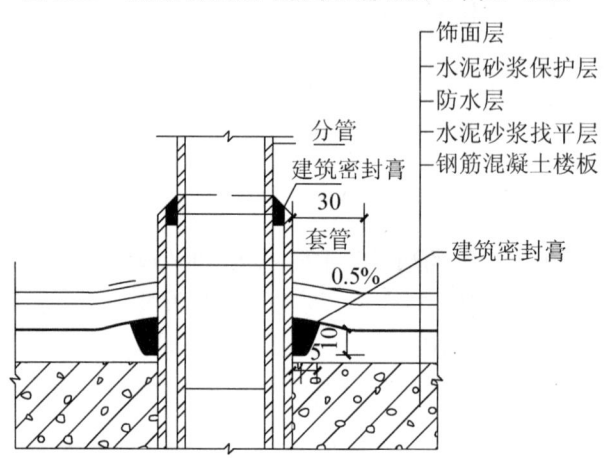

图 10.16　厕浴间立管防水细部做法（单位：mm）

10.4.2　建筑外墙防水施工

建筑外墙防水，是指阻止水渗入建筑外墙以满足墙体使用功能的构造及措施。建筑外墙防水应具有防止雨水、雪水侵入墙体的基本功能，并应具有抗冻融、耐高低温、承受风荷载等性能。

1．建筑外墙防水基本要求

（1）有下列情况之一的建筑外墙，宜进行墙面整体防水：①年降水量≥800mm 地区的高层建筑外墙；②年降水量≥600mm 且基本风压≥0.5kN/m² 地区的外墙；③年降水量≥400mm 且基本风压≥0.4kN/m² 地区有外保温的外墙；④年降水量≥500mm 且基本风压≥0.35kN/m² 地区有外保温的外墙；⑤年降水量≥600mm 且基本风压≥0.3kN/m² 地区有外保温的外墙。

（2）建筑外墙墙面整体防水设防设计应包括以下内容：外墙防水防护工程的构造设计、防水防护层材料选择、节点构造的密封防水措施。

（3）建筑外墙节点构造防水设防设计，应包括门窗洞口、雨篷、阳台、变形缝、穿墙管道、女儿墙压顶、外墙预埋件、预制构件等交接部位的防水设防。

（4）建筑外墙的防水防护层应设置在迎水面。

（5）不同结构材料的交接处，应采用每边不少于150mm的耐碱玻璃纤维网格布或经防腐处理的金属网片做抗裂增强处理。

（6）外墙各构造层次之间应黏结牢固，并宜进行界面处理。界面处理材料的种类和做法应根据构造层次、材料确定。

（7）建筑外墙防水防护材料选用时，应根据工程所在地区的环境及施工时的气候、气象条件选取。

（8）建筑外墙外保温的相应做法要求按《外墙外保温工程技术标准》（JGJ 144—2019）的规定执行。

2．施工要求

（1）防水层不得有渗漏现象。

（2）使用的材料应符合设计要求。

（3）找平层应平整、坚固，不得有空鼓、酥松、起砂、起皮现象。

（4）面砖、块材的勾缝应连续、平直、密实，无裂缝、无空鼓。

（5）门窗洞口、穿墙管、预埋件及收头等部位的防水构造，应符合设计要求。

（6）砂浆防水层应坚固、平整，不得有空鼓、开裂、酥松、起砂、起皮现象。

（7）涂膜防水层应无裂纹、皱褶、流淌、鼓泡和露胎体现象。

（8）防水透气膜应铺设平整、固定牢固，不得有皱褶、翘边等现象；搭接宽度应符合要求，搭接缝和细部构造应密封严密。

（9）外墙防护层应平整、固定牢固，构造符合设计要求。

（10）外墙防水层渗漏检查应在持续淋水2h后或雨后进行。

（11）外墙防水使用的材料应有产品合格证和出厂检验报告，材料的品种、规格、性能等应符合国家现行有关标准和设计要求。对进场的防水防护材料应抽样复检，并提出抽样试验报告，不合格的材料不得在工程中使用。

3．外墙防水构造做法

（1）无保温层的外墙采用块材饰面时，防水层应设在找平层和块材黏结层之间，如图10.17所示，防水层宜采用普通防水砂浆；无保温层的外墙采用砖饰面时，防水层宜采用聚合物水泥防水砂浆，如图10.18所示。

（2）外墙采用幕墙饰面时，防水层应设在找平层和幕墙饰面之间，如图10.19所示。防水层宜采用普通防水砂浆、聚合物防水砂浆、聚合物水泥防水涂料、聚合物乳液防水涂料、聚氨酯防水涂料或防水透气膜。

（3）上部结构与地下墙体交接部位的防水层应与地下墙体防水层搭接，搭接长度不应小于150mm，防水层收头应用密封材料封严，如图10.20所示；有保温的地下室外墙防水防护层应延伸至保温层的深度。

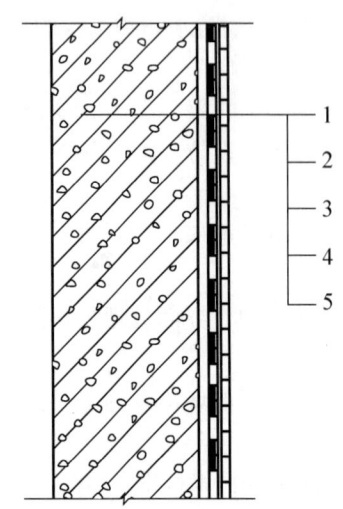
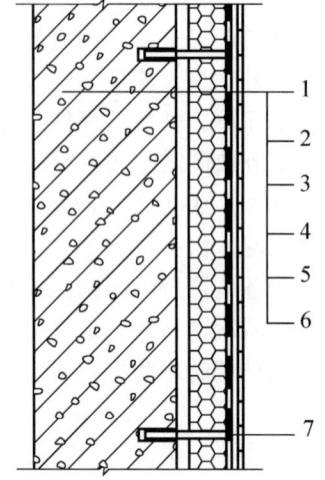

1—结构墙体；2—找平层；3—防水层；
4—黏结层；5—饰面块材层。

图10.17 块材饰面外墙防水防护构造

1—结构墙体；2—找平层；3—保温层；
5—黏结层；6—饰面块材层；7—锚栓。

图10.18 砖饰面外保温外墙防水防护构造

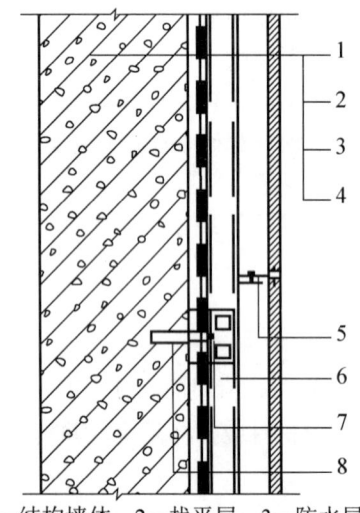

1—结构墙体；2—找平层；3—防水层；
4—面板；5—挂件；6—竖向龙骨；
7—连接件；8—锚栓。

图10.19 幕墙饰面外墙防水防护构造

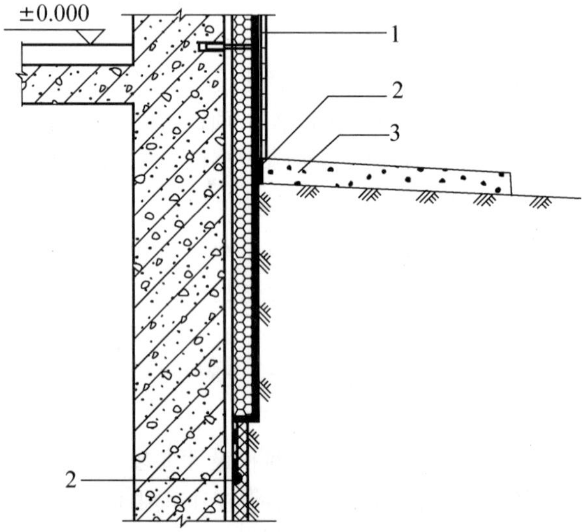

1—外墙防水层；2—密封材料；3—室外地坪（散水）。

图10.20 上部结构与地下墙体交接部位防水防护构造

（4）门窗框与墙体间的缝隙宜采用聚合物水泥防水砂浆或发泡聚氨酯填充。外墙防水层应延伸至门窗框，防水层与门窗框间应预留凹槽，嵌填密封材料；门窗上楣的外口应做滴水处理；外窗台应设置不小于5%的外排水坡度。图10.21所示为门窗框防水防护平剖面构造，图10.22所示为门窗框防水防护立剖面构造。

（5）雨篷应设置不小于1%的外排水坡度，外口下沿应做滴水线处理；雨篷与外墙交接处的防水层应连续；雨篷防水层应沿外口下翻至滴水部位。图10.23所示为雨篷防水防护构造。

（6）阳台应向水落口设置不小于1%的排水坡度，水落口周边应留槽嵌填密封材料。阳台外口下沿应做滴水线设计，如图10.24所示。

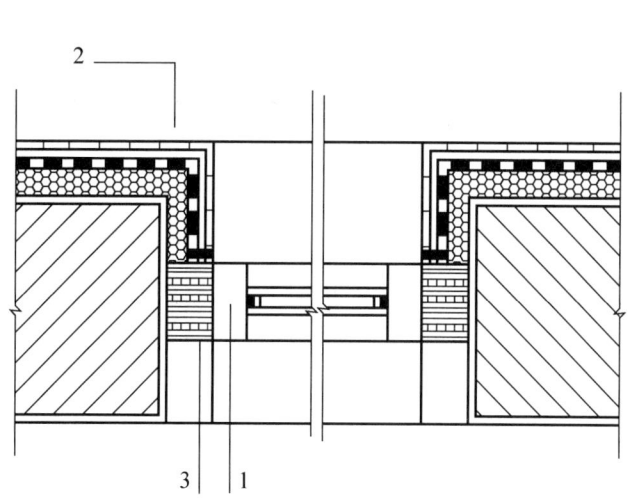

1—窗框；2—密封材料；3—发泡聚氨酯填充。

图10.21 门窗框防水防护平剖面构造

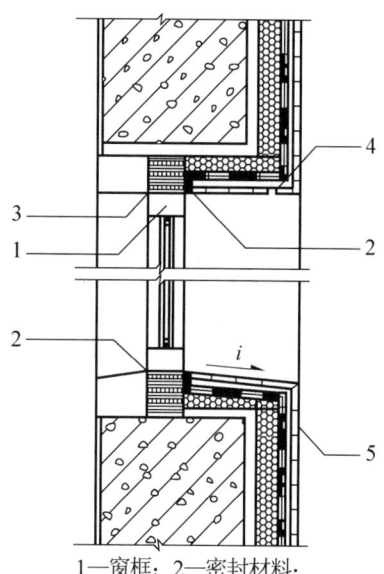

1—窗框；2—密封材料；
3—发泡聚氨酯填充；4—滴水线；
5—外墙防水层。

图10.22 门窗框防水防护立剖面构造

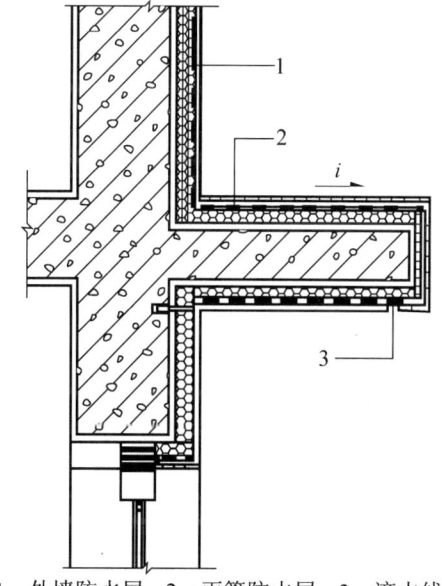

1—外墙防水层；2—雨篷防水层；3—滴水线。

图10.23 雨篷防水防护构造

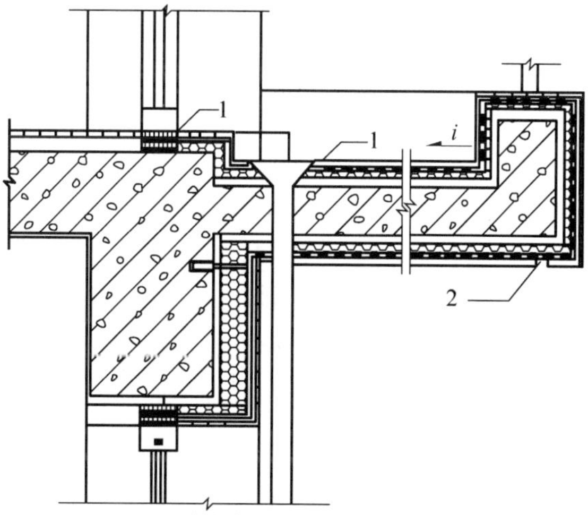

1—密封材料；2—滴水线。

图10.24 阳台防水防护构造

（7）变形缝处应增设合成高分子防水卷材附加层，卷材两端应满粘于墙体，并应用密封材料密封，满粘的宽度应不小于150mm，如图10.25所示。

（8）穿过外墙的管道宜采用套管，套管应内高外低，坡度不应小于5%，套管周边应做防水密封处理，如图10.26所示。

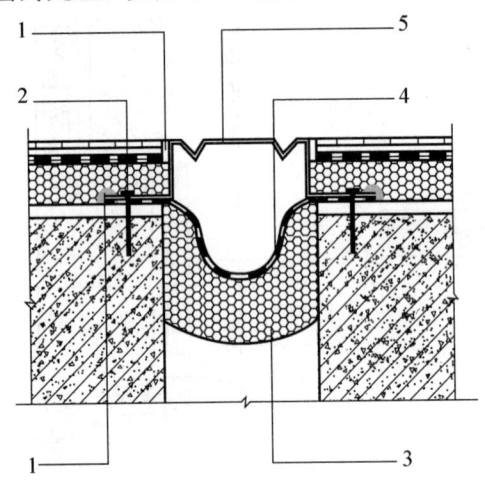

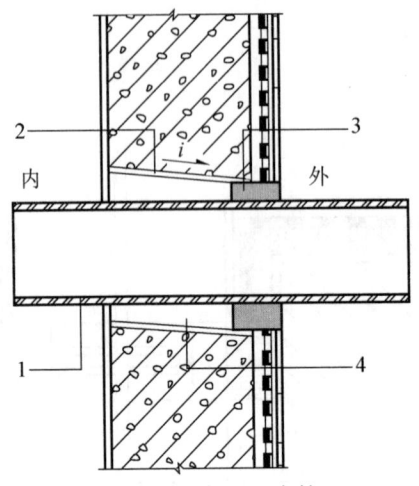

1—密封材料；2—锚栓；3—保温衬垫材料；
4—合成高分子防水卷材（两端黏结）；5—不锈钢板。

图 10.25 变形缝防水防护构造

1—穿墙管道；2—套管；
3—密封材料；4—聚合物砂浆。

图 10.26 穿墙管道防水防护构造

（9）女儿墙压顶宜采用现浇钢筋混凝土或金属压顶，压顶应向内找坡，坡度不应小于2%。当采用混凝土压顶时，外墙防水层应上翻至压顶，内侧的滴水部位宜用防水砂浆做防水层（图10.27）；当采用金属压顶时，防水层应做到压顶的顶部，金属压顶应采用专用金属配件固定（图10.28）。

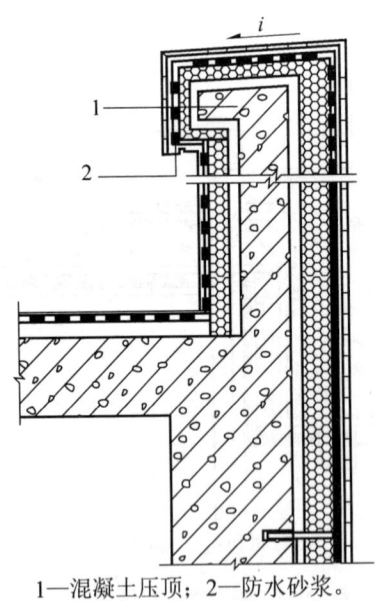

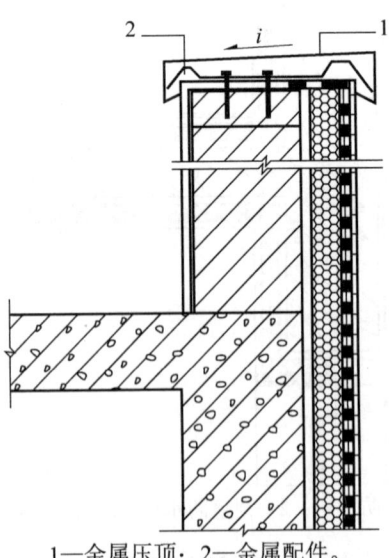

1—混凝土压顶；2—防水砂浆。

图 10.27 混凝土压顶女儿墙防水构造

1—金属压顶；2—金属配件。

图 10.28 金属压顶女儿墙防水构造

应用案例 10-2

【案例概况】

某市一框架-剪力墙结构的建筑,裙楼 3 层,主楼 22 层。填充为轻质墙,外墙饰面选用涂料。工程投入使用不到两年,室内发霉,局部渗漏,仔细观察发现渗漏主要出现在一定范围:某些框架结构与填充墙之间部位、外架连墙杆固定处、固定模板用螺栓孔处、外墙面分格缝处,另外局部结构中间也有开裂。试进行原因分析。

【案例解析】

墙面渗漏原因分析如下。

(1) 外墙抹灰装饰前,施工人员对框架结构与填充墙之间的缝隙进行填充处理,但在部分连接处没有固定一层宽度为 300mm 的点焊网。由于钢筋混凝土结构线膨胀系数比砖大一倍,即与填充墙温差收缩率不一致,从而造成开裂。

(2) 外墙面分格缝采用木制分格条时,当抹灰层干硬取出后,缝内嵌填柔性防水材料不密实,导致渗漏。

(3) 拆架时,部分连墙杆截留在墙体内未取出即浇筑外剪力墙;固定模板用螺栓孔堵塞、马虎,导致渗水。

(4) 局部中间开裂,很可能是外墙打底砂浆局部厚度大于 20mm,却进行一遍成活,从而引起干缩开裂。

能力训练

【任务实施】

参观某工程的厕浴间和外墙防水工程施工过程。

【技能训练】

通过参观实训,熟悉厕浴间和外墙防水施工过程及要求,并书写参观实习报告。

工作任务 10.5 质量验收规范与安全技术

10.5.1 质量验收规范

(1) 屋面防水工程、地下室防水工程、建筑外墙防水工程完工后进行验收,应在雨后或持续淋水 2h 后(有可能作为蓄水检验的屋面,其时间不能小于 24h)。

(2) 厕浴间防水层完工后,应做 24h 蓄水试验,蓄水高度在最高处为 20~30mm,确认无渗透后再做保护层和面层。设备与饰面层施工完毕后还应在其上继续做第二次 24h 蓄水试验,达到最终无漏和排水畅通即可。

10.5.2 安全技术

1. 防火措施

（1）建筑防水工程施工必须遵守国务院颁布的《中华人民共和国消防条例》和《建筑安装工程安全技术规程》，严格执行公安部关于建筑工地防火及其他有关安全防火的专门规定。

（2）对进场的职工应进行消防安全知识教育，建立现场安全用火制度，在显著位置设防火标志，不经安全教育不准进场施工。

（3）用火前，必须取得现场用火证明，并将用火处周围的易燃物品清理干净，设有专人看火。

（4）施工现场应备有泡沫灭火器和其他消防设备。

（5）操作人员在施工现场不得抽烟。

（6）采用热熔法施工时，石油液化气罐、氧气瓶等应有技术检验合格证；使用时，要严格检查各种安全装置是否齐全有效，施工现场不得有其他明火作业。遇屋面有易燃设备时，应采取隔离防护措施。

（7）火焰喷枪或汽油喷灯应由专人保管和操作，点燃的火焰喷枪（或喷灯门）不准对着人员或堆放卷材处，以免引起烫伤或着火。

（8）喷枪使用前，应先检查液化气钢瓶开关及喷枪开关等各个环节的气密性，确认完好无损后才可点燃喷枪；喷枪点火时，喷枪开关不能先旋到最大状态，应在点燃后缓缓调节。

（9）所有溶剂型材料均不得露天存放。

（10）五级以上大风及雨雪天应暂停室外热熔防水施工。

2. 高处作业安全措施

凡在坠落高度基准面 2m 以上（含 2m）有可能发生坠落的在高处进行的作业，均称为高处作业。进行高处作业时，应遵守以下要求。

（1）参加高处作业人员必须经医生体检合格，方可从事高处作业。患有精神病、癫痫病、高血压、视力和听力严重障碍的人员，一律不准从事高处作业。

（2）凡参加高处作业人员，应在开工前对其进行安全教育，并经考试合格后才能上岗。

（3）参加高处作业人员应按规定戴好安全帽、扎好安全带，衣着符合高处作业要求，穿软底鞋，不穿带钉易滑鞋，并认真做到"十不准"：一不准违章作业；二不准工作前和工作时间内喝酒；三不准在不安全的位置上休息；四不准随意往下面扔东西；五不准严重睡眠不足者进行高处作业；六不准打赌斗气；七不准乱动机械、消防及危险用品用具；八不准违反规定要求使用安全用品、用具；九不准在高处作业区域追逐打闹；十不准随意拆卸、损坏安全用品、用具及设施。

（4）高处作业人员随身携带的工具应装袋精心保管，较大的工具应放好、放牢，施工区域的物料要放在安全不影响通行的地方，必要时要捆好。

（5）施工人员要坚持每天下班前清扫制度，做到工完料净场地清。

（6）吊装施工危险区域，应设围栏和警告标志，禁止行人通过和在起吊物件下逗留。

（7）尽量避免立体交叉作业，立体交叉作业要有相应的安全防护隔离措施，无措施则严禁同时进行施工。

（8）高处作业前应进行安全技术交底，作业中发现安全设施有缺陷和隐患必须及时解决，危及人身安全时必须停止作业。

（9）施工时，密切注意掌握季节气候变化，遇有暴雨、六级及以上大风、大雾等恶劣气候时，应停止露天作业。

（10）盛夏做好防暑降温工作，冬季做好防冻、防寒、防滑工作。

（11）高处作业必须有可靠的防护措施。如悬空高处作业所用的索具、吊笼、吊篮、平台等设备设施，均需经过技术鉴定或检验后方可使用。无可靠的防护措施时，绝不能施工。

（12）高处作业中所用的物料必须堆放平稳，不可置放在临边或洞口附近，对作业中的走道、通道板和登高用具等，必须随时清扫干净。拆卸下的物料、剩余材料和废料等都要加以清理及时运走，不得任意乱置或向下丢弃。

（13）施工人员在高处边缘施工时，必须系安全带，设专人看护。

3．防水工程文明施工措施

（1）进入现场的防水材料应堆放整齐，卷材要立放，不得水平放，为保障材料质量和安全也可以放在专用仓库，如露天堆放可放在阴凉的位置，并用塑料布覆盖。黏结胶应放在专用库房内。

（2）施工操作场地不得堆放过多的防水卷材和黏结胶，应随用随取，防止材料在炎热的夏季发生变质情况。黏结胶配置后应在规定的时间内用完。

（3）施工时剩余的边角料、废料、清洗工具的废油、变质的黏结胶，在下班前应清理干净，将边角料堆放整齐，标识为易燃物品严禁烟火。废化学物品应设专用废料仓储存，防止发生火灾和造成环境污染。

（4）废黏结剂、清洗工具的废油不得到处乱倒、乱扔，黏结胶不得到处乱擦、乱刷，防止影响其他工序质量和影响施工环境。

习 题

一、单选题

1. 当屋面坡度小于3%，卷材应（　　）于屋脊方向铺贴。
   A．平行　　　　　　　　　　　　B．垂直
   C．一层平行，一层垂直　　　　　D．由施工单位自行决定
2. 合成高分子卷材使用的黏结剂应使用（　　）的，以免影响黏结效果。
   A．高品质　　　　　　　　　　　B．同一种类
   C．由卷材生产厂家配套供应　　　D．不受限制
3. 地下工程的防水卷材的设置与施工，最宜采用（　　）法。
   A．外防外贴　　B．外防内贴　　C．内防外贴　　D．内防内贴
4. 防水混凝土的养护时间不得少于（　　）。
   A．7d　　　　　B．14d　　　　　C．21d　　　　　D．28d

5．卷材防水施工时，在天沟与屋面的连接处采用交叉法搭接且接缝错开，其接缝不宜留设在（　　）。

　　A．天沟侧面　　　　B．天沟底面　　　　C．屋面　　　　D．天沟外侧

二、填空题

1．建筑工程防水工程按其构造做法可分为两大类：_____和_____。

2．防水卷材铺设应按"_____，_____"的顺序进行。

3．地下防水工程施工期间，必须保持地下水位稳定在工程底部最低高程_____mm以下，必要时应采取降水措施。

4．防水混凝土的抗渗等级不得低于_____，迎水面钢筋保护层厚度不应小于_____mm。

5．建筑上部结构与地下墙体交接部位的防水层应与地下墙体防水层搭接，搭接长度不应小于_____mm，防水层收头应用密封材料封严；建筑外窗台应设置不小于_____的外排水坡度。

三、简答题

1．国家规范对屋面找平层的排水坡度有何要求？

2．屋面涂膜防水有何优缺点？

3．防水混凝土施工缝留设位置有何要求？

四、案例题

某单层仓库，建筑面积1200m²，无保温层的装配式钢筋混凝土屋盖，屋面防水等级Ⅱ级，为单一刚性防水屋面。在做水泥砂浆找平层时，结构屋面板的支承端部分漏留分格缝，纵横分格缝间距12m，分格缝面积72m²。使用半年后，在发现屋面有少许渗漏后，未经原设计单位允许或向有关单位咨询，即擅自决定把该仓库改为金属加工车间并装上四台振动机械设备，结果导致渗漏加剧。检查发现防水层多处出现有规则或无规则的裂缝。

（1）试问该屋面防水设计是否符合设计规范要求或《屋面工程质量验收规范》（GB 50207—2012）的基本规定？为什么？

（2）找平层分格缝做法是否正确？为什么？

学习情境 11　建筑装饰工程施工

思维导图

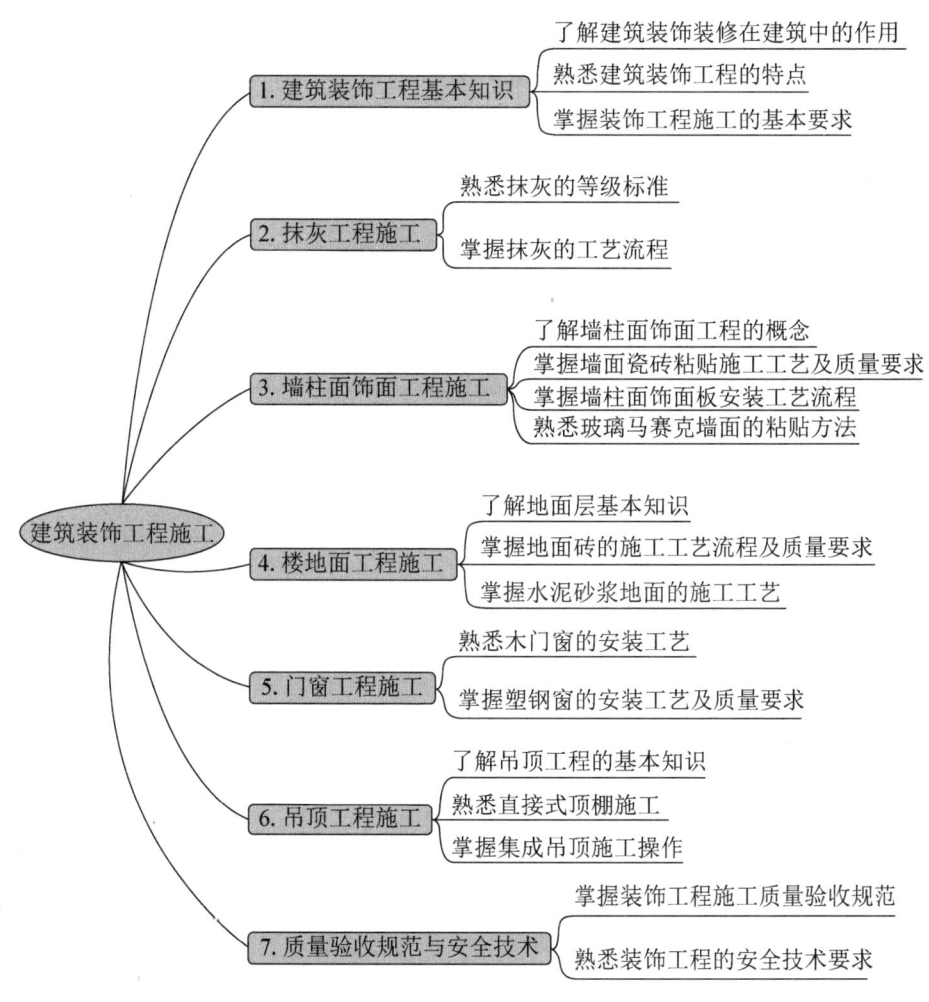

引例

　　某住宅小区冬期施工，砖混结构统一装修，其中厨房、卫生间墙面采用彩色釉面砖。墙砖粘贴三个月后，经检查发现约有30%左右的墙砖釉面开裂，还有部分墙砖有空鼓、脱落现象，经测定单块砖边角空鼓大约为铺装数量的15%，同时发现房间地坪质量不合格，部分房间楼板有裂缝，大多数房间起砂。

　　请思考：①该工程质量问题的危害是什么？②墙砖釉面开裂的主要原因有哪些？③墙砖空鼓、脱落的主要原因有哪些？

工作任务11.1　建筑装饰工程基础知识

　　建筑装饰装修是以美学原理为依据，以各种建筑及建筑材料为基础，对建筑外表及内部空间环境进行设计、加工的行为与过程的总称。它是利用色彩、质感、陈设、家具装饰等手段，引入声光热等要素，采用装饰材料和施工工艺，创造完美空间。

11.1.1　建筑装饰工程在建筑中的作用

　　(1) 保护建筑结构系统，提高建筑物的耐久性。
　　(2) 改善和提高建筑物的围护功能，满足建筑物的使用要求。
　　(3) 美化建筑物的内外环境，提高建筑艺术效果。例如建筑装饰空间处理就是其中一个重要手段，通过对色彩、质感、线条及纹理的不同处理，能弥补建筑设计上的某些不足。
　　(4) 通过附加的装饰层，综合协调、处理好建筑、结构与设备之间的关系，使之共同成为一个有机整体，既能满足建筑的空间功能和结构需要，又能使各种设备系统充分发挥各自的作用。

11.1.2　建筑装饰工程的特点

　　(1) 装饰装修工程量大，项目繁多且不断变化更新；需投入的资金、人力、物力、工期所占比重较大。
　　(2) 目前施工过程以手工操作为主，辅以各种小型电动机具，生产效率低，质量差异大；而装饰装修工程的施工质量会直接影响到建筑的使用功能、寿命和使用效果。
　　(3) 准备工作的质量、施工时周围的环境、工序之间的先后顺序和技术间歇时间，对工程质量的好坏有很大影响。
　　(4) 施工工序繁多，操作人员多，工种多，工序交叉、搭接、轮流配合施工，哪一个环节做不好都会对整个装饰工程的质量产生不良影响。
　　(5) 建筑装饰装修工程大多以饰面为最终效果，但在施工过程中要做好隐蔽工程的质量控制，确保合格，才能够进行装饰面层的施工，以免留下质量隐患。

（6）美观和美感是装饰工程验收的一项重要内容，装饰工程要尽力满足这两项要求。

11.1.3 建筑装饰工程施工的基本要求

（1）应在主体结构和装饰基层施工完成，并经质量验收合格后，才能做装饰装修工程的施工。

（2）原材料的花色、品种、规格、质量和环保等指标必须先验收合格，才能使用；要弄清各种材料、工艺对施工环境的不同要求，力求在适合的环境下施工。

（3）需按设计图纸和国家规范进行施工，严禁擅自改动建筑的主体结构和各种设备管线；一般应先做样板，取得各方认可后，才能正式施工。

（4）施工过程要做好安全生产、劳动保护、环境保护，特别要注意防火、防毒。

（5）全部工程完成后，按规定还要进行整体效果的检查和环保验收。

> **特别提示**
>
> （1）建筑装饰装修的一般施工顺序。
>
> ① 一般按自上而下的顺序，在主体结构完成并验收后，装饰工程从顶层开始到底层依次自上而下进行，使房屋主体结构有一定的沉降时间，减少沉降对装饰工程的影响；屋面防水先做完，可以防止雨水和施工用水的渗漏，损坏装饰面层；此种程序可减少主体与装饰的交叉施工。
>
> ② 对高层建筑，为了加快进度，采取一定的成品保护措施后，可以竖向分段，按段由上而下施工或由底层开始逐层向上施工。
>
> ③ 对于室内外装饰工程的安排顺序，为了避免因天气而影响工期及缩短脚手架的使用时间，通常先做室外后做室内；在雨期可根据当天的天气情况灵活安排。
>
> （2）各分项工程的施工顺序。
>
> ① 抹灰、饰面、吊顶等分项工程的施工，应在隔墙、门窗框、暗装的管线等完工之后进行。
>
> ② 门窗油漆、玻璃的暗装，一般应在抹灰等湿作业完成后进行，如需要提前进行，应采取专门的保护措施。
>
> ③ 吊顶、墙面和地面的装饰施工，常先做墙面的基层抹灰，然后做地面面层，最后做吊顶和墙面抹面层，这样有利于保证各相关工程的质量，完工后的清理工作较少；若先将墙面和吊顶做完，最后才做地面，则墙根容易被污染。
>
> ④ 室内装饰工程要以具备施工条件，不被后续工程损坏、污染为前提。

知识链接 11-1

我国建筑装饰装修施工技术的发展

自改革开放以来，社会经济的迅速发展，推动了我国建筑装饰装修施工技术的飞速发展，主要体现在如下方面：从传统的抹、刮、刷、贴等施工工艺和常规的装饰材料，发展到许多新的先进工艺技术和新型的装饰材料，各种饰面装饰花样繁多，技艺丰富、新颖；随着改善装饰装修施工现场环境和节省劳动力考虑，从利用各种电动、风动机具，逐渐向工厂化预制、装配化现场安装的工艺技术方向发展；幕墙干挂法的广泛应用摆脱了现场的湿作业，免漆饰面实现了现场无油漆作业；从建筑物的内外装饰附属于土建工程中，发展到由装饰设计、装饰施工、装饰材料为内容组成的独立装饰行业。

能力训练

【任务实施】

参观某酒店的整体装饰装修效果。

【技能训练】

通过参观实训，熟悉装饰装修的种类、作用、特点及风格，并书写参观实习报告。

工作任务 11.2 抹灰工程施工

11.2.1 抹灰工程概述

抹灰工程分为一般抹灰和装饰抹灰。

一般抹灰是指将水泥、砂、石灰膏、掺合料和水，经过混合和搅拌成为抹灰砂浆，直接分若干层涂抹在建筑物表面的施工做法，抹灰砂浆层结硬后再施工表面，形成一个连续、均匀的硬质保护膜，直接作为装饰面使用，或作为下一步再装饰的基面，是装饰工程中最基本的一种常用的做法。

装饰抹灰的底层和中层同一般抹灰，只是面层根据装饰效果的要求，有各种不同的做法。

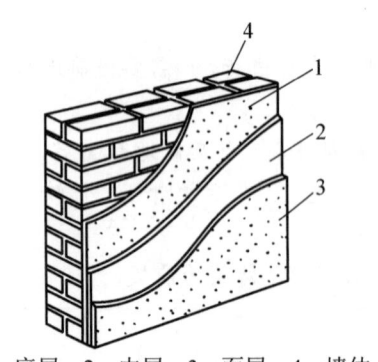

1—底层；2—中层；3—面层；4—墙体

图 11.1 抹灰层的组成

11.2.2 抹灰的分层施工

抹灰施工一定要分层来做，使抹灰层与基底之间、各抹灰层之间都能黏结牢固，不起鼓、不开裂。抹灰层的组成如图 11.1 所示。

（1）底层的作用主要是与基底黏结并初步找平；砂浆应与基层相适应，厚 5~7mm。

（2）中层的作用是找平，根据不同质量等级，做一层中层或多层中层；中层的厚度为 5~12mm。

（3）面层的作用是装饰。

11.2.3 抹灰的等级标准

抹灰的等级标准见表 11-1。

表 11-1 抹灰的等级标准

项目	抹灰的等级	
	普通抹灰	高级抹灰
抹灰层的组成	一底层、一中层、一面层	一底层、数中层、一面层
使用场合	用在一般建筑的普通房间，或高级建筑的附属房间	用在重要、高级或公共建筑的主要房间
质量标准	要求阳角找方，设标筋，分层赶平、修整，表面压光，光滑洁净，接槎平整，灰线清晰顺直	要求阴阳角找方，设置标筋，分层赶平、修整，表面压光，光滑洁净，颜色均匀无抹痕，灰线平直方正，清晰美观
基本要求	各抹灰层之间要黏结牢固，不得有爆灰、裂缝、脱层、空鼓等缺陷	

11.2.4 抹灰的工艺流程

1．施工准备

1）材料

（1）水泥：硅酸盐水泥、普通硅酸盐水泥强度等级不低于 32.5 级。严禁不同品种、不同强度等级的水泥混用。水泥进场应有产品合格证和出厂检验报告，进场后应进行取样复试，水泥的凝结时间和安定性应复验合格。当对水泥质量有怀疑或水泥出厂超过 3 个月时，在使用前必须进行复试，并按复试结果使用。

（2）砂：平均粒径为 0.35～0.5mm 的中砂，砂的颗粒要求质地坚硬、洁净，含泥量不得大于 3%，不得含有草根、树叶、碱质和其他有机物等杂质。使用前应按使用要求过不同孔径的筛子。

（3）石灰膏：应用块状生石灰淋制，淋制时用筛网过滤，孔径不大于 3mm，储存在沉淀池中。熟化时间常温下一般不少于 15d；用于罩面灰时，熟化时间不应少于 30d。使用时石灰膏内不应含有未熟化的颗粒和其他杂质。

（4）磨细生石灰：其细度应通过 4900 目/cm^2 的筛子。使用前应用水浸泡使其充分熟化，熟化时间宜为 7d 以上。

（5）纸筋：通常使用白纸筋或草纸筋，使用前三周用水浸透并敲打拌成糊状，要求洁净、细腻，也可制成纸浆使用。

（6）麻刀：柔软干燥，不含杂质，长度为 10～30mm。使用前 4～5d 敲打松散，并用石灰膏调好。

（7）界面剂：应有产品合格证、性能检测报告、使用说明书等质量证明文件。进场后及时进行检验。

（8）钢板网：厚度为 0.8mm，单个网眼面积不大于 400mm^2，要求表面防锈层良好。

2）机具设备

（1）机械：砂浆搅拌机、麻刀机、纸筋灰搅拌机。

（2）工具：筛子、手推车、铁板、铁锹、平锹、灰勺、水勺、托灰板、木抹子、铁抹子、阴阳角抹子、塑料抹子、刮杠、软刮尺、软毛刷、钢丝刷、长毛刷、鸡腿刷、粉线包、钢筋卡子、小线、喷壶、小水壶、水桶、扫帚、锤子、錾子等如图 11.2 所示。

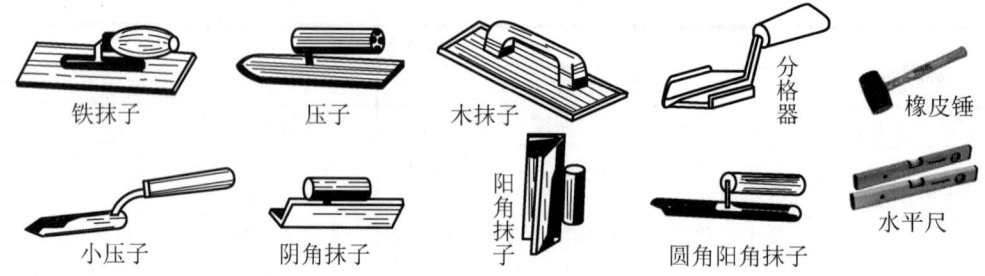

图 11.2 抹灰常用工具

（3）计量检测用具：磅秤、方尺、钢尺、水平尺、靠尺、托线板、线坠等。

（4）安全防护用品：护目镜、口罩、手套等。

3）作业条件

（1）结构工程已完成，并经验收合格。

（2）室内标高控制线已测设完成，并经预检合格。

（3）门窗框安装完成，与墙体连接牢固。缝隙用 1∶3 水泥砂浆（或 1∶1∶6 混合砂浆）分层嵌塞密实。塑钢、铝合金门窗框缝隙按产品说明书要求的嵌缝材料堵塞密实，并已贴好保护膜。门框下部用铁皮保护。

（4）墙内预埋件和穿墙套管已安装完成。墙内的消火栓箱、配电箱等安装完，箱体与预留洞之间的缝隙已用 1∶3 干硬性水泥砂浆或细石混凝土堵塞密实，箱体背后明露部分钉钢丝网，与洞边搭接不得小于 100mm。

（5）抹灰用脚手架已搭设好，架子要离开墙面及门窗口 200～250mm，顶板抹灰脚手板距顶板约 1.8m。

（6）不同基层交接处已采取加强措施，并经验收合格。

（7）抹灰前宜做完屋面防水或上一层地面。

内墙抹灰施工

4）技术准备

（1）编制分项工程施工方案并经审批，对操作人员进行安全技术交底。

（2）大面积施工前应先做样板，并经监理、建设单位确认后再进行施工。

2. 操作工艺

1）墙面抹灰工艺流程

基层处理→弹线、找规矩、套方→贴饼、冲筋→做护角→抹底灰→抹罩面灰→抹水泥窗台板→抹墙裙、踢脚。

2）墙面抹灰操作方法

（1）基层处理：抹灰前应对基底层进行必要的处理，对于凹凸不平的部位，先用水泥砂浆填平孔洞、沟槽，并待水泥砂浆充分凝固；对表面太光滑的要剔毛，或用渗 108 建筑胶的水泥浆粗抹一层，使之易于挂灰；两种不同性质基底材料的交接处，是抹灰层最容易开裂的地方，应铺设钢丝网或尼龙网（图11.3），每边覆盖不少于宽100mm作为防裂的加强带。

（2）弹线、找规矩、套方。分别在门窗口角、垛、墙面等处吊垂直套方，在墙面上弹抹灰控制线。并用托线板检查基层表面的平整度、垂直度，确定抹灰厚度，最薄处抹灰厚度不应小于7mm。墙面凹度较大时，应用水泥砂浆分层抹平。

（3）贴灰饼、冲筋。根据控制线在门口、墙角用线坠、方尺、拉通线等方法贴灰饼，然后根据两灰饼用托线板挂做下边两个灰饼，高度在踢脚线上口，厚薄以托线板垂直为准，然后拉通线每隔1.2~1.5m上下各加若干个灰饼。灰饼一般用1∶3水泥砂浆做成边长为50mm的方形。门窗口、垛角也必须补贴灰饼，上下两个灰饼要在一条垂直线上，如图11.4所示。

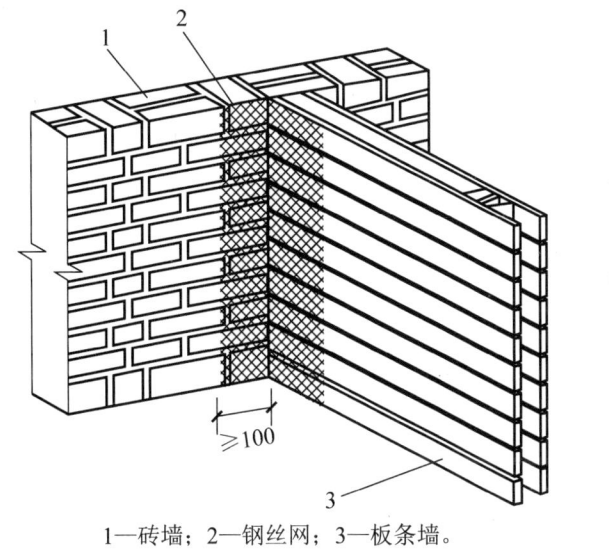 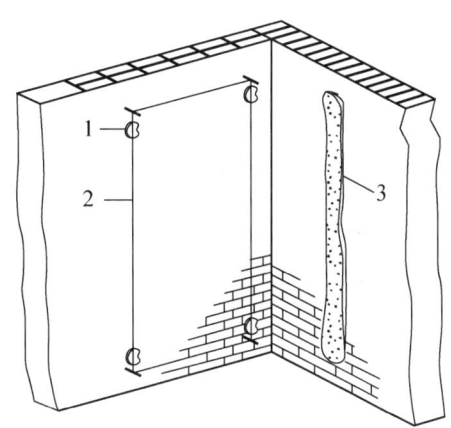

1—砖墙；2—钢丝网；3—板条墙。　　　　　　　　1—灰饼；2—引线；3—冲筋。

图11.3　不同基层材料相接处铺设金属网（单位：mm）　　**图11.4　抹灰时贴灰饼、冲筋的位置**

根据灰饼，用与抹灰层相同的水泥砂浆进行冲筋，冲筋根数应根据房间的高度或宽度来决定，一般筋宽约100mm为宜，厚度与灰饼相同。冲筋时上下两灰饼中间分两次抹成凸八字形，比灰饼高出5~10mm，然后用刮杠紧贴灰饼搓平。可冲横筋也可冲立筋，依据操作习惯而定。墙面高度不大于3.5m时宜冲立筋，墙面高度大于3.5m时宜冲横筋。

（4）做护角。根据灰饼和冲筋，在门窗口、墙面和柱面的阳角处，根据灰饼厚度抹灰，粘好八字靠尺（也可用钢筋卡子）并找方吊直。用1∶3水泥砂浆打底，待砂浆稍干后用阳角抹子用素水泥浆捋出小圆角作为护角，也可用1∶2水泥砂浆（或1∶0.3∶2.5水泥混合砂浆）做明护角；护角高度不应低于2m，每侧宽度不应小于50mm。在抹水泥护角的同时，用1∶3水泥砂浆或（或1∶1∶6水泥混合砂浆）分两遍抹好门窗口边的底灰。当门窗口抹灰面的宽度小于100mm时，通常在做水泥护角时一次完成抹灰，如图11.5和图11.6所示。

（5）抹底灰。冲筋完2h左右即可抹底灰，一般应在抹灰前一天用水把墙面基层浇透，刷一道聚合物水泥浆。底灰采用1∶3水泥砂浆（或1∶0.3∶3混合砂浆）。打底厚度在设计无要求时一般为13mm，每道厚度一般为5~7mm，分层分遍与冲筋抹平，并用大杠垂直、水平刮一遍，用木抹子搓平、搓毛。然后用托线板、方尺检查底子灰是否平整，阴阳角是否方正。抹灰后应及时清理落地灰。抹底灰如图11.7所示。

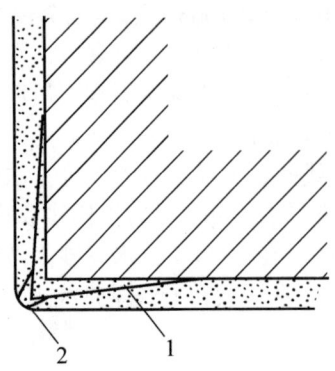

1—墙面抹灰；2—水泥砂浆护角。

图 11.5 阳角护角

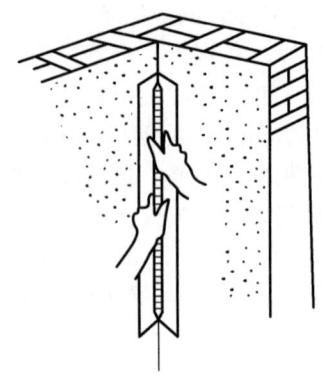

图 11.6 阴角护角

图 11.7 抹底灰

（6）抹罩面灰。罩面灰采用1∶2.5水泥砂浆（或1∶0.3∶2.5水泥混合砂浆），厚度一般为5～8mm。底层砂浆抹好24h后，将墙面底层砂浆湿润。抹灰时先薄薄地刮一道聚合物水泥浆，使其与底灰结合牢固，随即抹第二遍，用大刮杠把表面刮平刮直，用铁抹子压实抹光。

（7）抹水泥窗台板。先将窗台基层清理干净，用水浇透、刷一道聚合物水泥浆，然后抹1∶2.5水泥砂浆面层，压实压光。窗台板若要求出墙，应根据出墙厚度贴靠尺板分层抹灰，要求下口平直，不得有毛刺。砂浆终凝后浇水养护2～3d。

（8）抹墙裙、踢脚。墙面基层处理干净，浇水润湿，刷界面剂一道，随即抹1∶3水泥砂浆底层，表面用木抹子搓毛，待底灰七八成干时，开始抹面层砂浆。面层1∶2.5水泥砂浆，抹好后用铁抹子压光。踢脚面或墙裙面一般凸出抹灰墙面5～7mm，并要求出墙厚度一致，表面平整，上口平直光滑。

3．一般抹灰工程质量的允许偏差和检验方法

一般抹灰工程质量的允许偏差和检验方法见表11-2。

表 11-2 一般抹灰的允许偏差和检验方法

项目	允许偏差/mm		检验方法
	普通	高级	
立面垂直	4	3	用2m垂直检测尺检查
表面平整	4	3	用2m靠尺和楔形塞尺检查
阴阳角方正	4	3	用直角检测尺检查
阴阳角垂直	—	—	用2m垂直检测尺检查
分格条（缝）直线度	4	3	拉5m线，不足5m拉通线，钢直尺检查
墙裙、踢脚上口直线度	4	3	拉5m线，不足5m拉通线，钢直尺检查

注：① 普通抹灰，阴角方正一项可不检查。
② 顶棚抹灰，表面平整一项可不检查，但应尽量做到平整。

4. 成品保护

门窗框在抹灰之前应进行保护或贴保护膜。抹灰完成后，及时清理残留在门窗框上的砂浆。翻拆架子时防止损坏已抹好的墙面。用手推车或人工搬运材料时，采取保护措施，防止造成污染或损坏。抹灰完成后，在建筑物进出口和转角部位，应及时做护角保护，防止碰坏棱角。抹灰作业时，禁止蹬踩已安装好的窗台板或其他专业设备，防止损坏，必须保护好地面、地漏，禁止直接在地面上拌灰或堆放砂浆。

> **特别提示**
>
> 抹灰工程施工环境要求如下。
> （1）主体工程经有关部门验收合格后，方可进行抹灰工作。
> （2）应检查门窗框及需要埋设的配电管、接线盒、管道套管是否固定牢固，连接缝隙是否嵌塞密实，并事先将门窗框包好。
> （3）将混凝土构件、门窗过梁、梁垫、圈梁、组合柱等表面凸出部分剔平，对有蜂窝、麻面、露筋、疏松部分的混凝土表面要剔到实处，并刷素水泥浆一道，然后用1∶2.5水泥砂浆分层补平压实，把外露的钢筋头和铁丝剔除，脚手眼、窗台砖、内隔墙与楼板、梁底等处应堵严实和补砌整齐。
> （4）窗帘钩、通风箅子、吊柜、吊扇等预埋件或螺栓的位置和标高应准确设置，并做好防腐、防锈工作。
> （5）混凝土及砖结构表面的砂尘、污垢和油渍等要清理干净。对混凝土结构表面、砖墙表面，应在抹灰前2d浇水湿透（每天两遍以上）。
> （6）先搭好抹灰用脚手架，架子离墙200～300mm，以便于操作。
> （7）屋面防水工作未完前进行抹灰，应采取防雨水措施。
> （8）室内抹灰的环境温度，一般不低于5℃。
> （9）抹灰前应熟悉图纸，制定抹灰方案，做好抹灰的样板间，经检查鉴定达到合格标准后，方可大面积展开施工。

11.2.5 装饰抹灰

装饰抹灰也是抹灰类做法，底层、中层的做法与一般抹灰一样，只是面层处理不一样，装饰效果也多种多样。因为现在面层材料很多、质量和效果更好，所以过去有些装饰抹灰做法现已被淘汰，比如水刷石、干粘石、斩假石，现在一般建筑都不用，只在风景园林小品上有使用；拉毛、喷涂、滚涂，作为局部的装饰手法现在还有工程在使用。

1. 水刷石

水刷石是用水泥和石粒拌和成水泥石子浆，抹在墙柱等面上，抹平再反复压实，待水泥初凝时，用细水流冲，同时用毛刷刷石子浆表面，使石粒露出上部1/3，而下部2/3还被水泥浆裹住，水泥结硬后便得到水刷石的效果；为使表面平整和周边收口完整，抹浆前应先在周边钉上小木条，待面层结硬后把小木条拔掉，再用水泥浆勾凹缝密封；为获得不同的效果,可采用不同粒径的各种颜色的石粒。这种做法的缺点是会把部分水泥白白冲洗掉,剩下的水泥厚度不易掌握,所以石粒分布不均匀,也粘不牢固,如图 11.8 所示。

2．干粘石

为了不浪费水泥又能达到水刷石的效果,可改变施工工序,先在面层抹上纯水泥浆,在水泥还呈塑性时,用人手撒或机喷石粒,让石粒粘在水泥浆上,再用压板拍平压实;注意不要太用力,要将石粒下部让水泥粘住而上部裸露,水泥硬化后就成为干粘石。这种做法的缺点是石粒不易均匀,也粘得不牢固。

3．斩假石

斩假石又称剁斧石,是一种人造石料。将掺入石屑及石粉的水泥砂浆涂抹在建筑物表面,在硬化后,用斩凿方法使其成为有纹路的石面样式,如图 11.9 所示。

图 11.8　水刷石墙面

图 11.9　斩假石墙面

4．拉毛

拉毛是将石膏浆或白水泥浆抹在基层上,在其初凝之前,用木板轻压表面,然后快速垂直拉起,使抹面浆呈凹凸不平的拉毛面状,凝固后即成。拉毛是以前从意大利引进的做法,所以民间有"意大利批荡"之称,广州东山的旧别墅、旧教堂有用这种做法的。

5．喷涂和滚涂

喷涂和滚涂是将各种颜色的建筑内(外)墙涂料或聚合物砂浆,用机喷和人工滚刷的方法,均匀地涂刷在表面上,结硬后形成一道较厚的不大光滑的层面。现在除作为室内装饰的一种手法外,由于外墙涂料的质量已经过关,外墙喷涂取代贴饰面条砖已成发展方向,不但其色彩多样、日久常新,还具备防水、防潮、耐酸、耐碱的功能。

6．刮灰刷各色墙面漆

刮灰刷各色墙面漆是按大白粉:滑石粉:聚乙酸乙烯乳液:羧甲基纤维素溶液(浓度 5%)=60:40:(2~4):75 的质量比充分搅拌混合成刮浆料,基层抹灰干透后,用细砂纸磨平扫净浮灰,用钢灰铲刮浆,头道干燥后刮第二遍,共刮 2~4 遍,总厚度 1mm;全部干燥后刷各色墙面漆。现在许多高档办公室和住宅室内装饰都用这种做法。

 能力训练

【任务实施】

进行抹灰工程的施工实训。

【技能训练】

(1)按照施工方案和技术交底要求进行抹灰工程的施工;

（2）按照质量验收规范对抹灰工程的质量进行验收；
（3）填写实训任务报告。

工作任务 11.3　墙柱面饰面工程施工

11.3.1　墙柱面饰面工程概述

墙柱面饰工程是指把块料面层镶贴在墙柱表面形成装饰面层。目前流行的面层材料有天然石板、大块瓷砖、小块条砖、玻璃马赛克、微晶玻璃板、玻璃板、金属面饰板等，施工方法有粘贴、先安装后灌浆的湿作业法和干挂法等。

传统的瓷质马赛克因生产过程落后、与基层黏结不大牢固，现已被淘汰。现在流行的外墙面贴小块砖的工艺，不利于外墙面防水，须注意做好基层底防水层和块间的防水勾缝，未来很有可能被优质的外墙涂料取代；玻璃马赛克墙面不但颜色多样，日久常新，其粘贴工艺也有助于外墙防水，有较好的应用前景；大块板材干挂，工艺简单，施工效率高，适应能力强，现在已广泛应用。

11.3.2　墙面瓷砖粘贴施工工艺

1. 施工准备

1）材料要求

（1）水泥：32.5级矿渣水泥或42.5级普通硅酸盐水泥。应有出厂证明或复试单，若出厂超过三个月，应按试验结果使用。

（2）白水泥：32.5级白水泥。

（3）砂子：粗砂或中砂，用前过筛。

（4）面砖：面砖的表面应光洁、方正、平整；质地坚固，其品种、规格、尺寸、色泽、图案应均匀一致，必须符合设计规定，不得有缺棱、掉角、暗痕和裂纹等缺陷。其性能指标均应符合现行国家标准的规定，釉面砖的吸水率不得大于10%。

（5）其他：107胶和矿物颜料等。

2）主要机具

孔径5mm筛子、窗纱筛子、水桶、木抹子、铁抹子、中杠、靠尺、方尺、铁制水平尺、灰槽、灰勺、毛刷、钢丝刷、笤帚、锤子、小白线、擦布或棉丝、钢片开刀、小灰铲、石云机、勾缝溜子、线坠、盒尺等。

3）作业条件

（1）墙面基层清理干净，窗台、窗套等事先砌堵好。

（2）按面砖的尺寸、颜色进行选砖，并分类存放备用。

（3）大面积施工前应先放大样，并做出样板墙，确定施工工艺及操作要点，并向施工人员做好交底工作。样板墙完成后必须经质检部门鉴定合格，还要经过设计、甲方和施工单位共同认定后，方可组织班组按照样板墙要求施工。

2．操作工艺

1）工艺流程

基层处理→吊垂直、套方、找规矩→贴灰饼→抹底层砂浆→弹线分格→排砖→浸砖→镶贴面砖→面砖勾缝与擦缝。

2）基层为混凝土墙面时的操作方法

（1）基层处理：首先将凸出墙面的混凝土剔平，对大钢模施工的混凝土墙面应凿毛，并用钢丝刷满刷一遍，再浇水湿润。如果基层混凝土表面很光滑时，亦可采取"毛化处理"办法，即先将表面尘土、污垢清扫干净，用10%NaOH溶液将板面的油污刷掉，随之用净水将碱液冲净、晾干，然后用1∶1水泥细砂浆内掺水重20%的107胶，喷或用笤帚将砂浆甩到墙上，其甩点要均匀，终凝后浇水养护，直至水泥砂浆疙瘩全部粘到混凝土光面上，并有较高的强度（用手掰不动）为止。

（2）吊垂直、套方、找规矩、贴灰饼：根据面砖的规格尺寸设点、做灰饼。

（3）抹底层砂浆：先刷一道掺水重10%的107胶水泥素浆，紧跟着分层分遍抹底层砂浆（常温时采用配合比为1∶3水泥砂浆），每一遍厚度宜为5mm，抹后用木抹子搓平，隔天浇水养护；待第一遍六至七成干时，即可抹第二遍，厚度为8～12mm，随即用木杠刮平、木抹子搓毛，隔天浇水养护。若需要抹第三遍时，其操作方法同第二遍，直到把底层砂浆抹平为止。

（4）弹线分格：待基层灰六至七成干时，即可按图纸要求进行分段分格弹线，同时亦可进行面层贴标准点的工作，以控制出墙尺寸及垂直、平整度。

（5）排砖：根据大样图及墙面尺寸进行横竖向排砖，以保证砖缝隙均匀，符合设计图纸要求，注意大墙面要排整砖，在同一墙面上的横竖排列均不得有一行以上的非整砖。非整砖行应排在次要部位，如窗间墙或阴角处等，但也要注意一致和对称。如遇有突出的卡件，应用整砖套割吻合，不得用非整砖随意拼凑镶贴。瓷砖墙面的排砖示意图如图11.10所示。

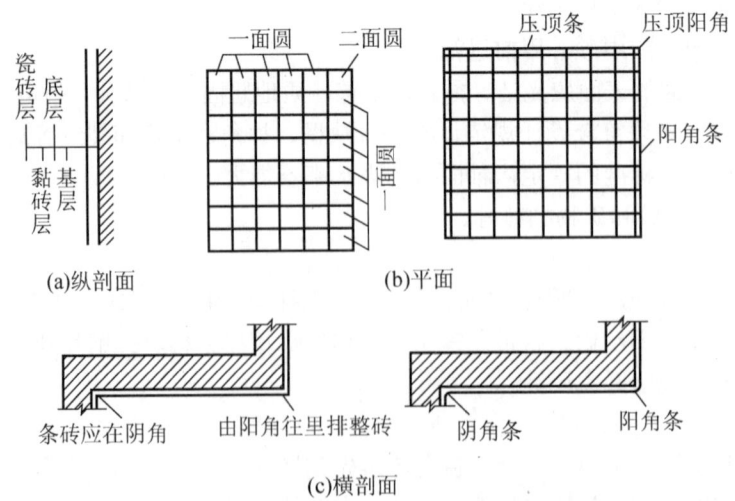

图 11.10　瓷砖墙面的排砖示意图

（6）浸砖：釉面砖和外墙面砖镶贴前，要将面砖清扫干净，放入净水中浸泡 2h 以上，取出待表面晾干或擦干净后方可使用。

（7）镶贴面砖：镶贴应自上而下进行，从最下一层砖下皮的位置线先稳好靠尺，以此托住第一皮面。在面砖外皮上口拉水平通线，作为镶贴的标准。

在面砖背面宜采用 1∶2 水泥砂浆镶贴，砂浆厚度为 6～10mm，贴上后用灰铲柄轻轻敲打，使之附线，再用钢片开刀调整竖缝，并用小杠通过标准点调整平面和垂直度。

（8）面砖勾缝与擦缝：面砖铺贴拉缝时，用 1∶1 水泥砂浆勾缝，先勾水平缝再勾竖缝，勾好后要求凹进面砖外表面 2～3mm。若横竖缝为干挤缝，或小于 3mm 者，应用白水泥配颜料进行擦缝处理。面砖缝子勾完后，用布或棉丝蘸稀盐酸擦洗干净。

3．质量标准

1）保证项目

（1）饰面砖的品种、规格、颜色、图案必须符合设计要求和国家标准的规定；

（2）饰面砖镶贴必须牢固，无歪斜、缺棱、掉角和裂缝等缺陷。

2）基本项目

（1）表面应平整、洁净、颜色一致，无变色、起碱、污痕，无显著的光泽受损处，无空鼓。

（2）接缝填嵌密实、平直，宽窄一致，颜色一致，阴阳角处压向正确，非整砖的使用部位适宜。

（3）用整砖套割吻合，边缘整齐；墙裙、贴脸等突出墙面的厚度一致。

（4）流水坡向正确，滴水线顺直。

（5）允许偏差见表 11-3。

表 11-3　允许偏差

序号	釉面砖项目名称	允许偏差/mm	检查方法
1	立面垂直	3	用 2m 托线板和尺量检查
2	表面平整	2	用 2m 托线板和塞尺检查
3	阳角方整	2	用 20cm 方尺和塞尺检查
4	接缝平直	2	拉 5m 小线和尺量检查
5	墙裙上口平直	2	拉 5m 小线和尺量检查
6	接缝高低	1	用钢板短尺和塞尺检查

4．成品保护

（1）要及时将残留在门窗框上的砂浆清擦干净。

（2）认真贯彻合理的施工顺序，少数工种（水、电、通风、设备安装等）成活应做在前面，防止损坏面砖。

（3）油漆粉刷不得将油浆喷滴在已完的饰面砖上，如果面砖上部为外涂料或水刷石墙面，宜先做外涂料或水刷石，然后贴面砖，以免污染墙面。若需先做面砖，则完工后必须采取贴纸或塑料薄膜等措施，防止污染。

（4）注意不要碰撞墙面。

5．应注意的质量问题

1）空鼓、脱落

（1）因冬季气温低，砂浆受冻，到来年春天化冻后面砖容易发生脱落。因此在进行贴面砖操作时应保持正温。

(2) 基层表面偏差较大,基层处理或施工不当,面层就容易产生空鼓、脱落。

(3) 砂浆配合比不准,稠度控制不好,砂子含泥量过大,在同一施工面上采用几种不同配合比的砂浆因而产生不同的干缩,亦会引起空鼓。应在贴面砖砂浆中加适量的107胶,增强黏结力,严格按工艺操作,重视基层处理并逐块检查,发现空鼓的应随即返工重做。

2) 墙面不平

其主要原因是结构施工期间,几何尺寸控制不好,造成外墙面垂直、平整度偏差大,而装修前对基层处理又不够认真。应加强对基层打底工作的检查,合格后方可进行下道工序。

3) 分格缝不匀、不直

其主要原因是施工前没有认真按照图纸尺寸核对结构施工的实际情况,加上分段分块弹线、排砖不细、贴灰饼控制点少,以及面砖规格尺寸偏差大、施工中选砖不细、操作不当等因素造成。

4) 墙面脏

其主要原因是勾完缝后没有及时擦净砂浆,以及其他工种污染所致,可用棉丝蘸稀盐酸加20%水刷洗,然后清洗干净。

11.3.3 墙柱面饰面板安装

饰面板是指各种天然石板、微晶玻璃板、大块瓷砖、金属饰面板等。

1. 传统的湿作业法

(1) 优缺点和适用范围:这种做法工序烦琐,自重较大,收缩变形不好掌握,板块之间的灰缝日后容易翻浆露白。它适用于内外墙尺寸较大的天然石板、陶瓷板和微晶玻璃板,张贴高度不高(1~2层),基体为砖砌体或混凝土墙体,如图11.11所示。

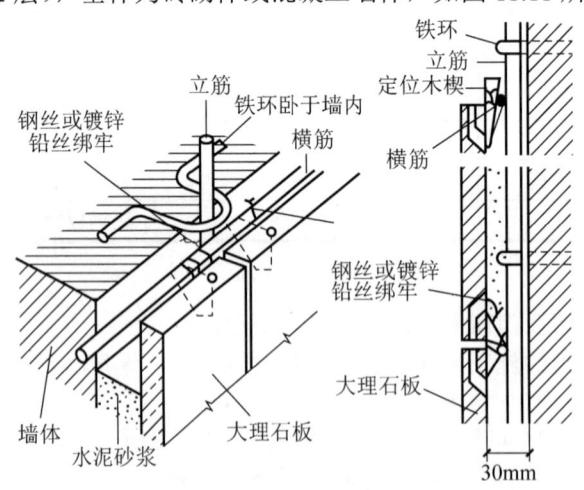

图 11.11 石材湿贴法安装示意图

(2) 工艺流程:材料准备与验收→基体处理→板材钻孔→饰面板固定→灌浆→清理→嵌缝→打蜡。

(3) 材料进场检查验收:拆除包装,检查品种、规格、颜色是否符合设计要求,有无裂痕、缺边、掉色,颜色是否均匀一致;有纹理的要经过试拼,选择上下左右纹理通顺并编上代号备用；对符合要求的办理验收手续。

（4）基体处理：检查墙面的垂直度和平整度，对不符合要求的要做剔凿或填平补齐，清理墙面，表面光滑的要凿毛，浇水湿润，抹水泥砂浆找平层；待其干燥后，分块画线。在处理好的基体表面固定钢筋网片。

（5）板块处理：对每一块进行修边、钻孔、剔槽，将板块的背面、侧面清洗干净、晾至面干，往四角孔内穿入铜丝备用。

（6）饰面板安装固定：从最下一层开始安装，先装两端板块，找平找直，通线，再从中间或一边起，先绑扎下口铜丝，再绑扎上口铜丝，用木楔垫稳，校正后拧紧铜丝，板块之间用小木片垫出间距，整行块体就位、检查校正后往板背面灌入水泥砂浆或细石混凝土，浇水养护待其结硬，拔去木楔，做上一行；如此逐行安装就位完成并结硬后，清理墙面，灌板缝，最后完成。

2．新创的干挂法

（1）基层不必抹灰，直接安装上用型钢焊制的骨架；在骨架上分块画线。

（2）在板块背面钻孔或开槽，用结构胶粘剂嵌入钢制连接件。

（3）板块就位将连接件用螺钉上紧在钢骨架上，板缝之间留出 10～20mm 宽。

（4）清理板块接缝，塞入塑料胶条封缝背，缝面间隙填满耐候密封胶完成。

（5）这种做法工艺简单，自重轻，能抵御日后的冷热变形，接缝不会翻白浆，施工效率高；适用于内外墙面各种场合和高度，如尺寸较大的天然石板、陶瓷板、微晶玻璃板、金属幕墙板、玻璃幕墙板等。干挂法施工示意图如图 11.12 所示。

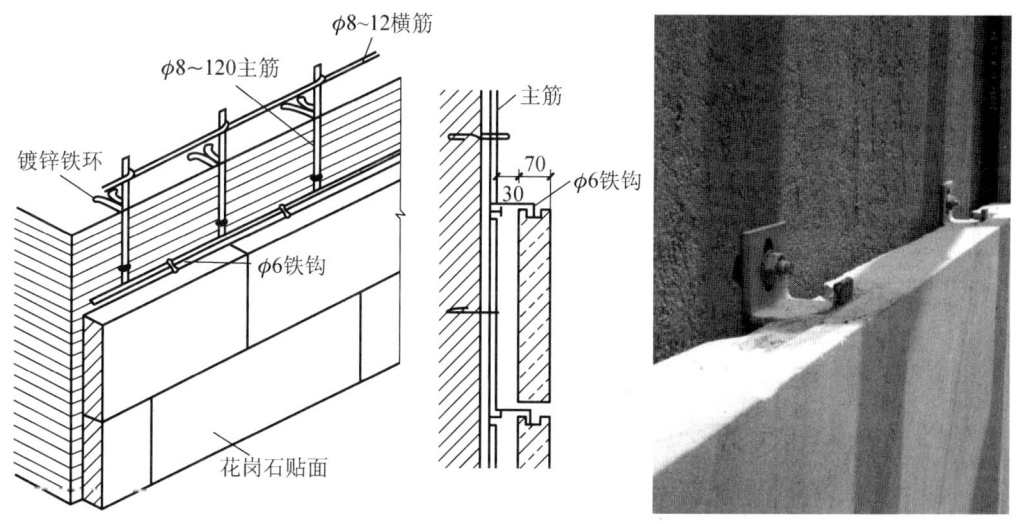

图 11.12　干挂法施工示意图（单位：mm）

11.3.4　玻璃马赛克墙面的粘贴

1．材料

粘贴材料为各种尺寸较小的玻璃马赛克（即陶瓷锦砖）。

2．工艺

（1）基层处理，用水泥砂浆把基层补平，待砂浆结硬后满刷一道聚合物砂浆做防水层，弹线。

（2）落实各种图案以及相应的材料。

（3）贴砖及养护，宜用聚合物白水泥浆满刮灰粘贴、拍平压实；板块间留出对应宽度的缝隙，做好养护。

（4）待水泥浆结硬后，向粘接纸表面淋透水，撕开纸张。

（5）最后用白水泥浆勾缝。玻璃锦砖构造如图 11.13 和图 11.14 所示。

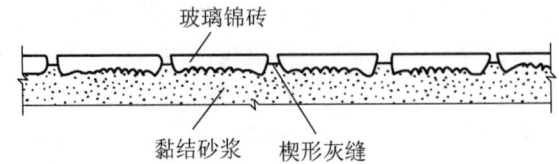

图 11.13　玻璃锦砖构造图一

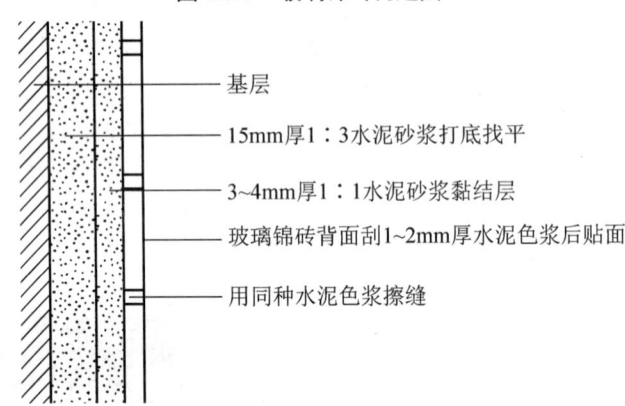

图 11.14　玻璃锦砖构造图二

3．适用性

此种工艺适用于在室内外墙面上粘贴各种颜色和尺寸的玻璃马赛克。

特别提示

墙柱面饰面工程施工环境要求

（1）自然环境。

① 采用掺有水泥的拌合料粘贴（或灌浆）时，湿作业施工现场环境温度不低于 5℃；

② 采用有机胶粘剂粘贴时，湿作业施工现场环境温度不宜低于 10℃；

③ 如环境温度低于上述规定，应采取保证工程质量的有效措施。

（2）劳动作业环境。施工现场的通风、照明、安全、卫生防护设施应符合劳动作业要求。

（3）管理环境。

① 安装或粘贴饰面砖的立面已完成墙面、顶棚抹灰工程，经验收合格；有防水要求的部位防水层已施工完毕，经验收合格；门窗框已安装完毕，并检验合格。

② 水电管线、卫生洁具等预埋件（或后置埋件）、连接件、预留孔洞或安装位置线已确定，并准确留置，经检验符合要求。

 **能力训练**

【任务实施】

进行墙柱面饰面工程的施工实训。

【技能训练】

（1）按照施工方案和技术交底要求进行墙柱面饰面工程的施工；

（2）按照质量验收规范对墙柱面饰面工程的质量进行验收；

（3）填写实训任务报告。

工作任务 11.4　楼地面工程施工

11.4.1　楼地面工程概述

楼地面是人们工作和生活中接触最多的地方，除了要求平整、耐磨、光洁之外，还要求有色彩、图案，有一定的承载力。特殊建筑还要求隔声、有弹性、耐腐性、抗渗漏等。

楼地面一般由面层、垫层、基层等组成。面层分为块料面层、整体面层、涂饰面层等几类。

整体面层有水泥砂浆地面、油漆地面等，常用的块料面层有陶瓷地面砖、天然石板、橡胶（或塑料）地板等。

11.4.2　地面砖的铺贴

1．施工准备

1）材料及主要机具

（1）水泥：42.5 级及以上普通硅酸盐水泥或 32.5 级以上矿渣硅酸盐水泥，应有出厂证明。白水泥为 32.5 级号硅酸盐白水泥。

（2）粗砂或中砂：用时要过筛，含泥量不大于 3%。

（3）地面砖：进场后应拆箱检查颜色、规格、形状、粘贴的质量等，看是否符合设计要求和有关标准的规定。在使用前应对地面砖进行挑选，标号和品种不同的砖不得混用，如有裂缝、掉角、扭曲变形和小于半块的碎砖应予以剔除。

楼地面贴砖施工

（4）主要机具：小水桶、笤帚、方尺、木、铁抹子、大杠、筛子、窄手推车、钢丝刷、喷壶、橡皮锤子、硬木拍板（240mm×120mm×50mm）、钢片开刀、拨板（200mm×70mm×1mm）、小型台式砂轮。

2）作业条件

（1）墙面抹灰做完并已弹好+50cm 水平标高线；

（2）穿过地面的套管已做完，管洞已用豆石混凝土堵塞密实；

(3) 设计要求做防水层时,已办完隐检手续,并完成蓄水试验,办好验收手续。

2. 操作工艺

(1) 工艺流程。清理基层、弹线→刷水泥素浆→水泥砂浆找平层→水泥浆结合层→铺贴陶瓷锦砖→修理→刷水、揭纸→拨缝→灌缝→养护。

(2) 清理基层、弹线。将基层清理干净,表面灰浆皮要铲掉、扫净。挂线检查并掌握楼地面垫层的平整度,做到心中有数。将水平标高线弹在墙上。

(3) 刷水泥素浆。在清理好的地面上均匀洒水,然后用笤帚均匀洒刷水泥素浆(水灰比为0.5),刷的面积不得过大,须与下道工序铺砂浆找平层紧密配合,随刷水泥浆随铺水泥砂浆,对于光滑的混凝土楼面应凿毛。对于楼、地面的基层应提前一天浇水。

(4) 做水泥砂浆找平层。

① 冲筋:以墙面+50cm水平标高线为准,测出地面标高,拉水平线做灰饼,灰饼上平为地面砖下皮。然后进行冲筋,在房间中间每隔1m冲筋一道。有地漏的房间按设计要求的坡度找坡,冲筋应朝地漏方向呈放射状。

② 冲筋后,用1:3干硬性水泥砂浆(干硬程度以手捏成团,落地开花为准)铺设,厚度为20~25mm,用大杠(顺标筋)将砂浆刮平,木抹子拍实,抹平整。有地漏的房间要按设计要求的坡度做出泛水。

(5) 找方正、弹线。找平层抹好24h后或抗压强度达到1.2MPa后,在找平层上量测房间内长度尺寸,在房间中心弹十字控制线,根据设计要求的图案结合地面砖的尺寸,计算出所铺贴的张数,不足整张的应甩到边角处,不能贴到明显部位。

(6) 铺地面砖。在砂浆找平层上,浇水湿润后,抹一道2~2.5mm厚的水泥浆结合层(宜掺水泥质量20%的107胶)摊在面砖的背面,然后将面砖与地面铺贴,并用橡皮锤敲击面砖使其与地面压实,并且高度与地面标高线吻合,应随抹随贴,面积不要过大,整间宜一次镶铺连续操作。

① 地面砖的铺贴程序:对于小房间来说,通常是做成T形标准高度面。当房间面积较大时,通常是在房间中心按十字形做出标准高度面,这样可便于多人同时施工。

② 铺贴大面:以铺好的标准高度面为标基进行,铺贴时紧靠已铺好的标准高度开始施工,并用拉出的对缝平直线来控制地面砖对缝的平直。铺贴时,水泥浆应饱满地抹于面砖背面,并用橡皮锤敲实,以防止空鼓现象,并应一边铺贴一边用水平尺校正,还须将表面的水泥浆立刻擦去。

(7) 修整。整间铺好后,在锦砖上垫木板,人站在垫板上修理四周的边角,并将锦砖地面与其他地面门口接槎处修好,保证接槎平直。

(8) 灌缝。整副地面砖铺贴完毕后,养护2d再进行抹缝,抹缝时,将白水泥调成干性团,在缝隙上擦抹,使面砖的对缝内填满白水泥,再将面砖表面擦净。

(9) 养护。砖地面擦缝24h后,应铺上锯末常温养护(或用塑料薄膜覆盖),其养护时间不得少于7d,且不准上人。

(10) 冬期施工。室内操作温度不得低于+5℃,砂子不得有冻块,面砖面层不得有结冰现象。养护阶段表面必须覆盖。

3. 质量验收标准

1) 一般规定

(1) 铺设板块面层时,其水泥基层的抗压强度不得小于1.2MPa。

（2）铺设板块面层的结合层和板块间的填缝采用水泥砂浆，应符合下列规定。

① 配制水泥砂浆应采用硅酸盐、普通硅酸盐水泥或矿渣酸盐水泥；其水泥强度等级不宜小于32.5级。

② 配制水泥砂浆的砂应符合《普通混凝土用砂、石质量及检验方法标准》（JGJ 52—2006）的规定。

③ 配制水泥砂浆的体积（或强度等级）应符合设计要求。

（3）结合层和板块面层填缝的沥青胶结材料应符合国家现行有关产品标准和设计要求。

（4）板块的铺砌应符合设计要求，当设计无要求时，宜避免出现板块小于1/4边长的边角料。

（5）铺设水泥板块类面层的结合层和填缝的水泥砂浆，在面层铺设后，表面应覆盖、湿润，其养护时间不应少于7d。当板块面层的水泥砂浆结合层的抗压强度达到设计要求后，方可正常使用。

（6）板块类踢脚线施工时，不得采用石灰砂浆打底。

2）砖面层

（1）砖面层采用陶瓷砖、缸砖、陶瓷地砖和水泥花砖的应在结合层上铺设。

（2）有防腐要求的砖面层采用的耐酸瓷砖、浸渍沥青砖、缸砖的材质、铺设以及施工质量验收，应符合《建筑防腐蚀工程施工规范》（GB 50212—2014）的规定。

（3）在水泥砂浆结合层上铺贴缸砖、陶瓷地砖和水泥花砖面层时，应符合下列规定：

① 在铺贴前，应对砖的规格尺寸、外观质量、色泽等进行预选，浸水湿润晾干待用；

② 勾缝和压缝应采用同品种、同强度等级、同颜色的水泥，并做养护和保护。

（4）在水泥砂浆结合层上铺设陶瓷锦砖面层时，砖底面应洁净，每联陶瓷锦砖之间、与结合层之间以及在墙角、镶边和靠墙处不得采用砂浆填补。

（5）面层所用的板块的品种、质量必须符合设计要求。

检验方法：观察检查和检查材质合格证明文件及检测报告。

（6）面层与下一层的结合（黏结）应牢固，无空鼓。凡单块砖边角有局部空鼓，且每自然间（标准间）不超过总数的5%的可不计。

检验方法：用小锤轻击检查。

（7）砖面层的表面应洁净，图案清晰，接缝平整，深浅一致，周边顺直。板块无裂纹、缺棱和掉角等缺陷。

检验方法：观察检查。

（8）面层邻接处的镶边料及尺寸应符合设计要求，边角应整齐、光滑。

检验方法：观察和用钢尺检查。

（9）踢脚线表面应洁净，高度一致、结合牢固、出墙厚度一致。

检验方法：观察和用小锤轻击及钢尺检查。

（10）楼梯踏步和台阶板块的缝隙宽度应一致，齿角整齐；楼层梯段相邻踏步高度差不应大于10mm；防滑条应顺直。

检验方法：观察和用钢尺检查。

（11）砖面层的允许偏差应符合表11-4的规定。

表 11-4 板、块面层的允许偏差和检验方法　　　　　　　　　　单位：mm

序号	项目	允许偏差	检验方法
1	表面平整度	2.0	用 2m 靠尺和楔形塞尺检查
2	缝格平直	3.0	拉 5m 线和用钢尺检查
3	接缝高低差	0.5	用钢尺和楔形塞尺检查
4	踢脚线上口平直	3.0	拉 5m 线和用钢尺检查
5	板块间隙宽度	2.0	用钢尺检查

4．成品保护

（1）地面砖镶铺完后，如果其他工序插入较多，应上铺覆盖物对面层加以保护；

（2）切割地面砖时应用垫板，禁止在已铺好的面层上操作；

（3）推车运料时应注意保护门框及已完工的地面，门框易被小车碰到的部位应加以包裹，走车地面要加垫木板；

（4）操作过程中不要碰动各种管线，也不得把灰浆和地面砖块掉落在已安完的地漏管口内。

5．应注意的质量问题

1）缝格不直不匀

操作前应挑选地面砖，长、宽相同的整张面砖用于同一房间内，拨缝时分格缝要拉通线，将超线的砖块拨顺直。

2）面层空鼓

做找平层之前基层必须清理干净，洒水湿润，找平层砂浆做完之后，房间不得进入而应封闭，防止地面污染，影响与面层黏结。铺陶瓷地面砖时，水泥浆结合层与面砖铺贴应同时操作，即随刷随铺，刷的面积不得过大，防止水泥浆风干影响黏结而导致空鼓。

3）地面渗漏

厕、浴间地面穿楼板上、下水等各种管道做完后，洞口应堵塞密实，并加有套管，验收合格后再做防水层，管口部位与防水层结合要严密，待蓄水合格后才能做找平层。面砖面层完成后应做二次蓄水试验。

4）面层污染严重

擦缝时应随时将余浆擦干净，面层做完后必须加以覆盖，以防其他工种操作污染。

5）地漏周围的面砖套割不规则

做找平层时应找好地漏坡度，当大面积铺完后，再铺地漏周围的面砖，根据地漏直径预先计算好面砖的块数（在地漏周围呈放射形镶铺），再进行加工，试铺合适后再进行正式粘铺。

11.4.3　水泥砂浆地面

水泥砂浆地面，是在混凝土基层上抹上水泥砂浆面层的地面。现在直接用水泥砂浆地面已经较少，只用在地下室停车场、简易临时建筑、标准较低的建筑，或作为工业建筑油漆地面的基底层，如图 11.15 所示。

水泥砂浆地面的抹面层厚度为 15~20mm, 用 32.5 级的水泥与中砂配制,配合比常用 1∶2~1∶2.5 (体积比),加水搅拌呈半干硬状(手捏成团稍出浆水)。将混凝土底层清理干净,洒水湿润后,满刷一道 108 建筑胶拌制的水泥浆,待水泥浆结硬后,铺上抹面用的水泥砂浆,用刮尺赶平,用铁抹子压实;待砂浆初凝后终凝前,再用抹光机或铁抹子反复抹光至不见抹痕;终凝后即盖上草袋、锯末等浇水养护;大面积面层应按要求(锯)出分格缝,防止产生不规则的表面裂缝。

图 11.15 水泥砂浆地面

油漆地面是在水泥地面施工完成并结硬后,在表面刷上专用的地板漆而成,现在常用作工业建筑的车间地面,其耐水、不起砂,可按生产线要求刷上不同的地板漆。

橡胶或塑料地板胶地面,是在水泥地面施工完成并结硬后,用地板胶专用的胶粘剂,粘贴厚度为 2~3mm 合成橡胶或塑料地板胶而成,常用作医院病房、实验室、图书馆的阅览室等地面,其卫生、吸声、有弹性。

 能力训练

【任务实施】
进行楼地面工程的施工实训。
【技能训练】
(1)按照施工方案和技术交底要求进行楼地面工程的施工;
(2)按照质量验收规范对楼地面工程的质量进行验收;
(3)填写实训任务报告。

工作任务 11.5 门窗工程施工

11.5.1 塑钢门安装

1. 施工准备

1)技术准备

施工前应仔细熟悉施工图纸,按施工技术交底和安全交底做好各方面的准备。

2)材料要求

塑钢门:钢门窗厂生产的合格的塑钢门,型号品种符合设计要求。

水泥、砂:水泥 32.5 级以上,砂为中砂和粗砂。

玻璃、油灰:按设计要求的玻璃。

焊条：符合要求的电焊条。

进场前应先对塑钢门进行验收，不合格的不准进场；运到现场的塑钢门应分类堆放，不能参差挤压，以免变形；堆放场地应干燥，并有防雨、排水措施；搬运时轻拿轻放，严禁扔摔。

2．施工工艺

1）工艺流程

施工准备→安装→立框→门窗框洞口间隙的填塞→门窗扇的安装。

2）操作工艺

（1）施工准备：立框前，应对50线进行检查，并找好窗边垂直线及窗框下皮标高的控制线，同排窗应拉通线，以保证门窗框高低一致；上层窗框安装时，应与下层窗框吊齐、对正。

（2）安装：安装方法有连接件法、直接固定法和假框法，固定点距窗角150mm，固定点间距不大于600mm。塑钢门窗安装前，采用塑料膨胀螺钉连接时，先在墙体上的连接点处钻孔，孔内塞入塑料胀管；采用预埋件连接时，在墙体连接点处预埋钢板，窗台先钻孔。

（3）立框：按照洞口弹出的安装线先将门窗框立于洞口内，用木楔调整横平竖直，然后按连接点的位置，将调整铁脚一端卡紧门窗框外侧，调整铁脚另一端与墙体连接。采用塑料膨胀螺钉连接时，用螺钉穿过调整铁脚的孔拧入塑料胀管中；采用预埋件连接时，调整铁脚用电焊焊牢于预埋钢板上；采用射钉连接时，将射钉打入墙体，使调整铁脚固定住，如图11.16所示。窗台处调整铁脚应将其垂直端先塞入钻孔内，水平端点再卡紧窗框，待窗框校正完后，再在钻孔内灌入水泥砂浆。

（4）门窗框洞口间隙的填塞：如图11.17所示，严禁用水泥砂浆作窗框与墙体之间的填塞材料，宜使用闭孔泡沫塑料、发泡聚苯乙烯、塑料发泡剂分层填塞，缝隙表面留5～8mm深的槽口嵌填密封材料。

图11.16 射钉连接

图11.17 门窗框洞口间隙的填塞

（5）门窗扇的安装：安装五金配件时，应先在框、扇杆件上钻出略小于螺钉直径的孔眼，然后用配套的自攻螺钉拧入，严禁将螺钉用锤子直接打入。

塑钢门窗交工之前，应将型材表面的塑料胶纸撕掉，如果塑料胶纸在型材表面留有胶痕，宜用香蕉水清洗干净。

3．质量标准

1）主控项目

（1）塑钢门的规格、开启方向、安装位置、连接方式及型材壁厚应符合设计要求，其防腐处理及嵌缝、密封处理应符合设计要求。

（2）塑钢门必须安装牢固，并应开关灵活、关闭严密，无倒翘。

（3）塑钢门配件的型号、规格、数量应符合设计要求，安装应牢固，位置应准确，功能应满足使用要求。

2）一般项目

（1）塑钢门表面应洁净、平整、光滑、色泽一致，无锈蚀。大面应无划痕、碰伤，漆膜或保护层应连接。

（2）塑钢门框与墙体之间的缝隙应嵌填饱满，并采用密封胶密封。密封胶表面应光滑、顺直、无裂纹。

（3）塑钢门扇的橡胶密封条或毛毡密封条应安装完好，不得脱槽。

（4）有排水孔的塑钢门，排水孔应畅通，位置和数量应符合表11-5的要求。

表11-5 塑钢门窗质量要求

序号	项目	留缝限值/mm	允许偏差/mm	检验方法
1	门槽口宽度、高度	≤1500	2.5	用钢尺检查
		>1500	3.5	
2	门槽口对角线长度差	≤2000	5	用钢尺检查
		>2000	6	
3	门框的正、侧面垂直度	—	3	用1m垂直检测尺检查
4	门横框的水平度	—	3	用1m垂直检测尺检查
5	门横框标高	—	5	用钢尺检查
6	门竖向偏离中心	—	4	用钢尺检查
7	门框、扇配合间距	≤2	—	用塞尺检查
8	无下框时门扇与地面间留缝	4～8	—	用塞尺检查

4．成品保护

（1）安装完毕的塑钢门口严禁安放脚手架或悬吊重物。

（2）安装完毕的门口不能再做施工运料通道。如必须使用，应采取防护措施。

（3）抹灰时残留在塑钢门上的砂浆要及时清理干净。

（4）拆架子时，注意将开启的门关上后再落架子，防止撞坏塑钢门。

11.5.2 木门窗安装

（1）木门窗现在多在工厂制作，作为成品供应。进场应进行质量检查，核对品种、材料、规格、尺寸、开启方向、颜色、五金配件，办理验收手续，在仓库内竖直摆放。

（2）门窗框安装前，先核对门窗洞口位置、标高、尺寸，若不符合图纸要求应及时改正。

（3）门窗框用后塞口法在现场安装，砌墙时预留洞口，以后再把门窗框塞进洞口内，按图纸要求的位置就位（内平为平内墙面，外平为平外墙面或居墙中，注意门扇的开启方向），调整平整度和垂直度，同层门窗上口还要用通线控制相互对齐，用木楔临时固定，再用钉子固定在预埋木砖上；门窗框安装完后还要做许多其他的装饰项目，要注意对框表面的保护，不要被后续工程损坏或污染。

（4）门窗扇应在室内墙、地面、顶棚装修基本完成后进行，逐个丈量门窗洞口尺寸，根据周边留缝宽度计算门窗扇外周尺寸，在门窗扇上画出应有的外周尺寸，将门窗扇周边尺寸修整到符合要求，试安装修整到合格，画合页线，剔凿出合页槽，上合页，装门窗扇。

（5）对门窗扇修整部位补刷油漆或贴面，安装五金配件，再试门窗扇的开启是否灵活，全部达到要求后完成。

11.5.3 铝合金或塑料门窗安装

（1）铝合金门窗、塑料门窗与木门窗有些相似，框和扇分别安装，先装框后装扇。但木门窗是实心材料制作，铝合金门窗、塑料门窗都是用薄壁空心型材制作，因此除材料进场检验大体与木门窗相同外，安装工艺上与木门窗有许多不同。

（2）门窗框就位、通线、校正，先用木楔临时固定，再用螺钉与预埋件连接固定。

（3）洞口和门窗框之间，先打发泡胶充盈全部间隙，再用聚合水泥砂浆收口；完成洞口周边的外装饰面；注意保护好框的表面，不要被后续工程损坏或污染。

（4）安装门窗扇，用嵌入法将组装好的门窗扇镶嵌入门窗框的凹凸槽内，调整到位，推拉灵活，完成。

11.5.4 玻璃工程

1. 玻璃的品种及适应范围

（1）普通平板玻璃：在一般要求的门窗中使用。
（2）浮法平板玻璃：在要求较高的高级建筑物的门窗中使用。
（3）吸热玻璃：可减少太阳辐射的影响，用于高级建筑物的门窗。
（4）磨砂玻璃[图11.18（a）]、压花玻璃：用于要求透光不透视的场合。
（5）镀膜玻璃[图11.18（b）]：用于玻璃幕墙，有特殊效果。
（6）钢化玻璃[图11.18（c）]：玻璃经过钢化处理后，强度提高，破坏过程不会伤人，用于高层建筑的门窗或幕墙。
（7）中空玻璃[图11.18（d）]：强度和隔热性都较高，用于对热工性能要求较高的门窗。

(a)磨砂玻璃　　　　(b)镀膜玻璃　　　　(c)钢化玻璃　　　　(d)中空玻璃

图 11.18　玻璃的品种

2．配套材料

配套材料有密封胶、镶嵌胶条、定位胶块等。

3．玻璃的加工

（1）玻璃宜集中裁割，套裁顺序应按先大后小、先宽后窄的顺序，边缘不得有缺口和斜曲；

（2）玻璃外围尺寸应比门窗尺寸略小 3mm；

（3）厚玻璃的裁割要先涂煤油。

4．玻璃的安装

（1）应在门窗框扇经过校正，五金安装完毕后进行；

（2）玻璃安装前应对裁割口、门窗框扇槽进行清理；

（3）定位片和压胶条要安放正确，用密封胶条的不再用密封胶封缝；

（4）玻璃安装后应对玻璃和框扇同时进行清洁，清洁时不得损坏镀膜面层。

5．安装的质量要求

（1）玻璃的品种、规格、色彩、朝向应符合设计要求；

（2）安装好后的玻璃应表面平整、牢固，不得有松动；

（3）密封条或玻璃胶与玻璃之间应紧密、平整、牢固；

（4）竣工时的玻璃工程表面应洁净。

知识链接 11-2

《住宅装饰装修工程施工规范》（GB 50327—2001）中关于施工的强制性条文

（1）施工中，严禁损坏房屋的绝热设施、严禁损坏受热钢筋；严禁超荷载集中堆放物品；严禁在预制混凝土空心楼板上打孔安装埋件。

（2）施工现场用电应符合下列规定。

第一，施工现场用电应从户表以后设立临时施工用电系统。

第二，安装、维修或拆除临时施工用电系统，应由电工完成。

第三，临时施工供电开关箱中应装设漏电保护器，进入开关箱的电源线不得用插销连接。

第四，临时用电线路应避开易燃、易爆物品堆放地。

第五，暂停施工时应切断电源。

（3）严禁使用国家明令淘汰的材料。

（4）推拉门窗扇必须有防脱落措施，扇与窗的搭接量应符合设计要求。

✓ 能力训练

【任务实施】

进行门窗工程的施工实训（可选择铝合金门窗施工项目）。

【技能训练】

（1）按照施工方案和技术交底要求进行门窗工程的施工；

（2）按照质量验收规范对门窗工程的质量进行验收；

（3）填写实训任务报告。

工作任务 11.6　吊顶工程施工

11.6.1　吊顶工程概述

顶棚又称天花板,是指楼板的下表面,是室内装饰中的重要部分。人们要求顶棚表面光洁、美观,以改善室内的亮度和环境,营造建筑空间的风格、效果,起到保温、隔热、隔声、照明、通风、防火等作用。

顶棚装饰方法有两类:一类是直接在楼板下表面抹灰、刷各式涂料、粘贴墙纸、镶嵌装饰表面等的直接式顶棚,另一类是悬吊装饰面层的集成式吊顶。

吊顶工程是建筑装饰装修的常见工程,不仅能美化室内环境,还能营造出丰富多彩的室内空间艺术形象。

11.6.2　直接式顶棚施工

1．直接抹灰施工

施工方法与墙面抹灰相似,抹灰层的厚度比墙面抹灰要薄,因此要求抹灰砂浆的黏结性能好,施工难度比墙面作业大,抹灰层的平整度可比墙面稍差,质量上要求粘得牢和表面光洁。面层可做刮灰、刷涂料等,周边常加钉或抹制线条。

2．直接喷涂施工

先做底层抹灰,校正底面平整度,底灰干燥后,配备涂料,用喷枪涂匀喷涂在顶棚表面,凝固后成活。

3．直接粘贴施工

先做底层抹灰,校正板面平整度,底灰干燥后,直接将碳化石膏板、其他装饰面板用胶粘剂粘贴。

> **特别提示**
>
> 吊顶工程施工的环境要求如下。
> (1)吊顶工程施工前,应熟悉施工图纸及设计说明。
> (2)施工前应按设计要求对房间净高、洞口标高和吊顶内的管道、设备及其支架的标高进行交接检验。
> (3)对吊顶内的管道、设备的安装及水管试压进行验收。
> (4)吊顶工程在施工中应做好各项施工记录,收集好各种有关资料,包括:
> ① 复验报告、验收记录和技术交底记录;
> ② 材料的产品合格证书、性能检测报告。
> (5)安装面板前应完成吊顶内管道和设备的调试和验收。

11.6.3 集成式吊顶施工

1. 施工准备

（1）作业条件：

① 安装完顶棚内的各种管线及设备，确定好灯位、通风口及各种照明孔口的位置；

② 顶棚罩面板安装前，应做完墙、地湿作业工程项目；

③ 搭好顶棚施工操作平台架子；

④ 轻钢骨架顶棚在大面积施工前，应做样板间，对顶棚的起拱度、灯槽、窗帘盒、通风口等处进行构造处理，经鉴定后再大面积施工。

（2）材料准备：铝合金吊顶、龙骨、吊杆等。

（3）施工机具：冲击钻、无齿锯、钢锯、射钉枪、刨子、螺丝刀、吊线锤、角尺、锤子、水平尺、折线、墨斗等。

2. 工艺流程

基层弹线→安装吊杆→安装主龙骨→安装收边条→安装次龙骨→安装铝合金扣板→饰面清理→检验→验收。

3. 安装工艺

1）弹线

根据楼层标高水平线，按照设计标高，沿墙四周量出顶棚标高水平线，并找出房间中心点，并沿顶棚的标高水平线，以房间中心点为中心在墙上画好龙骨分档位置线，如图 11.19 和图 11.20 所示。

图 11.19　量出顶棚设计标高　　　　　图 11.20　弹龙骨分档位置线

2）安装主龙骨吊杆

在弹好顶棚标高水平线及龙骨位置线后，确定吊杆下端头的标高，安装预先加工好的吊杆，用直径 8mm 的膨胀螺栓固定在顶棚上，吊杆选用直径 8mm 的圆钢，吊筋间距控制在 1200mm 范围内，如图 11.21 所示。

3）安装主龙骨

主龙骨一般选用 C38 轻钢龙骨，也可采用木条或铝合金龙骨，间距控制在 1200mm 范围内。安装时采用与主龙骨配套的吊件与吊杆连接，如图 11.22 和图 11.23 所示。

4）安装收边条

按天花净高要求在墙四周用水泥钉固定收边条，水泥钉间距不大于 300mm。

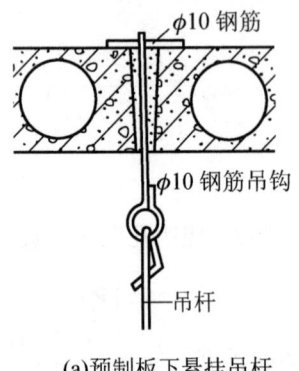
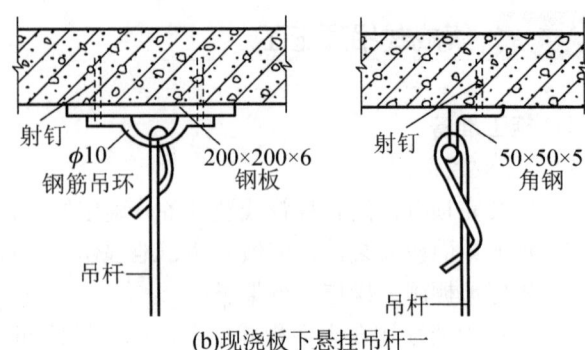

(a)预制板下悬挂吊杆　　　　(b)现浇板下悬挂吊杆一

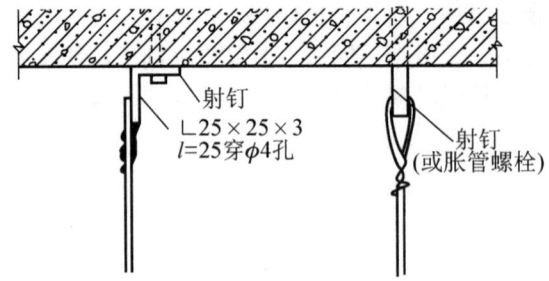

(c)现浇板下悬挂吊杆二

图 11.21　主龙骨吊杆安装方法示意图（单位：mm）

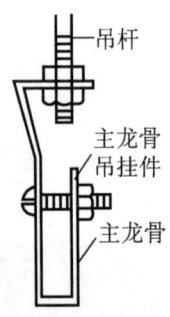

图 11.22　主龙骨连接示意图　　　图 11.23　铝合金龙骨安装

5）安装次龙骨

根据铝扣板的规格尺寸，安装与板配套的次龙骨，次龙骨通过吊挂件吊挂在主龙骨上。当次龙骨长度需多根延续接长时，可用次龙骨连接件在吊挂次龙骨的同时将相对端头连接，并调直后固定，如图 11.24 所示。

6）安装金属板

铝扣板安装时，在装配面积的中间位置垂直于次龙骨方向拉一条基准线，对齐基准线向两边安装。安装时轻拿轻放，必须顺着翻边部位顺序将方板两边轻压，卡进龙骨后再推紧。

7）清理

铝扣板安装完成后，需用布把板面全部擦拭干净，不得有污物及手印等。

8）吊顶工程验收时应检查的文件和记录

（1）吊顶工程的施工图、设计说明及其他设计文件；

（2）材料的产品合格证书、性能检测报告、进场验收记录和复验报告；

（3）隐蔽工程验收记录；

（4）施工记录。

4．注意事项

（1）轻钢骨架、铝扣板及其他吊顶材料在入场存放、使用过程中应严格管理，保证不变形、不受潮、不生锈。

（2）装修吊顶用吊杆严禁挪作机电管道、线路吊挂用；机电管道、线路如与吊顶吊杆位置矛盾，须经过项目技术人员同意后更改，不得随意改变、挪动吊杆。

（3）吊顶龙骨上禁止铺设机电管道、线路。

（4）轻钢骨架及罩面板安装时应注意保护顶棚内各种管线，轻钢骨架的吊杆、龙骨不准固定在通风管道及其他设备件上。

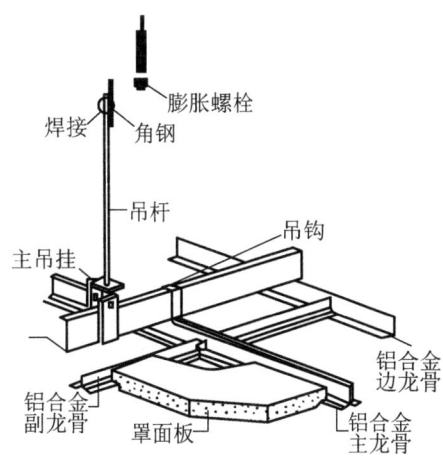

图 11.24　次龙骨安装示意图

能力训练

【任务实施】

进行悬吊式集成吊顶工程的施工实训。

【技能训练】

（1）按照施工方案和技术交底要求进行吊顶工程的施工，并拍照记录；

（2）按照质量验收规范对吊顶工程的质量进行验收，并拍照记录；

（3）填写实训任务报告。

工作任务 11.7　质量验收规范与安全技术

11.7.1　质量验收规范

1．施工基本要求

（1）施工前应进行设计交底工作，并应对施工现场进行核查，了解物业管理的有关规定。

（2）各工序、各分项工程应自检、互检及交接检。

（3）施工中，严禁损坏房屋原有绝热设施，严禁损坏受力钢筋；严禁超荷载集中堆放物品；严禁在预制混凝土空心楼板上打孔安装埋件。

（4）施工中，严禁擅自改动建筑主体、承重结构或改变房间主要使用功能，严禁擅自拆改燃气、暖气、通信等配套设施。

(5) 管道、设备工程的安装及调试应在装饰装修工程施工前完成，必须同步进行的应在饰面层施工前完成。装饰装修工程不得影响管道、设备的使用和维修。涉及燃气管道的装饰装修工程必须符合有关安全管理的规定。

(6) 施工人员应遵守有关施工安全、劳动保护、防火、防毒的法律和法规。

(7) 施工现场用电应符合下列规定：

① 施工现场用电应从户表以后设立临时施工用电系统；

② 安装、维修或拆除临时施工用电系统，应由电工完成；

③ 临时施工供电开关箱中应装设漏电保护器，进入开关箱的电源线不得用插销连接；

④ 用电线路应避开易燃、易爆物品堆放地；

⑤ 暂停施工时应切断电源。

(8) 施工现场用水应符合下列规定：

① 不得在未做防水的地面蓄水；

② 临时用水管不得有破损、滴漏；

③ 暂停施工时应切断水源。

(9) 文明施工和现场环境应符合下列要求：

① 施工人员应衣着整齐；

② 施工人员应服从物业管理或治安保卫人员的监督、管理；

③ 应控制粉尘、污染物、噪声、振动等对相邻居民、居民区和城市环境的污染及危害；

④ 施工堆料不得占用楼道内的公共空间，封堵紧急出口；

⑤ 室外堆料应遵守物业管理规定，避开公共通道、绿化地、化粪池等市政公用设施；

⑥ 工程垃圾宜密封包装，并放在指定垃圾堆放地；

⑦ 不得堵塞、破坏上下水管道、垃圾道等公共设施，不得损坏楼内各种公共标识；

⑧ 工程验收前应将施工现场清理干净。

2．材料及设备基本要求

(1) 住宅装饰装修工程所用材料的品种、规格、性能应符合设计的要求及国家现行有关标准的规定。

(2) 严禁使用国家明令淘汰的材料。

(3) 住宅装饰装修所用的材料应按设计要求进行防火、防腐和防蛀处理。

(4) 施工单位应对进场主要材料的品种、规格、性能进行验收。主要材料应有产品合格证书，有特殊要求的应有相应的性能检测报告和中文说明书。

(5) 现场配制的材料应按设计要求或产品说明书制作。

(6) 应配备满足施工要求的配套机具设备及检测仪器。

(7) 住宅装饰装修工程应积极使用新材料、新技术、新工艺、新设备。

3．成品保护

(1) 施工过程中材料运输应符合下列规定：材料运输使用电梯时，应对电梯采取保护措施；材料搬运时要避免损坏楼道内顶、墙、扶手、楼道窗户及楼道门。

(2) 施工过程中应采取下列成品保护措施：各工种在施工中不得污染、损坏其他工种的半成品、成品；材料表面保护膜应在工程竣工时撤除；对邮箱、消防、供电、报警、网络等公共设施应采取保护措施。

11.7.2 安全技术

1．施工现场安全防护

（1）施工人员都必须熟知本岗位的安全技术操作规程，特种作业人员必须执行持证上岗制度，否则不准上岗作业。

（2）所有进入施工现场的人员都必须正确穿戴好个人安全防护用品，严禁酒后作业。

（3）施工中所用脚手架、跳板等材料必须符合规定。

（4）在室内光线照射不充足的地方作业及夜间作业时，必须保证工作面内有足够的照明；夜间在楼梯间过道和转角处必须设置照明。

2．室内装修过程安全措施

1）室内抹灰工程

（1）施工前对抹灰工进行必要的安全和技能培训，未经培训或考试不合格者不得上岗作业，更不得使用童工、未成年工、身体有疾病的人员作业。

（2）抹灰工要佩戴有效的防护用品如安全帽、安全带、套袖、手套、风镜等，作业人员要正确佩戴和使用防护用品。

（3）班组（队）长每日上班前，对作业环境、设施、设备等进行认真检查，发现问题及时解决；作业中对违章操作行为要制止；下班后应做到断电、活完料净场地清；要对全天情况做好讲评。

（4）室内抹灰采用高凳上铺脚手板时，宽度不得少于两块脚手板，间距不得大于2m，移动高凳时上面不得站人，作业人员最多不得超过2人。高度超过2m时，应由架子工搭设脚手架。

（5）在楼层进行施工时，楼面上堆置的材料如砂、石灰膏、水泥、饰面材料等，其重力不得超过楼面设计的荷重，并应分散堆放。

（6）室内推小车要稳，拐弯时不得猛拐。

2）室内贴砖工程

（1）瓷砖墙面作业时，瓷砖碎片不得向窗外抛扔。剔凿瓷砖时应戴防护镜。

（2）使用电钻、砂轮等手持电动工具，必须装有漏电保护器，作业前应试机检查，作业时应戴绝缘手套。

（3）进行砂浆搅拌时必须设专人操作，并严格按照搅拌机操作规程执行；清理料斗下方散料时，料斗必须插好安全栓。

（4）在脚手架上作业时所用工具和材料要放置稳当，不准乱扔，材料、工具应分散堆放，不准超荷堆放材料和水桶；跳板严禁搭在窗子、栏杆等成品上，要注意对成品的保护。

（5）贴面砖的过程中应防止砂浆落入眼中。机械操作过程中要防止机械伤人。

3）门窗安装工程

（1）搬运玻璃要戴胶手套或用布纸垫包边口锐利部分；

（2）堆放玻璃应平稳，防止倾塌；

（3）不准在垂直方向的上下两层同时进行作业，以免玻璃掉落伤人；

（4）铝合金门窗与建筑物拉结点应控制在 30～40cm，一度拉结牢固；

（5）门窗的玻璃应用夹具紧固，四周内外侧应用密封膏封严；

（6）安装门窗必须采用预留洞口的方法，严禁采用边安装边砌口或先安装后砌口；

（7）洞口与副框、副框与门窗框拼接处的缝隙，应用密封膏封严；

（8）不得在门窗框上安放脚手架、悬挂重物或在框内穿物起吊，以防门窗损坏。

习 题

一、选择题

1. 铝合金外门窗框与砌体固定方法错误的是（ ）。
   A．预埋件与拉结件焊接　　　　　B．预埋钢筋与拉结件焊接
   C．射钉与拉结件接紧固　　　　　D．膨胀螺栓与拉结紧固件

2. 吊顶吊杆长度大于（ ）m 时，应设置反支撑。
   A．1.0　　　　B．1.2　　　　C．1.5　　　　D．2.0

3. 吊顶用填充吸音材料时，应有（ ）措施。
   A．防火　　　　B．防散落　　　　C．防潮　　　　D．防腐

4. 采用湿作法施工安装饰面板，石材应进行（ ）。
   A．防酸背涂处理　B．防腐背涂处理　C．防碱背涂处理　D．防潮背涂处理

二、填空题

1. 抹灰水泥采用硅酸盐水泥、普通硅酸盐，水泥强度等级不低于_____。

2. 石灰膏用于罩面灰时，熟化时间不应少于_____d。

3. 抹灰前基层处理，必须_____，并填写_____。

4. 抹灰工程中，冬期施工时的砂浆拌和温度最低不低于_____℃。尽量避免低温拌合，无法避免要采取保温措施。

5. 界面剂应有产品合格证、_____、_____等质量证明文件。进场后及时进行检验。

6. 塑钢门安装有_____、_____和假框法。

三、简答题

1. 地面砖的铺贴工艺流程是什么？
2. 铝合金门窗安装的质量要求有哪些？
3. 塑钢门窗质量检验主控项目是什么？
4. 木门窗安装的质量要求是什么？
5. 安装主龙骨吊杆要求是什么？
6. 装饰抹灰工程的表面质量应符合哪些规定？

四、案例分析

1. 某宾馆大堂约为 200m²，进行了室内装饰装修改造工程施工，按照先上后下、先湿

后干、先水电通风后装饰装修的施工顺序进行吊顶工程施工。按设计要求，顶面为轻钢龙骨纸面石膏板不上人吊顶，装饰面层为耐擦洗涂料。但竣工验收三个月后，顶面局部产生凹凸不平现象、石膏板接缝处产生裂缝现象。

试问出现这些问题的原因是什么？

2. 某宾馆大堂改造工程，业主与承包单位签订了工程施工合同。施工内容包括：结构拆除改造，墙面干挂西班牙米黄石材、局部木饰面板，安装轻钢龙骨石膏板造型天花，地面湿贴西班牙米黄石材及完成配套的灯具、烟感、设备检查口、风口安装等，二层跑马廊距地面 6m 高，护栏采用玻璃。施工合同规定石材由主业采购。

问题：

（1）装饰装修工程中，哪些部位严禁擅自改动？

（2）石材出现泛碱、水渍是常见的质量通病，请你根据施工经验列举几种有效的防治方法。

（3）木质基质涂刷清漆，对于木质基层上的节痕、松脂部位应用虫胶漆封闭，钉眼处应用油性腻子嵌补。为什么在刮腻子、上色前应涂刷一遍封闭底漆？

（4）请问在吊顶工程施工时应对哪些项目进行隐蔽验收？

学习情境 12　高层建筑施工

思维导图

高层建筑施工
- 1. 高层建筑基础知识
  - 了解高层建筑的分类
  - 掌握高层建筑的结构体系划分
  - 熟悉高层建筑的施工特点
- 2. 高层建筑运输设备与脚手架
  - 了解高层建筑的运输设备
  - 掌握吊篮脚手架的搭设工艺流程
- 3. 高层建筑基础施工
  - 熟悉深基坑的支护结构形式
  - 掌握深层搅拌水泥土挡土桩施工
  - 掌握地下连续墙施工
  - 掌握土层锚杆施工
  - 掌握土钉墙施工
  - 了解大体积混凝土基础施工
- 4. 高层建筑模板工程施工
  - 熟悉高层建筑模板的分类
  - 掌握大模板的施工方法
  - 掌握滑升模板的施工
  - 掌握爬升模板、台模的施工
  - 掌握模壳施工
- 5. 泵送混凝土施工
  - 熟悉泵送混凝土的管道布置及敷设
  - 掌握泵送混凝土施工
- 6. 质量验收规范与安全技术
  - 掌握高层建筑工程施工质量验收规范
  - 熟悉高层建筑工程的安全技术要求

引例

北方某市新建一栋高层写字楼，抗震等级为 2 级；地下二层，层高 3.3m；地上三层裙房，层高 4.5m；主体 15 层，层高 3.9m；顶层层高 9.0m；采用钢筋混凝土框架-剪力墙结构、箱形基础，采用地下连续墙。基础埋置深度-7.0m，外墙立面采用花岗石幕墙和隐框玻璃幕墙。总承包方在主体结构开工后，经建设方同意，将幕墙工程分包给有资质的幕墙公司；首层室内地面采用花岗石地面，面积 180m^2；墙面贴大理石面积 400m^2，部分墙面木制软包装修 500m^2；轻钢龙骨石膏板吊顶。

请思考：①高层建筑基础类型有哪些？如何施工？②地下连续墙有什么特点？如何施工？

工作任务 12.1　高层建筑基础知识

《民用建筑设计统一标准》（GB 50352—2019）规定建筑高度大于 27.0m 的住宅建筑和建筑高度大于 24.0m 的非单层公共建筑，且高度不大于 100.0m 的为高层民用建筑。

12.1.1　高层建筑的结构体系

高层建筑按结构体系划分，主要有框架结构体系、剪力墙结构体系、框架-剪力墙结构体系、筒体结构体系等，如图 12.1 所示。

1. 框架结构体系

框架结构体系是我国采用较早的一种梁、板、柱结构体系。与多层建筑框架结构体系相似，高层建筑中框架结构体系也由纵横框架组成，形成空间框架结构，以承受竖向荷载和水平作用。与高层建筑其他结构体系相比，框架结构具有布置灵活、造型活泼等优点，容易满足建筑使用功能的要求，如会议厅、休息厅、餐厅和贸易厅等的布置；同时经过合理设计，框架结构可以具有较好的延性和抗震性。但框架结构构件断面尺寸较小，结构的抗侧刚度较小，水平位移较大，在地震作用下容易由于大变形而引起非结构构件的损坏，因此其建设高度受到限制，一般在非地震区不宜超过 60m，在地震区不宜超过 50m。

2. 剪力墙结构体系

剪力墙结构体系是利用建筑物的外墙和永久性内隔墙的位置布置钢筋混凝土承重墙的结构，既能承受竖向荷载，又能承受水平力。剪力墙的主要作用是承受平行于墙体平面的水平力，并提供较大的抗侧刚度。它使剪力墙受剪且受弯，剪力墙也因此而得名，以便与一般仅承受竖向荷载的墙体相区别。在地震区，该水平力主要由地震作用产生，因此，剪力墙有时也称抗震墙。剪力墙结构体系现已成为高层住宅建筑的主体结构体系，建筑高度可达 150m，但由于其承重剪力墙过多，限制了建筑平面的灵活布置。

3. 框架-剪力墙结构体系

框架-剪力墙结构体系兼有框架结构体系和剪力墙结构体系的优点。它是在框架结构平面中的适当部位设置钢筋混凝土墙，常用楼梯间、电梯间墙体作为剪力墙，从而形成框架-剪力墙结构体系。它具有平面布置灵活、能较好地承受水平荷载且抗震性能好的特点，适用于15～30层的高层建筑结构。框架-剪力墙结构布置的关键，是剪力墙的数量和位置。从建筑布局的角度来看，减少剪力墙数量可以使建筑布置灵活，但从结构角度来看，剪力墙往往承担了大部分的侧向力，对结构抗侧刚度有明显的影响，因而剪力墙数量不能过少。

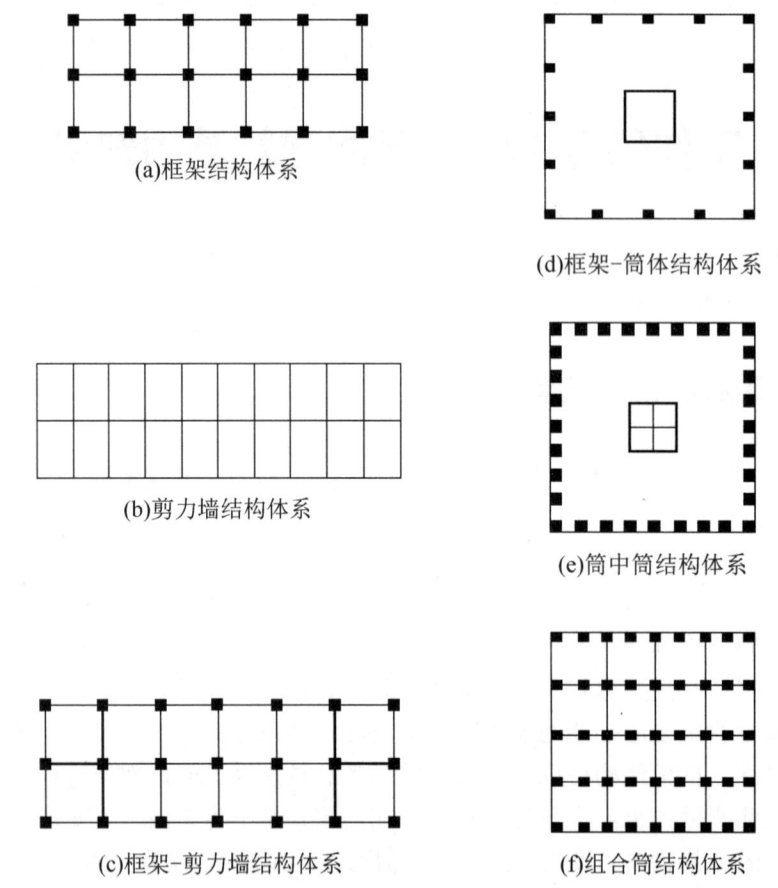

图12.1 高层建筑结构体系示意图

4. 筒体结构体系

筒体结构体系是由框架和剪力墙结构体系发展而成的空间体系，是由若干片纵横交错的框架或剪力墙与楼板连接围成的筒状结构；根据其平面布置、组成数量的不同，又可分为框架-筒体、筒中筒、组合筒三种结构体系。筒体结构在抵抗水平力方面具有良好的刚度，能形成较大的空间，且建筑平面布置灵活。

12.1.2 高层建筑的施工特点

（1）基础埋置深度大。为了确保建筑物的稳定性，高层建筑的基础工程都有地下埋深嵌固要求，高度越高，基础就越深。在天然地基上，其埋置深度不宜小于建筑物高度的 1/12，这就给基坑的开挖和基础施工带来了困难。一般都需采用挡土和加固等特殊方法和工艺进行施工，因而工期较长，造价也较高。

（2）高处作业多，垂直运输量大。高层建筑一般为 45～80m，甚至超过 100m，高处作业多，垂直运输量大且密集，运送范围广，运送材料品种繁多。高层建筑的施工速度，在很大程度上取决于垂直运输的能力。所以合理选择和有效使用垂直运输设备，是保证施工进度的重要环节。

（3）施工周期长，工期紧。高层建筑单栋工期一般要经历 2～4 年，平均 2 年左右，结构工期一般为 5～10d 一层，通常需要两班或三班作业，工期长而紧，且需要进行冬、雨期施工。为保证工程质量，需要制定特殊的施工技术措施，合理安排工序，制定一系列安全防范措施和应急预案，以保证安全生产。

（4）施工管理难度大。高层建筑工程项目内容多、工作多、参与建设单位多，在施工中还要采用平行、流水作业，因而施工管理难度大。

 能力训练

【任务实施】
参观所在城市的典型高层建筑。

【技能训练】
通过参观实训，熟悉高层建筑的特点、结构体系和施工特点等，并书写参观实习报告。

工作任务 12.2　高层建筑运输设备与脚手架

12.2.1 高层建筑运输设备

垂直运输设备是高层建筑机械化施工的主导机械，担负着大量的建筑材料、施工设备和施工人员垂直运输的任务。目前我国高层建筑结构施工用垂直运输设备主要有塔式起重机、混凝土泵和施工电梯，上述设备在学习情境 3 中已详细介绍过，不再赘述。

12.2.2 高层建筑施工脚手架

高层建筑的脚手架一般用于安全防护和外墙装饰工程。在高层建筑结构施工中，为了修补外墙、处理接缝及外墙喷涂，也常用吊篮脚手架。正确选用外脚手架的构造型式并进行合理搭设，与缩短工期、便利施工、保障安全和降低造价有密切的关系。高层建筑施工中，脚手架使用量大，技术比较复杂，对施工人员的安全、工程质量、施工进度、工程成本等有很大的影响。高层建筑的外脚手架，必须有单项的设计、计算和安全技术措施。

在施工用脚手架中，扣件式钢管脚手架、门式钢管脚手架、悬挑脚手架、升降式脚手架的构造、搭设要求等在学习情境 3 中已详细介绍过，不再赘述。下面主要介绍吊篮脚手架。

吊篮脚手架一般由吊篮、支承设施、吊索、滑轮组、升降设备和安全装置等组成，如图 12.2 所示。吊篮宽度为 0.6～1.0m，长度可根据建筑物墙体形状组合成不同的长度；一般为单层，必要时可做成 2～3 层挂架式。使用时，将脚手架吊篮的悬挑点固定在建筑物顶部的悬挑装置上，由卷扬机驱动，通过滑轮组和吊索可使吊篮在建筑物外侧升降，除用它进行外墙装饰作业外，还能进行建筑设备的安装及外墙清洗等作业。

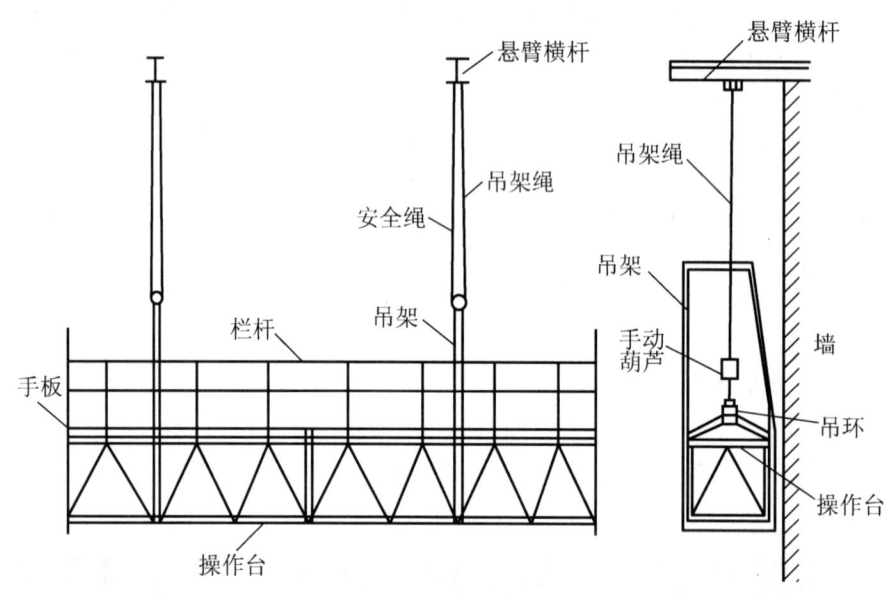

图 12.2　吊篮脚手架组成

1. 吊篮脚手架搭设工艺流程

吊篮脚手架组装应严格按施工组织设计进行。吊篮脚手架一般搭设工艺流程如下：吊篮架制作和质量检查→吊篮组装→安装悬挑梁→安装提升索具和保险钢丝绳→提升机具安装→检查检验→荷载试验和试提。

2. 搭设要点

（1）组装吊篮架前，应对所需的料具进行检查，并应严格按要求选材。使用焊接组合吊篮时，应鉴定焊件质量，合格后方可组装。吊篮的组装应在地面进行。

（2）升降吊篮的主要机具［手动葫芦（手扳葫芦和手拉葫芦两种）、电动葫芦、卷扬机、吊装主要机具和索具］应做好检查验收工作。

（3）立杆和纵向水平杆搭设应符合下列规定：吊篮架立杆纵距不得大于 1.5m；单层或双层吊篮每层必须设置不少于五道纵向水平杆，各层纵向水平杆应有两道防护栏杆，且各道栏杆间的净空高度应不大于 0.5m。

（4）斜撑和脚手板应符合下列规定：吊篮采用钢管扣件组装时，应分别在大、小面设置斜撑；用焊接预制边框组合吊篮时，如吊篮长度超过 3m，应在大面设置斜撑。吊篮架底部纵向水平杆间距按计算确定，一般不宜小于 3 根纵向水平杆，底部脚手板应满铺，脚手板应与纵向水平杆固定，每层底部脚手板四周均应设置高为 180mm 的挡脚板。

（5）悬挑梁应根据工程结构情况和吊篮的用途，在屋顶、屋架、大梁、柱上悬臂固定，如没有上述条件，亦可搭设专门的构架来悬挂吊篮。

3．吊篮安装顺序

（1）安装悬挑梁架：先按施工组织设计的要求安装固定悬挑梁，随即应挂好吊篮的升降钢丝绳和保险安全绳。

（2）连接吊篮架：根据使用的各种升降机具，采用不同方法使升降钢丝绳、铁链通过升降机具与吊篮连接，保险安全绳同吊篮也应连接。

（3）提升就位：通过提升机具使吊篮平稳地提升到使用高度并找平，同时使保险钢丝绳处于接近受力状态。

（4）与建筑物拉接：提升到使用高度后，应及时将吊篮架与建筑物拉接牢固。

（5）护墙轮设置：在吊篮靠墙上、下两端均应安装护墙轮，护墙轮支架应能横向伸缩调整吊篮离墙距离，以保护墙面并减少吊篮晃动。吊篮长时间停置时，应使用锚固器与建筑物拉接，需要移动时拆除。

（6）防护棚设置：吊篮架顶部应设防护棚，以防日晒雨淋和杂物坠落。

> **特别提示**
>
> 吊篮脚手架应安装安全自动锁、漏电保护、限位限速、超载保护及断绳保护等安全装置。

 能力训练

【任务实施】
参观某高层建筑工程的吊篮脚手架工程施工过程。

【技能训练】
通过参观实训，熟悉高层建筑吊篮脚手架的组成、安装顺序，并书写参观实习报告。

工作任务 12.3　高层建筑基础施工

12.3.1　深基坑的支护结构

支护结构按照其工作机理和围护墙的形式分为以下类型。

（1）水泥土挡墙式：包括深层搅拌水泥挡土桩墙、高层旋喷桩墙。

（2）排桩与挡墙式：分为板桩式、排桩式、板墙式、组合式。板桩式包括钢板桩、混凝土板桩、型钢横挡板；排桩式包括钢管桩、预制混凝土桩、钻孔灌注桩、挖孔灌注桩；板墙式包括现浇地下连续墙、预制装配式地下连续墙；组合式包括加筋水泥土桩（SMW 工法）、高应力区加筋水泥土墙。

（3）边坡稳定式：包括锚钉墙、土钉墙。

（4）逆做拱墙式。

上述支护类型在学习情境 1 中介绍了部分类型，下面详细介绍几种深基坑常用的支护结构的施工工艺。

1．深层搅拌水泥土挡土桩施工

深层搅拌水泥土挡土桩用专门的深层双轴或多轴搅拌机械，在桩位上旋转并利用其自重切土成孔。成孔达到设计深度后，将制备好的水泥浆用灰浆泵压入搅拌机，边喷浆边旋转，且搅拌机重复上下搅拌，使水泥浆与软土搅拌均匀，待深层搅拌机逐步提出地面后，停止搅拌，将搅拌机移位；利用水泥作固化剂，将土与水泥强制拌和，使土硬结形成具有一定强度和遇水稳定的水泥土加固桩。深层搅拌水泥土挡土桩施工流程如图 12.3 所示。

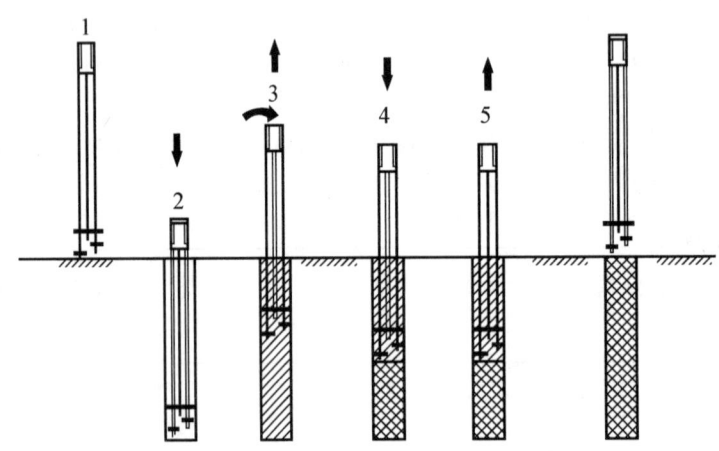

1—定位；2—预拌下沉；3—喷浆搅拌提升；4—重复搅拌下沉；5—重复喷浆搅拌提升；6—施工完成。

图 12.3 深层搅拌水泥土挡土桩施工流程

深层搅拌水泥土挡土桩施工要点如下。

（1）搅拌桩正式施工前应通过现场工艺性试验，以获得该场地的成桩经验及各种操作技术参数，试验桩不得少于 2 根。当桩周为成层土时，应对相对软弱土层增加搅拌次数和增加水泥掺量。水泥土的 28d 无侧限抗压强度不宜小于 1.0MPa。

（2）搅拌桩垂直度偏差不得大于 1%，桩位偏差不得大于 50mm，桩径偏差不得大于 4%。

（3）使用水泥一般为硅酸盐水泥、普通硅酸盐水泥、矿渣硅酸盐水泥，标号不应低于 32.5MPa。根据拌和土强度要求，水泥土中水泥掺量不宜小于 15%，一般为 150~200kg/m³；水灰比一般为 0.45~0.5。拌和时，所使用的水泥都应过筛，制备好的浆液不得离析，应连续泵送，如有异常情况，停止时间不应大于 2h，如超过 2h，应进行补桩。

（4）一般预搅下沉的速度应控制在 1.0m/min，重复搅拌升降速度应控制在 0.5~

0.8m/min，喷浆速度一般为 0.6～1.6m³/min，喷浆压力不应小于 0.4MPa。

（5）当水泥浆液达到出浆口时，应喷浆搅拌 30s，在水泥浆与桩端土充分搅拌后，再开始提升搅拌头。

用深层搅拌水泥土挡土桩做基础支护结构具有较好的经济效益，适用于开挖 4～8m 深的基坑护坡结构。

2．地下连续墙施工

沿着深开挖工程的周边轴线，在泥浆护壁条件下，开挖出一条狭长的深槽；清槽后，在槽内吊放钢筋笼，然后用导管法灌筑水下混凝土筑成一个单元槽段；如此逐段进行，在地下筑成一道连续的钢筋混凝土墙壁，便是地下连续墙。它可作为截水、防渗、承重、挡水结构。

地下连续墙施工时，振动小，无噪声，墙体刚度大，能承受较大的土压力，适用于各种地质条件，且防渗性能好。

地下连续墙的施工主要分为以下几个部分：导墙施工、钢筋笼制作、泥浆制作、成槽、安装锁口管、钢筋笼吊装和安放、浇筑混凝土、拔出锁口管。地下连续墙按单元槽段逐段施工，每段施工流程如图 12.4 所示。

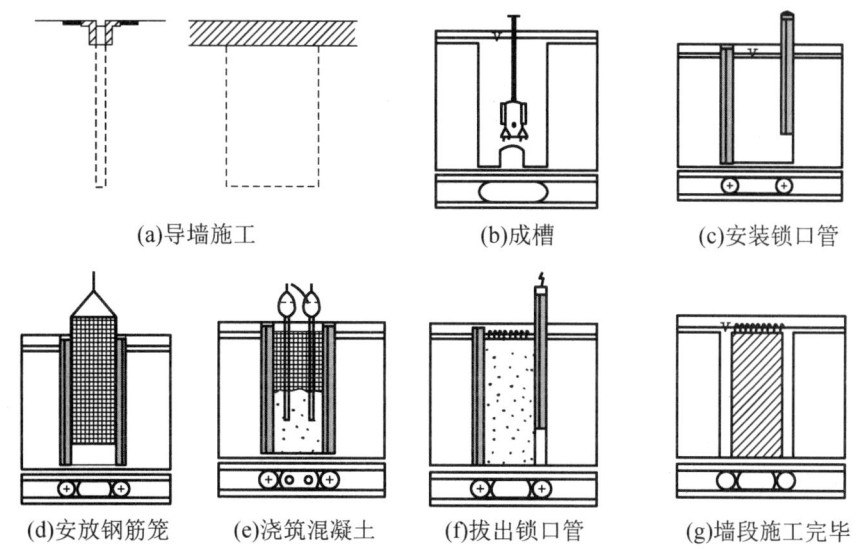

图 12.4　地下连续墙施工流程

1）施工前的准备工作阶段

（1）场地准备：确定和安排机械所需作业面积，准备泥浆搅拌设备等（泥浆搅拌设备以水池为主，水池总容量为挖掘一个单元槽段土方量的 2～3 倍，即 300～450m³）；准备钢筋笼加工及临时堆放场地、接头管和混凝土浇筑导管的临时堆放场地以及其他用地。

（2）场地地基加固：在地下连续墙施工中，挖槽、吊放钢筋笼和浇筑混凝土等都要使用机械，安装挖槽机的场地地基对地下墙沟槽的精度有很大影响，所以安装机械用的场地地基必须能够经受住机械的振动和压力，应采取地基加固措施（换填表面软弱土层，整平和碾压地基，用沥青混凝土做简易路面为临时便道等）。

（3）给排水和供电设备：根据施工规模及设备配置情况，计算和确定工地所需的供电量,并考虑生活照明等设置变压器及配电系统;地下连续墙施工的工程用水量巨大,应全面设计施工供水的水源及给水管系统。

2) 导墙施工

导墙施工是地下连续墙施工的第一步,导墙有作为挡土墙、测量基准、重物支承及存蓄泥浆的作用。导墙宜采用混凝土结构,且混凝土强度等级不宜低于C20。导墙底面不宜设置在新近填土上,且埋深不宜小于1.5m。导墙的强度和稳定性应满足成槽设备和顶拔接头管施工的要求。

现浇钢筋混凝土导墙的施工顺序为:平整场地→测量定位→挖掘及处理弃土→绑扎钢筋→支模板→浇筑混凝土→拆模并设置横撑→导墙外侧回填土(如无外侧模板不进行此项工作),如图12.5所示。

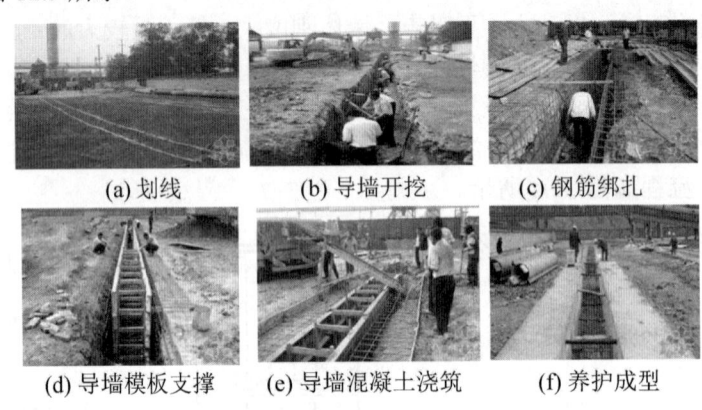

图12.5 导墙施工流程

特别提示

两导墙间的净宽要比地下连续墙设计厚度大2~5cm。导墙内侧每隔2m设置临时横撑,导墙深1.2~2.0m,墙厚0.1~0.2m。导墙顶面高于施工场地5~10cm,并高出地下水位1.5m,以保证槽内泥浆液面高出地下水位以上的最小压差。

3) 钢筋笼制作

地下连续墙有防渗要求时,应在吊放钢筋笼前,对槽段接头和相邻墙段混凝土面用刷槽器等进行清刷,清刷后的槽段接头和混凝土面不得夹泥。

钢筋笼制作时,纵向受力钢筋的接头不宜设置在受力较大处。同一连接区段内,纵向受力钢筋的连接方式和连接接头面积百分率应符合规定。钢筋笼应设置定位垫块,垫块在垂直方向上的间距宜取3~5m,在水平方向上宜每层设置2~3块。

单元槽段的钢筋笼宜整体装配和沉放。需要分段装配时,宜采用焊接或机械连接,钢筋接头的位置宜选在受力较小处。

钢筋笼应根据吊装的要求,设置纵横向起吊桁架;桁架主筋宜采用HRB400级钢筋,钢筋直径不宜小于20mm,且应满足吊装和沉放过程中钢筋笼的整体性及钢筋笼骨架不产生塑性变形的要求。钢筋连接点出现位移、松动或开焊时,钢筋笼不得入槽,而应重新制作或修整完好。

4）制备护壁泥浆

泥浆是地下连续墙施工中深槽槽壁稳定的关键，地下连续墙的深槽即是在泥浆护壁下进行挖掘的，泥浆在成槽过程中有护壁、携渣、冷却和润滑作用。

在挖槽前利用专用设备事前制备好泥浆，泥浆拌制后应贮放 24h，等泥浆材料充分水化后方可使用。膨润土泥浆是制备泥浆中最常用的一种，主要成分是膨润土和水，另外还要适当地掺入外加剂。

5）成槽施工

挖槽的主要工作包括：单元槽段划分；挖槽机械的选择和正确使用；制定防止槽壁坍塌的措施和特殊情况的处理方法；等。

单元槽段宜采用间隔一个或多个槽段的跳幅施工顺序。每个单元槽段，挖槽分段不宜超过 3 个。成槽时，护壁泥浆液面应高于导墙底面 500mm。

槽段接头应满足混凝土浇筑压力对其强度和刚度的要求。安放槽段接头时，应紧贴槽段垂直缓慢沉放至槽底。遇到阻碍时，槽段接头应在清除障碍后入槽。混凝土浇筑过程中应采取防止混凝土产生绕流的措施。

6）水下浇筑混凝土

地下连续墙用导管法进行浇筑。导管拼接时，其接缝应密闭。混凝土浇筑时，导管内应预先设置隔水栓。

槽段长度不大于 6m 时，混凝土宜采用两根导管同时浇筑；槽段长度大于 6m 时，混凝土宜采用三根导管同时浇筑。每根导管分担的浇筑面积应基本均等。钢筋笼就位后应及时浇筑混凝土。混凝土浇筑过程中，导管埋入混凝土面的深度宜为 2~4m，浇筑液面的上升速度不宜小于 3m/h。混凝土浇筑面宜高于地下连续墙设计顶面 500mm。

3．土层锚杆

土层锚杆简称土锚杆，是在地面或深开挖的地下室墙面（挡土墙、桩或地下连续墙）或未开挖的基坑立壁土层钻孔（或掏孔），达到一定设计深度后，可再扩大孔的端部，形成柱状或其他形状，在孔内放入钢筋、钢管、钢丝束、钢绞线或其他抗拉材料，灌入水泥浆或化学浆液，使之与土层结合而成为抗拉（拔）力强的锚杆。

土层锚杆适应范围：适于基坑侧壁安全等级一、二、三级；一般黏土、砂土地基皆可应用，软土、淤泥质土地基要进行试验确认后应用；适用于难以采用支撑的大面积深基坑。不宜用于地下水大、含有化学腐蚀物的土层和松散软弱土层。

知识链接 12-1

基坑安全等级划分

根据支护结构及周边环境对变形的适应能力和基坑工程对周边环境可能造成的危害程度，基坑工程划分为三个安全等级。对于安全等级为一级、二级、三级的深基坑工程，工程重要性系数 γ 分别取 1.1、1.0、0.9。

1．一级基坑

符合下列情况之一时，安全等级为一级：

（1）支护结构作为主体结构一部分时；

（2）基坑开挖深度大于或等于 12m，位于古河道、河漫滩地貌单元或场地 3 年以内的新近回填土厚度大于 4m 时；

（3）位于一级阶地、二级阶地地貌单元，基坑开挖深度大于或等于 16m 时；

（4）在Ⅰ区范围内，有重要地下管线，如煤气管道、通信电缆、高压电缆、大直径雨（污）水管道等；

（5）在Ⅰ区范围内，有需保护的浅基础或摩擦桩基础的一般性建（构）筑物；

（6）在Ⅰ、Ⅱ区范围内，有需保护的对地基变形敏感的建（构）筑物，如砌体结构建（构）筑物、陈旧建（构）筑物、高耸建（构）筑物等；

（7）在Ⅰ、Ⅱ区范围内，有重要建（构）筑物，如地铁等。

2. 三级基坑

同时符合下列情况时，安全等级为三级：

（1）开挖深度小于 7.0m；

（2）在Ⅰ、Ⅱ区范围内均无建（构）筑物和地下管线，或在Ⅱ区范围内有桩基础的完好钢筋混凝土结构或钢结构建（构）筑物。

除一级、三级情况之外的，安全等级均为二级。

基坑安全等级还应根据基坑开挖对周边环境的影响程度和具体情况确定。

1）土层锚杆构造

土层锚杆一般由锚头、锚头垫座、钻孔、防护套管、拉杆（钢索）、锚固体等组成，与支护结构共同形成拉锚体系，如图 12.6 所示。锚杆体由锚头、锚筋和锚固体三部分组成。锚头是锚杆体的外露部分；锚固体通常位于钻孔的深部，在锚头与锚固体间一般还有一段自由段；锚筋是锚杆体的主要部分，贯穿锚杆全长。

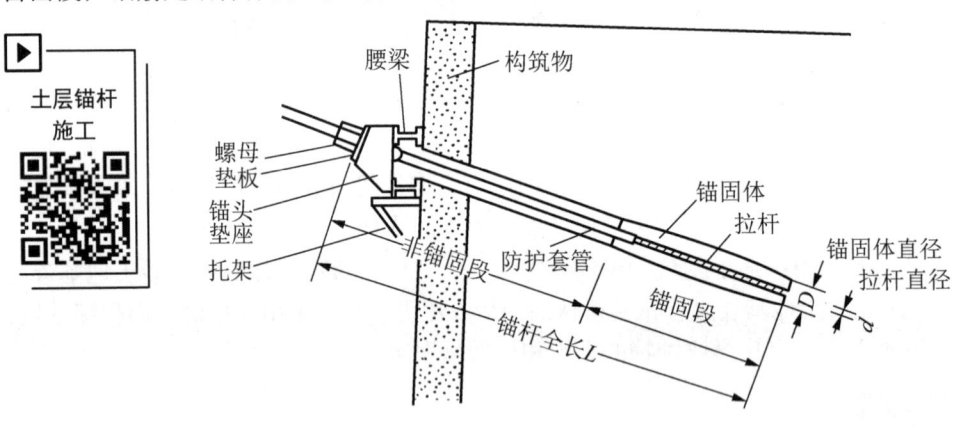

图 12.6 土层锚杆组成

2）土层锚杆施工

土层锚杆施工一般先将支护结构施工完毕，再开挖基坑至土层锚杆标高，随挖随设置一层土层锚杆，逐层向下设置，直至完成。具体施工分为两种：干作业法和湿作业法。

干作业法施工程序：施工准备→土方开挖→测量、放线定位→钻机就位→校正孔位、调整角度→钻孔→接螺旋钻杆继续钻孔到预定深度→退螺旋钻杆→插放钢筋→插入注浆管→灌水泥浆→养护→上锚头→预应力张拉→紧螺栓或顶紧楔片→锚杆施工工序完毕，继续挖土。

湿作业法施工程序：土方开挖→测量、放线定位→钻机就位→接钻杆→校正孔位→调整角度→打开水源→钻孔→提出内钻杆→冲洗→钻至设计深度→反复提内钻杆→插钢筋（或钢绞线）→压力灌浆→养护→裸露主筋防锈→上横梁（或预应力锚件）→焊锚具→张拉（仅用于预应力锚杆）→锚头（锚具）锁定。

> **特别提示**
>
> 土层锚杆干作业施工程序与湿作业施工程序基本相同，只是钻孔中不用水冲洗泥渣成孔，而是采用干法使土体顺螺杆出孔外成孔。

下面介绍两种施工程序的施工要点。

（1）钻孔。土层锚杆的钻孔工艺，直接影响土层锚杆的承载能力、施工效率和整个支护工程的成本。钻孔的费用一般占成本的30%以上，有时甚至超过50%。钻孔时注意尽量不要扰动土体，尽量减少土的液化，要减少原来应力场的变化，尽量不使自重应力释放。土层锚杆的成孔设备，国外一般采用履带行走全液压万能钻孔机，孔径范围50～320mm，具有体积小、使用方便、适应多种土层、成孔效率高等优点。国内使用的有螺旋式钻孔机、冲击式钻孔机和旋转冲击式钻孔机。在黄土地区亦可采用洛阳铲形成锚杆孔穴，孔径70～80mm。

（2）安放拉杆。锚杆采用钢筋、钢管、钢丝束或钢绞线，多用钢筋，有单杆和多杆之分。单杆多用Ⅱ级或Ⅲ级热轧螺纹粗钢筋，直径22～32mm；多杆直径为16mm，一般为2～4根。承载力很高的土层锚杆多采用钢丝束或钢绞线。拉杆应有出厂合格证及试验报告。

拉杆使用前要除锈，成孔后即可将制作好的通长、中间无节点的钢拉杆插入管尖的锥形孔内。为将拉杆安置于钻孔的中心，防止非锚固段产生过大的挠度和插入孔时不搅动孔壁，以及保证拉杆有足够厚度的水泥浆保护层，通常在拉杆表面上设置定位器，如图12.7所示。定位器的间距，在锚固段为2m左右，在非锚固段多为4～5m。在灌浆前将钻管口封闭，接上压浆管，即可进行灌浆，灌注锚固体。

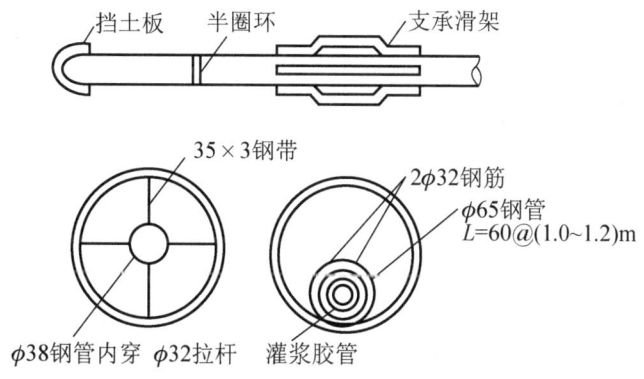

图12.7 定位器（单位：mm）

（3）压力灌浆。

① 灌浆作用：形成锚固段，将锚杆锚固在土层中；防止钢拉杆腐蚀；充填土层中的孔隙和裂缝。

② 灌浆材料要求：a. 灌浆的浆液为水泥砂浆（细砂）或水泥浆。水泥一般不宜用高

铝水泥，由于氯化物会引起钢拉杆腐蚀，因此其含量不应超过水泥重的 0.1%。我国多用普通硅酸盐水泥。b. 拌和水泥浆或水泥砂浆所用的水，一般应避免采用含高浓度氯化物的水，因为它会加速钢拉杆的腐蚀。c. 一般常用的水灰比为 0.4～0.45，以便用压力泵将其顺利注入钻孔和钢拉杆周围。

③ 灌浆方法：一次灌浆法和二次灌浆法。一次灌浆法即用一根灌浆管，利用泥浆泵进行灌浆，灌浆管端距孔底 20cm 左右，待浆液流出孔口时，用湿黏土封堵孔口，严密捣实，再以 2～4MPa 的压力进行补灌。二次灌浆法一般采用双管，第一次灌浆用灌浆管的管端距离锚杆末端 50cm 左右，灌注水泥砂浆，其压力为 0.3～0.5MPa，流量为 100L/min；第二次灌浆用灌浆管的管端距离杆末端 100cm 左右，控制压力为 2MPa 左右，要稳压 2min，浆液冲破第一次灌浆体，向锚固体与土的接触面之间扩散，使锚固体直径扩大。二次灌浆法由于挤压作用，显著提高了土层锚杆的承载能力。

（4）张拉与锚固。土层锚杆灌浆后，待锚固体强度达到设计强度的 80%以上，便可对锚杆进行张拉和锚固。张拉前先在支护结构上安装围檩。张拉用设备与预应力结构张拉所用者相同。若钢拉杆为变形钢筋，其端部加焊一螺纹端杆，用螺母锚固；若钢拉杆为光圆钢筋，可直接在其端部攻螺纹，用螺母锚固；如用精轧螺纹钢筋，可直接用螺母锚固。张拉粗钢筋一般用单作用千斤顶。钢拉杆为钢丝束时，锚具多为镦头锚，亦用单作用千斤顶张拉。

4. 土钉墙

土钉墙支护随基坑逐层开挖、逐层进行支护，直至坑底。施工时在基坑开挖坡面，用洛阳铲人工成孔或机械成孔，孔内放锚杆并灌入水泥浆，在坡面安装钢筋网，喷射强度等级不低于 C20 的混凝土，使土体、土钉锚杆及喷射混凝土面层结合，为深基坑形成土钉支护，如图 12.8 所示。

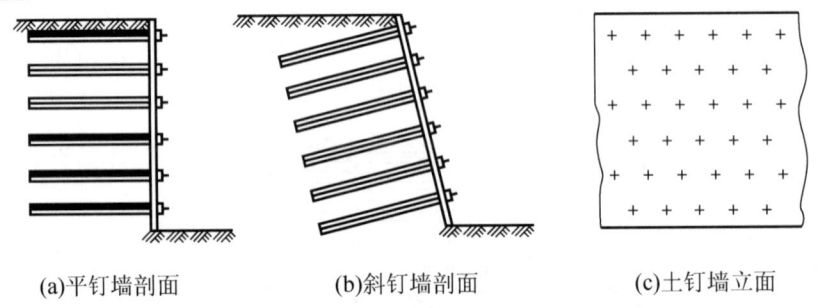

图 12.8　土钉墙支护简图

土钉墙的特点：边开挖边支护，流水作业，不占独立工期，施工快捷；设备简单，操作方便，施工所需场地小；材料用量和工程量小，经济效果好；土体位移小，采用信息化施工，发现墙体变形过大或土质变化时可及时修改、加固或补救，确保施工安全。

> **特别提示**
>
> 土钉墙适用条件：基坑侧壁安全等级为二、三级非软土场地；地下水位较低的黏土、砂土、粉土地基，基坑深度不宜大于 12m。当地下水位高于基坑底面时，应采取降水或截水措施。

1) 土钉墙的构造要求

（1）土钉墙、预应力锚杆复合土钉墙的坡度不宜大于 1∶0.2；当基坑较深、土的抗剪强度较低时，宜取较小坡度。对砂土、碎石土、松散填土，确定土钉墙坡度时尚应考虑开挖时坡面的局部自稳能力。微型桩、水泥土桩复合土钉墙，应采用微型桩、水泥土桩与土钉墙面层贴合的垂直墙面。

（2）土钉水平间距和竖向间距宜为 1~2m；当基坑较深、土的抗剪强度较低时，土钉间距应取小值。土钉倾角宜为 5°~20°，其夹角根据土性和施工条件确定。土钉长度应按各层土钉受力均匀、各土钉拉力与相应土钉极限承载力的比值近于相等的原则确定。

（3）成孔灌浆型钢筋土钉的构造应符合下列要求：

① 成孔直径宜取 70~120mm；

② 土钉钢筋宜采用 HRB400 级钢筋，钢筋直径应根据土钉抗拔承载力设计要求确定，且宜取 16~32mm；

③ 应沿土钉全长设置对中定位支架，其间距宜取 1.5~2.5m，土钉钢筋保护层厚度不宜小于 20mm；

④ 土钉孔灌浆材料可采用水泥浆或水泥砂浆，其强度不宜低于 20MPa。

（4）土钉墙高度不大于 12m 时，喷射混凝土面层的构造要求应符合下列规定。

① 喷射混凝土面层厚度宜取 80~100mm。

② 喷射混凝土设计强度等级不宜低于 C20。

③ 喷射混凝土面层中应配置钢筋网和通长的加强钢筋，钢筋网宜采用 HPB300 级钢筋，钢筋直径宜取 6~10mm，钢筋网间距宜取 150~250mm；钢筋网间的搭接长度应大于 300mm；加强钢筋的直径宜取 14~20mm；当充分利用土钉杆体的抗拉强度时，加强钢筋的截面积不应小于土钉杆体截面面积的 1/2。

（5）土钉与加强钢筋宜采用焊接连接，其连接应满足承受土钉拉力的要求；当在土钉拉力作用下喷射混凝土面层的局部受冲切承载力不足时，应采用设置承压钢板等加强措施。

2) 土钉墙的施工工艺

从保证工程质量的重要性来看，土钉墙施工是关键环节，其特点表现为作业时间长、施工难度大、受土体影响大。施工应根据土方开挖情况、降水情况进行，开挖一步，支护一步，直至基坑底。施工前设置位移观测点，施工期间应连续观测，直至施工完毕。

土钉墙施工采用分层、分段施工，每段的施工工序为基坑开挖、修坡、喷射第一层混凝土、土钉埋设、灌浆、挂网、焊接骨架钢筋及焊接土钉连接件、喷射第二层混凝土、养护。其施工要点如下。

（1）土方开挖。按照设计的分层开挖深度和坡度开挖，分层开挖深度应在每道土钉孔口标高下 0.5m 处，不得超挖，开挖过程中，挖土机不得碰撞土钉墙面板。在上层作业面的土钉及喷混凝土面层未达到设计强度的 70% 以前，不得进行下一层土方的开挖。

（2）人工修整边坡。应根据土质的不同情况，边坡预留 50~100mm 厚的土体，由修坡人员用铲修整坡面，确保喷射混凝土面层的平整，并挂小线测量边坡坡度，以保证坡脚不侵犯结构。对于土层含水率较大的边坡，可在土钉面层背部插入长度为 400~600mm、直径不小于 40mm 的水平排水管（包滤网），其外端伸出支护面层，间距为 2m，以便将喷混凝土面层后的积水排走。

(3) 成孔。应根据土层的性状选择洛阳铲、螺旋钻、冲击钻、地质钻等成孔方法，所采用的方法应能保证孔壁的稳定性，减小对孔壁的扰动。采用人工洛阳铲成孔，孔深不小于设计，如遇障碍物，可适当调整土钉角度和位置。当成孔遇不明障碍物时，应停止成孔作业，在查明障碍物的情况并采取针对性措施后方可继续成孔；对易塌孔的松散土层宜采用机械成孔工艺；成孔困难时，可采用灌入水泥浆等方法进行护壁。

(4) 插入土钉钢筋。钢筋应先做除油污、除锈处理，如有设计要求，可在钢筋外加环状塑料保护层或涂多层防腐涂料。主筋按设计长度下料，外端设 L 形的弯钩，间隔 2m 焊对中支架，防止主筋偏离土钉中心；安放主筋时，将灌浆管与主筋捆绑在一起，灌浆管离孔底 0.5m 左右。

(5) 灌浆。灌浆材料可选用水泥浆或水泥砂浆。水泥浆的水灰比宜取 0.5～0.55，水泥砂浆的水灰比宜取 0.40～0.45；同时灰砂比宜取 0.5～1.0，拌和用砂宜选用中粗砂，按质量计的含泥量不得大于 3%。水泥浆或水泥砂浆应拌和均匀，一次拌和的水泥浆或水泥砂浆应在初凝前使用。

灌浆前应将孔内残留的虚土清除干净；灌浆时，宜采用将注浆管与土钉杆体绑扎、同时插入孔内并由孔底注浆的方式，灌浆管端部至孔底的距离不宜大于 200mm；灌浆及拔管时，灌浆管口应始终埋入灌浆液面内，应在新鲜浆液从孔口溢出后停止灌浆；灌浆后，当浆液液面下降时，应进行补浆。

(6) 挂网。采用 φ6.5 单排双向、间距 200mm 的钢筋网片，钢筋网片用插入土中的钢筋固定，与坡面间隙 3～5cm，相邻网片搭接长度不小于 300mm，钢筋网片通过加强筋与土钉连接成一个整体。

(7) 喷射混凝土。喷混凝土顺序一般"先锚后喷"，土质条件不好时采取"先喷后锚"，喷射作业时，空压机气压 0.2～0.5MPa，喷头水压不应小于 0.15MPa，喷射距离控制在 0.6～1.0m，为保证喷射混凝土厚度达到规定值，在坡壁上垂直打入短钢筋作为厚度控制标志。混凝土的初凝时间和终凝时间分别控制在 5min 和 10min 左右，喷射厚度为 80～100mm。喷射混凝土终凝 2h 后应及时喷水养护。

第二层施工：当注入土钉孔内的水泥浆和坡面的喷射混凝土强度达到 70%后开挖下步，当土体稳定性较好时开挖深度可以适当加大，不过不能超过两步，一般一步为 1.5m。

12.3.2 大体积混凝土基础施工

高层建筑中厚度大的桩基础承台或基础底板，属于大体积钢筋混凝土结构。对此可参见工作任务 7.2。

 能力训练

【任务实施】
参观某高层工程的深基坑支护施工过程。
【技能训练】
(1) 通过参观实训，熟悉深基坑支护类型、支护方法以及施工工艺，书写参观实习报告；
(2) 上机操作施工工艺虚拟仿真软件，掌握地下连续墙及土钉墙施工工艺。

工作任务 12.4　高层建筑模板工程施工

高层建筑现浇混凝土的模板工程，一般分为竖向模板和横向模板两类。竖向模板主要指剪力墙墙体、框架柱、筒体等模板，常用的有大模板、液压滑升模板、爬升模板、筒子模板以及传统组合小模板工艺；横向模板主要指钢筋混凝土楼盖施工用模板，除采用传统组合模板散装散拆外，目前高层建筑还采用各种类型的台模、模壳和隧道模施工。因此本节着重介绍高层混凝土主体结构施工中，用于浇筑大空间水平构件的台模、密肋楼盖模壳，以及用于浇筑竖向构件的大模板、滑动模板、爬升模板等成套模板施工技术。

12.4.1　大模板

1. 大模板的特点

大模板是进行现浇剪力墙结构施工的一种工具式模板，一般配有相应的起重吊装机械，通过合理的施工组织安排，以机械化施工方式在现场浇筑混凝土竖向（主要是墙、壁）结构构件。其特点是：以建筑物的开间、进深、层高为标准化的基础，以大模板为主要手段，以现浇混凝土墙体为主导工序，组织进行有节奏的均衡施工。为此也要求建筑和结构设计能做到标准化，以使模板能做到周转通用。

2. 大模板的构造

大模板由面板、加劲肋、竖楞、支撑系统、操作平台、穿墙螺栓等组成，是一种现浇钢筋混凝土墙体的大型工具式模板，如图 12.9 所示。

（1）面板：是直接与混凝土接触的部分，通常采用钢面板（3～5mm 厚的钢板制成）或胶合板面板（用 7～9 层胶合板）。面板要求板面平整，接缝严密，具有足够的刚度。

（2）加劲肋：又称横肋，可做成水平肋或垂直肋，其作用是固定面板，直接承受面板传来的荷载。一般采用 6 号或 8 号槽钢，间距一般为 300～500mm。

（3）竖楞：与加劲肋相连的竖向部件，作用是加强面板刚度，保证面板几何形状，并作为穿墙螺栓的固定支点承受由面板传来的荷载。一般采用 6 号或 8 号槽钢，间距一般为 1～1.2m。

（4）支撑系统：由支撑桁架和地脚螺栓组成，其作用是承受风荷载和水平力，以防止模板倾覆，保持模板堆放和安装时的稳定。

（5）操作平台：由脚手板和三脚架构成，附有铁爬梯及护身栏，护身栏用钢管做成，上下可以活动，外挂安全网。每块大模板设置铁爬梯一个，供操作人员上下使用。

（6）穿墙螺栓：用于控制模板间距，承受新浇混凝土的侧压力，并加强模板刚度。为了避免穿墙螺栓与混凝土黏结，在穿墙螺栓外边套一根硬塑料管或穿孔的混凝土垫块，其长度为墙体厚度。

大模板施工

3. 大模板工程施工程序

1）内浇外板工程

内浇外板工程是以单一材料或复合材料的预制混凝土墙板作为高层建

筑的外墙，内墙采用大模板支模，现场浇筑混凝土。其主要施工程序是：准备工作→安装大模板→安装外墙板→固定模板上口→预检→浇筑内墙混凝土→其他工序。

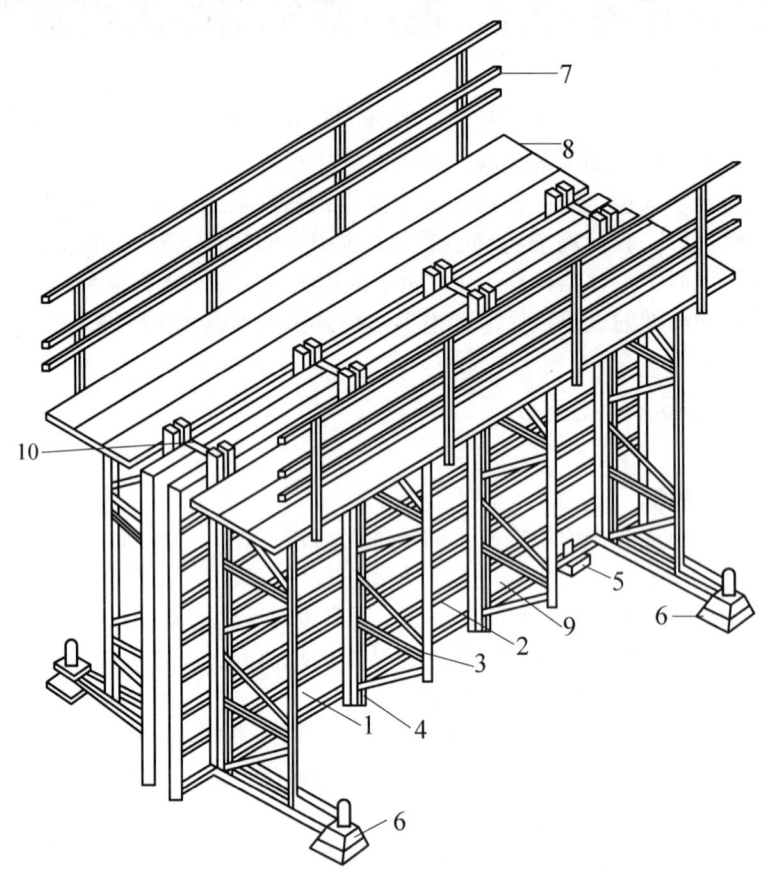

1—面板；2—水平加劲肋；3—支撑桁架；4—竖楞；5—调整水平螺旋千斤顶；
6—地脚螺栓；7—栏杆；8—操作平台；9—穿墙螺栓；10—固定卡具。

图 12.9　大模板的构造

准备工作主要包括模板编号、抄平放线、敷设钢筋、埋设管线、安装门窗洞口模板或门窗框等。其他工序主要包括拆模、墙面修整、墙体养护、板缝防水处理、水平结构施工及内外装饰等。

大模板组装前要进行编号，并绘制单元模板组合平面图。每道墙的内外两块大模板取同一数字编号，并应标以正号、负号以示区分。

2）内外墙全现浇工程

内外墙全现浇工程是以现浇钢筋混凝土外墙取代预制外墙板。其主要施工程序是：准备工作→挂外架子→安装内横墙大模板→安装内纵墙大模板→安装角模→安装外墙内侧大模板→合模前钢筋隐检→安装外墙外侧大模板→预检→浇筑墙体混凝土→其他工序。

3）内浇外砌工程

内浇外砌工程是内墙采用大模板现浇混凝土，外墙为砖墙砌筑，内、外墙交接处采用钢筋拉结或设置钢筋混凝土构造柱咬合，适用于层数较少的高层建筑。

其主要施工程序是：准备工作→外墙砌筑→安装大模板→预检→浇筑内墙混凝土→其

他工序。

4. 大模板的施工要点

（1）在拟建工程附近，起重吊装工作半径范围内，留出一定面积的堆放区，以便直接吊运就位。

（2）大模板吊装前，针对大模板及工程特点，组织全体施工人员熟悉图纸、流水段划分及大模板拼装位置，做好施工技术和安全交底。

（3）内、外墙体钢筋绑扎完毕后，立即进行门窗洞口模板、水电预留安装，办理隐检验收手续，并在大模板下部抹好找平砂浆，以便模板就位及防止漏浆。

（4）大模板吊装顺序：先吊装内墙模板，再吊装外墙模板。根据墙位线放置模板，通过调整大模板斜支撑使其垂直，然后用靠尺检查两侧模板垂直度，待校正合格后，立即拧紧穿墙螺栓。

12.4.2 滑升模板

滑升模板简称滑模，是在混凝土连续浇筑过程中，可使模板面紧贴混凝土面滑动的模板。采用滑模施工可节约木材（包括模板和脚手板等）70%左右，节约劳动力30%~50%；其比常规施工的工期短、速度快，可以缩短施工周期30%~50%；滑模施工的结构整体性好，抗震效果明显，适用于高层或超高层抗震建筑物和高耸构筑物施工；且其设备便于加工、安装、运输。

1. 滑板系统装置的组成部分（图12.10）

（1）模板系统：包括围檩、模板及加固、连续配件。

（2）施工平台系统：包括工作平台、外圈走道、内外吊脚手架。

（3）提升系统：包括提升架、千斤顶、油管、分油器、针形阀、控制台、支承杆及测量控制装置。

2. 主要部件构造及作用

（1）提升架：是整个滑模系统的主要受力部分。各项荷载集中传至提升架，最后通过装设在提升架上的千斤顶传至支承杆上。提升架由横梁、立柱、牛腿及外挑架组成，各部分尺寸及杆件断面应通盘考虑经计算确定。

（2）围圈：是模板系统的横向连接部分，将模板按工程平面形状组合为整体。围圈也是受力部件，既承受混凝土侧压力产生的水平推力，又承受模板的重力、滑动时产生的摩阻力等竖向力。在有些滑模系统的设计中，也将施工平台支撑在围圈上。围圈架设在提升架的牛腿上，各种荷载将最终传至提升架上。围圈一般用型钢制作。

（3）模板：是混凝土型的模具，要求板面平整、尺寸准确、刚度适中。模板高度一般为90~120cm，宽度为50cm，但根据需要也可加工成小于50cm的异形模板。模板通常用钢材制作，也有用其他材料制作的，如钢木组合模板是用硬质塑料板或玻璃钢等材料作为面板的有机材料复合模板。

（4）施工平台与吊脚手架：施工平台是滑模施工中各工种的作业面及材料、工具的存放场所，应视建筑物的平面形状、开门大小、操作要求及荷载情况设计；必须有可靠的强度及必要的刚度，确保施工安全，防止平台变形导致模板倾斜；当跨度较大时，在平台下应设置承托桁架。吊脚手架用于对已滑出的混凝土结构进行处理或修补，要求沿结构内外两侧周围布置；高度一般为1.8m，可以设双层或三层；要有可靠的安全设备及防护设施。

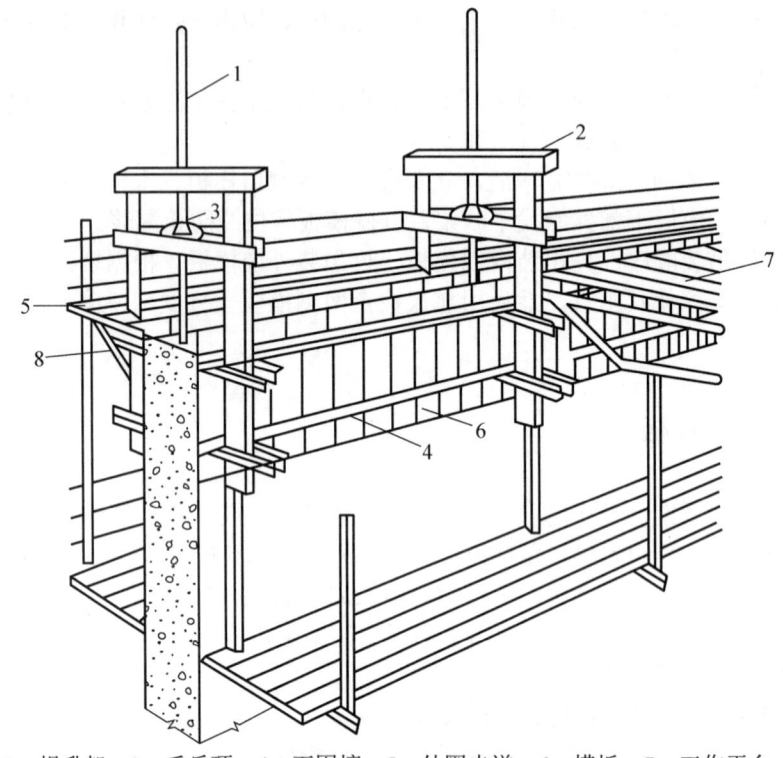

1—支承杆；2—提升架；3—千斤顶；4—下围檩；5—外圈走道；6—模板；7—工作平台；8—外挑架。

图 12.10　液压滑升模板组成示意图

（5）提升设备：由液压千斤顶、液压控制台、油路及支承杆组成。支承杆可用直径为25mm的光圆钢筋制作，每根长度以3.5～5m为宜。支承杆的接头可用螺栓连接（支承杆两头加工成阴阳螺纹）或现场用小坡口焊接连接，若回收重复使用，则需要在提升架横梁下附设支承杆套管。如有条件并经设计部门同意，则该支承杆钢筋可以直接打在混凝土中以代替部分结构配筋，可利用50%～60%。

3．滑升模板施工

施工时，在建筑物或构筑物底部，按照建筑物或构筑物平面，沿筒底、墙、柱等构件周边一次装设一米多高的模板和操作平台等相关系统，浇筑一定高度的混凝土后，利用提升设备将模板缓慢向上提升，随之在模板内不断分层浇筑混凝土和绑扎钢筋，逐步完成建筑物或构筑物的结构混凝土浇筑工作。

4．墙体滑模施工

1）钢筋绑扎

钢筋绑扎应与混凝土浇筑及模板的滑升速度相配合。钢筋绑扎时，应符合下列规定：

（1）每层混凝土浇筑完毕后，在混凝土表面上至少应有一道已绑扎了的横向钢筋；

（2）竖向钢筋绑扎时，应在提升架上部设置钢筋定位架，以保证钢筋位置准确；

（3）双层钢筋的墙体结构，钢筋绑扎后，双层钢筋之间应有拉结筋定位；

（4）钢筋弯钩均应背向模板，以防模板滑升时被弯钩挂住；

（5）支承杆作为结构受力筋时，其接头处的焊接质量必须满足有关钢筋焊接规范的要求。

2）混凝土施工

为滑模施工配制的混凝土，除必须满足设计强度、抗渗性、耐久性等要求外，还必须满足滑模施工的特殊要求，如出模强度、凝结时间、和易性等。

浇筑混凝土之前，要合理划分施工区段，安排操作人员，以使每个区段的浇筑数量和时间大致相等。混凝土的浇筑必须满足下列规定。

（1）必须分层均匀交圈浇筑，每一浇筑层的混凝土表面应在同一水平面上，并有计划地变换浇筑方向，以保证模板各处的摩擦阻力相近，防止模板产生扭转和结构倾斜。

（2）分层浇筑的厚度以 200~300mm 为宜，各层浇筑的间隔时间应不大于混凝土的凝结时间。当间隔时间超过时，对接槎处应按施工缝的要求处理。

（3）在气温高的季节，宜先浇筑内墙，后浇筑阳光直射的外墙；先浇筑直墙，后浇筑墙角和墙垛；先浇筑厚墙，后浇筑薄墙。

（4）预留孔洞、门窗口、烟道口、变形缝及通风管道等两侧的混凝土，应对称均衡浇筑。

混凝土振捣时，振动器不得直接触及支承杆、钢筋和模板，并应插入前一层混凝土内。在模板滑动过程中，不得振捣混凝土。

脱模后的混凝土必须及时修整和养护。常用的养护方法有浇水养护和养护液养护。混凝土浇水养护的开始时间应视气温情况而定，夏季施工时，不应迟于脱膜后 12h，浇水次数应适当增多。当采用养护液封闭养护时，应防止漏喷、漏刷。

3）模板滑升

模板的滑升分为初升、正常滑升和末升三个阶段。

（1）初升阶段：模板的初升应在混凝土达到出模强度，浇筑高度为 700mm 左右时进行。开始初升前，为了实际观察混凝土的凝结情况，必须先进行试滑升。试滑升时，应将全部千斤顶同时升起 5~10cm，然后用手指按已脱模的混凝土，若混凝土表面有轻微的指印，而表面砂浆已不粘手，或滑升时耳闻"沙沙"的响声时，即可进入初升。

模板初升至 200~300mm 高度时，应稍事停歇，对所有提升设备和模板系统进行全面修整后，方可转入正常滑升。

（2）正常滑升阶段：模板经初升调整后，即可按原计划的正常班次和流水段，进行混凝土和模板的随浇随升。正常滑升时，每次提升的总高度应与混凝土分层浇筑的厚度相配合，一般为 200~300mm。两次滑升的间隔停歇时间，一般不宜超过 1.5h，在气温较高的情况下，应增加 1~2 次中间提升。中间提升的高度为 1~2 个千斤顶行程。

模板的滑升速度，取决于混凝土的凝结时间、劳动力的配备、垂直运输的能力、浇筑混凝土的速度以及气温等因素。在常温下施工，滑升速度为 150~350mm/h，最慢不应少于 100mm/h。为保证结构的垂直度，在滑升过程中，操作平台应保持水平；各千斤顶的相对高差不得大于 40mm，相邻两个千斤顶的升差不得大于 20mm。

（3）末升阶段：当模板升至距建筑物顶部高 1m 左右时，即进入末升阶段。此时应放慢滑升速度，进行准确的抄平和找正工作。整个抄平找正工作应在模板滑升至距离顶部标高 20mm 以前做好，以便使最后一层混凝土能均匀交圈。混凝土末次浇筑结束后，模板仍应继续滑升，直至与混凝土完全脱离为止。

4）停滑措施

如因气候、施工需要或其他原因而不能连续滑升时，应采取以下可靠的停滑措施：

（1）停滑前，混凝土应浇筑到同一水平面上；

（2）停滑过程中，模板应每隔 0.5～1h 提升一个千斤顶行程，直至模板与混凝土不再黏结为止，但模板的最大滑空量不得大于模板高度的 1/2；

（3）当支承杆的套管不带锥度时，应于次日将千斤顶顶升一个行程；

（4）框架结构模板的停滑位置，宜设在梁底以下 100～200mm 处；

（5）对于因停滑造成的水平施工缝，应认真处理混凝土表面，用水冲走残渣，先浇筑一层按原配合比配制的减半石子混凝土，然后再浇筑上面的混凝土；

（6）继续施工前，应对液压系统进行全部检查。

5) 滑模装置的拆除

滑模装置拆除时，应制定可靠的措施，确保操作安全。提升系统的拆除可在操作平台上进行，千斤顶留待与模板系统同时拆除。滑模系统的拆除分为高空分段整体拆除和高空解体散拆，条件允许时，应尽可能采取高空分段整体拆除、地面解体的方法。

分段整体拆除的原则是：先拆除外墙（柱）模板（连同提升架、外挑架、外吊架一起整体拆下），后拆内墙（柱）模板。

12.4.3 爬升模板

爬升模板（图 12.11）是在混凝土墙体浇筑完毕后，利用提升装置将模板自行提升到上一个楼层，浇筑上一层墙体的垂直移动式模板。爬升模板采用整片式大平模，模板由面板及肋组成，不需要支撑系统；提升设备采用电动螺杆提升机、液压千斤顶或导链。爬升模板是将大模板工艺和滑升模板工艺相结合，既保持大模板施工墙面平整的优点，又保持了滑模利用自身设备使模板向上提升的优点，适用于高层建筑墙体、电梯井壁、管道间混凝土施工。

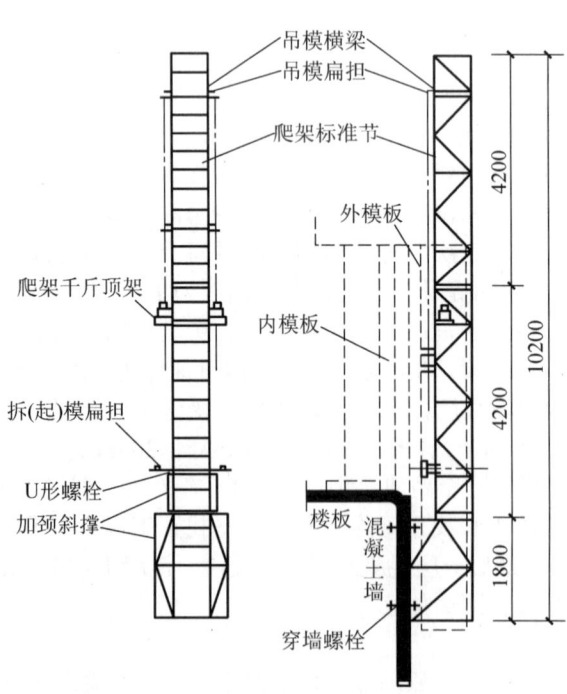

图 12.11 液压爬升模板组装图（单位：mm）

爬升模板施工一般从标准层开始，模板的安装顺序是：底座→立柱→爬升设备→大模板。底座安装时，先临时固定部分穿墙螺栓，待校正标高后，方可固定全部穿墙螺栓；立柱宜采取在地面组装成整体，在校正垂直度后再固定全部与底座相连接的螺栓；模板安装时，先加以临时固定，待就位校正后，方可正式固定；安装模板的起重设备，可使用工程施工的起重设备；模板安装完毕后，应对所有连接螺栓和穿墙螺栓进行紧固检查，并经试爬升验收合格后，方可投入使用；所有穿墙螺栓均应由外向内穿入，在内侧紧固。

12.4.4　台模

台模是浇筑钢筋混凝土楼板的一种大型工具式模板，在施工中可以整体脱模和转运，利用起重机从浇筑完的楼板下吊出，转移至上一层，中途不再落地，所以又称"飞模"。台模按其支架结构类型，分为立柱式台模、桁架式台模、悬架式台模等。

1. 立柱式台模

立柱式台模包括钢管组合式台模和门架式台模等，是台模最基本的类型，应用比较广泛。立柱式台模承受的荷载，由立柱直接传给楼面。

图12.12所示为由组合钢模板、钢管脚手架组装的台模。台模安装就位后，用千斤顶调整标高，然后在立柱下垫上垫块并楔上木楔。拆模时，用千斤顶顶住台模，撤去垫块和木模，随即装上车轮，然后将台模推至楼层外侧临时搭设的平台上，再用起重机吊运至下一施工位置。

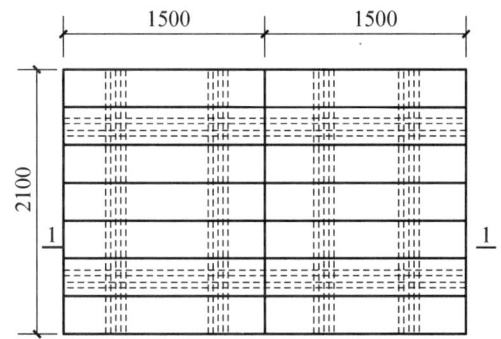

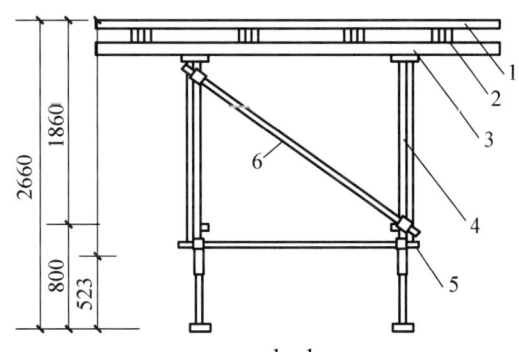

1—组合钢模板；2—次梁；3—主梁；4—立柱；5—水平撑；6—斜撑。

图 **12.12**　钢管组合式台模（单位：mm）

2. 桁架式台模

桁架式台模是将台模的面板和龙骨放置在两榀或多榀上下弦平行的桁架上，以桁架作为台模的竖向承重构件，如图 12.13 所示。其适用于大柱网（大开间）、大进深、无柱帽的板柱（板墙）结构施工。

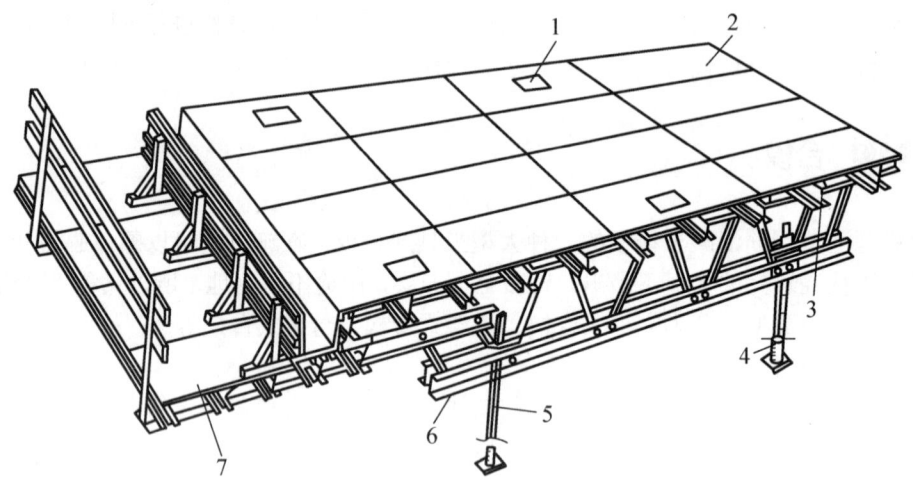

1—吊装盒；2—面板；3—龙骨；4—底座；5—可调钢支腿；6—铝合金桁架；7—操作平台。

图 12.13 桁架式台模

3. 悬架式台模

这是一种无支腿式台模，即台模不是支设在楼面上，而是支设在建筑物的墙、柱结构所设置的托架上。因此，台模的支设不需要考虑楼面结构的强度，从而可以减少台模需要多层配置的问题。另外，这种台模可以不受建筑物层高不同的影响，只需按开间（柱网）和进深进行设计即可。悬架式台模的构造如图 12.14 所示。

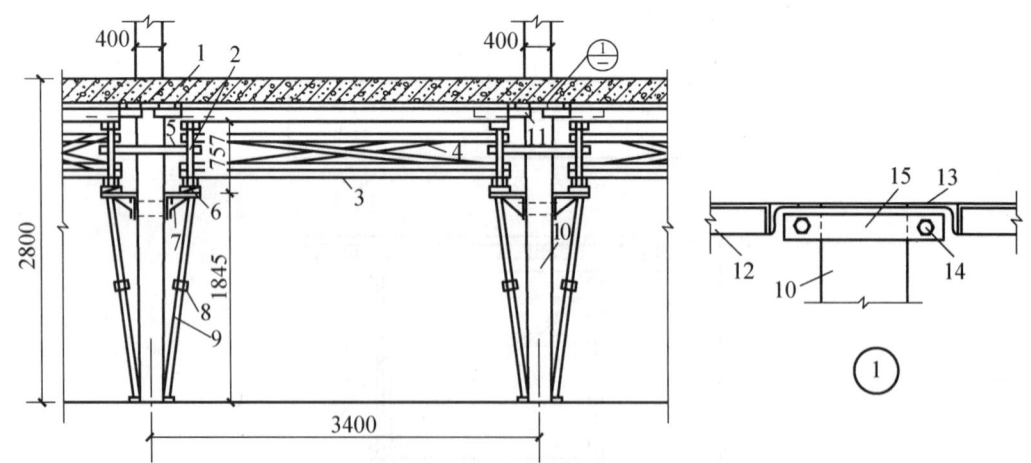

1—楼板；2—桁架；3—水平剪刀撑；4—垂直剪刀撑；5—$\phi 48\times 3.5$ 连接杆长 900；
6—倒拔榫；7—钢牛腿；8—扣件；9—钢支撑；10—柱子；11—翻转翼板；
12—台模板；13—钢盖板；14—螺栓；15—柱箍。

图 12.14 悬架式台模的构造（单位：mm）

另外，为了脱模时台模能顺利推出，悬架式台模的纵向两侧装有可翻转 90°的活动翻转翼板,活动翼板下部用铰链与固定平板连接。

12.4.5 模壳施工

大跨度、大空间结构是目前高层公共建筑(如图书馆、商店、办公楼等)普遍采用的一种结构体系。为了减轻结构自重,提高抗震性能和增加室内顶棚的造型美观,往往采用密肋型楼盖。

密肋楼盖根据结构形式,分为双向密肋楼盖和单向密肋楼盖。用于前者施工的模壳称为 M 形模壳,用于后者施工的模壳称为 T 形模壳。图 12.15 所示为聚丙烯塑料模壳。

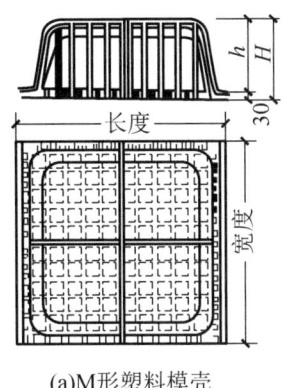
(a)M形塑料模壳

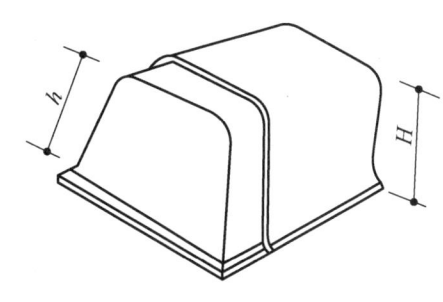
(b)T形塑料模壳

H—肋高,$H=h+30$。

图 12.15 聚丙烯塑料模壳(单位:mm)

模壳支设示意图如图 12.16 所示,其操作要点如下。

(1)施工前,要根据图纸设计尺寸结合模壳规格,绘制出支模排列图。按施工流水段做好材料、工具准备。

(2)支模时,先在楼地面上弹出密肋梁的轴线,然后立起支柱。

(3)支柱的基底应平整、坚实,一般垫通长脚手板,用楔子塞紧。支设要严密,并使支柱与基底呈垂直。凡支设高度超过 3.5m 时,每隔 2m 高度应采用钢管与支柱拉结,并与结构柱连接牢固。

(4)在支柱整调好标高后,再安装龙骨。安装龙骨时要拉通线,间距要准确,做到横平竖直。然后再安装支承角钢,用销钉锁牢。

(5)模壳的排列原则是:在一个柱网内应由中间向两端排放,切忌由一端向另一端排列,以免两端边肋出现偏差。凡不能使用模壳的地方,可用木模补嵌。

由于模壳加工只允许有负公差,所以模壳铺完后均有一定缝隙,尤其是双向密肋楼板缝隙较大,需要用油毡条或其他材料处理,以免漏浆。

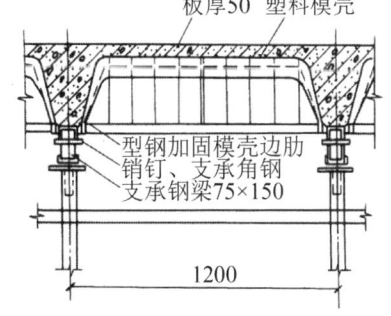

图 12.16 模壳支设示意图(单位:mm)

（6）模壳的脱壳剂应使用水溶性脱模剂，避免与模壳起化学反应。

✓ 能力训练

【任务实施】
参观某高层建筑模板工程施工过程。
【技能训练】
（1）通过参观实训，熟悉高层建筑模板工程施工工艺，并书写参观实习报告；
（2）上机操作施工工艺虚拟仿真软件，掌握大模板施工工艺。

工作任务 12.5　泵送混凝土施工

泵送混凝土施工是利用混凝土泵，通过管道将混凝土拌合物输送到浇筑地点，一次连续完成水平运输和垂直运输，配以布料杆或配料机还可以方便地进行混凝土浇筑。高层建筑施工采用泵送混凝土工艺，能有效地解决混凝土用量大的基础工程施工和占总垂直运输量50%~75%的上部结构混凝土运输问题。泵送混凝土工艺具有运输能力大、功效高、劳动强度低、施工文明等特点。

12.5.1　泵送混凝土的管道布置及敷设

混凝土运输管是泵送混凝土作业中的主要配件部件，有直管、弯管、锥管和浇筑软管。输送管线布置应尽可能短和直、转弯要缓，接头严密，少用锥形管，以减少压力损失。如果输送管道向下倾斜，要防止因自重使混凝土流动中断，以及混入空气而引起混凝土离析，产生阻塞。当建筑施工层高度超过泵的输送能力时，可采用接泵方法，即在地面和中间的楼面层各设置一台混凝土泵，地面泵将混凝土拌合物送至楼层采料斗内，再由楼面泵将混凝土送至施工层。

12.5.2　输送管道敷设应注意的事项

泵机出口有一定长度的地面水平管（水平管长度不小于泵送高度的1/4），然后接90°弯头，转向垂直运输。在水平管道上距泵机5m处安装一个截止阀（逆流阀），90°弯头的曲率半径不宜小于1m，并用螺栓固定在结构预留位置上。

地面水平管用支架支垫，垂直管道用紧固件间隔3m固定在混凝土结构上。

竖向管道位置应使楼面水平输送距离最短，尽可能设置在设计预留孔洞内，且不影响设备。

12.5.3　泵送混凝土施工

1. 泵送混凝土的原材料和配合比

泵送混凝土施工，要求混凝土具有可泵性，即具有一定的流动性和较好的凝聚性，泌水小，不易分离，泵送过程中不产生管道堵塞。因此对混凝土的原材料和配合比应按照下列要求制作。

泵送混凝土施工

（1）水泥用量。水泥用量过少，混凝土和易性差，泵送阻力大；水泥用量过多，混凝土的黏性增大，亦增大泵送阻力，且不经济。为此应在保证混凝土设计强度和顺利泵送的前提下，尽量减少水泥用量。为了保证混凝土可泵性，《混凝土泵送施工技术规程》（JGJ/T 10—2011）规定，泵送混凝土最小水泥用量宜为 $300kg/m^3$，水灰比宜为 0.4~0.6，一般水泥品种均可使用。

（2）粗骨料。为防止混凝土泵送时管道堵塞，应控制粗骨料的最大粒径。粗骨料的最大粒径与输送管内径之比如下：当泵送高度小于 50m 时，对碎石不宜大于 1∶3，对卵石不宜大于 1∶2.5；当泵送高度为 50~100m 时，宜为 1∶3~1∶4；当泵送高度为 100m 以上时，宜为 1∶4~1∶5。

（3）细骨料。细骨料对改善混凝土的可泵性非常重要，《混凝土泵送施工技术规程》（JGJ/T 10—2011）规定，细骨料宜采用中砂，通过 0.315mm 筛孔的砂不应少于 15%，砂率宜控制在 38%~45%。

（4）混凝土的坍落度。泵送混凝土的坍落度视具体情况而定，用布料杆进行浇筑或管路转弯较多时，宜适当加大坍落度；向下泵送时，为防止混凝土因自重下滑而引起堵管，坍落度宜适当减小；向上泵送时，为避免过大的倒流压力，坍落度不宜过大。泵送混凝土的坍落度，可按表 12-1 确定。

表 12-1　泵送混凝土坍落度

泵送高度/m	30 以下	30~60	60~100	100 以上
坍落度/mm	100~140	140~160	160~180	180~200

（5）掺合料。泵送混凝土宜掺入适量的外加剂和粉煤灰，以增加混凝土的可泵性，便于泵送施工。

2．泵送混凝土施工操作

泵送混凝土应根据施工进度需要，编制泵送混凝土供应计划，加强通信联络、调度，确保连续均匀供料。泵送混凝土宜采用预拌混凝土；也可在现场设搅拌站，供应混凝土；不得采用手工搅拌的混凝土进行泵送。

（1）泵送混凝土前，应用水泥浆或者 1∶2 水泥砂浆润滑泵和输送管内壁。从混凝土搅拌车卸出的混凝土级配不应改变。如粗骨料过于集中，应重新搅拌后再卸料。

（2）混凝土泵送应连续输送，受料斗内必须经常有足够的混凝土，以防止吸入空气造成阻塞。如果由于运输配合等原因迫使混凝土泵停车，应每隔几分钟开泵一次；如果预计间歇时间超过 45min 或者混凝土出现离析现象，应立即用压力水或其他方法冲洗管道内残留的混凝土。

（3）混凝土泵堵塞时，可将混凝土泵开关拨到"反转"，使泵反转 2~3 个冲程，再拨到"正转"，使泵正转 2~3 个冲程，如此反复几次，一般就能将堵塞排除。一旦采用上述方法还不能排除堵塞，则可根据输送管的晃动情况和接头处有无脱开倾向，迅速查明堵塞部位，拆下管段除掉堵塞的混凝土。

(4) 混凝土泵作业完成后，应立即清洗干净。清洗混凝土泵机时要把料斗里的混凝土全部送完，排净泵内的混凝土，冲洗后切断泵机电源。用压缩空气输入管道也可达到清洗目的，使用的压缩空气压力不应超过 0.7MPa。管道前端须装有安全盖，且管道前不准站人。

✔ 能力训练

【任务实施】
参观某高层建筑泵送混凝土施工过程。

【技能训练】
(1) 通过参观实训，熟悉高层建筑泵送混凝土施工工艺，并书写参观实习报告；
(2) 上机操作施工工艺虚拟仿真软件，掌握泵送混凝土施工工艺。

工作任务 12.6　质量验收规范与安全技术

12.6.1　质量验收规范

高层建筑主体施工质量验收规范详见工作任务 7.4；高层建筑基础施工质量验收规范详见工作任务 2.5。

12.6.2　安全技术

1. 支护结构施工

1) 土钉墙支护

(1) 土钉墙支护施工应配合土石方开挖和降水工程施工等进行；
(2) 冬期在没有可靠保温措施条件时不得施工土钉墙；
(3) 施工过程中应对产生的地面裂缝进行观测和分析，及时反馈设计，并应采取相应措施控制裂缝的发展。

2) 重力式水泥土墙

(1) 重力式水泥土墙应通过试验性施工，并应通过调整搅拌桩机的提升（下沉）速度、喷浆量以及喷浆、喷气压力等施工参数，减小对周边环境的影响。施工完成后应检测墙体的连续性及强度。
(2) 水泥土搅拌桩机运行过程中，其下部严禁站立非工作人员；桩机移动过程中非工作人员不得在其周围活动，移动路线上不应有障碍物。
(3) 重力式水泥土墙施工遇有河塘、洼地时，应抽水和清淤，并应采用素土回填夯实。在暗浜区域水泥土搅拌桩应适当提高水泥掺量。
(4) 钢管、钢筋或竹筋的插入应在水泥土搅拌桩成桩后及时完成，插入位置和深度应符合设计要求。

(5) 施工时因故停浆，应在恢复喷浆前，将搅拌机头提升或下沉 0.5m 后喷浆搅拌施工。

(6) 水泥土搅拌桩搭接施工的间隔时间不宜大于 24h；当超过 24h 时，搭接施工时应放慢搅拌速度。若无法搭接或搭接不良，应作为冷缝记录，在搭接处采取补救措施。

3）地下连续墙

(1) 地下连续墙成槽施工安全应符合下列规定。

① 导墙养护期间，重型机械设备不应在导墙附近作业或停留。

② 地下连续墙成槽前应进行槽壁稳定性验算。

③ 对位于暗河区、扰动土区、浅部砂性土中的槽段或邻近建筑物保护要求较高时，宜在连续墙施工前对槽壁进行加固。

④ 在保护设施不齐全、监管人不到位的情况下，严禁人员下槽、孔内清理障碍物。

(2) 槽段接头施工应符合下列规定。

① 成槽结束后应对相邻槽段的混凝土端面进行清刷，刷至底部，清除接头处的泥沙，确保单元槽段接头部位的抗渗性能。

② 槽段接头应满足混凝土浇筑压力对其强度和刚度的要求，安放时，应紧贴槽段垂直缓慢沉放至槽底。遇到阻碍时，槽段接头应在清除障碍后入槽。

③ 周边环境保护要求高时，宜在地下连续墙接头处增加防水措施。

(3) 地下连续墙钢筋笼吊装应符合下列规定。

① 吊装所选用的吊车应满足吊装高度及起重量的要求，主吊和副吊应根据计算确定。钢筋笼吊点布置应根据吊装工艺通过计算确定，并应进行整体起吊安全验算，按计算结果配置吊具、吊点加固钢筋、吊筋等。

② 吊装前必须对钢筋笼进行全面检查，防止有剩余的钢筋断头、焊接接头等遗留在钢筋笼上。

③ 起重机械起吊钢筋笼时应先稍离地面试吊，确认钢筋笼已挂牢，钢筋笼刚度、焊接强度等满足要求时，再继续起吊。

④ 起重机械在吊钢筋笼行走时，载荷不得超过允许起重量的 70%，钢筋笼离地不得大于 500mm，并应拴好拉绳，缓慢行驶。

(4) 预制墙段的堆放和运输应符合下列规定。

① 预制墙段应达到设计强度 100% 后方可运输及吊放。

② 堆放场地应平整、坚实、排水通畅。垫块宜放置在吊点处，底层垫块面积应满足墙段自重对地基荷载的有效扩散。预制墙段叠放层数不宜超过 3 层，上下层垫块应放置在同一直线上。

③ 运输叠放层数不宜超过 2 层。墙段装车后应采用紧绳器与车板固定，钢丝绳与墙段阳角接触处应有护角措施。异形截面墙段运输时应有可靠的支撑措施。

(5) 起重机械及吊装机具进场前应进行检验，施工前应进行调试，施工中应定期检验和维护。

(6) 成槽机、履带式起重机应在平坦坚实的路面上作业、行走和停放。外露传动系统应有防护罩，转盘方向轴应设有安全警告牌。成槽机、起重机工作时，回转半径内不应有障碍物，吊臂下严禁站人。

4）土层锚杆

(1) 当锚杆穿过的地层附近有地下管线或地下构筑物时，应查明其位置、尺寸、走向、类型、使用状况等情况后，方可进行锚杆施工。

（2）锚杆施工前宜通过试验性施工，确定锚杆设计参数和施工工艺的合理性，并应评估对环境的影响。

（3）锚孔钻进作业时，应保持钻机及作业平台稳定可靠，除钻机操作人员外还应有不少于一人协助作业。高处作业时，作业平台应设置封闭防护设施，作业人员应佩戴防护用品。注浆施工时，相关操作人员必须佩戴防护眼镜。

（4）锚杆钻机应安设安全可靠的反力装置。在有地下承压水地层钻进时，孔口必须设置可靠的防喷装置；当发生漏水、涌砂时，应及时封闭孔口。

（5）灌浆管路连接应牢固可靠，保证畅通，防止塞泵、塞管。灌浆施工过程中，应在现场加强巡视，对灌浆管路应采取保护措施。

（6）锚杆注浆时注浆罐内应保持一定数量的浆料，防止罐体放空、伤人。处理管路堵塞前，应消除罐内压力。

（7）预应力锚杆张拉施工应符合下列规定。

① 预应力锚杆张拉作业前应检查高压油泵与千斤顶之间的连接件，连接件必须完好、紧固。张拉设备应可靠，作业前必须在张拉端设置有效的防护措施。

② 锚杆钢筋或钢绞线应连接牢固，严禁在张拉时发生脱扣现象。

③ 张拉过程中，孔口前方严禁站人，操作人员应站在千斤顶侧面操作。

④ 张拉施工时，其下方严禁进行其他操作；严禁采用敲击方法调整施力装置，不得在锚杆端部悬挂重物或碰撞锚具。

（8）锚杆试验时，计量仪表连接必须牢固可靠，前方和下方严禁站人。

（9）锚杆锁定时应控制相邻锚杆张拉锁定所引起的预应力损失；当锚杆出现锚头松弛、脱落、锚具失效等情况时，应及时进行修复并对其进行再次张拉锁定。

（10）当锚杆承载力检测结果不满足设计要求时，应将检测结果提交设计复核，并提出补救措施。

2．高层建筑脚手架工程安全技术

1）悬挑脚手架的安全防护及管理

（1）悬挑脚手架在施工作业前除须有设计计算书外，还应有含具体搭设方法的施工方案。当设计施工荷载小于常规取值，即按三层作业、每层 $2kN/m^2$，或按二层作业、每层 $3kN/m^2$ 时，除应在安全技术交底中明确外，还必须在架体上挂上限载牌。

（2）悬挑脚手架应实施分段验收，对支承结构必须实行专项验收。

（3）架体除在施工层上下三步的外侧设置 1.2m 高的扶手栏杆和 18cm 高的挡脚板外，外侧还应用密目式安全网封闭。在架体进行高空组装作业时，除要求操作人员使用安全带外，还应有必要的防止人、物坠落的措施。

2）附着升降脚手架的施工安全要求

（1）使用前，应根据工程结构特点、施工环境、条件及施工要求编制"附着升降式脚手架专项施工组织设计"，并根据有关要求办理使用手续，备齐相关文件资料。

（2）施工人员必须经过专业培训。

（3）组装前，应根据专项施工组织设计要求，配备合格人员，明确岗位职责，并对有关施工人员进行安全技术交底。

（4）附着升降脚手架所用各种材料、工具和设备，应具有质量合格证、材质单等质量证明文件。使用前应按相关规定对其进行检验，不合格产品严禁投入使用。

（5）附着升降脚手架在每次升降以及拆卸前，应根据专项施工组织设计要求对施工人员进行安全技术交底。

（6）整体式附着升降脚手架的控制中心应设专人负责操作，禁止其他人员操作。

（7）附着升降脚手架在首层组装前应设置安装平台，安装平台应有保障施工人员安全的防护设施，安装平台的水平精度和承载能力应满足架体安装的要求。

3）悬吊式脚手架安全操作要求

（1）吊篮使用中应严格遵守操作规程，确保安全；

（2）严禁超载，不准在吊篮内进行焊接作业，5级风以上天气不得登吊篮操作；

（3）吊篮停于某处施工时，必须锁紧安全锁，安全锁必须按规定日期进行检查和试验。

3．高层建筑施工其他安全措施

（1）施工前，应逐级做好安全技术交底，检查安全防护措施。并对所使用的现场脚手材料、机械设备和电气设施等进行检查，确认其符合要求后方能使用。

（2）高层施工立体交叉作业时，不得在同一垂直方向上下操作。当必须上下同时进行工作时，应设专用的防护棚或隔离措施。

（3）在迎街面的人行道和人员进出口通道等处，应用毛竹和竹笆搭设双层安全防护棚，两层间隔以1m为宜，并悬挂明显标志，必要时应派专人监护。

（4）高处作业的走道、通道板和登高用具，应随时清扫干净，废料与余料应集中，并及时清除，不得随意乱放或向下丢弃。

（5）遇冰雪及台风暴雨后，应及时采取，清除冰雪和加设防滑条等措施，并对安全设施与现场设备逐一检查，发现异常情况时要立即处理。

习 题

一、单选题

1．泵送混凝土坍落度不得小于（　　）mm。
　　A．100　　　　B．120　　　　C．150　　　　D．160

2．用焊接预制边框组合吊篮时，如吊篮长度超过（　　）m，应在大面设置斜撑。
　　A．3　　　　　B．4　　　　　C．5　　　　　D．6

3．土钉墙、预应力锚杆复合土钉墙的坡度不宜大于（　　）；当基坑较深、土的抗剪强度较低时，宜取较小坡度。
　　A．1∶0.1　　　B．1∶0.3　　　C．1∶0.2　　　D．1∶0.4

4．当注入土钉孔内的水泥浆和坡面的喷射混凝土强度达到（　　）%后开挖下步。
　　A．85　　　　　B．80　　　　　C．75　　　　　D．70

5．土钉钢筋保护层厚度不宜小于（　　）mm。
　　A．10　　　　　B．15　　　　　C．20　　　　　D．25

二、填空题

1. 土层锚杆一般由_____、锚头垫座、_____、防护套管、_____、锚固体和锚底板等组成。
2. 水泥土挡墙式支护结构包括_____和_____。
3. 台模按其支架结构类型，分为_____、_____和_____。
4. 泵送混凝土宜掺入适量的_____和_____，以增加混凝土的可泵性，便于泵送施工。
5. 大模板由_____、加劲肋、_____、_____、_____和_____组成。

三、简答题

1. 高层建筑主要结构体系有哪些？
2. 高层建筑的施工特点是什么？
3. 高层建筑主体结构施工常用的机械设备有哪几种？
4. 深基坑的支护结构有哪些？
5. 简述地下连续墙的施工工艺。
6. 简述土层锚杆的施工工艺。
7. 简述土钉墙的施工要点。
8. 泵送混凝土施工应注意些什么？
9. 什么是台模？主要分为哪几类？
10. 什么是大模板施工技术？大模板主要由哪几部分组成？
11. 简述大模板安装施工要点。
12. 什么是滑模施工技术？滑模装置主要由哪几部分组成？

四、案例题

某办公楼工程，建筑面积82000m²，地下三层，地上二十层，钢筋混凝土框架-剪力墙结构，距邻近六层住宅楼 7m。地基土层为粉质黏土和粉细砂，地下水为潜水，地下水位-9.5m，自然地面-0.5m。基础为筏板基础，埋深 14.5m，基础底板混凝土厚 1500mm，水泥采用普通硅酸盐水泥，采取整体连续分层浇筑方式施工。基坑支护工程委托有资质的专业单位施工，降排的地下水用于现场机具、设备清洗。主体结构选择有相应资质的 A 劳务公司作劳务分包，并签订了劳务分包合同。

合同履行过程中，发生了下列事件。

事件一：基坑支护工程专业施工单位提出了基坑支护降水采用"排桩＋锚杆＋降水井"方案，施工总承包单位要求基坑支护降水方案进行比选后确定。

事件二：底板混凝土施工中，混凝土浇筑从高处开始，沿短边方向自一端向另一端进行。在混凝土浇筑完12h内对混凝土表面进行保温保湿养护，养护持续7d。养护至72h时，测温显示混凝土内部温度70℃，混凝土表面温度35℃。

问题：

（1）事件一中，适用于本工程的基坑支护降水方案还有哪些？

（2）指出事件二中底板大体积混凝土浇筑及养护的不妥之处，并说明正确做法。

学习情境 13　数字化施工

思维导图

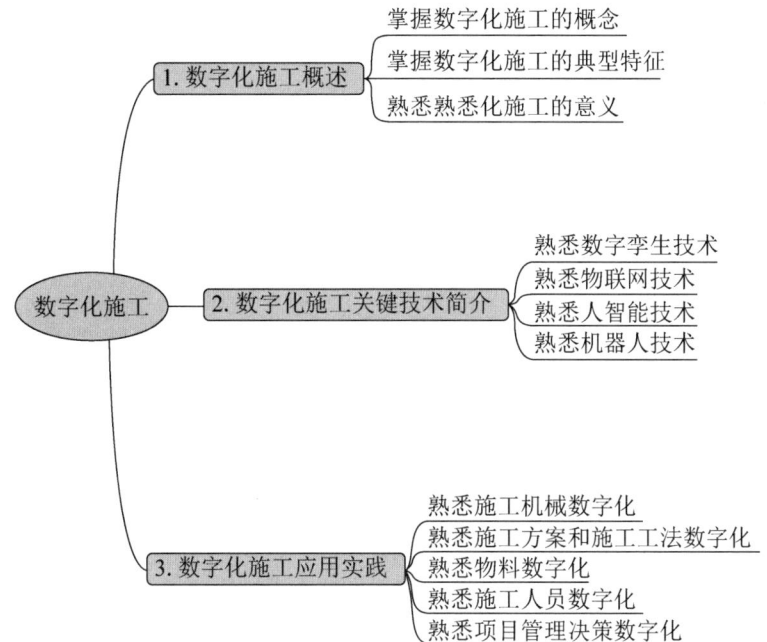

引例

北京大兴国际机场位于天安门正南 46km、北京中轴线延长线上。其占地面积 140 万 m^2，体量相当于首都机场 1 号、2 号、3 号航站楼的总和。远期规划 7 条跑道，年客流吞吐量达到 1 亿人次，飞机起降量达到 88 万架次。北京大兴国际机场于 2016 年被英国媒体评选为"新世界七大奇迹"之首。请通过网络资料对项目施工过程进行调研与学习。

请思考：

① 施工过程中哪些环节运用了数字化施工所提及的相关技术？
② 数字化施工相关技术主要涉及哪些方面？
③ 数字化施工对项目提供了哪些帮助？

任务 13.1　数字化施工概述

数字化施工是指利用 BIM 技术、云计算、大数据、物联网、人工智能、5G、增强现实技术（AR）与虚拟现实技术（VR）、区块链等新型技术，围绕施工全要素、全过程、全参与方进行数字化而形成的全新建造模式，如图 13.1 所示。

图 13.1　数字化施工

13.1.1 数字化施工的典型特征

1. 数字孪生

数字孪生是充分利用物理模型、传感器更新、运行历史等数据，集成多学科、多物理量、多尺度、多概率的仿真过程，在虚拟空间中完成映射，从而反映相对应的实体的全生命周期过程。

数字孪生的概念最早由美国空军研究实验室提出。之后美国国防部认识到数字孪生的价值，认为值得全面研究，于是尝试通过数字孪生技术对航空航天飞行器的健康进行维护与保障。如在数字空间建立真实飞机的模型，并通过传感器实现与飞机真实状态完全同步，这样在每次飞行后，可根据结构现有情况和过往载荷，及时分析评估飞机是否需要维修、能否承受下次的任务载荷等。

在施工领域，虽然数字孪生技术不够完善，尚处在早期探索阶段，但是发展迅猛。在当前技术环境下，通过数字技术的融合集成应用，可以构建"人、机、料、法、环"等全面互联的新型数字虚拟建造模式，在数字空间再造一个与之对应的"数字虚体建筑"，与实体施工全过程、全要素、全参与方一一对应，通过虚实交互反馈、数据融合分析与决策，实现施工工艺、技法的优化和管理、决策能力的提升，如图13.2所示。虽然当前数字孪生技术还需要进行深入研究，但在行业中已经开始得到了一些基础性应用，产生了一定的经济、社会效益。

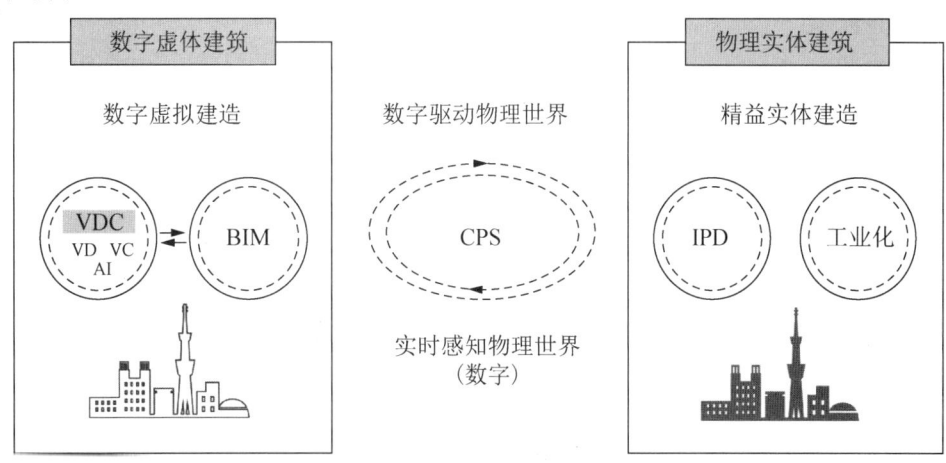

图 13.2 数字孪生与实体建造

2. 数据驱动

自从我国政府提出"数字中国"以来，数据已经越来越重要，甚至成为新的生产要素。产业业务数据的积累和沉淀，将为产业的发展提供有力的支撑。

环境监测

数据自动流动水平将成为衡量一个企业、一个行业，甚至一个国家发展水平和竞争实力的关键指标。正如丁烈云院士所指出：数据是数字经济的"石油"和"黄金"。我国拥有庞大的工程建造市场，产生的数据量极为庞大，但真正存储下来的数据仅仅是北美的 7%。少数存储下来的工程数据，大多以散乱的文件形式散落在档案柜和硬盘中，工程数据利用率不到 0.4%。由此可见，建筑产业的大数据汇集与利用仍然任重道远。

施工阶段是产生数据量最大的阶段。工艺、工法等技术数据，"人、机、料、法、环"等生产要素数据，以及成本、进度、安全、质量等管理要素数据往往仅以电子文档和电子表格的形式零散地存放在不同的人员手中，无法发挥其数据的价值。而当前随着数字技术的成熟和互联网应用的深入，施工阶段的核心数据能得到有效采集，通过数据驱动作业过程、要素对象与数字孪生模型，将成为数字化施工的核心工作之一。

3. 在线实时协同

在线实时协同是数字化施工的关键。网络会存在不确定性大以及无法消除的延迟，若要实现数字孪生模型与实体建造过程的一一对应，就必须实现在线实时协同，如利用 5G 技术实时协同工作。

卸料平台监测

在传统的施工过程中，现场各类信息的传递非常滞后，经常出现无法及时处理现场重大施工问题的情况，工人遗忘、记录丢失、传递不够迅速都可能导致施工事故的发生。而数字化施工中，可以通过软件、平台利用 5G 技术，迅速传递重大施工问题进行在线实时协同处理，实现管理层与作业层的紧密联结，从而提高施工效率，降低事故发生的可能性，如图 13.3 所示。

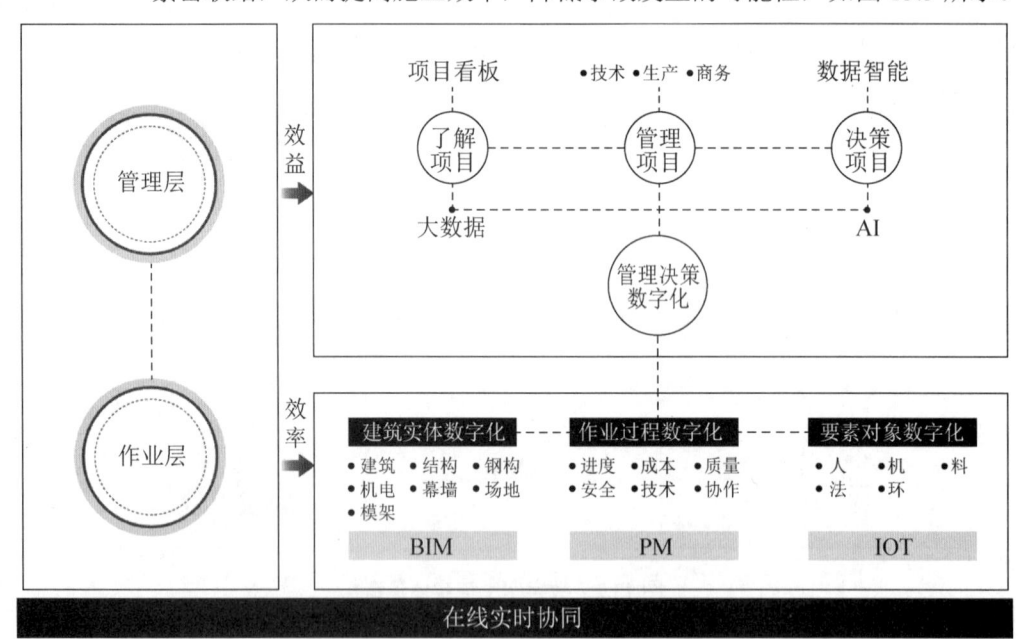

图 13.3 数字化施工在线实时协同

4. 智能主导

数字化施工带来的是具有宝贵价值的施工数据。以大数据、云计算、人工智能等新兴技术为基础，通过构建一套基于数据自动驱动的状态感知、实时分析、科学决策、精准执行的智能化闭环赋能体系，数字化施工将往智能化方向发展。数据驱动施工各要素与活动，在线实时协同传递数据到软件平台，软件平台再通过自动分析得出智能化最优方案与结论。一方面为项目管理层提供科学指导与决策依据，另一方面软件平台将不断深度学习，将数据迭代并反馈至施工现场的智能施工设备与管理设备中，实现施工现场的智能化管理。

13.1.2 数字化施工的意义

1. 提高施工品质和生产效率

根据相关统计，施工过程中的耗能占社会总耗能的 46.7%，因事故死亡人数居各行业第二，成本居高不下，产生巨大的建筑垃圾和污染，质量相比制造业相差甚远，给国家和整个行业都带来了不可估量的损失。通过数字化施工，合理管控人、机、料、法、环，全面促进生产、质量、安全、物料、劳务等多方面的管理，将大大提高施工品质和生产效率，为可持续发展与转型升级打下坚实的基础。

外墙脚手架监测

2. 促进行业转型升级

施工阶段零散式、粗犷式的发展，给施工管理带来了巨大的挑战。数字化施工下，其技术、工法、模式、业态、组织等方面的创新将会层出不穷。尤其是施工过程中数字孪生技术的发展，将促使行业重新思考其组织架构与作业模式，在全新的价值网络上构建数字化施工模式。

3. 抢占数字化高地，为国家战略注入新活力

为抓住新一轮科技革命的历史性机遇，我国提出建设数字中国。数字化施工将与数字化设计、数字化运维组成新设计、新建造、新运维，打破各个阶段数据孤岛、工序衔接、管理分割等的筒仓效应，抢占数字化高地，为国家战略注入新活力。

任务 13.2　数字化施工关键技术简介

13.2.1 数字孪生技术

数字孪生技术包括 BIM 技术、虚拟仿真性能分析技术（力学仿真、运动仿真等）、AR/VR 技术等。简而言之，数字孪生技术将会在人的意识世界与现实物理世界之间构造出第三个世界——数字世界。通过数据驱动、数字建模将数字世界与物理世界进行联结。而当前，在施工阶段中应用比较成熟的数字孪生技术是 BIM 技术，少量大型工程将会用到虚拟仿真性能分析技术，而 AR/VR 技术的运用成熟度和价值有待提升。在本节以 BIM 技术为代表进行数字孪生技术在施工阶段中的应用介绍。

通过 BIM 技术，可以构建建筑信息各专业模型。基于 BIM 三维模型进行交流，可以很直观地观看重要节点、重要构造的信息，相比 CAD 图纸来说，具有三维可视化（易于理解）、所见即所得（易于沟通）、信息承载量大（易于数据存储与信息流动）等重要优势。

在施工阶段，施工单位的 BIM 设计人员将会结合具体的节点构造、施工现场情况等要素补充设计阶段设计的 BIM 模型，使得 BIM 模型能应用在施工中。在此阶段中，BIM 技术的应用主要体现在：基于 BIM 模型挂接施工阶段各类数据优化施工活动，提高施工效率，即通过基于云平台的轻量化软件，将巨大的 BIM 模型根据专业、楼层、构件等分类进行拆分与组合，方便施工各方根据岗位和管理指标对模型进行使用、交流与维护，如图 13.4 所示。

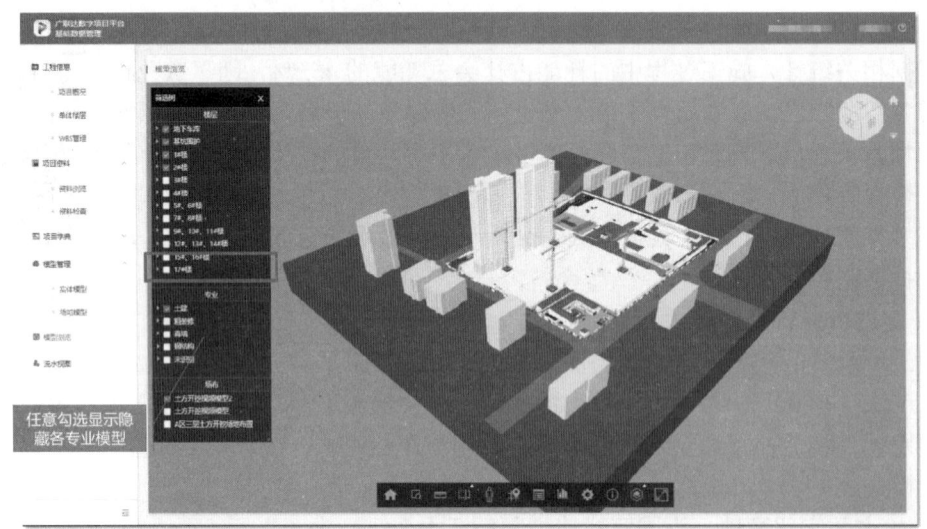

图 13.4　基于云平台的 BIM 模型轻量化软件

在 BIM 模型轻量化软件中，通过挂接交底、进度、安全、质量、变更、资料、批注、工程量等数据，可以充分地将 BIM 模型运用在施工中，如图 13.5 所示。

(a)

图 13.5　挂接施工各类数据后的基于云平台的 BIM 技术施工应用实践

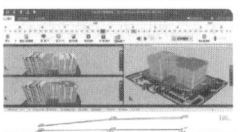
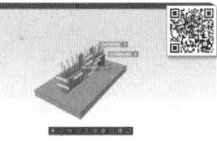
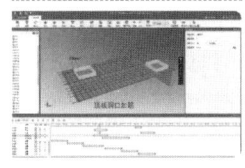

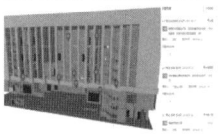
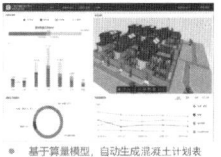

(b)

图 13.5 挂接施工各类数据后的基于云平台的 BIM 技术施工应用实践（续）

13.2.2 物联网技术

物联网是通过装置在各类物体上的各种信息传感设备，如射频识别（RFID）装置、二维码、红外感应器、全球定位系统、激光扫描器等装置与互联网或无线网络相连而成的一个巨大网络。其目的是让所有的物品都与网络连在一起，方便智慧化识别、定位、跟踪、监控和管理。物联网通过在建筑施工作业现场安装各种信息传感设备，按约定的协议，把任何与工程建设相关的物品与互联网联接起来，进行信息交换和通信，以实现智能化识别、定位、跟踪、监控和管理。物联网可有效弥补传统方法和技术在监管中的缺陷，实现对施工现场"人、机、料、法、环"的全方位实时监控，变被动"监督"为主动"监控"，变无数据经验驱动为数据科学驱动，如塔式起重机监测、吊钩可视化、施工升降电梯监测、卸料平台监测、外墙脚手架监测、大型起重设备安全监测、环境监测等均可应用物联网技术，通过数据科学驱动施工设备，使之更加安全、高效地运行，辅助施工阶段效率的提升。

吊钩可视化

施工升降电梯监测

13.2.3 人工智能技术

通过深度学习技术和计算机视觉技术，使用大量实际工地视频数据进行训练，人工智能技术在施工阶段能发挥巨大的作用，如安全帽和口罩佩戴检测、人脸识别、工人姿态检测、车牌识别、钢筋数量识别、烟雾识别等，如图 13.6 所示。

智能安全帽

图 13.6　人工智能技术在施工阶段的应用

13.2.4 机器人技术

在施工阶段，由于环境复杂多变、人员流动频繁，很多工作都具有一定的危险性和不确定性。利用机器人协助或替代人工完成复杂的施工任务，不仅可以保障工人的安全，而且能提高施工效率，最终实现无人建造。

机器人技术以数据为驱动，通过人工智能技术、物联网技术、BIM 技术等多种技术，可以实现自我感知、自我调控、自我工作等功能。但是，当前技术还有待进一步发展，所以机器人技术在施工阶段的应用具有很大的局限性，而且使用成本高、效率低下，只能在非常有限的场景中实现应用，如国外公司研发的砌砖机器人和骨骼机器人，如图 13.7 所示。虽然机器人技术并不成熟，但是在工程项目规模日益加大、施工现场环境日益复杂多变、劳动力老龄化日益严重的现实下，机器人技术终将进入施工现场承担施工任务。

图 13.7　机器人技术在施工阶段的应用探索

任务 13.3　数字化施工应用实践

13.3.1　施工机械数字化

通过物联网技术，将施工现场各类机械、设备接入到智慧工地平台中，实现施工机械、设备数字化管理。在施工准备阶段，对施工机械使用数量、进场顺序、位置布局等关键指标进行优化，合理布放机械安装位置，确保机械高效运转；在施工实施阶段，全面监控机械运作工况，及时提示超载或低负荷机械运转信息，并实时反馈给相关管理人员，管理人员基于可视化和数据分析，再将现场突发事件或机械运行安全隐患实时传递给作业人员，为管理人员提供全天候在线数据分析，辅助完成对机械的实时监管并快速调整决策。

大型起重设备安全监测

 应用案例 13-1

陕西建工第九建设集团有限公司在神木市第一高级中学项目中，通过应用塔式起重机防碰撞系统，对施工群塔安全运行状态、运行记录、障碍报警、事故预防等实施动态监控，使塔式起重机的运行管理形成开放、实时、动态监控模式，有效防控施工现场塔式起重机与其他大型机械因交叉作业带来的违章和碰撞等安全隐患，从而提升了施工机械管理的安全性和运行效率，如图 13.8 所示。

塔式起重机监测

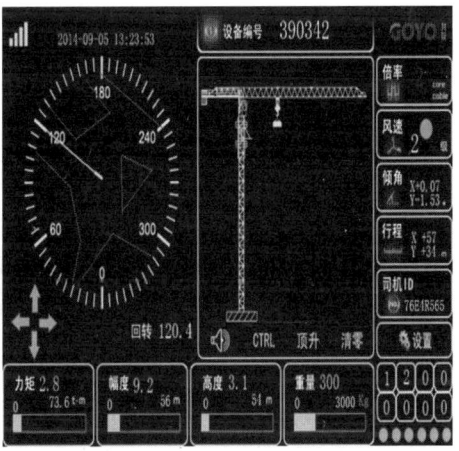

图 13.8　神木市第一高级中学项目施工机械数字化

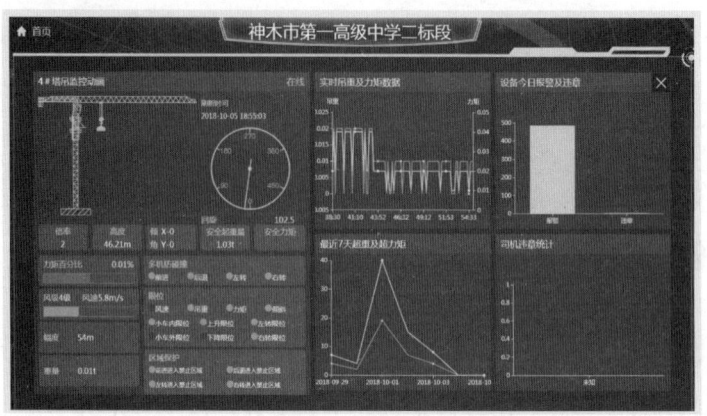

图 13.8 神木市第一高级中学项目施工机械数字化（续）

应用案例 13-2

日本株式会社小松制作所是一家有着 100 多年历史的工程机械制造公司，通过数字化转型，在施工机械制造的基础上，发展出基于 CPS（Cyber-Physical Systems）的智能施工管理业务。利用无人机和三维激光扫描仪对施工现场进行高精确度测量，据此形成施工现场的 3D 数据模型，并将此模型与建设完工后的建筑进行对比，可以准确地评估工作量。然后，对土壤、地下水、埋藏物等因素进行采样研究，评估施工可行性和施工方案仿真、优化，确定最佳施工方案。根据施工方案，智能无人工程机械入场施工，施工过程中的现场施工数据（包括机械当前位置、工作时间、工作状况、燃油余量、耗材更换时间等数据）即时发送到智能决策平台进行存储和分析，智能决策平台根据这些数据进行分析计算、实时将调整指令发给现场施工机械，以高安全性、高效率的方式进行工地现场的指挥施工管理，如图 13.9 所示。

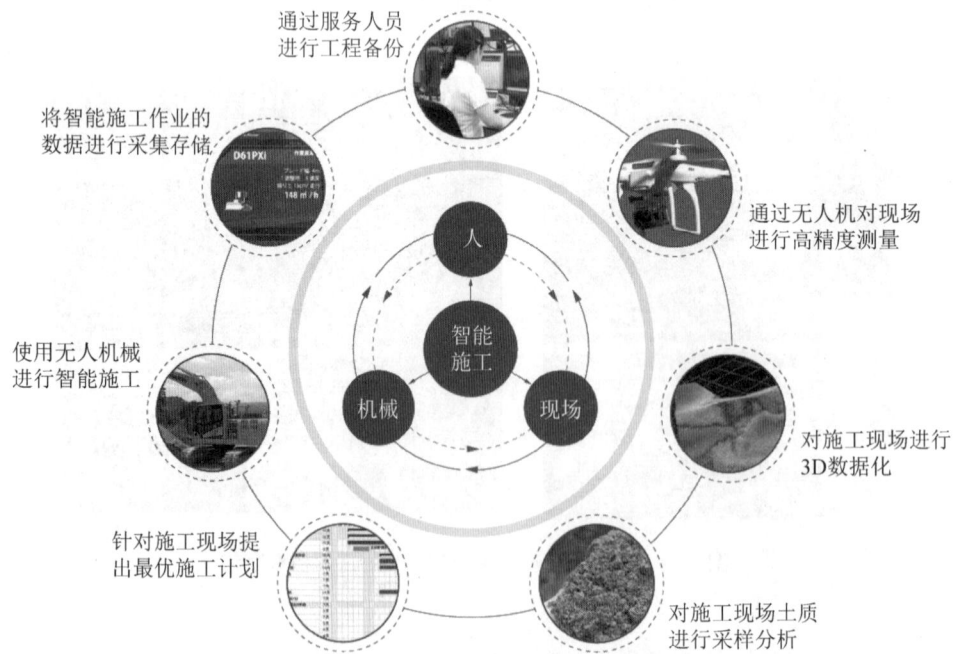

图 13.9 日本株式会社小松制作所基于 CPS 的智能无人工地

13.3.2 施工方案和施工工法数字化

施工方案和施工工艺、工法的数字化是基于 BIM 技术将复杂的施工方案、工法，通过进度计划、工序工艺与模型的结合，编制成可视化的技术方案。在进行现场技术交底时，利用各类终端查看技术方案，配合进行现场可视化技术交底，保证现场交底高效完成，并提高施工质量，如图 13.10 所示。

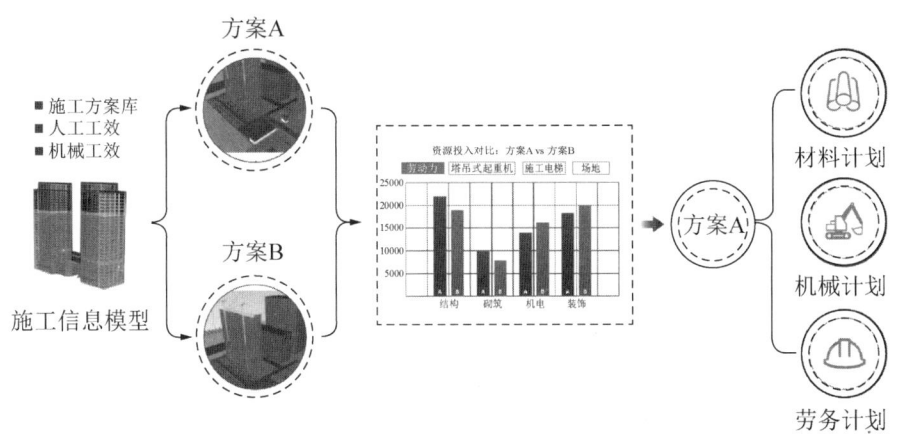

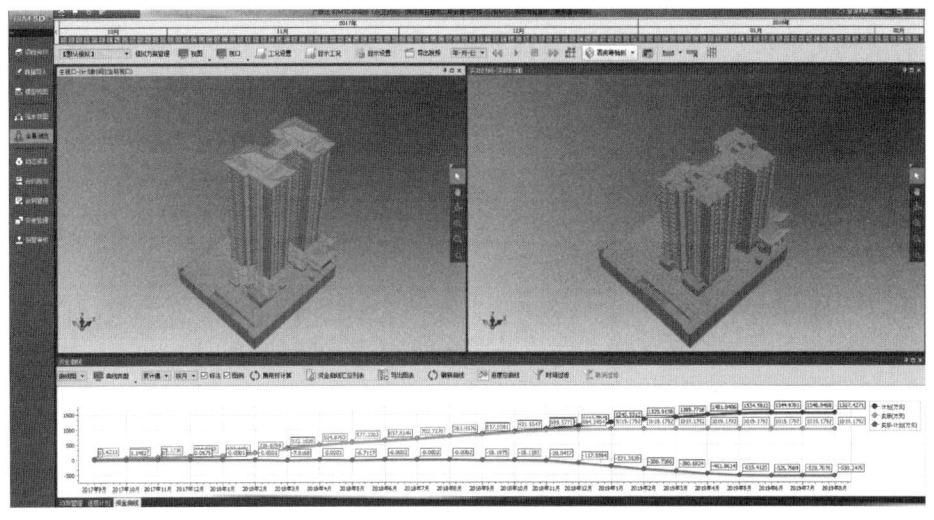

图 13.10 施工方案和施工工法数字化示例

✓ 应用案例 13-3

首都新机场航站楼建筑面积 78 万 m^2，为国家"十三五"重点工程。在项目建设的各阶段，均应用 BIM 技术对主要施工方案进行了模拟优化。在基础施工阶段，利用地表模型、土方模型、边坡模型和桩基模型，进行地质条件的模拟和分析、土方开挖工程算量、节点做法可视化交底，在主体结构施工阶段，对劲性钢结构工艺做法、隔震支座施工工艺、钢结构施工方案等进行模拟与优化，保障项目基坑施工比计划工期提前 13 天完成，主航站楼主体结构提前 15 天出±0.000 标高，结构封顶比计划工期提前 12 天完成，提升了项目施工的效率与质量，如图 13.11 所示。

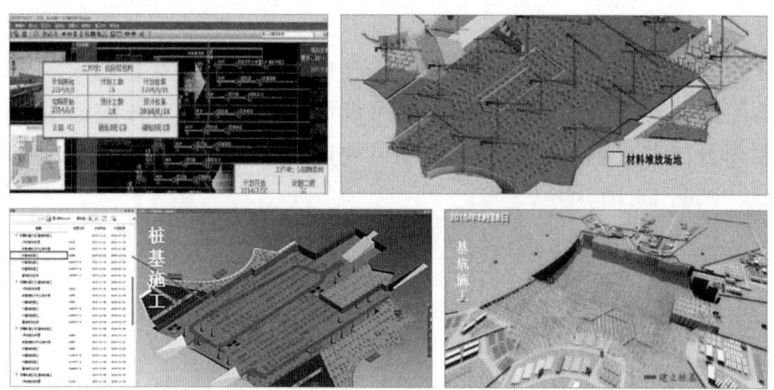

图 13.11　首都新机场航站楼基础施工方案模拟

应用案例 13-4

在大直径盾构隧道工程中，盾构机刀盘直径达十几米，刀盘质量达几百吨，吊盘吊装过程需要经过地面水平翻转 90°，吊装水平行走几十米。刀盘吊装是施工的重点、难点之一。在华中科技大学研发的施工吊装虚拟指挥舱中，为了确保盾构机刀盘的精确吊装，建立盾构机刀盘的三维数字模型和吊装环境的数字模型，同时将传感器安装在刀盘和安装环境中。通过模拟计算确定吊装方案和具体步骤与细节参数，吊装开始后，实时监测各项传感数据，根据计算模型实时调节吊装姿态，确保吊装一次性精确吊装到位，如图 13.12 所示。

图 13.12　盾构机刀盘吊装动态监测与模拟

13.3.3　物料数字化

物料占据总工程成本的 50%～70%，因此物料的质量与分配会给施工技术的实施带来重大影响。通过软硬件相结合、借助互联网技术和物联网技术，实现物料进、出现场数据的自动采集，全方位管控材料进场、验收各环节，堵塞验收管理漏洞，监察供应商供货偏差情况，以及预防虚报进场材料等，实现物料数字化管理。在提高施工技术实施效率的同时，规范施工物料使用，提高企业效益，如图13.13所示。

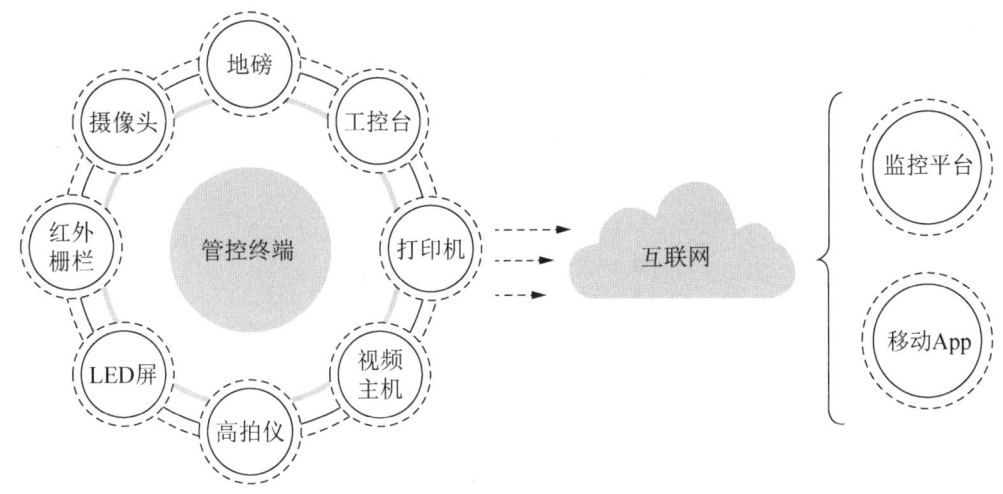

图13.13　物料数字化

应用案例 13-5

山东华滨建工有限公司在山东名佳花园四期项目中，应用智能物料验收管理系统直接管理地磅，对进、出场的混凝土、钢筋、砂石料等物资进行全检过磅管理，如图13.14所示。系统通过自动读取称重数据、收（发）料单位信息、材料名称等，实现物料进场自动称重、偏差自动分析，有效地杜绝了物料重复称重、一车多计等现象。据2018年5月至2019年4月数据统计，系统共验收物料批次2652车，物料进场数量7.04万t，混凝土整体超正差1.58%，建筑砂浆超正差6.31%，水泥超正差9.8%，确保了大宗物资进场呈盈余状态。

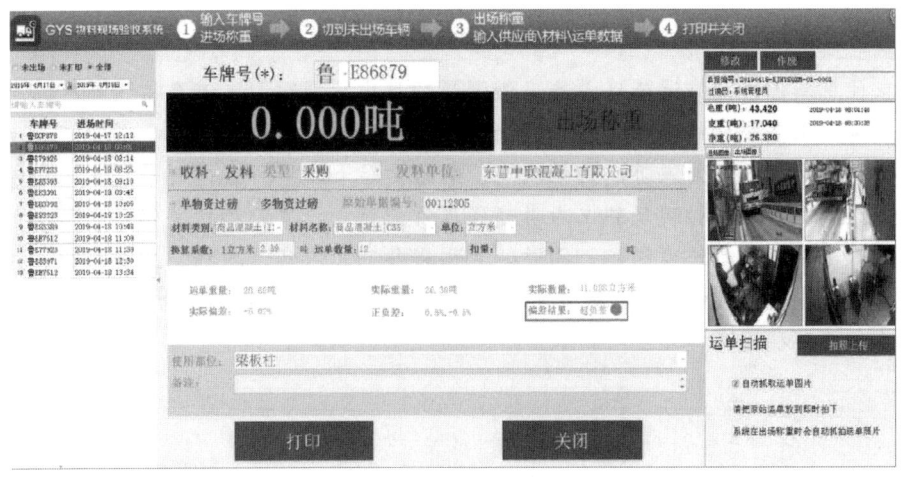

图13.14　混凝土数字化管理系统

13.3.4 施工人员数字化

施工现场基于劳务管理实名制系统，通过物联网与智能设备相结合，将施工人员流动、考勤、分布、危险作业、事故隐患等数字化。先由软件系统实时采集和传输数据，再通过云端将采集的数据进行实时存储、整理和分析，利用终端设备实时展示现场作业和执行状态等情况，而责任人员可以利用移动设备实时接收业务数据，及时落实整改，在提升管理效率的同时降低事故的发生，满足人员和安全的双管控要求，如图 13.15 所示。

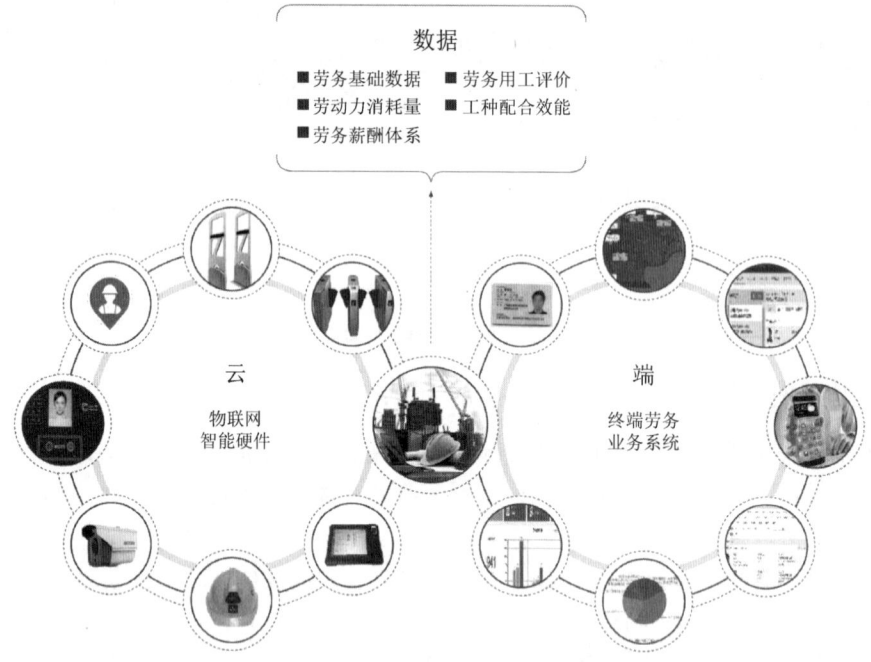

图 13.15 施工人员数字化

✓ 应用案例 13-6

北京住总集团在北京通州区首寰度假酒店项目中，通过引入劳务实名制管理系统，实现项目现场施工高峰期约 2000 作业人员的全面管理，如图 13.16 所示。管理人员利用系统分析数据，实时监控施工人员的作业状态、跟踪定位和观察作业运动轨迹，准确掌握作业人员基本信息，实现预控现场施工人员超强度作业情况，实时检视关键施工节点的劳务工种数量配比，辅助项目进度纠偏。同时，利用采集的工人实名数据、出勤数据、工资收支数据，定期报备政府监管部门，有效实现对劳务人员的动态监管、维护项目建设的稳定性，有效避免各类不稳定事件发生。

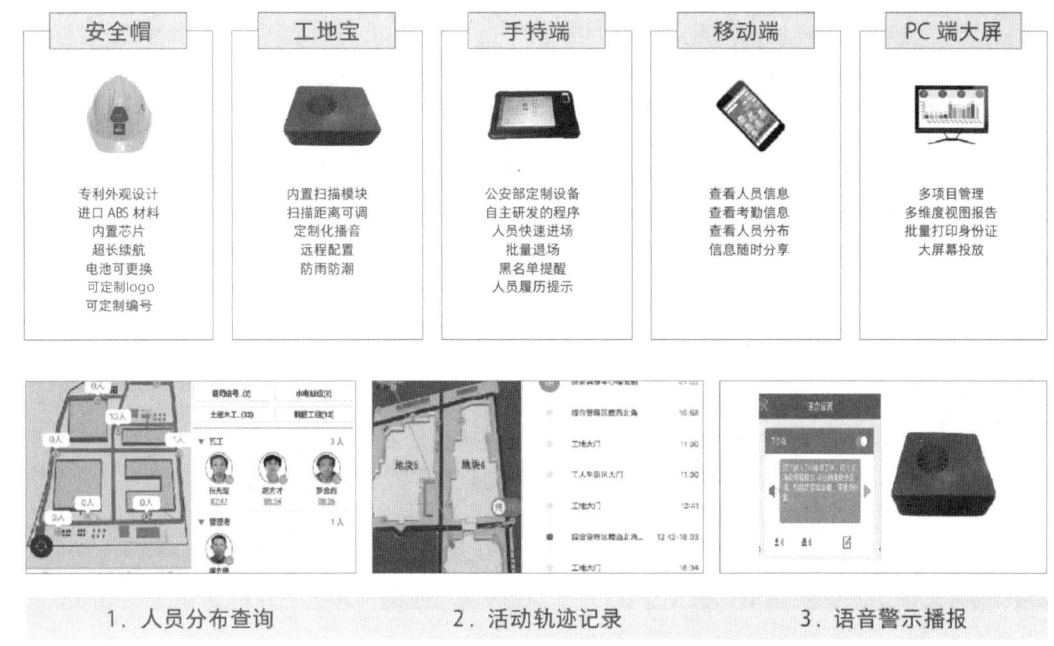

图 13.16　北京通州区首寰度假酒店项目劳务实名制管理

13.3.5　项目管理决策数字化

基于云计算、大数据、移动互联网、人工智能、物联网、BIM 等技术的应用，通过对项目的建筑实体、作业过程、生产要素的数字化，产生大量的可供深加工和再利用的数据，不仅满足施工现场管理的需求，也为项目进行重大决策提供了数据支撑。在这些海量数据的基础上，进行业务的协同，极大地带动项目的管理和决策方式的变革，使管理决策将变得更加准确、透明、高效。

应用案例 13-7

中国建筑一局（集团）有限公司在山东省肿瘤防治研究院放射肿瘤学科医疗及科研基地项目中，通过应用 BIM+智慧工地平台实现了数字化决策支持。项目管理人员通过项目管理决策数字化看板可以快速、直观地获取项目基本信息、实时作业人数、施工进度情况、现场施工质量、安全等情况。同时，通过进度管理系统，高效率地解决了专业分包多、单位工程多、交叉作业协调难度大的决策问题；通过塔式起重机防碰撞系统，实时跟踪监控设备运行，有效决策防控现场大型机械交叉作业带来的安全隐患；通过视频监控系统，使施工现场、办公区、生活区处于可视化状态，项目监督和管理人员实时检视现场各部位的运行情况，提高项目的整体决策管理效率，如图 13.17 所示。

河南建科建设集团有限公司数字施工实践

建筑施工技术（第二版）

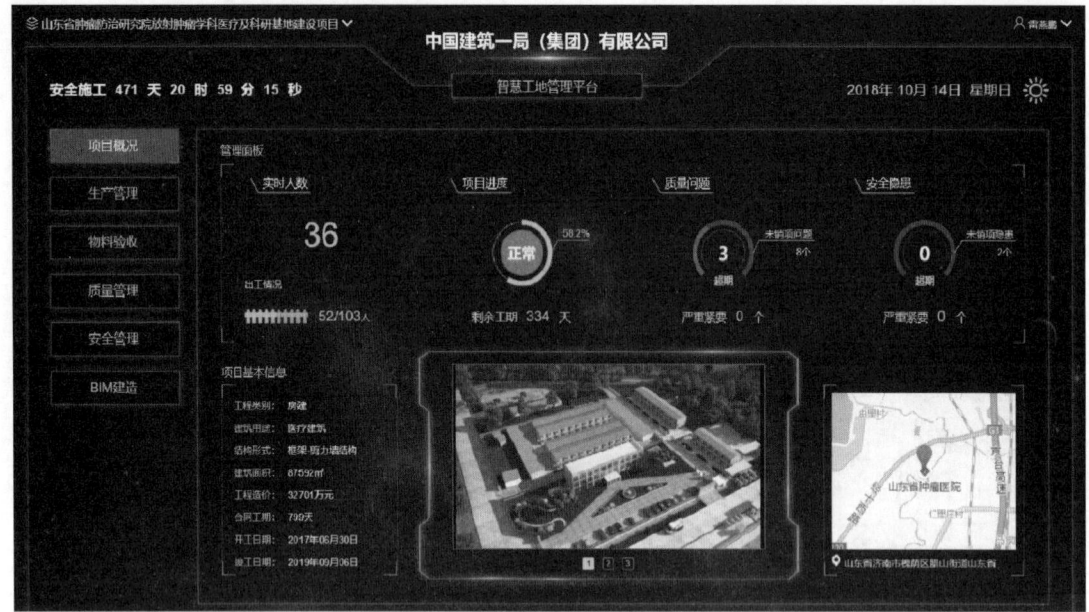

图 13.17　中国建筑一局（集团）有限公司项目管理决策数字化看板

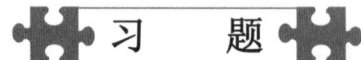

1. 数字化施工的定义是什么？
2. 数字施工具有哪些典型特征？
3. 查阅资料，请简述数字化施工有哪些关键技术。
4. 查阅资料，请简述当前大型工程项目中数字化施工相关技术的运用及效果。

参 考 文 献

《建筑施工手册》(第五版)编委会,2013. 建筑施工手册:缩印本[M]. 5版. 北京:中国建筑工业出版社.
余胜光,窦如令,2015. 建筑施工技术[M]. 3版. 武汉:武汉理工大学出版社.
钟汉华,薛艳,2023. 建筑工程施工技术[M]. 4版. 北京:北京大学出版社.